深入浅出系列规划教材

Java程序设计

朱颢东 张志锋 等 编著

清华大学出版社
北 京

内容简介

本书旨在培养读者的Java技术创新和实践能力，为有志于从事Java项目开发工作的广大读者提供一本综合学习与项目实战开发经验的实用工具书。

本书坚持理论和实践结合，引进以项目为驱动的开发模式。全书穿插提供了114个示例、13个小型项目实训和两个大型项目实训，代码近20 000行，使读者能够在掌握基本理论知识的同时，提高项目开发能力。

本书适用的读者对象包括初级、中级Java工程师，也可作为普通高等学校和社会培训机构Java程序设计课程的教材。

图书在版编目(CIP)数据

深入浅出Java程序设计/朱颢东等编著. —北京：清华大学出版社，2016(2020.1重印)

深入浅出系列规划教材

ISBN 978-7-302-43624-9

Ⅰ. ①深…　Ⅱ. ①朱…　Ⅲ. ①JAVA语言－程序设计　Ⅳ. ①TP312

中国版本图书馆CIP数据核字(2016)第083493号

责任编辑：白立军
封面设计：傅瑞学
责任校对：梁　毅
责任印制：刘海龙

出版发行：清华大学出版社
网　　址：http://www.tup.com.cn，http://www.wqbook.com
地　　址：北京清华大学学研大厦A座　　**邮　　编**：100084
社 总 机：010-62770175　　**邮　　购**：010-62786544
投稿与读者服务：010-62776969，c-service@tup.tsinghua.edu.cn
质量反馈：010-62772015，zhiliang@tup.tsinghua.edu.cn
课件下载：http://www.tup.com.cn,010-62770175-4608
印 装 者：北京九州迅驰传媒文化有限公司
经　　销：全国新华书店
开　　本：185mm×260mm　　**印　　张**：45.5　　**字　　数**：1135千字
版　　次：2016年7月第1版　　**印　　次**：2020年1月第3次印刷
定　　价：89.50元

产品编号：057238-01

从书序

为什么开发深入浅出系列丛书？

目的是从读者角度写书，开发出高质量的、适合阅读的图书。

“不积跬步，无以至千里；不积小流，无以成江海。”知识的学习是一个逐渐积累的过程，只有坚持系统地学习知识，深入浅出，坚持不懈，持之以恒，才能把一类技术学习好。坚持的动力源于所学内容的趣味性和讲法的新颖性。

计算机课程的学习也有一条隐含的主线，那就是“提出问题→分析问题→建立数学模型→建立计算模型→通过各种平台和工具得到最终正确的结果”，培养计算机专业学生的核心能力是“面向问题求解的能力”。由于目前大学计算机本科生培养计划的特点，以及受教学计划和课程设置限制的原因，计算机科学与技术专业的本科生很难精通掌握一门程序设计语言或者相关课程。各门课程设置比较孤立，培养的学生在综合运用各方面的知识能力方面有欠缺。传统的教学模式以传授知识为主要目的，能力培养没有得到充分的重视。很多教材受教学模式的影响，在编写过程中，偏重概念讲解比较多，而忽略了能力培养。为了突出内容的案例性、解惑性、可读性、自学性，本套书努力在以下方面做好工作。

1. 案例性

所举案例突出与本课程的关系，并且能恰当反映当前知识点。例如，在计算机专业中，很多高校都开设了高等数学、线性代数、概率论，不言而喻，这些课程对于计算机专业的学生来说是非常重要的，但就目前对不少高校而言，这些课程都是由数学系的老师讲授，教材也是由数学系的老师编写，由于学科背景不同和看待问题的角度不同，在这些教材中基本都是纯数学方面的案例，作为计算机系的学生来说，学习这样的教材缺少源动力并且比较乏味，究其原因，很多学生不清楚这些课程与计算机专业的关系是什么。基于此，在编写这方面的教材时，可以把计算机上的案例加入其中，例如，可以把计算机图形学中的三维空间物体图像在屏幕上的伸缩变换、平移变换和旋转变换在矩阵运算中进行举例；可以把双机热备份的案例融入到马尔科夫链的讲解；把密码学的案例融入到大数分解中等。

2. 解惑性

很多教材中的知识讲解注重定义的介绍，而忽略因果性、解释性介绍，往往造成知其然而不知其所以然。下面列举两个例子。

(1) 读者可能对 OSI 参考模型与 TCP/IP 参考模型的概念产生混淆，因为这两种模型之间有很多相似之处。其实,OSI 参考模型是在其协议开发之前设计出来的,也就是说,它不是针对某个协议族设计的,因而更具有通用性。而 TCP/IP 模型是在 TCP/IP 协议栈出现后出现的,也就是说,TCP/IP 模型是针对 TCP/IP 协议栈的,并且与 TCP/IP 协议栈非常吻合。但是必须注意,TCP/IP 模型描述其他协议栈并不合适,因为它具有很强的针对性。说到这里读者可能更迷惑了,既然 OSI 参考模型没有在数据通信中占有主导地位,那为什么还花费这么大的篇幅来描述它呢?其实,虽然 OSI 参考模型在协议实现方面存在很多不足,但是,OSI 参考模型在计算机网络的发展过程中起到了非常重要的作用,并且,它对未来计算机网络的标准化、规范化的发展有很重要的指导意义。

(2) 在介绍原码、反码和补码时,往往只给出其定义和举例表示,而对最后“为什么在计算机中采取补码表示数值?浮点数在计算机中是如何表示的?字节类型、短整型、整型、长整型、浮点数的范围是如何确定的?”等问题没有给出解释。下面我们来回答这些问题(以 8 位数为例),原码不能直接运算,并且 0 的原码有+0 和-0 两种形式,即 00000000 和 10000000,这样肯定是不行的,如果根据原码计算设计相应的门电路,由于要判断符号位,设计的复杂度会大大增加,不合算;为了解决原码不能直接运算的缺点,人们提出了反码的概念,但是 0 的反码还是有+0 和-0 两种形式,即 00000000 和 11111111,这样是不行的,因为计算机在计算过程中,不能判断遇到 0 是+0 还是-0;而补码解决了 0 表示的唯一性问题,即不会存在+0 和-0,因为+0 是 00000000,它的补码是 00000000,-0 是 10000000,它的反码是 11111111,再加 1 就得到其补码是 100000000,舍去溢出量就是 00000000。知道了计算机中数用补码表示和 0 的唯一性问题后,就可以确定数据类型表示的取值范围了,仍以字节类型为例,一个字节共 8 位,有 00000000~11111111 共 256 种结果,由于1 位表示符号位,7 位表示数据位,正数的补码好说,其范围从 00000000~01111111,即0~127;负数的补码为 10000000~11111111,其中,11111111 为-1 的补码,10000001 为-127 的补码,那么到底 10000000 表示什么最合适呢?8 位二进制数中,最小数的补码形式为 10000000;它的数值绝对值应该是各位取反再加 1,即为 01111111+1=10000000=128,又因为是负数,所以是-128,即其取值范围是-128~127。

3. 可读性

图书的内容要深入浅出,使人爱看、易懂。一本书要做到可读性好,必须做到“善用比喻,实例为王”。什么是深入浅出?就是把复杂的事物简单地描述明白。把简单事情复杂化的是哲学家,而把复杂的问题简单化的是科学家。编写教材时要以科学家的眼光去编写,把难懂的定义,要通过图形或者举例进行解释,这样能达到事半功倍的效果。例如,在数据库中,第一范式、第二范式、第三范式、BC 范式的概念非常抽象,很难理解,但是,如果以一个教务系统中的学生表、课程表、教师表之间的关系为例进行讲解,从而引出范式的概念,学生会比较容易接受。再例如,在生物学中,如果纯粹地讲解各个器官的功能会比较乏味,但是如果提出一个问题,如人的体温为什么是 37℃?以此为引子引出各个器官的功能效果要好得多。再例如,在讲解数据结构课程时,由于定义多,表示抽象,这样达不到很好的教学效果,可以考虑在讲解数据结构及其操作时用程序给予实现,让学生看到直接的操作结果,如压栈和出栈操作,可以把 PUSH()和 POP()操作实现,这样效果会好很多,并且会激发学生的学习兴趣。

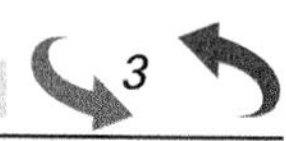

4. 自学性

一本书如果适合自学学习，对其语言要求比较高。写作风格不能枯燥无味，让人看一眼就拒之千里之外，而应该是风趣、幽默，重要知识点多举实际应用的案例，说明它们在实际生活中的应用，应该有画龙点睛的说明和知识背景介绍，对其应用需要注意哪些问题等都要有提示等。

一书在手，从第一页开始的起点到最后一页的终点，如何使读者能快乐地阅读下去并获得知识？这是非常重要的问题。在数学上，两点之间的最短距离是直线，但在知识的传播中，使读者感到"阻力最小"的书才是好书。如同自然界中没有直流的河流一样，河水在重力的作用下一定沿着阻力最小的路径向前进。知识的传播与此相同，最有效的传播方式是传播起来损耗最小，阅读起来没有阻力。

是为序。

欢迎老师投稿：bailj@tup.tsinghua.edu.cn。

2014 年 12 月 15 日

前　言

为了切实贯彻、实践"卓越工程师教育培养计划"，本书引进以项目为驱动的开发模式，在深入浅出地讲解理论知识的同时，将项目开发贯穿全书始终，既注重理论知识的学习，又强调工程实践能力的提高。

全书穿插提供了114个示例、13个小型项目实训(第1～9章、第11～14章)、两个大型项目实训(第10章和第16章)，全部代码近20 000行。通过示例巩固重点理论、技术的理解和掌握。通过小型项目的实训进一步系统理解本章知识，提前接触后续章节的相关知识点，形成知识链，并了解、熟悉项目开发过程，从而进一步巩固掌握理论知识。通过大项目的综合实训整合全书知识体系，进而培养项目开发能力、积累项目开发经验。

1. 本书内容

本书共分16章，章节内容安排如下。

第1章　Java入门。主要包括Java语言的诞生与发展、Java语言简介、Java语言的特征、Java程序的工作原理、Java应用程序、项目实训等知识和课外阅读(计算机语言的发展史)。

第2章　Java开发环境。主要介绍JDK的安装和配置、NetBeans开发环境、Eclipse开发环境、项目实训等知识和课外阅读(IBM公司的发展史)。

第3章　Java语言基础。主要介绍Java程序的基本结构、标识符和关键字、分隔符、数据类型、常量和变量、运算符与表达式、项目实训等知识和课外阅读(冯·诺依曼)。

第4章　控制语句。主要介绍顺序语句、选择语句、循环语句、转移语句、项目实训等知识和课外阅读(Sun公司的发展史)。

第5章　数组和字符串。主要介绍数组、字符串、项目实训等知识和课外阅读(苹果公司的发展史)。

第6章　类和对象。主要介绍类和对象、类的封装性、类的继承性、类的多态性、包、抽象类与接口、内部类与匿名类、项目实训等知识和课外阅读(面向对象简介)。

第7章　异常处理。主要介绍Java异常处理的基本概念、异常处理、自定义异常类、项目实训等知识和课外阅读(HP公司的发展史)。

第8章　图形用户界面。主要包括Swing简介、Swing组件、布局管理器、事件处理、高级组件、项目实训等知识和课外阅读(图形用户界面的发展史)。

第9章　JDBC技术。主要包括JDBC简介、通过JDBC技术访问数据库、查询数据库、更新数据库、项目实训等知识和课外阅读(DBMS技术简介)。

第 10 章　IPTTM 管理系统项目实训。主要介绍项目需求说明、项目分析与设计、项目的数据库设计、项目的开发过程和课外阅读(企业管理系统)。本章项目实训是对前面 9 章知识的综合运用,通过本项目的训练可以在掌握基本理论知识的同时,提高项目开发能力、积累项目开发经验。

第 11 章　I/O 流与文件。主要包括文件与流简介、字节输入输出流、字符输入输出流、文件操作类、项目实训等知识和课外阅读(操作系统简介)。

第 12 章　多线程。主要包括多线程简介、线程的实现、线程的生命周期、线程的同步、项目实训等知识和课外阅读(微软公司的发展史)。

第 13 章　网络编程。主要包括网络通信简介、统一资源定位器、Java 网络编程、项目实训等知识和课外阅读(互联网的发展史)。

第 14 章　集合。主要介绍 Java 集合框架、Collection 接口、List 接口、Map 接口、Set 接口、迭代器与比较器、集合工具类、项目实训等知识和课外阅读(云计算)。

第 15 章　MySQL 数据库应用。主要介绍 MySQL 基础知识、MySQL 及其插件的使用等知识和课外阅读(大数据)。

第 16 章　网络即时通信系统项目实训。主要介绍 C/S 模式、项目需求分析、项目设计、项目的数据库设计、项目的开发过程和课外阅读(即时通信软件)。通过本项目的开发训练,能够强化综合掌握和运用前面所学知识,提高整体项目实践能力。本项目实训代码 10 000 多行。

2. 本书特色

(1) 注重理论、培养能力。本书既注重理论知识的介绍,又强调项目开发能力的提高;通过深入浅出的学习以及项目的开发能够积累近 20 000 行代码的开发经验。

(2) 项目讲解直观、项目开发易学易懂。本书配备了丰富的图例说明,对项目开发过程的介绍简洁直观,容易理解;以项目形式贯穿理论学习始终,大量不同规模项目的配备及详细介绍从不同深度和角度剖析项目开发过程、展示项目开发方法,使项目开发可以循序渐进、轻松上手。

(3) 语言简洁,易懂易用。本书用语简单、易于理解,使读者能够更容易理解理论知识。

(4) 本书既是工具书,又是教材和实训指导书;本书既详细介绍了 Java 技术,又系统地阐述了项目的开发过程。在各章节中已有示例的基础上为每章配备一节"项目实训",用于结合相关章节内容介绍项目开发相关的技术和方法,并总结、归纳 Java 程序设计中常见问题及解决方案,以备读者在项目开发中遇到问题时参考。

(5) "一站式服务"。提供配套教学资源,包括本书中所有示例及项目源代码、教学课件、教学日历、教学大纲、课后习题参考答案、期末自测试卷(可在清华大学出版社网站 www.tup.com.cn 下载)。另外,提供 QQ 和邮箱服务,使技术交流和项目开发更加快速便捷,并方便获取更多的其他相关资料。

3. 适合的读者

本书读者定位于使用 Java 语言的初学者和 Java 项目开发初级、中级人员。本书的第 16 章项目适用于中级和高级 Java 开发人员。另外,本书也适用于普通高等学校及社会培

训机构的Java程序设计课程教学。

4. 参编人员与致谢

参与本书编写的有朱颢东、张志锋、李红婵、付金华、王凤琴、李祖贺、沈高峰、赵明辉、马军霞、郑倩、谷培培、陈明。本书主编朱颢东、张志锋，副主编李红婵、付金华、王凤琴、李祖贺、沈高峰、赵明辉。朱颢东编写第1～5章，王凤琴编写第6章和第7章，张志锋、李红婵、付金华、李祖贺、沈高峰、赵明辉、马军霞、郑倩、谷培培、陈明编写第8～16章。在本书的编写和出版过程中得到了郑州轻工业学院和清华大学出版社的支持和帮助，在此表示感谢。

由于编写时间仓促，水平所限，书中难免有错误之处，敬请读者不吝赐教。

编　者

2015年12月

目 录

第 1 章 Java 入门

Java 是一种优秀的面向对象的程序设计语言，目前已经成为网络时代软件开发的首选语言。Java 语言不仅可以开发大型的商业应用软件，也可以开发基于 Web 的网络应用。本章主要讲解 Java 语言基本知识。

本章主要内容如下。

(1) Java 语言的诞生与发展。

(2) Java 语言简介。

(3) Java 语言的特征。

(4) Java 程序的工作原理。

(5) Java 应用程序。

1.1 Java 语言的诞生与发展

Java 语言起源于 1991 年，是原 Sun 公司为一些智能消费性电子产品设计的一个通用语言(Oak)。Oak 语言是 Java 的前身。当时，Oak 并没有引起人们的注意，项目最初的目的只是为了开发一种独立于平台的软件技术，而且在网络出现之前，Oak 可以说是默默无闻，甚至差点夭折。但是，网络的出现改变了 Oak 的命运。

在 Java 出现以前，Internet 上的信息都是一些静态的 HTML 文档。这对于那些迷恋于 Web 浏览的人们来说简直不可容忍。他们迫切希望能在 Web 中看到一些交互式的内容，开发人员也很希望能够在 Web 上创建无须考虑软硬件平台就可以执行的应用程序，当然这些程序还要有极大的安全保障。对于用户的这种要求，传统的编程语言显得无能为力。1994 年，随着互联网和 Web 技术的飞速发展，Sun 公司用 Java 编制了 HotJava 浏览器，得到了 Sun 公司首席执行官 Scott McNealy 的支持，得以研发和发展。出于促销和法律的原因，1995 年 Oak 更名为 Java。Java 很快被工业界认可，许多大公司如 IBM、Microsoft、DEC 等公司购买了 Java 的使用权，并被美国杂志 PC Magazine 评为 1995 年十大优秀科技产品。

Java 发展历程中的重大事件如下。

1995 年 5 月 23 日，Java 语言诞生。

1996 年 1 月，第一个 Java 语言开发环境 JDK 1.0 诞生。

1996 年 4 月，10 个最主要的操作系统供应商声明将在其产品中嵌入 Java 技术。

1996 年 9 月，约 8.3 万个网页应用了 Java 技术来制作。

1997 年 2 月 18 日，JDK 1.1 发布。

1997 年 4 月 2 日，JavaOne 会议召开，参与者逾一万人，创当时全球同类会议规模纪录。

1997 年 9 月，JavaDeveloperConnection 社区成员超过十万。

1998 年 2 月，JDK 1.1 被下载超过 2 000 000 次。

1998 年 12 月 8 日，Java2 企业平台 J2EE 发布。

1999 年 6 月，Sun 公司发布 Java 的 3 个版本：标准版(J2SE)、企业版(J2EE)和微型版(J2ME)。

2000 年 5 月 8 日，JDK 1.3 发布。

2000 年 5 月 29 日，JDK 1.4 发布。

2001 年 6 月 5 日，Nokia 公司宣布，到 2003 年将出售 1 亿部支持 Java 的手机。

2001 年 9 月 24 日，J2EE 1.3 发布。

2002 年 2 月 26 日，J2SE 1.4 发布，自此 Java 的计算能力有了大幅提升。

2004 年 9 月 30 日，J2SE 1.5 发布，这成为 Java 语言发展史上的又一里程碑。为了表示该版本的重要性，J2SE 1.5 更名为 Java SE 5.0。从此，Java 的各种版本全部更名，以取消其中的数字 2：J2EE 更名为 Java EE，J2SE 更名为 Java SE，J2ME 更名为 Java ME。

2005 年 6 月，JavaOne 大会召开，Sun 公司公开 Java SE 6(1.6)。

2006 年 12 月，Sun 公司发布 JRE 6.0。

2009 年 4 月 20 日，甲骨文公司宣布收购 Sun 公司，该交易价值约为 74 亿美元。

2010 年 1 月 21 日，甲骨文公司宣布正式完成对 Sun 公司的收购。昔日的“红色巨人”Sun 公司走过了 Java 发展的核心时期。“太阳落山了，红色巨人崛起”也许是未来人们对此次收购的评价。Sun 公司说“这是一个旅途的开始”，希望红色巨人能够崛起，希望这场旅途不会结束。我们期待 Java 能够迎来新的发展机遇。正如甲骨文公司 CEO 拉里 · 埃里森(Larry Ellison)所说，“我们收购 Sun 公司将改变 IT 业，整合第一流的企业软件和关键任务计算系统。甲骨文公司将成为业界唯一一家提供综合系统的厂商，系统的性能、可靠性和安全性将有所提高，而价格将会下滑。”自 2005 年以来，甲骨文公司已经收购了 51 家公司，如仁科、BEA、MySQL 等公司，Sun 公司是第 52 家。一旦被收购者的产品线整合完成，甲骨文公司就有了成为 IT 界巨人的资格。

原 Sun 公司宣布，2010 年 9 月，JDK 7.0 发布。但由于甲骨文公司收购的原因，JDK 7.0 被推迟到 2010 年年底才发布。

2014 年 3 月，甲骨文公司发布 JDK 8。

1.2 Java 语言简介

Java 语言是由原 Sun Microsystems 公司于 1995 年 5 月推出的 Java 程序设计语言和 Java 平台的总称。

Java 平台由 Java 虚拟机(Java Virtual Machine)和 Java 应用编程接口(Application Programming Interface，API)构成。Java 应用编程接口为 Java 应用提供了一个独立于操作系统的标准接口，可分为基本部分和扩展部分。在硬件或操作系统平台上安装一个 Java 平台之后，Java 应用程序就可运行。现在 Java 平台已经嵌入了几乎所有的操作系统。这样 Java 程序只需编译一次，就可以在各种系统上运行。

Java 分为 3 种平台：Java SE(Java Platform Standard Edition，Java 标准版平台)、Java EE(Java Platform Enterprise Edition，Java 企业版平台)、Java ME(Java Platform Micro Edition，Java 微型版平台)。

1. Java SE

Java SE 以前称为 J2SE。主要用于开发和部署在桌面、服务器端运行的 Java 应用程序。Java SE 包含了支持 Java Web 服务开发的类，并为 Java EE 提供基础。本书使用的是 Java SE。

2. Java EE

Java EE 以前称为 J2EE。主要用于开发和部署企业版可移植、健壮、可伸缩且安全的服务器端 Java 应用程序。Java EE 是在 Java SE 的基础上构建的，它提供 Web 服务、组件模型、管理和通信 API，可以用来实现企业级的面向服务体系结构(Service-Oriented Architecture，SOA)和 Web 2.0 应用程序。

3. Java ME

Java ME 以前称为 J2ME。主要用于开发和部署移动设备和嵌入式设备(如手机、PDA、电视机顶盒和打印机)的 Java 应用程序。

1.3 Java 语言的特征

Sun 公司对 Java 的定义是："Java：A simple，object-oriented，distributed，robust，secure，architecture-neutral，portable，high-performance，multi-threaded and dynamic language"，即 Java 是一种简单的、面向对象的、分布式的、健壮的、安全的、体系结构独立的、可移植的、高性能的、多线程的动态语言。

1.3.1 简单

Java 语言是在 C 和 C++ 语言的基础上进行简化和改进的新的语言。Java 去掉了 C 和 C++ 语言中的不易掌握和理解的多继承、指针和内存管理等内容。Java 提供了自动的"垃圾"回收机制，使程序员不必为内存管理而担忧。Java 的简单性降低了学习的难度，提高了程序的性能。

1.3.2 面向对象

面向对象是 Java 语言的重要特征。Java 语言没有采用传统的、以过程为中心的编程方法，而是采用以对象为中心的、模拟人类社会和人解决实际问题的方法的、面向对象的程序设计方法。因此 Java 语言编程更符合人们的思维习惯。

1.3.3 分布式

Java 从诞生就与网络联系在一起，Java 的主要优点是支持网络应用程序的开发。Java

是面向网络的程序设计语言，这也使其成为一种分布式程序设计语言。Java 语言支持包括 HTTP 和 FTP 等基于 TCP/IP 的子库，在基本的 Java 网络编程中有一个网络应用编程接口，它提供了用于网络应用编程的类库，包括 URL、URLConnection、Socket、ServerSocket 等，使开发人员能够方便快捷地编写分布式应用程序。

1.3.4 健壮性

健壮性又称为稳定性。Java 语言在编译和执行过程中进行严格的语法检查，以减少错误的发生。Java 语言利用自动“垃圾”回收机制管理内存，防止程序员在管理内存时产生的错误。使用 Java 异常处理机制捕获并响应异常情况，从而使程序在发生异常的时候能够继续运行。另外，Java 语言设计者在设计 Java 语言的过程中就已考虑如何减少编程过程中可能产生的错误。

1.3.5 安全

Java 通常被用在网络环境中。为此，Java 提供了一个安全机制以防止恶意代码的攻击。除了 Java 语言具有的许多安全特性以外，Java 对通过网络下载的类具有一个安全防范机制并提供安全管理机制。在执行 Java 程序过程中，Java 虚拟机对程序的安全性进行检测。一般来说，Java 程序是安全的，它不会访问或修改不允许访问的内存或文件。

1.3.6 解释型

Java 程序在 Java 平台上被编译为字节码格式，然后可以在安装了 Java 平台的任何系统中运行。在运行时，Java 平台中的 Java 解释器对这些字节码进行解释执行，执行过程中需要的类在链接阶段被载入运行环境中。

这是 Java 语言的一个缺点，因为解释执行的语言一般会比编译执行的语言（如 C 和 C++ 语言）的执行效率低。

1.3.7 可移植

这种可移植性来源于体系结构独立性，另外，Java 语言的设计目标就是让程序不用修改就可以在任何平台上运行。

1.3.8 高性能

为了提高运行速度，Java 语言提供一种即时编译技术，即 JIT（Just-In-Time）技术。随着 JIT 编译器技术的发展，Java 程序的执行速度越来越接近于 C++ 语言的执行速度。

1.3.9 多线程

多线程是指在一个程序中可以同时运行多个任务。C 语言采用单线程体系结构，而 Java 语言支持多线程技术。采用多线程机制能够提高程序的运行效率，充分利用硬件资源，但同时也增加了程序的设计难度。

1.3.10　动态

Java 语言的设计目标之一是适应动态变化的环境。Java 程序需要的类能够动态地被载入运行环境，也可以通过网络来载入所需要的类，这也有利于软件的升级。

1.4　Java 程序的工作原理

Sun 公司设计 Java 语言的目标是实现良好的跨平台性。为了实现这一目标，Sun 公司提出了一种 Java 虚拟机(JVM)机制，其工作流程和原理如图 1-1 所示。

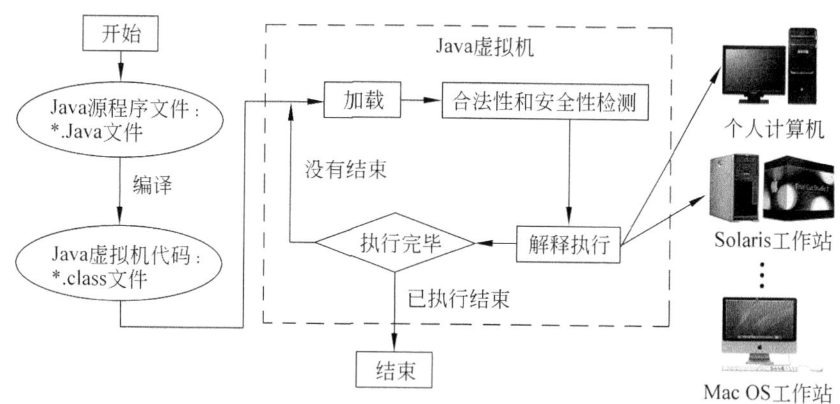

图 1-1　Java 虚拟机的工作流程和原理

Java 虚拟机是软件模拟的计算机，是编译和运行 Java 程序等的各种命令及其运行环境的总称，可以在任何处理器上(如在计算机或者其他电子设备中)安全兼容地执行保存在 .class 文件中的字节码。Java 虚拟机的“机器码”保存在 .class 文件中，有时也可以称为字节码文件，字节码实际上是一种与平台无关的伪代码。这些伪代码最终是在本地的计算机平台上运行，但 Java 程序的运行就好像是在这些 Java 命令的基础上进行，因此这些 Java 命令的集合好像是采用软件技术实现的一种虚拟计算机。这就是 Java 虚拟机名称的由来。

Java 程序的跨平台特性主要是指字节码文件可以在任何有 Java 虚拟机的计算机或者电子设备上运行，Java 虚拟机中的 Java 解释器负责将字节码文件解释成为特定的机器码来执行。因此在运行时，Java 源程序需要通过编译器编译成为 .class 文件。Java 虚拟机的建立需要针对不同的软硬件平台来实现，既要考虑处理器的型号，也要考虑操作系统的种类。在 SPARC 结构、x86 结构、MIPS 和 PPC 等嵌入式处理芯片上，在 UNIX、Linux、Windows 和部分实时操作系统上都可安装 Java 虚拟机。

1.5　Java 应用程序

Java 程序有两种形式：Application(应用程序)和 Applet(小应用程序)。Java 应用程序是能够独立运行的 Java 程序；Java 小应用程序是嵌入在 Web 页面的 Applet 程序，不能独立运行，需要嵌入超文本(HTML)中，由浏览器运行显示。

1.5.1 Application 应用程序

开发 Application(应用程序)和 Applet(小应用程序)的过程主要有 3 步：编辑、编译和运行。

1. 编辑 Java 源程序

编辑就是使用编辑器编写 Java 源代码，编辑器可以是记事本，也可以是 IDE 工具。本章使用记事本编写程序。用记事本新建一个文本文件并命名为 FirstJava. java，注意把扩展名改为 java。扩展名为 java 的文件，又称为 Java 源文件。FirstJava. java 源文件中的代码见例 1-1。

【例 1-1】 Application 程序(FirstJava. java)。

```
//FirstJava.java
/*
    开发者：***
    开发地点：***
    开发时间：****年**月**日
    最后一次修改时间：****年**月**日
    功能简介：Application 程序例子，程序的功能是输出 5 行字符串
*/
/** FirstJava 类是一个 Application 程序 */
    public class FirstJava {
        public static void main(String args[]){
        System.out.println("欢迎学习 Java 程序设计！");
        System.out.println("空谈误国，实干兴邦！");
        System.out.println("一分耕耘，一分收获！");
        System.out.println("我将成为一名优秀的 Java 程序员！");
        System.out.println("我将为中国梦而奋斗！");
    }//main()方法结束
}//类 FirstJava 结束
```

下面对例 1-1 中的源程序进行解释。使用 Java 语言编写程序应当尽量规范，有关 Java 语言规范要求请参考《Java 语言规范(第三版)》(由 Java 技术的发明者编著)。本书限于篇幅不再介绍。

1) 注释

一个良好的程序应当包含详尽的注释，注释是为了提高程序的可读性和可维护性。尤其对于大型项目来说，注释在维护和性能扩展上能起到良好的帮助和指导作用。在业界常说"代码不值钱，注释值钱"，由此也可看出注释的重要性。

Java 有以下 3 种注释形式。

(1) 单行注释。

格式如下：

```
//FirstJava.java
```

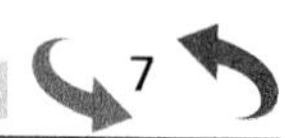

所有从//符号开始到行末的字符将被编译器忽略,这些字符起到解释说明作用。

(2) 多行注释。

格式如下:

```
/*
    开发者:***
    开发地点:***
    开发时间:****年**月**日
    最后一次修改时间:****年**月**日
    功能简介:Application 程序例子,程序的功能是输出 3 行字符串
*/
```

所有位于"/*"和"*/"之间的字符将被编译器忽略。一般在项目开发中,类定义前会添加多行注释,注明类的开发者、开发时间、修改时间以及类的功能。当项目需要维护和扩展的时候注释能够提供帮助。另外,该注释方式也常用于程序的调试。

(3) 文档注释。

格式如下:

```
/** FirstJava 类是一个 Application 程序 */
```

注释符号"/**"和"*/"之间的内容可以通过 javadoc 指令生成 Java 文档。Java 的 API 就是通过该注释方式生成的。

2) 类的声明

```
public class FirstJava{
    ⋮
}
```

在 Java 语言中所有的数据要先声明后使用,类也一样。

public 和 class 是 Java 语言中的关键字,Java 语言的关键字都是小写。Java 语言是大小写敏感的语言,关键字大小写不能混淆,如将 public 写成 Public 或者 PUBLIC,将产生语法错误,无法编译通过。public 用于声明公有属性,class 用于声明类。

标识符 FirstJava 指定所声明的类,即类名。Java 语言规范约定,类名首字母要大写,若由几个单词组成则每个单词首字母都要大写,如 FirstJava。

一个 Java 程序中可以包含多个源文件。一个源文件可以包含多个类,但是每个文件最多只能包含一个公共类,而且这个公共类必须与其所在的文件同名,如果需要修改公共类的名称,则需要同时修改该公共类所在的文件名。除内部类外,一般不建议在一个源文件中包含多个类。

此外,整个类体的声明由"{}"括起来。

3) main()方法

main()方法是所有 Java 应用程序执行的入口,但不是 Java 小应用程序的入口,因此可以独立运行的 Java 程序必须包含一个 main()方法。

main()方法是类 FirstJava 的一个组成部分,main()方法也称为 main 成员方法。

```
public static void main(String args[]){
```

```
    ...
}//main()方法结束
```

main()方法前面有 3 个必不可少的关键字，这是 Java 语言规定的。

(1) public。

public 指明成员方法 main()具有公共属性，是一个公有的方法，能够被任何其他对象调用。能够被 Java 虚拟机调用，它的参数 args 可以接收操作系统的赋值。

(2) static。

static 指明 main()方法是一个静态的类方法。静态方法不用实例化对象就能够直接调用。

(3) void。

void 指明 main()方法无返回值。

main()方法的形参 args 是参数变量，参数类型是 String[]。参数类型不可修改，参数变量名可以改变，一般不修改 main()方法的参数变量名称。参数变量可以接收来自操作系统传送的字符串类型的参数，这些参数之间需要用空格或者制表符分开。该数组长度可以随着操作系统传送参数的数目自动增加，以防止溢出。

【例 1-2】 通过命令行参数传值(MainArgu.java)。

```
//MainArgu.java
/*
    开发者：***
    开发地点：***
    开发时间：****年**月**日
    最后一次修改时间：****年**月**日
    功能简介：通过命令行传送参数。在程序编译后，运行程序的时候可以输入参数，这些参数将保
    存在形参数组中。通过 for 语句把输入的参数数据输出
*/
public class MainArgu{
    public static void main(String args[]){
        //声明字符串 str
        String str="";
        //控制语句和数组遍历将在第 4 章和第 5 章学习
        for(int i=0;i<args.length;i++){
            //遍历数组并通过+把字符串连接起来
            str+=args[i];
        }//for 结束
        System.out.println(str);
    }//main()方法结束
}//类 MainArgu 结束
```

4) main()方法中的语句

```
System.out.println("欢迎学习 Java 程序设计!");
System.out.println("空谈误国,实干兴邦!");
System.out.println("一分耕耘,一分收获!");
```

```
System.out.println("我将成为一名优秀的 Java 程序员!");
System.out.println("我将为中国梦而奋斗!");
```

这 5 条语句使用了 Java 提供的 System. out. println()方法，该方法用于输出数据。每对双引号及其内部的字符共同构成一个字符串。System 是 Java 提供的类，out 是“标准”输出，println()是 out 所属类的方法。

2. 编译 Java 源程序

程序编辑完成后，必须对源程序进行编译以生成字节码。编译 Java 源程序的编译器是 JDK(JDK 部分请参考第 2 章)提供的 javac 命令。编译源代码 FirstJava. java 和 MainArgu. java 的过程如图 1-2 所示。这里使用的是 Microsoft Windows 系列操作系统提供的 DOS 命令窗口。也可以使用 Linux 或者 UNIX 操作系统下的 Shell 或者 XTerm 的控制台窗口。

注意：文件名必须输入正确，否则会抛出异常信息，提示找不到该 Java 源文件。如果编译成功就能够在当前目录下生成同名. class 文件。

3. 运行 Java 应用程序

Java 源程序编译完成后方可运行，可以使用 JDK 提供的解释器即 java 命令解析执行字节码文件(. class 文件)。运行结果如图 1-2 所示。

图 1-2　编译运行 Java 应用程序

1.5.2　Applet 小应用程序

Applet 小应用程序是嵌入在网页中的 Java 程序，所以开发 Applet 小应用程序的第一步是编写 Java 源程序，第二步是编写 HTML(Hypertext Markup Language，超文本标记语言或超文本链接语言)文件。Java Applet 通过浏览器打开所嵌入的网页来运行，也可以使用 NetBeans、Eclipse 工具运行。

本例是 Applet 的简单应用，使用 NetBeans 8.0 和 Eclipse 4.3 开发，项目结构和运行结果如图 1-3 和图 1-4 所示。

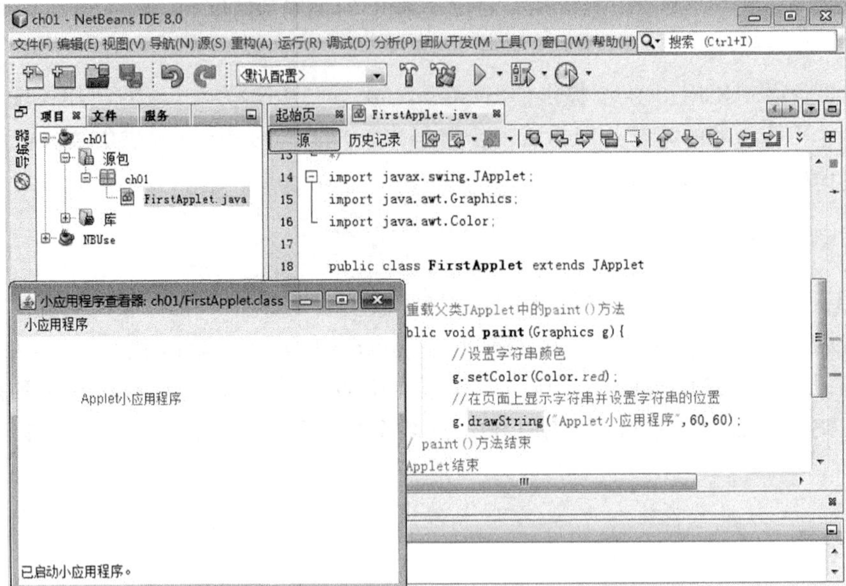

图 1-3　基于 NetBeans 8.0 的项目结构和运行结果

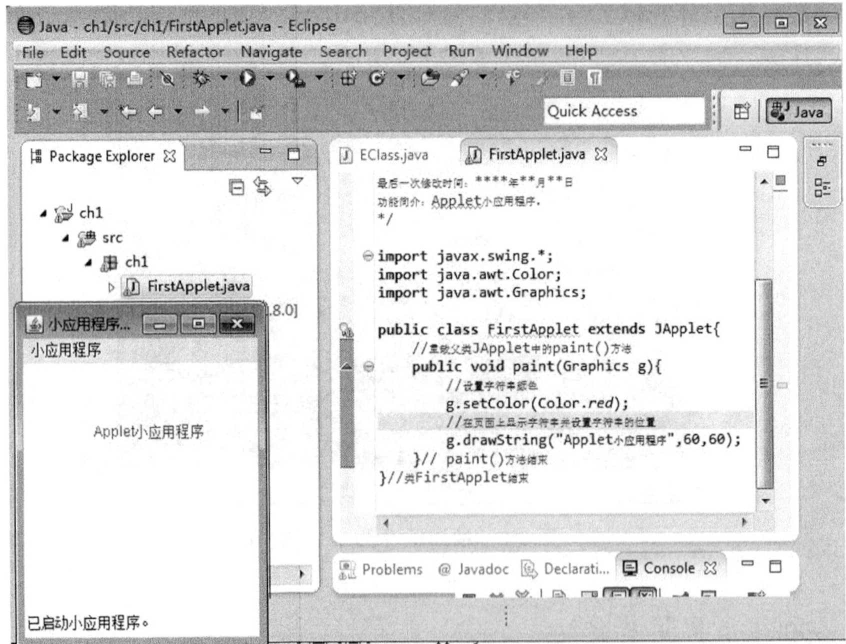

图 1-4　基于 Eclipse 4.3 的项目结构和运行结果

【例 1-3】 Applet 小应用程序(FirstApplet.java)。

```
//FirstApplet.java
/*
  开发者:***
  开发地点:***
  开发时间:****年**月**日
```

```
  最后一次修改时间：****年**月**日
  功能简介：Applet 小应用程序
 */
package ch01;
import javax.swing.JApplet;
import java.awt.Graphics;
import java.awt.Color;

public class FirstApplet extends JApplet
{
    //重载父类 JApplet 中的 paint()方法
    public void paint(Graphics g){
        //设置字符串颜色
        g.setColor(Color.red);
        //在页面上指定位置显示字符串
        g.drawString("Applet 小应用程序",60,60);
    }//paint()方法结束
}//类 FirstApplet 结束
```

1. 包的创建

例 1-3 中的“package ch01;”用于创建包，用包来组织管理类文件。

2. 类的导入

例 1-3 中的“import javax.swing.JApplet;”、“import java.awt.Graphics;”和“import java.awt.Color;”用于导入 JDK 类库提供的 JApplet 类、Graphics 类和 Color 类，* 表示导入包中所有类。例 1-1 和例 1-2 中用到的 System 类在 java.lang 包中，Java 规定该包中的类自动导入，因此不必用 import 关键字导入。

3. 类的继承

```
public class FirstApplet extends JApplet
{
    ⋮
}
```

extends JApplet 表示声明的 FirstApplet 类继承了 JApplet 类，extends 是关键字。FirstApplet 类被定义为 JApplet 类的子类。通过继承 JApplet 声明的类就是 Applet 小应用程序。

4. 类的方法

Applet 程序中没有 main()方法。

```
public void paint(Graphics g){
    g.setColor(Color.red);
    g.drawString("Applet 小应用程序",60,60);
}
```

覆盖父类 JApplet 中的 paint(Graphics g)方法。g 为 Graphics 类的对象。Graphics 类是所有图形的父类即超类,允许应用程序在组件上绘制图形。

g.setColor(Color.red)表示 g 对象调用方法 setColor(Color.red)将此图形的颜色设置为指定的颜色。

g.drawString("Applet 小应用程序",60,60)是 g 对象调用方法 g.drawString("Applet 小应用程序",60,60),使用该方法能够设置要输出的字符内容以及输出位置。本例中"Applet小应用程序"是输出内容,"60,60"指定输出时字符串最左侧字符的基线。

1.6 项目实训

1.6.1 项目目的

完成本项目须参考第 2~4 章内容,要求编写一个简单的猜数字游戏。通过项目训练激发学习兴趣,通过自学第 2~4 章的知识达到巩固已学知识以及预习新知识的目的。

1.6.2 项目需求分析

本项目实现猜数字游戏,项目使用 JDK 类库中的 Random 类随机生成一个 1~100 的数字,然后要求玩家通过键盘输入要猜的数。如果猜的数不对会提示猜的数太大或者太小,如果猜数正确会提示猜对了并提示猜了几次以及猜中的数字是多少。本项目分别使用 NetBeans 8 和 Eclipse 4.3 开发,使用 NetBeans 8.0 开发的项目名称为 ch01,项目结构和运行结果如图 1-5 所示;使用 Eclipse 4.3 开发的项目名称为 ch1,项目结构和运行结果如图 1-6 所示。

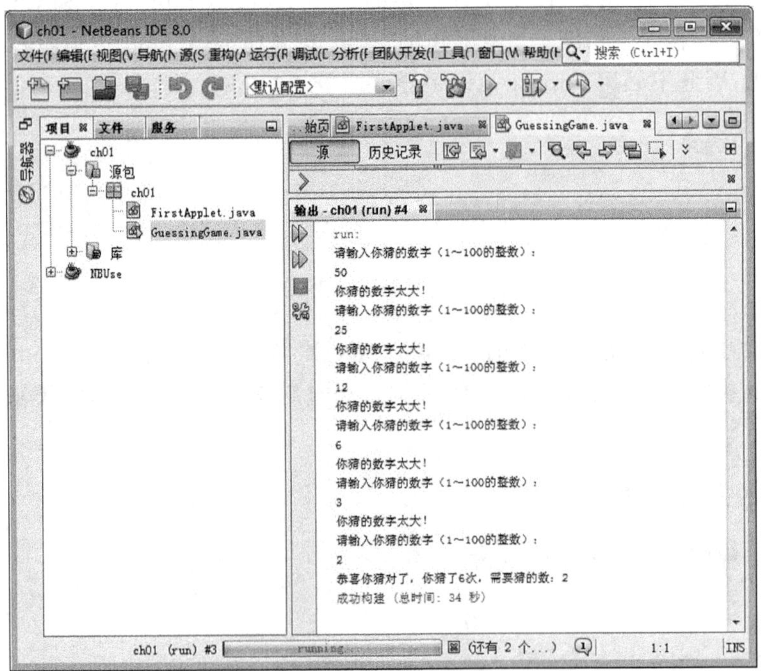

图 1-5 基于 NetBeans 8.0 的项目结构和运行结果

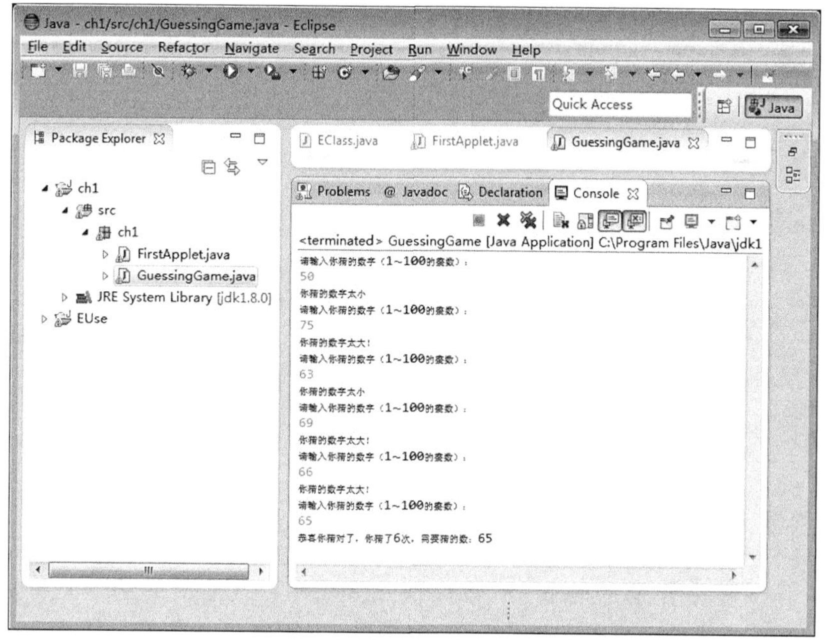

图 1-6　基于 Eclipse 4.3 的项目结构和运行结果

1.6.3　项目实现

【例 1-4】　猜数字游戏(GuessingGame.java)。

```
package ch01;
import java.util.Scanner;
import java.util.Random;

public class GuessingGame{
    public static void main(String args[]){
        //声明一个变量用于保存 Random 类随机生成的 1～100 的整数
        int game;
        //声明一个变量用于保存玩家猜的数
        int guess;
        //用于统计猜的次数
        int counter=0;
        //实例化一个 Random 类对象,用于产生随机数
        Random randomNumbers=new Random();
        //randomNumbers 对象调用 nextInt()方法生成一个随机整数
        //randomNumbers.nextInt(100)表示生成一个 0～99 的任意整数
        game=1+randomNumbers.nextInt(100);
        //实例化一个 Scanner 类对象,用于获取键盘输入的数据
        Scanner input=new Scanner(System.in);
        do{
            System.out.println("请输入你猜的数字(1～100 的整数): ");
```

```
                //调用方法获取从键盘输入的数据
                guess=input.nextInt();
                counter++;
                if(guess==game)
                    break;
                if(guess>game)
                    System.out.println("你猜的数字太大!");
                else
                    System.out.println("你猜的数字太小");
            }while(guess!=game);
            System.out.println("恭喜你,你猜了"+counter+"次,你猜对了!");
        }
    }
```

1.6.4 常见问题及解决方案

初学 Java 程序开发的时候,不建议使用 IDE 工具,本章的例 1-1 和例 1-2 均使用 Windows 系统提供的记事本和命令行窗口完成。以下常见问题都是使用命令行窗口编程时遇到的问题。首先把 GuessingGame.java 复制到文件夹"D:\深入浅出 Java 程序设计\第 1 章代码"并删去代码行"package ch01;"。

(1) 异常信息提示如图 1-7 所示。

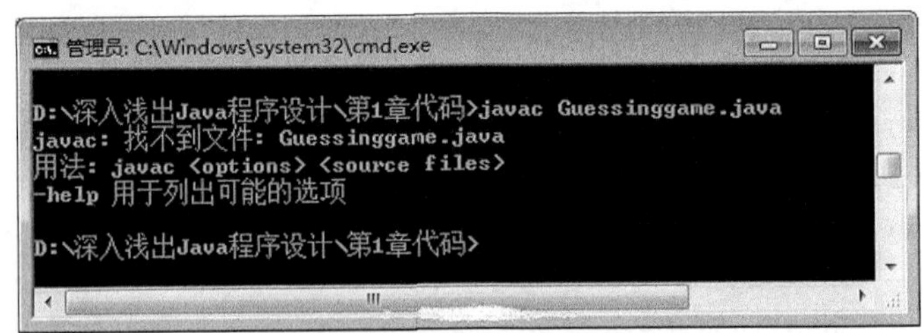

图 1-7 异常信息提示(一)

解决方案:原因可能是 Java 文件路径不对、文件名错误或文件不存在。请选择正确的路径,或者输入正确的文件名。

(2) 异常信息提示如图 1-8 所示。

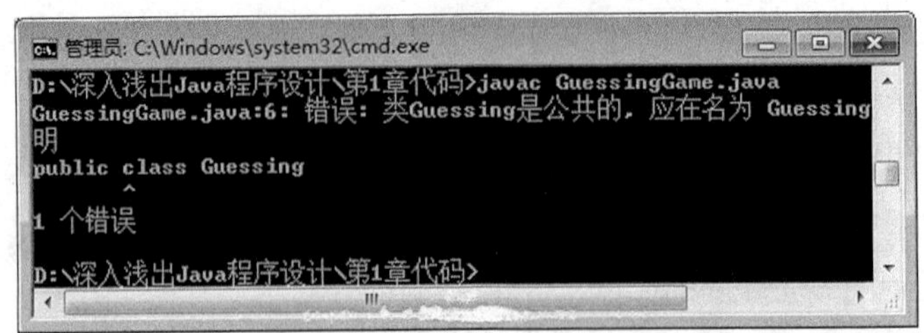

图 1-8 异常信息提示(二)

解决方案:类名 Guessing 和文件名 GuessingGame 不一致,Java 中规定公共类应和所在的 Java 源文件名一致。

(3) 异常信息提示如图 1-9 所示。

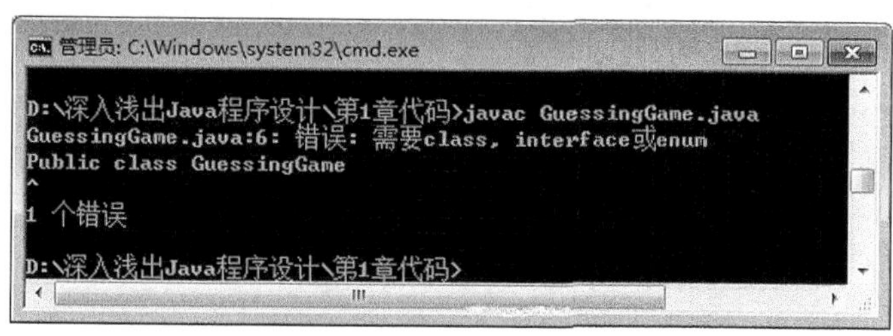

图 1-9　异常信息提示(三)

解决方案：类的声明中使用的关键字应为小写，且 Java 严格区分大小写，把 Public 改为 public。切记 public 不能拼写错，拼写错误也会产生异常。其他情况也会产生类似的异常。

(4) 异常信息提示如图 1-10 所示。

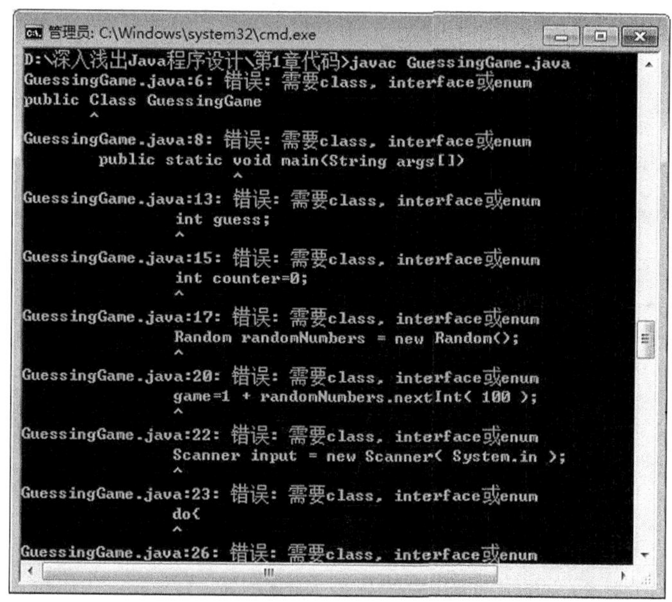

图 1-10　异常信息提示(四)

解决方案：类的声明中使用的关键字应为小写，且 Java 严格区分大小写，把 Class 改为 class。另外，在提示的多个错误中，一般先解决第一个错误，修改程序并保存、重新编译后，其他的错误可能不再提示。图 1-10 所提示的错误中，其实只有关键字写错一处错误。切记 class 不能拼写错，拼写错误也会产生异常。

(5) 异常信息提示如图 1-11 所示。

解决方案：方法的声明中使用的关键字应为小写，且 Java 严格区分大小写，把 Public 改为 public。切记 public 不能拼写错误，拼写错误也会产生异常。

(6) 异常信息提示如图 1-12 所示。

解决方案：方法的声明中使用的关键字应为小写，且 Java 严格区分大小写，把 Static 改

```
管理员: C:\Windows\system32\cmd.exe
D:\深入浅出Java程序设计\第1章代码>javac GuessingGame.java
GuessingGame.java:8: 错误: 需要<标识符>
        Public static void main(String args[])
                ^
1 个错误

D:\深入浅出Java程序设计\第1章代码>
```

图 1-11　异常信息提示(五)

```
管理员: C:\Windows\system32\cmd.exe
D:\深入浅出Java程序设计\第1章代码>javac GuessingGame.java
GuessingGame.java:8: 错误: 需要<标识符>
        public Static void main(String args[])
                     ^
GuessingGame.java:8: 错误: 方法声明无效; 需要返回类型
        public Static void main(String args[])
                           ^
2 个错误

D:\深入浅出Java程序设计\第1章代码>
```

图 1-12　异常信息提示(六)

为 static。切记 static 不能拼写错误,拼写错误也会产生异常。

(7) 异常信息提示如图 1-13 所示。

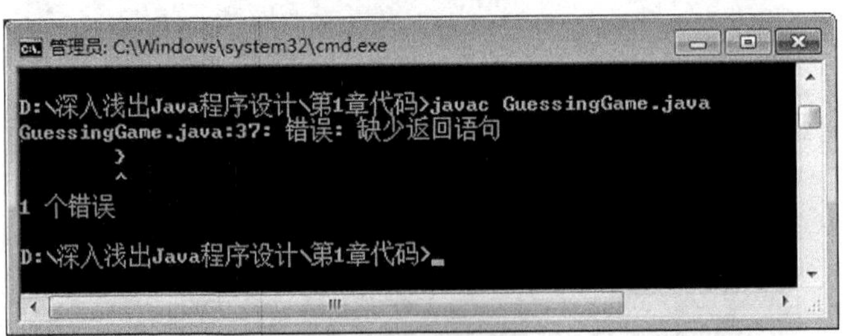

图 1-13　异常信息提示(七)

解决方案:方法的声明中使用的关键字应为小写,且 Java 严格区分大小写,把 Void 改为 void。切记 void 不能拼写错,拼写错误也会产生异常。

(8) 异常信息提示如图 1-14 所示。

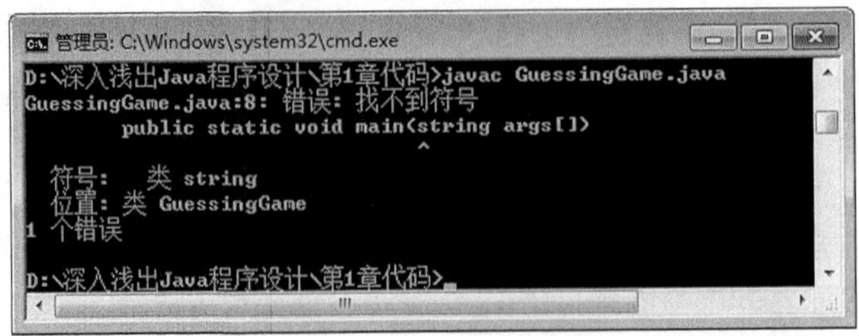

图 1-14　异常信息提示(八)

解决方案：方法的声明中使用的 string 首字母应为大写，且 Java 严格区分大小写，把 string 改为 String。

(9) 异常信息提示如图 1-15 所示。

```
管理员: C:\Windows\system32\cmd.exe
D:\深入浅出Java程序设计\第1章代码>javac GuessingGame.java
GuessingGame.java:22: 错误: 找不到符号
                Scanner input = new Scanner( System.in );
                ^
  符号:   类 Scanner
  位置: 类 GuessingGame
GuessingGame.java:22: 错误: 找不到符号
                Scanner input = new Scanner( System.in );
                                    ^
  符号:   类 Scanner
  位置: 类 GuessingGame
2 个错误

D:\深入浅出Java程序设计\第1章代码>
```

图 1-15　异常信息提示(九)

解决方案：在编写程序时，如果要在一个类中使用另外一个类，需要先导入后使用，本例中需用"import java. util. Scanner;"导入 Scanner 类。

(10) 异常信息提示如图 1-16 所示。

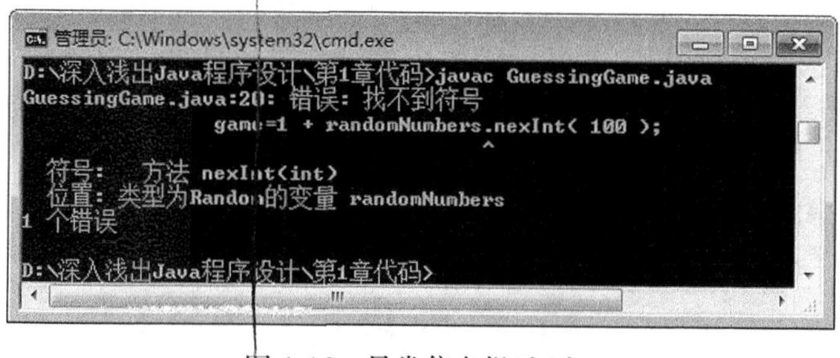

图 1-16　异常信息提示(十)

解决方案：在使用别的类的方法时，应保证方法名和参数正确。本例中使用的方法应为 nextInt(100)，方法名字拼写错误。

(11) 异常信息提示如图 1-17 所示。

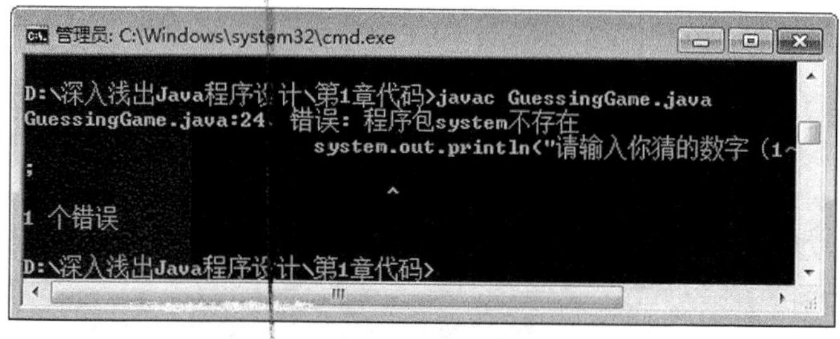

图 1-17　异常信息提示(十一)

解决方案：方法中使用的 system 首字母应为大写，且 Java 严格区分大小写，把 system 改为 System 即可。

(12) 异常信息提示如图 1-18 所示。

```
管理员: C:\Windows\system32\cmd.exe
D:\深入浅出Java程序设计\第1章代码>javac GuessingGame.java
GuessingGame.java:24: 错误: 找不到符号
                        System.out.printn("请输入你猜的数字 (1~100的整数) : ");
                                  ^
  符号:   方法 printn(String)
  位置: 类型为PrintStream的变量 out
1 个错误

D:\深入浅出Java程序设计\第1章代码>_
```

图 1-18　异常信息提示(十二)

解决方案：printn()方法名写错，改为 println()即可。

(13) 异常信息提示如图 1-19 所示。

```
管理员: C:\Windows\system32\cmd.exe

D:\深入浅出Java程序设计\第1章代码>javac GuessingGame.java
GuessingGame.java:24: 错误: 非法字符: '\uff08'
                        System.out.println(请输入你猜的数字 (1~100的整数) : ");
                                          ^
GuessingGame.java:24: 错误: 非法字符: '\uff5e'
                        System.out.println(请输入你猜的数字 (1~100的整数) : ");
                                                  ^
GuessingGame.java:24: 错误: 不是语句
                        System.out.println(请输入你猜的数字 (1~100的整数) : ");
                                                 ^
GuessingGame.java:24: 错误: 非法字符: '\uff09'
                        System.out.println(请输入你猜的数字 (1~100的整数) : ");
                                                    ^
GuessingGame.java:24: 错误: 不是语句
                        System.out.println(请输入你猜的数字 (1~100的整数) : ");
                                                      ^
GuessingGame.java:24: 错误: 非法字符: '\uff1a'
                        System.out.println(请输入你猜的数字 (1~100的整数) : ");
                                                    ^
GuessingGame.java:24: 错误: 未结束的字符串文字
                        System.out.println(请输入你猜的数字 (1~100的整数) : ");
                                                     ^
7 个错误

D:\深入浅出Java程序设计\第1章代码>_
```

图 1-19　异常信息提示(十三)

解决方案：字符串少一个双引号，而且双引号应是英文状态的双引号，否则也会出错。

(14) 异常信息提示如图 1-20 所示。

```
管理员: C:\Windows\system32\cmd.exe
D:\深入浅出Java程序设计\第1章代码>javac GuessingGame.java
GuessingGame.java:24: 错误: 非法字符: '\uff1b'
                        System.out.println("请输入你猜的数字 (1~100的整数) : ")
；
                                                               ^
1 个错误

D:\深入浅出Java程序设计\第1章代码>
```

图 1-20　异常信息提示(十四)

解决方案：语句后面的“；”应是英文状态的“;”。

(15) 异常信息提示如图 1-21 所示。

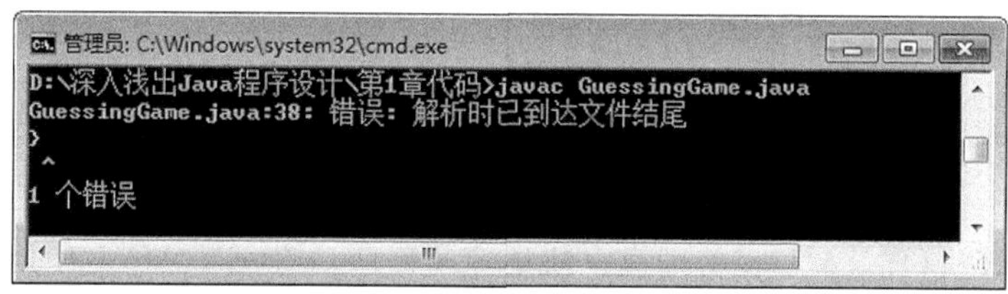

图 1-21 异常信息提示(十五)

解决方案：main()方法缺少"}"。

(16) 异常信息提示如图 1-22 所示。

```
管理员: C:\Windows\system32\cmd.exe
D:\深入浅出Java程序设计\第1章代码>javac GuessingGame.java
GuessingGame.java:37: 错误: 解析时已到达文件结尾
        }
         ^
1 个错误

D:\深入浅出Java程序设计\第1章代码>
```

图 1-22 异常信息提示(十六)

解决方案：类缺少"}"。

注意：*在该类中请勿将 System.out.println()写到 main()方法外，否则将出错。*

(17) 异常信息提示如图 1-23 所示。

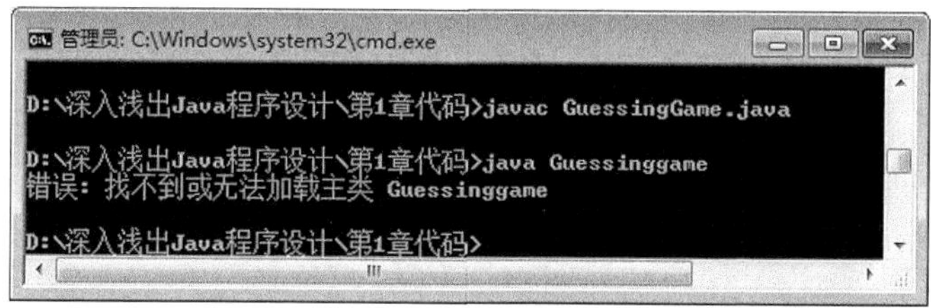

图 1-23 异常信息提示(十七)

解决方案：该异常为运行时异常。因为 Java 语言严格区分大小写，在运行时应将 Guessinggame 改为 GuessingGame，保证与类名一致。

1.7 课外阅读——计算机语言的发展史

计算机的运行离不开软件，软件是计算机的灵魂。软件由一系列的程序和相关的数据组成。用来编写程序的技术称为计算机语言。计算机语言又称为程序设计语言。随着计算机技术和操作系统的发展，不同风格的程序设计语言不断出现。计算机语言经历了由低级语言到高级语言的发展过程。按其是否接近人类自然语言，可将计算机语言划分为三大类：机器语言、汇编语言和高级语言。

1. 机器语言

软件的产生始于早期的机械式计算机的开发。从 19 世纪起，随着机械式计算机的更新，出现了穿孔卡片，这种卡片可以指导计算机进行工作。

但是直到 20 世纪中期现代化的电子计算机出现之后，软件才真正得以飞速发展。1946 年，第一台计算机(ENIAC)在美国宾夕法尼亚州诞生。在 ENIAC 上使用的也是穿孔卡片，在卡片上使用的是专家们才能理解的语言，由于它与人类语言的差别极大，所以称为机器语言，也就是第一代计算机语言。

这种机器语言是最原始的计算机语言，是直接用二进制代码指令表达的计算机语言。指令是用 0 和 1 组成的一串代码，它们有一定的位数，并分成若干段，各段的编码表示不同的含义。例如，某台计算机字长为 16 位，即由 16 个二进制数组成一条指令或其他信息。16 个 0 和 1 可组成各种排列组合，通过线路变成电信号，让计算机执行各种不同的操作。如某类型计算机的指令 1011011000000000 表示让计算机进行一次加法操作，而指令 1011010100000000 则表示进行一次减法操作。它们的前八位表示操作码，后八位表示地址码。从上面两条指令可以看出，它们的差别只是操作码中从左边第 0 位算起的第 7 位和第 8 位不同。

机器语言是计算机唯一可直接识别的语言，或者说用机器语言编写的程序可以在计算机上直接执行。用机器语言编写程序是十分困难的，也容易出错、不易修改，程序可读性极差。另外，由于不同类型的计算机具有不同的指令系统，在某一类计算机上编写的程序不能够在另一类计算机上运行，可移植性差。这种语言本质上是计算机能识别的唯一语言，但人类却很难理解它，以后的计算机语言就是在这个基础上，将机器语言逐步简化到人类能够直接理解的、近似于人类语言的程度，但最终送入计算机的工作语言，还是这种机器语言编译。高级语言的任务就是将它翻译成人类易懂的语言，而这个翻译工作可以由计算速度越来越高、工作越来越可靠的计算机来完成。

2. 汇编语言

计算机语言发展到第二代，出现了汇编语言。汇编语言是一种符号语言，使用一些容易记忆的助记符来代替机器指令。用汇编语言编写的程序，相对机器语言可读性好，容易编程，修改也方便。但是用汇编语言编写的程序计算机不能够直接执行。汇编源程序必须通过语言处理程序将其翻译成对应的机器语言，才能被计算机识别、执行。汇编语言和机器语言没有本质上的差别，基本上一条语句对应着一条指令。用汇编语言编程，最主要的缺点是程序与所要解决问题的数学模型之间的关系不直观，编程难度较大。和机器语言一样，汇编语言程序的可移植性也差。

比起机器语言，汇编语言大大前进了一步，尽管它还是太复杂，人们在使用时很容易出错误，但毕竟许多编码已经开始用字母来代替。简单的 0、1 数码谁也不会理解，但字母是人们能够阅读并拼写的。第二代计算机语言仍然是“面向机器”的语言，但它已注定要成为机器语言向更高级语言进化的桥梁。

一般把机器语言、汇编语言称为低级语言。

3. 高级语言

当计算机语言发展到第三代时，就进入了"面向人类"的语言阶段。在最初与计算机交流的过程中，人们意识到，应该设计一种语言，该语言接近于人的自然语言，同时又不依赖于计算机硬件，编出的程序能在所有计算机上通用，这就是高级语言。

高级语言又称为算法语言，它是独立于机型、面向应用、实现算法的语言。高级语言从根本上摆脱了指令系统的束缚，语言描述接近人类语言，人们不必熟悉计算机具体的内部结构和指令，只需把精力集中在问题的描述和求解上。

FORTRAN 语言是世界上第一个被正式推广使用的高级语言。它是 1954 年被提出来的，1956 年开始正式使用，至今已有近 60 年的历史，但仍历久不衰，它始终是数值计算领域所使用的主要语言。几十年来，共有 2600 种高级语言出现，其中具有代表性的语言如下。

1954 年 FORTRAN 语言诞生，1958 年 ALGOL 语言诞生，1960 年 LISP 和 COBOL 语言诞生，1962 年 APL 和 SIMULA 语言诞生，1964 年 BASIC 和 PL/I 语言诞生，1966 年 ISWIM 语言诞生，1967 年 Simulator 语言诞生，1970 年 Prolog 语言诞生，1972 年 C 语言诞生，1975 年 Pascal 和 Scheme 语言诞生，1977 年 OPS5 语言诞生，1978 年 CSP 和 FP 语言诞生，1980 年 dBASE Ⅱ 语言诞生，1983 年 Smalltalk-80，Ada 和 Parlog 语言诞生，1984 年 Standard ML 语言诞生，1986 年 C++ 语言诞生，1986 年 CLP(R)和 Eiffel 语言诞生，1987 年 Perl 语言诞生，1988 年 CLOS，Mathematica 和 Oberon 语言诞生，1990 年 Haskell 语言诞生，1991 年 Python 语言诞生，1995 年 Java，PHP 和 Ruby 语言诞生，2002 年 C# 语言诞生。

高级语言程序设计思想又经历了面向问题、面向过程、面向对象的发展过程。随着 Windows 操作系统的普及，又出现了面向对象的可视化编程语言，比较流行的有 Visual Basic、Visual C++ 、Visual C# 和 Java 等。

20 世纪 60 年代中后期，软件越来越多，规模越来越大，而软件的开发基本上是各自为战，缺乏科学规范的系统规划与测试、评估标准，其恶果是大批耗费巨资建立起来的软件系统，由于含有错误而无法使用，甚至带来巨大损失，软件给人的感觉是越来越不可靠，以致几乎没有不出错的软件。这一切，极大地震动了计算机界，史称"软件危机"。人们认识到，大型程序的编制不同于小程序的编写，它应该是一项新的技术，应该像处理工程一样处理软件研制的全过程。程序的设计应易于保证正确性，也便于验证正确性。1969 年，人们提出了结构化程序设计方法，1970 年，第一个结构化程序设计语言——Pascal 语言出现，标志着结构化程序设计时期的开始。

20 世纪 80 年代初期开始，在软件设计思想上，又产生了一次革命，其成果就是面向对象的程序设计。在此之前的高级语言，几乎都是面向过程的，程序的执行是流水线似的，在一个模块被执行完成前，人们不能干别的事，也无法动态地改变程序的执行方向。这和人们日常处理事物的方式是不一致的，对人而言是希望发生一件事就处理一件事，也就是说，不能面向过程，而应是面向具体的应用功能，也就是对象(object)。其方法就是软件的集成化，如同硬件的集成电路一样，生产一些通用的、封装紧密的功能模块，称为软件集成块或者模块，它与具体应用无关，但能相互组合，完成具体的应用功能，同时又能重复使用。对使用者来说，只关心它的接口及能实现的功能，至于如何实现的，那是它内部的事，使用者完全不用关心，C++ 、VB、Delphi、C# 和 Java 就是典型代表。

下一代语言(又称为第四代)是使用第二代和第三代语言编制而成的,每一种语言都有其特定的应用范围。实际上,实用语言发展到今天已出现了一些有运用性质的第四代语言。第四代语言的特点就是它们只需要操作人员输入原始数据,并命令它们执行。至于怎样执行则由它们本身来决定的,它已经在相当程度上替代了人脑的工作。第四代语言的特点还在于:操作者几乎不需要经过特殊训练,几乎所有的“实用语言”都有“帮助”功能,可以遵照计算机给出的指示来完成工作。

高级语言的下一个发展目标是面向应用,只需要告诉程序要干什么,程序就能自动生成算法,自动进行处理,这就是非过程化的程序语言。

计算机语言的未来发展趋势:面向对象程序设计以及数据抽象在现代程序设计思想中占有很重要的地位,未来语言的发展将不再是一种单纯的语言标准,将会完全面向对象,更容易表达现实世界,更易为人编写,其使用将不再只是专业的编程人员,人们完全可以以定制真实生活中一项工作流程的简单方式来完成编程。

计算机技术的飞速发展,离不开人类科技知识的积累,离不开许许多多热衷于此并呕心沥血的科学家们的探索。正是一代代技术的积累才构筑了今天的信息化成就。

1.8 本章小结

Java 语言是起源于 Sun 公司为智能电子产品推出的语言,在 Java 发展中遇到很大的挫折,但随着网络的兴起改变了 Java 的发展。在短短几十年的发展历程中,Java 语言以其自身的优点逐步成为网络时代信息化技术中的首选语言。本章简要介绍了 Java 语言。通过本章的学习,应该了解和掌握以下内容。

(1) Java 语言的诞生与发展。

(2) Java 语言简介。

(3) Java 语言的特征。

(4) Java 程序的工作原理。

(5) Java 应用程序。

总之,本章内容是对 Java 程序开发以及后续学习的一个铺垫,通过本章的学习,能够大概了解 Java 语言的基本知识。

1.9 习题

1.9.1 选择题

1. 用软件模拟计算机对 Java 进行编译和运行的是(　　)。

   A. JVM　　B. javac　　C. java　　D. exe

2. 下列 main()方法使用正确的是(　　)。

   A. public static void main(String args){}

   B. public static void main(String[] arg){}

   C. public void main(String args[]){}

D. public static main(String args[]){}

3. FirstJava.java 文件中定义一个共有类 FirstJava，该文件编译成功后在当前路径上生成的文件应是(　　)。

A. FirstJava.java　　B. Firstjava.class

C. First.class　　D. FirstJava.class

4. 编写 Application 应用程序，类的声明为 public class HelloWorld，该程序应保存的文件名是(　　)。

A. helloWorld.java　　B. HelloWorld.java

C. Helloworld.java　　D. Helloworld.class

1.9.2 填空题

1. Java 的 3 种平台是________、________和________。
2. Java 程序有两种形式：________和________。
3. Java 注释有 3 种形式：________、________和________。

1.9.3 论述题

1. 论述 Java 的 3 种平台。
2. 论述 Java 语言的发展。
3. 论述 Java 语言的特征。
4. 论述 Java 程序的工作过程。
5. 论述 Java 程序的两种形式。
6. 论述 Java 的 3 种注释形式。

1.9.4 操作题

1. 编写一个 Java 应用程序，程序运行后在命令行输出"知识改变命运，技术改变生活!"。

2. 编辑、编译、运行以下程序，并说明程序的功能。

```
//Sum.java
/*
    开发者：***
    开发地点：办公室
    开发时间：****年**月**日
    最后一次修改时间：****年**月**日
    功能简介：…
*/
public class Sum
{
    public static void main(String args[]){
        int i=1,n=10,s=0;
```

```
        System.out.print("Sum("+n+")=");
        for (i=1;i<n;i++)
        {
            s+=i;
            System.out.print(i+"+");
        }
        System.out.println(i+"="+(s+i));
    }
}
```

第2章 Java开发环境

当开发Java应用程序时，须先安装JDK。JDK安装后，可以使用其他多种工具和技术辅助项目的开发，如NetBeans、Eclipse等。本章主要介绍开发和运行Java应用程序所需的常用工具软件。

本章主要内容如下。

（1）JDK的安装和配置。

（2）NetBeans开发环境。

（3）Eclipse开发环境。

2.1 JDK的安装和配置

JDK是开发Java程序必备的工具，在使用Java编程前请先安装需要的JDK版本。

2.1.1 JDK的简介与下载

JDK是编译、调试、运行Java程序的开发环境，是一个处于操作系统层之上的运行环境以及开发者编译、调试和运行Java程序的工具。

从JDK 5.0开始，其版本不再延续以前的1.2、1.3、1.4，而是变成了5.0、6.0、7.0、8.0了。从6.0开始，其运行效率得到非常大的提高，尤其是在桌面应用方面。

1999年，Sun公司推出的JDK 1.3将Java平台划分为J2ME、J2SE和J2EE，使Java技术得到了最广泛的应用。

从JDK 5.0后，一般把这3个平台称为Java ME、Java SE、Java EE。

本书使用的是支持Win7操作系统的JDK8。Java SE的JDK8可以在http://www.oracle.com/technetwork/java/javase/downloads/index.html网站下载。本书下载的是JDK8，如图2-1所示。

注：因为2014年4月微软公司正式让Windows XP退役，所以JDK8不支持Windows XP，安装JDK8时需要更高版本的Windows操作系统支持，如Win7、Win8等。

2.1.2 JDK的安装和配置简介

1. JDK的安装

在下载文件夹中双击文件jdk-8-windows-i586.exe即开始安装。具体安装步骤如下。

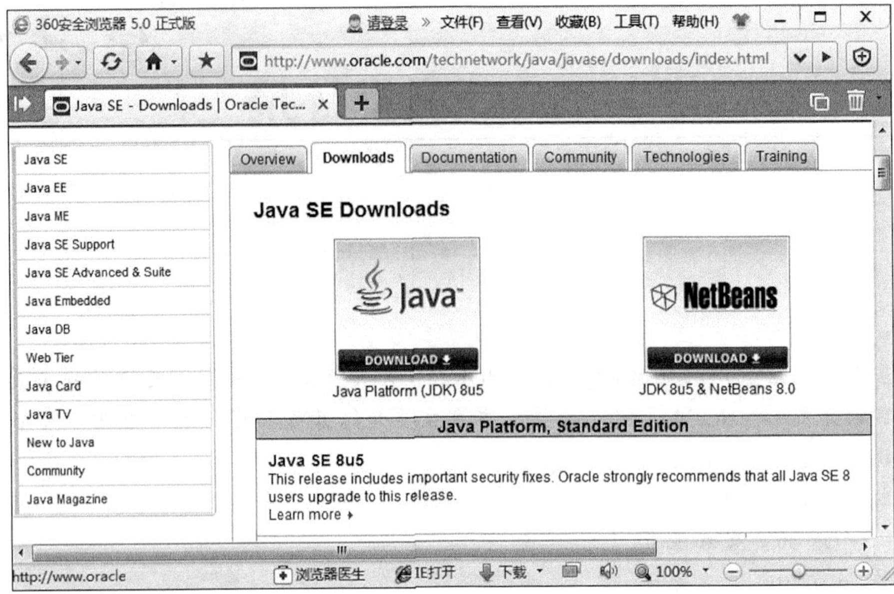

图 2-1 JDK 下载

(1) 双击 jdk-8-windows-i586. exe 文件，弹出如图 2-2 所示的对话框。

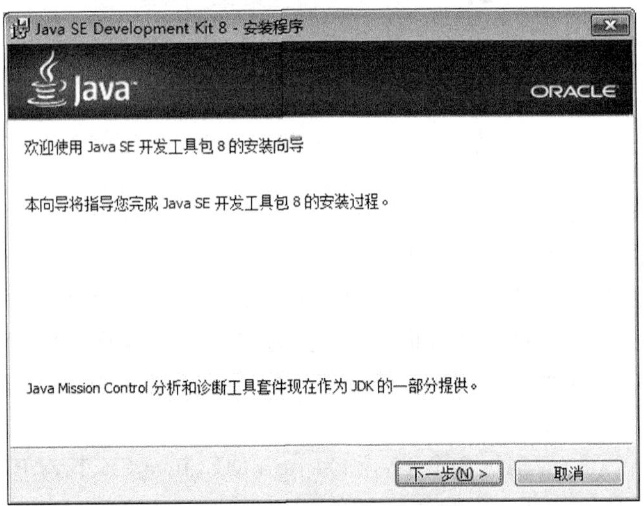

图 2-2 “安装向导”对话框

(2) 单击图 2-2 中的“下一步”按钮，弹出图 2-3，单击“更改”按钮可以选择 JDK 的安装路径，也可以使用默认安装路径。

(3) 单击图 2-3 中的“下一步”按钮，弹出图 2-4，选定安装路径，单击“下一步”按钮继续安装，安装完成后弹出如图 2-5 所示的对话框。

2. JDK 的配置

JDK 安装完成后，需要设置环境变量并测试 JDK 的配置是否成功，具体步骤如下。

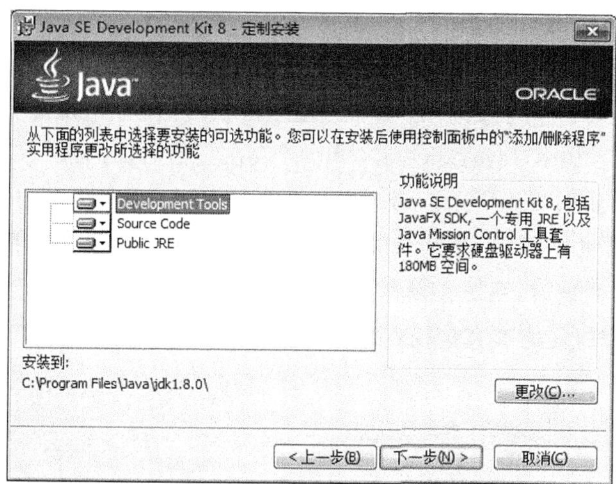

图 2-3　自定义安装开发工具

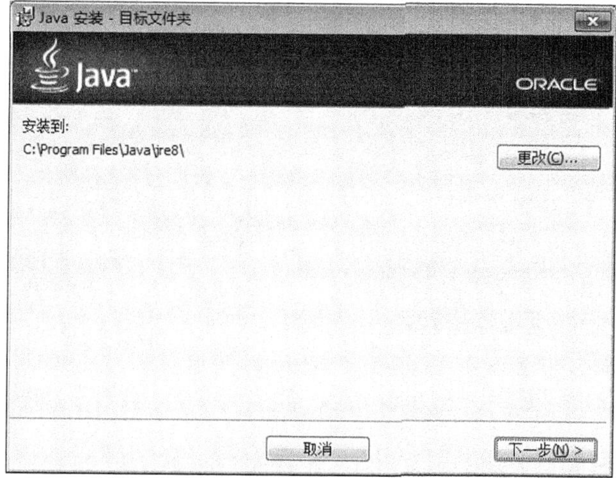

图 2-4　"目标文件夹"对话框

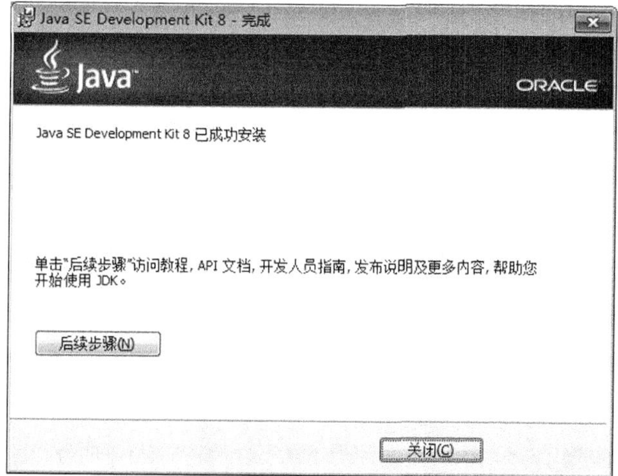

图 2-5　"安装完成"对话框

(1) 右击“我的电脑”,选择“属性”菜单项。在弹出的“系统属性”对话框中选择“高级”选项卡,单击“环境变量”按钮,将弹出“环境变量”对话框,如图 2-6 所示。

(2) 在“环境变量”对话框中的“系统变量”区域内,查看并编辑 Path 变量,在其值前面添加“C:\Program Files\Java\jdk1.8.0\bin;”或在其值后面添加“;C:\Program Files\Java\jdk1.8.0\bin”,如图 2-7 所示。最后单击“确定”按钮返回。其中,“C:\Program Files\Java”是 JDK 安装的路径,也是默认安装路径。Java 平台提供的可执行文件都放在 bin 包内。配置好 Path 变量后,系统在操作 Java 应用程序时,如用 javac、java 等命令编译或者执行 Java 应用程序时,就能够直接找到命令对应的可执行文件。

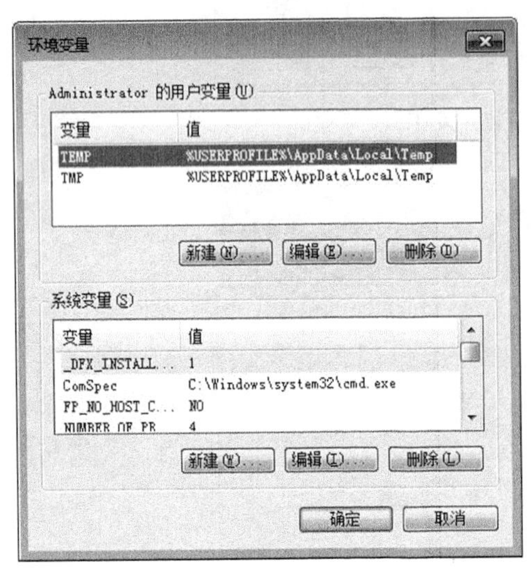

图 2-6 “环境变量”对话框

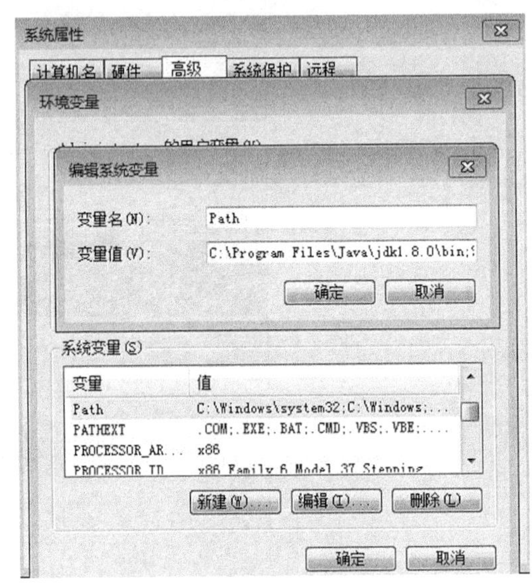

图 2-7 编辑 Path 变量

(3) 在“环境变量”对话框中,单击“系统变量”区域中的“新建”按钮,将弹出“新建系统变量”对话框。在“变量名”文本框中输入 classpath,在“变量值”文本框中输入“.;C:\Program Files\Java\jdk1.8.0\lib”,最后单击“确定”按钮完成 classpath 的创建,如图 2-8 所示。其中,“.”代表当前路径,lib 包是 JDK 类库的路径。JDK 提供了庞大的类库供开发人员使用,当需要使用 JDK 提供的类库时,需设置 classpath。

(4) 新建一个系统变量,在“变量名”文本框中输入 JAVA_HOME,在“变量值”文本框中输入 C:\Program Files\Java\jdk1.8.0,如图 2-9 所示。设置 JAVA_HOME 是为了方便引用路径。例如,JDK 安装在 C:\Program Files\Java\jdk1.8.0 目录里,则设置 JAVA_HOME 为该路径,那么以后要使用这个路径的时候,只需输入%JAVA_HOME%即可,避免每次引用都输入很长的路径串。

(5) 测试 JDK 配置是否成功。单击“开始”菜单中的“运行”菜单项,在弹出的“运行”对话框中输入 cmd 命令,进入 MS-DOS 命令窗口。进入任意目录下后输入 javac 命令,按 Enter 键,系统会输出 javac 命令的使用帮助信息,如图 2-10 所示。这说明 JDK 配置成功,否则应检查前述步骤是否有误。

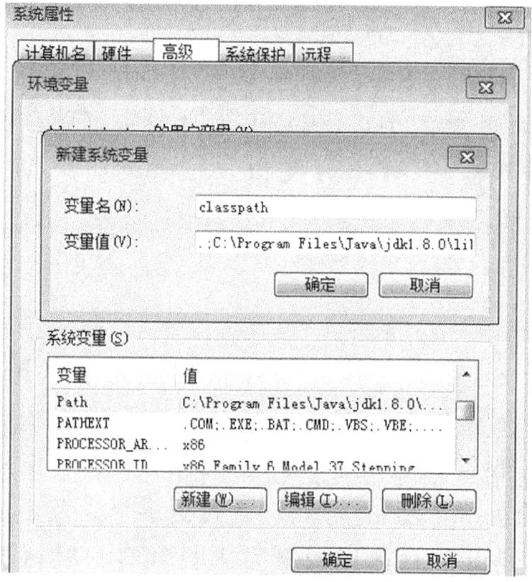

图 2-8 设置 classpath

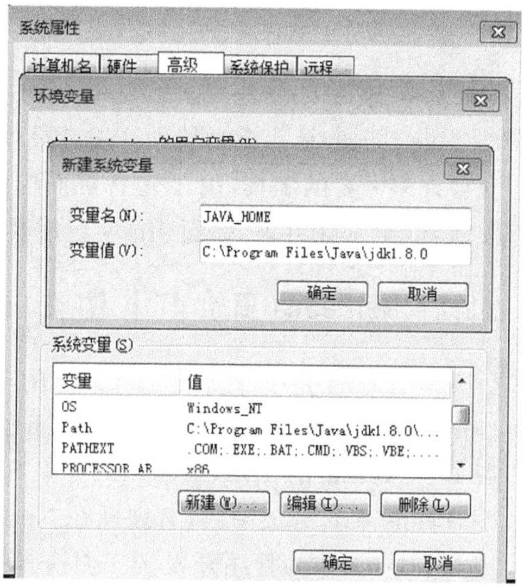

图 2-9 设置 JAVA_HOME

图 2-10 Java 命令的使用帮助

2.2 NetBeans 开发环境

NetBeans 是一个为软件开发者设计的自由、开放的 IDE(集成开发环境),可以在这里获得许多需要的工具,用于建立桌面应用、企业级应用、Web 开发和 Java 移动应用程序开发、C/C++ 应用开发,甚至 Ruby 应用开发。

2.2.1 NetBeans 简介与下载

NetBeans 是一个始于 1997 年的 Xelfi 计划,本身是捷克布拉格查理大学(Charles University)数学及物理学院学生的计划。此计划延伸并成立了一家公司进而发展了商用版本的 NetBeans IDE,直到 1999 年 Sun 公司收购此公司。Sun 公司于 2000 年 6 月将 NetBeans IDE 开放源码,直到现在 NetBeans 的社群依然持续增长,而且更多个人及企业使用 NetBeans 作为程序开发的工具。NetBeans 是开源社区以及开发人员和客户社区的家园,旨在构建世界级的 Java IDE。NetBeans 当前可以在 Solaris、Windows、Linux 和 Macintosh OS/X 平台上进行开发,并在 SPL(Sun 公司许可)范围内使用。网站 http://www.netbeans.org 已经获得业界广泛认可,并支持 NetBeans 扩展模块中大约 100 多个模块。

作为一个全功能的开放源码 Java IDE,NetBeans 可以帮助开发人员编写、编译、调试和部署 Java 应用,并将版本控制和 XML 编辑融入其众多功能之中。NetBeans 可支持 Java 平台标准版(Java SE)应用的创建、采用 JSP 和 Servlet 的 2 层 Web 应用的创建,以及用于 2 层 Web 应用的 API 及软件的核心组件的创建。此外,NetBeans 最新版本还预装了多个 Web 服务器,如 Tomcat 和 GlassFish 等,从而免除了烦琐的配置和安装过程。所有这些都为 Java 开发人员创造了一个可扩展的、开放源代码的、多平台的 Java IDE,以支持他们在各自所选择的环境中从事开发工作。

NetBeans 的官方网站下载地址是 https://netbeans.org 或者 www.oracle.com,其中一个下载界面如图 2-11 所示。可根据需要下载合适版本的 NetBeans。本书使用的是 NetBeans 8.0 版本。

图 2-11 NetBeans 的下载站点

2.2.2 NetBeans 的安装和使用

1. NetBeans 的安装

在下载文件夹中双击文件 netbeans-8.0-windows.exe 即开始安装。具体安装步骤如下。

(1) 双击 netbeans-8.0-windows.exe 文件，进行参数传送后，弹出如图 2-12 所示的"安装程序"对话框，单击"定制"按钮，可以对需要安装的功能进行选择，单击"下一步"按钮，弹出如图 2-13 所示的"许可证协议"对话框。

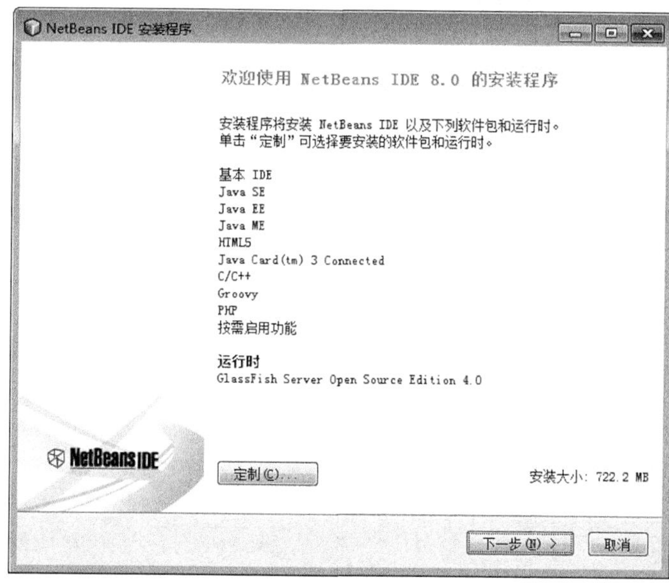

图 2-12 "安装程序"对话框

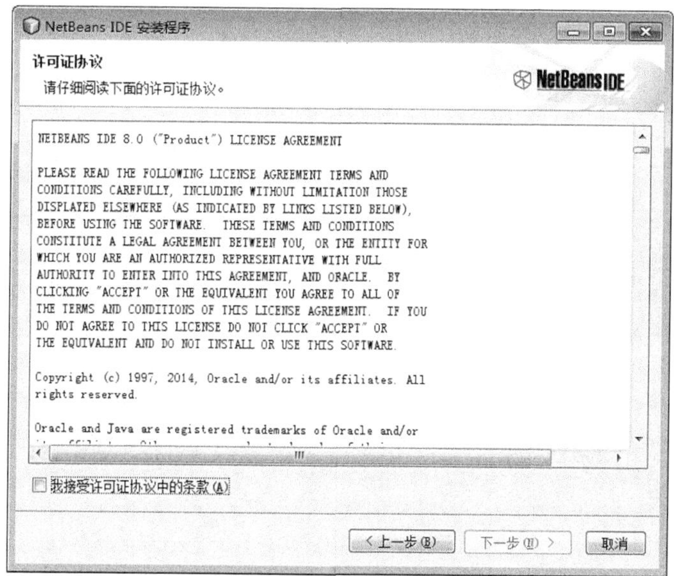

图 2-13 "许可证协议"对话框

(2) 选择图 2-13 中的“我接受许可证协议中的条款”复选框后，单击“下一步”按钮，弹出如图 2-14 所示的“JUnit 许可证协议”对话框，根据需要选择要安装或者不安装 JUint 后，单击“下一步”按钮，弹出如图 2-15 所示的“选择安装文件夹和 JDK”对话框，选择 NetBeans 安装路径和使用的 JDK，也可以使用默认路径。单击“下一步”按钮弹出“GlassFish 4.0 安装”对话框，选择要安装的 GlassFish 文件的路径，也可以使用默认路径并单击“下一步”按钮，将弹出“概要”对话框并单击“安装”按钮，安装数分钟后将弹出如图 2-16 所示的“安装完成”对话框。

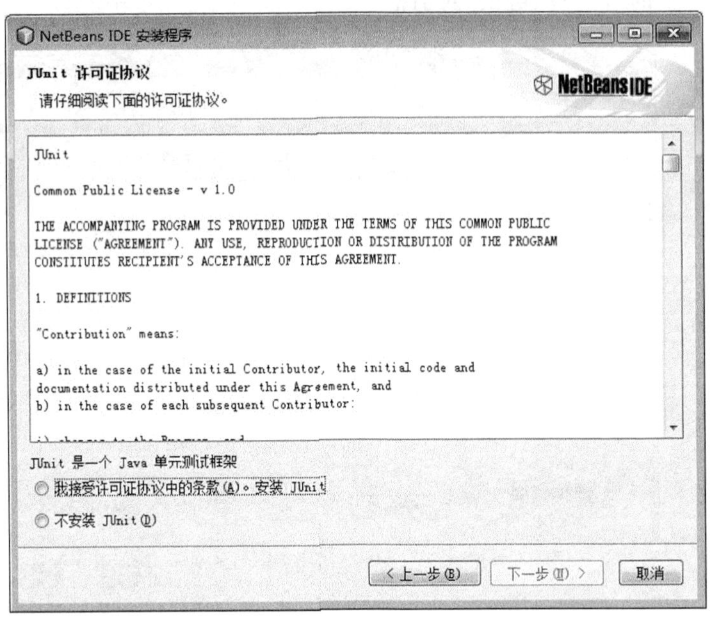

图 2-14 “JUnit 许可证协议”对话框

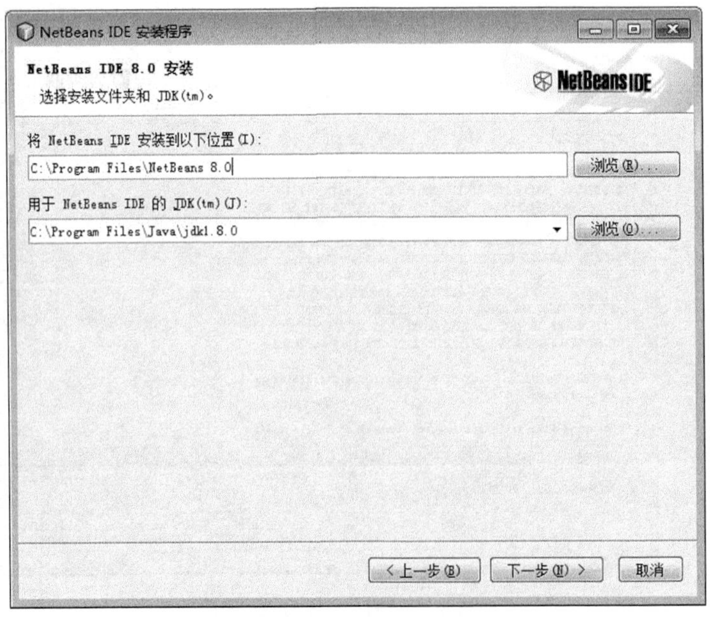

图 2-15 “选择安装文件夹和 JDK”对话框

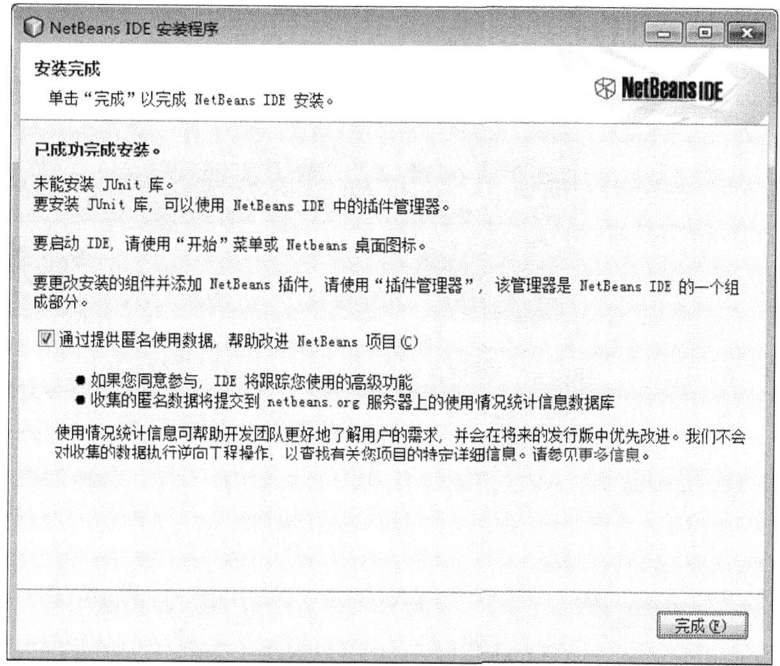

图 2-16　“安装完成”对话框

2. NetBeans 的使用

安装 NetBeans 后，双击打开，出现如图 2-17 所示的 NetBeans 启动页面。启动后出现如图 2-18 所示的主页面，可以使用菜单项对 IDE 进行设置并使用。

图 2-17　NetBeans 启动界面

(1) 单击图 2-18 中的菜单“文件”→“新建项目”，弹出如图 2-19 所示的对话框，在“选择项目”中的“类别”框中选择 Java，在“项目”框中选择“Java 应用程序”，单击“下一步”按钮，弹出如图 2-20 所示的对话框。

图 2-18　NetBeans 主页面

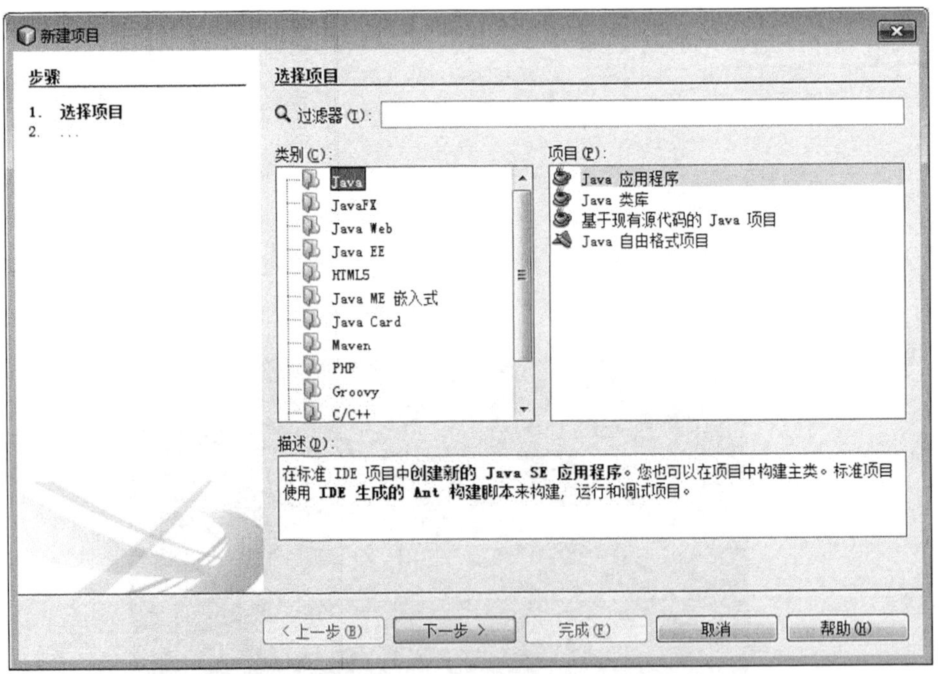

图 2-19　“项目类别选择”对话框

(2) 在图 2-20 中，可以对项目的名称以及路径进行设置。在“项目名称”文本框中为 Java 应用程序项目命名，可以使用项目默认名字，也可以自己根据项目的需要命名；在“项目位置”文本框中对项目位置进行选择，可以使用默认路径，也可以自己选定路径；也可以给主类命名，单击“完成”按钮，弹出如图 2-21 所示的项目开发主界面。

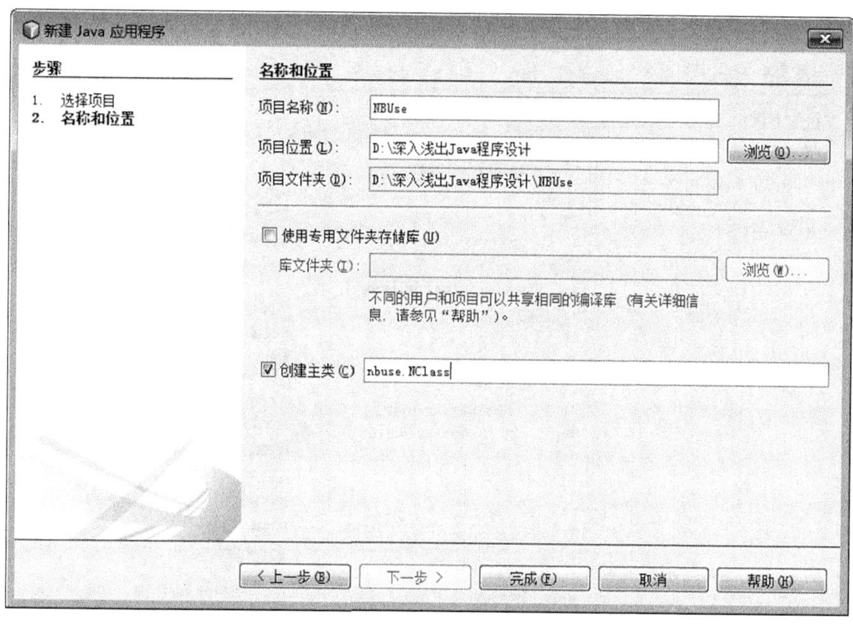

图 2-20　项目命名和路径选择

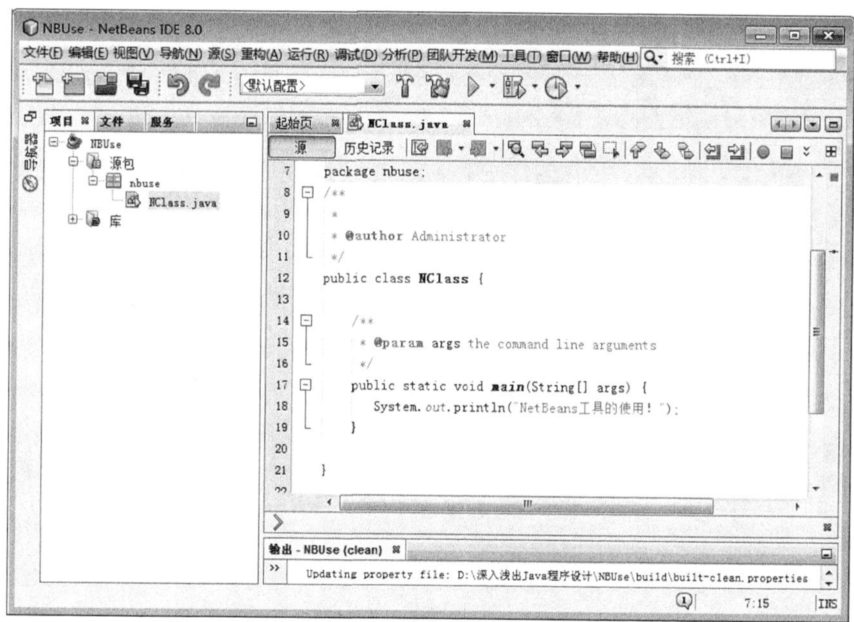

图 2-21　项目开发主界面

(3) 在图 2-21 中的 NetBeans 编辑器中，输入"System.out.println("NetBeans 工具的使用!");"。编写后右击出现如图 2-22 所示的菜单，单击"运行文件"命令即运行程序。成功运行后将在"输出"区域输出运行结果，如图 2-23 所示。

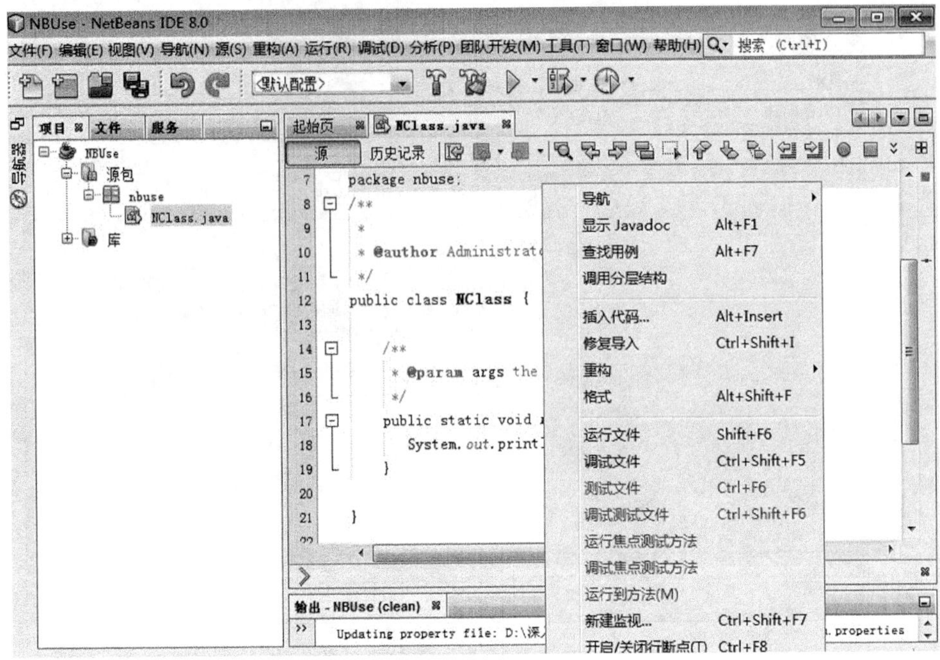

图 2-22　程序运行

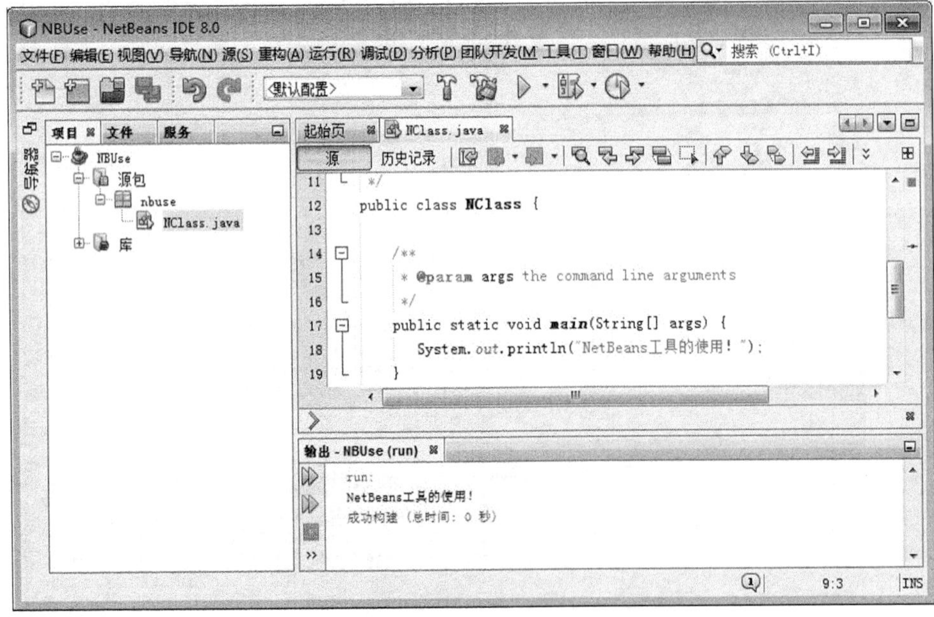

图 2-23　运行结果

2.3　Eclipse 开发环境

Eclipse 平台是 IBM 公司向开源社区捐赠的开发框架，它是一个成熟的、精心设计的、可扩展的体系结构。

2.3.1 Eclipse 简介与下载

1998 年,IBM 公司开始了下一代开发工具技术探索之路,并成立了一个项目开发小组。经过两年的发展,2000 年 IBM 公司决定给这个新一代开发工具项目命名为 Eclipse。Eclipse 当时只是内部使用的名称。这时候的商业目标就是希望 Eclipse 项目能够吸引更多开发人员,发展起一个强大而又充满活力的商业合作伙伴。同时 IBM 公司意识到需要用它来“对抗”Microsoft Visual Studio 的发展,因此从商业目标考虑,通过开源的方式 IBM 公司最有机会达到目的。

2001 年 12 月,IBM 公司向世界宣布了两件事,第一件是创建开源项目,即 IBM 公司捐赠价值 4000 万美元的源码给开源社区;另外一件事是成立 Eclipse 协会,这个协会由一些成员公司组成,主要任务是支持并促进 Eclipse 开源项目。

Eclipse 经过了 2.0 到 2.1 的发展,不断收到来自社区的建议和反馈,终于到了一个通用化的阶段。在 3.0 版本发行时,IBM 公司觉得时机成熟,于是正式声明将 Eclipse 作为通用的富客户端(RCP)和 IDE。

从 Eclipse 3.0 到 3.1,再到 3.5,富客户端平台应用快速增长,越来越多的反馈帮助 Eclipse 完善和提高。

Eclipse 是一个开放源代码的、基于 Java 的可扩展开发平台,是一个框架和一组服务,用于通过插件组件构建开发环境。Eclipse 附带了一个标准的插件集,包括 Java 开发工具(Java Development Tools,JDT)。Eclipse 还包括插件开发环境(Plug-in Development Environment,PDE),这个组件主要针对希望扩展 Eclipse 的软件开发人员,因为它允许构建与 Eclipse 环境无缝集成的工具。由于 Eclipse 中的每样东西都是插件,对于给 Eclipse 提供插件,以及给用户提供一致和统一的集成开发环境而言,所有工具开发人员都具有同等的发挥场所。

Eclipse 是使用 Java 语言开发的,但它的用途并不限于 Java 语言。例如,Eclipse 也支持诸如 C/C++、Eiffel 等编程语言的插件。

2005 年美国国家航空航天管理局(NASA)在加利福尼亚州的实验室负责火星探测计划,其管理用户界面就是一个 Eclipse RCP 应用,通过这个应用,加利福尼亚州的工作人员就可以控制在火星上运行的火星车。在演示过程中,有人问为什么使用 Eclipse,回答是:使用 Eclipse 这门技术,他们不用担心,而且还节省了不少纳税人的钱,因为他们只需要集中资源开发控制火星车的应用程序就可以了。

Eclipse 的官方网站下载地址是 www.eclipse.org/downloads,下载界面如图 2-24 所示。可根据需要下载适用的 Eclipse 版本。本书使用的是 Eclipse Standard 4.3 版本。如果要开发 Java Web 项目请下载 Eclipse IDE for Java EE Developers 版本。

2.3.2 Eclipse 的使用

Eclipse 是免安装的 IDE,在下载文件夹中双击文件 eclipse-standard-kepler-SR2-win32.zip 进行解压缩,然后双击文件 eclipse.exe 即可运行,运行界面如图 2-25 所示。

Eclipse 启动后出现图 2-26,要求选择工作区路径。可以选择默认的工作区路径,也可

图 2-24　Eclipse 的下载站点

图 2-25　Eclipse 的运行界面

以把工作区设置到别的路径。

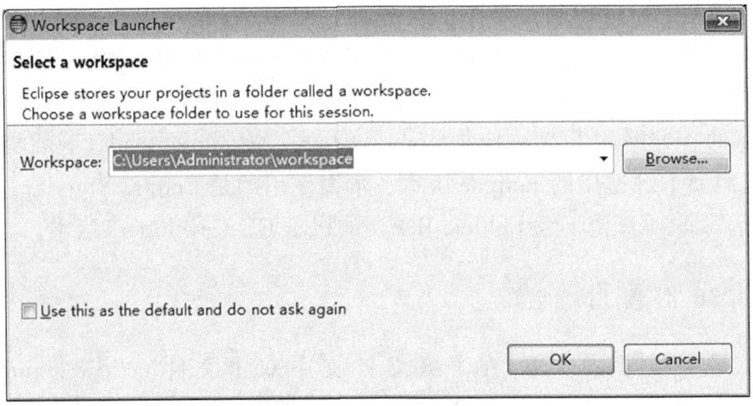

图 2-26　项目工作区的选择

选定好工作区路径后，单击 OK 按钮，出现如图 2-27 所示的主界面。可以使用菜单项对 IDE 进行进一步设置。

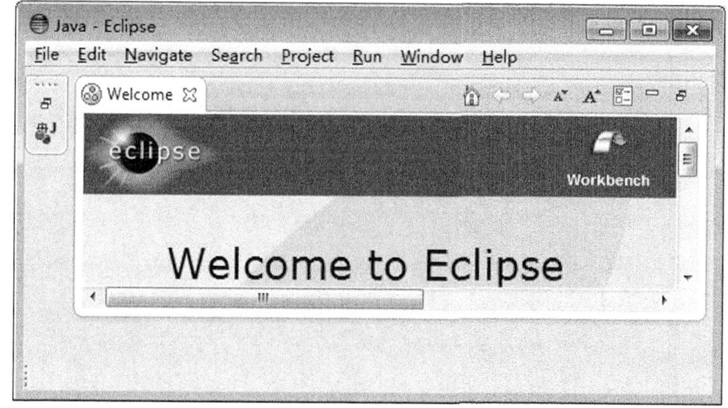

图 2-27　Eclipse IDE 主界面

(1) 单击图 2-27 所示主界面中的菜单 File→New→Java Project，如图 2-28 所示，弹出图 2-29。

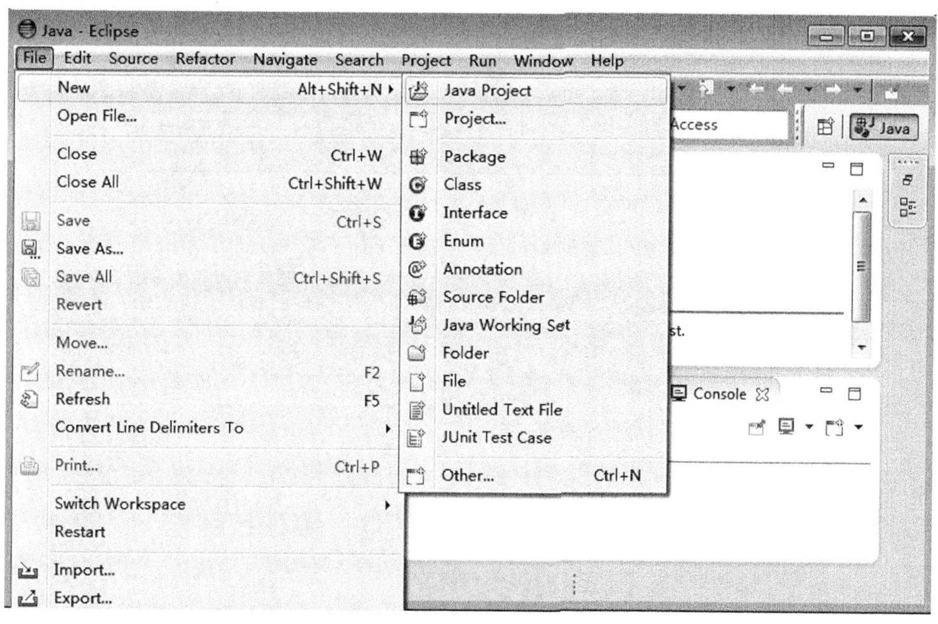

图 2-28　创建 Java Project

(2) 在图 2-29 中对项目命名后，单击 Finish 按钮将出现如图 2-30 所示的开发界面。在项目中右单击 src，在弹出的快捷菜单中选择 New→Class，可新建 Java 源文件，如图 2-31 所示。

(3) 在图 2-31 中单击 Class 命令，弹出图 2-32，要求对类命名。

(4) 单击图 2-32 中的 Finish 按钮，出现如图 2-33 所示的 Eclipse 主开发界面。

在主开发界面的编辑器中输入：

图 2-29　项目命名

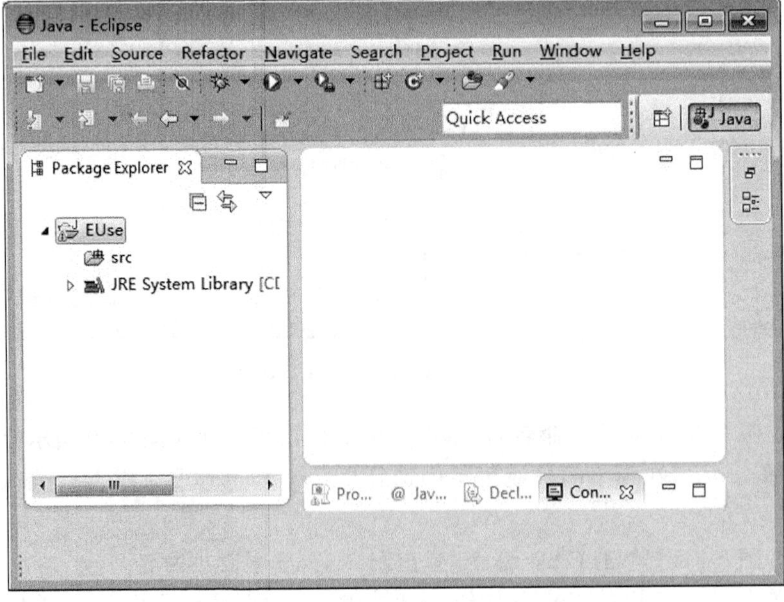

图 2-30　开发界面

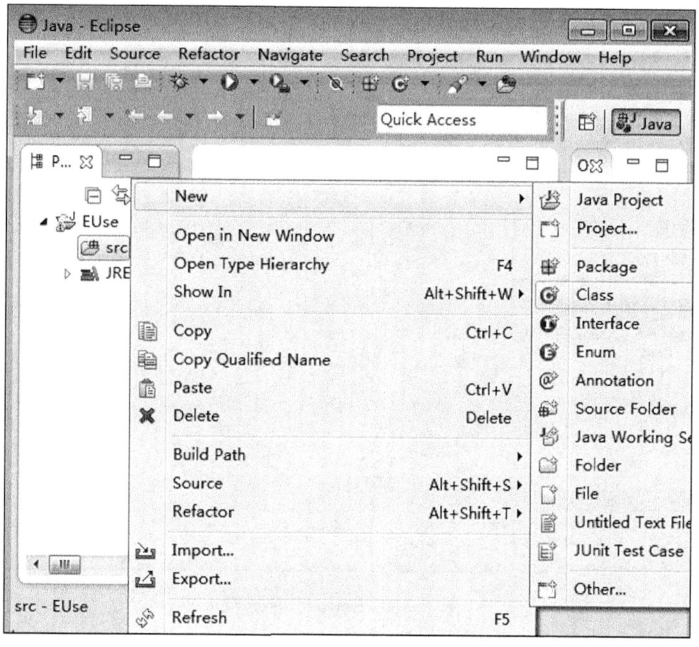

图 2-31　新建 Java 文件

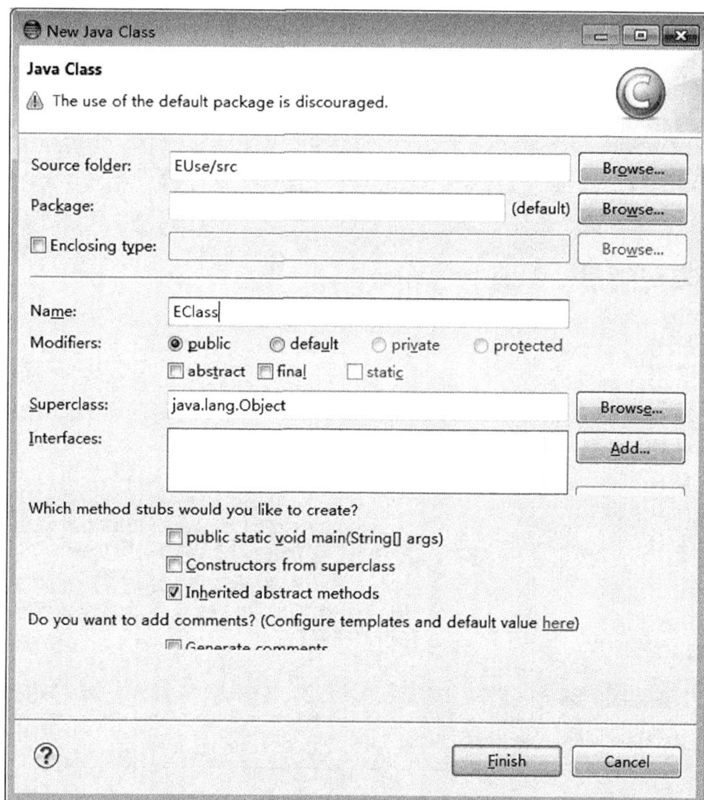

图 2-32　对类命名

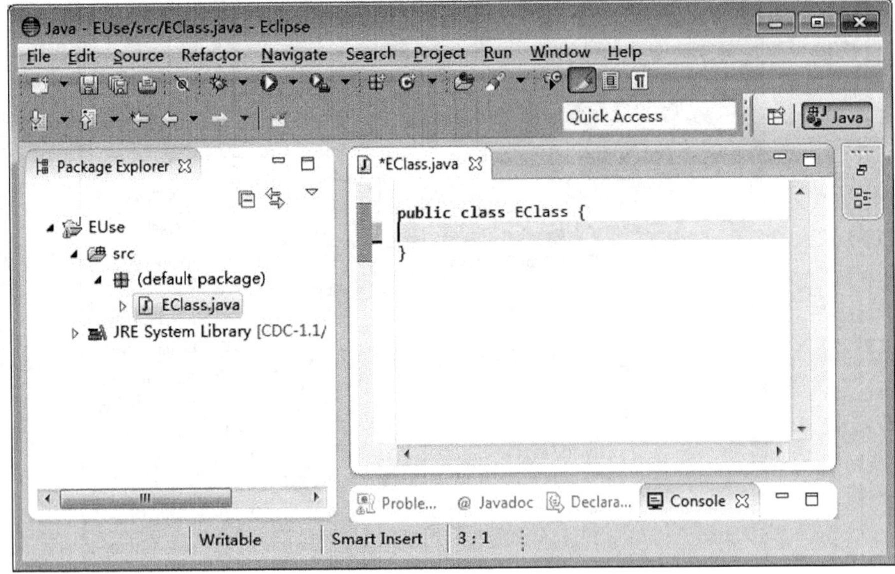

图 2-33 Eclipse 主开发界面

```
public static void main(String args[]){
    System.out.println("Eclipse 工具的使用");
}
```

运行该程序,输出结果为"Eclipse 工具的使用",如图 2-34 所示。

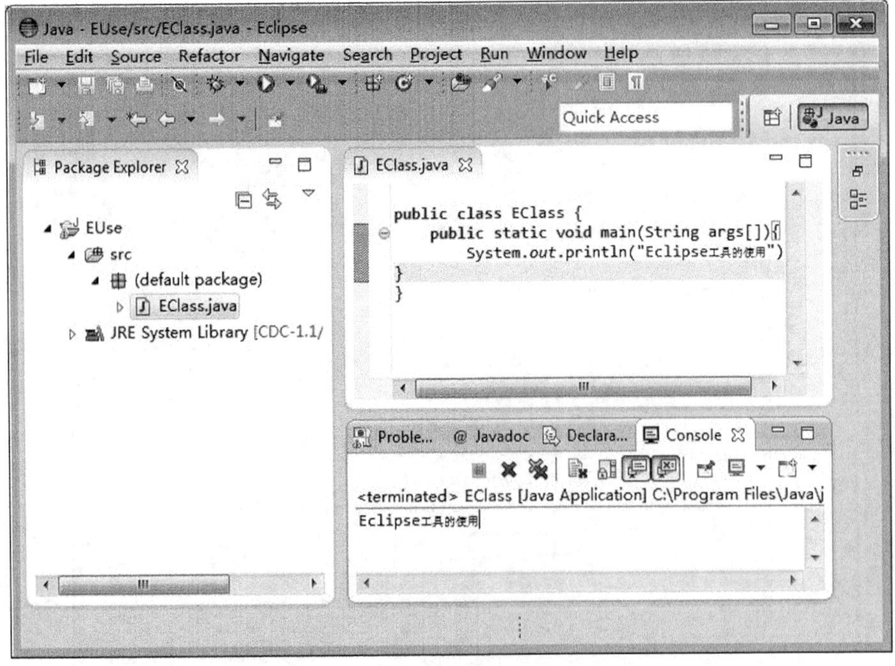

图 2-34 编写程序以及运行结果

2.4 项 目 实 训

2.4.1 项目目的

本项目要求参考第 3 章和第 4 章内容并编写掷骰子游戏，通过项目训练激发学生的自学兴趣，通过自学第 3 章和第 4 章的知识达到巩固已学知识以及预习新知识的目的。

2.4.2 项目需求分析

本项目开发一个娱乐休闲游戏应用，即称为 craps 的掷骰子游戏。游戏规则：掷两个骰子。每个骰子有六面，上面分别有 1～6 个点数。当骰子静止之后，计算朝上的两个面的点数之和。如果第一次掷骰子时点数和为 7 或 11，就赢。如果第一次掷骰子时的点数和为 2、3 或 12(称为 craps)，就输(庄家赢)。若第一次掷骰子时点数和是 4、5、6、7、8、9 或 10，如果想赢就继续掷骰子，直到掷出的点数和与第一次掷出的相同。若掷出同样的点数之前得到了 7，就输。本项目分别使用 NetBeans 8.0 和 Eclipse 4.3 开发，使用 NetBeans 8.0 开发的项目名称为 ch02，项目结构和运行结果如图 2-35 所示；使用 Eclipse 4.3 开发的项目名称为 ch2。

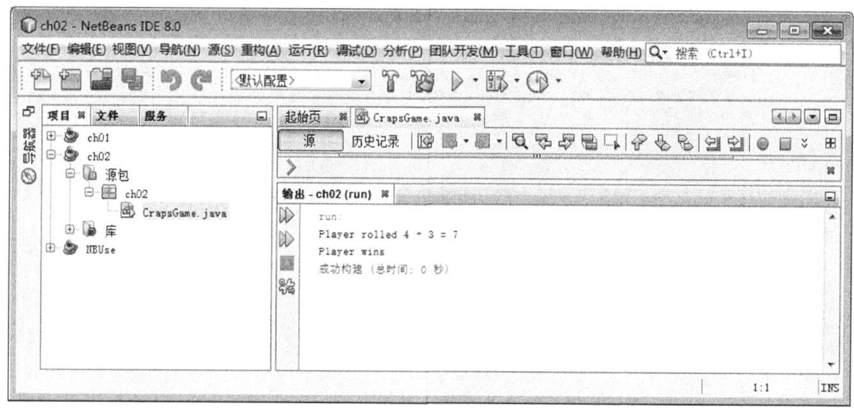

图 2-35 基于 NetBeans 8.0 的项目结构和运行结果

2.4.3 项目实现

【例 2-1】 掷骰子游戏(CrapsGame.java)。

```
package ch02;
import java.util.Random;

public class CrapsGame {
   Random randomNumbers=new Random();
   private enum Status { CONTINUE, WON, LOST };
   private final static int SNAKE_EYES=2;
```

```
private final static int TREY=3;
private final static int SEVEN=7;
private final static int YO_LEVEN=11;
private final static int BOX_CARS=12;
public void play(){
   int myPoint=0;
   Status gameStatus;
   int sumOfDice=rollDice();
   switch (sumOfDice)
   {
     case SEVEN:
     case YO_LEVEN:
        gameStatus=Status.WON;
        break;
     case SNAKE_EYES:
     case TREY:
     case BOX_CARS:
        gameStatus=Status.LOST;
        break;
     default:
        gameStatus=Status.CONTINUE;
        myPoint=sumOfDice;
        System.out.printf("Point is % d\n", myPoint);
        break;
   }
   while (gameStatus==Status.CONTINUE)
   {
     sumOfDice=rollDice();
     if (sumOfDice==myPoint)
        gameStatus=Status.WON;
     else
        if (sumOfDice==SEVEN)
           gameStatus=Status.LOST;
   }
   if (gameStatus==Status.WON)
     System.out.println("Player wins");
   else
     System.out.println("Player loses");
}
public int rollDice()
{
   int die1=1+randomNumbers.nextInt(6);
   int die2=1+randomNumbers.nextInt(6);
   int sum=die1+die2;
   System.out.printf("Player rolled % d+% d=% d\n",  die1, die2, sum);
```

```
        return sum;
    }
    public static void main(String[] args) {
        CrapsGame game=new CrapsGame();
        game.play();
    }
}
```

2.4.4 常见问题及解决方案

在开发项目过程中，除了可能出现1.6.4节指出的常见问题外，在使用NetBeans和Eclipse工具时也可能会遇到以下问题。

卸载NetBeans时出现无法卸载异常。

解决方案：如果系统已安装了NetBeans，现在想重新安装或者安装其他版本的NetBeans，卸载时可能提示"安装JDK"等相关信息，主要原因是在卸载NetBeans以前先卸载了JDK。解决方法是先装JDK再卸载NetBeans。所以在卸载JDK以前应先卸载NetBeans。在安装NetBeans以前也要先安装JDK。

2.5 课外阅读——IBM公司的发展史

新加坡一位资深计算机专栏作家曾经写道："谈计算机，不能不谈IBM公司。"另一位日本计算机专家则更明确地断言："计算机的历史，就是IBM公司的历史。"他们的这些说法，虽然有失偏颇，但也不无几分道理。IBM公司过去和现在都是世界上最大的计算机硬件和软件公司，它的历史的确包含着整个前半部计算机史，是现代计算机工业发展的缩影和化身。以电子器件划分的四代计算机，前三代计算机都是以IBM公司的计算机作为标准制定的。

美国《时代周刊》称："IBM公司的企业精神是人类有史以来无人堪与匹敌的，没有任何企业会像IBM公司这样给世界产业和人类生活方式带来和将要带来如此巨大的影响。"就连比尔·盖茨也不得不承认："IBM公司才是计算机行业的真正霸主，毕竟是它一手栽培了我。"IBM公司从20世纪初一个仅1300个员工、负债400万美元的小企业起步，多次称霸，又多次"遇险"；它的成功取决于关键时刻敢于锐意创新，它的失误往往给计算机业界以最深刻的反思。

在IBM公司网站里，他们自己认为，IBM公司的历史应该从CTR公司创立那天算起，但也可以追溯到霍列瑞斯制表机公司。众所周知，美国统计学家霍列瑞斯发明了第一台自动制表机，1890年在人口普查中获得巨大成功，被誉为"数据处理之父"。1896年，他"下海"创办了制表机公司，但很快便因资金周转不灵陷入困境。

1911年6月15日，美国华尔街颇具冒险精神的金融投资家弗林特，斥资收购了制表机公司和其他两家企业——国际计时公司和美国计算尺公司，拼凑成一个名叫CTR的公司，C代表计算，T代表制表，R代表记时。然而，弗林特本人并非经营企业的行家，CTR公司被他糊弄得欠下一屁股债务，几乎要濒临倒闭。弗林特想到要"捕获"一个新的经理帮他渡过难关。

1914年，四处网罗人才的弗林特把刚被美国现金出纳机公司解雇的主管经理——托马斯·沃森招聘到公司主持业务。出身贫寒农民家庭的沃森年方40岁，思维敏捷，精明强干。他从17岁开始就挨家挨户帮人推销缝纫机等产品，30多岁时才被NCR老板帕特森收留，慢慢爬到该公司第二把手的位置。帕特森是美国商业史里公认的“现代销售之父”，沃森在他身边一干就是18年，学会了经营销售全套策略，后终因“功高盖主”，被老板一脚踹出了大门。沃森走马上任，手下尽是些口嚼烟叶、只会叫卖肉铺磅秤和咖啡碾磨机一类的人物。他用思考的口号激励员工，培养企业团队精神，头4年便使公司收入达到200万美元，业务扩大到欧洲、南美洲和亚洲。沃森打心眼里讨厌CTR这个“大杂烩”式的名字，几经周折，终于在1924年，把公司更名为一个很宏伟的名字——国际商用机器公司，英文缩写为IBM。

第二次世界大战的爆发不仅让IBM公司度过了美国“大萧条”时代的不景气，而且让这家公司得以高速扩张。战争期间，沃森与美国国防部签署合同，大量制造机枪、瞄准器、发动机等军火，公司新属工厂的2/3全部投入军需品生产，生产量扩大了3倍。1945年，公司员工达2万人，销售额猛增至1.4亿美元。同时，战争也使IBM公司第一次进入到计算机领域。

1944年，沃森出资100万美元，并派出4名工程师，协助海军军械局霍德华·艾肯博士，在哈佛大学研制成功著名的Mark Ⅰ计算机。Mark Ⅰ属于电磁式计算机，又称为“自动序列受控计算机”，由3000多个继电器构成。该机器长约15m，高约2.4m，质量达到31.5t，运算速度为每秒钟做1次加法。然而，这台机器刚出世不久便成为“明日黄花”，用电子管组装的ENIAC和UNIVAC等第一代计算机产品相继问世，使IBM公司面临着丧失传统制表机业务的重大危机。

沃森下令迅速研制IBM公司自己的“最好、最新、最大的超级计算机”。1947年，在同样花了100万美元后，IBM公司推出“选择顺序控制计算机”。然而，这台机器属于传统与创新的“大杂烩”，12 500只电子管和21 400只继电器不协调地组装在一起，全长足有120英尺。它虽然代表着IBM公司从制表机行业迈向计算机领域，但业界却称它是“巨大的科技恐龙”，它甚至不是储存程序的计算机。

70多岁高龄的老沃森声望太高，以至于在《美国名人录》里创下所占篇幅最大、词条长达16英寸半的纪录。他不愿正视IBM公司掉队的事实，反而故作镇静地把IBM公司制表机标榜为“穷人的ENIAC”；而IBM公司的工程师几乎没有一人懂得电子技术，连总设计师也弄不懂如何安装电子管。即便如此，老沃森仍然认为：IBM公司在计算机这种新鲜玩意儿上走到这一步已经可以了，他甚至断言说：“世界市场对计算机需求大约只有5部。”

20世纪50年代初，老沃森的长子小托马斯·沃森临危受命，在公司发展方向上实施根本性的改革，IBM公司开始跨越传统。孩提时代的小沃森曾是纨绔子弟，但在第二次世界大战的5年里，他参军驾驶轰炸机飞行长达2500小时，官至空军中校。战争使他学会了勇往直前和运筹帷幄，学会了如何组织和团结部属。

小沃森首先提拔公司仅有的一位麻省理工学院毕业生沃利·麦克道尔任研究主管，聘请冯·诺依曼担任公司顾问，招聘到4000余名朝气蓬勃的青年工程师和技师。当时，美国空军正在准备实施半自动地面防空工程计划，小沃森不失时机为IBM公司争取到项目，建立自动化工厂，训练了数千名制造和装配工人。在此基础上，IBM公司着手研制一种在国

防里具有全用途的电子计算机。

这是 IBM 公司的首次冒险行为，仅设计和制造样机就需要 300 万美元，整个计划费用是这个数目的三四倍。小沃森为这台机器取名“国防计算机”，也就是后来改称 IBM 701 的大型机，他们放弃了穿孔卡，代以自己过去不熟悉的东西——电子管逻辑电路、磁芯存储器和磁带处理机，使机器运算速度达到每秒执行 17 000 次指令。

1953 年 4 月 7 日，IBM 公司的历史揭开新的一页：以“原子弹之父”奥本海默为首的 150 位嘉宾莅临 IBM 701 揭幕仪式，称赞这台计算机是“对人类极端智慧的贡献”。此后，IBM 公司仰仗雄厚的人才实力，开足马力以每年 12 台的速度组织生产，一举扭转了被动局面。

IBM 701 大型机的成功，把 IBM 公司推上了研制计算机的快车道：1954 年，IBM 公司推出适用于会计系统的 IBM 702 大型计算机，不仅能高速运算，而且能进行字符处理，共销售 14 台。紧接着，适应不同需要的 IBM 704、IBM 705 型计算机相继面世，销售数达到 250 多台。当其他公司还在大型机领域竞争时，小沃森又果断决定开发中型计算机。1954 年，IBM 650 中型商业计算机上市，以优越的性能和便宜的价格，再次赢得了用户的青睐。这型机器的销售量竟超过千台以上。

1956 年美国再次大选，IBM 计算机一举取代 UNIVAC 计算机的地位，在电视上独领风骚。此时，IBM 公司已经占领了约 70%的市场，美国本土只留下以雷明顿·兰德公司为首的七家公司，新闻传媒戏称美国计算机业是“IBM 公司和七个小矮人”。

1956 年 6 月 19 日，82 岁的老沃森离开人世。在此之前仅 6 星期，小沃森正式接任 IBM 公司的总裁。1958 年 11 月，小沃森为大型计算机 IBM 709 隆重剪彩，这是当时用于科学计算的性能最优秀的一种计算机，也是 IBM 公司生产的最后一款电子管计算机。

小沃森迅速将 IBM 公司的事业扩展到美国西海岸，下令在加利福尼亚圣何塞附近新建实验室和工厂，委派自己信任的工程师雷诺·约翰逊前往打理。中学教师出身的约翰逊是自学成才的发明家，他带领 30 多名青年工程师，在不到三年时间内，为 IBM 公司创造了引人注目的技术成果——磁盘存储器。1957 年，约翰逊在新开发的 IBM 305 RAMAC(会计和控制随机存取计算机)计算机上，首次配置了这种磁盘装置。大约 50 张 24 英寸的磁盘被装配在一起，构成一台前所未有的超级存储装置——硬盘，容量大约 500 万字节，造价超过 100 万美元，存取数据的速度则比过去常用磁带机快 200 倍。1958 年布鲁塞尔世界博览会上，RAMAC 以 10 种语言为参观者回答问题，大出风头。

同年，IBM 公司还推出了世界上第一个高级语言——FORTRAN，西屋电气公司幸运地成为 FORTRAN 的第一个商业用户。该语言由程序师约翰·巴科斯创造，他带领一个 13 人小组，包括有经验的程序员和刚从学校毕业的青年人，在 IBM 704 计算机上设计编译器软件，于 1954 年完成。60 多年过去后，FORTRAN 仍是科学计算选用的语言之一。

还在小沃森正式担任董事长时，他就满腔热情策划 IBM 公司的计算机向以晶体管为元件的方向转变，向各地工厂和实验室发出指令说：“从 1956 年 10 月 1 日起，我们将不再设计使用电子管的机器，所有的计算机和打卡机都要实现晶体管化。”三年后，IBM 公司推出 IBM 7090 型全晶体管大型机，运算速度达到每秒 229 000 次，成为第二代计算机的标志产品。美洲航空公司为它的订票系统购买了两台主机，远程连接 65 座城市。这是 IBM 公司的黄金季节，它登上了美国《幸福》杂志 500 家大企业排行榜的榜首；它创造出年销售额数十亿美元的天文数字；在美国运转的 64 部计算机中，有 44 部是 IBM 公司生产；它的企业标志和商品标志 IBM 三个大写字母，每个字都由八根蓝条拼成；它的销售人员，一律着深蓝色的西装，以代表公司形象。人们开始把 IBM 公司称为"蓝色巨人"。

20 世纪 50 年代末，核能研究、导弹设计和飞机制造等技术发展对计算机提出了更高的要求。美国原子能委员会提出需要一种高速计算机，速度比当时最好的计算机高两个数量级，洛斯阿拉莫斯核武器实验室选中了 IBM 公司。

小沃森董事长把设计任务交给天才工程师史蒂芬·唐威尔主持，为这型计算机取名 Stretch，意为"扩展"新技术的机器。Stretch 实际上是一种巨型机，小沃森保证说："扩展"的速度一定会比 IBM 公司现有的机器快 100 倍。

IBM 公司的设计师为此绞尽脑汁，急中生智：元件的速度不够，就在计算机内部结构上打主意，他们创造了一系列新方法，如先行控制、交叉存取、同时操作、自动纠错等，使 Stretch 可以同时在几条流水线上并行工作，大大提高了机器的效率。然而，1961 年，当第一台 Stretch 巨型机运抵洛斯阿拉莫斯时，它没有能达到设计要求，速度只有原设想每秒 100 万次的 60%。IBM 公司只得把 Stretch 的价格从 1350 万美元元降低到 800 万美元，刚够收回成本。Stretch 共生产了 5 台，又造成 2000 多万美元亏损。

几乎在同一时期，一家规模很小的控制数据(CDC)公司，却出人意料地宣布研制成功 CDC 6600 巨型机。在西蒙·克雷博士的主持下，CDC 6600 的研制费只用了 700 万美元，功能却比 IBM 公司的 Stretch 计算机强大三倍，运算速度达每秒 300 万次。IBM 公司上下一片震惊。小沃森在备忘录里激动地写道："我们是一个资金、人员十分雄厚的大企业，我实在难以理解，IBM 公司为什么不能在超级计算机中领先一步？要知道，控制数据公司的研制班子，总共才 34 人，还包括一位看门人。"这份后来被人加上《看门人备忘录》标题的资料，一语道破了 IBM 公司的沮丧心境。"蓝色巨人"初次涉足巨型机遭受重挫，不久便退出了这一角逐领域。

1963 年。IBM 公司的发展一度呈现相对停滞，股票下降 33%，增长率也只有百分之几，是第二次世界大战以来的最低点。当时，小沃森已接近 50 岁，驾驶 IBM 公司这艘巨大的航船，使命感沉重地压在他的心头。连续几个星期焦虑的思考后，他抓住集成电路闪亮登场的良机，立即上马新的研制项目。在他的心目中，利尔森是执行该计划的最佳人选。

公司首席副总裁文森特·利尔森从哈佛大学毕业，1935 年就加盟 IBM 公司，不屈不挠的性格，使他从一名推销员逐步跻身于 IBM 公司的领导层。在失败阴影的笼罩下，公司许多人并不支持更新换代的决策。但利尔森坚定地说："要干！无论如何我们都要干！"他组建了一个工程师委员会研究新机器的方案，这个小组的名称是"研究、生产、发展系统工程委员会"，由于难以取得共识，两个月过去后，方案还没有理出头绪。利尔森对委员们发火了，他派车把工程师们送进一家汽车旅店，终于在 1961 年 12 月 28 日完成了一份长达 8 页纸的报告——《IBM 360 系统电子计算机》。新计算机系统用 360 为名，表示一圈 360 度，既代表着 360 计算机从工商业到科学界的全方位应用，也表示 IBM 公司的宗旨：为用户全方位服务。利尔森估算的费用是：研制经费 5 亿美元，生产设备投资 10 亿美元，推销和租赁垫支 35 亿美元——360 计划总共需要投资 50 亿美元，是美国研制第一颗原子弹的"曼哈顿工程"的 2.5 倍！

360 计算机是否能够研制成功，决定着这家老牌公司的前途命运。《福布斯》杂志惊呼：

“IBM 公司的 50 亿元大赌博！”小沃森自己也承认，这是他一生中所做的“一项最大、最富冒险的决策”。

利尔森为 360 计算机物色的工程设计总管是布鲁克斯，负责协调 4 个小组的工作。其中，有 3 个小组都由吉恩·阿姆达尔博士领导。40 岁的阿姆达尔曾担任 IBM 709、IBM 7030 的设计师，他为 360 计算机首创了“兼容性”的概念，后来被人尊敬地称为“IBM 360 之父”。

1964 年 4 月 7 日，就在老沃森创建公司的 50 周年之际，50 亿元的“大赌博”为 IBM 公司赢到了 360 系列计算机，共有 6 个型号的大、中、小型计算机和 44 种新式的配套设备，从功能较弱的 360/51 型小型机，到功能超过 51 型 500 倍的 360/91 型大型机，都是清一色的“兼容机”。

IBM 360 标志着第三代计算机正式登上了历史舞台。为庆祝它的诞生，IBM 公司分别在美国 63 个城市和 14 个国家举行记者招待会，近万人莅临盛会。在纽约，小沃森亲自租用一辆专列火车，率领着 200 多名记者，浩浩荡荡开往波基普西实验室。他向全世界庄重宣布：“这是本公司自成立以来最重要的划时代产品”。5 年之内，IBM 360 共售出 32 300 台，创造了计算机销售的奇迹，成为人们最喜爱的计算机。不久后，与 360 计算机兼容的 IBM 370 机接踵而至，其中最高档的 370/168 机型，运算速度已达到 250 万次/秒。

1966 年底，IBM 公司年收入超过 40 亿美元，纯利润高达 10 亿美元，跃升到美国 10 大公司行列，从而确立了自己在世界计算机市场的统治地位。1971 年，因心脏病发作，小沃森向董事会递交了辞呈，他逝世于 1993 年，终年 79 岁。

那一年，58 岁的利尔森接任 IBM 公司董事长职位。1973 年，他带头制定出公司领导退休制度，并且在 18 个月任期后主动辞职，把权柄交给弗兰克·卡利。

弗兰克·卡利是斯坦福大学企业管理硕士出身，与 IBM 公司历任董事长一样没有技术背景，他曾开玩笑说，高中物理是自己学过的最高科技课程。在整个任期，他花了大量时间来应付美国司法部提出的反托拉斯诉讼。据说，司法部从 IBM 公司收集了 7.6 亿份文件，指责 IBM 公司垄断计算机行业，要求肢解、剥夺和重组这家公司。这个案件整整拖了 12 年，让 IBM 公司大伤元气。即便如此，卡利还是为 IBM 公司确立了备受赞赏的管理模式。然而，随着公司规模日益扩展，官僚体系也严重地束缚了它的手脚。IBM 公司的成功主要是大型机，20 世纪 70 年代初面对小型机的崛起，它就不能快速应变，无可奈何地看着 DEC 公司成为小型机霸主。

IBM 公司改变传统走出最关键的一步，主要迫于外部的压力。20 世纪 70 年代末，以苹果公司为代表的“车库”公司，短短几年就把微型计算机演成了大气候。事实证明，个人计算机市场是真实存在的，而“蓝色巨人”在计算机革命浪潮中步子慢了半拍，其庞大机构又无法迅速做出反应，已经陷入十分尴尬的处境。

经过几年的观望和徘徊，就在卡利向约翰·欧佩尔移交董事长职务的过渡阶段，IBM 公司于 1980 年 4 月召开了一次高层秘密会议。据一本描述这段历史内幕的书披露，博卡雷顿实验室主任洛威提议向雅达利公司购买微型计算机，令弗兰克·卡利大发雷霆。卡利认为，这是他有生以来听到过的最荒唐的建议。为了让 IBM 公司也拥有“苹果计算机”，他下令在博卡雷顿建立一个精干的小组，不受公司传统的约束，一年内开发出自己的机器。卡利强调说：“今后，若有人问到如何让大象跳踢踏舞，我们的回答就是‘国际象棋’”。

“国际象棋”(Chess)是 IBM 公司个人计算机研制项目的秘密代号。他们挑选出 13 名思想活跃的精干员工组成设计小组,技术负责人是唐·埃斯特奇。埃斯特奇小组首先研究了“苹果”成长的奇迹。研究结果使他们认识到,要在一年内开发出能迅速普及的微型计算机,IBM 公司必须实行“开放”政策,借助其他企业的科技成果,形成“市场合力”。因此,他们决定采用 Intel 8088 微处理器作为该计算机的中枢,使其“思考的速度远远快于它可以通信的速度”。同时,IBM 公司必须委托独立软件公司为它配置各种软件,于是才有了与微软公司签署开发 DOS 的保密协定。经反复斟酌,IBM 公司决定把新机器命名为“个人计算机”,即 IBM PC。

在整整一年时间里,埃斯特奇领导“国际象棋”13 人小组奋力攻关。Intel 公司华裔副总裁虞有澄说:“当时很少有人体会到,这一小组人即将改写全世界的历史”。IBM 公司后来围绕 PC 的各项开发,投入的力量逐步达到 450 人。由于埃斯特奇为个人计算机建立的丰功伟绩,IBM 公司内部的人都尊敬地称他是“PC 之父”,不幸的是,PC 的“父亲”4 年后因飞机失事英年早逝,没能亲眼目睹他培育出的巨大奇迹。

1981 年,约翰·欧佩尔正式接任 IBM 公司第五任董事长。8 月 12 日,IBM 公司在纽约宣布 PC 横空出世,个人计算机以前所未有的广度和速度,向着办公室、学校、商店和家庭进军。埃斯特奇代表设计部门宣布,他们将把技术文件全部公开,热诚欢迎同行加入个人计算机的发展行列。对于 IBM 公司来说,迈出这一步非同小可,这家世界上最传统的巨人集团,公开宣布放弃独自制造所有硬软件的策略,不仅使广大用户认可了个人计算机,而且促使全世界各地的电子计算机厂商争相转产 PC,仿造出来的产品就是 IBM PC 兼容机。

《华尔街日报》评论说:IBM 公司大踏步地进入微型计算机市场,可望在两年内夺得这一新兴市场的领导权。果然,就在 1982 年内,IBM PC 卖出了 25 万台。第二年 5 月 8 日,IBM 公司再次推出改进型 IBM PC/XT 个人计算机,增加了硬盘装置,当年就使市场占有率超过 76%。1984 年 8 月 14 日,IBM 公司乘胜又把一种“先进技术”的 IBM PC/AT 机投向用户的怀抱,率先采用 80286 微处理器芯片,能管理多达 16MB 的内存,可以同时执行多个任务。从此,IBM PC 成为个人计算机的代名词,它甚至被《时代周刊》评选为“年度风云人物”,它是 IBM 公司本世纪最伟大的产品。

1984 年,IBM 公司的规模已经比小沃森接手时扩大了 40 倍,年销售额达到 260 亿美元,连续多年被《幸福》杂志评为全美 500 家最大公司中最受好评的公司之一。1987 年,该公司股票总面值达 1060 亿美元,超过福特汽车公司。IBM 公司在三代计算机的潮起潮落中,不断地遇险,又不断地重新奋起。应该说,小沃森所倡导的“企业精神”,其最重要的因素就是敢于革新、拼搏和冒险。可惜,约翰·欧佩尔董事长沉溺在巨大的成功里,进而强化公司的“规矩”,反而促使 IBM 公司的这种“企业精神”渐渐滑向保守、僵化和作茧自缚。

1985 年,约翰·埃克斯接替欧佩尔担任 IBM 公司总裁,第二年,他成为公司第六任董事长。海军飞行员出身的埃克斯,上任两年内不仅业绩平平,而且遇到了各种麻烦事,其中最头痛的就是个人计算机兼容机。市场开放政策像一柄锋利的“两刃剑”,一面把 IBM PC 送上了成功的巅峰,一面又造就了众多的仿造者。几年之后,被 IBM 公司扶植起来的兼容机厂商已经占领了 55%全球市场,超过了 IBM 公司本身。

1987 年 4 月,IBM 公司出人意料地走出一步“臭棋”,推出所谓“微通道结构”总线技术,新研制的 IBM PS/2 计算机不与原来的 ISA 总线兼容。IBM 公司采用新的总线结构,原本

是想防止兼容机仿造，却使自己的 PS/2 无法被用户广泛接受。兼容机厂商自然不愿继续唯 IBM 公司马首是瞻，就在 PS/2 计算机推出的同一天，以康柏公司为首的九大兼容机厂商，共同宣布采用与原总线兼容的新标准，极大地削弱了 IBM 公司的市场地位。这样，以 PC 开放策略大获其利的"蓝色巨人"重重地关上了开放的大门，从而丧失了单枪匹马指挥这个产业的资格。

当历史跨进 20 世纪 90 年代后，IBM 公司的主要财源大型主机业务也遭到接连不断的打击，由于个人计算机和工作站的功能越来越强大，大型主机需求量剧减，IBM 公司终于走进泥潭，遭遇到"地雷阵"。IBM 公司的状况迅速变得惨不忍睹：从 1990 年到 1993 年连年亏损，连续亏损额达到 168 亿美元，创下美国企业史上第二高的亏损纪录；公司股票狂跌到史无前例的每股 40 美元；IBM PC 被挤出国际市场前三名，大型机产品大量积压，无人问津。事实上，已经没有人认为这家巨型公司还有挽救的可能性，它的失败正如它的成功一样，甚至被商学院写进了教科书；埃克斯一度打算把它分为 13 个部分，重蹈 AT&T(美国电报电话公司)的覆辙。

1993 年 1 月，无计可施的埃克斯向董事会递交了辞呈。在历任董事长中，埃克斯创下了空前差劲的纪录，主导了世界上最大、最老、曾经最成功的跨国计算机公司的土崩瓦解。10 年前，IBM 公司的董事长曾经是世界上最抢手的职位，可 10 年后董事会竟然派出一个"寻人委员会"，满世界为公司找头头，谁也不愿接收这个烂摊子。

1993 年 4 月 1 日，IBM 公司在纽约希尔顿饭店召开的一次非同寻常的记者招待会，宣布由路易斯·郭士纳接任董事长兼首席执行总裁。这是 IBM 公司董事会为挽救败局实行的"跨行业拜帅"——郭士纳是著名的"食品大王"，原任职于美国最大的 RJR 食品烟草公司，只有起用这样的人才能革除陈规陋习，带来与传统彻底决裂的契机。

郭士纳四兄弟都在企业界声名远扬，他本人更是出类拔萃。先在达特默斯大学攻读工程学位，再拿到哈佛大学的 MBA，然后进入麦金西管理咨询公司，28 岁成为合伙人，33 岁升任总监，继而就任过数家大公司的总裁，充分显示了管理才能和铁的手腕。

受命于危难之中的郭士纳，头顶着沉重的压力走马上任，他要动真格地重组 IBM 公司。郭士纳一反公司传统，半年之内果断裁员 4.5 万人。他彻底摧毁了旧的生产模式，下令停止了几乎所有的大型计算机生产线，打烂一切不必要的坛坛罐罐。同时，在公司如此困难之际，他还调动资金新建了北卡罗那州的 PC 生产工厂，发誓要让 IBM 公司在 PC 市场上重振雄威。他对技术部门说："IBM 公司过去在封闭和专有的舞台上扮演过角色，今天，只有傻瓜才会这样干"。他甚至下令取消穿着蓝色西装的限制，"蓝色巨人"将一改过去单色调，呈现出缤纷的色彩，不再允许老态龙钟的慢节奏。

通过大刀阔斧的改革，1994 年，IBM 公司获得了自 20 世纪 90 年代以来第一次赢利 30 亿美元。初步扭转亏损局面后，郭士纳把发展目标定位于互联网。1995 年，郭士纳首次提出"以网络为中心的计算"，他认为网络时代是 IBM 公司重新崛起的最好契机。1995 年 6 月 5 日，郭士纳以一项大胆的举措把计算机业界惊出一身冷汗：IBM 公司斥巨资 35 亿美元强行收购了莲花(Lotus)软件公司，他看中的是网络软件 Notes。郭士纳说："莲花 Notes 将是 IBM 公司发展战略关键的组成部分"。他通过调查得知，莲花公司凭借 Notes 控制了 34%以上的企业网络市场，IBM 公司收缴到 Notes，将以最短的时间，从最快的捷径突进网络，世界再也不敢轻视这家正在转型的老牌公司。

IBM 公司向网络战场的两个侧翼同时发动攻势：高端大型服务器和低端 PC 台式终端机、笔记本计算机；正面战场则以工作站为主攻方向，RS/6000 工作站计算机一炮打响——它的另一名称叫“深蓝”，击败棋王卡斯帕洛夫的传奇故事，使它成为网络时代最伟大的英雄。1995 年，“蓝色巨人”重新焕发出昔日的风采，营业额首次突破了 700 亿美元，这个数字是微软公司的 7 倍，过去不景气的 PC 销售额也上升了 25%。

1997 年 1 月，郭士纳总结说：“现在是我们结账的时候了——1994 年我们明白自己能够生存；1995 年是我们稳住阵脚的一年；1996 年显示我们能够增长；1997 年我们将向世人表明，我们将再次成为领袖，我们不再需要任何借口。”IBM 公司这年营业收入达到 785 亿美元，犹如一头惊醒的睡狮，向全世界发出昔日般响亮的吼声。

郭士纳指出：“本行业一个最重要的事情，是每隔 10 年左右，你就有机会重新划分竞争领地。我们眼下就正处于重新划分的阶段，未来的赢家和输家都产生于此。”他代表 IBM 公司向世界宣布：“蓝色巨人”渴望最终打赢这场他们曾经输掉的战争。

2.6 小　　结

本章主要介绍了常见的 Java 应用程序开发环境及其安装、配置和使用。通过本章的学习，应该掌握常用开发工具的安装、配置和使用，为后续开发奠定良好基础。本书选择介绍的是比较典型的几种软件，如需了解其他软件可以参考相关书籍或资料。

2.7 习　　题

1. 安装与配置 NetBeans 和 Eclipse。
2. 使用 NetBeans、Eclipse 开发简单的 Java 应用程序。

第3章 Java语言基础

随着甲骨文公司收购 Sun 公司，Java 语言迎来新的起点，越来越多的软件开发者选择 Java 语言作为编程的首选语言。Java 语言继承和融合了 C/C++ 语言的优点，并且沿用了其基本语法格式，这样既符合人们的编程习惯，又适应当今网络编程的需要，因而成为主流的程序设计语言。本章主要讲解 Java 程序的基本结构、标识符、关键字、分隔符、数据类型、常量、变量、运算符、表达式等。

本章主要内容如下。

(1) Java 程序的基本结构。

(2) 标识符和关键字。

(3) 分隔符。

(4) 数据类型。

(5) 常量和变量。

(6) 运算符与表达式。

3.1 Java 程序的基本结构

一个 Java 类的基本组成包括包名、导入的类库、类的声明、变量声明、方法声明，在编写类的时候应注意基本语法。下面是使用 NetBeans 工具开发的一个 Java 类，项目名称、包名以及文件结构和运行结果如图 3-1 所示。

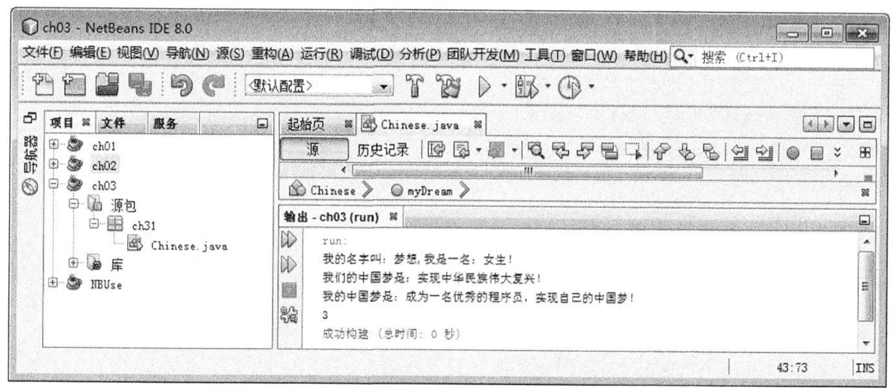

图 3-1 Chinese 类的文件结构和运行结果

【例 3-1】 Java 程序的基本结构示例(Chinese. java)。

```
//package 是关键字,用于创建包,ch31 为包名
package ch31;
/*
  开发者:***
  开发地点:***
  开发时间:****年**月**日
  最后一次修改时间:****年**月**日
  功能简介:本程序编写一个 Chinese 类,用来示范 Java 程序的基本结构
*/
//导入 Chinese 类中使用的类 Random,其中,java.util 为包名,import 为关键字
import java.util.Random;

public class Chinese{
/*在规范的 Java 类声明中,成员变量一般声明为私有权限,name 是变量名,用于保存姓名
*/
    private String name;
    //sex 是变量名,用于保存性别
    private String sex;
    //实例化对象,用于初始化成员变量 luckyN
    Random luckyN=new Random();
    //声明类的构造方法,用于在实例化对象时初始化成员变量
    public Chinese(String name,String sex){
        this.name=name;
        this.sex=sex;
    }
    //规范的 Java 编程中,setName(String name)方法用于设置成员变量 name 的值
    public void setName(String name){
        this.name=name;
    }
    //规范的 Java 编程中,getName()方法用于获取成员变量 name 的值
    public String getName(){
        return name;
    }
    public void setSex(String sex){
        this.sex=sex;
    }
      public String getSex(){
        return sex;
    }
    //声明 Chinese 类中的成员方法,该方法实现的功能是输出对象的基本信息
    public void myInformation(){
        //运算符+用于字符串连接
        System.out.println("我的名字叫: "+getName()+",我是一名: "+getSex()
        +"生!");
```

```
    }
    public void chineseDream(){
        System.out.println("我们的中国梦是：实现中华民族伟大复兴！");
    }
    //声明 Chinese 类中的成员方法，该方法实现的功能是输出文字提示信息
    public void myDream(){
        System.out.println("我的中国梦是：成为一名优秀的程序员，实现自己的中国梦！");
    }
//声明 Chinese 类中的成员方法，该方法实现的功能是输出运算结果
    public void luckyNumber(){
        System.out.println(1+luckyN.nextInt(10));
    }
    //用于运行程序的 main()方法
    public static void main(String args[]){
        //实例化对象
        Chinese chinese=new Chinese("梦想","女");
        //对象调用方法，执行功能
        chinese.myInformation();
        chinese.chineseDream();
        chinese.myDream();
        chinese.luckyNumber();
    }
}
```

3.2 标识符和关键字

Java 语言使用国际字符格式标准(Unicode)和浮点数(IEEE 754)。Unicode 字符集采用 16 位编码，其前 256 个字符与 ASCII 字符集完全一致。除了数字 0～9、英文字母 A～Z 和 a～z、下划线(_)、美元符号($)以及+、-、*、/等 ASCII 字符之外，Unicode 字符集还提供了其他语言文字的字符集，如汉字、希腊文、韩文等。

在开发全球使用的软件产品时(国际化)，如果使用了不一致的字符编码，即与字符关联的数字值不一致时，将会产生非常严重的问题，因为计算机是使用数字来处理信息的。例如，字符 a 被转换为数字值，计算机对这个数字进行处理。许多国家和公司开发了不同的编码系统，它们互不兼容。例如，值 0XC0 在微软公司的 Windows 操作系统中表示"带重音记号的 A"，而这个值在 Apple Macintosh 操作系统中表示的是"颠倒的问号"。这会导致数据的错误解释，甚至可能造成数据毁坏。

如果没有统一的字符编码标准，开发全球通用软件的开发人员就必须在软件发布之前进行大量的本地化工作，包括语言翻译和内容调整。

Unicode 标准(Unicode Standard)正是为了解决这一问题而创建的，它是一个编码标准，有助于软件的开发和发布。Unicode 标准规定了世界字符和符号的一致编码规则。采用 Unicode 标准编码的软件产品仍需要进行本地化，但是其过程更简单有效，因为字符编码是统一的，不需要转换字符的数字值。

3.2.1 标识符

Java 标识符(identifier)是以字母或下划线开头的字母数字序列。标识符是用户定义的单词,用于标识变量、常量、类、方法、对象、文件等。只要编写程序,就不可避免地要使用标识符。

标识符的命名规则如下。

(1) "字母"、"数字"具有宽泛含义。字母通常指大小写英文字母、下划线(_)、美元符($)等,也可以是 Unicode 字符集中的其他语言字符,如汉字等。数字通常指 0~9。

(2) 标识符可以是字母、数字等字符的任意组合,除此之外,不能包含其他字符(如+、-以及空格等)。

(3) 标识符区分字母大小写,或者说大小写敏感。

(4) 标识符不能使用 Java 中的关键字。

(5) 标识符长度不受限制。

符合上述规则的标识符都是正确的 Java 标识符。

正确的标识符使用:

```
String name;
String sex;
int age;
double salary;
public class Salary{}
String 性别,籍贯,爱好;
```

错误的标识符使用:

```
int 2x;                  //标识符不能以数字开头
double my salary;        //标识符中不能有空格
String x+y;              //"+"既不是 Java 的字母,也不是 Java 的数字,不能使用
String test1-2-3;        //"-"既不是 Java 的字母,也不是 Java 的数字,不能使用
String class;            //标识符不能用关键字
String Java&JSP;         //& 既不是 Java 的字母,也不是 Java 的数字,不能使用
```

在 Java 语言规范中,有些标识符虽然正确,但是不提倡使用。应该规范书写标识符。因为不规范的命名习惯会大大降低代码的可读性。

在 Java 规范中,Java 约定:关键字、变量名、对象名、方法名、包名通常全部字母小写;如果由多个单词构成标识符,则首字母小写,其后单词首字母大写,如 toString;类名首字母大写,如 FirstJava;常量名全部字母均大写,如 BOOK。

3.2.2 关键字

关键字(keyword)是 Java 语言保留的具有特定含义的英文单词。每一个关键字都有一种特定含义,不能被赋予别的含义,也不能把关键字作为标识符来使用。Java 的关键字以及其含义如表 3-1 所示。

表 3-1 Java 的关键字及其含义

关键字	含　义
abstract	用于声明类或者方法的抽象属性
boolean	数据类型关键字,布尔类型
break	控制转移关键字,提前跳出一个块
byte	数据类型关键字,字节类型
case	用在选择/条件语句 switch 中,表明其中的一个分支
catch	用在异常处理中的关键字,用来处理异常
char	数据类型关键字,字符类型
class	用于声明类的关键字
continue	控制转移关键字,用于回到一个块的开始处
default	默认值。例如,用在 switch 语句中,表明一个默认的分支
do	循环语句关键字,用在 do-while 循环结构中
double	数据类型关键字,双精度浮点数类型
else	用在选择/条件语句 if 中,表明当条件不成立时的分支
enum	枚举类型关键字
extends	声明一个类继承另外一个类,该类是另外一个类的子类
final	用来声明最终属性,表明一个类不能派生出子类,或者方法不能被覆盖,或者变量的值不能被更改
finally	用于处理异常情况,用来声明一个基本肯定会被执行到的语句块
float	数据类型关键字,单精度浮点数类型
for	一种循环结构的关键字
if	选择/条件语句的关键字
implements	声明一个类用于实现接口
import	导入需要使用的指定类或包
instanceof	用来测试一个对象是否是指定类型的实例对象
int	数据类型关键字,整数类型
interface	声明一个接口
long	数据类型关键字,长整数类型
new	用来创建实例对象
package	用来创建一个包
private	私有访问权限
protected	受保护的访问权限
public	公有访问权限
return	从成员方法中返回数据

续表

关键字	含　义
short	数据类型关键字，短整数类型
static	声明静态属性
super	调用当前对象父类的内容
switch	分支结构语句的关键字
synchronized	表明代码需要同步执行
this	指向当前实例对象
throw	抛出异常
throws	定义成员方法被调用时可能要抛出的异常
try	可能抛出异常的程序块
void	无返回值类型
while	循环控制语句

读者在学完本书后，就能够掌握上述关键字的用途。

3.3 分　隔　符

为便于阅读，程序也需要如同自然语言一样，恰当地使用分隔符。这些分隔符不能互相代用，即该用空格的地方只能用空格，该用逗号的地方只能用逗号。

程序中出现的圆括号、大括号、中括号、空格、逗号、分号等称为分隔符，Java 规定任意两个相邻标识符、数、关键字或两个语句之间必须至少有一个分隔符，以便编译程序时能正确识别。

常用的分隔符如下。

(1) 圆括号“()”：在方法声明和调用时可以包括一组参数，用于控制语句或者强制类型转换。

(2) 大括号“{}”：在类、方法体、语句块以及初始化数组中的值时使用。

(3) 中括号“[]”：在声明数组以及在访问数组元素时使用。

(4) 空格“ ”：在源代码中用空格符改善源代码的书写形式，可以分隔相邻的两个语法符号，使程序易读，空格符号可以是空格、Tab 制表符、回车符和换行符等。

(5) 逗号“,”：在同时声明的多个变量或方法的参数之间等处可以使用。

(6) 分号“;”：在语句结束以及 for 控制语句中等处可以使用。

(7) 句号“.”：在引用类的方法、变量时可以使用。

【例 3-2】 分隔符的使用(Separator.java)。

```
package ch33;
/*
    开发者：***
    开发地点：***
    开发时间：****年**月**日
```

```
    最后一次修改时间：****年**月**日
    功能简介：本程序示范分隔符的使用。首先声明一个数组，然后通过 for 语句把数组的值取出
    并相加，最后输出计算结果
*/
public class Separator
{
    public static void main(String args[]){
        //声明整型变量 i 和 sum 并初始化
        int i,sum=0;
        //声明整型数组 a 并初始化
        int a[]={1,2,3,4,5,6,7,8,9,10};
        //循环控制语句实现数组遍历
        for(i=0;i<a.length;i++)
        {
            //遍历数组并计算结果
            sum+=a[i];
        }//for 语句结束
        System.out.println(sum);
    }//main()方法结束
}//类 Separator 结束
```

Separator 类的文件结构和运行结果如图 3-2 所示。

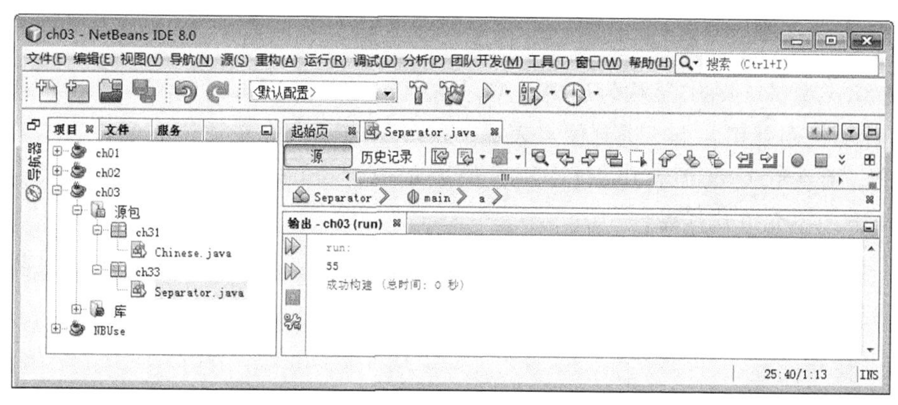

图 3-2　Separator 类的文件结构和运行结果

3.4　数 据 类 型

程序在执行的过程中，需要调用数据进行运算，同时也需要存储数据。获取的数据可能是从键盘输入，也可能是从文件中取出，甚至是从网络上得到。程序执行过程中，数据存储在内存中，便于程序的使用。

数据是描述客观事物的数字、字符以及所有能输入计算机中并能被计算机接收的各种符号集合。数据是计算机程序的处理对象的状态。

3.4.1 基本数据类型

类型是具有相同逻辑意义的一组值的集合。数据类型是指一个类型和定义在这个类型上的操作集合。数据类型定义了数据的性质、取值范围以及对数据所能进行的运算和操作。

程序中的每一个数据都属于一种数据类型。决定了数据的类型也就相应决定了数据的性质以及可以对数据进行的操作，同时数据也受到类型的保护，确保不能对数据进行非法操作。

Java 语言中的数据类型分为两大类：基本数据类型和引用数据类型，如图 3-3 所示。

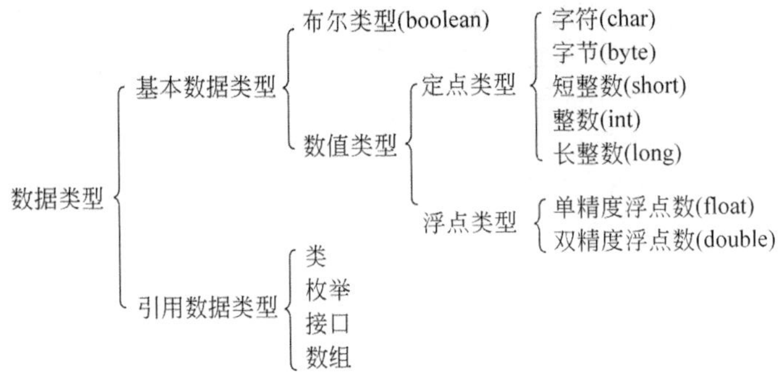

图 3-3 Java 语言中的数据类型

1. 布尔类型

布尔类型(boolean)又称为逻辑类型，只有 true(真)和 false(假)两个取值，它们全是小写，在计算机内部用 8 个二进制位来表示。Java 语言不允许在数值类型和布尔类型之间进行转换。而在 C/C++ 语言中，允许用数值表示逻辑值，如用 0 表示 false，非零表示 true。Java 语言中不允许这样做。

所有关系运算(如 a<b)的结果值都是布尔类型。布尔类型也用于流程控制语句中的条件表达式，如 if、for、while 等语句。

2. 整数类型

整数类型是具有固定上、下界的整数，包括正整数、零、负整数，与数学中的整数概念并不完全一样。Java 语言根据数据在内存中占用的位数不同提供了 4 种整数类型，分别是 byte，short，int，long，它们的位数递增，能够表示的数值的范围也越来越大，如表 3-2 所示。

表 3-2 Java 整数类型

整数类型	长度/位	字节数	取值范围
byte	8	1	−128～127
short	16	2	−32 768～32 767
int	32	4	−2 147 483 648～2 147 483 647
long	64	8	−9 223 372 036 854 775 808～9 223 372 036 854 775 807

整数型常量有 3 种表示形式。

(1) 十进制整数。如 56、-24、0。

(2) 八进制整数。以 0 开头的数是八进制整数,如 017。

(3) 十六进制整数。以 0x 开头的数是十六进制整数,如 0x17、0x0、0xf、0xD。十六进制整数可以包含数字 0~9、字母 a~f 或 A~F。

3. 浮点类型

浮点类型是包含有小数部分的数值。Java 中的浮点类型按其取值范围的不同,可区分为 float (单精度)和 double (双精度)两种,如表 3-3 所示。

表 3-3　Java 浮点类型

浮点类型	长度/位	字节数	取值范围
float	32	4	-3.40282347E+38F~3.40282347E+38F
double	64	8	-1.7976931348623157E+308~1.7976931348623157E+308

Java 用浮点数类型表示数学中的实数,一个浮点数值包括整数部分和小数部分。浮点数有两种表示方式。

(1) 标准记数法。由整数部分、小数点和小数部分构成,如 1.0、123.45 等。

(2) 科学记数法。由十进制整数、小数点、小数和指数部分构成,指数部分由字母 E 或 e 跟上带正负号的整数表示。

在浮点型常量后加上 f 或 F,表示单精度,如 2.11f、2.3e3F、2.6f、2.6F。在浮点型常量后不加任何字符或加 d 或 D 表示双精度,如 2.11、2.3e3、2.3e3d、2.3e3D、2.6、2.6d、2.6D。

4. 字符类型

字符类型(char)数据是由一对单引号(' ')括起来的单个字符,该字符是 16 位的 Unicode 码。

用单引号括起来的单个字符称为字符常量,字符常量有两种表示法:一种是用单引号将 ASCII 字符括起来的值,如'A'、'a'、'V'等;另一种是用 Unicode 值表示。

另外,用"\"开头,后面跟一个字母来表示某个特定的控制符,这种 ASCII 控制符常称转义字符。Java 中常用的转义字符如表 3-4 所示。

表 3-4　转义字符

转义字符	含义	转义字符	含义
\'	单引号	\r	回车符
\"	双引号	\n	换行符
\b	退格	\\	反斜杠
\t	制表符		

char 类型在 Java 语言中不常用,一般使用字符串类型。字符串数据类型是用一对双引号括起来的字符序列,字符串数据由 String 类实现。

【例 3-3】 转义字符的使用(EscapeCharacter.java)。

```
package ch34;
/*
    开发者：***
    开发地点：***
    开发时间：****年**月**日
    最后一次修改时间：****年**月**日
    功能简介：表 3-4 中转义字符的使用
*/
public class EscapeCharacter{
    public static void main(String args[]){
        System.out.println("\"中国\n欢迎\n你!\t\"");
    }
}
```

EscapeCharacter 类的文件结构和运行结果如图 3-4 所示。

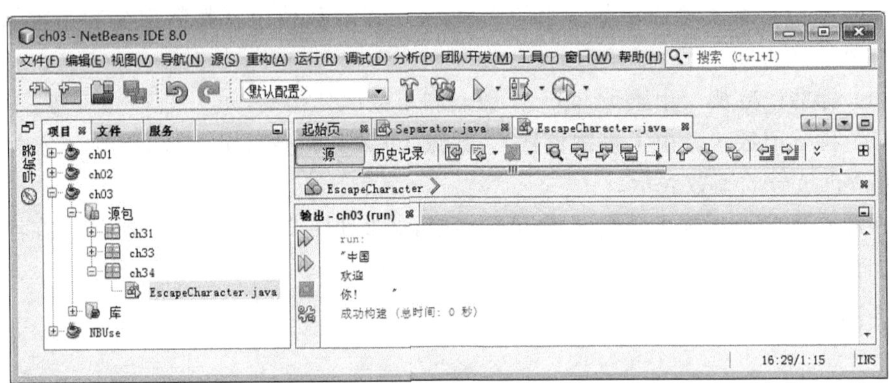

图 3-4 EscapeCharacter 类的文件结构和运行结果

3.4.2 数据类型转换

Java 程序中的类型转换可分为显式类型转换和隐式类型转换两种形式。

1. 隐式类型转换

对于由二元运算中的算术运算符组成的表达式，一般要求运算符两边的两个操作数的类型一致，如果两者的类型不一致，则系统会自动转换为较高(即取值范围较大)的类型，这便是隐式数据类型转换。有关运算符和表达式的内容请参考 3.6.1 节。

2. 显式类型转换

隐式类型转换只能由较低类型向较高类型转换，但是在实际工作中，有时也可能需要由较高类型向较低类型转换。例如，在计算数值时为了保证其精度，为某些变量选择了较高的数据类型(如 double 型)，但在输出时，往往只需要保留二、三位小数或者只输出整数，这时

只能进行显式类型转换。显式类型转换需要人为地在表达式前面指明所需要转换的目标类型,系统将按这一要求把某种类型强制性地转换为指定的类型。格式如下:

```
(<类型名>)<表达式>
```

基本数据类型之间的相互转换规则如表 3-5 所示。

表 3-5 基本数据类型之间的相互转换规则

	char ch;	**byte b;**	**short s;**	**int i;**	**long k;**	**float f;**	**double d;**
char ch;		ch=(char)b;	ch=(char)s;	ch=(char)i;	ch=(char)k;	ch=(char)f;	ch=(char)d;
byte b;	b=(byte)ch;		b=(byte)s;	b=(byte)i;	b=(byte)k;	b=(byte)f;	b=(byte)d
short s;	s=(short)ch;	s=b;		s=(short)i;	s=(short)k;	s=(short)f;	s=(short)d;
int i;	i=ch;	i=b;	i=s;		i=(int)k;	i=(int)f;	i=(int)d;
long k;	k=ch;	k=b;	k=s;	k=i;		k=(long)f;	k=(long)d;
float f;	f=ch;	f=b;	f=s;	f=i;	f=k;		f=(float)d;
double d;	d=ch;	d=b;	d=s;	d=i;	d=k;	d=f;	

【例 3-4】 类型转换的使用(类型转换.java)。

```
package ch34;
/*
    开发者:***
    开发地点:***
    开发时间:****年**月**日
    最后一次修改时间:****年**月**日
    功能简介:验证数据类型转换
*/
public class TypeConversion {
    public static void main(String args[]){
        int x=100;
        //隐式类型转换
        long y=x;
        System.out.println("类型转换:整型"+x+"转换为长整型"+y);
        double d=56789;
        //显示类型转换,即强制类型转换
        int a=(int)d;
        System.out.println("类型转换:double 类型"+d+"转换为 int 类型"+a);
    }
}
```

TypeConversion 类的文件结构和运行结果如图 3-5 所示。

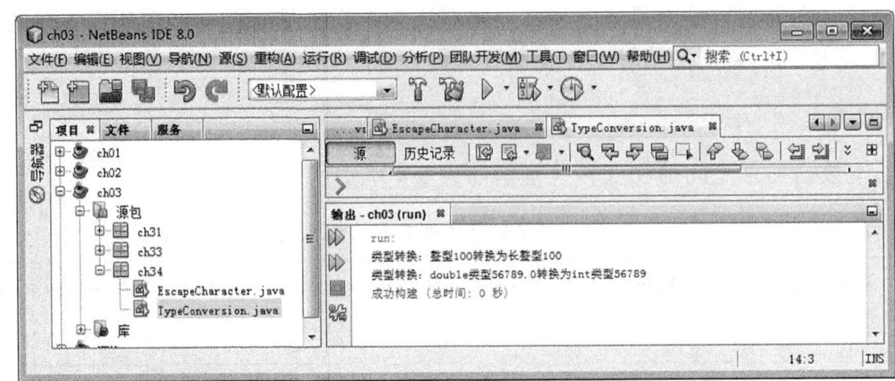

图 3-5　TypeConversion 类的文件结构和运行结果

3.5 常量和变量

任何一种程序设计语言，都要使用和处理数据，而数据又可以区分为不同的类型。Java 语言中提供常量和变量来存储数据。

常量是指在程序的整个运行过程中其值始终保持不变的量。在 Java 语言中，常量有两种形式：一种是以数字形式直接给出值的常量；另一种则是以关键字 final 定义的标识符常量。不论哪种形式的常量，一旦声明，在程序的整个运行过程中其值始终不会改变。

变量是在程序的运行过程中其值可以被改变的量。除了区分为不同的数据类型外，每个变量还具有变量名和变量值两重含义。变量名是用户自己定义的标识符。通过指明变量所属的数据类型，将相关的操作封装在数据类型中。

3.5.1 常量

常量是在程序执行中其值不能被改变的量。

1. 直接常量和符号常量

常量有两种形式：直接常量和符号常量。

直接常量是指在程序中直接引用的常量，包括数值型常量和非数值型常量。其中，数值型常量称为常数，包括整数和浮点数，如 10、−10.16 等。非数值型常量有字符常量、字符串常量和布尔常量，如‘X’、“abc”、true 等。

符号常量是以标识符形式出现的常量，符号常量必须先声明后使用。使用符号常量可以提高程序的可读性，使程序易于修改。

2. 常量声明

常量声明形式与变量声明形式基本一样，但需要使用关键字 final。格式如下：

```
[修饰符] final 数据类型 常量标识符[=常量值];
```

修饰符：用于定义常量的属性，如 public 等。

final：表示变量的值不能被改变，即声明常量。

数据类型：声明常量值的类型。

例如：

```
public final int MAX=10;
final float PI=3.14f;
```

Java 语言约定常量标识符全部用大写字母表示。标识符一旦被声明为常量，就不能再做他用。声明常量的好处有两点：一是增加可读性，从常量名即可知常量的含义；二是增强可维护性，只要在常量声明处修改常量值，即可改变程序中多处使用的同一常量值。

3.5.2　变量

Java 中的变量具有 4 个基本属性：变量名、数据类型、存储单元和变量值。变量名是变量的名称，用合法的标识符表示；数据类型可以是基本数据类型或引用类型；每个数据都有一个存储单元，大小由数据类型决定；变量值是指在变量存储单元中存放的值。

Java 是强类型语言，必须对数据先声明后使用。变量也是这样，必须先声明后使用。变量可以在声明的时候初始化，也可以在使用的时候进行赋值或者调用的时候传参数。变量声明的格式如下：

```
[修饰符] 类型 变量标识符 [=初始化表达式];
```

例如：

```
public String str1="姓名";
private String name;
private String str2;
int x,y,z=16;
double a,b,c=6.5;
```

【例 3-5】　变量声明(VariableDeclaration.java)。

```
package ch35;
/*
    开发者：***
    开发地点：***
    开发时间：****年**月**日
    最后一次修改时间：****年**月**日
    功能简介：声明一些变量并初始化，然后输出这些变量的值
*/
public class VariableDeclaration {
    public static void main(String args[]){
        boolean b=true;
        byte b1=1;
        short s=2;
        int i=3;
        long l=4;
```

```
        float f=1.16f;
        double d=2.266d;
        char c='z';
        String s1="为中华民族的复兴而奋斗!";
        System.out.println("b="+b);
        System.out.println("b1="+b1);
        System.out.println("s="+s);
        System.out.println("i="+i);
        System.out.println("l="+l);
        System.out.println("f="+f);
        System.out.println("d="+d);
        System.out.println("c="+c);
        System.out.println("s1="+s1);
    }
}
```

VariableDeclaration 的文件结构和运行结果如图 3-6 所示。

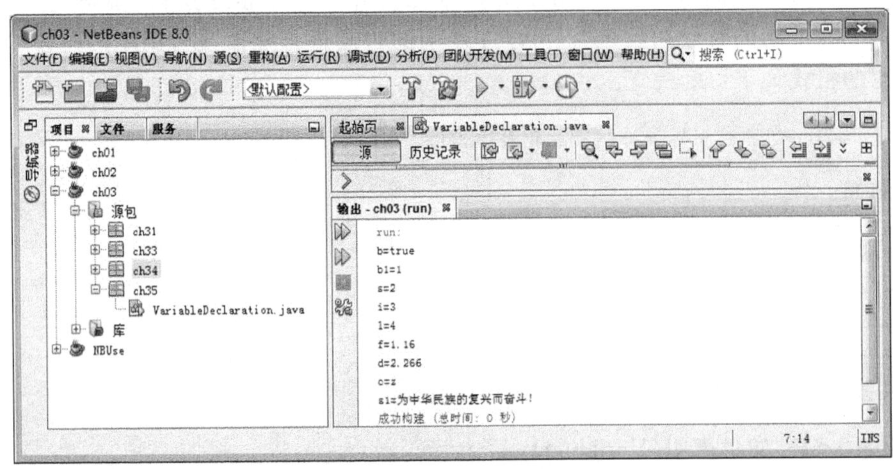

图 3-6 VariableDeclaration 的文件结构和运行结果

3.6 运算符与表达式

程序中对数据的操作,实际上是指对数据的运算。表示运算类型的符号称为运算符,参与运算的数据称为操作数。运算符把操作数按 Java 语法规则连接起来组成表达式。运算符和表达式构成了程序中完成各种运算任务的语句,是程序设计的基础。

3.6.1 运算符

Java 提供了多种运算符。按参与运算的操作数的数目可分为一元运算符、二元运算符和三元运算符。按照运算符的功能可分为算术运算符、关系运算符、布尔逻辑运算符、位运算符以及赋值、条件、实例等其他运算符。

1. 算术运算符

算术运算符包括＋、－、*、/、＋＋、－－和％，使用整型、字符或浮点型操作数。其中＋和－分别具有正和负、加和减两种不同含义，并根据不同含义分别属于一元、二元运算符。其他算术运算符都是二元运算符。

对于除法运算(/)，若操作数均为整数，结果也为整数；若有浮点数参与运算，结果为浮点数。例如，3/6 的结果为 0，3.0/6 的结果为 0.5。

取模运算(％)可用于整型或浮点型操作数，运算结果的符号与第一个操作数的符号相同。例如：

```
10%-3;              //结果为 1
-10%3;              //结果为-1
```

自增运算符(＋＋)和自减运算符(－－)是一元运算符，分别用于实现将变量的值增 1 和减 1，要求操作数必须是整型或字符型变量。自增、自减运算符的前置运算是先实施自增、自减运算，再使用自增、自减后的操作数的值；后置运算是先使用操作数的值，再对操作数实施自增、自减运算。例如：

```
int x=2;                    //定义变量 x,并赋初值为 2
//定义变量 y,先用 x 的值给 y 赋值,再令 x 增 1。最后 y、x 的值分别为 2、3
int y=x++;
int z=--x;                  //定义变量 z,先令 x 减 1,再用 x 的值给 z 赋值。最后 z、x 的值均为 2
```

Java 对加运算进行了扩展，使它能够进行字符串的连接，如"abc"＋"de"，可得到字符串"abcde"。

算术运算符的优先级顺序为＋＋、－－最高，然后是 *、/、％，最后是＋、－。同级运算按从左到右的顺序进行。

2. 关系运算符

关系运算符包括＜、＜＝、＞、＞＝、＝＝、!＝，用于比较两个值，返回布尔类型的值 true 或 false。关系运算符都是二元运算符，常与布尔逻辑运算符一起表示流程控制语句的判断条件。

Java 语言中，任何数据类型的数据(包括基本类型和引用类型)都可以通过＝＝或!＝来比较是否相等。对于基本类型，比较的是其值是否相等；对于引用类型，比较的是其名称是否参考至同一对象，即比较其是否指向同一个内存地址，而不是比较其内容。

一般建议不要直接比较两个浮点数是否相等，因为 float 和 double 类型不能精确表示浮点数。例如：

```
(3.6/3)==1.2          //结果为 false,不是 true
```

要比较两个浮点数 f1、f2 是否相等，常用的方法是判断它们之间的差值是否小得可以忽略，即：

```
Math.abs(f1-f2)<e   //Math.abs()是 Java 中的取绝对值方法
```

或者：

```
((f2-e)<f1)&&(f1<(f2+e))
```

其中，e 可以是一个大于 0 且适当小的浮点数，具体大小与相关的实际应用紧密相关，一般取为 10^{-5}，若要求更高的精度，可取为 10^{-8}。

关系运算符的优先级低于算术运算符。

3. 布尔逻辑运算符

布尔逻辑运算符包括 &、|、!、^、&& 和||，用于对布尔类型数据进行与、或、非、异或等运算，运算结果仍然是布尔类型。其中！(逻辑非)是一元运算符，^(异或)及其他运算符都是二元运算符。

布尔逻辑运算所有可能的输入输出结果如表 3-6 所示，表中 OP1、OP2 表示两个布尔类型操作数。

表 3-6 布尔逻辑运算真值表

OP1	OP2	OP1&&OP2 OP1&OP2	OP1||OP2 OP1|OP2	OP1^OP2	!OP1
false	false	false	false	false	true
false	true	false	true	true	true
true	false	false	true	true	false
true	true	true	true	false	false

表 3-6 中，&& 和||分别是条件与、条件或运算符，& 和|分别是逻辑与、逻辑或运算符。据表 3-6 可知，条件与(&&)和逻辑与(&)的布尔运算值相同，条件或(||)和逻辑或(|)的布尔运算值相同，但其运算过程不同。条件与、条件或运算遵循短路原则，即运算时从左往右依次判断，一旦能够确定整个表达式的结果，就立即中止运算。

例如，若已知变量 a 的值为 2：

```
(1>2)&&(a=1)        //结果为 false,a 的值为 2
(1<2)||(a=1)        //结果为 true,a 的值为 2
```

两个操作数中只要有一个为 false，&& 运算结果就是 false；两个操作数都为 true，&& 运算结果才是 true。由于 1>2 的值为 false，此时不必考虑操作数 a=1 的值就可知 && 运算结果为 false，即不再计算第二个操作数。由于没有执行赋值运算，a 仍保持原值。同理，由于 1<2 的值为 true，可知||运算结果为 true，也不必计算 a=1。

逻辑与、逻辑或运算不遵循短路原则，无论第一个操作数的计算结果是什么，其余的操作数都会被计算。例如：

```
(1>2)&(a=1)         //结果为 false,a 的值为 1
(1<2)|(a=1)//结果为 true,a 的值为 1
```

此时，第二个操作数也被计算，执行了赋值运算，a 的值改变为新值 1。

异或(^)运算的特点是“异真同假”，即两个操作数的值均为 true 或 false 时，运算结果为 false；两个操作数的值不同时，运算结果为 true。

4. 位运算符

位运算符包括 &、|、～、^、＞＞、＞＞＞和＜＜，用于对二进制位进行操作，操作数只能是整型数据或字符型数据。除～(取反)是一元运算符外，其余位运算符均为二元运算符。

位运算 &、|、～、^所有可能的输入输出结果如表 3-7 所示，表中 OP1、OP2 表示两个参与运算的二进制位。

表 3-7　位运算的真值表

OP1	OP2	～OP1	OP1&OP2	OP1|OP2	OP1^OP2
0	0	1	0	0	0
0	1	1	0	1	1
1	0	0	0	1	1
1	1	0	1	1	0

表 3-7 中，异或(^)运算也遵循“异真同假”原则，即两个操作数的值均为 1 或 0 时，运算结果为 0；两个操作数的值不同时，运算结果为 1。

＜＜(左移位)运算可以将一个二进制数的各位左移若干位，高位溢出丢弃，低位补 0。

＞＞(带符号右移位)运算可以将一个二进制数的各位右移若干位，低位移出丢弃，高位补符号位，即正数的高位补 0，负数的高位补 1。

＞＞＞(不带符号右移位)运算也可以将一个二进制数的各位右移若干位，低位移出丢弃，但高位补 0。

执行位运算时要特别注意的是，整型、字符型操作数在计算机内部是以补码形式表示的。例如：

```
~5          //运算结果为-6,实际上是~00000000000000000000000000000101,结果
              为11111111111111111111111111111010
5^6         //运算结果为3,实际上是00000000000000000000000000000101^
              00000000000000000000000000000110,结果为00000000000000000000000000000011
-3<<2       //运算结果为-12,实际上是11111111111111111111111111111101左移2位,结
              果为11111111111111111111111111110100
-3>>2       //运算结果为-1,实际上是11111111111111111111111111111101右移2位,高位
              补符号位,结果为11111111111111111111111111111111
-3>>>30     //运算结果为3,实际上是11111111111111111111111111111101右移30位,高位
              补0,结果为00000000000000000000000000000011
```

Java 规定，逻辑右移运算符(＞＞＞)的操作数只能是 int 型和 long 型。

5. 赋值运算符

赋值运算符包括＝和复合赋值运算符，如算术复合赋值运算符＋＝、－＝、*＝、/＝、%＝，位复合赋值运算符＜＜＝、＞＞＝、＞＞＞＝、&＝、|＝、^＝等。赋值运算(＝)将赋值

号右边表达式的值送给左边的变量；复合赋值运算符用赋值号左边的变量与右边的表达式作为操作数执行相应运算，并将运算结果送给赋值号左边的变量。例如：

```
i+=1; //等价于 i=i+1;
```

变量 i 既是参与+运算的操作数之一，也是存储运算结果的变量。

6. 条件运算符

条件运算符(?:)是三元运算符。例如：

```
x?y:z
```

其计算过程是：先计算 x 的值；若 x 的值为 true，则该条件运算的结果为 y 的值，否则该条件运算的结果为 z 的值。

要求 y 与 z 的值具有相同的数据类型。例如：

```
y=x>0?1:-1;     //若 x 的值大于 0,则 y=1,否则 y=-1
```

可以结合等价的 if-else 语句理解条件运算符。

7. 实例运算符

实例运算符(instanceof)是一元运算符。用于判断一个指定对象是否是一个指定类(或它的子类)的实例，详见 6.2.4 节。

3.6.2 表达式

表达式是语句中最常见的组成元素之一。本质上，表达式描述运算规则并按规则执行运算，运算得到的结果值称为表达式的值，该值的类型即为表达式的类型。

Java 的表达式就是用 Java 运算符将操作数连接起来的、符合 Java 语法规则的式子。操作数可以是常量、变量、方法调用。运算符的优先级决定了表达式中多个运算执行的先后顺序，优先级高的先运算，优先级低的后运算，优先级相同的则由运算符的结合性确定其计算顺序。

运算符的结合性决定了同一优先级的多个运算符的运算顺序，包括左结合(从左向右)和右结合(从右向左)。一元运算符－、～、!等都是右结合的，即操作数在运算符的右边。自增、自减运算符＋＋和－－根据其前置运算、后置运算的特点表现出两种结合性。除了赋值运算符，其他二元运算符的结合形式都是从左向右的。

例如，加(+)、减(－)的结合性是从左到右，表达式 8－5+3 相当于(8－5)+3。逻辑非运算符(!)的结合性是从右到左，表达式!!x 相当于!(!x)。

可以用圆括号改变表达式中运算符的运算次序，圆括号中的表达式称为子表达式。子表达式也可以作为操作数，即表达式可以嵌套，表现为圆括号的嵌套。编写程序时可尽量使用圆括号来实现预期的运算顺序，以增加程序中表达式的可读性。

Java 所有运算符的优先级和结合性如表 3-8 所示。其中有些运算符本书没有介绍，可参考相关书籍。

表 3-8 Java 运算符列表

优先级	分类	运 算 符	结合性	描 述
1(高)	二元	. 、[]、()	左结合	成员、括号
	一元	++、--		后置自增、自减
2		++、--、-、~、!	右结合	前置自增、自减、取负、取反、非
		new		内存分配
3	二元	*、/、%	左结合	乘、除
4		+、-		加、减
5		<<、>>、>>>		移位
6		<、>、<=、>=、instanceof		关系、实例
7		==、!=		关系
8		&		逻辑
9		^		
10		|		
11		&&		
12		||		
13	三元	?:	右结合	条件
14	二元	=、+=、-=、*=、/=、%=、&=、^=、|=、<<=、>>=、>>>=		赋值
15(低)	二元	,	左结合	逗号

3.7 项 目 实 训

3.7.1 项目目的

本项目旨在综合复习已学知识,需参考第 4 章和第 5 章内容编写计算总分和平均分的程序,通过项目训练激发学生的自学兴趣,通过自学第 4 章和第 5 章的知识达到巩固已学知识以及预习新知识的目的。

3.7.2 项目需求分析

本项目要求从标准输入流键盘中读取输入的多个学生成绩,并计算总分和平均分。本项目分别使用 NetBeans 8.0 和 Eclipse 4.3 开发,使用 NetBeans 8.0 开发的项目名称为 ch03,项目结构以及运行结果如图 3-7 所示;使用 Eclipse 4.3 开发的项目名称为 ch3。

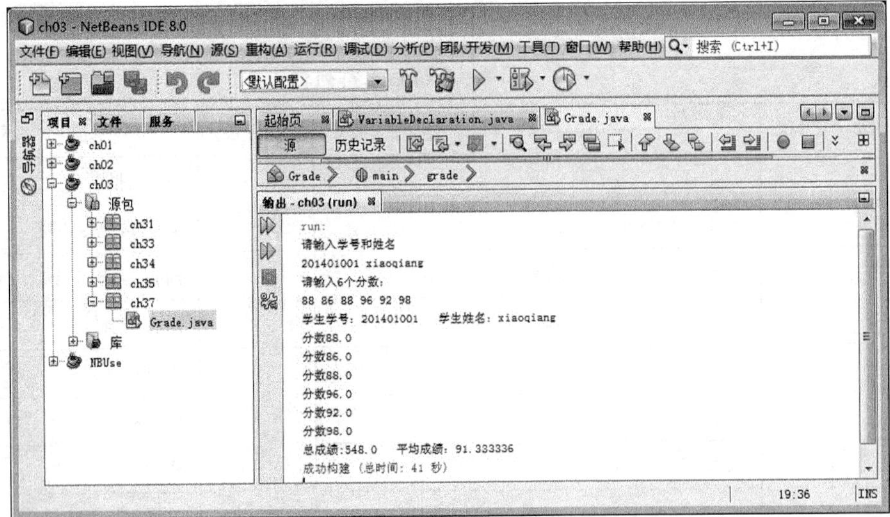

图 3-7 基于 NetBeans 8.0 项目结构以及运行结果

3.7.3 项目实现

【例 3-6】 计算总分和平均分的程序(Grade.java)。

```
package ch37;
import java.util.Scanner;

public class Grade {
    public static void main(String args[]){
        int SID;
        String name;
        float grade[]=new float[8];
        Scanner in=new Scanner(System.in);
        System.out.println("请输入学号和姓名");
        SID=in.nextInt();
        name=in.next();
        System.out.println("请输入 6 个分数: ");
        for(int i=0;i<=5;i++){
            grade[i]=in.nextInt();
            grade[6]+=grade[i];
        }
        grade[7]=grade[6]/6;
        System.out.println("学生学号: "+SID+"    学生姓名: "+name);
        for(int i=0;i<=5;i++){
          System.out.println("分数"+grade[i]);
        }
        System.out.println("总成绩:"+grade[6]+"    平均成绩: "+grade[7]);
    }
}
```

3.7.4　常见问题及解决方案

(1) 异常信息提示如图 3-8 所示。

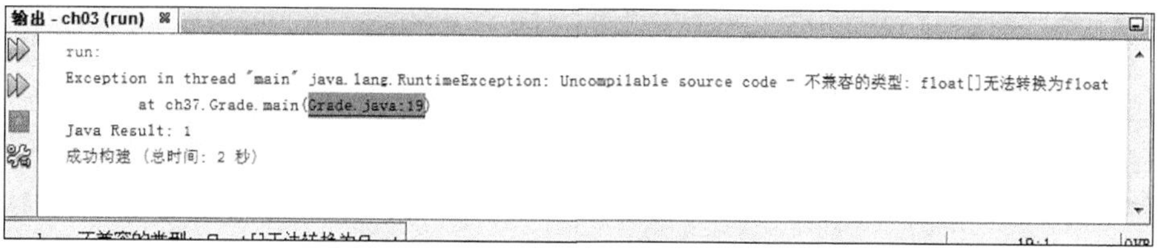

```
输出 - ch03 (run)
run:
Exception in thread "main" java.lang.RuntimeException: Uncompilable source code - 不兼容的类型: float[]无法转换为float
        at ch37.Grade.main(Grade.java:19)
Java Result: 1
成功构建 (总时间: 2 秒)
```

图 3-8　异常信息提示(一)

解决方案：据“不兼容的类型：float[]无法转换为 float”可知，出现异常的原因是数据类型不兼容，语句 float grade[]=new float[8] 将数组 grade 声明为 float[]类型，那么为其赋值的操作数也应该是数组类型。

(2) 异常信息提示如图 3-9 所示。

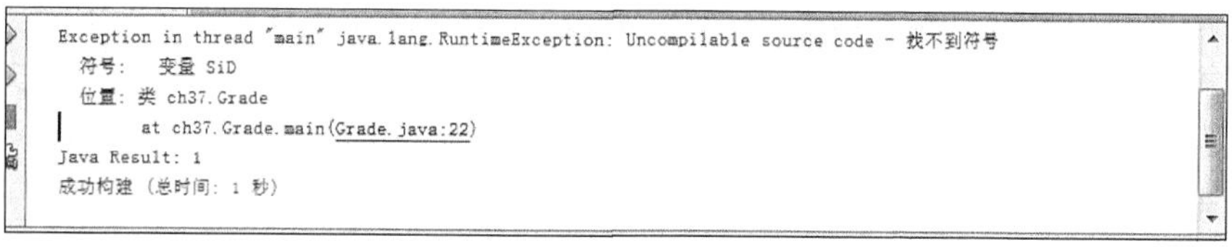

```
Exception in thread "main" java.lang.RuntimeException: Uncompilable source code - 找不到符号
  符号:   变量 SiD
  位置: 类 ch37.Grade
        at ch37.Grade.main(Grade.java:22)
Java Result: 1
成功构建 (总时间: 1 秒)
```

图 3-9　异常信息提示(二)

解决方案：类中声明的变量为 SID，在使用的时候拼写为 SiD，拼写错误导致使用的时候编译器找不到 SiD 变量，提示“找不到符号”。

(3) 异常信息提示如图 3-10 所示。

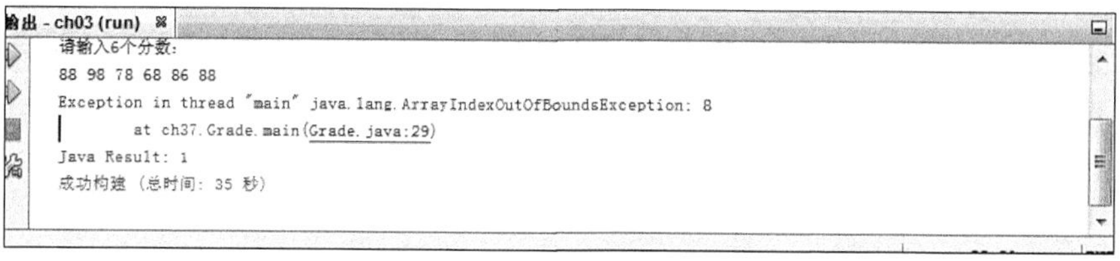

```
输出 - ch03 (run)
请输入6个分数:
88 98 78 68 86 88
Exception in thread "main" java.lang.ArrayIndexOutOfBoundsException: 8
        at ch37.Grade.main(Grade.java:29)
Java Result: 1
成功构建 (总时间: 35 秒)
```

图 3-10　异常信息提示(三)

解决方案：数组下标越界异常，原因是在使用数组时发生了下标越界的情况。在使用数组时一定注意这个问题。

(4) 异常信息提示如图 3-11 所示。

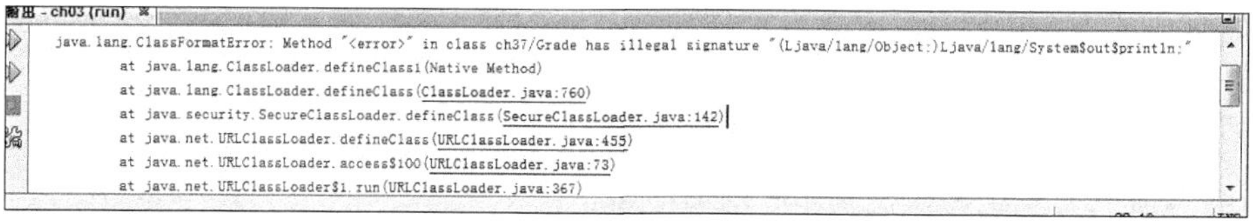

```
输出 - ch03 (run)
java.lang.ClassFormatError: Method "<error>" in class ch37/Grade has illegal signature "(Ljava/lang/Object;)Ljava/lang/System$out$println;"
        at java.lang.ClassLoader.defineClass1(Native Method)
        at java.lang.ClassLoader.defineClass(ClassLoader.java:760)
        at java.security.SecureClassLoader.defineClass(SecureClassLoader.java:142)
        at java.net.URLClassLoader.defineClass(URLClassLoader.java:455)
        at java.net.URLClassLoader.access$100(URLClassLoader.java:73)
        at java.net.URLClassLoader$1.run(URLClassLoader.java:367)
```

图 3-11　异常信息提示(四)

解决方案：出现该异常的原因是可执行语句不在 main(String args[])方法内。

3.8 课外阅读——冯·诺依曼

回顾 20 世纪科学技术的辉煌发展时，不能不提及 20 世纪最杰出的数学家之一冯·诺依曼。众所周知，1946 年发明的电子计算机，大大促进了科学技术的进步，大大促进了社会生活的进步。鉴于冯·诺依曼在发明电子计算机中所起到的关键性作用，他被西方人誉为“计算机之父”。而在经济学方面，他也有突破性成就，被誉为“博弈论之父”。在物理领域，冯·诺依曼在 20 世纪 30 年代撰写的《量子力学的数学基础》已经被证明对原子物理学的发展有极其重要的价值。在化学方面他也有相当的造诣，曾获苏黎世高等技术学院化学系大学学位。与同为犹太人的哈耶克一样，他无愧是 20 世纪最伟大的全才之一。

冯·诺依曼(John Von Nouma，1903－1957)，美籍匈牙利人，1903 年 12 月 28 日生于匈牙利的布达佩斯，父亲是一个银行家，家境富裕，十分注重对孩子的教育。冯·诺依曼从小聪颖过人，兴趣广泛，读书过目不忘。据说他 6 岁时就能用古希腊语同父亲闲谈，一生掌握了 7 种语言，最擅长德语，可在他用德语思考种种设想时，又能以阅读的速度译成英语。他对读过的书籍和论文，能很快一句不差地将内容复述出来，而且若干年之后，仍可如此。

1911—1921 年，冯·诺依曼在布达佩斯的卢瑟伦中学读书期间，就崭露头角而深受老师的器重。在费克特老师的个别指导下合作发表了第一篇数学论文，此时冯·诺依曼还不到 18 岁。

1921—1923 年，冯·.诺依曼在苏黎世大学学习，很快又在 1926 年以优异的成绩获得了布达佩斯大学数学博士学位，此时冯·诺依曼年仅 23 岁。

1927—1929 年，冯·诺依曼相继在柏林大学和汉堡大学担任数学讲师。

1930 年他接受了普林斯顿大学客座教授的职位，西渡美国。

1931 年他成为美国普林斯顿大学的第一批终身教授，那时，他还不到 30 岁。

1933 年转到该校的高级研究所，成为最初六位教授之一，并在那里工作了一生。冯·诺依曼是普林斯顿大学、宾夕法尼亚大学、哈佛大学、伊斯坦堡大学、马里兰大学、哥伦比亚大学和慕尼黑高等技术学院等校的荣誉博士。他是美国国家科学院、秘鲁国立自然科学院等院的院士。

1954 年他任美国原子能委员会委员。

1951 年至 1953 年任美国数学会主席。

1957 年 2 月 8 日，在华盛顿去世，终年 54 岁。

冯·诺依曼在数学的诸多领域都进行了开创性工作，并做出了重大贡献。在第二次世界大战前，他主要从事算子理论、集合论等方面的研究。1923 年关于集合论中超限序数的论文，显示了冯·诺依曼处理集合论问题所特有的方式和风格。他把集合论加以公理化，他的公理化体系奠定了公理集合论的基础。他从公理出发，用代数方法导出了集合论中许多重要概念、基本运算、重要定理等。特别是在 1925 年的一篇论文中，冯·诺依曼就指出了任何一种公理化系统中都存在着无法判定的命题。

1933 年，冯·诺依曼解决了希尔伯特第 5 问题。1934 年他又把紧群理论与波尔的殆周期函数理论统一起来。他还对一般拓扑群的结构有深刻的认识，弄清了它的代数结构和拓扑结构与实数是一致的。他对算子代数进行了开创性工作，并奠定了它的理论基础，从而建立了算子代数这门新的数学分支。这个分支在当代的有关数学文献中均称为冯·诺依曼代数。这是有限维空间中矩阵代数的自然推广。冯·诺依曼还创立了博弈论这一现代数学的又一重要分支。1944 年发表了奠基性的重要论文《博弈论与经济行为》。论文中包含博弈论的纯粹数学形式的阐述以及对于实际博弈应用的详细说明。文中还包含了诸如统计理论等教学思想。冯·诺依曼在格论、连续几何、理论物理、动力学、连续介质力学、气象计算、原子能和经济学等领域都做过重要的工作。

冯·诺依曼对人类的最大贡献是在计算机科学、计算机技术、数值分析和经济学中的博弈论的开拓性工作。现在一般认为 ENIAC 机是世界第一台电子计算机，它是由美国科学家研制的。其实由汤米、费劳尔斯等英国科学家研制的“科洛萨斯”计算机比 ENIAC 机问世早两年多，于 1944 年 1 月 10 日在布莱奇利园区开始运行。ENIAC 机证明电子真空技术可以大大地提高计算技术，不过，ENIAC 机本身存在两大缺点：①没有存储器；②它用布线接板进行控制，甚至要搭接几天，计算速度也就被这一工作抵消了。ENIAC 机研制组的莫克利和埃克特显然是感到了这一点，他们也想尽快着手研制另一台计算机，以便改进。

1944 年，冯·诺依曼参加原子弹的研制工作，该工作涉及极为困难的计算。在对原子核反应过程的研究中，要对一个反应的传播做出“是”或“否”的回答。解决这一问题通常需要通过几十亿次的数学运算和逻辑指令，尽管最终的数据并不要求十分精确，但所有的中间运算过程均不可缺少，且要尽可能保持准确。他所在的洛斯阿拉莫斯实验室为此聘用了一百多名女计算员，利用台式计算机从早到晚计算，还是远远不能满足需要。无穷无尽的数字和逻辑指令如同沙漠一样把人的智慧和精力吸尽。

被计算机所困扰的冯·诺依曼在一次极为偶然的机会中知道了 ENIAC 计算机的研制计划，从此他投身到计算机研制这一宏伟的事业中，建立了一生中最大的丰功伟绩。

1944 年夏的一天，正在火车站候车的诺依曼巧遇戈尔斯坦，并同他进行了短暂的交谈。当时，戈尔斯坦是美国弹道实验室的军方负责人，他正参与 ENIAC 计算机的研制工作。在交谈中，戈尔斯坦告诉了诺依曼有关 ENIAC 的研制情况。具有远见卓识的冯·诺依曼为这一研制计划所吸引，他意识到了这项工作的深远意义。

冯·诺依曼由 ENIAC 机研制组的戈尔德斯廷中尉介绍参加 ENIAC 机研制小组后，便带领这批富有创新精神的年轻科技人员，向着更高的目标进军。1945 年，他们在共同讨论的基础上，发表了一个全新的存储程序通用电子计算机方案——EDVAC（Electronic Discrete Variable Automatic Computer）。在这一过程中，冯·诺依曼显示出他雄厚的数理基础知识，充分发挥了他的顾问作用及探索问题和综合分析的能力。冯·诺依曼以“关于EDVAC 的报告草案”为题，起草了长达 101 页的总结报告。报告广泛而具体地介绍了制造电子计算机和程序设计的新思想。这份报告是计算机发展史上一个划时代的文献，它向世界宣告：电子计算机的时代开始了。

EDVAC 方案明确奠定了新机器由 5 个部分组成，包括运算器、逻辑控制装置、存储器、输入和输出设备，并描述了这 5 个部分的职能和相互关系。报告中，冯·诺依曼对 EDVAC 中的两大设计思想做了进一步的论证，为计算机的设计树立了一座里程碑。

设计思想之一是二进制，他根据电子元件双稳工作的特点，建议在电子计算机中采用二进制。报告提到了二进制的优点，并预言，二进制的采用将大大简化机器的逻辑线路。

现在使用的计算机，其基本工作原理是存储程序和程序控制，就是由冯·诺依曼提出的。

实践证明了冯·诺依曼预言的正确性。如今，逻辑代数的应用已成为设计电子计算机的重要手段，在 EDVAC 中采用的主要逻辑线路也一直沿用着，只是对实现逻辑线路的工程方法和逻辑电路的分析方法做了改进。

程序内存是冯·诺依曼的另一杰作。通过对 ENIAC 的考察，冯·诺依曼敏锐地抓住了它的最大弱点——没有真正的存储器。ENIAC 只带 20 个暂存器，它的程序是外插型的，指令存储在计算机的其他电路中。这样，解题之前，必须先想好所需的全部指令，通过手工把相应的电路连通。这种准备工作要花几小时甚至几天时间，而计算本身只需几分钟。计算的高速与程序的手工调入存在着很大的矛盾。

针对这个问题，冯·诺依曼提出了程序内存的思想：把运算程序存在机器的存储器中，程序设计员只需要在存储器中寻找运算指令，机器就会自行计算，这样，就不必每个问题都重新编程，从而大大加快了运算进程。这一思想标志着自动运算的实现，标志着电子计算机的成熟，已成为电子计算机设计的基本原则。

1946 年 7 月至 8 月间，冯·诺依曼和戈尔德斯廷、勃克斯在 EDVAC 方案的基础上，为普林斯顿大学高级研究所研制 IAS 计算机时，又提出了一个更加完善的设计报告——《电子计算机逻辑设计初探》。以上两份既有理论又有具体设计的文件，首次在全世界掀起了一股计算机热，它们的综合设计思想，便是著名的冯·诺依曼机，其中心就是有存储程序原则——指令和数据一起存储。这个概念被誉为计算机发展史上的一个里程碑。它标志着电子计算机时代的真正开始，指导着以后的计算机设计。当然，一切事物总是在发展着的，随着科学技术的进步，今天人们又认识到冯·诺依曼机的不足，它妨碍着计算机速度的进一步提高，从而提出了非冯·诺依曼机的设想。

冯·诺依曼还积极参与了推广应用计算机的工作，对如何编制程序及进行数值计算都做出了杰出的贡献。冯·诺依曼于 1937 年获美国数学会的波策奖；1947 年获美国总统的功勋奖章、美国海军优秀公民服务奖；1956 年获美国总统的自由奖章和爱因斯坦纪念奖以及费米奖。

冯·诺依曼逝世后，未完成的手稿于 1958 年以《计算机与人脑》为名出版。他的主要著作收集在六卷《冯·诺依曼全集》中，1961 年出版。另外，冯·诺依曼于 20 世纪 40 年代出版的著作《博弈论和经济行为》，使他在经济学和决策科学领域竖起了一块丰碑。他被经济学家公认为“博弈论之父”。当时年轻的约翰·纳什在普林斯顿求学期间开始研究发展这一领域，并在 1994 年凭借对博弈论的突出贡献获得了诺贝尔经济学奖。

3.9 本章小结

“合抱之木，生于毫末；九层之台，始于累工。”要熟练掌握 Java 程序设计技术，必须首先充分了解 Java 语言基础知识。本章针对 Java 语言的基本语法、数据类型、常量和变量的定义、运算符及表达式、数组的声明和初始化等进行了详细介绍。通过本章的学习，应该了解和掌握以下内容。

(1) Java 程序的基本结构。

(2) 标识符和关键字。
(3) 分隔符。
(4) 数据类型。
(5) 常量和变量。
(6) 运算符与表达式。

3.10　习　　题

3.10.1　选择题

1. Java 语言使用的字符编码是(　　)。
   A. ISO-9885-1　　B. Unicode
   C. Unicode 和浮点数　　D. GB2312
2. 下列标识符中错误的是(　　)。
   A. name　　B. 2age　　C. age　　D. 北京
3. Java 语言的数据类型中,浮点类型包括(　　)。
   A. float 和 double　　B. float 和 long　　C. float 和 int　　D. float
4. 以下程序段输出的结果是(　　)。

```
String str="123";
int x=4;
int y=5;
str=str+(x+y);
System.out.println(str);
```

   A. 12345　　B. 123＋4＋5　　C. 1239　　D. 编译时发生异常
5. 以下程序段输出的结果是(　　)。

```
int i=1;
int b,c;
int a[]=new int[3];
b=a[i];
c=b+i;
System.out.println(c);
```

   A. 0　　B. 1　　C. 2　　D. 3

3.10.2　填空题

1. ________是 Java 语言保留的具有特定含义的英文单词,每一个都表示一种特定含义,不能被赋予别的含义。

2. Java 语言中的数据类型有两大类:________和________。

3. Java 程序中的数据类型转换分为________和________两种方式。

3.10.3 论述题

1. 论述什么是标识符、标识符的命名规则是什么。
2. 论述什么是分隔符，为什么要使用分隔符。
3. 论述什么是变量和常量。

3.10.4 操作题

1. 编写一个 Java 应用程序，综合使用第 3 章的知识。
2. 编程实现将 10 个整数按从小到大的顺序输出。

第4章 控制语句

在编写解决某个问题的程序之前，最重要的是彻底了解该问题，并精心地设计如何解决这个问题。本章主要介绍程序设计中常用的控制语句。

本章主要内容如下。

(1) 顺序语句。

(2) 选择语句。

(3) 循环语句。

(4) 转移语句。

4.1 顺序语句

任何计算问题都可以通过按照特定顺序执行一系列动作得到解决。根据要执行的动作和这些动作执行的次序来解决问题的过程称为算法。

在算法语言中，数据类型描述数据的性质，表达式描述对数据的运算，而语句描述对数据的操作。程序由一系列语句组成。

控制语句提供对程序执行中流程的控制，是程序的核心。Java 语言提供各种语句来实现程序的流程控制。Java 语言的语句分类如图 4-1 所示。

顺序结构是 Java 的基本结构。除非给出命令，否则计算机就会按照语句的编写次序一条接一条地执行，中间没有判断和跳转，直到程序结束，即按顺序执行，如图 4-2 所示。顺序结构语句包括表达式语句、空语句和复合语句。

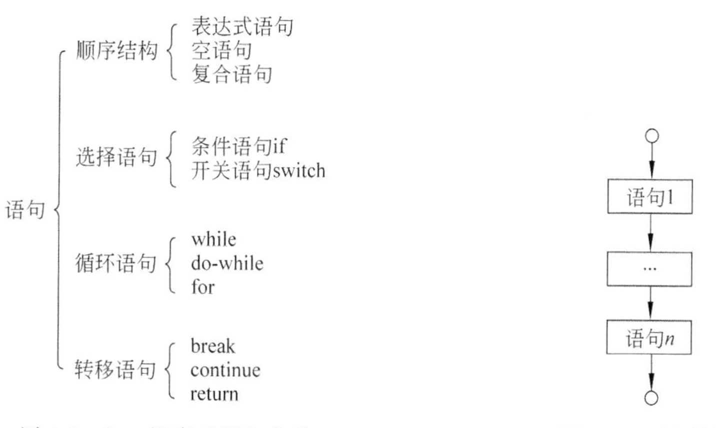

图 4-1 Java 语言的语句分类

图 4-2 顺序结构

1. 表达式语句

在某些表达式后面加上分号即可构成表达式语句，如自增自减运算、赋值、类实例化、方法调用等，都可以构成表达式语句。例如：

```
i++;
i--;
x=10;
sum=sum+1;
new JFrame();              //实例化对象
this.setVisible(true);     //方法调用
```

2. 空语句

空语句仅包含一个分号，不执行任何操作。用于程序中某个语法上要求应该有一条语句而实际上不需要执行任何操作的情况。例如：

```
for(int i=0;i<10;i++);
```

该 for 循环体只有“;”，表示该循环体只包含一条空语句，该循环体被执行 10 次，但是不做任何处理。

例如：

```
int x=6; ;
```

两个连续分号不会产生语法错误，第二个分号是空语句。

例如：

```
...
if(a>b){
    ;      //条件为真,执行空语句
}
else{
    ...    //条件为假执行本部分
}
```

3. 复合语句

复合语句又称为代码块语句，是由一对“{}”括起来的语句，中间可以有多个变量或者语句。其语法格式如下：

```
{
    [变量声明或常量声明];
    语句序列;
}
```

例如：

```
{
```

```
        int i=5;
        int a;
        a=i;
        System.out.print(a);
    }
```

4.2　选 择 语 句

选择语句又称为条件语句，通过判定条件的真假来决定执行某个分支语句。选择语句提供控制机制，能够在程序的执行过程中跳过某些语句(即这些语句不执行)，转去执行特定的语句。Java 的选择语句有两种：if 语句和 switch 分支语句。

4.2.1　if 语 句

if 语句基本的语法格式如下：

```
if (布尔表达式)
{
    语句 1;
}
[else{
    语句 2;
}]
```

其中，if 和 else 是关键字。if 语句根据布尔表达式值来控制程序流程，当布尔表达式值为 true，执行语句 1；否则执行 else 中的语句 2。布尔表达式必须是布尔类型。语句 1 和语句 2 可以是单条语句，也可以是复合语句，如果是单条语句可以省略“{}”，是复合语句则不能省略。else 子句是可选项，当语句 2 为空语句时，else 可省略。if 语句的执行流程如图 4-3 所示。

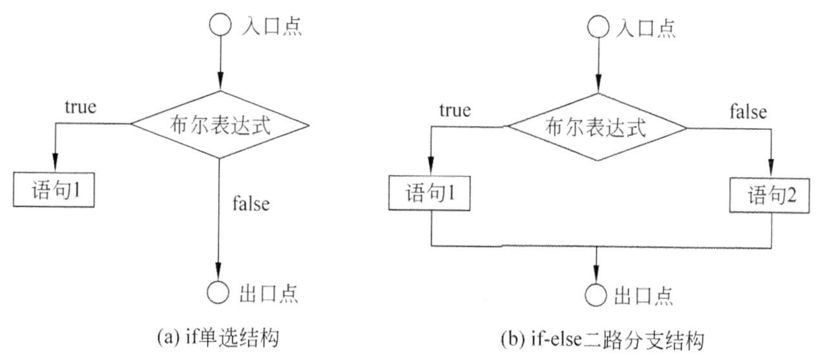

图 4-3　if 语句结构

【例 4-1】　求 3 个数中的最大值和最小值(MaxMin.java)。

```
package ch42;
/*
```

```
    开发者：***
    开发地点：***
    开发时间：****年**月**日
    最后一次修改时间：****年**月**日
    功能简介：使用 if-else 语句以及三元运算符，求 3 个数中的最大值和最小值，并输出结果
*/
public class MaxMin {
    public static void main(String[] args)
{
        int max,min;           //max 保存最大值，min 保存最小值
        int x=16,y=19,z=6;
        if(x>y)
            max=x;
        else
            max=y;
        if(z>max)
            max=z;
        System.out.println("最大值是: "+max);
        min=x<y?x:y;
        min=z<min?z:min;
    }
}
```

MaxMin 类的文件结构和运行结果如图 4-4 所示。

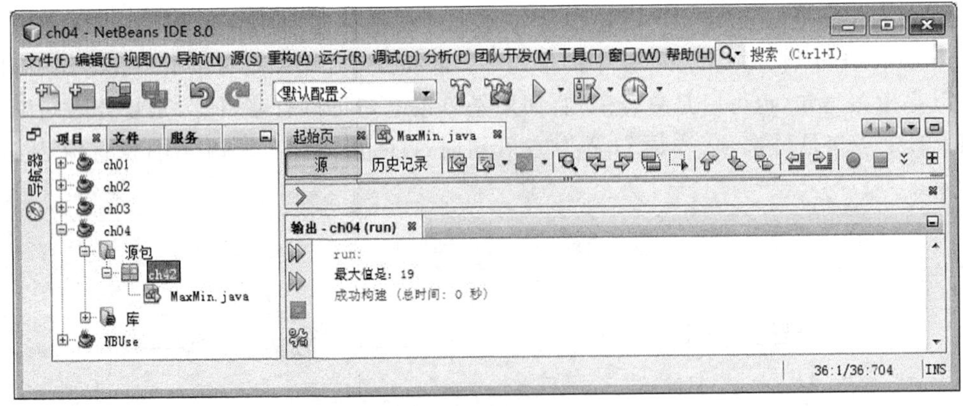

图 4-4　MaxMin 类的文件结构和运行结果

有时单个 if 语句不能实现复杂的判断，需要多个 if 语句进行嵌套。下面是几个 if 语句嵌套使用的示例。

【例 4-2】 if 语句嵌套示例(StatementNestedSeason.java)。

```
package ch42;
/*
    开发者：***
    开发地点：***
```

```
    开发时间：****年**月**日
    最后一次修改时间：****年**月**日
    功能简介：if 语句嵌套的使用,用于判断某个月属于哪个季节
 */
public class StatementNestedSeason {
    public static void main(String args[]){
        String season;          //season 用于表示季节
        int month=6;            //month 用于表示具体的一个月份
        if(month==3||month==4||month==5)
            season="春季";
        else if(month==6||month==7||month==8)
            season="夏季";
        else if(month==9||month==10||month==11)
            season="秋季";
        else if(month==12||month==1||month==2)
            season="冬季";
        else
            season="对不起,你选择的月份不是 1~12 月,不在一年四季中";
        System.out.println(season);
    }
}
```

StatementNestedSeason 类的文件结构和运行结果如图 4-5 所示。

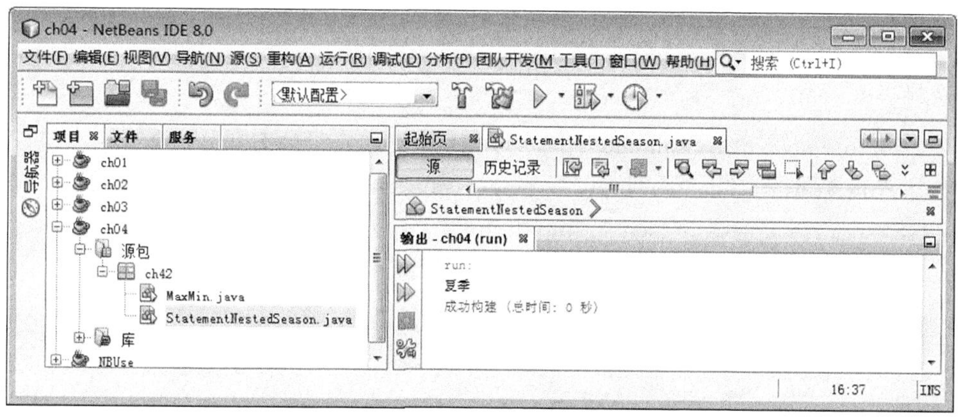

图 4-5　StatementNestedSeason 类的文件结构和运行结果

【例 4-3】　if 语句嵌套示例(StatementNestedScore.java)。

```
package ch42;
import java.util.Scanner;
/*
    开发者：***
    开发地点：***
    开发时间：****年**月**日
    最后一次修改时间：****年**月**日
```

```
功能简介：if 语句嵌套的使用,用于判断考试等级。分数是 100 分制,判断等级标准为优秀(大
         于等于 90 分)、良好(大于等于 80 分,小于 90 分)、中等(大于等于 70 分,小于 80
         分)、及格(大于等于 60 分,小于 70 分)、不及格(小于 60 分)。本程序可以实现输入
         任意一个 100 以内的非负数进行成绩等级判断
*/
public class StatementNestedScore {
    public static void main(String args[]){
        float score;
        Scanner input=new Scanner(System.in);
        System.out.println("请输入成绩：");
        score=input.nextFloat();          //对象调用方法获取数据
        if(score<90)
            if(score<80)
                if(score<70)
                    if(score<60)
                        System.out.println("你的成绩等级为：不及格！");
                    else
                        System.out.println("你的成绩等级为：及格！");
                else
                    System.out.println("你的成绩等级为：中等！");
            else
                System.out.println("你的成绩等级为：良好！");
        else
            System.out.println("你的成绩等级为：优秀！");
    }
}
```

其中,“import java. util. Scanner;”用于导入 JDK 类库提供的 Scanner 类。该类可以获取从键盘输入的数据。“Scanner input = new Scanner(System. in);”用于实例化一个对象 input,System. in 是参数。“score=input. nextFloat();”用于获取数据赋值给 score。

StatementNestedScore 类的文件结构和运行结果如图 4-6 所示。

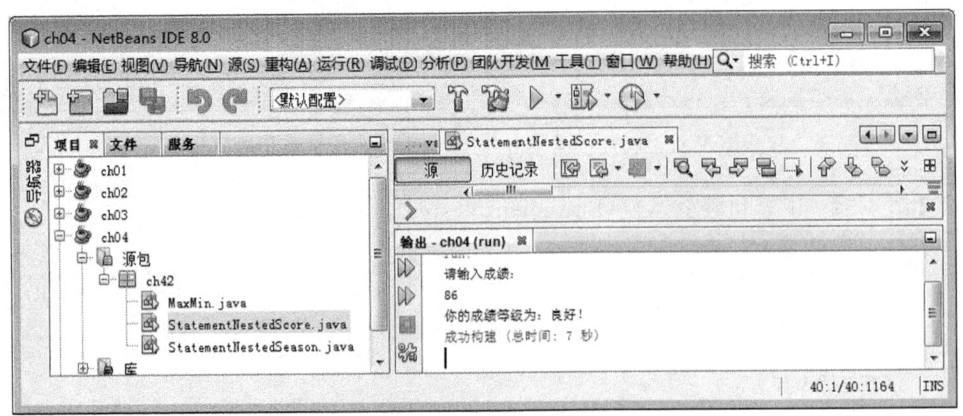

图 4-6　StatementNestedScore 类的文件结构和运行结果

4.2.2　switch 分支语句

switch 语句基本的语法格式如下：

```
switch (表达式)
{
    case 常量表达式 1: 语句序列 1;
        [break;]
    case 常量表达式 2: 语句序列 2;
        [break;]
    ⋮
    [default: 语句序列;]
}
```

其中，switch、case、break 和 default 是关键字。switch 语句的执行过程是，根据表达式值按照从上至下顺序依次与各 case 后常量表达式的值进行比较，当表达式的值与某个 case 后面常量的值相等时，执行其后的语句序列，直到遇到 break 或者 switch 语句执行完。如果没有和表达式的值相等的常量，执行 default 后面的语句；若没有 default 语句，则不执行任何语句。switch 语句的流程如图 4-7 所示。

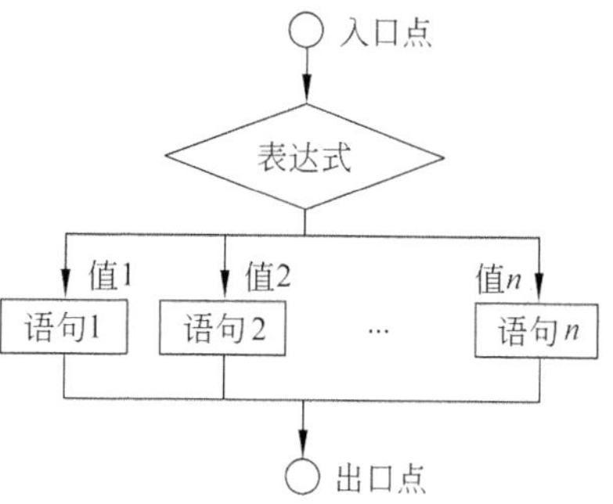

图 4-7　switch 语句的流程

【例 4-4】　switch 语句示例(SwitchWeek.java)。

```
package ch42;
import java.util.Scanner;
/*
    开发者：***
    开发地点：***
    开发时间：****年**月**日
    最后一次修改时间：****年**月**日
    功能简介：使用 switch 语句，判断输入的数字是星期几
*/
public class SwitchWeek {
    public static void main(String args[]){
        Scanner input=new Scanner(System.in);
        System.out.println("请输入 1～7 的整数：");
        int day=input.nextInt();          //Scanner 对象调用方法获取一个整数
        switch (day){
            case 7: System.out.println("星期日"); break;
            case 1: System.out.println("星期一"); break;
            case 2: System.out.println("星期二"); break;
            case 3: System.out.println("星期三");break;
            case 4: System.out.println("星期四"); break;
```

```
            case 5: System.out.println("星期五"); break;
            case 6: System.out.println("星期六"); break;
            default: System.out.println("你输入的日期不在有效范围内!");
        }
    }
}
```

SwitchWeek 类的文件结构和运行结果如图 4-8 所示。

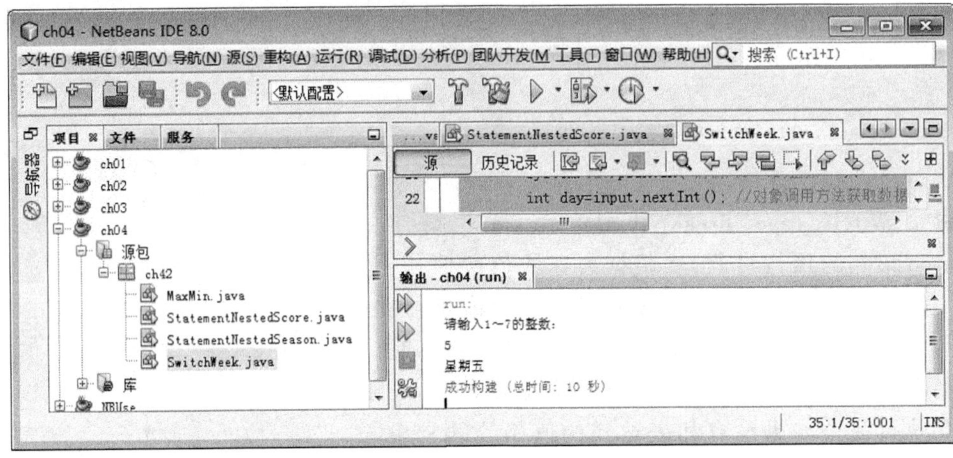

图 4-8　SwitchWeek 类的文件结构和运行结果

【例 4-5】 将例 4-2 中的 if 语句改为 switch 语句(SwitchSeason.java)。

```
package ch42;
import java.util.Scanner;
/*
    开发者：***
    开发地点：***
    开发时间：****年**月**日
    最后一次修改时间：****年**月**日
    功能简介：使用 switch 语句,判断某月属于哪个季节
*/
public class SwitchSeason {
    public static void main(String args[]){
        Scanner input=new Scanner(System.in);
        System.out.println("请输入 1～12 的整数：");
        int month=input.nextInt();
        switch (month){
            case 3:          //空语句,无操作继续下一个 case 检查
            case 4:
            case 5: System.out.println("春季");break;
            case 6:
            case 7:
            case 8: System.out.println("夏季"); break;
            case 9:
```

```
            case 10:
            case 11: System.out.println("秋季"); break;
            case 12:
            case 1:
            case 2: System.out.println("冬季");break;
            default: System.out.println("你输入的月份不在有效范围内!");
        }
    }
}
```

SwitchSeason 类的文件结构和运行结果如图 4-9 所示。

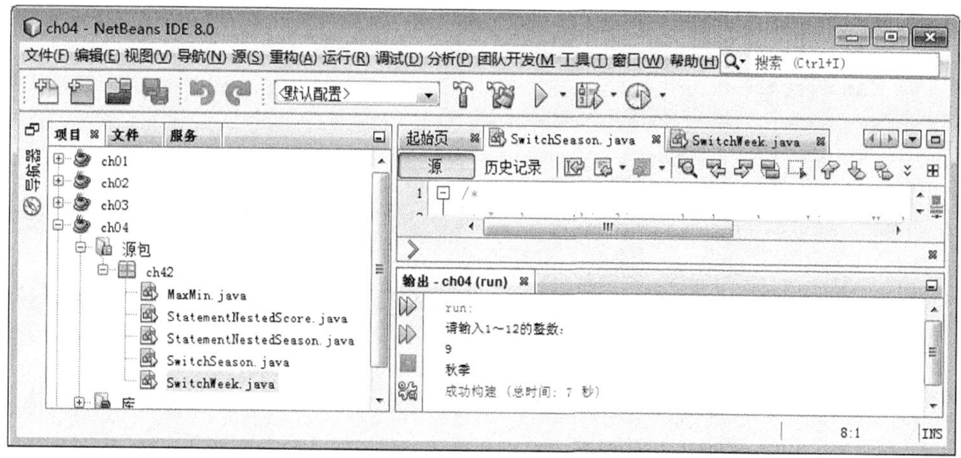

图 4-9　SwitchSeason 类的文件结构和运行结果

4.3　循环语句

循环语句可根据循环条件决定是否反复执行循环体。Java 语言中的循环语句有 while 语句、do-while 语句和 for 语句。

4.3.1　while 语句

while 语句基本的语法格式如下:

```
while (布尔表达式)
{
    语句;
}
```

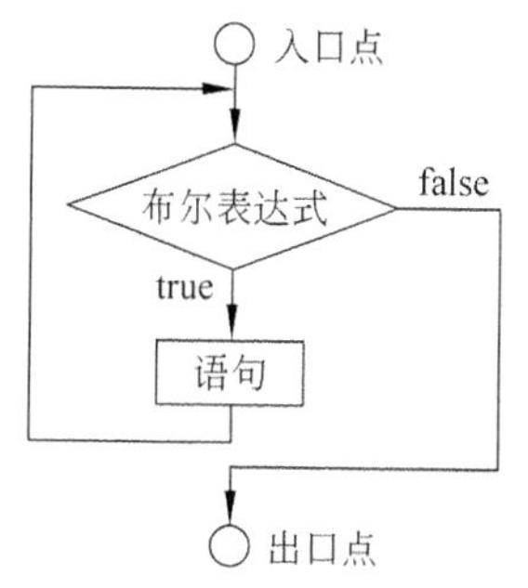

图 4-10　while 语句先判断后执行

其中,while 是关键字。while 语句先判断后执行。当布尔表达式的值为 true 时,执行语句,语句也可以是用“{}”括起来的代码块。当布尔表达式的值为 false 时,循环结束。while 语句的执行流程如图 4-10 所示。

【例 4-6】 用 while 语句求 1 加到 100 的和(WhileSum.java)。

```
package ch43;
/*
    开发者: ***
    开发地点: ***
    开发时间: ****年**月**日
    最后一次修改时间: ****年**月**日
    功能简介: 使用 while 语句求 1 加到 100 的和,并输出结果
*/
public class WhileSum {
    public static void main(String args[]){
    int i=1;
    int n=100;
    int sum=0;
        while(i<=n){
            sum+=i;
            i++;
        }
        System.out.println("1 加到 100 的和是: "+sum);
        System.out.println("循环后变量 i 的值是: "+i);
    }
}
```

WhileSum 类的文件结构和运行结果如图 4-11 所示。

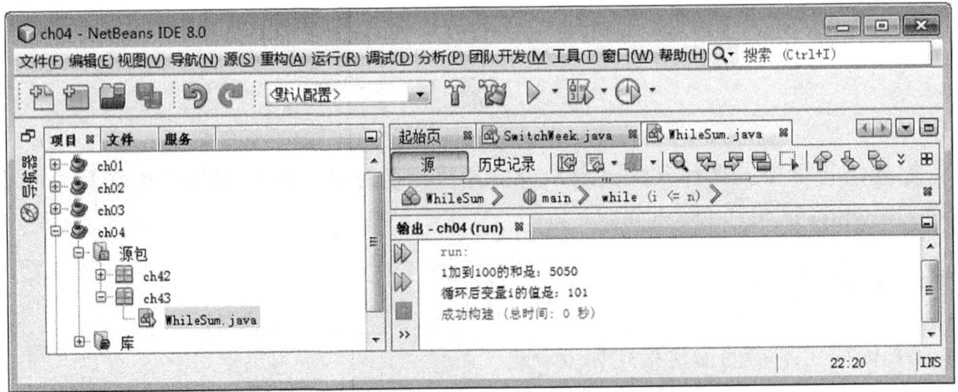

图 4-11 WhileSum 类的文件结构和运行结果

【例 4-7】 用 while 语句求从键盘上输入的任意个数的和(WhileAnySum.java)。

```
package ch43;
import java.util.Scanner;
/*
    开发者: ***
    开发地点: ***
    开发时间: ****年**月**日
```

```
    最后一次修改时间：****年**月**日
    功能简介：用 while 语句求从键盘上输入的任意个 double 类型数值的和
 */
public class WhileAnySum {
    public static void main(String args[]){
        double x=0;
        double sum=0;
        int i=0;
        Scanner input=new Scanner(System.in);
        System.out.println("请输入多个数,每输入一个数后按 Enter 或 Tab 键或者空格键
        确认：");
        System.out.println("输入一个非数字符号结束输入操作!");
        //hasNextDouble()方法判断输入的数是否是 double 类型的数据
        while(input.hasNextDouble()){
            x=input.nextDouble();//获取数据
            sum+=x;
            i++;
        }
        System.out.println("共输入"+i+"个数,其和为："+sum);
    }
}
```

WhileAnySum 类的文件结构和运行结果如图 4-12 所示。

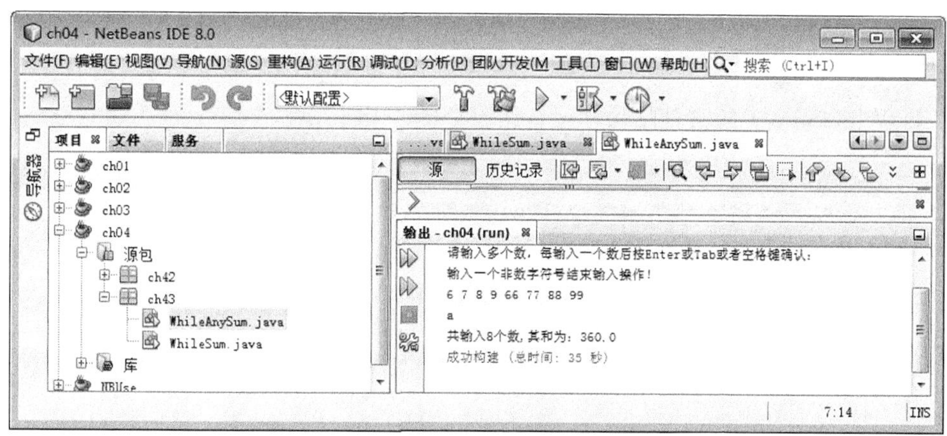

图 4-12 WhileAnySum 类的文件结构和运行结果

4.3.2 do-while 语句

do-while 语句基本的语法格式如下：

```
do
{
    语句;
} while (布尔表达式);
```

其中,do 和 while 是关键字。先执行 do 中的语句再判断 while 中的布尔表达式的值,为 true 继续循环,否则循环结束。do-while 语句的执行流程如图 4-13 所示。

入口点
语句
布尔表达式
true
false
出口点

图 4-13 do-while 语句先执行后判断

【例 4-8】 用 do-while 语句求 1 加到 100 的和(DoWhileSum.java)。

```
package ch43;
/*
    开发者:***
    开发地点:***
    开发时间:****年**月**日
    最后一次修改时间:****年**月**日
    功能简介:使用 do-while 语句求 1 加到 100 的和
*/
public class DoWhileSum {
    public static void main(String args[]){
        int i=1;
        int n=100;
        int sum=0;
        do{
            sum+=i;
            i++;
        }while(i<=n);
        System.out.println("1 加到 100 的和是: "+sum);
    System.out.println("循环后变量 i 的值是: "+i);
    }
}
```

DoWhileSum 类的文件结构和运行结果如图 4-14 所示。

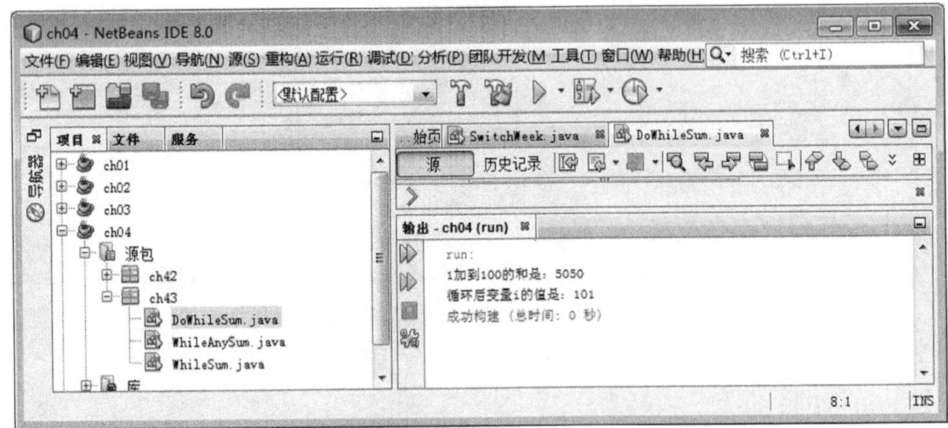

图 4-14 DoWhileSum 类的文件结构和运行结果

【例 4-9】 用 do-while 语句计算存款利息(Interest.java)。

```
package ch43;
/*
    开发者:***
```

```
    开发地点：***
    开发时间：****年**月**日
    最后一次修改时间：****年**月**日
    功能简介：使用 do-while 语句进行利息计算。假如在银行账户内存入 1 000 000 元，年利率
              是 3.69%，计算多少年后存款能够连本带息翻一番
              使用的公式如下：
              a=p(1+r)^n
              其中：
              p 是存款的资金；
              r 是每年的利率(0.0369，代表 3.69%)；
              n 是存款年数；
              a 是第 n 年底结算的存款总额
*/
public class Interest {
    public static void main(String args[]){
        //声明变量用于保存第 n 年底结算的存款总额
        double amount;
        //声明变量并初始化其值为利率
        double rate=0.0369;
        //声明变量并初始化其值为初始存款额
        double principal=1000000.0;
        //声明变量用于保存存款的年限并初始化
        int n=0;
        do{
            /*使用 java.lang.Math 类中的 pow()方法，实现对公式(1+r)^n的计算。Math 类
             中提供许多数学方法，如需使用请查阅 API */
            amount=principal * Math.pow(1.0+rate, n);
            n++;
        }while(amount<2*principal);
        System.out.println(n+"年后连本带利翻一番！"+"账户资金为："+2*principal);
    }
}
```

Interest 类的文件结构和运行结果如图 4-15 所示。

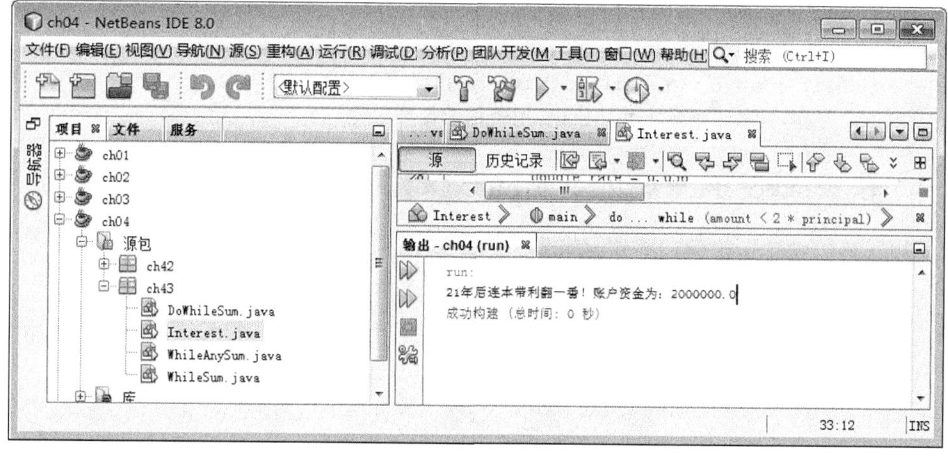

图 4-15　Interest 类的文件结构和运行结果

4.3.3 for 语句

for 语句基本的语法格式如下：

```
for (表达式 1; 表达式 2; 表达式 3)
{
    语句;
}
```

其中，for 是关键字。for 语句将循环控制变量赋初值、循环条件和变量转变状态以表达式形式写在 for 中，3 个表达式之间用分号"；"隔开。表达式 1 给循环变量赋初值；表达式 2 给出循环条件，结果为布尔值；表达式 3 给出循环变化的规律，常用自增或者自减表示。

首先执行表达式 1，为循环控制变量赋值；再判断表达式 2 是否满足循环条件，当表达式 2 的值为真(true)时，执行循环体，然后执行表达式 3，改变循环变量的值，再判断是否进行下一轮循环；当表达式 2 的值为假(false)时，循环结束，执行 for 语句后面的语句。for 语句的执行流程如图 4-16 所示。

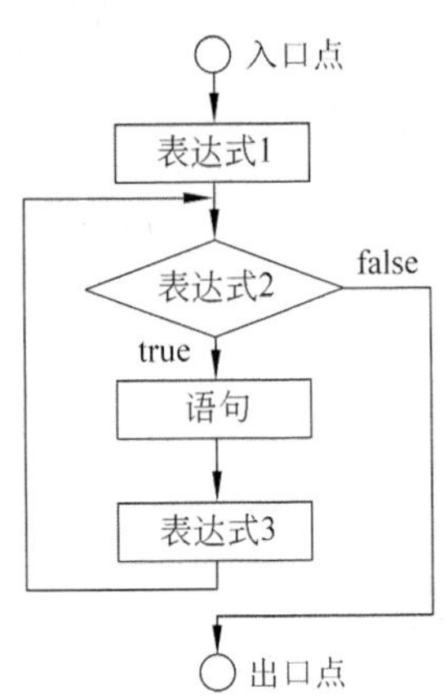

图 4-16　for 语句的执行流程

【例 4-10】 用 for 语句求和(ForSum. java)。

```
package ch43;
/*
    开发者：***
    开发地点：***
    开发时间：****年**月**日
    最后一次修改时间：****年**月**日
    功能简介：使用 for 语句求 1 加到 100 的和
*/
public class ForSum {
    public static void main(String args[]){
        //声明循环变量 i 并初始化，用于构成循环条件
        int i=1;
        //声明变量 n 并初始化，用于控制循环次数
        int n=100;
        //声明变量 total 并初始化，用于保存计算结果
        int total=0;
        for(i=1;i<=n;i++)
            total+=i; //计算结果
        //格式化输出，%d 表示输出的类型，控制输出 total 值的格式
        System.out.printf("结果是：%d\n", total);
    }
}
```

ForSum 类的文件结构和运行结果如图 4-17 所示。

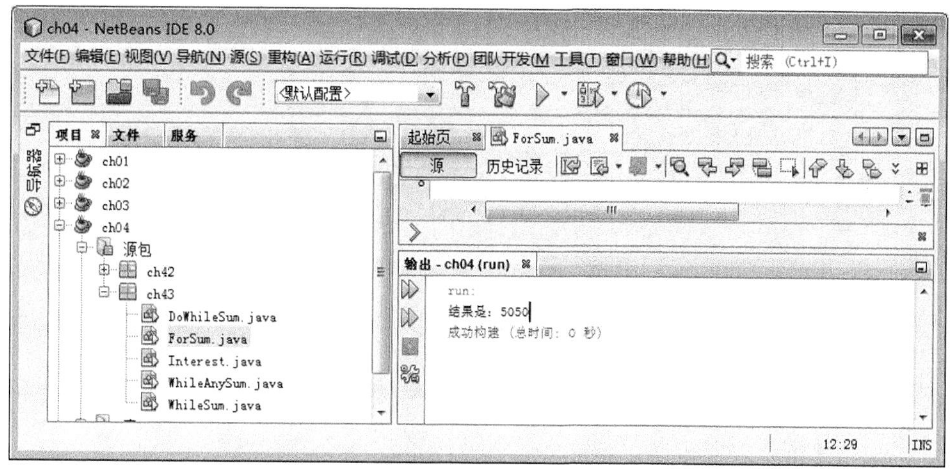

图 4-17　ForSum 类的文件结构和运行结果

【例 4-11】 用 for 语句计算利息(ForInterest.java)。

```
package ch43;
/*
    开发者：***
    开发地点：***
    开发时间：****年**月**日
    最后一次修改时间：****年**月**日
    功能简介：使用 for 语句进行利息计算。假如在银行账户上存入 1 000 000 元，年利率是
            3.69%，计算并输出 10 年间每年结算时账户里的存款总额。计算公式同例 4-9
*/
public class ForInterest {
    public static void main(String args[]){
        double amount;
        double principal=1000000.0;
        double rate=0.0369;
        /*格式字符串"%4s%20s\n"表示要输出两个字符串类型的数据，其中%20s 表示以 20 个
         字符的长度输出对应的常量"存款额"。两个%引导的格式字符串对应后面两个变量
        */
        System.out.printf("%4s%20s\n", "年", "存款额");
        for (int year=1; year <=10; year++) {
            amount=principal * Math.pow(1.0+rate, year);
            /*%4d 表示后面对应的 year 长度为 4；"%,20.2f"表示对应的变量 amount 长度为
             20 且有两位小数点并右对齐，整数部分每 3 位用逗号隔开
            */
            System.out.printf("%4d%,20.2f\n", year, amount);
        }
    }
}
```

ForInterest 类的文件结构和运行结果如图 4-18 所示。

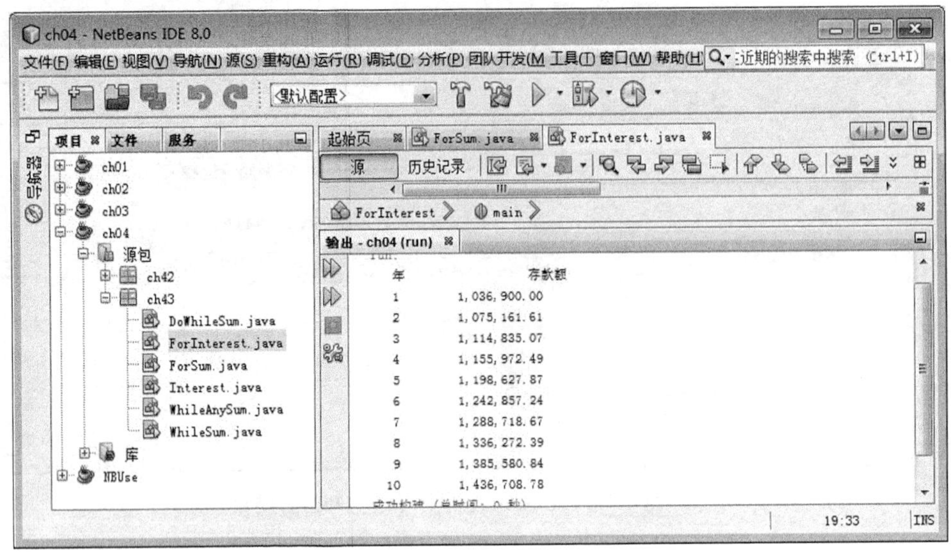

图 4-18　ForInterest 类的文件结构和运行结果

【例 4-12】 用 for 语句多重循环制作九九乘法表(Mul99.java)。

```
package ch43;
/*
    开发者：***
    开发地点：***
    开发时间：****年**月**日
    最后一次修改时间：****年**月**日
    功能简介：使用 for 语句的多重循环(循环语句中又有循环语句,称为多重循环结构)输出九九
              乘法表
*/
public class Mul99 {
    public static void main(String args[]) {
        int i;
        int j;
        int n=9;
        System.out.print("   *   |");             //输出"*   |"
        for (i=1;i<=n;i++)                         //控制输出第 1 行
            System.out.print("   "+i);             //输出数字 1~9,即第一个乘数
            System.out.print("\n-------|");        //输出"-------|"
        for (i=1;i<=n;i++)                         //控制输出"----"
            System.out.print("----");
        System.out.println();
        for (i=1;i<=n;i++)                         //控制九次循环
        {
            System.out.print("   "+i+"   |");      //输出每行的数,即另一个乘数
            for (j=1;j<=i;j++)                     //输出乘积数
```

```
                System.out.print("   "+i * j);    //输出具体的某个乘积
            System.out.println();
        }
    }
}
```

Mul99 类的文件结构和运行结果如图 4-19 所示。

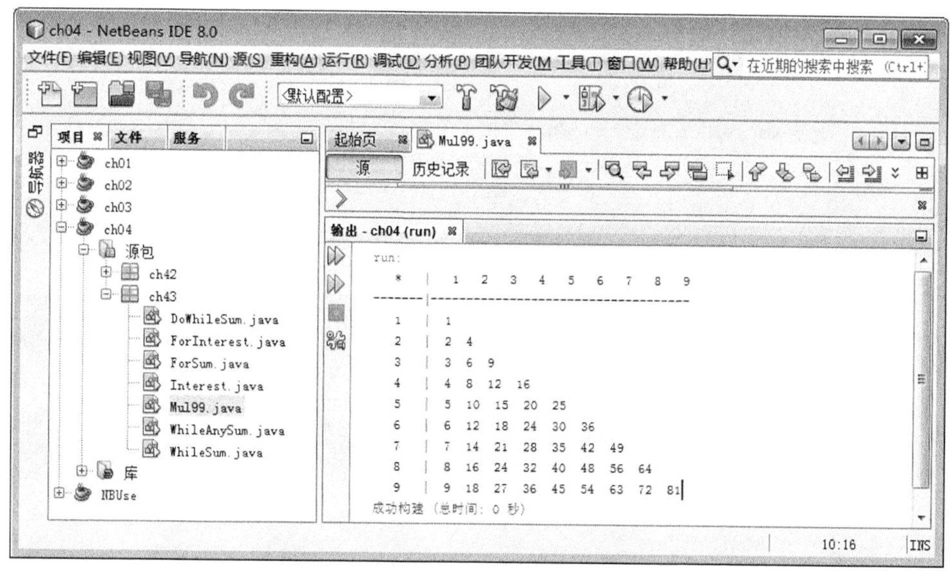

图 4-19　Mul99 类的文件结构和运行结果

4.4　转 移 语 句

Java 语言提供 3 种无条件转移语句：return、break 和 continue。return 语句可以从方法中返回值；break 和 continue 语句用于控制流程转移。

4.4.1　break 语 句

break 语句主要有 3 种作用：一是终止 switch 语句的执行，跳出 switch 结构，执行 switch 语句后面的语句；二是终止循环语句序列，跳出循环结构，即跳出 while、for 等语句；三是与标记语句配合使用从内层循环或者内层程序退出。

【例 4-13】　break 语句使用示例(BreakStatement. java)。

```
package ch44;
/*
    开发者：***
    开发地点：***
    开发时间：****年**月**日
    最后一次修改时间：****年**月**日
    功能简介：使用 break 语句，输出 break 以前变量 count 的值，并输出中断循环时 count
```

```
            的值
*/
public class BreakStatement {
    public static void main(String args[]){
        int count;
        for(count=1; count<=10; count++){
            if(count==5)
                break;
            System.out.println(count);
        }
        System.out.println("循环中断的数是: "+count);
    }
}
```

BreakStatement 类的文件结构和运行结果如图 4-20 所示。

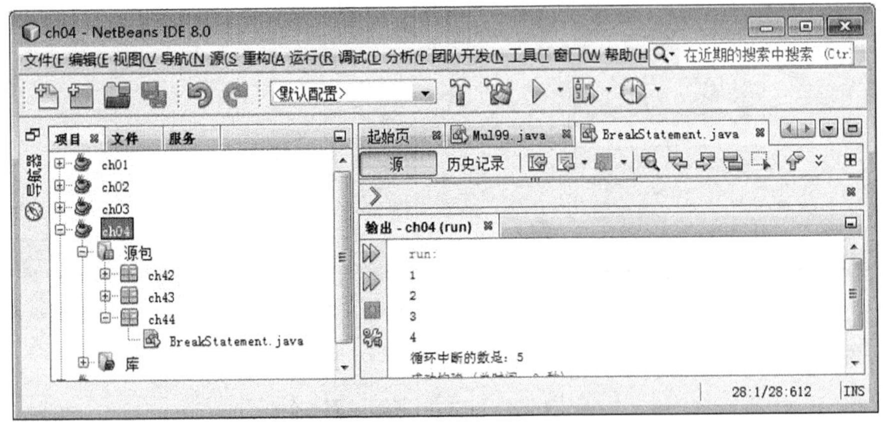

图 4-20 BreakStatement 类的文件结构和运行结果

4.4.2 continue 语句

与 break 语句不同，continue 语句并不终止循环。循环体中遇到 continue 语句时，本次循环结束，回到循环条件进行判断，如果条件满足执行下一次循环，所以 continue 语句只是中断本次循环体的执行。

【例 4-14】 continue 语句使用示例(ContinueStatement. java)。

```
package ch44;
/*
    开发者: ***
    开发地点: ***
    开发时间: ****年**月**日
    最后一次修改时间: ****年**月**日
    功能简介: 使用 continue 语句输出特定数字序列
*/
public class ContinueStatement {
```

```
        public static void main(String args[]){
            int count;
            for(count=1; count <=10; count++){
                if(count==5)
                    continue;
                System.out.println(count);
            }
        }
    }
```

ContinueStatement 类的文件结构和运行结果如图 4-21 所示。

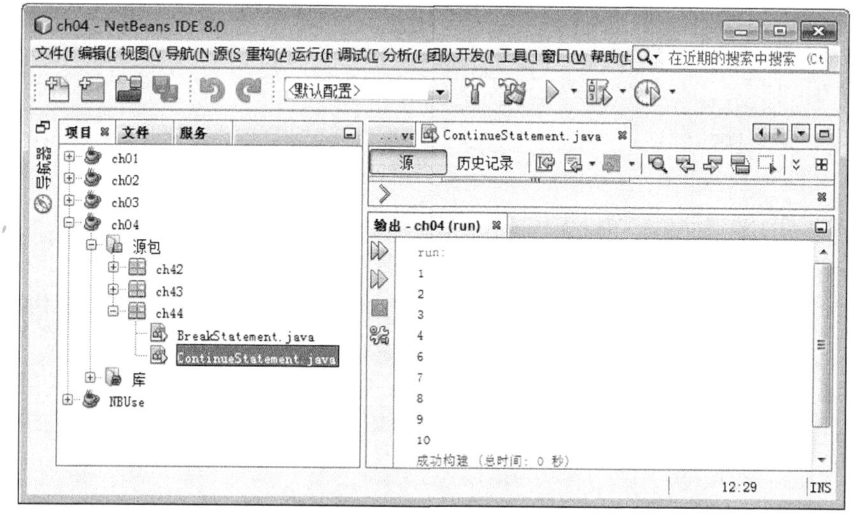

图 4-21　ContinueStatement 类的文件结构和运行结果

4.4.3　return 语句

return 语句能终止当前成员方法的执行,返回到调用该方法的位置,并从紧跟该调用语句的下一条语句继续程序的执行。如果该方法的返回类型不是 void,则需要提供相应类型的返回值。return 语句有以下两种使用格式。

格式 1:

```
return;
```

该格式用在返回类型为 void 的方法中,且可以省略。一般若方法为 void 类型,return 可省略。

格式 2:

```
return 返回值;
```

该格式中的返回值可以是基本数据类型或引用数据类型,但必须和方法的类型一致,否则编译无法通过。

【例 4-15】　return 语句的使用(ReturnStatement.java)。

```
package ch44;
/*
    开发者：***
    开发地点：***
    开发时间：****年**月**日
    最后一次修改时间：****年**月**日
    功能简介：使用 return 语句返回字符串
*/
public class ReturnStatement {
    public String patriotic(){
        return "我爱我的国家,我爱我的家乡!";
    }
    public static void main(String args[]){
        ReturnStatement rs=new ReturnStatement();
        System.out.println(rs.patriotic());
    }
}
```

ReturnStatement 类的文件结构和运行结果如图 4-22 所示。

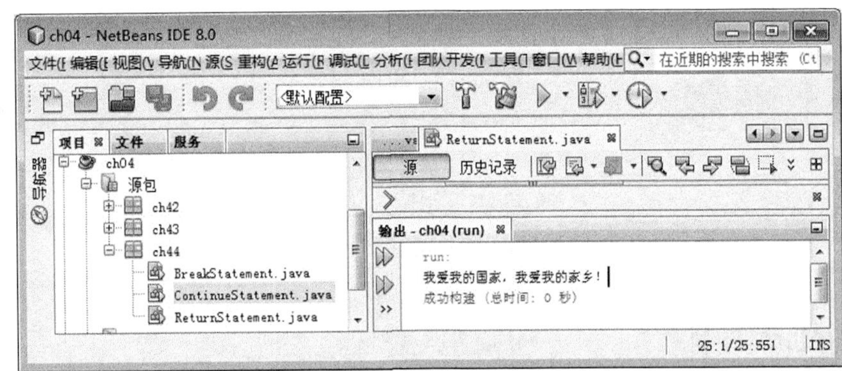

图 4-22 ReturnStatement 类的文件结构和运行结果

4.5 项目实训

4.5.1 项目目的

本项目要求综合复习已学知识,并参考第 5 章和第 6 章内容编写成绩统计程序,通过项目训练激发学生的自学兴趣,通过自学第 5 章和第 6 章的知识达到巩固已学知识以及预习新知识的目的。

4.5.2 项目需求分析

现对一个有 10 名学生的班级进行了一次测试。已知每个学生这次测试的成绩(0～100 范围内的整数),求这次测验的班级平均成绩、最高成绩和最低成绩,并统计该次考试成绩的分布情况。本项目分别使用 NetBeans 8.0 和 Eclipse 4.3 开发，使用 NetBeans 8.0 开发的项目名称为 ch04，项目结构和运行结果如图 4-23 所示；使用 Eclipse 4.3 开发的项目名称为 ch4。

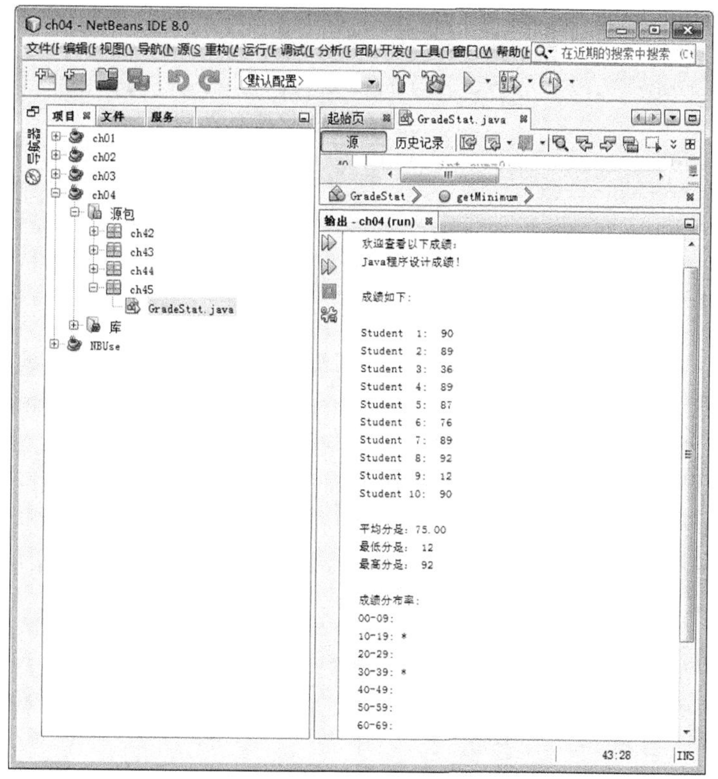

图 4-23　基于 NetBeans 8.0 的项目结构和运行结果

4.5.3　项目实现

【例 4-16】　成绩统计程序(GradeStat.java)。

```
package ch45;
public class GradeStat {
    private String courseName;
    private int grades[];
    public GradeStat(String name, int gradesArray[]){
      courseName=name;
      grades=gradesArray;
   }
   public void setCourseName(String name){
      courseName=name;
   }
   public String getCourseName(){
      return courseName;
```

```
    }
    public void displayMessage(){
        System.out.printf("欢迎查看以下成绩: \n%s!\n\n", getCourseName());
    }
    public void processGrades(){
        outputGrades();
        System.out.printf("\n 平均分是: %.2f\n", getAverage());
        System.out.printf("最低分是:  %d\n 最高分是:  %d\n\n",getMinimum(),
        getMaximum());
        outputBarChart();
    }
    public int getMinimum(){
        int lowGrade=grades[ 0 ];
        /*
          下面使用 for 语句的简化形式。下列使用的简化 for 语句的代码段可计算一个数组元素
          的和:
          int x[]={1,2,3,4,5,6,7};
          int sum=0;
              //遍历整个数组 x,按顺序取出每个数组元素的值并赋给变量 y
          for(int y:x)
              sum+=y;    //需要注意的是,y 存储的是数组元素的值,而不是下标
          等价的 for 语句如下:
          for(int i=0;i<x.length;i++)
              sum+=x[i];
          for (int grade : grades)的意思是依次取出 grades 数组的元素值,并赋给变
              量 grade
        */
        for (int grade : grades)
        {
           if (grade<lowGrade)
               lowGrade=grade;
        }
        return lowGrade;
    }
    public int getMaximum(){
        int highGrade=grades[ 0 ];
        for (int grade : grades)
        {
           if (grade>highGrade)
               highGrade=grade;
        }
        return highGrade;
    }
    public double getAverage(){
        int total=0;
        for (int grade : grades)
           total+=grade;
```

```
        return (double) total/grades.length;
    }
    public void outputBarChart(){
        System.out.println("成绩分布率:");
        int frequency[]=new int[ 11 ];
        for (int grade : grades)
          ++frequency[ grade/10 ];      //参考第 5 章的相关内容
        for(int count=0; count<frequency.length; count++)
        {
          //("00~09: ", …, "90~99: ", "100: ")
          if (count==10)
             System.out.printf("%5d: ", 100);
          else
             System.out.printf("%02d-%02d: ",
                count * 10, count * 10+9  );
          for (int stars=0; stars<frequency[ count ]; stars++)
             System.out.print(" * ");
          System.out.println();
        }
    }
    public void outputGrades(){
        System.out.println("成绩如下:\n");
        for (int student=0; student<grades.length; student++)
          System.out.printf("Student %2d: %3d\n", student+1, grades[ student ]);
    }
    public static void main(String args[]){
        int gradesArray[]={ 90, 89, 36, 89, 87, 76, 89, 92, 12, 90 };
        GradeStat myGrade=new GradeStat(
          "Java 程序设计成绩", gradesArray);
        myGrade.displayMessage();
        myGrade.processGrades();
    }
}
```

4.5.4　常见问题及解决方案

(1) 异常信息提示如图 4-24 所示。

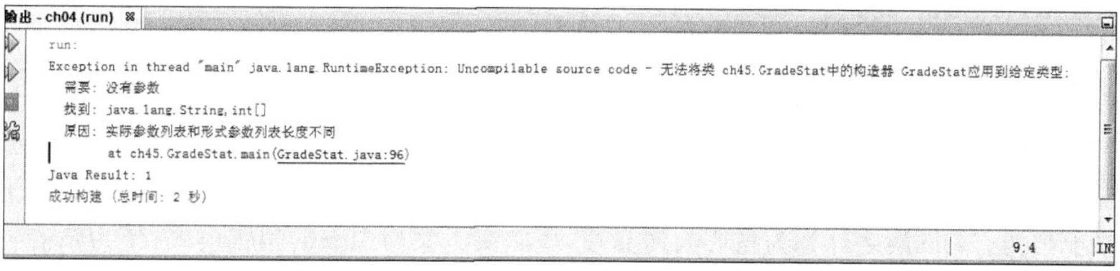

```
输出 - ch04 (run)
run:
Exception in thread "main" java.lang.RuntimeException: Uncompilable source code - 无法将类 ch45.GradeStat中的构造器 GradeStat应用到给定类型:
  需要: 没有参数
  找到: java.lang.String,int[]
  原因: 实际参数列表和形式参数列表长度不同
        at ch45.GradeStat.main(GradeStat.java:96)
Java Result: 1
成功构建 (总时间: 2 秒)
9:4
```

图 4-24　异常信息提示(一)

解决方案：该异常是因为构造方法名字写错导致的。在声明构造方法时，方法名字需要和类名一样，否则就不认为是构造方法，会提示如图 4-24 所示的异常信息。切记构造方法名前的关键字只能有一个，即 public。

(2) 异常信息提示如图 4-25 所示。

```
输出 - ch04 (run)
run:
Exception in thread "main" java.lang.RuntimeException: Uncompilable source code - 缺少返回语句
        at ch45.GradeStat.getCourseName(GradeStat.java:23)
        at ch45.GradeStat.displayMessage(GradeStat.java:27)
        at ch45.GradeStat.main(GradeStat.java:98)
Java Result: 1
成功构建 (总时间: 2 秒)
```

图 4-25 异常信息提示(二)

解决方案：在声明方法时，如果方法的返回类型不是 void，方法体中必须有 return 语句，即有返回值。

(3) 异常信息提示如图 4-26 所示。

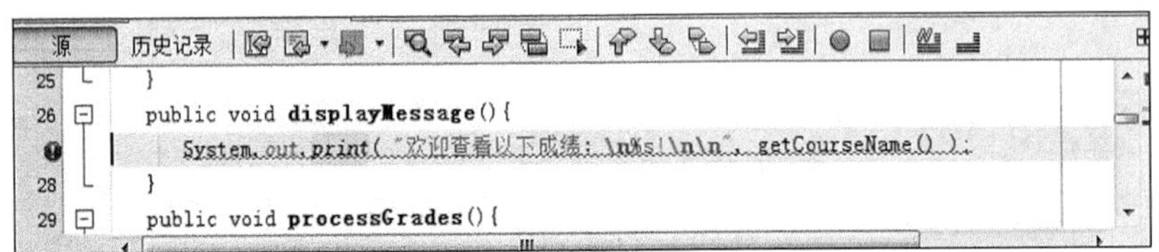

图 4-26 异常信息提示(三)

解决方案：出现图 4-26 所示异常是因为在格式化输出的时候没有使用 printf()方法。该方法要求参数中的格式说明符必须与后面要输出的数据类型一致。

4.6 课外阅读——Sun 公司的发展史

1982 年，Sun Microsystems 公司诞生于美国斯坦福大学校园。Sun 公司于 1986 年上市，在 NASDAQ 的标识为 SUNW。创立开始，Sun 公司的创立者就以与众不同的洞察力，率先提出"网络就是计算机"的独特理念。如今，这一理念已驱使 Sun 公司成为向全球用户提供最具实力的硬件、软件与服务的领先供应商。Sun 公司是开放式网络计算的领导者。20 多年来，Sun 公司一直对客户恪守着体现"开放思想"的重要承诺：促进多种选择，提供创新技术，提升客户价值。

Sun 公司是世界上最大的 UNIX 系统供应商。主要产品有 UltraSPARC 系列工作站、服务器和存储器等计算机硬件系统，Sun ONE 品牌软件、Solaris 操作环境及 Java 系列开发工具和应用软件，以及各类服务等，并以其高度灵活性、缩放性、可靠性和可用性等特性赢得全球各个行业客户的青睐。Sun 公司还一直处于信息技术领先提供商的最佳位置之上。这缘于其拥有：以网络计算为核心的产品线，由解决方案所引领的销售模式，作为核心技术的基础设施系统，具有革新性的组织机构，研发上的巨大投入，以及以客户为中心的发展战略。

自 2003 年年初开始，Sun 公司将"低成本计算"作为其核心战略之一，从产品、技术、服务、与合作伙伴的联盟等各个方面全方位地为客户降低成本和复杂性，满足企业客户降低总拥有成本、提升企业效能的迫切需求。Sun公司的足迹遍及全球100多个国家和地区，在美国、欧洲等地区，Sun公司产品的市场份额都在攀升。众多客户的喜爱和欢迎，预示Sun公司在新的世纪中取得更加辉煌业绩的美好前程。

Sun公司近30年发展史大事记如下。

1982年，Sun公司由安迪·贝托斯黑姆(Andy Bechtolsheim)、比尔·乔伊(Bill Joy)、温诺德·科斯拉(Vinod Khosla)和斯科特·麦克尼利(Scott McNealy)在斯坦福大学创建，其第一台工作站问世。

1983年，取得了第一个重大突破。Sun公司和Computervision签署了4000万美元的协议。开始在欧洲开展业务。

1984年，Sun公司有了重要的创意，推出了NFS技术并免费授权给业界，这被认为是未来的网络文件共享标准。

1985年，Sun公司更光芒四射了。*Computer Systems News*指出："虽然其他公司仍然在寒意中颤抖，但是Sun公司比任何时候都要明亮。"Sun公司开始在加拿大开展业务。

1986年，Sun公司继续扩展，推出了PC-NFS技术，给PC用户带来了网络计算的力量，为Sun公司开辟了一个全新的市场，Sun公司的IPO取得了极大成功。Sun公司开始在亚洲和澳大利亚开展业务。公司上市，每股16美元。

1987年，Sun公司和AT&T为未来十年的企业计算奠定了基础，它们结盟联合开发UNIX(R)系统版本4。Sun公司在工作站市场取得了领先，开始介入互联网。

1988年，Sun公司的年收入达到了10亿美元，这对一家直接销售的计算机公司来说是最快的纪录。

1989年，Sun公司推出了SPARCstation 1系统。其性能的集成性很高，大小只有3英寸×16英寸×16英寸，是第一款"比萨饼盒"。Sun公司的盟友扩展到Informix、Ingres、Oracle、Sybase。Sun公司还在法国建立了研发中心，成为了独立、开放标准的组织SPARC International的执行委员。

1990年，Sun公司在SPARCstation 1取得成功之后推出了4种新型号，其中包括第一款5000美元以下的工作站，Sun公司还在苏格兰建立了制造工厂。

1991年，Sun公司在RISC市场的份额达到了63%，这是全球最快速、功能最强大的计算架构，销量已经超过了50万套。Sun公司推出了Solaris 2，特别适合于多处理器系统。Sun公司开始在拉丁美洲开展业务。

1992年，Sun公司推出了SPARCstation 10系统，在台式机性能上取得了领先，这是第一种具有多处理器的台式机。Sun公司加入了标准普尔500指数。Sun公司的装有多个微处理器的UNIX服务器的发货量打破了业界单一销售商的纪录。

1993年，在仅仅十年时间里，Sun公司达到了令人难以置信的里程碑：卖出100万套系统，Sun公司进入了"财富500强"行列。Sun公司多年以来的领导地位取得了成果，Sun公司和IBM公司、惠普公司等企业把UNIX系统软件统一了起来。

1994年，Sun公司筹办了为期一周的"企业计算峰会"，展示了网络计算方面的专业技术。Sun公司的网页http://www.sun.com/开始上线。随着Sun公司成为1994年世界杯的唯一计算机供应商，Sun公司使成百万的球迷利用互联网获取最新消息。金门大桥采用了革命性的计算机设计来翻新，在 Sun 公司的工作站和服务器上采用 3D 动画进行结构分析，它大大节约了成本同时也提高了安全性。

1995 年，Java 技术革命开始了。Sun 公司推出了第一种通用软件平台，这是为 Internet 和企业内联网设计的。Java 技术使开发人员能为所有计算机只编写一次程序。迪斯尼为创作“玩具总动员”动用了超过 100 套 Sun 公司的系统。这是第一部完全由计算机生成的电影正片。Sun 公司和第三方合作者达到了另一个里程碑，在 SPARC/Solaris 平台上推出了10 000 种解决方案。Sun 公司通过互联网推出了可下载的“先试再买”软件。SunSolve Online 通过互联网推出了技术支持。在美国所有主要服务组织，Sun 公司都获得了 ISO 9001 质量认证；在所有全球性的制造业务，都获得了 ISO 9002 认证。

1996 年，“24 小时网络生存空间”是历史上最大的互联网活动，Sun 公司在互联网和企业内部网领域都具有最多的经验，因此 Against All Odds Productions 求助于 Sun 公司。Sun Ultra 工作站产品系列问世，它具有 64 位的 UltraSPARC 微处理器，芯片上安装有多媒体、图形和影像技术。Sun 公司将 Java 技术授权给所有主要软硬件公司。Sun 公司和 House of Blues 通过互联网为亚特兰大奥运会观众推出互动娱乐内容。Sun 公司工程师琼·博萨克领导万维网论坛的一个团队开发 XML，这种语言将成为企业数据的标准。

1997 年，NASA 工程师们利用 Java 技术开发了互动应用程序，允许互联网上的任何人成为火星探索计划的“虚拟参与者”。Sun 公司推出了新的服务器系列，其中包括采用 64 位芯片的 Sun Enterprise 10000，具有四台主机的处理能力。Sun 公司成为了第一个在所有 4 个主要数据库平台上都取得最好 TPC-C 表现的系统公司。Solaris 环境问世，由于做了 100 多处改进，该软件大大提高了软件的互联网性能。Sun StorEdge A5000 系统问世，这是业界第二代光通道存储磁盘。Sun 公司成为 UNIX 多用户存储子系统头号供应商。

1998 年，Sun 公司通过“Intelligent 存储网络”架构重新定义了网络时代的存储，它具有主机级别的可靠性，几乎无限的可扩展性和跨平台信息共享能力。Sun 公司新推出的 Jini 技术支持各种设备立即接入网络。Solaris 7 操作环境提高了网络软件的标准，先进的 64 位技术大幅提高了性能、容量和规模的可升级性。AOL 收购了 Netscape，为了加速电子商务的增长，开发下一代互联网设备，Sun 公司和 AOL 结成了三年联盟。新一代 Java 技术问世，Java 2 软件提高了速度和灵活性。

1999 年，SunTone 认证制度为建立高度可信的、规模高度可扩展的服务环境制定了严格的标准。Java 2 平台的 Micro、标准和企业版提供了为手机、数据中心服务器等一切设备创建新程序的工具。Jiro 平台提供了开放存储设备管理的方法。首次推出了 Netra t1 服务器，这是为服务供应商而设计的，也是由服务供应商设计的。Sun 公司免费提供 StarOffice 劳动生产率套装软件。采用 Hot Desk 技术的 Sun Ray 1 企业应用程序为企业工作组提供了理想的解决方案。Sun 公司收购了 Forte，这是一家擅长集成解决方案的企业软件公司。Sun-Netscape 联盟向服务供应商、门户网站、企业推出了即时信息解决方案。

2000 年，Sun 公司创建的 iForce 将一些处于领先地位的咨询公司、纯粹的技术出售商结合在一起，开发基于互联网的解决方案。Solaris 8 操作环境问世，这是唯一结合了数据中心和互联网条件的环境。Sun 公司的按需提供容量方案使客户能对不可预测的访问量激增迅速做出反应。Sun 公司收购了 Cobalt 网络公司，它们拥有很受欢迎的服务器应用程序产品系列。Sun Sigma 则瞄准了网络经济最大的挑战——质量。Sun/Netscape 联盟共同推出的“iPlanet 电子商务解决方案”是业界第一种完整的 B2B 贸易平台，其中包括购买、出售、支付、市场价格制定、交易简化等软件。iPlanet 推出了业界第一种智能通信平台，可扩展的软件平台使快速传送无线和有线服务成为可能。

2001 年，Sun 公司在全球 170 个国家建立了办公机构，在网络计算解决方案领域有 182.5 亿美元的收入，是业界的领先者。Sun 公司推出 Sun 开放网络环境 Sun ONE，它是 Sun 公司致力于在其系统和开发环境下为企业提供端到端架构的宏伟目标中的一项最重要的计划，为创建、组装、部署网络服务提供开放的软件平台。Sun 公司的 UltraSPARC Ⅲ 微处理器在 Sun Blade 1000 工作站和“Sun Fire 280R 工作组服务器”中首次亮相。Sun 公司还推出了 Sun Fire 中档服务器系列，它结合了主机式的性能以及其他改进。Sun 公司收购了 HighGround，其基于万维网的管理解决方案支持很多存储技术和应用程序。有 250 多万程序员开发各种 Java 程序。SunTone 计划现在有了 1300 家服务供应商和应用程序供应商会员。iPlanet 推出了第一个集成的无线门户，允许用户在任何时候、任何地点通过任何设备访问。

1997—2004 年，Sun 公司起诉微软公司使用 Java 语言推出只支持 Windows 功能的强化版本，双方为此争论了数年，最后以微软公司支付 Sun 公司近 20 亿美元和解。

2000—2001 年，在互联网创业公司和大公司的助力下，对 Sun 公司价格高昂的服务器计算机需求强劲，在 2000 年 9 月将 Sun 公司的股价推到历史最高点 258.75 美元。然后就是.com 泡沫的破裂，需求迅速下滑。

2005 年，Sun 公司以 40 亿美元收购了主流计算机使用的磁带存储系统生产厂商 StorageTek。

2006 年，原首席运营官施瓦兹(Jonathan Schwartz)出任 CEO，斯科特·麦克里尼卸任 CEO 后，继续担任董事长。

2007 年，Sun 公司将在纳斯达克的股票代码由 SUNW 改为 JAVA，声称这一开源软件品牌更能体现其战略含义。

2008 年，Sun 公司以 10 亿美元收购了开源数据库厂商 MySQL，这是通过将该软件与硬件和服务捆绑提升营收战略的一部分。但这一交易和其他举措未能振兴 Sun 公司的股价，其股价于 2008 年 11 月 24 日低至 2.59 美元。2008 年 11 月 14 日，Sun 公司宣布将裁员 5000～6000 人，占其员工总数的 18%。其目标是每年节约 7 亿～8 亿美元的成本。

2009 年 4 月 20 日，甲骨文公司宣布收购 Sun 公司，该交易价值约为 74 亿美元。甲骨文股份有限公司(NASDAQ：ORCL，Oracle)1977 年在加利福尼亚成立，是全球大型数据库软件公司。总部位于美国加州红木城的红木岸，现任首席执行官为公司创办人劳伦斯·埃里森。在 2008 年，甲骨文公司是继 IBM 公司、Microsoft 公司后，全球收入第三多的软件公司。

2010 年 1 月 21 日，甲骨文公司宣布正式完成对 Sun 公司的收购。昔日的“红色巨人”Sun 公司走过了 Java 发展的核心时期。“太阳落山了，红色巨人崛起”也许是未来人们对此次收购的评价。Sun 公司说“这是一个旅途的开始”，希望红色巨人能够崛起，希望这场旅途不会结束。我们期待 Java 能够迎来新的发展机遇。正如甲骨文公司 CEO 拉里·埃里森(Larry Ellison)所说，“我们收购 Sun 公司将改变 IT 业，整合第一流的企业软件和关键任务计算系统。甲骨文公司将成为业界唯一一家提供综合系统的厂商，系统的性能、可靠性和安全性将有所提高，而价格将会下滑。”自 2005 年以来，甲骨文公司已经收购了 51 家公司，如仁科公司、BEA 公司等，Sun 公司是第 52 家，整合被收购者的产品线，一旦整合完成，甲骨文公司就有了成为 IT 界巨人的资格。

4.7 本章小结

控制语句是程序的核心部分，用来实现程序的流程控制。本章主要介绍了 Java 常用的控制语句以及应用实例，通过本章的学习应能熟练掌握和运用控制语句开发程序。

本章主要内容如下。

(1) 顺序语句。

(2) 选择语句。

(3) 循环语句。

(4) 转移语句。

4.8 习　题

4.8.1 选择题

1. 下列控制语句中是选择语句的是(　　)。

   A. if 和 for　　B. if 和 while　　C. if 和 continue　　D. if 和 switch

2. 下列控制语句中是循环语句的是(　　)。

   A. if 和 for　　B. for 和 while　　C. if 和 switch　　D. for 和 switch

3. 用于终止循环语句跳出循环结构的语句是(　　)。

   A. return　　B. break　　C. continue　　D. do

4.8.2 填空题

1. 顺序结构语句包括________、________和复合语句。
2. Java 语言提供 3 种无条件转移语句：________、________和 continue。
3. 下面代码执行后将输出________。

```
int i=1;
switch(i){
    case 0:System.out.print("0");break;
    case 1:System.out.print("1");
    case 2:System.out.print("2");
    case 3:System.out.print("3");
    default:System.out.print("default");
}
```

4.8.3 论述题

1. 论述 Java 语言常用的语句有哪些。

2. 论述哪些是 Java 语言的选择语句。

3. 论述哪些是 Java 语言的循环语句。

4. 论述 Java 语言不同转移语句的区别。

4.8.4　操作题

1. 掷六面骰子 6000 次，编程计算每个面出现的概率。

2. 编程计算多项式 1＋2!＋3!＋…从第 100 项到第 200 项之和。

3. 编程实现。小明到 X 山洞探险，捡到一本有破损的武功秘籍(2000 多页！当然是伪造的)。他注意到：书的第 10 页和第 11 页在同一张纸上，但第 11 页和第 12 页不在同一张纸上。小明只想练习该书的第 81 页到第 92 页的武功，又不想带着整本书。请问他至少要撕下多少张纸带走？

第5章 数组和字符串

在编程的时候需要处理大量数据，这个时候可以使用数组。数组是包含相同类型的相关数据项的数据结构，数组元素的个数在创建之后就不能改变，不过元素可以重新赋值。字符串常用在输入和输出中，而且基本上任何数据类型的数据都可以转换为字符串。本章主要讲解数组和字符串的常见用法。

本章主要内容如下。

(1) 数组。

(2) 字符串。

5.1 数　　组

由于基本数据类型的变量只能存储一个不可分解的简单数据，如一个整数或一个字符等。但是在实际应用中程序往往需要处理大量数据。例如，将 10 000 个整数排序，首先遇到的问题是如何存储这 10 000 个整数，如果用基本数据类型来存储，则必须声明 10 000 个整数类型变量，显然这种存储方式是不可取的。因此，仅有基本数据类型无法满足实际应用的需要。如果采用数组类型则问题将迎刃而解。

在程序设计中，为了处理方便，把具有相同类型的若干变量按有序的形式组织起来，这些按序排列的同类数据元素的集合称为数组。一个数组包含若干个同名变量，每个变量称为一个数组元素，数组的元素个数称为数组的长度。数组元素在数组中的位置称为数组的下标。通过数组名加下标的形式可以引用数组中的指定元素。数组下标的个数称为数组的维数，有一个下标的数组是一维数组，有两个下标的数组就是二维数组。

数组是 Java 语言中的引用数据类型。通过引用方式，一个数组变量可以保存很多个数组元素，数组元素的数据类型既可以是基本数据类型，也可以是引用数据类型。

5.1.1 一维数组

1. 一维数组声明

数组类型的变量，简称数组变量，其存储单元内存放的是数组对象的地址，因此数组是引用数据类型。和基本数据类型一样，数组变量须先声明后使用。声明一维数组变量的语法格式有以下两种形式：

```
数据类型[] 数组变量;
数据类型 数组变量[];
```

其中,应注意如下问题。

(1) 数据类型：数组元素的数据类型,可以是基本数据类型,也可以是引用类型。

(2) 数组变量：用户声明的标识符,只要符合标识符的命名规则就行。

(3) []：括号运算符,不代表前文出现过的可选项,这里用于表示一维数组,不能省略。

例如：

```
int x[];
int[] y;
String[] grade;
String name[];
public static void main(String agrs[]){}//数组作为参数
```

声明多个一维数组可使用如下方式：

```
int[] a,b,c,d;
```

或者

```
int a[],b[],c[],d[];
```

2. 为数组分配空间

使用 new 申请数组所需内存单元。语法格式如下：

```
数组变量=new 数据类型[长度];
```

其中,应注意如下问题。

(1) new 是关键字,用于分配内存空间。

(2) 数据类型是数组元素的数据类型,该数据类型必须与数组变量的数据类型一致。

(3) 数组变量名是合法的 Java 标识符。

(4) []是运算符。

(5) 长度是数组要申请的存储单元个数,必须是大于 0 的正整数。

例如：

```
int a[];
a=new int[6];
```

数组 a 获得 6 个存储单元的内存空间,存储单元的大小由数组元素的数据类型决定。

上述语句等价于：

```
int a[]=new int[6];
```

3. 获取数组长度

Java 语言自动为每个数组变量提供 length 属性保存数组的存储单元个数。可以使用点运算符获取数组长度。格式如下：

```
数组变量.length
```

遍历数组时,建议使用 length 使数组下标在 0～a.length－1 之间变化,这样既能避免产生下标越界的运行错误，又能使程序段不受数组长度变化的影响，从而使程序更加稳定和易于维护。

4. 数组元素的表示和运算

数组中的元素可以是基本数据类型，也可以是引用数据类型。要引用数组中的特定元素，需要指定数组的变量名以及该元素的位置序号。元素的位置序号称为元素的索引(index)或下标(subscript)。

例如：

```
int a[]=new int[6];          //表示数组 a 有 6 个元素
```

程序用数组访问表达式可以访问其中的元素。数组访问表达式由数组名加上由方括号括起来的特定元素索引组成。每个数组中第一个元素的索引为零，有时称这个元素为第 0 个元素。因此，数组 a 中的元素为 a[0]、a[1]、a[2]等。a 中最大的索引是 5，比数组长度小 1。数组的命名规则与其他变量命名规则是一样的。索引必须是非负整数，索引也可以是表达式，例如，若有“int x=2,y=3;”，则 a[x+y]与 a[5]等价。

格式如下：

```
数组[下标];
```

例如：

```
a[0],a[1],a[2],a[3],a[4],a[5];
```

数组元素可以参加其数据类型所允许的运算。例如：

```
for(int i=0;i<a.length;i++)
    a[i]+=1;          //用数组元素进行运算并赋值给该数组元素
int i=2;
a[i]=a[i-2]+a[i-1];
int sum=a[0]+a[1]+a[2];
```

声明数组变量、申请数组存储空间以及对数组元素进行运算的操作说明如图 5-1 所示。

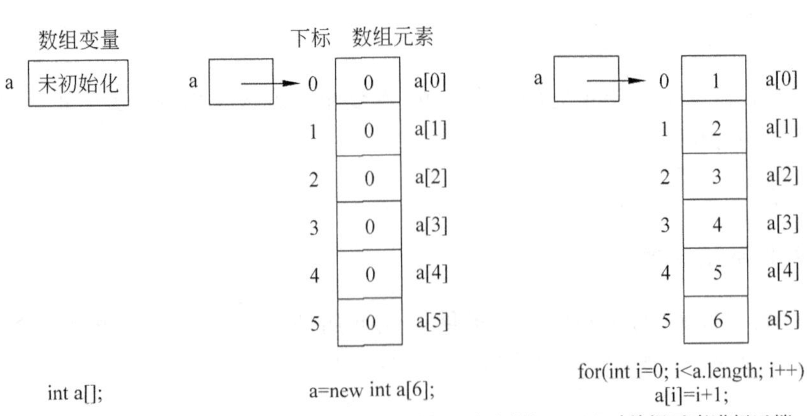

图 5-1　一维数组的表示与运算

5. 数组声明时赋初值

数组变量在声明的时候可以赋初值。以下语句功能与图 5-1(c)所示的语句功能相同：

```
int a[]={1,2,3,4,5,6};
```

6. 数组元素的初始化

使用 new 动态分配存储单元后，将对数组变量进行初始化。不同数据类型变量的初始化值如表 5-1 所示。

表 5-1　数据类型的初始化值

数 据 类 型	初始化值	数 据 类 型	初始化值
byte、short、int、long	0	char	'\u0000'
float	0.0f	boolean	false
double	0.0	引用数据类型	null

7. 数组变量的引用赋值

一个数组中，每个数组元素占据一个存储单元，所有数组元素占据的存储单元是相邻的，即存储地址是连续的。数组变量保存的是数组的引用，即保存数组所占用的一片连续存储空间的首地址及长度等特性，这是引用数据类型变量的特点。

当声明一个数组变量 a 而未申请空间时，数组变量 a 是未初始化的，没有地址及特性值。只有为 a 申请了存储空间，才能以下标表示数组元素，否则将产生编译错误。

两个数组变量之间赋值是引用赋值，传递的是地址等特性，没有申请新的存储空间。

例如：

```
int a[]={1,2,3,4,5};
int b[];
b=a;
b[0]=100;
```

数组 b 获得数组 a 已有存储空间的首地址，此时两个数组变量共同拥有同一个数组空间，两个数组变量引用同一个数组。关系运算(==、!=)能够判断出两个数组变量是否引用相同的数组存储空间。

例如：

```
a==b;            //结果值为 true
```

通过数组变量 b 对数组元素的操作将同时改变数组 a 的元素值，如图 5-2 所示。

【例 5-1】 创建数组(InitArray.java)。

```
package ch51;
/*
    开发者：***
    开发地点：***
```

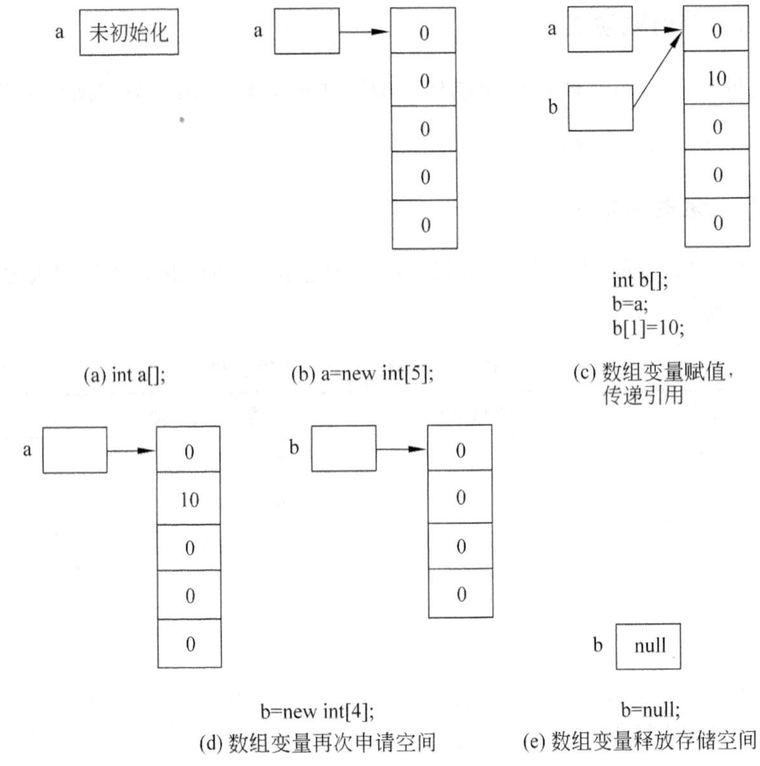

图 5-2　数组变量赋值

```
    开发时间：****年**月**日
    最后一次修改时间：****年**月**日
    功能简介：使用关键字 new 来实例化有 10 个整数元素的数组，初始值为 0，使用 for 语句输出
              数组元素的值
*/
public class InitArray {
    public static void main(String args[]){
        int array[];
        array=new int[10 ];
        System.out.printf("%s%8s\n", "数组元素", "对应的值");
        for(int i=0;i<array.length;i++)
            System.out.printf("%6d%9d\n",i,array[i]);
    }
}
```

InitArray 类的文件结构和运行结果如图 5-3 所示。

【例 5-2】 初始化数组值(InitArray1.java)。

```
package ch51;
/*
    开发者：***
    开发地点：***
    开发时间：****年**月**日
```

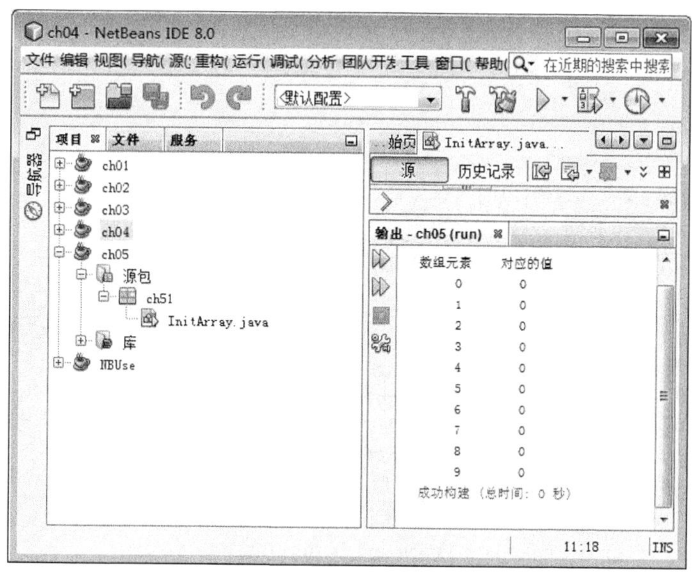

图 5-3 InitArray 类的文件结构和运行结果

```
    最后一次修改时间：****年**月**日
    功能简介：使用关键字 new 来实例化有 6 个整数元素的数组并初始化，然后输出数组元素的值
*/
public class InitArray1 {
    public static void main(String args[]){
        int array[]={66,86,87,88,89,99};
        System.out.printf("%s%9s\n", "数组元素", "对应的值");
        for(int i=0;i<array.length;i++)
            System.out.printf("%6d%9d\n",i,array[i]);
    }
}
```

InitArray1 类的文件结构和运行结果如图 5-4 所示。

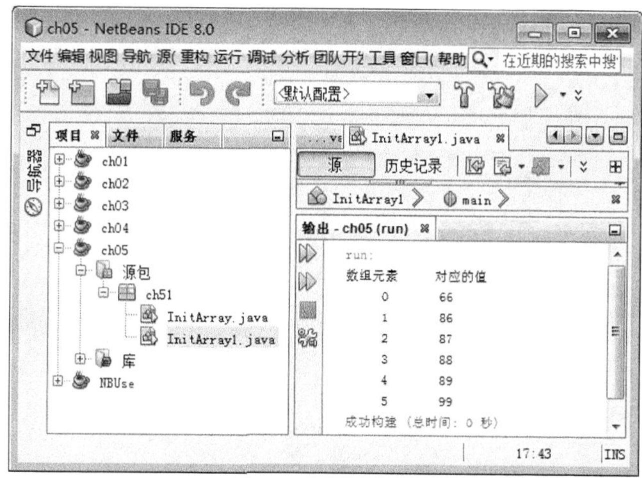

图 5-4 InitArray1 类的文件结构和运行结果

【例 5-3】 分析调查结果(StudentPoll.java)。

```
package ch51;
/*
    开发者:***
    开发地点:***
    开发时间:****年**月**日
    最后一次修改时间:****年**月**日
    功能简介:要求 40 名学生对某个食堂的饭菜质量按照 1～10 的分值进行评价(1 表示非常差,
            10 表示非常好)。将 40 个评价结果保存在一个整型数组中,并对评价结果进行分析
*/
public class StudentPoll {
    public static void main(String args[]){
        int responses[]={1,2,6,4,8,5,9,7,8,10,1,6,3,8,6,10,3,8,2,7,6,5,7,6,8,
                         6,7,5,6,6,5,6,7,5,6,4,8,6,8,10};
        //声明长度为 11 的数组,用于统计 1~10 不同分值评价数
          int frequency[]=new int[11];
          for (int i=0; i<responses.length;i++)
            /*使用下标为 frequency[1]、frequency[2]、frequency[3]、frequency[4]、
             frequency[5]、frequency[6]、frequency[7] 、frequency[8]、frequency[9]、
             frequency[10]的数组元素统计 responses[i]元素中的值并把相应的结果通
             过++计算后保存到数组元素 responses[i]中。数组元素 responses[i]和整型
             变量 i 一样,可以执行自增、自减运算并赋值
*/
           ++frequency[responses[i]];
          System.out.printf("%s%10s\n", "打分值", "多少人次");
          for (int j=1; j<frequency.length; j++)
            //输出数组中的分析结果
            System.out.printf("%6d%10d\n", j, frequency[j]);
    }
}
```

StudentPoll 类的文件结构和运行结果如图 5-5 所示。

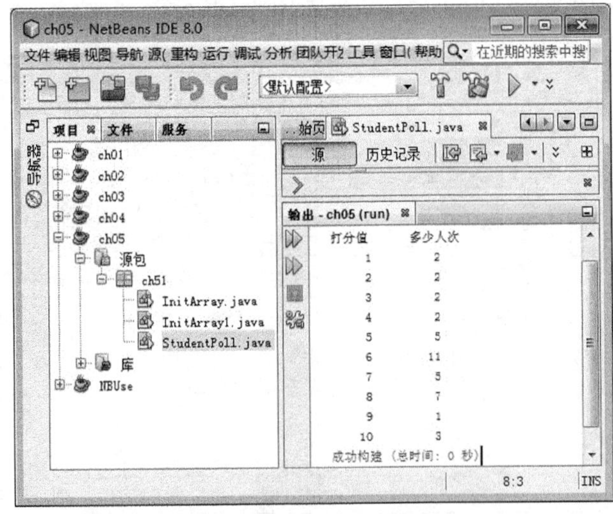

图 5-5 StudentPoll 类的文件结构和运行结果

5.1.2　二维数组

如果数组元素中的值是数组,则称为多维数组。常用的是二维数组。

1. 二维数组的声明

二维和一维数组的声明类似。例如:

```
int a[][];                        //声明二维数组变量 a
a=new int[5][6];                  //申请 5 行 6 列共 30 个存储单元
```

上述声明也可写为

```
int a[][]=new int[5][6];
```

二维数组声明时也可赋初值。例如:

```
int a[][]={{123},{456},{789}};
```

2. 获取数组长度

二维数组 a 由若干个一维数组(即 a[0]、a[1]等)组成,所以 a 和 a[0]等均可以使用 length 属性表示数组长度,其含义不同。例如:

```
a.length;                         //获取二维数组的长度,即二维数组的行数
a[0].length 或 a[1].length;       //获取一维数组的长度,即二维数组的列数
```

3. 数组元素的表示和运算

二维数组由行(row)和列(column)组成,必须用两个索引指定一个数组元素。按照惯例,第一个索引指定元素所在的行,第二个索引指定元素所在的列,如图 5-6 所示。

图 5-6 所示是一个由 3 行 3 列构成的二维数组(即 3×3 数组)a。

数组 a 中的每个元素都可用一个数组访问表达式 a[row][column]标识出来,a 是数组名字,row 和 column 是能够唯一确定 a 中各元素的索引,即下标。

二维数组元素可以参加其数据类型所允许的运算。

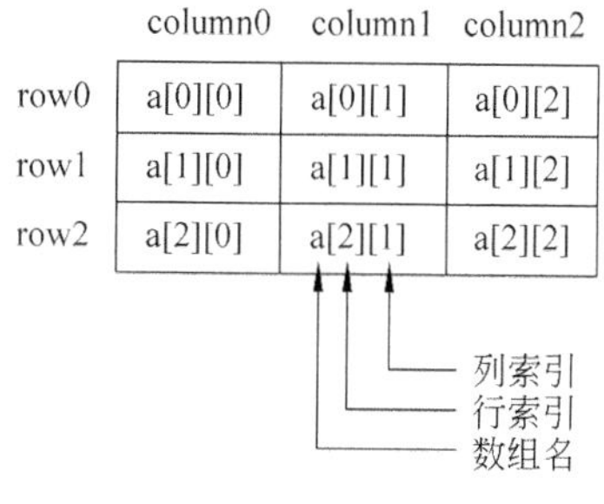

	column0	column1	column2
row0	a[0][0]	a[0][1]	a[0][2]
row1	a[1][0]	a[1][1]	a[1][2]
row2	a[2][0]	a[2][1]	a[2][2]

列索引
行索引
数组名

图 5-6　3 行 3 列的二维数组

【例 5-4】　二维数组的使用(TwoDimensionalArray.java)。

```
package ch51;
/*
    开发者:***
    开发地点:***
    开发时间:****年**月**日
    最后一次修改时间:****年**月**日
```

```
    功能简介：使用二维数组存储数据并输出二维数组中的元素
*/
public class TwoDimensionalArray {
    public static void main(String args[]) {
        int array1[][]={{16,6,36},{26,56,66}};
        int array2[][]={{19,27 },{36},{38,59,69}};
        System.out.println("数组 array1 的数组元素为: ");
        for (int row=0; row<array1.length; row++) {
            for (int column=0; column<array1[row].length;column++)
                System.out.println(array1[row][column]);
        }
        System.out.println("数组 array2 的数组元素为: ");
        for (int row=0; row<array2.length; row++) {
            for (int column=0; column<array2[row].length; column++)
                System.out.println(array2[ row ][ column ]);
        }
    }
}
```

TwoDimensionalArray 类的文件结构和运行结果如图 5-7 所示。

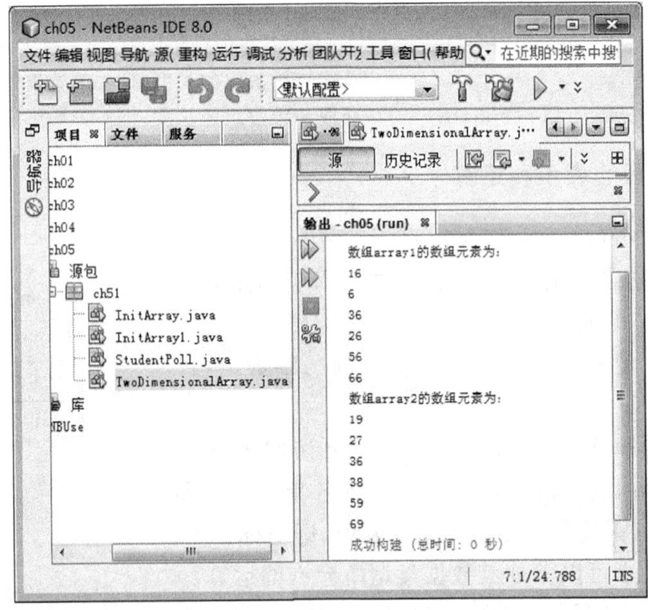

图 5-7　TwoDimensionalArray 类的文件结构和运行结果

【例 5-5】 使用二维数组显示螺旋方阵(SpiralMatrix.java)。

```
package ch51;
/*
    开发者：***
    开发地点：***
    开发时间：****年**月**日
    最后一次修改时间：****年**月**日
```

```
功能简介：螺旋方阵是将从 1 开始的自然数由方阵的最外围向内以内螺旋方式顺序排列而成。
        4 阶螺旋方阵排列形式如下。要求用二维数组存储并输出该螺旋方阵
          1   2   3  4
         12  13  14  5
         11  16  15  6
         10   9   8  7
*/
public class SpiralMatrix {
    public static void main(String args[]){
        int n=4;                              //阶数
        int mat[][]=new int [n][n];
        int i,j,k=0;
        for (i=0;i<(n+1)/2;i++)               //i 控制生成方阵的圈数,一圈内有 4 条边
        {                                     //j 控制生成一条边的数据
            for (j=i;j<=n-i-1;j++)            //顶边,从左到右,行不变列变
                mat[i][j]=++k;                //k 从 1 递增到 n×n
            for (j=i+1;j<=n-i-1;j++)          //右边,从上到下,行变列不变
                mat[j][n-i-1]=++k;
            for (j=n-i-2;j>=i;j--)            //底边,从右到左,行不变列变
                mat[n-i-1][j]=++k;
            for (j=n-i-2;j>=i+1;j--)          //左边,从下到上,行变列不变
                mat[j][i]=++k;
        }
        for (i=0;i<mat.length;i++)            //输出二维数组的元素
          {
            for (j=0;j<mat[i].length;j++)
                System.out.print(mat[i][j]+"\t");
            System.out.println();
        }
    }
}
```

SpiralMatrix 类的文件结构和运行结果如图 5-8 所示。

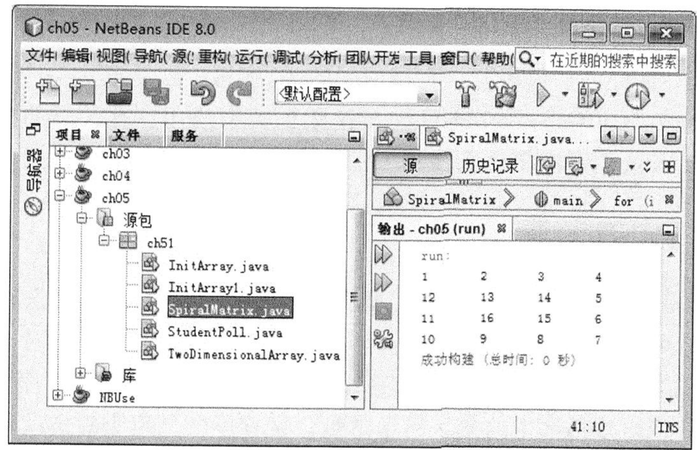

图 5-8　SpiralMatrix 类的文件结构和运行结果

4. 不规则二维数组

为二维数组申请存储内存空间时，既可以一次申请所需的全部内存，也可以分多次申请。例如：

```
int mat[][]=new int [2][3];        //一次申请二维数组的全部内存空间
```

多次申请内存空间的语句序列如下，与上述语句效果相同。

```
int mat [][];
mat=new int [2][];
mat[0]=new int [3];
mat[1]=new int [3];
```

多次申请二维数组存储空间的过程如图 5-9 所示。

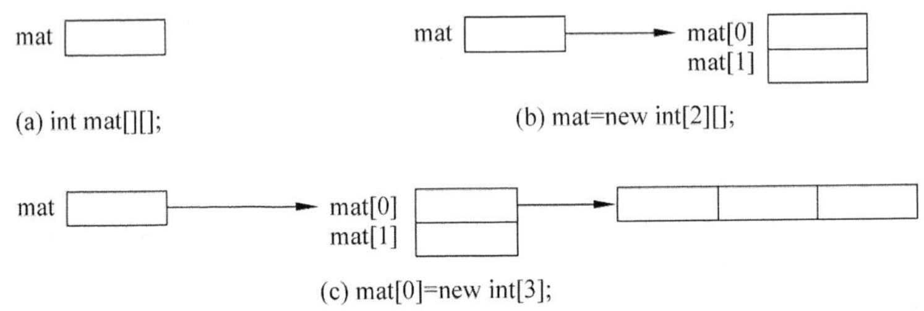

图 5-9　多次申请二维数组存储空间的过程

5.2 字　符　串

字符串(String)是由零个或多个字符组成的有限序列。字符串中包含的字符个数称为字符串的长度，长度为 0 的字符串称为空串，表示为""。字符串是编程语言中表示文本的数据类型，通常以串的整体作为操作对象，如在串中查找某个子串、求取一个子串、在串的某个位置上插入一个子串以及删除一个子串等。两个字符串相等的充要条件是：长度相等，并且各个对应位置上的字符都相等。

Java 语言类库提供了很多可以直接使用的类，字符串就是其中一个。字符串是引用数据类型，与普通类不同的是，String 可以当作数据类型使用。有关类的概念将在第 6 章介绍，本节介绍 String 的基本概念和使用方法。关于类库中其他类的使用，请参考 Java API。

5.2.1 声明字符串变量

声明字符串变量和声明基本数据类型变量的格式一样，字符串变量有时称为对象，比较常用的称呼是字符串变量。需要注意的是，字符串常量与字符常量不同，字符常量是使用单引号(')括起来的单个字符，字符串常量是用双引号(")括起来的字符序列。单引号括起来的是字符常量，双引号括起来的是字符串常量。字符串变量声明的格式有两种，分别如下。

格式 1：

```
String name;                       //声明一个 String 类的变量(对象)
name=new String("你懂的");         //申请内存空间
```

或者

```
String name=new String("你懂的");
```

格式 2：

```
String name;
name="你懂的";
```

或者

```
String name="你懂的";
```

一般习惯使用格式 2。

5.2.2　字符串的运算

字符串变量的运算和操作，可以和基本数据类型的变量一样，如赋值、连接、关系运算，也可以和类的对象一样，通过调用类的方法执行某些操作。

1. 字符串赋值运算

字符串变量赋值。例如：

```
String str1="中国人";
String str2;
str2=str1;
```

注意：字符串可以为" "(空字符串)，但没有''，两者数据类型不兼容，不能赋值。例如：

```
str2='a';                          //语法错误,类型不兼容
```

2. 字符串连接运算

使用“+”可以将两个字符串连接起来。例如：

```
String str="中"+"国";              //字符串 str 的值为"中国"
str1+="我爱我的祖国";
```

只有+=能够用于字符串变量，其他复合赋值运算符不能用。

```
str1-="我爱我的祖国";              //语法错误,不能使用该复合赋值运算符
```

当字符串与其他类型的值执行连接运算时，Java 自动将其他类型数据转换为字符串。例如：

```
int i=96;
String str="Java 程序设计考分为"+i;          //str 的值为"Java 程序设计考分为 96"
String str="Java 程序设计实训成绩为"+'A';    //str 的值为" Java 程序设计实训成绩为 A"
```

3. 字符串关系运算

字符串的关系运算执行时，按照字符串中的字符次序依次比较，一旦得到比较的结果就停止比较。例如：

```
"ABZ"<"ACX";            //结果为 true,由第 2 个字符的比较得到比较结果
"ABC">"A";              //结果为 true,较长的字符串较大
```

字符串和字符不能比较。

5.2.3 String 类的常用方法

String 类中定义了许多对字符串进行操作的方法，如求长度、字符串比较等。String 类的常用方法如表 5-2 所示。

表 5-2 String 类的常用方法

方　　法	说　　明
length()	返回字符串的长度
equals(Object anObject)	将给定字符串与当前字符串进行比较，若相等返回 true，否则返回 false
substring(int beginIndex)	返回字符串中从 beginIndex 位置开始的子串
substring(int beginIndex, int endIndex)	返回从 beginIndex 开始到 endIndex 的子串
charAt(int index)	返回 index 指定位置的字符
indexOf(String str)	返回 str 在字符串中第一次出现的位置
replace(char oldChar, char newChar)	以 newChar 字符替换串中所有 oldChar 字符串
trim()	去掉字符串的首尾空格

【例 5-6】 使用 String 类的方法判断回文字符串(RotorString.java)。

```
package ch52;
/*
    开发者：***
    开发地点：***
    开发时间：****年**月**日
    最后一次修改时间：****年**月**日
    功能简介：回文是一种"从前向后读"和"从后向前读"都相同的字符串。如"rotor"是一个回文
              字符串。程序中使用了两种算法来判断回文字符串。
              算法一：
              分别从前向后和从后向前依次获得原串 str 的两个字符 ch1、ch2，比较 ch1 和
              ch2，如果不相等，则 str 肯定不是回文字符串，令 yes=false，立即退出循环，否则
              继续比较，直到字符全部比较完，yes 的值仍为 true，才能肯定 str 是回文串。
              算法二：
              将原串 str 反转成 temp 串，再比较两串，如果相等则原串是回文字符串。
*/
```

```
public class RotorString {
   public static void main(String args[]){
        String str="rotor";
        if (args.length>0)                    //获取命令行参数,可参考例 1-2
            str=args[0];
        System.out.println("str="+str);
        //算法一
        boolean yes=true;
        int n=str.length();                   //获取字符串长度
        int i=0;
        char ch1,ch2;
        while (yes && (i<n/2)){
           ch1=str.charAt(i);                 //获取最前的字符
           ch2=str.charAt(n-i-1);             //获取最后的字符
           System.out.println("ch1="+ch1+"  ch2="+ch2);
           if (ch1==ch2)                      //比较两个字符
              i++;
           else
              yes=false;
        }
        System.out.println("算法一: "+yes);
        //算法二
        String temp="",sub1="";
        for (i=0;i<n;i++) {
           sub1=str.substring(i,i+1);         //获取子串
           temp=sub1+temp;                    //连接字符串
        }
        System.out.println("temp="+temp);
        System.out.println("算法二: "+str.equals(temp));        //比较字符串
   }
}
```

RotorString 类的文件结构和运行结果如图 5-10 所示。

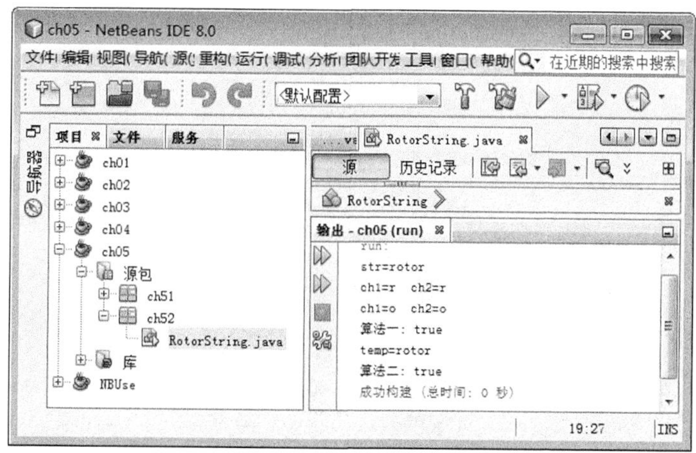

图 5-10　RotorString 类的文件结构和运行结果

程序运行时判断输入的字符串是否是回文字符串。可以通过命令行参数传递要判断的字符串,也可以不输入字符串,而是直接判断程序中预设的字符串"rotor"。

5.3 项目实训

5.3.1 项目目的

通过本项目的练习综合复习已学知识,同时需参考第 6 章的内容。要求使用二维数组保存多个学生在一个学期中的各门成绩并进行相应的处理。通过项目训练激发学生的自学兴趣,通过自学第 6 章的知识达到巩固已学知识以及预习新知识的目的。

5.3.2 项目需求分析

本项目使用二维数组保存多个学生在一个学期中的各门成绩。数组中每行元素存储一个学生在该学期的各门成绩,每列元素表示某门考试所有学生的成绩。GradeBook 类的代码如例 5-7 所示,其中定义的多个方法分别用于计算在该学期中各门课程的最低成绩、最高成绩、平均成绩以及输出学期中所有成绩的分布。使用 GradeBookTest 类(代码见例 5-8)测试 GradeBook 类中的方法。本项目分别使用 NetBeans 8.0 和 Eclipse 4.3 开发,使用 NetBeans 8.0 开发的项目名称为 ch05,项目结构和运行结果如图 5-11 所示;使用 Eclipse 4.3 开发的项目名称为 ch5。

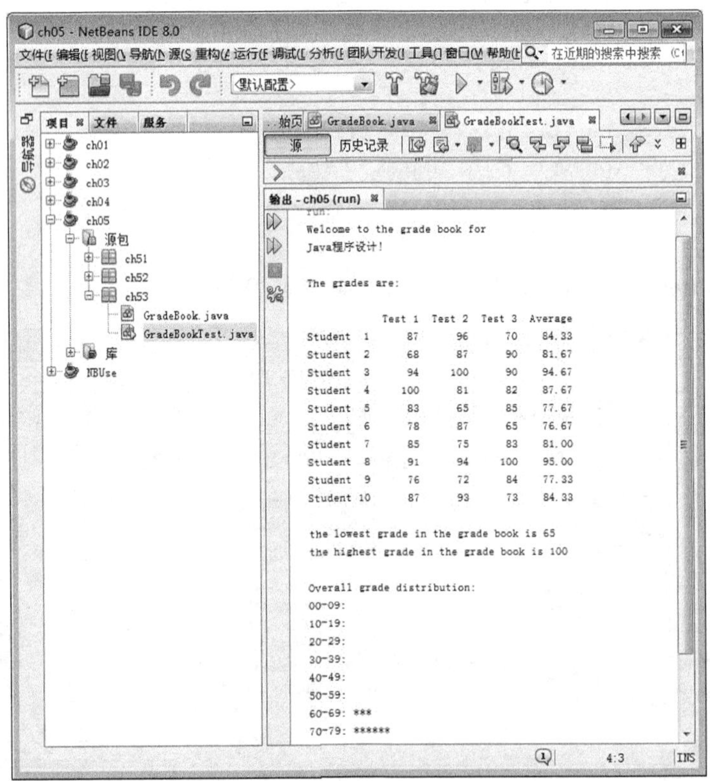

图 5-11 基于 NetBeans 8.0 的项目结构和运行结果

5.3.3 项目实现

【例 5-7】 学期各门成绩统计(GradeBook.java)。

```
package ch53;
public class GradeBook {
    private String courseName;
    private int grades[][];
    public GradeBook(String name, int gradesArray[][]){
        courseName=name;
        grades=gradesArray;
  }
  public void setCourseName(String name){
      courseName=name;
  }
  public String getCourseName(){
      return courseName;
  }
  public void displayMessage(){
       System.out.printf("Welcome to the grade book for\n%s!\n\n",
       getCourseName());
  }
   public void processGrades(){
       outputGrades();
       System.out.printf("\n%s %d\n%s %d\n\n",
       "the lowest grade in the grade book is", getMinimum(),
       "the highest grade in the grade book is", getMaximum());
       outputBarChart();
  }
  public int getMinimum(){
       int lowGrade=grades[ 0 ][ 0 ];
       for (int studentGrades[] : grades)
       {
           for (int grade : studentGrades)
           {
               if (grade<lowGrade)
                   lowGrade=grade;
           }
       }
       return lowGrade;
   }
   public int getMaximum(){
       int highGrade=grades[ 0 ][ 0 ];
       for (int studentGrades[] : grades)
       {
           for (int grade : studentGrades)
```

```
            {
                if (grade>highGrade)
                    highGrade=grade;
            }
        }
        return highGrade;
    }
    public double getAverage(int setOfGrades[]){
        int total=0;
        for (int grade : setOfGrades)
            total+=grade;
        return (double) total/setOfGrades.length;
    }
    public void outputBarChart() {
        System.out.println("Overall grade distribution:");
        int frequency[]=new int[ 11 ];
        for (int studentGrades[] : grades){
            for (int grade : studentGrades)
              ++frequency[ grade/10 ];
        }
        for (int count=0; count<frequency.length; count++)
        {
            if (count==10)
                System.out.printf("%5d: ", 100);
            else
                System.out.printf("%02d-%02d: ",
                count * 10, count * 10+9  );
            for (int stars=0; stars<frequency[ count ]; stars++)
                System.out.print("*");
            System.out.println();
        }
    }
    public void outputGrades(){
        System.out.println("The grades are:\n");
        System.out.print("            ");
        for (int test=0; test<grades[ 0 ].length; test++)
            System.out.printf("Test %d  ", test+1);
        System.out.println("Average");
        for (int student=0; student<grades.length; student++)
        {
            System.out.printf("Student %2d", student+1);
            for (int test : grades[ student ])
                System.out.printf("%8d", test);
            double average=getAverage(grades[ student ]);
            System.out.printf("%9.2f\n", average);
        }
    }
}
```

【例 5-8】 GradeBook 类的测试类(GradeBookTest.java)。

```
package ch53;
public class GradeBookTest {
    public static void main(String args[]){
        int gradesArray[][]={{ 87, 96, 70 },{ 68, 87, 90 },{ 94, 100, 90 },
                            { 100, 81, 82 },{ 83, 65, 85 },{ 78, 87, 65 },
                            { 85, 75, 83 }, { 91, 94, 100 },{ 76, 72, 84 },
                            { 87, 93, 73 } };
        GradeBook myGradeBook=new GradeBook("Java 程序设计", gradesArray);
        myGradeBook.displayMessage();
        myGradeBook.processGrades();
    }
}
```

5.3.4 常见问题及解决方案

(1) 异常信息提示如图 5-12 所示。

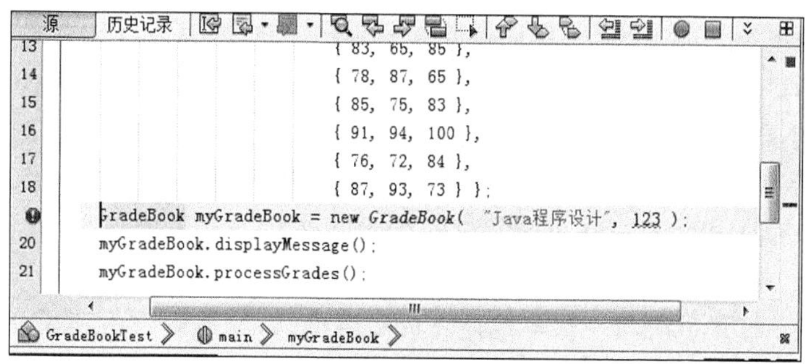

图 5-12 异常信息提示(一)

解决方案:出现图 5-12 所示的第 19 行程序错误,是因为实参与形参类型不兼容。在声明类 GradeBook 的构造方法时第 2 个参数类型是整数类型的二维数组,在实例化 GradeBook 对象的时候传递给构造方法的实际参数一定要与形参定义类型兼容。

(2) 异常信息提示如图 5-13 所示。

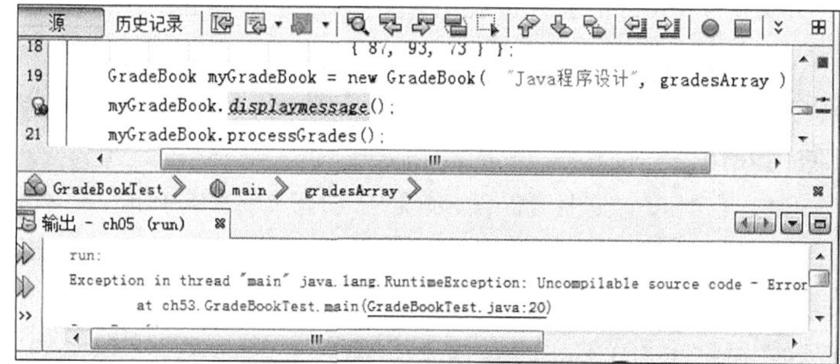

图 5-13 异常信息提示(二)

解决方案：图 5-13 所示的第 20 行程序错误是因为在使用 GradeBook 类的方法时大小写出现了拼写错误。由于 Java 语言区分大小写，所以在拼写时不能写错。

5.4 课外阅读——苹果公司的发展史

1976 年史蒂夫·乔布斯和沃兹在乔布斯父母的车库里创办了苹果公司。

1955 年 2 月 24 日，史蒂夫·乔布斯出生在美国旧金山，生母是一名年轻的未婚在校研究生，出生不久，生母就将他送给别人收养，养父母是典型的蓝领工人，虽然是养子，但养父母却对他很好，如同亲子。学生时代的乔布斯聪明、顽皮、肆无忌惮，常常喜欢别出心裁地搞出一些令人啼笑皆非的恶作剧。不过，他的学习成绩倒是十分出众。当时，乔布斯就生活在著名的硅谷附近，邻居都是硅谷元老——惠普公司的职员，在这些人的影响下，乔布斯从小就很迷恋电子学。一个惠普公司的工程师看他如此痴迷，就推荐他参加惠普公司的"发现者俱乐部"，这是个专门为年轻工程师举办的聚会，每星期二晚上在公司的餐厅中举行。在一次聚会中，乔布斯第一次见到了计算机，他开始对计算机有了一个朦胧的认识。

在上初中时，乔布斯在一次同学聚会上，与比他年长 5 岁的沃兹相遇，沃兹是学校电子俱乐部的会长，对电子也有很大的兴趣，两个人一见如故。1972 年乔布斯 17 岁，他来到位于波特兰大的里德学院上大学，在那里开始探索印度佛教，从学生宗教领袖那里学会了如何做推销。在那里读了 6 个月后，乔布斯决定退学，并且坚信日后会证明这样做是对的。1974 年他到印度朝圣，漫游后反而有了新的认识，认为爱迪生对世界的贡献比佛教大师要大得多，于是他回到硅谷参加了沃兹创立的自制计算机俱乐部。两年后，也就是 1976 年，20 岁的史蒂夫·乔布斯和沃兹在乔布斯父母的车库里办起了苹果公司，从此揭开了苹果公司传奇般的创业史。

1976 年 5 月，乔布斯与一家本地计算机商店洽谈，取得第一份苹果计算机的订单，在后来被命名为 Apple Ⅰ。当时大多数的计算机没有显示器，Apple Ⅰ却以电视作为显示器。尽管 Apple Ⅰ的设计相当简单，但它仍然是一件杰作，而且比其他同级的主机需用的零件少，使沃兹赢得了设计大师的名誉，最终 Apple Ⅰ一共生产了 200 部。

1977 年，苹果公司推出 Apple Ⅱ，价格为 1298 美元，成为了人类历史上第一台个人计算机。Apple Ⅱ采用与键盘整合的横躺式主机，拥有性能优秀的电源供应架构，以及最大 16 种色彩的显示机能，画面像素为 280×192。虽然中央处理器依然是 6502，但是系统记忆体已经提升至 12KB。Apple Ⅱ也首度拥有输出单声道声音的架构，使个人计算机不再是哑巴！Apple Ⅱ型在 20 世纪 80 年代已售出数百万部，还拥有多种改良型号，包括苹果 Ⅱe 和 Ⅱgs 等。此两种计算机一直到 20 世纪 90 年代末期，仍然可以在许多学校里发现踪影，成为个人计算机的代表作。

1980 年，Apple Ⅲ上市，12 月 12 日，苹果公司股票公开上市，在不到一个小时内，460 万股全被抢购一空，当日以每股 29 美元收市。按这个收盘价计算，苹果公司高层产生了 4 名亿万富翁和 40 名以上的百万富翁。

1981 年苹果公司推出以 CEO 乔布斯女儿的名字命名的新型电脑 Apple Lisa，这是全球首款将图形用户界面和鼠标结合起来的个人计算机。但由于售价高达 1 万美元，该计算机被视为苹果公司最烂的产品之一。

1984 年 1 月 24 日，Apple Macintosh 发布，该计算机配有全新的具有革命性的操作系统，成为计算机工业发展史上的一个里程碑，Mac 计算机一经推出，即受到热捧，人们争相抢购，苹果公司的计算机市场份额不断上升。

1985 年，乔布斯获得了由里根总统授予的国家级技术勋章。然而，成功来得太快，过多的荣誉背后却是强烈的危机，由于乔布斯坚持苹果公司的计算机软件与硬件的捆绑销售，致使苹果计算机不能走向大众化之路，加上“蓝色巨人”IBM 公司也开始醒悟过来，也推出了个人计算机，抢占大片市场，使得乔布斯新开发的计算机节节惨败，总经理和董事们便把这一失败归罪于董事长乔布斯。

1985 年 4 月经由苹果公司董事会决议撤销了乔布斯的经营大权，乔布斯几次想夺回权力均未成功，便在 1985 年 9 月 17 日愤而辞去苹果公司董事长职位。乔布斯离开后，苹果公司并未改变公司的经营策略，仍然坚持软件与硬件的捆绑销售，同时由于苹果公司漠视合作伙伴，在新系统开发上市之前并不给予合作伙伴兼容性技术上的支持，从而将可能的合作伙伴全部赶走，微软公司不堪忍受，只能尝试发展自己的系统，不久，Windows 95 系统诞生，苹果计算机的市场份额一落千丈，几乎处于崩溃的边缘。

而乔布斯在离开苹果公司后，随即创办一家名为 Next 的软件开发公司，不久，该公司成功制作第一部计算机动画片《玩具总动员》并取得巨大成功，1997 年 8 月，苹果公司宣布收购 Next 公司，乔布斯由此重新回到了苹果公司，并开始重新执掌公司。

1998 年 6 月，苹果公司推出了自己的传奇产品 iMac，这款拥有半透明的、果冻般圆润的蓝色机身的计算机重新定义了个人计算机的外貌，并迅速成为一种时尚象征。推出前，仅靠平面与电视宣传，就有 15 万人预定了 iMac，而在之后 3 年内，它一共售出了 500 万台。然而其中一个秘密是：这款利润率达到 23%的产品，在其诱人的外壳之内，所有配置都与此前一代苹果计算机几乎一样！这是一次工业设计的巨大胜利！iMac 的推出，标志着苹果公司开始走上振兴之路。

1998 年 12 月，iMac 荣获《时代》杂志“1998 最佳计算机”称号，并名列“1998 年度全球十大工业设计”第三名。

1999 年，苹果公司又推出了第二代 iMac，有着红、黄、蓝、绿、紫 5 种水果颜色的款式供选择，一面市就受到用户的热烈欢迎。

1999 年 7 月，苹果公司推出外形蓝黄相间的笔记本电脑 iBook，iBook 融合了 iMac 独特的时尚风格、最新无线网络功能与苹果计算机在便携计算机领域的全部优势，是专为家庭和学校用户设计的“可移动 iMac”。1999 年 10 月 iBook 夺得“美国消费类便携计算机”市场第一名，还在《时代》杂志举行的“1999 年度世界之最”评选中荣获“年度最佳设计奖”。

2001 年 3 月，苹果计算机的新一代操作系统 MacOSX 推出，该系统基于动作稳定、性能强大的 UNIX 系统架构进行全面改革，大量使用了乔布斯在 Next 公司所获得的技术与经验，MacOSX 的系统稳定性、高处理速度及华丽界面等因素，都成为苹果公司进行市场宣传的重点所在。

2001 年，苹果公司开通了网络音乐服务 iTunes 网上商店。到 2003 年时，iTunes 音乐商店可供下载的歌曲数量已达 500 万首，电视剧和电影数量分别为 350 部和 400 部，目前 iTunes 已成为全球最为热门的网络音乐商店之一。

2001 年苹果公司推出 iTunes 之后，开始着手研发与之相配的便携式存储器随身听

iPod，工程师托法戴尔被任命为研发小组的组长，他的任务是在圣诞节前，生产一款轰动性产品，并被授权可以调用包括乔布斯在内的任何苹果公司员工。全球营销副总裁希勒率先提出应该用转盘操作，由此加快菜单操作。而设计天才艾韦则负责外观设计："从一开始我们就想要一个看起来无比自然、无比合理又无比简单的产品，让你根本不觉得它是设计出来的"。于是有了后来的风格极简、纯白的 iPod，在充斥着各种颜色的数字家电市场，它完全与众不同："它是无色的，但是是一种大胆到令人震惊的无色。"仅用了 9 个月时间，iPod 即告完成。2001 年 10 月 iPod 发布时，399 美元的价格让评论界难以看好其前景。刚开始 iPod 销量并不理想，2002 年，它只售出 10 万台。再一次，苹果公司的天才 CEO 乔布斯展现了自己魔术师般的才能，他用两个手术改变了 iPod 的命运：小手术是，一改以往苹果产品与 Windows 不兼容的特性，让 PC 用户也可以直接使用 iPod；大手术是，将 iTunes 从一个单机版音乐软件变为一个网络音乐销售平台。与 PC 的兼容以及 iTunes 的拉动，让 iPod 先抑后扬：它在随后两年内销量超过 1000 万台，"21 世纪的随身听"之名终于确立起来。它做到了随身听所不曾做到的：超越电子产品的范畴，iPod 成了一种符号、一个宠物以及身份表征。

2003 年底推出的 iPod mini 拥有 5 款颜色，存储量为 4GB 的 iPod mini 价格为 249 美元，比此前的 10GB 的 iPod 价格降低了 150 美元。

为了扩大市场，让更多的人成为 iPod 的用户，而又不让 iPod 的高贵形象受损，于是，苹果公司再度进行了创新。调查表明：随意播放功能(shuffle)深受 iPod 使用者喜欢："随意播放让你不知道什么将出现，但你知道那是你喜欢的。"因此，用来找歌的显示屏并非必需，功能键也可以被简化为只有 6 个——播放、暂停、下一首、上一首、声音提高、声音减小。iPod shuffle 因此诞生。

之后，苹果公司不断推出 iPod 的新款型，收获巨大成功，成为各大厂家效仿的对象，历代 iPod 系列的造型也对现代影音 MP3\MP4 影响巨大，现在，iPod 的市场占有率为 73.4%，成为了业界不可撼动的一哥。

2007 年夏季，美国乃至全球最关注的并不是好莱坞大片，而是苹果推出的 iPhone 智能手机。该产品提供音乐播放、电子邮件收发、互联网接入等功能。2009 年 7 月，苹果公司又推出了 3G 版 iPhone。在 2G 版和 3G 版 iPhone 首发期间，全球各国都出现了消费者提前数天排队购买的现象，而在 iPhone3 和 iPhone4 推出之前，任何关于 iPhone 的消息都成为大家关注的焦点，iPhone 手机成为了全球关注度最高的一款手机。

2010 年 4 月 3 日，苹果公司推出 iPad 系列产品，iPad 的问世再次引发了全球的关注。iPad 不仅将平板电脑制造及普及应用推向了高潮，也让众多二三线厂商及山寨设备厂商垂涎三尺，这就是创新者的力量。从纯技术角度来看，iPad 的功能是非常丰富的：9.7 英寸彩色触摸屏，支持无线上网和蓝牙功能，还可以选择 3G 功能。用户通过手指点触屏幕便可上网浏览网页、收发邮件、绘制图表等。削开"苹果"的皮，可以看出整合创新才是 iPad 的灵魂。iPad 兼容所有 AppStore 上的应用程序，开发者可利用 iPhoneSDK 开发 iPad 程序，让自己的应用程序更加适合 iPad 的高分辨率。除了 iTunesStore、AppStore 外，iPad 还将拥有 iBookStore。从 iBookStore 用户可以下载到种类丰富的电子书，并且还可以获得非常好的用户体验。同时，全新制作的 iWork 也令 iPad 拥有良好的办公功能。

2010 年 5 月 26 日，苹果公司的市值正式超越了微软公司，成为全球市值最高的高科技企业，同时也成为美国仅次于美孚的第二大公司。苹果公司，连同它的产品以及领导者，正成为人人效仿的对象：戴尔公司想做个人计算机界的苹果公司，汽车共享公司 Zip car 也发誓成为该业界的苹果公司，甚至连喜剧演员马赫都开玩笑说，乔布斯当总统的话，美国政府会更高效。

iPod 掀起了音乐播放器革命，iPhone 重新定义了智能手机概念，iPad 则让平板电脑成为一种潮流。过去 10 年来，苹果公司的每个产品都是革命性的。这家 1997 年靠着微软公司一笔 1.5 亿美元的投资才得以幸存的小公司，如今也超过微软公司成为全球市值最高的科技企业。

5.5　本章小结

本章主要介绍了数组和字符串的常用方法，通过本章的学习应能熟练掌握并运用数组和字符串开发程序。

本章主要内容如下。

(1) 数组。

(2) 字符串。

5.6　习　　题

5.6.1　选择题

1. 通常用来保存大批相同数据的类型是(　　)。
   A. 整数变量　　B. 字符串变量　　C. 数组　　D. 文件
2. 数组是(　　)。
   A. 基本类型　　B. 文件类型　　C. 变量类型　　D. 引用类型
3. 分配数组空间使用的关键字是(　　)。
   A. public　　B. class　　C. new　　D. length

5.6.2　填空题

1. Java 语言中数组允许多维，常用的有________、________。
2. 获取数组长度的属性是________。
3. 二维数组第二个索引指定元素所在的________。
4. ________是由零个或者多个字符组成的有限序列。

5.6.3　论述题

1. 论述什么是数组以及常用的一维数组和二维数组。
2. 论述什么是字符串。

5.6.4 操作题

1. 计算并输出 100 以内的所有素数以及这些素数之和。

2. 李白打酒。

话说大诗人李白，一生好饮。幸好他从不开车。

一天，他提着酒壶，从家里出来，酒壶中有酒 2 斗。他边走边唱：

无事街上走，提壶去打酒。

逢店加一倍，遇花喝一斗。

这一路上，他一共遇到店 5 次，遇到花 10 次，已知最后一次遇到的是花，他正好把酒喝光了。

请你计算李白遇到店和花的次序，可以把遇店记为 a，遇花记为 b。则 babaabbabbabbbb 就是一个合理的次序。像这样的次序一共有多少呢？请你计算出所有可能方案的个数(包含题目给出的)。

第6章 类和对象

在基于Java的程序开发中，首先把需要实现的功能封装到类中，然后通过对象调用类的数据和方法来实现Java应用程序的具体功能。在编写Java程序时，应以“一切皆为对象”的思维方式来思考问题，通过创建类和对象，调用类的方法来完成程序的功能，解决问题。定义类以及对类进行操作的对象是Java程序设计的主要任务。

本章主要内容如下。

(1) 类和对象。

(2) 类的封装性。

(3) 类的继承性。

(4) 类的多态性。

(5) 包。

(6) 抽象类与接口。

(7) 内部类与匿名类。

6.1 类和对象

现实世界中有各种实体，如手机、计算机、书、房子、汽车等。每种实体都有自己的属性和功能，并且每种实体都有很多实例，实例之间有各种关系。在面向对象程序设计中，把具有属性和行为能力的实体称为对象。对象在软件运行时与其他对象合作完成程序预期的功能。类是一组对象的数据类型，是创建对象的模型。

6.1.1 类

类(class)是既包括数据又包括对数据的操作的封装体。类中的数据称为成员变量，类中对数据的操作称为成员方法。成员变量反映类的状态和特征，成员方法表示类的行为能力，不同的类具有不同的特征和功能。类实际上是对某种类型的对象定义变量和方法的原型。类表示对现实生活中一类具有共同特征的事物的抽象，是面向对象编程的基础。

1. 类的声明

类声明中包括关键字 class、类名及类的属性。

类声明的格式如下：

```
[修饰符] class 类名<泛型>[extends 父类] [implements 接口列表]
{
    成员变量的声明;
    成员方法的声明;
}
```

其中:

(1) 修饰符是定义类属性的关键字,如 public、final、abstract 等,用于定义类的访问权限、类是否为最终类或者抽象类等属性。方括号[]中的内容是可选项。

(2) class 是定义类的关键字,在类的声明中必须包括关键字 class。类名、泛型、父类、接口应是合法的 Java 标识符,Java 约定类名标识符通常首字母大写。在类的声明中必须有自定义的类名。

(3) 泛型是指将类型参数化以达到代码复用、提高软件开发工作效率的一种数据类型。也可看作是一种类型占位符,或称为类型参数。我们知道,一个方法可以使用变量作为参数,但其实这个变量的类型本身也可以作为参数。泛型允许人们在方法调用时再指定这个类型参数是什么。通常一个方法的参数都有明确的数据类型。例如:

```
public void data(int i){}
public void data(string i){}
public void data(double i){}
```

这些方法的参数类型分别是 int、string、double,程序员调用这些方法的过程中需要提供指定类型的参数:

```
data(123);
data("abc");
data("12.12");
```

如果将 int、string、double 这些类型也当成一种参数传给方法,方法的定义便是这样的:

```
public void data<T>(T i){} //T是 int、string、double 这些数据类型的指代
```

用户在调用的时候便应该这样:

```
data<string>("abc");
data<int>(123);
data<double>(12.23);
```

使用泛型定义方法与通常的方法定义的最大区别是,方法的定义实现过程只有一个,但是它具有处理不同数据类型数据的能力。

(4) extends 是关键字,用于继承类。

(5) implements 是关键字,用于实现某些接口。

例如:

```
public class Student
{
    ...
}
```

上述代码声明了一个类 Student。其中 public 是指定类访问权限的修饰符，指定该类是公有类，可被所有类访问。

2. 类的成员变量和成员方法

1）类成员变量

类成员变量声明的格式如下：

```
[修饰符] 数据类型 变量名[=表达式]{,变量[=表达式]};
```

其中：

(1) 修饰符是定义成员变量属性的关键字，如 public、protected、private、static、final、transient(用于声明临时变量)等。

(2) 数据类型可以是基本数据类型，也可以是引用数据类型。

(3) 变量名是合法的 Java 标识符，表达式是合法的 Java 表达式。

例如：

```
private String name;
private String sex;
private String age;
public static final MAX=1000000;
public String 籍贯="北京";
```

2）类成员方法

类成员方法声明的格式如下：

```
[修饰符] 返回类型 方法名([参数列表])[throws 异常类]
{
    语句序列;           //局部变量声明及指令
    [return[返回值]];
}
```

其中：

(1) 修饰符是定义方法属性的关键字，如 public、protected、private、static、final、abstract、synchronized(实现多线程同步，具体请参考第 12 章)等。

(2) 返回类型可以是基本数据类型或者引用数据类型，如果是 void，则 return 语句可省略。

(3) 语句序列可包括局部变量声明和合法的 Java 指令。

例如：

```
public class Student {
    private int SID;                    //学号
    private String name;                //姓名
    private String sex;                 //性别
    private int age;                    //年龄
```

```
    public Student(int 学号,String 姓名,String 性别,int 年龄)        //定义构造方法
    {
        SID=学号;
        name=姓名;
        sex=性别;
        age=年龄;
    }
    public int getSID() {
        return SID;
    }
    public void setSID(int SID) {
        this.SID=SID;
    }
    public String getName() {
        return name;
    }
    public void setName(String name) {
        this.name=name;
    }
    public String getSex() {
        return sex;
    }
    public void setSex(String sex) {
        this.sex=sex;
    }
    public int getAge() {
        return age;
    }
    public void setAge(int age) {
        this.age=age;
    }
}
```

该类封装的属性通过 set×××()和 get×××()方法设置和获取数据。set×××()和 get×××()是成员方法。

3. 变量的作用域

变量的作用域是指变量的有效范围。变量可以分为类成员变量、局部变量、方法参数变量和异常处理参数变量。

(1) 类成员变量：指在类中方法体之外定义的变量。它的作用域是整个类，类中的所有方法均可以访问成员变量。

(2) 局部变量：指在方法体中声明的变量。它的作用域是从定义位置开始到方法体语句块结束，当方法调用返回时，局部变量失效。

(3) 方法参数变量：指方法的参数列表。它的作用域是方法体的整个区域。

(4) 异常处理参数变量：异常对象，在异常处理内有效。具体请参考第 7 章内容。

6.1.2 对象

类是用于封装数据以及对这些数据的操作的数据类型，类本身并不参与程序的执行，实际执行程序的是类的对象。

对象是类的实例，任何一个对象都属于某个类。与变量相似，对象也需先声明后使用。

对象是动态的，每个对象都有自己的生存周期，都经历一个从创建、运行到消亡的变化过程。在程序运行时，一个对象获得系统创建的指定类的一个实例，对象占用内存单元。程序可以获得对象的成员变量值，可以对对象的成员变量赋值，可以调用对象的成员方法。对象使用完后将被销毁，释放所占的存储单元。

1. 对象声明

对象声明的格式如下：

```
类　对象;
```

例如：

```
Student s;                //声明 s 是 Student 类的一个对象
```

对象声明后，只是代表对象属于某个类，需通过赋值才能使对象获得实例。

2. 创建实例

通过 new 调用类的构造方法，创建类的一个实例，为实例申请空间并初始化，再将该实例赋值给对象。

创建实例的格式如下：

```
对象=new 类的构造方法([参数列表]);
```

例如：

```
s=new Student(20140101001, "女","理想", 18);        //创建类的一个实例，并赋值给 s 对象
```

或者

```
Student s=new Student(20140101001, "女","理想", 18);      //声明对象，创建实例并赋值
```

3. 对象引用变量和调用方法

对象被实例化后，可以通过运算符“.”引用成员变量和调用成员方法。格式如下：

```
对象.成员变量;
对象.成员方法([参数列表]);
```

例如：

```
s.name= "张硕";                //对象引用成员变量
s.setName("张果");             //对象调用成员方法
```

4. 对象是引用类型

Java 中类和对象都是引用数据类型，对象之间的赋值是引用赋值，对象赋值时并没有创建新的实例。例如：

```
Student s=new Student(20140101001, "女","理想", 18);
Student s1=s;            //两个对象引用同一个实例,同时指向同一个地址,引用 s 的地址
```

5. 对象的运算

使用关系运算符==和!=可以比较两个对象是否引用同一个实例。例如：

```
s==s1;                   //结果为 true
```

不能使用<、<=、>=关系运算符比较对象。

6.2 类的封装性

封装是将数据以及对数据的操作组合起来构成类，类是一个不可分割的独立单位；类中提供与外部联系的方法，又尽可能隐藏类的实现细节。

封装性提供一种软件模块化的设计思想，像组装硬件一样。类的设计者提供标准化的软件模块，使用者根据实际需求选择所需要的类模块，集成为软件系统，各模块之间通过传递参数等方式进行工作。设计者需考虑类的定义、类中数据和方法的访问权限、方法如何实现等问题；使用者需知道有哪些类、每个类的特点、每个类提供了哪些常量、成员变量和成员方法等，而不需知道方法实现的细节。

下面通过介绍类的构造方法、成员方法以及类中常用关键字，来讨论自定义类的封装性。

6.2.1 构造方法

在类中有一种特殊的方法称为构造方法，该方法与类同名，没有返回值类型，是创建对象时需要调用的一个方法，在类实例化时被调用。可以根据需要定义类的构造方法，进行特定的初始化工作。

1. 构造方法的声明

构造方法的定义格式如下：

```
public class 类名
{
    public 构造方法名([参数列表]) {      //构造方法定义
        语句
    }
}
```

注意事项如下。

(1) 构造方法名必须与所在类名相同。

(2) 构造方法没有任何返回值类型。

(3) 可以通过参数表和方法体为生成对象的成员变量赋初始值。

如果一个类定义时没有声明构造方法,Java 自动为该类生成一个默认的构造方法,该构造方法无参数。当一个类声明了有参数的构造方法时,Java 不再自动为该类生成无参数的构造方法。如果需要有多个不同参数表的构造方法,则需要将构造方法重载。

2. 构造方法重载

Java 允许一个类中有同名的方法带有不同的参数表,称为方法的重载。

如果一个 Java 类中有两个以上的构造方法,但是参数列表不同,这种情况称为构造方法的重载。在方法调用时,可以根据参数列表的不同来辨别应该调用哪一个构造方法。

【例 6-1】 构造方法重载(Time.java)。

```
package ch62;
/*
    开发者: ***
    开发地点: ***
    开发时间: ****年**月**日
    最后一次修改时间: ****年**月**日
    功能简介: 通过一个模拟电子时钟的程序,熟悉构造方法的重载
*/
public class Time {
    private int hour;                     //取值为 0~23 小时
    private int minute;                   //取值为 0~59 分
    private int second;                   //取值为 0~59 秒
    //构造方法,该构造方法有 3 个参数
    public Time(int h,int m,int s) {
        setHour(h);                       //调用方法
        setMinute(m);
        setSecond(s);
    }
    public Time(Time time)                //重载构造方法,参数是对象
    {
      this(time.getHour(),time.getMinute(),time.getSecond());
    }
    public void setHour(int h){
        hour=((h>=0&& h<24) ? h:0);      //小时数应在大于等于 0 小于 24 之间
    }
    public int getHour(){
      return hour;
    }
    public void setMinute(int m){
```

```
        minute=((m>=0&&m<60)?m:0);
    }
    public int getMinute(){
        return minute;
    }
    public void setSecond(int s){
        second=((s>=0&&s<60)?s:0);
    }
    public int getSecond(){
        return second;
    }
    public String toUniversalString()      //通用时间格式显示(HH:MM:SS)
    {
        return String.format("%02d:%02d:%02d",getHour(),getMinute(),getSecond());
    }
    public String toString()               //标准格式显示(H:MM:SS AM or PM)
    {
        return String.format ("%d:%02d:%02d %s",
                        ((getHour()==0||getHour()==12)?12:getHour()%12),
                        getMinute(),getSecond(),(getHour()<12?"AM":"PM"));
    }
}
```

本例中通过 set×××()方法对成员变量赋值,通过 get×××()方法获取成员变量的值。

【例 6-2】 Time 类的测试类(TimeTest.java)。

```
package ch62;
/*
    开发者:***
    开发地点:***
    开发时间:****年**月**日
    最后一次修改时间:****年**月**日
    功能简介:通过 TimeTest 类测试例 6-1 中类的功能。该类实例化 Time 类的对象,通过对象
调用 Time 类的方法
 */
public class TimeTest {
    public static void main(String args[]){
        Time t1=new Time(8,16,36);    //08:16:36
        Time t2=new Time(26,66,66);   //00:00:00
        Time t3=new Time(t1);         //08:16:36
        System.out.printf("%s\n",t1.toUniversalString());
        System.out.printf("%s\n",t1.toString());
        System.out.printf("%s\n",t2.toUniversalString());
        System.out.printf("%s\n",t2.toString());
```

```
        System.out.printf("%s\n",t3.toUniversalString());
        System.out.printf("%s\n",t3.toString());
    }
}
```

Time 类和 TimeTest 类的文件结构和运行结果如图 6-1 所示。

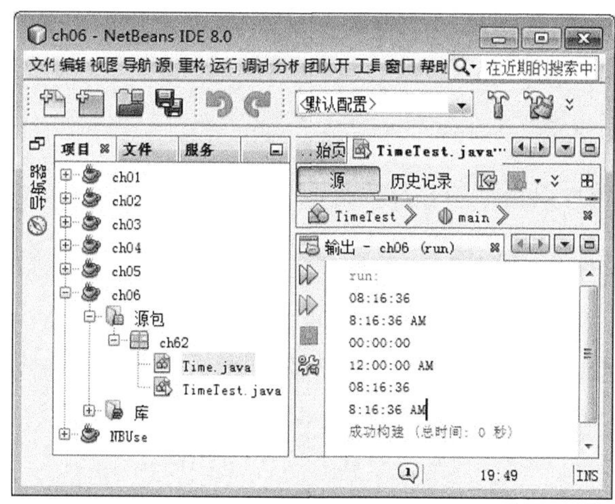

图 6-1　Time 类和 TimeTest 类的文件结构和运行结果

6.2.2　成员方法

类的成员方法描述类或者对象具有的操作或者提供的功能，是提供某种相对独立功能的程序模块。一个类或者对象可以有多个成员方法，对象通过调用成员方法来完成某些功能。

1. 成员方法的定义

类的成员方法的定义包括两部分内容：方法声明和方法体。

类成员方法的定义格式如下：

```
[修饰符] 返回类型 方法([参数列表])[throws 异常类]
{
    语句序列;
    [return[返回值]];           //如果返回值类型是 void,return 可省略
}
```

2. 成员方法的重载

成员方法的重载是指一个类中可以有多个同名的成员方法，这些成员方法的参数必须不同，或者参数个数不同，或者参数类型不同。

重载的成员方法必须通过参数列表相区别，即满足以下两个条件。

(1) 参数列表必须不同，即以不同的参数个数或参数类型或参数的次序来区别重载方法。

(2) 返回值可以相同,也可以不同,即不能以不同的返回值来区别重载的方法。

例如,在 Java 类库的数学类 Math 中,abs()方法返回一个数的绝对值,参数类型不同,返回值类型也不同。其参数的数据类型共有 4 种:

(1) `int abs(int a);`

(2) `long abs(long a);`

(3) `float abs(float a);`

(4) `double abs(double a);`

在自定义的类中可以根据项目的需要自定义重载方法。

3. 构造方法与成员方法的区别

(1) 作用不同:构造方法用于创建类的实例并对实例的成员变量进行初始化;成员方法实现对类中成员变量的操作,提供某些功能。

(2) 调用方式不同:构造方法通过 new 运算符调用;成员方法通过对象调用。

6.2.3 访问权限

根据类的封装性,设计者既要为类提供与其他类或者对象联系的方法,又要尽可能地隐藏类中的实现细节。为了实现类的封装性,要为类及类中成员变量和成员方法分别设置必要的访问权限,使所有类、子类、同一包中的类、本类等不同关系的类之间具有不同的访问权限。

Java 语言中为类成员设置了 4 种访问权限,为类(内部类有 3 种访问权限)设置了两种访问权限。

1. 类成员的访问权限

Java 语言中定义了 4 种权限修饰符:public (公有)、protected(保护)、缺省和 private (私有)。这 4 种权限修饰符均可用于声明类中成员的访问权限。

这 4 种权限修饰符说明如下。

(1) public:说明该类成员可被所有类对象访问。pubilc 指定最大访问权限范围。

(2) protected:说明该类成员能被同一类中的其他成员、该类子类成员或同一包中的其他类成员访问,不能被其他包的非子类成员访问。protected 指定有限的访问权限范围,使被保护的成员在子类和非子类中具有不同的访问权限,即保护成员可被子类访问,不能被非子类访问。

(3) 缺省:当没有使用访问权限修饰符声明成员时,说明该类成员能被同一类中的其他成员访问或被同一包中的其他类访问,不能被包之外的其他类访问。缺省权限以包为界划定访问权限范围,使同一包中的类具有访问权限,其他包中的类则没有访问权限。

(4) private:说明该类成员只能被同一类中的其他成员访问,不能被其他类的成员访问,也不能被子类成员访问。private 指定最小访问权限范围,对其他类隐藏类的成员,防止其他类修改该类的私有成员。类成员的 4 种访问权限如表 6-1 所示。

表 6-1　类成员的 4 种访问权限

权限修饰符	同一类	同一包	不同包的子类	所有类
public	√	√	√	√
protected	√	√	√	
缺省	√	√		
private	√			

2. 类的访问权限

类的访问权限有两种：public 和缺省，不能使用其他两种权限声明类。

在一个源程序文件中可以声明多个类(按照程序规范化的要求，一般不建议在一个源程序文件中声明多个类)，但是 public 修饰的类只能有一个，且该类名必须与所在源文件名同名。

6.2.4　this、static、final、instanceof

1. this

关键字 this 在 Java 类中表示对象自身的引用值。例如，当在类中使用变量 x 和方法 f()时，本质上都是 this. x 或 this. f()。在不混淆的情况下，this. x 可以简写成 x，this. f()可以简写成 f()。this 可以有以下 3 种用法。

1) 指代对象本身

this 用于指代调用成员方法的当前对象自身。

语法格式如下：

```
this;
```

2) 访问本类的成员变量和成员方法

语法格式如下：

```
this.成员变量;
this.成员方法([参数列表]);
```

3) 调用本类重载的构造方法

语法格式如下：

```
this([参数列表]);
```

【例 6-3】　日期类(Date. java)。

```
package ch62;
/*
    开发者：***
    开发地点：***
    开发时间：****年**月**日
```

```
    最后一次修改时间：****年**月**日
    功能简介：通过一个日期类的定义熟悉 this 的使用。日期包括年、月、日
 */
public class Date {
    private int year;                //年
    private int month;               //月
    private int day;                 //日
    public Date(int year,int month,int day)       //指定参数的构造方法声明
    {
      /*当成员方法的参数和成员变量同名时,在方法体中需要使用 this 引用成员变量,this
       不能省略。当无同名成员时,this 可省略
      */
        this.year=year;
        this.month=month;
        this.day=day;
    }
    public Date()                    //无参数的构造方法,使用默认值初始化成员变量,重载
    {
        this(2014,1,1);              //调用本类已定义的其他构造方法
    }
    public Date(Date oday)           //由已存在对象创建新对象的构造方法,重载
    {
        this(oday.year,oday.month,oday.day);
    }
    public void setYear(int year) //成员变量赋值
    {
        this.year=year;
    }
    public int getYear()             //获取成员变量的值
    {
        return year;
    }
    public void setMonth(int month)    //成员变量赋值
    {
        this.month=month;
    }
    public int getMonth()
    {
        return this.month=((month>=1)&(month<=12))?month:1;
    }
    public void setDay(int day)     //成员变量赋值
    {
        this.day=day;
    }
    public int getDay()
    {
        return this.day=((day>=1)&(day<=31))?day:1;
```

```
    }
    public String toString()          //返回年、月、日的格式
    {
        return this.year+"-"+this.month+"-"+this.day;          //this 指代当前对象
    }
    public void print()               //输出年、月、日
    {
        System.out.println("date is "+this.toString());
    }
}
```

【例 6-4】 Date 类的测试类(DateTest. java)。

```
package ch62;
/*
    开发者：***
    开发地点：***
    开发时间：****年**月**日
    最后一次修改时间：****年**月**日
    功能简介：测试日期类
*/
public class DateTest {
    public static void main(String args[]){
        Date oday1=new Date();             //默认参数的构造方法
        Date oday2=new Date(2014,1,2);     //指定参数的构造方法
        Date oday3=new Date(oday2);        //由已知对象创建新对象的构造方法
        oday1.print();
        oday2.print();
        oday3.print();
    }
}
```

Date 类和 DateTest 类的文件结构和运行结果如图 6-2 所示。

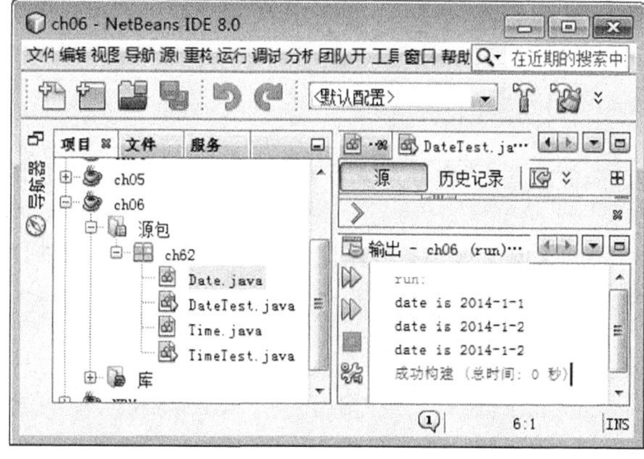

图 6-2　Date 类和 DateTest 类的文件结构和运行结果

2. static

关键字 static 在 Java 类中用于声明静态变量和静态方法。

1) 静态变量

在 Java 类中,静态变量在系统内存中仅有一个副本,运行时 Java 虚拟机只为静态变量分配一次内存,在加载类的过程中完成静态变量的内存分配,而不是在类的实例化阶段完成静态变量的内存分配。静态变量可以直接通过类名访问,又称为类变量。非 static 的变量是对象变量(又称实例变量)。一般在 Java 类中,静态变量都是常量。例如:

```
public static final double PI=Math.PI;
```

2) 静态方法

被 static 修饰的方法就是静态方法,又称为类方法。使用类方法时不用创建类的对象。调用静态方法时,应该使用类名做前缀,而不是某一个具体的对象名。非 static 的方法是对象方法(或称为实例方法)。

静态方法的调用格式如下:

```
类名.方法名;
```

【例 6-5】 静态方法示例(StaticTest.java)。

```
package ch62;
/*
    开发者:***
    开发地点:***
    开发时间:****年**月**日
    最后一次修改时间:****年**月**日
    功能简介:使用 Java 类库的静态方法以及自定义的静态方法,熟悉静态方法的使用
*/
public class StaticTest {
    public static String toChar(double  x)      //声明静态方法
    {
        /*调用 Double 类的 toString()静态方法,其功能是将 Double 类型的参数值转换为
         String 类型并返回
*/
         return Double.toString(x);
    }
    //main()方法是静态方法,静态方法无须实例化对象就可直接使用
    public static void main(String args[]){
        /*调用 Math 类的 round()静态方法,其功能是对参数值进行四舍五入处理,并将处理的
         结果返回
         */
        System.out.println(Math.round(6.5));
        String s=toChar(12.6); //调用了 StaticTest 类中定义的 toChar()静态方法
        System.out.println("e="+s);
    }
}
```

StaticTest 类的文件结构和运行结果如图 6-3 所示。

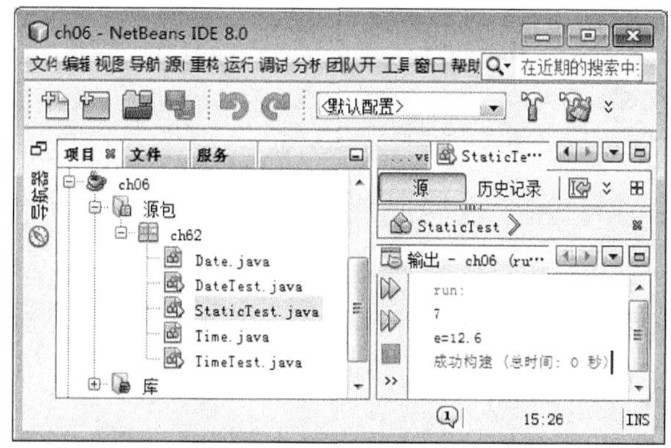

图 6-3 StaticTest 类的文件结构和运行结果

3. final

关键字 final 可用于声明变量、类和方法。

1) 声明变量

用 final 声明变量，表示变量在声明之后不能修改，并且在必须声明时初始化。这样的变量就是常量。例如：

```
public final static int TOW=2;
```

2) 声明 final 类

声明为 final 的类不能是父类或超类。final 类中的所有方法都是隐式的 final 方法。类 String 就是 final 类，它不能被扩展。声明 final 类还能防止程序员创建绕过安全限制的子类。例如：

```
public final class Math extends Object         //数学类,最终类
```

Java API 中的大多数类没有声明为 final，这保证了继承和多态的实现，它们是面向对象编程的基本特征。然而，在某些情况下，例如，出于安全性的需要，声明 final 类也是很有必要的。

3) final 方法

声明为 final 的方法也称为最终方法。父类或者超类中的 final 方法不能在子类中被覆盖。声明为 private 的方法也是隐含的 final 方法，因为不能在子类中覆盖 private 方法（尽管子类可以声明一个新的同名的方法）。声明为 static 的方法也是隐含的 final 方法，因为 static 方法也不能被覆盖。final 方法的声明永远不能改变，因此所有子类使用同样的方法实现。对 final 方法的调用在编译时展开，这种方式称为静态绑定。由于编译器知道 final 方法不能被覆盖，所以它可在每个方法调用处用声明的扩展代码替换 final 方法的调用，从而实现优化。例如：

```
public class Circle extends Graphics
{
```

```
    public final double area()        //最终方法,不能被子类覆盖
    {
        return Math.PI * this.radius * this.radius;
    }
}
```

4. instanceof

instanceof 关键字是对象运算符,用于判断一个对象是否属于指定类或其子类,返回 boolean 类型。例如:

```
Date oday2=new Date(2014,1,2);      //参考例 6-4
oday2 instanceof Date;              //结果为 true,说明 oday2 是 Date 类的对象
```

6.3 类的继承性

继承是软件重用的一种形式,在声明新类时复用现有类的成员,也可赋予其新的功能,或修改原有的功能。通过继承,程序员在程序开发中可以利用已验证和调试过的高质量软件,以节省开发时间,也使系统更有可能得到有效的实现。

6.3.1 父类和子类

1. 继承的概念

当程序员创建类时,可以指定新类从现有类中继承某些成员,而不需要完全从头开始声明新的成员。这个现有类称为超类、基类或者父类,新创建的类称为子类。子类也可以成为其他类的父类。

通常子类会添加自己的变量和方法,因此子类比其父类更详细,可以表示更为特定的对象。典型的情况是,子类既有父类的功能,又有其专门的性能。

新类可以由类库中的类继承。许多开发组织都开发了自己的类库,也可以利用其他可用的类库。也许有那么一天,最新的软件将由标准的可重用组件构造,就像今天的汽车和许多计算机硬件一样。这样有利于开发出更强大、丰富并且更经济的软件。

继承性在父类和子类之间建立起联系。子类自动拥有父类的全部成员,包括成员变量和成员方法,使父类成员得以传承和延续;子类可以更改父类的成员,使父类成员适应新的需求;子类也可以增加自己的成员,使类的功能得以扩充。但是,子类不能删除父类的成员。

Java 中的类都是 Object 类的子类,即使在定义类时没有声明父类,Java 也会自动将类定义为 Object 类的子类,Object 类是 Java 类库提供的类。

Java 语言只支持单重继承,但可以通过接口实现多重继承。在单重继承中父类与子类是一对多的关系。一个子类只有一个父类;一个父类可以有多个子类,每个子类又可以作为父类再定义自己的子类。

继承是实现软件可重用性的一种重要方式,继承增强了软件的可扩充能力,提高了软件的可维护性。后代类继承祖先类的成员,使祖先类的优良特性得以代代相传。如果更改祖

先类中的内容，这些修改过的内容将直接作用于后代类，后代类本身无须进行维护工作。同时，后代类还可以增加自己的成员，从而不断地扩充功能，或者重写祖先类的方法，让祖先类的方法适应新的需求。因此，通常将通用性的功能设计在祖先类中，而将特殊性的功能设计在后代类中。

2. 继承原则

类的继承需要遵循以下基本原则。

(1) 子类继承父类的所有成员变量，包括实例成员变量和类成员变量。

(2) 子类继承父类除构造方法以外的所有成员方法，包括实例成员方法和类成员方法。因为父类构造方法创建的是父类对象，子类必须声明自己的构造方法，用于创建子类自己的对象。

(3) 子类不能删除从父类继承的成员。

(4) 子类虽然继承了父类的私有成员，但子类不能使用父类的私有成员(私有变量、私有方法)。

(5) 子类可以增加自己的成员变量和成员方法。

(6) 子类可以重定义父类成员。

6.3.2 子类的声明与方法的覆盖

1. 子类的声明

在Java语言中，子类对父类的继承是通过类的声明，即用关键字extends来实现的。

子类声明的语法格式如下：

```
[修饰符] class 类名 [extends 父类] [implements 接口列表]
```

其中：

extends说明当前声明的类将要继承父类的属性和方法。父类中哪些属性和方法将被继承取决于父类对成员的访问控制。

子类对父类的私有成员没有访问权限。子类对父类的公有成员和保护成员具有访问权限。子类对父类中缺省权限成员的访问分两种情况，对同一包中父类的缺省权限成员具有访问权限，而对不同包中父类的缺省权限成员则没有访问权限。

类中成员的访问权限体现了类封装的信息隐蔽原则：如果类中成员仅限于该类自己使用，则声明为private；如果类中成员允许子类使用，则声明为protected；如果类中成员没有权限限制，所有类均可使用，则声明为public。例如：

```
public class Student extends Person {      //该类继承已有的类 Person
        String 专业;                        //该类添加了新的属性"专业"
    }
```

2. 子类方法的覆盖

如果父类成员适用于子类，则子类不需要重新定义父类成员，此时子类继承了父类的成员变量和成员方法，子类对象引用的是父类定义的成员变量，调用的是父类定义的成员方法。

如果从父类继承来的成员不适合于子类，子类不能删除它们，但可以重定义它们，扩充父类成员方法的功能，使父类成员能够适应子类新的需求。

在面向对象的程序设计中，子类可以把从父类那里继承来的某个方法改写，形成同父类方法同名、解决的问题也相似，但具体实现和功能却不尽一致的新方法，这就是方法的覆盖。

定义与父类完全相同的方法，实现对父类方法的覆盖，必须注意以下几点。

(1) 完全相同的方法名。

(2) 完全相同的参数列表。

(3) 完全相同类型的返回值。

注意：在满足上述 3 个条件的同时，还必须保证，访问权限不能缩小。

3 个条件中有一个不满足，就不是方法的覆盖，而是子类自己定义了与父类无关的方法，父类的方法未被覆盖，因而仍然存在。

调用被覆盖的父类方法的格式如下：

```
super.方法名;
```

6.3.3 super

在子类的方法中，可以使用关键字 super 调用父类成员。super 的使用有两种方法。

1. 调用父类的构造方法

父类的构造方法不能够被继承，但在子类的构造方法体中，可以使用 super 调用父类的构造方法。语法格式如下：

```
super([参数列表]);
```

其中，参数列表是父类构造方法的参数列表。

2. 调用父类的同名成员

子类继承父类的成员，当子类没有重定义父类成员时，不存在同名成员问题。子类对象使用父类成员名访问的都是父类声明的成员变量，调用的也都是父类定义的成员方法，所以不需要使用 super。

当子类重定义了父类成员时，则存在同名成员问题。此时，在子类方法体中，使用的成员变量和成员方法均默认为子类的成员变量或成员方法。如果需要引用父类的同名成员，则需要使用 super。在以下两种存在同名成员的情况下，需要使用 super。

1) 子类隐藏父类成员变量

当子类成员变量隐藏了父类同名成员变量时，如果需要访问被子类隐藏的父类同名成员变量，需要使用 super 指代父类对象来引用父类的同名成员变量。语法格式如下：

```
super.成员变量;
```

2）子类覆盖父类成员方法

当子类成员方法覆盖了父类同名成员方法时，如果需要调用被子类覆盖的父类同名成员方法，可以使用 super 指代父类对象来调用父类的同名成员方法。语法格式如下：

```
super.成员方法([参数列表]);
```

6.3.4　类的封装性、继承性程序应用

以开发某公司员工工资管理的应用程序为例，讨论封装的父类和子类之间的继承关系。假设该公司有两类员工：一类是按销售额提成的员工，可以作为父类；另一类是带底薪加销售额提成的员工。

下面讨论两种员工之间的关系，分为 5 个例子来讨论。

第一个例子中声明类 CommissionEmployee，并将姓名、工号、提成率和总销售额声明为 private 变量。

第二个例子声明类 BasePlusCommissionEmployee，并将姓名、工号、提成率、总销售额和底薪声明为 private 变量。这个类的每行语句都是重新编写的，虽然有很多语句与 CommissionEmployee 类中重复。如果从类 CommissionEmployee 继承，则创建这个类的效率将大大提高。

第三个例子声明 BasePlusCommissionEmployee2 类，它是对 CommissionEmployee 类的扩展，继承了该类，但它试图访问 CommissionEmployee 类的 private 成员，这会导致编译错误，因为子类不能访问父类的 private 变量。

第四个例子表明，如果将 CommissionEmployee 类的变量声明为 protected，扩展了 CommissionEmployee 类的 BasePlusCommissionEmployee3 类就可以直接使用这些父类成员变量的值。为此，将 CommissionEmployee2 类的成员变量声明为 protected。两个 BasePlusCommissionEmployee 类有完全相同的功能，但 BasePlusCommissionEmployee3 类更易于创建和管理。

使用 protected 变量会带来一些潜在的问题。第一个问题是子类可以不用 set 方法就能为继承的父类变量直接赋值，从而使子类对象可能将无效值赋给继承变量，使对象处于矛盾的状态中。例如，假设将 CommissionEmployee2 的变量 grossSales 声明为 protected，子类对象（如 BasePlusCommissionEmployee2）就可以将一个负值赋给 grossSales。使用 protected 变量带来的第二个问题是，子类的代码编写很可能依赖于父类的数据操作。实际上，子类应该只依赖父类的服务（即非 private 方法），而不依赖父类的数据。如果父类中有 protected 变量，那么当改变父类的实现时，就可能必须修改所有子类。

第三个问题是，类的 protected 成员对同一程序包中的所有类都是可见的，通常人们并不希望这样。

使用 protected 时应注意以下问题。

（1）当父类的方法应当只由其子类和同一包中的其他类使用时，可使用 protected 访问修饰符。

（2）将父类的变量声明为 private（而不是 protected），可以使父类改变对它的操作时不会影响子类的实现。

(3) 只要可能，就不要在父类中使用 protected 变量，而是提供能够访问 private 变量的非 private 方法，这样可以确保类中的对象处于一致的状态。

第五个例子，将 CommissionEmployee2 类中的变量重新设置为 private，来定义 CommissionEmployee3 类，以保证类的封装特性。然后通过扩展 CommissionEmployee3 类，创建一个 BasePlusCommissionEmployee4 类，它用 CommissionEmployee3 类的 public 方法来操作 CommissionEmployee 3 类的 private 变量。

第一个例子包括两个类，如例 6-6 和例 6-7 所示。

【例 6-6】 第一个例子 CommissionEmployee 类(CommissionEmployee.java)。

```
package ch63;
/*
    开发者：***
    开发地点：***
    开发时间：****年**月**日
    最后一次修改时间：****年**月**日
    功能简介：封装按销售额提成的员工基本信息
 */
public class CommissionEmployee {
    private String name;                  //员工姓名
    private String ID;                    //员工工号
    private double grossSales;            //销售额
    private double commissionRate;        //提成率
    public CommissionEmployee(String name, String ID, double sales, double rate){
        this.name=name;
        this.ID=ID;
        setGrossSales(sales);
        setCommissionRate(rate);
    }
    public void setName(String name){
        this.name=name;
    }
    public String getName(){
        return name;
    }
    public void setID(String ID){
        this.ID=ID;
    }
    public String getID(){
        return ID;
    }
    public void setGrossSales(double sales){
        grossSales=(sales<0.0)?0.0:sales;
    }
    public double getGrossSales(){
```

```
        return grossSales;
    }
    public void setCommissionRate(double rate){
        commissionRate=(rate>0.0&&rate<1.0)?rate:0.0;
    }
    public double getCommissionRate(){
        return commissionRate;
    }
    public double earnings(){
        return commissionRate * grossSales;
    }
    public String toString(){
        return String.format ("%s: %s\n%s: %s\n%s: %.2f\n%s: %.2f", "员工姓名",
                              name, "员工工号", ID, "销售额", grossSales, "提成率",
                              commissionRate);
    }
}
```

【例 6-7】 CommissionEmployee 类的测试类(CommissionEmployeeTest.java)。

```
package ch63;
/*
    开发者：***
    开发地点：***
    开发时间：****年**月**日
    最后一次修改时间：****年**月**日
    功能简介：用于测试例 6-6 中的类
*/
public class CommissionEmployeeTest {
    public static void main(String args[]){
        CommissionEmployee employee=new CommissionEmployee("张志锋", "000001",
        1000000, .06);
        System.out.println("员工基本情况如下：\n");
        System.out.printf("%s %s\n", "员工姓名",employee.getName());
        System.out.printf("%s %s\n", "员工工号", employee.getID());
        System.out.printf("%s %.2f\n", "销售额", employee.getGrossSales());
        System.out.printf("%s %.2f\n", "提成率",employee.getCommissionRate());
        System.out.printf("%s %.2f\n", "员工工资",employee.earnings());
        employee.setGrossSales(500000);
        employee.setCommissionRate(.1);
        System.out.printf("\n%s:\n\n%s\n","更新以后的员工信息", employee);
        System.out.printf("%s %.2f\n", "员工工资",employee.earnings());
    }
}
```

CommissionEmployee 类和 CommissionEmployeeTest 类的文件结构和运行结果如

图 6-4 所示。

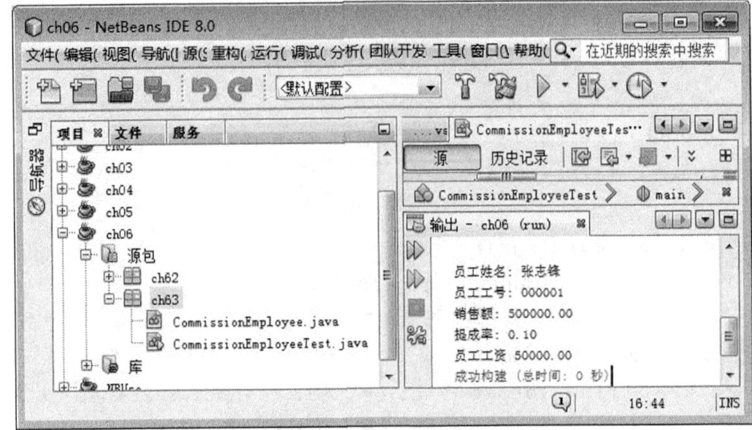

图 6-4 第一个例子的文件结构和运行结果

第二个例子包括两个类，如例 6-8 和例 6-9 所示。

【例 6-8】 第二个例子 BasePlusCommissionEmployee 类（BasePlusCommissionEmployee.java）。

```
package ch63;
/*
    开发者：***
    开发地点：***
    开发时间：****年**月**日
    最后一次修改时间：****年**月**日
    功能简介：封装按销售额提成加底薪的员工基本信息
*/
public class BasePlusCommissionEmployee {
    private String name;
    private String ID;
    private double grossSales;
    private double commissionRate;
    private double baseSalary;          //底薪
    public BasePlusCommissionEmployee(String name, String ID, double sales,
    double rate,double salary){
        this.name=name;
        this.ID=ID;
        setGrossSales(sales);
        setCommissionRate(rate);
        setBaseSalary(salary);
    }
    public void setName(String name){
        this.name=name;
    }
    public String getName(){
```

```
        return name;
    }
    public void setID(String ID){
        this.ID=ID;
    }
    public String getID(){
        return ID;
    }
    public void setGrossSales(double sales){
        grossSales=(sales<0.0)?0.0:sales;
    }
    public double getGrossSales(){
        return grossSales;
    }
    public void setCommissionRate(double rate){
        commissionRate=(rate>0.0&&rate<1.0)?rate:0.0;
    }
    public double getCommissionRate(){
        return commissionRate;
    }
    public void setBaseSalary(double salary){
        baseSalary=(salary<0.0) ?0.0:salary;
    }
    public double getBaseSalary(){
        return baseSalary;
    }
    public double earnings(){
        return baseSalary+(commissionRate*grossSales);
    }
    public String toString(){
        return String.format ("%s: %s\n%s: %s\n%s: %.2f\n%s: %.2f\n%s: %.2f","员工
                        姓名",name,"员工工号",ID,"销售额",grossSales,"提成
                        率",commissionRate,"基本底薪",baseSalary);
    }
}
```

【例 6-9】 BasePlusCommissionEmployee 类的测试类(BasePlusCommissionEmployeeTest.java)。

```
package ch63;
/*
    开发者:***
    开发地点:***
    开发时间:****年**月**日
    最后一次修改时间:****年**月**日
    功能简介:用于测试例 6-8 中的类
```

```
*/
public class BasePlusCommissionEmployeeTest {
    public static void main(String args[]){
        BasePlusCommissionEmployee employee=
        new BasePlusCommissionEmployee("张志锋", "000001", 1000000, .06,3600);
        System.out.println("员工基本情况如下: \n");
        System.out.printf("%s %s\n", "员工姓名",employee.getName());
        System.out.printf("%s %s\n", "员工工号", employee.getID());
        System.out.printf("%s %.2f\n", "销售额", employee.getGrossSales());
        System.out.printf("%s %.2f\n", "提成率",employee.getCommissionRate());
        System.out.printf("%s %.2f\n", "底薪",employee.getBaseSalary());
        System.out.printf("%s %.2f\n", "员工工资",employee.earnings());
        employee.setGrossSales(2000000);
        System.out.printf("\n%s:\n\n%s\n","更新以后的员工信息", employee
        .toString());
        System.out.printf("%s %.2f\n", "员工工资",employee.earnings());
    }
}
```

BasePlusCommissionEmployee 类和 BasePlusCommissionEmployeeTest 类的文件结构和运行结果如图 6-5 所示。

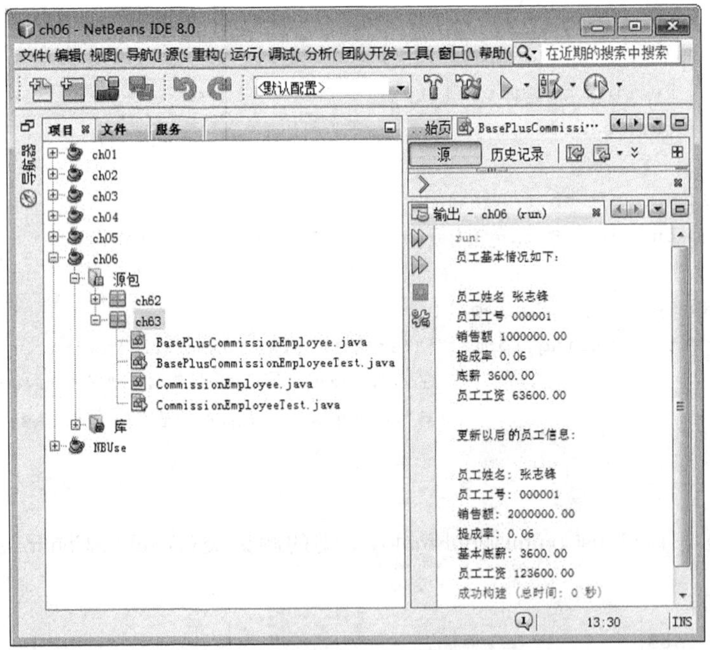

图 6-5　第二个例子的文件结构和运行结果

第三个例子声明 BasePlusCommissionEmployee2 类，如例 6-10 所示，它是对例 6-6 中 CommissionEmployee 类的扩展，继承该类，并试图访问 CommissionEmployee 类的 private 成员，这会导致编译错误，因为子类不能访问超类的 private 变量。

【例 6-10】 第三个例子 BasePlusCommissionEmployee2 类(BasePlusCommissionEmployee2.java)。

```
package ch63;
/*
    开发者: ***
    开发地点: ***
    开发时间: ****年**月**日
    最后一次修改时间: ****年**月**日
    功能简介: 利用继承性,通过继承 CommissionEmployee 类定义新类
*/
public class BasePlusCommissionEmployee2 extends CommissionEmployee{
    private double baseSalary;
    public BasePlusCommissionEmployee2(String name, String ID, double sales,
    double rate, double salary){
        super(name, ID, sales, rate);
        setBaseSalary(salary);
    }
    public void setBaseSalary(double salary){
        baseSalary=(salary<0.0)? 0.0:salary;
    }
    public double getBaseSalary(){
        return baseSalary;
    }
    public double earnings(){
        //私有变量不能够被别的类访问,该处将报异常
        return baseSalary+(commissionRate*grossSales);
    }
    public String toString(){
            //以下试图引用父类的私有变量,将报异常
        return String.format("%s: %s\n%s: %s\n%s: %.2f\n%s: %.2f\n%s: %.2f", "员
                            工姓名",name,"员工工号",ID,"销售额",grossSales,"提
                            成率", commissionRate,"基本底薪",baseSalary);
    }
}
```

第四个例子包含 3 个类,如例 6-11～例 6-13 所示。

【例 6-11】 第四个例子 CommissionEmployee2 类(CommissionEmployee2.java)。

```
package ch63;
/*
    开发者: ***
    开发地点: ***
    开发时间: ****年**月**日
    最后一次修改时间: ****年**月**日
    功能简介: 封装按销售额提成的员工基本信息
```

```
 */
public class CommissionEmployee2 {
    protected String name;
    protected String ID;
    protected double grossSales;            //销售额
    protected double commissionRate;        //提成率
    public CommissionEmployee2(String name, String ID, double sales, double rate) {
        this.name=name;
        this.ID=ID;
        setGrossSales(sales);
        setCommissionRate(rate);
    }
    public void setName(String name){
        this.name=name;
    }
    public String getName(){
        return name;
    }
    public void setID(String ID){
        this.ID=ID;
    }
    public String getID(){
        return ID;
    }
    public void setGrossSales(double sales){
        grossSales=(sales<0.0)?0.0:sales;
    }
    public double getGrossSales(){
        return grossSales;
    }
    public void setCommissionRate(double rate){
        commissionRate=(rate>0.0&&rate<1.0)?rate:0.0;
    }
    public double getCommissionRate(){
        return commissionRate;
    }
    public double earnings(){
        return commissionRate*grossSales;
    }
    public String toString(){
        return String.format ("%s: %s\n%s: %s\n%s: %.2f\n%s: %.2f", "员工姓名",
                              name, "员工工号", ID, "销售额", grossSales,"提成率",
                              commissionRate);
    }
}
```

【例 6-12】 第四个例子 BasePlusCommissionEmployee3 类(BasePlusCommissionEmployee3.java)。

```
package ch63;
/*
    开发者：***
    开发地点：***
    开发时间：****年**月**日
    最后一次修改时间：****年**月**日
    功能简介：利用继承性,通过继承 CommissionEmployee2 类定义新类
*/
public class BasePlusCommissionEmployee3 extends CommissionEmployee2{
    private double baseSalary;
    public BasePlusCommissionEmployee3(String name, String ID, double sales,
    double rate, double salary){
        super(name, ID, sales, rate);
        setBaseSalary(salary);
    }
    public void setBaseSalary(double salary){
        baseSalary=(salary<0.0) ? 0.0 : salary;
    }
    public double getBaseSalary(){
        return baseSalary;
    }
    public double earnings(){
        return baseSalary+(commissionRate * grossSales);
    }
    public String toString(){
        return String.format ("%s: %s\n%s: %s\n%s: %.2f\n%s: %.2f\n%s: %.2f", "员工
                            姓名", name,"员工工号", ID,"销售额", grossSales, "提
                            成率", commissionRate, "基本底薪",baseSalary);
    }
}
```

【例 6-13】 测试类(BasePlusCommissionEmployeeTest3.java)。

```
package ch63;
/*
    开发者：***
    开发地点：***
    开发时间：****年**月**日
    最后一次修改时间：****年**月**日
    功能简介：用于测试例 6-11 和例 6-12 中的类
*/
public class BasePlusCommissionEmployeeTest3 {
    public static void main(String args[]){
```

```
        BasePlusCommissionEmployee3 employee=new BasePlusCommissionEmployee3
        ("张志锋", "000001", 1000000, .06,3600);
        System.out.println("员工基本情况如下：\n");
        System.out.printf("%s %s\n", "员工姓名",employee.getName());
        System.out.printf("%s %s\n", "员工工号", employee.getID());
        System.out.printf("%s %.2f\n", "销售额", employee.getGrossSales());
        System.out.printf("%s %.2f\n", "提成率",employee.getCommissionRate());
        System.out.printf("%s %.2f\n", "底薪",employee.getBaseSalary());
        System.out.printf("%s %.2f\n", "员工工资",employee.earnings());
        employee.setGrossSales(2000000);
        System.out.printf("\n%s:\n\n%s\n", "更新以后的员工信息", employee.
        toString());
        System.out.printf("%s %.2f\n", "员工工资",employee.earnings());
    }
}
```

CommissionEmployee 2 类、BasePlusCommissionEmployee 3 类和 BasePlusCommissionEmployeeTest 3 类的文件结构和运行结果如图 6-6 所示。

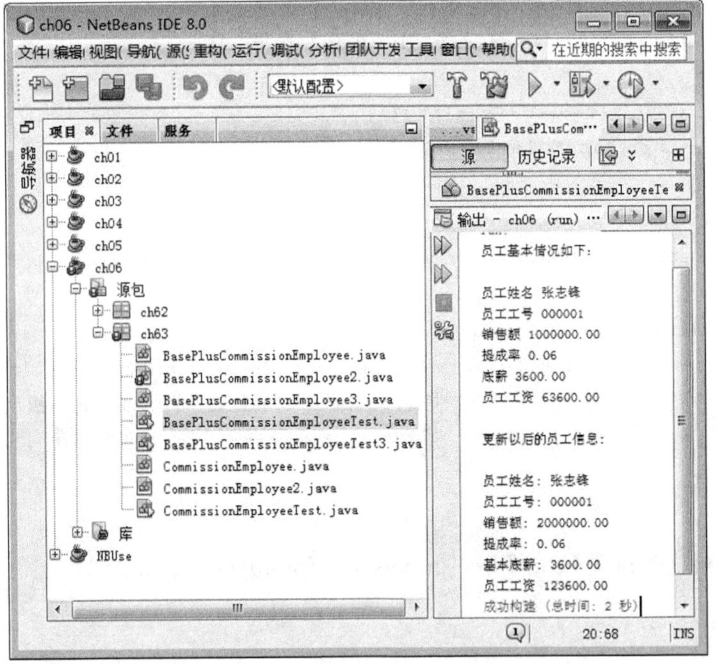

图 6-6 第四个例子的文件结构和运行结果

第五个例子，将 CommissionEmployee2 类中的变量重新设置为 private 定义 CommissionEmployee3 类的封装性。然后通过扩展 CommissionEmployee3 类，创建一个 BasePlusCommissionEmployee4 类，它用 CommissionEmployee3 类的 public 方法来操作 CommissionEmployee 3 类的 private 变量，如例 6-14～例 6-16 所示。

【例 6-14】 第五个例子 CommissionEmployee3 类(CommissionEmployee3.java)。

```
package ch63;
/*
    开发者：***
    开发地点：***
    开发时间：****年**月**日
    最后一次修改时间：****年**月**日
    功能简介：封装按销售额提成的员工基本信息
*/
public class CommissionEmployee3 {
    private String name;
    private String ID;
    private double grossSales;              //销售额
    private double commissionRate;          //提成率
    public CommissionEmployee3(String name, String ID, double sales, double rate) {
        this.name=name;
        this.ID=ID;
        setGrossSales(sales);
        setCommissionRate(rate);
    }
    public void setName(String name){
        this.name=name;
    }
    public String getName(){
        return name;
    }
    public void setID(String ID){
        this.ID=ID;
    }
    public String getID(){
        return ID;
    }
    public void setGrossSales(double sales){
        grossSales=(sales<0.0)?0.0:sales;
    }
    public double getGrossSales(){
        return grossSales;
    }
    public void setCommissionRate(double rate){
        commissionRate=(rate>0.0&&rate<1.0)?rate:0.0;
    }
    public double getCommissionRate(){
        return commissionRate;
    }
    public double earnings(){
        return getCommissionRate()*getGrossSales();
```

```
    }
    public String toString(){
        return String.format ("%s: %s\n%s: %s\n%s: %.2f\n%s: %.2f","员工姓名",
                              getName(),"员工工号",getID(),"销售额",getGrossSales
                              (),"提成率", getCommissionRate());
    }
}
```

【例 6-15】 第五个例子 BasePlusCommissionEmployee4 类(BasePlusCommissionEmployee4.java)。

```
package ch63;
/*
    开发者：***
    开发地点：***
    开发时间：****年**月**日
    最后一次修改时间：****年**月**日
    功能简介：利用继承性,通过继承 CommissionEmployee3 类定义新类
*/
public class BasePlusCommissionEmployee4 extends CommissionEmployee3{
    private double baseSalary;
    public BasePlusCommissionEmployee4(String name, String ID, double sales,
    double rate, double salary){
        super(name,ID,sales,rate);
        setBaseSalary(salary);
    }
    public void setBaseSalary(double salary){
        baseSalary=(salary<0.0) ?0.0:salary;
    }
    public double getBaseSalary(){
        return baseSalary;
    }
    public double earnings(){
        return getBaseSalary()+super.earnings();
    }
    public String toString(){
        return String.format("%s %s\n%s: %.2f", "带底薪", super.toString(), "底
        薪", getBaseSalary());
    }
}
```

【例 6-16】 测试类(BasePlusCommissionEmployeeTest4.java)。

```
package ch63;
/*
    开发者：***
    开发地点：***
```

```
    开发时间：****年**月**日
    最后一次修改时间：****年**月**日
    功能简介：用于测试例 6-14 和例 6-15 中的类
 */
public class BasePlusCommissionEmployeeTest4 {
    public static void main(String args[]){
        BasePlusCommissionEmployee4 employee=new BasePlusCommissionEmployee4
        ("张志锋", "000001", 1000000, .06,3600);
        System.out.println("员工基本情况如下：\n");
        System.out.printf("%s %s\n", "员工姓名",employee.getName());
        System.out.printf("%s %s\n", "员工工号", employee.getID());
        System.out.printf("%s %.2f\n", "销售额", employee.getGrossSales());
        System.out.printf("%s %.2f\n", "提成率",employee.getCommissionRate());
        System.out.printf("%s %.2f\n", "底薪",employee.getBaseSalary());
        System.out.printf("%s %.2f\n", "员工工资",employee.earnings());
        employee.setGrossSales(20000000);
        System.out.printf("\n%s:\n\n%s\n","更新以后的员工信息", employee
        .toString());
        System.out.printf("%s %.2f\n", "员工工资",employee.earnings());
    }
}
```

CommissionEmployee3、BasePlusCommissionEmployee4、BasePlusCommissionEmployeeTest4 类的文件结构和运行结果如图 6-7 所示。

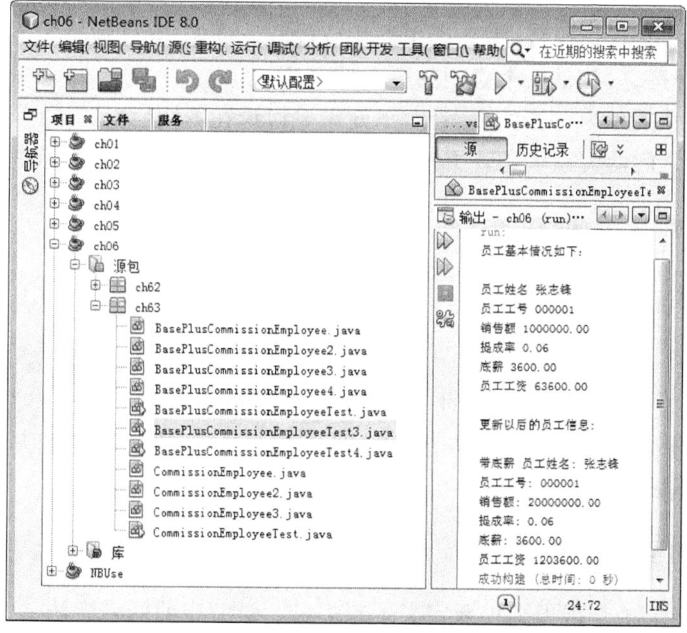

图 6-7　第五个例子的文件结构和运行结果

6.4 类的多态性

类的多态性提供类中方法设计的灵活性和执行的多样性。通过多态，就能"对通用情况进行编程"，而不是"对特定情况编程"。多态的特别之处是，使程序能够处理类层次中共享同一父类的对象，就好像它们都是父类的对象一样。

6.4.1 多态性的概念

首先思考一个例子。科学家为了进行生物学研究，开发一个模拟动物运动的程序。类 Fish、Frog 和 Bird 代表要研究的三类动物。设想这些类都是从超类 Animal 扩展而来的，Animal 包含方法 move。每个子类都覆盖了方法 move。为了模拟动物的运动，程序每秒向每个对象发送同一消息(调用方法 move)。不同类型的动物对 move 消息会做出不同的响应，Fish 可能游 1 米远，Frog 可能跳 1.5 米远，而 Bird 可能飞 3 米高。程序对所有的动物对象发布相同的消息(调用方法 move)，而对于同样的方法调用，依靠对象自己来表现出具体的特性，这是多态的关键概念，也是术语多态的由来。

利用多态可以设计和实现可扩展的系统。新的类对程序的通用部分只需进行很少的修改，或不做修改。程序中唯一必须修改的是有关新类的直接内容。例如，如果通过扩展 Animal 创建类 Tortoise(它对 move 消息的响应可能是爬行 20cm)，就只需写出 Tortoise 类以及模拟运行的部分，而对类 Animal 的公共处理部分保持不变。

在面向对象语言中，多态性是指一个方法可以有多种实现版本，即"一种定义，多种实现"。对于一个方法的多种实现，程序运行时，系统会根据方法的参数或调用方法的对象自动选择一个方法实现去执行，不会产生混淆或混乱。例如，算术运算中不同类型数据(整数、实数等)的混合运算，就是一个典型的多态性应用。

类的多态性表现为方法的多态性，下面主要讨论在不同层次的类中以及在同一个类中，多个同名方法之间的关系问题。方法的多态性主要体现在方法的重载和方法的覆盖。

6.4.2 方法的重载和覆盖

1. 方法的重载

重载(overload)是指同一个类中的多个方法可以同名但参数列表必须不同。

重载表现为同一个类中方法的多态性。一个类中可以定义多个参数不同的同名方法，程序运行时，究竟执行重载同名方法中的哪一个方法，取决于调用该方法时实际参数的个数、参数的数据类型和参数的次序。

2. 方法的覆盖

覆盖(override)是指子类重新定义了超类(即父类)中的同名方法。

覆盖表现为父类与子类之间方法的多态性。如果一个父类方法不适用于子类，子类可以重新定义它，即声明并实现父类中的同名方法并且参数列表也完全相同，则父类和子类具有两个同名方法，此时称子类方法覆盖了父类方法。子类方法覆盖父类方法时，既可以完全重新定义,也可以在父类方法的基础上进一步增加功能。

程序运行时,究竟执行同名覆盖方法中的哪一个方法,取决于调用该方法的对象所属的类是父类还是子类。Java 寻找执行方法的原则是:从对象所属的类开始,寻找匹配的方法执行;如果当前类中没有匹配方法,则逐层向上依次在父类或祖先类中寻找匹配方法,直到 Object 类。

从类的使用者角度看,方法的多态性使类及其子类具有统一的风格,不但同一个类中具有相同含义的多个方法可以共用同一个方法名,而且父类与子类之间具有相同含义的多个方法也可以共用同一个方法名。

从类的设计者角度看,类的继承性和方法的多态性使类更易于扩充功能,同时增强了软件的可维护性。

6.4.3　多态性程序应用

采用多态方法实现一个工资支付系统。使用抽象类,根据员工的类型多态地计算其应得的工资。

某公司要用 Java 开发一个员工工资支付系统,用于进行员工工资计算。该企业有 4 类员工:领固定周薪的员工、按销售额提成的员工、带底薪并按销售额提成的员工、计时取酬的员工(如果一周工时超过 40 小时,则还需对额外的工时支付加班费)。目前,公司决定对带底薪并按销售额提成的员工增加 15%的底薪。

本程序用抽象类 Employee 来表示广义的员工,并作为父类,如例 6-17 所示。类 SalariedEmployee 的定义如例 6-18 所示,类 CommissionEmployee 的定义如例 6-19 所示,类 HourlyEmployee 的定义如例 6-20 所示。这些类都继承了类 Employee。最后一类员工用类 BasePlusCommissionEmployee 表示,其定义如例 6-21 所示,它由类 CommissionEmployee 扩展而来。员工类的层次关系如图 6-8 所示。

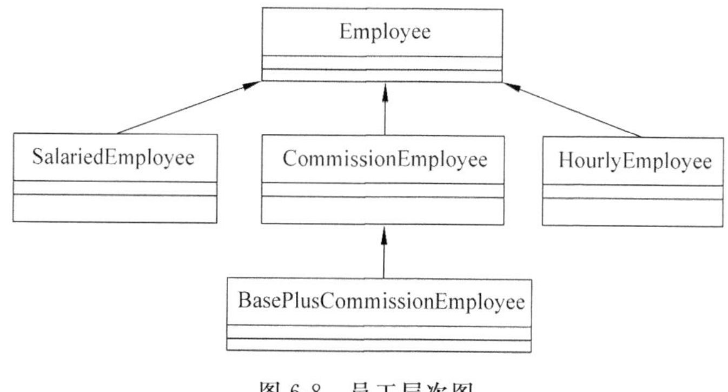

图 6-8　员工层次图

【例 6-17】　多态性程序的 Employee 类(Employee. java)。

```
package ch64;
/*
    开发者:***
    开发地点:***
    开发时间:****年**月**日
```

```
    最后一次修改时间：****年**月**日
    功能简介：声明一个抽象类，封装公司员工的基本信息、员工姓名和工号。声明 toString()方
              法用于返回员工的姓名和工号信息字符串。抽象方法 earnings()用于约定所有子
              类的共同的方法。有关抽象类和抽象方法的内容请参考 6.6 节
*/
public abstract class Employee {
    private String name;            //员工姓名
    private String ID;              //员工工号
    public Employee(String name, String ID){
        this.name=name;
        this.ID=ID;
    }
    public void setName(String name){
        this.name=name;
    }
    public String getName(){
        return name;
    }
    public void setID(String ID){
        this.ID=ID;
    }
    public String getID(){
        return ID;
    }
    public String toString(){
        return String.format("%s:%s\n%s:%s\n","员工姓名",getName(),"员工工号",
        getID());
    }
    public abstract double earnings();          //声明抽象方法
}
```

【例 6-18】 多态性程序的 SalariedEmployee 类(SalariedEmployee.java)。

```
package ch64;
/*
    开发者：***
    开发地点：***
    开发时间：****年**月**日
    最后一次修改时间：****年**月**日
    功能简介：继承父类 Employee,定义周薪员工类并计算该类员工的工资
*/
public class SalariedEmployee extends Employee{
    private double weeklySalary;            //员工周薪
    public SalariedEmployee(String name,String ID,double salary){
        super(name,ID);
        setWeeklySalary(salary);
```

```
    }
    public void setWeeklySalary(double salary){
        weeklySalary=salary<0.0?0.0:salary;
    }
    public double getWeeklySalary(){
        return weeklySalary;
    }
    public double earnings()                    //覆盖父类的方法
    {
        return getWeeklySalary();
    }
    //覆盖父类的方法,调用父类的 toString()方法,并扩展父类的方法
    public String toString(){
        return String.format ("周薪员工的工资:\n %s %s: %,.2f", super.toString(),
                                "工资", getWeeklySalary());
    }
}
```

【例 6-19】 多态性程序的 CommissionEmployee 类(CommissionEmployee.java)。

```
package ch64;
/*
    开发者:***
    开发地点:***
    开发时间:****年**月**日
    最后一次修改时间:****年**月**日
    功能简介:继承父类 Employee,定义按销售额提成员工类并计算该类员工的工资
*/
public class CommissionEmployee extends Employee{
    private double grossSales;                  //销售额
    private double commissionRate;              //提成率
    public CommissionEmployee(String name,String ID,double sales, double rate){
        super(name,ID);
        setGrossSales(sales);
        setCommissionRate(rate);
    }
    public void setCommissionRate(double rate){
        commissionRate=(rate>0.0&&rate<1.0)?rate:0.0;
    }
    public double getCommissionRate(){
        return commissionRate;
    }
    public void setGrossSales(double sales){
        grossSales=(sales<0.0)?0.0:sales;
    }
    public double getGrossSales(){
        return grossSales;
    }
```

```
    public double earnings(){        //覆盖父类的方法
        return getCommissionRate() * getGrossSales();
    }
    //覆盖父类的方法,调用父类的 toString()方法,并扩展父类的方法
    public String toString(){
        return String.format("%s: \n%s\n%s: %,.2f; %s: %.2f","销售提成员工的工资",
                            super.toString(), "销售额", getGrossSales(), "提成
                            率", getCommissionRate());
    }
}
```

【例 6-20】 多态性程序的 HourlyEmployee 类(HourlyEmployee.java)。

```
package ch64;
/*
    开发者:***
    开发地点:***
    开发时间:****年**月**日
    最后一次修改时间:****年**月**日
    功能简介:继承父类 Employee,定义小时工类并计算该类员工的工资
*/
public class HourlyEmployee extends Employee{
    private double wage;                    //每小时工资
    private double hours;                   //工作小时数
    public HourlyEmployee(String name,String ID,double hourlyWage, double
    hoursWorked){
        super(name,ID);
        setWage(hourlyWage);
        setHours(hoursWorked);
    }
    public void setWage(double hourlyWage){
        wage=(hourlyWage<0.0)?0.0:hourlyWage;
    }
    public double getWage(){
        return wage;
    }
    public void setHours(double hoursWorked){
        hours=((hoursWorked>=0.0) && (hoursWorked<=168.0))?hoursWorked:0.0;
    }
    public double getHours(){
        return hours;
    }
    public double earnings(){
        if (getHours()<=40)
            return getWage() * getHours();
        else
            return 40*getWage()+(getHours()-40) * getWage() * 1.5;
    }
    public String toString(){
```

```
        return String.format ("钟点工员工工资:\n %s%s: $ %,.2f; %s: %,.2f", super.
                              toString(),"工资",getWage(),"多少小时",getHours());
    }
}
```

【例 6-21】 多态性程序的 BasePlusCommissionEmployee 类(BasePlusCommissionEmployee.java)。

```
package ch64;
/*
    开发者:***
    开发地点:***
    开发时间:****年**月**日
    最后一次修改时间:****年**月**日
    功能简介:继承父类 CommissionEmployee,定义底薪加提成员工类并计算该类员工的工资
*/
public class BasePlusCommissionEmployee extends CommissionEmployee{
    private double baseSalary;          //底薪
     public BasePlusCommissionEmployee (String name, String ID, double sales,
     double rate,double salary){
        super(name,ID,sales,rate);
        setBaseSalary(salary);
    }
    public void setBaseSalary(double salary){
        baseSalary=(salary<0.0)?0.0:salary;
    }
    public double getBaseSalary(){
        return baseSalary;
    }
    public double earnings(){
        return getBaseSalary() * 1.15+super.earnings();
    }
    public String toString(){
        return String.format ("%s %s; %s: $ %,.2f","底薪加提成员工的工资",
                              super.toString(), "底薪", getBaseSalary());
    }
}
```

【例 6-22】 多态性程序的测试类(PayrollSystemTest.java)。

```
package ch64;
/*
    开发者:***
    开发地点:***
    开发时间:****年**月**日
    最后一次修改时间:****年**月**日
    功能简介:测试类。测试例 6-17~例 6-21 中类的功能
*/
```

```
public class PayrollSystemTest {
    public static void main(String args[]) {
        SalariedEmployee salariedEmployee=new SalariedEmployee("军霞",
        "010010",1000.00);
        HourlyEmployee hourlyEmployee=new HourlyEmployee("育熙","010011",99,40);
        CommissionEmployee commissionEmployee=new CommissionEmployee("文冰",
        "010012",30000,.06);
        BasePlusCommissionEmployee basePlusCommissionEmployee=new
        BasePlusCommissionEmployee("江伟","010013",1000, .04,300);
        System.out.println("员工工资情况如下: \n");
        System.out.printf("%s\n%s: %,.2f\n\n",salariedEmployee,"工资",
        salariedEmployee.earnings());
        System.out.printf("%s\n%s: %,.2f\n\n",hourlyEmployee,"工资",
        hourlyEmployee.earnings());
        System.out.printf("%s\n%s: %,.2f\n\n",commissionEmployee,"工资",
        commissionEmployee.earnings());
        System.out.printf("%s\n%s: %,.2f\n\n",basePlusCommissionEmployee,"工
        资", basePlusCommissionEmployee.earnings());
    }
}
```

本例所有类的文件结构和运行结果如图 6-9 所示。

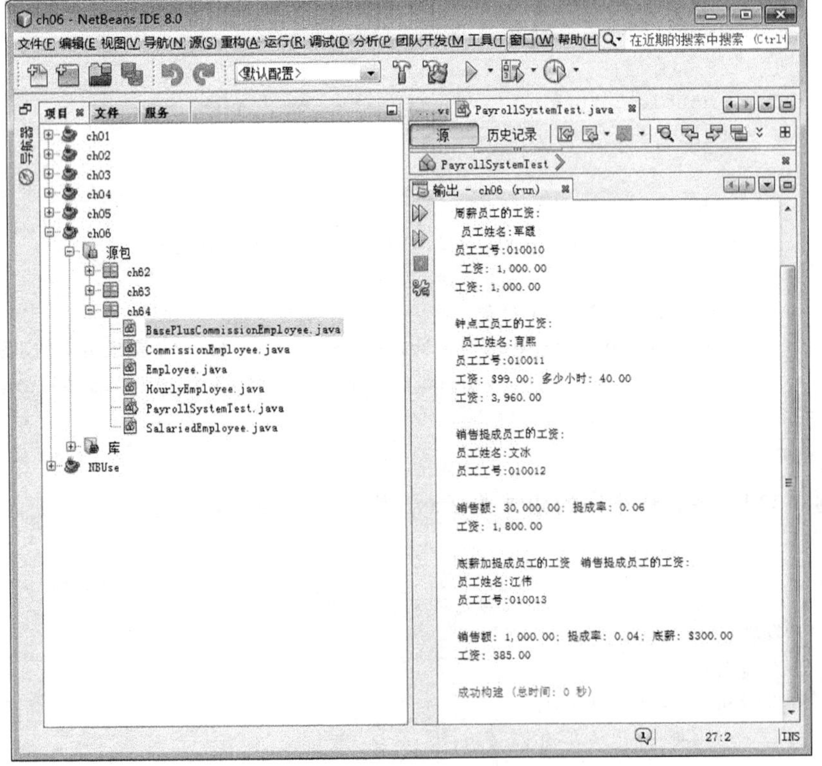

图 6-9　多态性示例的文件结构和运行结果

6.5 包

为了更好地组织类,Java 提供了包机制来区别、管理类名空间。包实际上提供了一种命名机制和可见性限制机制。

在 Java 的系统类库中,功能相似的类被放到同一个包(package)中。例如,事件处理类放在 java. awt 这个包中,与网络功能有关的类放到 java. net 这个包中。

用户自己编写的类(指. class 文件)也应该按照功能放在由程序员自己命名的相应包中。

6.5.1 包的概念

在一个 Java 源程序文件(*. java)中可以声明多个类,每个类编译后均生成一个字节码文件。程序运行中当一个类需要引用另一个类时,Java 虚拟机默认在当前文件夹中寻找。当一个文件夹中的类较多时,显然存在类的命名问题。与 Windows 文件系统对文件的命名原则一样,同一个文件夹中的字节码文件名必须不同。

为解决字节码文件存放和类命名的问题,Java 提供了包机制。

从逻辑概念看,包是类的集合,一个包中包含多个类;从存储概念看,包是类的组织方式,一个包对应一个文件夹,一个文件夹中包含多个字节码文件。

包与类的关系,就像文件夹与文件的关系一样。包中还可以再包含包,称为包等级,每个包对应一个文件夹。

Java 系统提供了很多已经定义好的包:数学计算、输入输出、字符串操作等。应尽量利用已有的包,避免重复工作。Java 系统提供的包如表 6-2 所示。如需了解这些包以及包中类的详细功能,请参考 Java API。

表 6-2 Java 常用包

包名	功能
java. lang	存放 Java 语言的核心类库,包含 Java 语言必需的系统类,如 Object 类、基本数据类型封装类、字符串类、数学运算类、异常处理类、线程类等
java. util	工具类库,包含日期类、集合类等
java. awt	图形用户界面的类库,包括组件、时间、绘图功能等类
java. applet	编写 Applet 应用程序的类
java. text	各种文本、日期格式等类
java. io	标准输入输出流、文件操作等类
java. net	网络编程等有关的类库,如 Socket 通信等
java. sql	数据库编程的类库
javax. net	高级功能的网络编程的类库
javax. sql	高级功能的数据库编程的类库
java. swing	高级功能的图形用户界面的类库

6.5.2 包的创建和包对文件的管理

1. 包的创建

使用包之前,首先需要创建包,即声明类所在的包。常见的语法格式如下:

```
package 包名;
package 包名.子包名;
```

在一个源文件中,只能有一个 package 语句,且必须为第一个语句。包名可以有层次,以小数点分隔。包名一般全小写。例如:

```
package ch06.mypackage;          //声明 Student 类所在的包
public class Student{
    …
}
```

包在实际的实现过程中是与文件系统相对应的。

例如,ch06.mypackage 所对应的目录是 path\ch06\mypackage,而 path 是在编译该源程序时指定的路径。

2. 包对文件的管理

可以将一组相关的类或接口封装在同一个包里,从而更好地管理已经开发的 Java 代码。由于同一包中的类在默认情况下可以互相访问,所以为了方便编程和管理,通常把需要在一起工作的类放在一个包里。

利用包来管理类,便于类的组织、管理和引用(共享),可以实现类的访问权限控制。

在一个 Java 程序的运行过程中,某些类会从 Internet 上自动下载,而用户并不知晓。所以在 Java 程序中需要名字空间的安全控制,以便建立唯一的类名,实现类的名字空间管理。

作为包的设计人员,应能够利用包来划分名字空间以避免类名冲突。一个包要放在指定目录下,包名本身又对应一个目录(用一个目录表示)。一个包可以包含若干个类文件,还可包含若干个包。

6.5.3 包的导入

如果在源程序中用到了除 java.lang 这个包以外的其他包中的类,无论是 Java 语言提供的类还是自己定义的包中的类,都必须用 import 语句导入,以通知编译器在编译时找到相应的类文件。常用语法格式如下:

```
import 包名.类名;            //导入指定的类
import 包名.*;               //导入指定包中的所有类
import 包名.子包名.*;
```

import 语句必须出现在所有类定义之前。import 语句将所指定包中的类引入当前的名字空间,即告诉编译器去哪儿找程序中使用的类。例如:

```
import  java.util.*;              //该语句导入整个 util.包中的类
import  java.util.Vector;         //该语句只导入 Vector 类
```

包中非内部的类或接口只有两种访问权限：public 和缺省。

在类中成员的 4 种访问权限中，public 和 private 权限与包无关，而 protected 和缺省权限与包有关。

6.6　抽象类与接口

6.6.1　抽象类

1. 抽象类和抽象方法的概念

通常，当谈到类时，人们总是认为程序将会创建该类的对象。但是，有时也需要声明永远不会被实例化的类。这样的类称为抽象类，因为它们只作为继承层次中的超类或者父类使用，所以又称为抽象超类或者父类。因为抽象类是不完整的，所以不能实例化抽象类的对象。其子类必须声明出“缺少的部分”。

抽象类的基本目的是提供合适的父类，其他类可以继承它的公共部分。

不是所有继承层次中都有抽象类，但程序员的确经常编写只使用抽象父类类型的客户代码，以减少客户代码对特定子类的依赖。例如，可以编写一个方法，其参数为抽象父类类型，然后在调用它时给它传递一个具体类的对象，该类直接或间接扩展了父类。

抽象方法不提供具体实现。如果一个类中有抽象方法，那么它必须声明为抽象类，即使类中还包含了具体(非抽象)方法。抽象父类的每个具体子类都必须为父类的抽象方法提供具体实现。构造方法和 static 方法不能声明为 abstract。构造方法不能继承，因此永远不会实现抽象构造方法，同样，子类不能覆盖 static 方法，因此也永远不会实现抽象 static 方法。

抽象类声明类层次中所有类的公有属性和行为。抽象类通常包括一个或多个抽象方法，继承的子类必须覆盖这些抽象方法。抽象类的变量和具体方法遵循继承的一般规则。

实例化抽象类会导致编译错误。

尽管不能实例化抽象父类的对象，但是可以使用抽象父类声明的变量，并用它来保存由该抽象父类派生的任何具体类的对象引用。程序中经常使用这样的变量来多态地操作子类对象。也可以通过抽象父类名来调用抽象父类中声明的 static 方法。

抽象方法是只有方法头而没有方法体的方法。抽象方法为所在抽象类的子类定义一个方法的接口标准，方法的具体实现在子类中完成。

一个抽象类的子类如果不是抽象类，则它必须为父类中的所有抽象方法实现方法体。

抽象类中可以定义一般方法和抽象方法，但抽象方法只能出现在抽象类中。

2. 声明抽象类与抽象方法

声明抽象类与抽象方法的格式如下：

```
public abstract class Student         //学生类，抽象类
{
```

```
    public abstract int 成绩();        //计算学期总成绩,抽象方法,分号";"必不可少
}
```

3. 抽象类与抽象方法的作用

抽象类不能创建实例,而且抽象方法没有具体实现,其作用如下。

(1) 抽象类的作用是让其子类来继承它所定义的属性及方法,以避免各子类重复定义这些相同的内容。程序员可以先建立抽象类(定义子类公有的属性及方法),再从抽象类派生出具有不同具体特性的子类。

(2) 抽象类用于描述抽象的概念,抽象方法仅声明方法的参数和返回类型,抽象方法的具体实现由抽象类的子类完成,子类必须覆盖父类的抽象方法。

(3) 抽象类声明的抽象方法约定了多个子类公用的方法声明,每个子类可以根据自身的实际情况,给出抽象方法的具体实现,显然不同的子类可以有不同的方法实现。因此,一个抽象方法在多个子类中表现出多态性。抽象类提供了方法声明与方法实现相分离的机制,使得多个不同的子类能够表现出共同的行为能力。

有关抽象类与抽象方法的使用,可参考 6.4.3 节的示例。

6.6.2 接口

在之前的 JDK 版本中,接口(interface)被定义为由常量和抽象方法组成的特殊类。但在 JDK8 中,接口中也可以定义非抽象方法了。

1. 接口的概念

以工资支付系统为例来说明接口的概念。假设公司希望开发一个支付程序以实现多种财务操作,除了计算员工的工资之外,还要计算各种发票(如购买物品的账单)的支付额。尽管员工和发票毫无关联,但对它们的操作都是计算某种支付额。对于员工而言,支付额是其工资额;对于发票来说,支付额是购买它列出的物品所要支付的总额。能不能在一个应用程序中多态地计算像员工工资和发票这样差别巨大的数据呢?Java 是否提供了让多个无关的类实现公共方法的机制呢?Java 的接口提供的正是这样的功能。接口定义事物之间的交互途径,并使之标准化。例如,收音机上的控制钮就是收音机内部元件与用户之间的接口,控制钮使用户能够进行有限的操作(如调台、调节音量以及在 AM 和 FM 间切换),不同收音机可以用不同方式进行控制(如按钮、旋钮或语音控制)。接口必须说明收音机允许用户进行哪些操作,但不指定如何实现这些操作。与之类似,手动挡车辆与司机之间的接口包括方向盘、变速杆、离合器踏板、加速器踏板和刹车踏板。几乎所有的手动挡车上都有同样的接口,这使会开一种手动挡车的人能开差不多所有的手动挡车。尽管不同车上的部件看起来可能不同,但它们的基本功能是一样的——使人驾驶车辆。软件对象也通过接口通信。Java 的接口描述了可被对象调用的所有方法,例如,告诉对象完成某项任务或返回一些信息。

在 Java 中,接口是一种引用数据类型。接口是一组常量和抽象方法、默认方法、静态方法的集合,其中,只有默认方法和静态方法有方法体。接口中的默认方法又称为虚拟扩展方法(virtual extension methods)或 defender 方法。抽象方法的具体实现由实现接口的类完

成，实现接口的类必须覆盖接口中的所有抽象方法。

2. 声明接口

接口也必须先声明后使用。接口的定义类似于类的创建。接口的声明语法格式如下：

```
[public] interface 接口名 [extends 父接口]{
    [public] [static] [final] 数据类型 成员变量=常量值;
    [default] [public] [static][abstract] 返回值类型 成员方法[(参数列表)][;]
    [{
    …
    }]
}
```

声明接口时应注意的事项如下。

(1) interface 关键字是用来声明接口的。

(2) 接口中的属性(即成员变量)只能是常量。

(3) 方法的修饰符 default、static、abstract 在同一个方法声明中不能同时出现。

(4) default 方法、static 方法必须有方法体。

接口声明以关键字 interface 开始，它可以包含常量和抽象方法、默认方法、静态方法。与类不同的是，所有接口成员都必须为 public。接口中声明的所有抽象方法都隐含为 public abstract 方法，而所有的常量都隐含为 public static final。根据 Java 语言规范，声明接口抽象方法时不带关键字 public 和 abstract 是正确的风格，因为它们是多余的。类似地，声明常量时也不需要带关键字 public、static 以及 final，它们也是多余的。

接口是 public 类型的，因此与 public 类一样，它们通常在与接口同名的文件中声明，文件扩展名为 java。例如：

```
public interface Plane                          //平面图形接口
{
    double PI=3.14;                             //常量
    public abstract double area();              //计算面积的抽象方法
    default void printMessage(){                //默认方法,输出提示信息
            System.out.println("平面图形接口!");
    }
    static void printArea(){                    //静态方法,输出默认的面积值
        System.out.println(0);
    }
}
```

3. 声明实现接口的类

在类定义中可以使用 implements 关键字指定实现哪些接口。类中必须具体实现这些接口中定义的抽象方法。

实现接口的类声明语法格式如下：

```
[修饰符] class 类<泛型>[extends 父类] [implements 接口列表]
```

例如：

```
public class Rectangle implements Plane{
    ...
}
```

为了使用接口，具体类必须实现接口，并且必须实现接口中定义的所有抽象方法。如果一个类没有实现接口的所有抽象方法，那么它必须被定义成抽象类，必须被声明为 abstract 类型。实现接口就好像与编译器签订协议"我将实现接口指定的所有方法，或者我将类声明为抽象类"。

如果一个具体类实现某个接口，却没有实现该接口的所有方法，也没有声明为抽象类，在编译时将会产生语法错误，提示该类必须声明为抽象类。

实现接口的类要实现接口中的全部抽象方法。即使不需要使用某个方法，也要为其定义一个空方法体。每个实现接口的类可以根据自身的实际情况，给出抽象方法的具体实现，不同的类可以用不同的方法实现。

对于接口中的默认方法，实现类可以直接使用，因为接口已经给出默认实现，也可以根据需要重新定义即覆盖默认方法。如果一个类实现了两个接口，而这两个接口中各自定义了一个同名的 default 方法，就必须在实现类中覆盖冲突的方法，否则会导致编译失败。通过使用默认方法，程序员可以方便地修改已经存在的接口而不会影响现有的实现架构，即可以在现有接口中加入新方法，又能保持向后的兼容性。但是建议谨慎使用默认方法，因为在类层次结构较复杂的情况下，过多使用默认方法容易引起混淆，甚至导致错误。

接口中的静态方法类似于类中的静态方法，实现类必须使用接口名才能调用。

4. 接口的作用

接口通常用于需要在异质(即不相关)的类之间共用方法或常量的情况下，这使得能够对不相关的类对象进行多态处理，即实现相同接口的不同类对象可以响应同样的方法调用。程序员可以创建接口来描述所需的功能，然后在需要该功能的类中实现这一接口。

接口提供了方法声明与方法实现相分离的机制，使多个类之间表现出共同的行为能力。接口中声明的方法约定了多个类共用的方法声明。接口中的一个抽象方法或默认方法在实现接口的多个类中表现出多态性。与抽象类相似，接口也用于描述抽象的概念，只能约定多个类共同使用的常量、成员方法、抽象方法、默认方法。因此，接口也不能被实例化，只能被类实现或者被其他接口扩展。

接口机制使 Java 具有了实现多重继承的能力。

5. 用接口实现多重继承

Java 只支持单重继承机制，即一个类只能有一个父类，不支持 C++ 语言中的多重继承。

单继承性使得 Java 结构简单，层次清楚，易于管理，更安全可靠，从而避免了 C++ 语言中因多重继承而引起的难以预测的冲突。但在实际应用中有时也需要使用多重继承功能，Java 提供了接口用于实现多重继承，一个类可以实现多个接口。这样，既实现了多重继承的功能，同时又避免了 C++ 语言中因多重继承而存在的隐患。

在开发 Java 应用程序时，经常需要使用 Java 提供的接口，接口的典型应用有事件处理和线程等。

接口可以继承别的接口。

一个类可以继承一个父类并实现多个接口。例如：

```
public class A extends B implements C,D{
}
```

在声明一个类时，可以在继承一个直接父类的同时声明实现多个接口，从而实现多重继承，如图 6-10 所示。

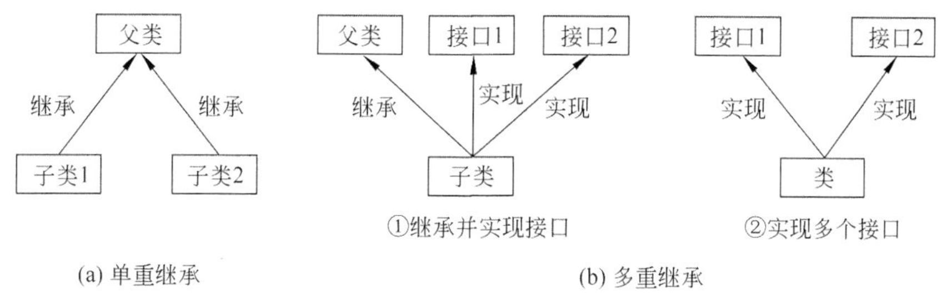

图 6-10 类的继承机制

6. 声明和实现接口程序

利用多态性开发一个计算员工工资和通过发票报销的应用程序。

某企业有 4 类员工：领固定周薪的员工、按销售额提成的员工、带底薪并按销售额提成的员工、计时取酬的员工（如果一周工时超过 40 小时，则还需对额外的工时支付加班费）。目前，公司决定对带底薪并按销售额提成的员工增加 15%的底薪。该公司对于购置的物品根据物品的数量和单价通过发票报销。要求开发一个 Java 应用程序计算支付额。

工资支付系统中声明 Payable 为接口，用于描述被支付对象的通用功能，提供了计算支付额的抽象方法。支付程序中所有必须计算付款额的类（如 Employee、Invoice）都要实现接口 Payable。

本程序用接口 Payable 来表示共同约束系统的共性属性或者方法，如例 6-23 所示；类 Invoice 是发票类，实现接口 Payable，计算发票应支付金额，如例 6-24 所示；类 Employee 是抽象类，封装员工基本信息，如例 6-25 所示；类 SalariedEmployee 封装领取固定周薪的员工信息，如例 6-26 所示。类 PayableInterfaceTest 是测试类，如例 6-27 所示。其他 3 类员工的类定义请读者自己完成。支付系统中接口与类之间的关系如图 6-11 所示。

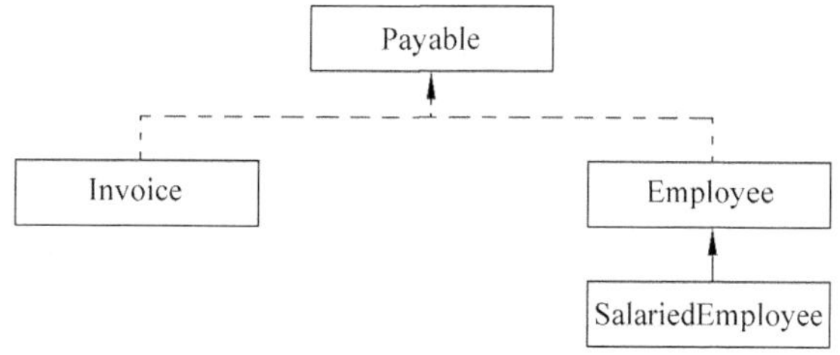

图 6-11 支付系统中接口与类之间的关系

【例 6-23】 接口 Payable(Payable.java)。

```
package ch66;
/*
    开发者：***
    开发地点：***
    开发时间：****年**月**日
    最后一次修改时间：****年**月**日
    功能简介：声明接口，抽象出支付系统中的基本信息
*/
public interface Payable {
    double getPaymentAmount();
}
```

【例 6-24】 实现接口 Payable 的类 Invoice(Invoice.java)。

```
package ch66;
/*
    开发者：***
    开发地点：***
    开发时间：****年**月**日
    最后一次修改时间：****年**月**日
    功能简介：通过实现接口 Payable 声明一个通过发票支付的类
*/
public class Invoice implements Payable{
    private String partNumber;                //物品名称
    private String partDescription;           //物品功能
    private int quantity;                     //物品数量
    private double pricePerItem;              //物品单价
    public Invoice(String part, String description, int count, double price)
                                              //构造方法
    {
        partNumber=part;
        partDescription=description;
        setQuantity(count);
        setPricePerItem(price);
    }
    public void setPartNumber(String part){
        partNumber=part;
    }
    public String getPartNumber(){
        return partNumber;
    }
    public void setPartDescription(String description){
        partDescription=description;
    }
```

```
    public String getPartDescription(){
        return partDescription;
    }
    public void setQuantity(int count){
        quantity=(count<0) ? 0:count;
    }
    public int getQuantity(){
        return quantity;
    }
    public void setPricePerItem(double price){
        pricePerItem=(price<0.0)?0.0:price;
    }
    public double getPricePerItem(){
        return pricePerItem;
    }
    public String toString(){
        return String.format("%s: \n%s: %s (%s) \n%s: %d \n%s: $ %,.2f", "发票","物
                    品名称",getPartNumber(),getPartDescription(),"物品数量",
                    getQuantity(),"物品单价",getPricePerItem());
    }
    public double getPaymentAmount()        //实现接口中的方法
    {
        return getQuantity() * getPricePerItem();
    }
}
```

【例 6-25】 实现接口 Payable 的抽象类 Employee(Employee.java)。

```
package ch66;
/*
    开发者:***
    开发地点:***
    开发时间:****年**月**日
    最后一次修改时间:****年**月**日
    功能简介:通过实现接口 Payable 声明一个抽象类,封装公司员工的基本信息
*/
public abstract class Employee implements Payable   //使用 abstract 声明一个抽象类
{
    private String name;
    private String ID;
    public Employee(String name, String ID){
        this.name=name;
        this.ID=ID;
    }
    public void setName(String name){
        this.name=name;
```

```
    }
    public String getName(){
        return name;
    }
    public void setID(String ID){
        this.ID=ID;
    }
    public String getID(){
        return ID;
    }
    public String toString(){
        return String.format ("%s:%s\n%s:%s\n", "员工姓名", getName(), "员工工号",
                                getID());
    }
}
```

【例 6-26】 继承抽象类 Employee 的子类 SalariedEmployee(SalariedEmployee.java)。

```
package ch66;
/*
    开发者: ***
    开发地点: ***
    开发时间: ****年**月**日
    最后一次修改时间: ****年**月**日
    功能简介: 继承父类 Employee,覆盖父类中的抽象方法,定义周薪员工信息类并计算该类员工
             的工资
 */
public class SalariedEmployee extends Employee{
    private double weeklySalary;
    public SalariedEmployee(String name,String ID,double salary){
        super(name,ID);
        setWeeklySalary(salary) ;
    }
    public void setWeeklySalary(double salary){
        weeklySalary=salary<0.0?0.0:salary;
    }
    public double getWeeklySalary(){
        return weeklySalary;
    }
    public double getPaymentAmount(){
        return getWeeklySalary();
    }
    public String toString(){
        return String.format ("周薪员工的工资:\n %s %s: $ %,.2f", super.toString
                                (), "工资", getWeeklySalary());
    }
}
```

【例 6-27】　测试类(PayableInterfaceTest.java)。

```
package ch66;
/*
    开发者: ***
    开发地点: ***
    开发时间: ****年**月**日
    最后一次修改时间: ****年**月**日
    功能简介: 测试类,本例中使用了简化的 for 语句,读者也可以尝试将其改为普通 for 语句
*/
public class PayableInterfaceTest {
    public static void main(String args[]){
        Payable payableObjects[]=new Payable[4];
        payableObjects[0]=new Invoice("01234","移动硬盘",2,375.00);
        payableObjects[1]=new Invoice("56789", "U 盘", 4, 79.00);
        payableObjects[2]=new SalariedEmployee("小李子", "010010", 2000.00);
        payableObjects[3]=new SalariedEmployee("小贾", "010010", 1200.00);
        System.out.println("发票和员工工资情况: \n");
        //使用简化的 for 语句,遍历整个数组的所有元素
        for (Payable currentPayable:payableObjects){
            System.out.printf ("%s \n%s: $ %,.2f\n\n", currentPayable.toString(),
                                "应支付", currentPayable.getPaymentAmount());
        }
    }
}
```

接口示例的文件结构和运行结果如图 6-12 所示。

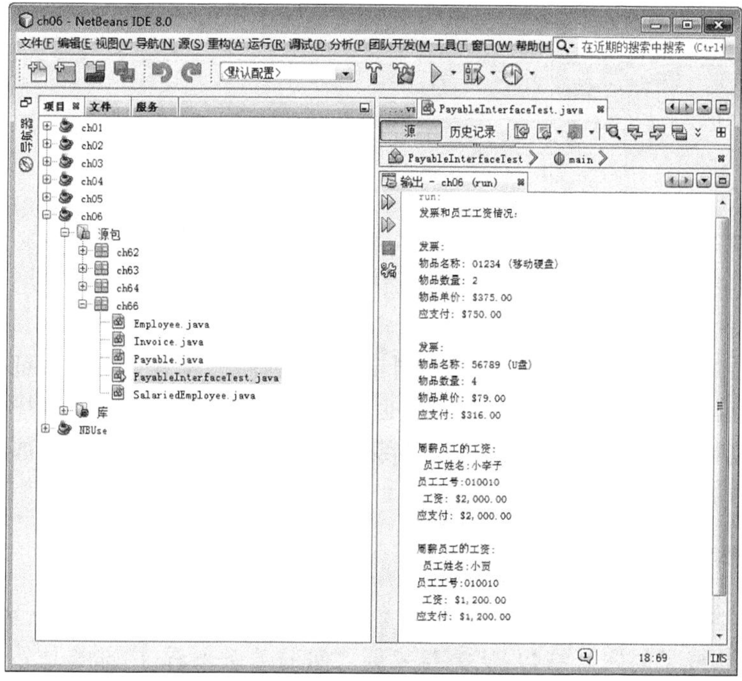

图 6-12　接口示例的文件结构和运行结果

6.7 内部类与匿名类

6.7.1 内部类

1. 内部类的概念

类与类之间除了继承关系，还存在嵌套关系，即一个类可以声明包含另一个类，被包含的类称为内部类，包含内部类的类称为外部类，此时内部类成为外部类的成员。

内部类是在一个类的内部嵌套定义的类，它可以是其他类的成员，也可以在一个语句块的内部定义，还可以在表达式内部匿名定义。

内部类几乎可以处于一个类内部任何位置，可以与变量处于同一级，或处于方法之内，甚至是一个表达式的一部分。

2. 内部类的声明

内部类和其他类一样要先声明后使用。例如：

```
public class Line              //直线类，外部类
{
    Point p1,p2;               //直线的起点和终点
    class Point                //点类，内部类
    {
        int x,y;               //内部类的成员变量
        Point(int x,int y)     //内部类的构造方法
        {
            this.x=x;
            this.y=y;
        }
    }
}
```

声明内部类时一定要先创建相应的外部类，在外部类引用内部类时必须给出完整的名称，内部类名字不能与包含它的外部类名相同。

内部类的修饰符可以是 abstract、public、private、protected、缺省。

一个内部类对象可以访问创建它的外部类的内容，甚至包括私有变量。Java 编译器在创建内部类时，隐式地把其外部类的引用也传了进去并一直保存着。这样就使得内部类始终可以访问其外部类，这也是为什么在外部类作用范围之外想要创建内部类对象必须先创建其外部类的原因。

3. 内部类的特性

在外部类中声明内部类之后，从类与类之间的关系来看，外部类包含内部类，外部类与内部类之间构成类的嵌套结构；从类与成员之间的关系来看，内部类是外部类的成员。因此，内部类既有类的特性，又有类中成员的特性。

内部类的类特性如下。

(1) 内部类不能与外部类同名。

(2) 内部类具有封装性。内部类中可以声明变量和方法,通过创建内部类的对象调用内部类变量和方法。内部类成员可以与外部类成员同名。

(3) 内部类具有继承性。内部类可以继承父类或者实现接口。

(4) 内部类具有抽象性。内部类可以是抽象类或者接口。但是接口必须被其他内部类实现。

内部类的成员特性如下。

(1) 使用点运算符“.”引用内部类,如 Line. Point。

(2) 内部类具有 4 种类型的访问权限。

6.7.2　匿名类

匿名类不具有类名,不能具有抽象性,不能派生出子类。常常用在图形用户界面(GUI)设计中进行各种事件处理,如鼠标事件、按钮事件和键盘事件等。

匿名类是一种特殊的内部类,它在一个表达式内部包含一个完整的类定义。

例如,一个类中的匿名类代码如下:

```
private JButton getButOk() {
    if (butOk==null) {
        butOk=new JButton();
        butOk.setText("确定");
        butOk.addActionListener(new ActionListener() {        //匿名类定义开始
            public void actionPerformed(java.awt.event.ActionEvent e) {
                LogonService sv=new LogonServiceImp();
                User user=sv.getUserInfo(txtUserName.getText(),
                        txtPassword.getText());
                if (user !=null) {
                    MainForm mainForm=new MainForm();
                    mainForm.setVisible(true);
                    setVisible(false);
                } else {
                    setTitle("用户登录-登录失败");
                }
            }
        });          //匿名类定义结束
    }
    return butOk;
}
```

有关内部类与匿名类的用法以及示例将在第 8 章详述。

6.8 项目实训

6.8.1 项目目的

本项目要求综合运用已学知识编写洗牌与发牌模拟程序，通过项目训练达到巩固已学知识以及预习新知识的目的。

6.8.2 项目需求分析

本项目首先定义类 Card，代码如例 6-28 所示，该类用于创建一张扑克牌，扑克牌由花色和点数组成，点数包括 A、2、3、4、5、6、7、8、9、10、J、Q、K，花色包括“黑桃”、“红桃”、“梅花”、“方块”。然后定义类 DeckOfCards，代码如例 6-29 所示，该类利用数组创建一副 52 张的扑克牌，每个数组元素都是一个 Card 对象。最后构建一个测试类 DeckOfCardsTest 用于测试类 DeckOfCards 的洗牌和发牌功能。测试类代码如例 6-30 所示。本项目分别使用 NetBeans 8.0 和 Eclipse 4.3 开发，使用 NetBeans 8.0 开发的项目名称为 ch06，项目结构和运行结果如图 6-13 所示；使用 Eclipse 4.3 开发的项目名称为 ch6。

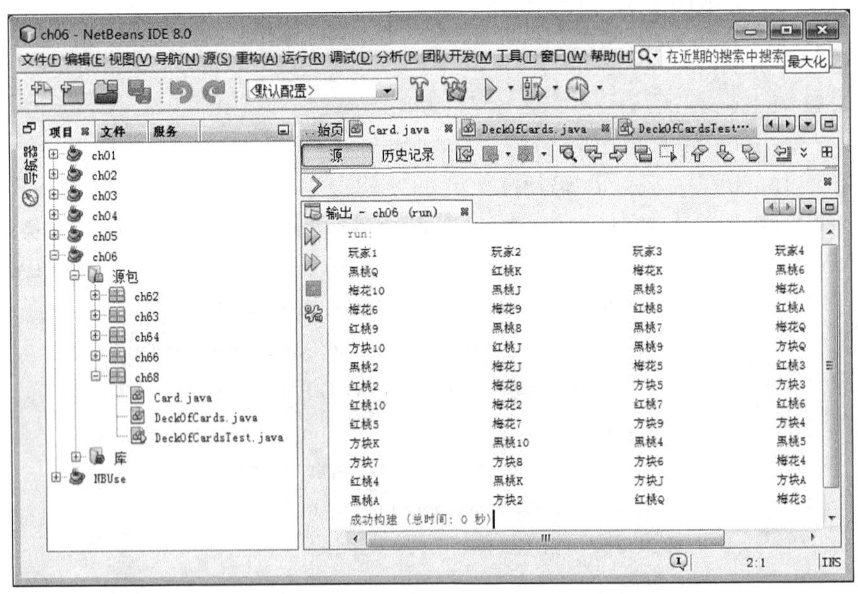

图 6-13 基于 NetBeans 8.0 的项目结构和运行结果

6.8.3 项目实现

【例 6-28】 创建一张扑克牌的类 Card(Card.java)。

```
package ch68;
public class Card {
    private String face;                //点数
```

```
    private String suit;            //花色,如红桃、黑桃、梅花、方块
    public Card(String cardFace, String cardSuit){
        face=cardFace;
        suit=cardSuit;
    }
    //显示一张牌
    public String toString() {
        return suit+face;
    }
}
```

【例 6-29】 创建一副 52 张扑克牌的类 DeckOfCards(DeckOfCards. java)。

```
package ch68;
import java.util.Random;
public class DeckOfCards{
    private Card deck[];                         //Card类的数组对象
    private int currentCard;                     //要处理的下一个数组元素值
    private final int NUMBER_OF_CARDS=52;  //牌的数量
    private Random randomNumbers;              //随机数,用于实现洗牌
    public DeckOfCards(){
        String faces[]={ "A", "2", "3", "4", "5", "6", "7", "8", "9", "10", "J",
        "Q", "K" };
        String suits[]={ "黑桃","红桃", "梅花", "方块" };
        deck=new Card[ NUMBER_OF_CARDS ];   //分配数组空间
        currentCard=0;          //设置 currentCard 为第一个 Card 对象,即 deck[0]
        randomNumbers=new Random();           //实例化对象
        for (int count=0; count<deck.length; count++)
            deck[ count ]=new Card(faces[count %13], suits[count/13]);
    }
    public void shuffle(){
        currentCard=0;
        for (int first=0; first<deck.length; first++){
            int second=randomNumbers.nextInt(NUMBER_OF_CARDS);
            Card temp=deck[ first ];
            deck[ first ]=deck[ second ];
            deck[ second ]=temp;
        }
    }
    public Card dealCard(){
        if (currentCard<deck.length)
            return deck[ currentCard++];
        else
            return null;
    }
}
```

【例 6-30】 测试类 DeckOfCardsTest(DeckOfCardsTest.java)。

```
package ch68;
public class DeckOfCardsTest{
    public static void main(String args[]){
        DeckOfCards myDeckOfCards=new DeckOfCards();
        myDeckOfCards.shuffle();
        System.out.printf("%-20s%-20s%-20s%-20s\n", "玩家 1","玩家 2","玩家 3",
        "玩家 4");
        for (int i=0; i<13; i++){
            System.out.printf("%-20s%-20s%-20s%-20s\n",
            myDeckOfCards.dealCard(), myDeckOfCards.dealCard(),
            myDeckOfCards.dealCard(), myDeckOfCards.dealCard());
        }
    }
}
```

6.8.4 常见问题及解决方案

(1) 异常信息提示如图 6-14 所示。

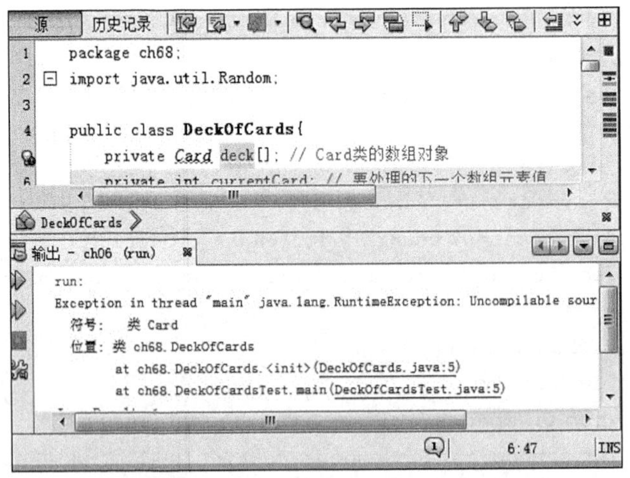

图 6-14 异常信息提示(一)

解决方案:出现图 6-14 所示的第 5 行异常是因为在类 DeckOfCards 中错误使用了 Card 类。类必须先声明后使用,即类应在使用前已经正确编写完成。但是这里在定义 DeckOfCards 类时,Card 类尚未定义,导致编译错误。

(2) 异常信息提示如图 6-15 所示。

解决方案:出现如图 6-15 所示输出区域中提示的空指针异常,是因为第 8 行程序声明了一个对象变量 randomNumbers 且没有赋予其实例化对象,其默认值仍为 null。如果第 14 行代码被注释就没有为 randomNumbers 变量赋新值,在第 21 行使用的时候该变量值仍为 null,就会提示空指针异常。

```
    private final int NUMBER_OF_CARDS = 52; // 牌的数量
    private Random randomNumbers; // 生成一个随机数
    public DeckOfCards(){
        String faces[] = { "A", "2", "3", "4", "5", "6", "7", "8", "
        String suits[] = { "黑桃","红桃", "梅花", "方块" };
        deck = new Card[ NUMBER_OF_CARDS ]; // 分配数组空间
        currentCard = 0; // 设置currentCard为第一个 Card对象, 即 deck[
//          randomNumbers = new Random(); // 实例化对象
        for ( int count = 0; count < deck.length; count++ )
            deck[ count ] =  new Card( faces[ count % 13 ], suits[ c
    }
    public void shuffle(){
        currentCard = 0;
        for ( int first = 0; first < deck.length; first++ ){
            int second =  randomNumbers.nextInt( NUMBER_OF_CARDS );

DeckOfCards > DeckOfCards >
输出 - ch06 (run)
run:
Exception in thread "main" java.lang.NullPointerException
        at ch68.DeckOfCards.shuffle(DeckOfCards.java:21)
        at ch68.DeckOfCardsTest.main(DeckOfCardsTest.java:6)
Java Result: 1
14:54 INS
```

图 6-15　异常信息提示(二)

(3) 异常信息提示如图 6-16 所示。

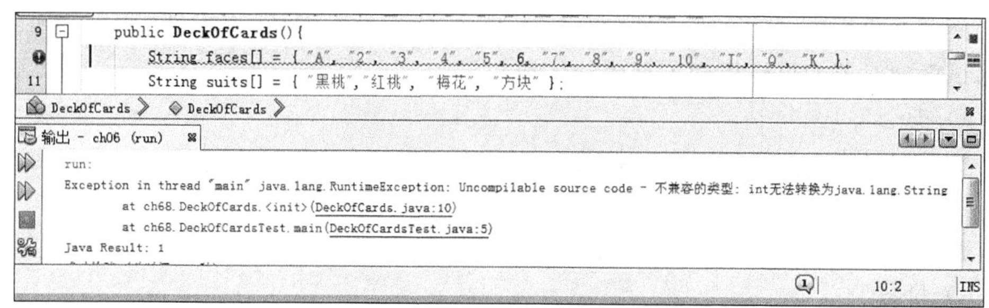

图 6-16　异常信息提示(三)

解决方案：出现图 6-16 所示异常是因为在初始化 faces[]数组时，有一个常量值 6 是整数类型，与数组类型 String 不兼容。

6.9　课外阅读——面向对象简介

1967 年挪威计算中心的 Kisten Nygaard 和 Ole Johan Dahl 开发了 Simula 67 语言，它提供了比子程序更高一级的抽象和封装，引入了数据抽象和类的概念，它被认为是第一个面向对象的语言。20 世纪 70 年代初，Palo Alto 研究中心的 Alan Kay 所在的研究小组开发出 Smalltalk 语言，之后又开发出 Smalltalk-80，Smalltalk-80 被认为是最纯正的面向对象语言，它对后来出现的面向对象语言(如 C++ 语言)都产生了深远的影响。随着面向对象语言的出现，面向对象程序设计也就应运而生且得到迅速发展。之后，面向对象不断地向其他阶段渗透，1980 年 Grady Booch 提出面向对象程序设计(Object Oriented Programming,

OOP),这是一种基于对象概念的软件开发方法。面向对象程序设计方法是目前软件开发的主流方法。

1. 面向对象程序设计

面向对象程序设计是一种把面向对象的思想应用于软件开发过程中指导开发活动的方法,是建立在"对象"概念基础上的方法学。对象是由数据和操作组成的封装体,与客观实体有直接对应关系,一个类定义了具有相似性质的一组对象的特性。而继承性是对具有层次关系的类的属性和操作进行共享的一种方式。面向对象就是基于对象的概念,以对象为中心,以类和继承为构造机制,来认识、理解、刻画客观世界和设计、构建相应的软件系统。

面向对象程序设计方法以对象为基础,利用特定的软件工具直接完成从对象客体的描述到软件结构之间的转换,这是面向对象程序设计方法最主要的特点和成就。这种方法的基本原理是对问题进行自然的分解,按照人们习惯的思维方式建立问题领域的模型,模拟客观世界,从而设计出尽可能直接、自然的求解问题的软件。

面向对象程序设计方法的应用解决了传统结构化开发方法中客观世界描述工具与软件结构的不一致性问题,缩短了开发周期,解决了从分析和设计到软件模块结构之间多次转换映射的繁杂过程,是一种优秀的系统开发方法。

2. 面向对象程序设计的术语

面向对象程序设计中的术语主要包括类、对象、封装、继承、多态性、消息传递。通过这些术语面向对象的思想得到了具体的体现。

1) 类

类是对具有相同类型对象的抽象。一个对象所包含的数据和代码可以通过类来构造。

2) 对象

对象是运行期的基本实体,它是一个封装了数据和操作这些数据的代码的逻辑实体。

3) 封装

封装是将数据以及对数据的操作整合到一个类中。

4) 继承

继承是让某个类型的对象获得另一个类型的对象的特征。通过继承可以实现代码的重用,从已存在的类派生出的一个新类将自动具有原来那个类的特性,同时,它还可以拥有自己的新特性。

5) 多态

多态是指不同事物具有不同表现形式的能力。多态机制使不同的对象共享相同的方法,通过这种方式减少代码的书写量。

6) 消息传递

对象之间需要相互沟通,沟通的途径就是对象之间收发消息。消息传递的概念使得对现实世界的描述更容易。

3. 面向对象程序设计的特性

Java 是面向对象的编程语言。面向对象程序设计主要有三大特性:封装、继承和多态。

1）封装性

封装是一种信息隐蔽技术，将数据和对数据的操作方法封装为一个整体，以实现独立性很强的模块，使得用户只能见到对象的外特性（对象能接收哪些消息，具有哪些处理能力），而对象的内特性（保存内部状态的私有数据和实现运算能力的算法）对用户是隐蔽的。封装的目的在于把对象的设计者和对象的使用者分开，使用者不必知道功能实现的细节，只需用设计者提供的方法来实现功能。

2）继承性

继承性是子类自动共享父类的数据和方法的机制，它由类的派生功能体现。一个类直接继承其父类的全部描述，同时可修改和扩充。继承具有传递性。继承分为单继承（一个子类只有一个父类）和多重继承（一个子类有多个父类）。类的对象是各自封闭的，如果没有继承性机制，则类对象中的数据、方法就会出现大量重复。继承不仅支持系统的可重用性，而且还促进系统的可扩充性。

3）多态性

同一消息为不同的对象接收时可产生完全不同的行动，这种现象称为多态性。利用多态性用户可发送一个通用的信息，而将所有的实现细节都留给接收消息的对象自行决定，即同一消息可调用不同的方法。

4. 面向对象程序设计的优点

在按照面向对象的思想进行编程时，能够使人们的编程思维和实际世界更相似，所有的对象被赋予属性和方法，这样能够使编程更加人性化。按照 OOP 编程主要有以下优点。

1）代码重用性

现代软件工程的一个目标就是实现代码重用，代码重用就相当于组装计算机，把生产好的计算机硬件组装起来。一个 Java 类通过封装属性和方法具有某种功能或者处理某个业务的能力。例如，文件上传、发送 E-mail、数据访问以及将业务处理或复杂计算分离出来成为独立可重复使用的模块。程序员可以直接使用经测试和可信任的已有组件（代码），避免了重复开发，这样既节省了开发时间，又降低了软件开发成本。

2）提高系统的可扩展性

可扩展性是指程序能够很方便地进行修改和扩展。对软件产品来说，修改和扩展是必不可少的。一是要通过不断修改程序保证软件产品的稳定性；二是由于用户需求的不断改变需要修改和扩展软件产品。借助封装、继承、多态等特性，可以设计出高内聚、低耦合的系统结构，使系统更加灵活、更易扩展、成本更低。

3）易于系统管理和维护

面向对象程序设计以类为开发的基本模块，不同的模块可以划分到不同的包中，这样便于管理；而且，由于使用了继承，当需要改变时，只需维护局部模块，所以维护起来非常方便，成本也较低。

6.10 本章小结

本章主要介绍面向对象程序设计的基本概念与技术。面向对象程序设计的基本概念是Java编程的基础，是开发Java应用程序最关键的技术。本章介绍了面向对象以及Java程序设计的基本概念，学习完本章应该了解和掌握以下内容。

(1) 类和对象的概念。

(2) 类的封装性。

(3) 类的继承性。

(4) 类的多态性。

(5) 包。

(6) 抽象类与接口。

(7) 内部类与匿名类。

总之，本章是面向对象的核心，是Java程序开发的关键，只有掌握了本章知识点才能够正确进行面向对象程序的开发。

6.11 习题

6.11.1 选择题

1. 类声明时使用的关键字是(　　)。

   A. class　　B. extends　　C. import　　D. public

2. Java中类和对象的数据类型都是(　　)。

   A. float　　B. long　　C. 引用类型　　D. 数组类型

3. Java语言中为类成员设置了(　　)种访问权限。

   A. 2　　B. 3　　C. 4　　D. 5

4. 以下两个类的关系是(　　)。

```
public class Person{
    int id;                //身份证号
    String name;           //姓名
    String age;            //年龄
}
public class Student extends Person{
    long score;            //成绩
}
```

   A. 包含关系　　B. 继承关系　　C. 无关　　D. 编译关系

6.11.2 填空题

1. 类中的数据称为________。

2. 类中对数据的操作称为________。

3. 方法的多态性主要体现为________和________。

4. 接口可以看作特殊的类，其中可以包括________、________、________、________。

5. 被继承的类一般称为________或者________或者基类，继承的类称为________。

6. 内部类是定义在________的类，内部类所在的类一般称为________。

6.11.3 论述题

1. 论述什么是类和对象。
2. 论述什么是封装性、继承性和多态性。
3. 论述构造方法和成员方法的区别。
4. 论述类的继承原则。
5. 论述抽象类与抽象方法的作用。
6. 论述什么是接口，接口的特点以及接口与抽象类的区别。

6.11.4 操作题

1. 编程实现：以员工类为抽象父类，经理类和工人类继承该类，计算并输出经理和工人的每月工资。

2. 编程完善 6.6.2 节示例，计算其他三类员工工资，并将例 6-27 中的 for 语句改为普通的 for 语句。

3. 编写一个宿舍值日系统，实现宿舍值日安排功能。

第7章 异常处理

软件系统应该为用户提供一套完善的服务，系统不仅要满足用户的需求功能，还需要具有可靠性、稳定性和容错性。软件系统不仅自身不能有错误，还要具备较强的抗干扰能力；在用户操作出现错误时，或遇到不可抗拒的干扰时，软件系统也不能放弃，而必须尽最大努力排除错误继续运行；只有具备这样能力的软件系统才会具有更好的应用空间。Java 语言的异常处理机制能够很好地解决以上问题。

本章主要内容如下。

(1) Java 异常处理的基本概念。

(2) 异常处理。

(3) 自定义异常类。

7.1 Java 异常处理的基本概念

编译和运行程序时，经常会由于各种各样的原因而导致程序出错。例如，在编译程序时，违反语法规范的错误一般称为语法错，这类错误通常在编译时被发现，又称为编译错，如标识符未声明、变量赋值时的类型与声明时的类型不匹配、括号不匹配、语句末尾缺少分号等。这类错误容易发现，也容易修改。为避免产生语法错误，应严格按照 Java 语言约定的规则编写程序，注意标识符中字母大小写等细节问题。

对程序运行时出现的错误进行处理要复杂一些。如果程序在语法上正确，但在语义上存在错误，称为语义错，如输入数据格式错、除数为 0 错、给变量赋予超出其范围的值等。语义错不能被编译系统发现，只有到程序运行时才能被系统发现，所以含有语义错的程序能够通过编译。有些语义错能够被程序事先处理，如除数为 0、数组下标越界等，程序中应该设法避免产生这些错误。有些语义错不能被程序事先处理，如待打开的文件不存在、网络连接中断等，这些错误的发生不由程序本身所控制，因此必须进行异常处理。

还有一类错误，程序能够通过编译并且能够运行，但运行结果与期望值不符，则这类错误称为逻辑错。例如，由于循环条件不正确而没有结果，循环次数不对等因素导致计算结果不正确等。由于系统无法找到逻辑错，所以逻辑错最难确定和排除。该类错误需要程序员凭借自身的编程经验，找到错误原因和出错位置，改正错误。

Java 应用程序出现错误时，根据错误的性质不同可以将错误分为错误和异常两类。

7.1.1 错误与异常

1. 错误

错误(error)是指程序遇到非常严重的不正常状态,不能简单地恢复执行。一般是指在运行时遇到的硬件或操作系统的错误,如内存溢出、操作系统出错、虚拟机出错等。错误对于程序而言是致命性的,错误将导致程序无法运行,而且程序本身不能处理只能依靠外界干预,否则会一直处于非正常状态。例如,没有找到.class文件,或.class文件中没有main()方法等,导致应用程序不能运行。

2. 异常

异常(exception)指非致命性错误,一般指在硬件和操作系统正常的情况下运行程序时,程序遇到的运行错,如整数进行除法运算时除数为0,操作数超出数据范围,要打开一个文件时发现文件不存在,网络连接中断等。

异常会导致应用程序非正常终止,但Java语言提供的异常处理机制,使应用程序自身能够捕获异常并且处理异常,由异常处理部分调整应用程序运行状态,使应用程序仍可继续运行。

在编译和运行Java应用程序时,发现程序中的错误和异常并进行处理的流程如图7-1所示。

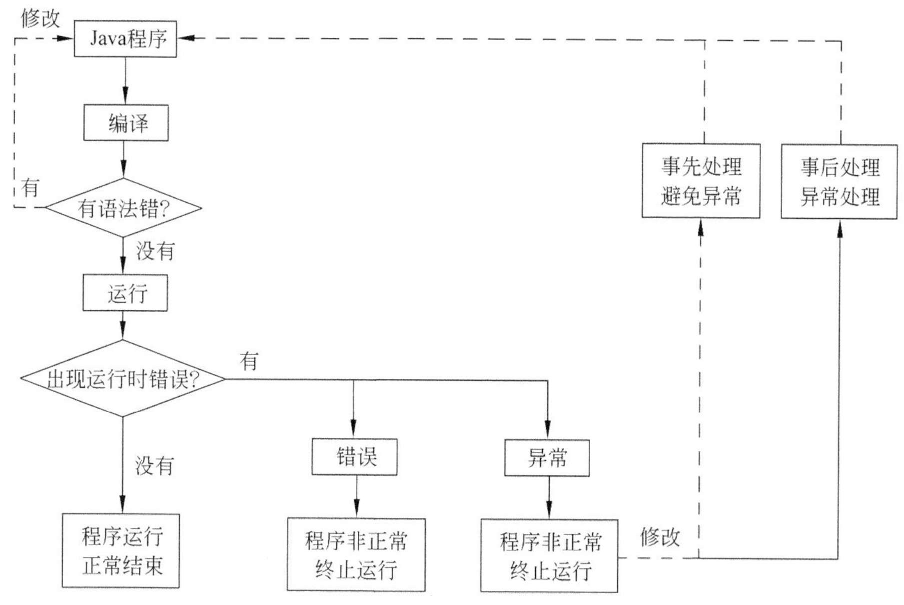

图7-1 Java应用程序中发现错误和异常并处理

7.1.2 错误和异常的分类

Java类库提供了许多处理错误和异常的类,主要分为两大部分:Error类和Exception类。

Error类是错误类,该类由Java虚拟机生成并抛给系统,如内存溢出错误、栈溢出错误、动态链接错误等。例如,当运行某个没有main()方法的类时,将产生NoClassDefFoundError

错误；当使用 new 分配内存空间时，如果没有可用内存，则产生内存溢出错误：OutOfMemoryError。

Exception 类是异常类，是 Java 应用程序需要捕获和处理的对象。每一种异常对应于 Exception 类的一个子类，异常对象中包含错误的位置和特征信息。Java 预定义了多种通用的异常类。Java 语言预定义的错误类和异常类及其子类的层次结构如图 7-2 所示。

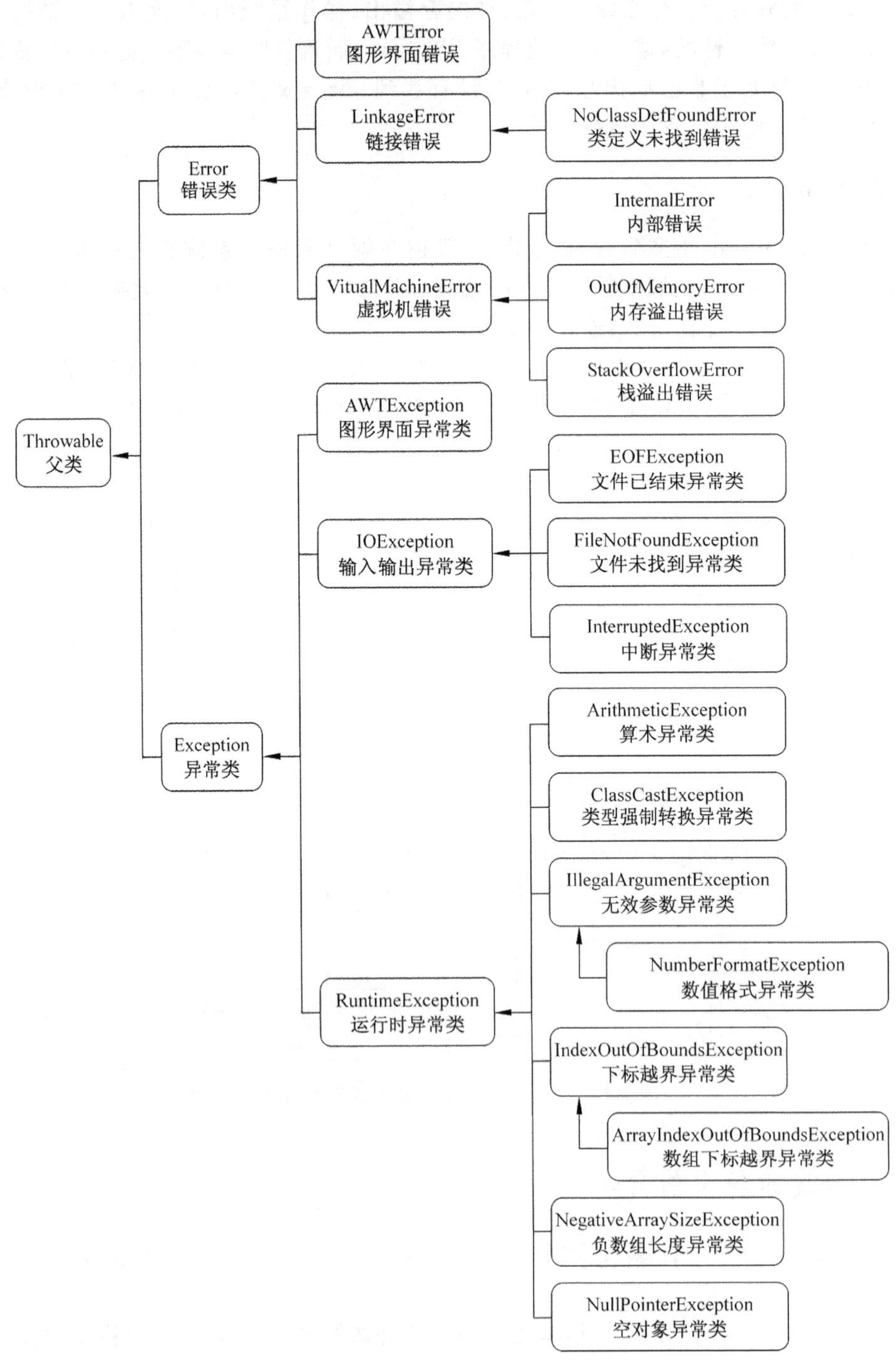

图 7-2　错误类和异常类及其子类的层次结构

【例 7-1】 异常程序示例(ExceptionByZero.java)。

```
package ch71;
/*
    开发者：***
    开发地点：***
    开发时间：****年**月**日
    最后一次修改时间：****年**月**日
    功能简介：该类产生除数为 0 的异常
*/
public class ExceptionByZero {
    public static void main(String[] args) {
        int x=16;
        int y=0;
        System.out.println("x="+x);
        System.out.println("y="+y);
        System.out.println("x/y="+x/y);
    }
}
```

ExceptionByZero 类的文件结构和运行结果如图 7-3 所示。

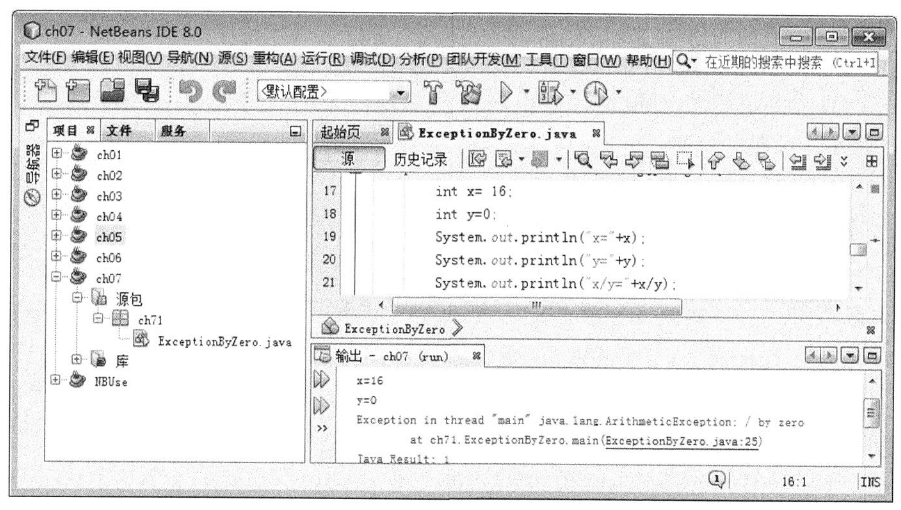

图 7-3　ExceptionByZero 类的文件结构和运行结果

7.2 异常处理

编译时若出现语法错误之类的异常，程序员必须处理这些异常，否则程序无法进行编译。Java 语言提供了异常处理机制。Java 语言处理异常的方式有两种：捕获异常并处理和抛出异常。

7.2.1 捕获异常并处理

捕获异常并处理的方式是通过 try-catch-finally 来实现的。

语法格式如下：

```
try
{
    …//可能会产生异常的语句序列
}
catch (ExceptionType1  e1)
{
    … //异常处理代码,捕获到 ExceptionType1 类型异常后在此进行处理
}
    …
catch (ExceptionTypeN  eN)
{
    … //异常处理代码,捕获到 ExceptionTypeN 类型异常后在此进行处理
}
finally
{
    …//语句序列,无论是否捕获到异常都必须执行
}
```

其中：

(1) try 引导的语句是应用程序中有可能出现异常的代码段，一旦 try 捕获到异常就交由对应的 catch 子句处理。

(2) ExceptionType 是异常类名。

(3) e1、…、eN 表示不同异常类型的对象。

(4) catch 语句块用于处理 try 捕获到的异常，可以有多个 catch 子句，每个子句处理的异常类型不同。一旦捕获到异常将自动匹配各 catch 子句中的异常类型，找到相应的异常类型后就执行 catch 语句。如果没有捕获到异常则所有 catch 语句将不执行。

(5) 在异常处理过程中，finally 语句块总是会被执行到，无论有没有异常产生，也无论有没有异常被捕捉到。finally 语句块是可选项，通常位于所有 catch 语句块的后面。一般用来释放 try 语句块中获得的资源，如关闭在 try 语句块中打开的文件等。

(6) catch 和 finally 二者可以有一项或者两项都有，但是必须至少有一项。

【例 7-2】 异常处理程序示例(TryCatchFinally.java)。

```
package ch72;
/*
    开发者：***
    开发地点：***
    开发时间：****年**月**日
    最后一次修改时间：****年**月**日
    功能简介：使用 try-catch-finally 语句进行常见的异常处理
*/
```

```
public class TryCatchFinally {
    public static void main (String args[]){
        int i=0;
        int a[]={1,2,3,4,5,6,7,8,9,10};
        for(i=0;i<11;i++)
        {
            try
            {
                System.out.print("a["+i+"]/"+i+"="+(a[i]/i));
            }
            catch(ArrayIndexOutOfBoundsException e)
            {
                System.out.print("捕获到数组下标越界异常!");
            }
            catch(ArithmeticException e)
            {
                System.out.print("捕获到算术异常!");
            }
            catch(Exception e)
            {
                System.out.print("捕获"+e.getMessage()+"异常!");
            }
            finally
            {
                System.out.println("i="+i);
            }
        }
    }
}
```

TryCatchFinally 类的文件结构和运行结果如图 7-4 所示。

图 7-4　TryCatchFinally 类的文件结构和运行结果

7.2.2 抛出异常

Java 语言中要求捕获到的异常必须得到处理。如果在某个成员方法体中可能会产生异常,则该成员方法必须采用 try-catch-finally 语句处理这些异常或者将这些可能产生的异常转移到上一层调用该成员方法的方法中。这就是抛出异常,也就是说,本方法不会处理该异常,由上一层处理产生的异常。

1. throw

throw 实现 Java 语言提供的主动抛出异常的功能。throw 的语法格式如下:

```
throw 异常对象;
```

其中:

(1) throw 是关键字,用于抛出异常,以便由 try 语句捕获并处理。

(2) 异常对象是程序创建的指定异常类对象。

```
public void set(int age)
{
    if (age>0 && age<160)
        this.age=age;
    else
        throw new Exception("IllegalAgeData");          //抛出异常
}
```

【例 7-3】 抛出异常程序(Person.java)。

```
package ch72;
/*
    开发者: ***
    开发地点: ***
    开发时间: ****年**月**日
    最后一次修改时间: ****年**月**日
    功能简介: 使用抛出异常功能。构造一个 Person 类,封装姓名和年龄,可以比较两个人年龄的
              大小
 */
public class Person {
    private String name;                       //姓名
    private int age;                           //年龄
    public Person(String name,int age)         //构造方法
    {
        this.setName(name);
        this.setAge(age);
    }
    public void setName(String name){
```

```
        if (name==null || name=="")
            this.name="姓名未知";
        else
            this.name=name;
    }
    public String getName() {
        return this.name;
    }
    public void setAge(int age){
        try{
            if (age>0 && age<100)
                this.age=age;
            else
                throw new Exception("年龄无效");          //抛出异常对象
    }
    catch(Exception e){
         System.out.println(e.toString());
    }
    }
    public int getAge(){
        return this.age;
    }
    public String toString(){
        return getName()+","+getAge()+"岁";
    }
    public int olderThen(Person p2)                        //比较两个人的年龄
    {
        return this.getAge()-p2.getAge();
    }
    public static void main(String args[]) {
        Person p1=new Person("小李子",36);
        System.out.println(p1.toString());
        Person p2=new Person("小贾",26);
        System.out.println(p2.toString());
        System.out.println(p1.getName()+"比"+p2.getName()+"大"
                                +p1.olderThen(p2)+"岁");
    }
}
```

TryCatchFinally 类的文件结构和运行结果如图 7-5 所示。

2. throws

假如一个方法执行时可能会产生异常,而在该方法体中不想处理或不能处理该异常,则可以在方法声明时,采用 throws 子句声明该方法将抛出异常。

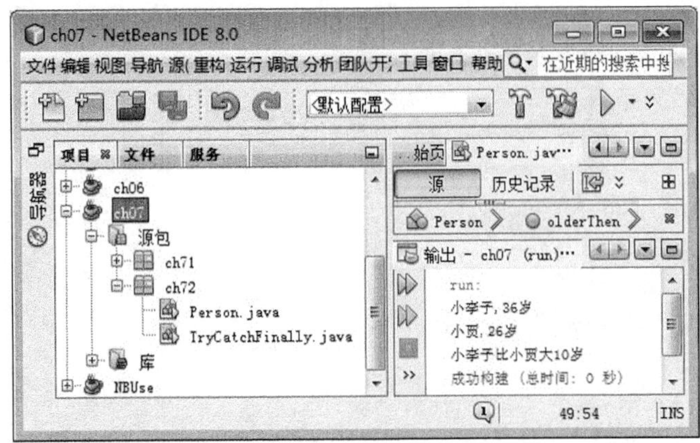

图 7-5　TryCatchFinally 类的文件结构和运行结果

throws 的语法格式如下：

```
[修饰符] 返回类型  方法名(参数列表) throws 异常类型 1, 异常类型 2,…
{
    …//方法体
}
```

其中：

(1) throws 是关键字,用于声明本方法将向上层抛出异常。

(2) 异常类型是方法要抛出的异常类,一个方法可以抛出多个异常类对象,用逗号隔开。

例如：

```
public void set(int age) throws Exception//声明本方法可能会抛出异常
{
    if (age>0 && age<160)
            this.age=age;
        else
            throw new Exception("年龄无效"+age);
}
```

这样在本方法内就可以不处理这些异常,而调用该方法的方法就必须处理这些异常。如果一个方法要调用一个可能抛出异常的方法(含有 throws 子句的方法),则调用该方法时必须捕获并处理被调用方法可能抛出的异常,而抛出异常的被调用方法本身不处理异常,基本原则是“谁用谁处理”。

7.3　自定义异常类

在进行 Java 应用程序开发时,可以直接使用类库中已经定义好的异常类。当系统预定义的类库不能满足用户需要时,程序员也可以自定义特定的异常类。自定义异常类必须继承于已有的异常类,即用户自定义的异常类都必须直接或间接地是 Exception 类的子类。

【例 7-4】 自定义年龄异常类示例(AgeException.java)。

```
package ch73;
/*
    开发者：***
    开发地点：***
    开发时间：****年**月**日
    最后一次修改时间：****年**月**日
    功能简介：声明自定义异常类
*/
public class AgeException extends Exception        //自定义无效年龄异常类
{
    public AgeException(String s)
    {
        super(s);                                  //调用父类的构造方法
    }
    public AgeException()
    {
        this("");
    }
}
```

【例 7-5】 自定义异常类的使用(Person1.java)。

```
package ch73;
/*
    开发者：***
    开发地点：***
    开发时间：****年**月**日
    最后一次修改时间：****年**月**日
    功能简介：自定义异常类的使用
*/
public class Person1 {
    private String name;                           //姓名
    private int age;                               //年龄
    public Person1(String name,int age) throws AgeException
    {
        this.setName(name);
        this.setAge(age);
    }
    public void setName(String name)
    {
        if (name==null||name=="")
            this.name="姓名未知";
        else
            this.name=name;
```

```
    }
    public String getName()
    {
        return this.name;
    }
    public void setAge(int age) throws AgeException
    {
        if (age>=0&&age<160)
            this.age=age;
        else
            throw new AgeException(""+age);
    }
    public int getAge()
    {
        return this.age;
    }
    public String toString()
    {
        return getName()+","+getAge()+"岁";
    }
    public void print()
    {
        System.out.println(this.toString());
    }
    public static void main(String args[])
    {
        Person1 p1=null;
        try{
            //调用已声明抛出异常的方法
            p1=new Person1("小李子",36);
            p1.setAge(161);
        }
        catch(AgeException e)         //捕获自定义异常类,而非 Exception 类
        {
            e.printStackTrace();      //输出异常栈跟踪信息
        }
        finally
        {
            p1.print();
        }
    }
}
```

AgeException 类、Person1 类的文件结构和运行结果如图 7-6 所示。

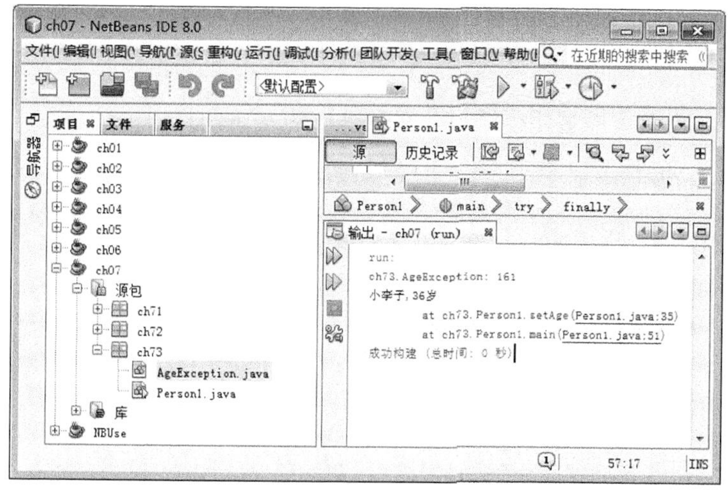

图 7-6　AgeException 类、Person1 类的文件结构和运行结果

7.4　项目实训

7.4.1　项目目的

本项目综合复习异常类使用的方法，通过项目训练达到巩固已学相关知识的目的。

7.4.2　项目需求分析

本项目只有一个类 ExceptionTest，代码如例 7-6 所示。本项目分别使用 NetBeans 8.0 和 Eclipse 4.3 开发，使用 NetBeans 8.0 开发的项目名称为 ch07，项目结构和运行结果如图 7-7 所示；使用 Eclipse 4.3 开发的项目名称为 ch7。

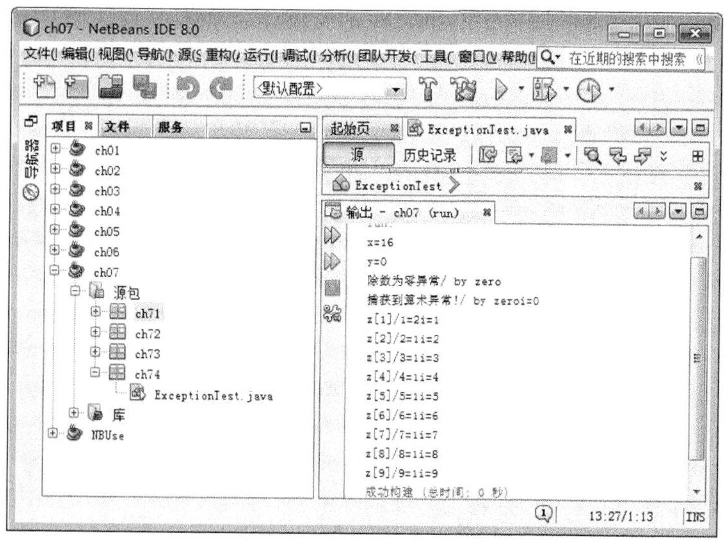

图 7-7　基于 NetBeans 8.0 的项目结构和运行结果

7.4.3 项目实现

【例 7-6】 异常类的使用示例(ExceptionTest.java)。

```
package ch74;
public class ExceptionTest {
    public static void main(String[] args) {
        int x=16;
        int y=0;
        int z[]={1,2,3,4,5,6,7,8,9,10};
        try
        {
            System.out.println("x="+x);
            System.out.println("y="+y);
            System.out.println("x/y="+x/y);
        }
        catch(ArithmeticException e){
            System.out.println("除数为零异常"+e.getMessage());

        }
        for(int i=0;i<z.length;i++)
        {
           try{
              System.out.print("z["+i+"]/"+i+"="+(z[i]/(i+1)));
            }
            catch(ArrayIndexOutOfBoundsException e){
                System.out.print("捕获到数组下标越界异常!"+e.getMessage());
            }
            catch(ArithmeticException e){
                System.out.print("捕获到算术异常!"+e.getMessage());
            }
            catch(Exception e){
                System.out.print("捕获"+e.getMessage()+"异常!");
            }
            finally{
                System.out.println("i="+i);
            }
        }
    }
}
```

7.4.4 常见问题及解决方案

(1) 异常信息提示如图 7-8 所示。

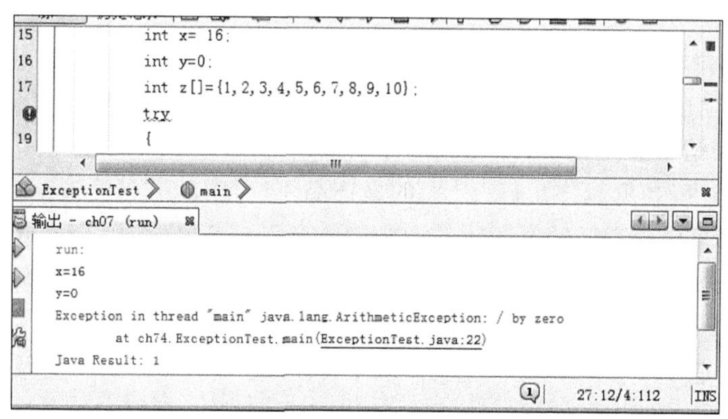

图 7-8　异常信息提示(一)

解决方案：产生图 7-8 所示的异常是因为除数为零。

(2) 异常信息提示如图 7-9 所示。

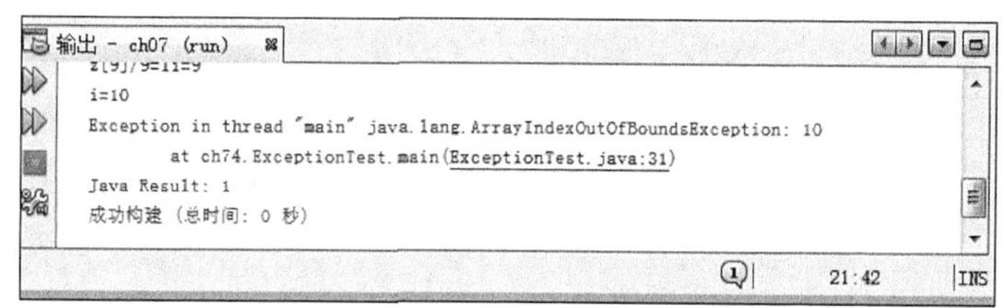

图 7-9　异常信息提示(二)

解决方案：图 7-9 所示输出区域中提示的是数组下标越界异常。注意访问数组元素时下标不要越界，且在相应语句中应采取异常处理措施。

7.5　课外阅读——HP 公司的发展史

HP 由 Bill Hewlett 和 Dave Packard 于 1939 年创建。该公司建在 Palo Alto 的一间汽车库里，第一个产品是声频振荡器，它是音响工程师使用的电子测试仪器。HP 公司的第一个客户是 Walt Disney Studios，该公司购买了 HP 的 8 台音频振荡器为经典电影 *Fantasia* 开发和测试创新的音响系统。

1934 年，刚从斯坦福大学电气工程系毕业的戴维·帕卡德(Dave Packard)和比尔·休利特(Bill Hewlett)结成一对挚友。此后，比尔在斯坦福大学和麻省理工学院继续研究生学业，而戴维则在通用电气公司找到一份工作。受斯坦福大学教授及导师 Fred. Terman 的鼓励和支持，二人决定开办公司并自己经营。

1938 年戴维夫妇迁居至加利福尼亚州帕洛阿尔托市艾迪森大街 376 号。比尔·休利特就在这栋房子后面租下一间小屋。比尔和戴维用 538 美元作为流动资金，并利用业余时间在车库里开展工作。比尔利用其研究课题研制成功了 HP 公司的第一台产品：阻容式声频振荡器，这是一种用于测试音响设备的电子仪器。该振荡器采用白炽灯作为电气接线图中的一个电气元件来提供可变阻抗，这在振荡器的设计上是一个突破，又相继生产出另外几项早期的产品，诸如谐波分析仪及多种失真分析仪。华特迪斯尼电影公司订购 8 台振荡器

用于制作电影 *Fantasia*。

1939 年 1 月 1 日成立合伙公司；二人通过抛硬币来决定公司名称。

出道不久，合伙企业的产品即在工程界和科学界中大受欢迎。比尔和戴维与销售代理签约，以将其畅销产品向整个美国市场上投放。第二次世界大战爆发后，美国政府对电子仪器的订单似雪片般越舞越多。HP 公司的新产品不断增加，并且建造了第一座公司大楼。

1940 年公司从车库迁址至 Palo Alto 市位于 Page Mill 路和 EI Camino Real 的一座租赁大楼内。公司向员工发放第一笔奖金——5 美元的圣诞奖金。1940 年，HP 公司的营业纯收入为 34 000 美元，员工人数为 3 人，产品种类为 8 种。

1942 年建造 HP 公司的第一座自己的大楼，它集办公、实验室及工厂于一体，面积 10 000 平方英尺，位于 Palo Alto 市 Page Mill 路 395 号。选择这里是考虑到如果电子业不景气，就将大楼改建成食品杂货店。

1943 年，HP 公司因为海军研究实验室开发出信号发生仪及雷达干扰仪，从而进入微波技术领域。第二次世界大战中，HP 公司因其成套系列的微波测试产品而被公认为信号发生器行业的领先者。

1947 年 8 月 18 日，HP 公司注册为股份制公司。

在 20 世纪 50 年代，HP 公司进入其增长和成熟阶段，公司掌握了很多电子“新兴”技术并了解到其成长的内部动因。公司“如何”成长和公司增长“多少”同样让人争论不休。就在这时，HP 公司制定了公司发展目标，这一目标后来成为其独特管理哲学的基础。HP 公司自此走向一条全球化经营管理的道路。

1951 年 HP 公司发明高速频率计数器 (HP 524A)，它可大大减少测量高频所需的时间(从原先的 10min 左右降至 1～2s)。应用情况：广播电台使用 HP 524A 可精确设定频率(例如 104.7FM)。从而符合 FCC 有关频率稳定性的规定要求。1951 年，HP 公司的营业纯收入为 550 万美元，员工人数为 215 人。

1957 年 11 月 6 日，公司股票首次上市。HP 公司制定出公司目标。这一目标为日后称为“惠普方针”的管理哲学奠定了理论基础。HP 公司在 Palo Alto 市的斯坦福工业研究园建立起公司新的科技大楼。

1958 年 HP 公司首次收购公司成功：F. L. Moseley 公司(加利福尼亚，Pasadena)，这是一家高质图形记录仪的生产厂商。这次收购标志着 HP 公司已进入绘图仪行业。1958 年，HP 公司的营业纯收入为 3000 万美元，员工人数为 1778 人，产品种类为 373 种。

1959 年 HP 公司远离加州大本营，在瑞士日内瓦设立营销机构，并在 BoebPngen 建立第一家国外产品制造厂。

20 世纪 60 年代 HP 公司在测试、测量产品市场中持续稳定增长，并开始涉足于其他相关领域，如电子医疗仪器和分析仪器。HP 公司已被视为一家进步迅速、管理有方和令人羡慕的公司。

1960 年，HP 公司在科罗拉多州 Loveland 建立除 Palo Alto 市以外的第一家美国加工厂。

1961 年，HP 公司收购 Sanborn 公司，从而进入医学领域。HP 公司的股票 HWP 正式在纽约证券市场和太平洋证券市场挂牌交易。

1962 年，HP 公司首次荣登《幸福》杂志美国 500 家大型公司排名榜，列第 460 位。此后，HP 公司的《幸福》杂志排名榜名次逐年上升。

1963 年，HP 公司在日本东京成立第一家合资企业：YokogawaHP 公司。

1964 年，HP 公司庆祝公司成立 35 周年。戴维·帕卡德当选为董事长，比尔·休利特出任总裁。原子铯时间标准仪 HP 5060A 被世界广泛赞誉为“飞行钟”。全球各个地区均使用 HP 5060A 与国际标准时间对时。

1965 年，HP 公司收购 F&M 科技公司，从而跻身于分析仪器领域。1965 年，HP 公司的营业纯收入为 1.65 亿美元，员工人数为 9000 人。

1966 年，HP 公司的中心研究机构 HP 公司的实验室成立，它是世界领先的电子研究中心之一。HP 公司设计出第一台计算机产品（HP 2116A），它用作测试及测量仪上的控制器。现在，HP 公司可提供全系列的计算机产品。

1967 年，HP 公司设在 BoebPngen 的公司推出非接触式胎心监测仪，用于测定胎儿在分娩时的状况。该公司还首次提出弹性工作制的概念，这一做法已在 HP 公司全球各个机构中普遍采用。

1968 年，HP 公司的第一台台式科学计算器 HP 9100A 问世。它是 HP 公司今天高性能工作站产品线的前身。

1969 年，戴维·帕卡德出任美国国防部副部长(1969—1971 年)。HP 公司首次向市场投放分时操作系统，装载该系统的微计算机可同时供 16 个用户使用。

HP 公司坚持其锐意创新的传统，推出第一台袖珍式科学计算器。至 20 世纪 70 年代末，HP 公司的赢利状况及员工队伍均取得了大幅增长。比尔·休利特和戴维·帕卡德将公司的日常经营委托给约翰·扬管理。

1970 年，HP 公司的营业纯收入为 3.65 亿美元，员工人数为 16 000 人。

1971 年，HP 公司利用激光技术生产出可测量百万分之一英寸长度的激光干扰仪。HP 公司的激光干扰仪目前仍是微处理芯片制造中首选的仪器。

1972 年，HP 公司推出具有划时代意义的第一台个人计算工具：HP-35 掌上科学计算器，并将工程计算尺淘汰。以 HP 3000 微计算机进军计算机领域。

1973 年，HP 公司小型通用计算机系统成为计算机界第一套数据分布式处理系统。

1974 年，HP 公司生产出第一台基于 4KB 动态随机存取器的微计算机，从而取代了磁芯。

1975 年，HP 公司通过制定标准接口简化了仪器系统。电子业采用 HP 公司的接口总线 HP-IB 作为国际接口标准，从而使多台仪器能够方便地与计算机连接。

1977 年，约翰·扬出任 HP 公司总裁。

到了 20 世纪 80 年代，HP 公司凭借其系列的计算机产品而成为业界一家重要的厂商，其产品从桌面机到功能强劲的微计算机可谓门类齐全。这十年 HP 公司成功地推出了可与个人计算机连接的喷墨打印机和激光打印机，标志着 HP 公司已成功步入打印机市场。

1980 年，HP 公司首次推出个人计算机产品：HP-85。1980 年，HP 公司的营业纯收入为 30 亿美元，员工人数为 57 000 人。

1982 年，英国 HP 公司开发出电子邮件系统，该系统已成为基于微计算机的第一套商用广域网软件。利用 32 位“超芯片”技术推出 HP 9000 技术计算机，它是第一台“桌面式主机”，却拥有像 20 世纪 60 年代尺寸庞大的主机同样的性能。

1984 年，HP 公司的技术首次应用到 HP Thinkjet 打印机上。今天的喷墨打印机仍不断出现技术突破，而其价格更在持续下调。推出公司最成功的单机产品：HP LaserJet 激光打印机。今天 HP 公司的激光打印机已被业界视为激光打印机的世界标准。

1985 年，HP 公司的营业纯收入为 65 亿美元，员工人数为 85 000 人。

1986 年，HP 公司推出基于创新型 RISC（精简指令体系结构）的多系列计算机系统。用于此项产品的开发费用高达 2.5 亿美元，开发持续 5 年时间，这是 HP 公司在研究与开发上投入最大的一项。

1987 年，比尔·休利特退休并辞去副董事长职务。Walter Hewlett（比尔之子）和 David Woodley Packard（戴维之子）当选为公司董事。

1988 年，HP 公司跃升至《幸福》杂志 500 家企业排名榜前 50 位，列第 49 位。

1989 年，HP 公司庆祝公司成立 50 周年。HP 公司的新型原子辐射检测仪成为第一台利用气相色谱法来测定所有元素（氦除外）的分析仪器。收购阿波罗计算机公司，这是一家工作站制造商。

20 世纪 90 年代，HP 公司已充分证明了它在测量、计算机和通信领域所取得的非凡成功。HP 公司在信息的收集、分析、存储和显示方面所展现的能力必将进一步推动信息高速公路转化为现实。

1990 年，HP 公司推出 HP LaserJet Ⅲ 激光打印机。HP 公司的实验室在东京开设研究机构。1990 年，HP 公司的营业纯收入为 132 亿美元，员工人数为 91 500 人。

1991 年，预装 Lotus 1-2-3 应用软件的 HP 95LX 掌上电脑具有了先进的计算特性和数据通信功能。HP SONOS 1500 心血管成像仪系统允许医生利用超声波处理方法对心脏病进行非接触式的定量分析。HP 公司的彩色扫描仪可实现计算机读取照片或其他可视图像。

1992 年，路·普莱特出任 HP 公司总裁和首席执行官。HP 公司推出 HP 3000 和 HP 9000 计算机系统，拥有大型主机功能，价格却降低了 90%。

1993 年，HP 公司推出 HP OmniBook 300“超便携式”个人计算机，在横跨美国的飞行旅途中，其电池电力足够计算机连续运行。交付第 1000 万台 HP LaserJet 激光打印机，HP 公司现已售出 2000 万台打印机。戴维·帕卡德离任退休。路·普莱特当选为公司董事长、总裁及首席执行官。

1994 年，HP 公司的营业纯收入达 250 亿美元。HP 公司生产出世界上最亮的 LED。由于同时具备高亮度、高可靠性和低耗能的特点，因而它在很多新应用上已取代了白炽灯。HP 公司推出 HP Color LaserJet 彩色激光打印机，推出 OfficeJet 打印/传真/复印一体机，推出带内置式 Pocket Quicken 的 HP 200LX 掌上电脑。

1995 年，HP 公司的营业纯收入达 315 亿美元，员工人数为 105 200 人。HP 公司收购 Convex 计算机公司，这是一家高性能计算解决方案的供应商。HP 公司推出 HP OmniGo 100 掌上电脑。向家用计算机市场推出 HP PaviPon PC。

1996 年 3 月 26 日，公司创始人戴维·帕卡德辞世。推出第 1 台 HP LaserJet 5SI“网络打印机”。

1997 年，HP 公司的营业收入为 429 亿美元，雇员为 121 900 人。HP 公司并购电子支付系统行业领先厂商 VeriFone，从而增强了 HP 公司电子商务能力。发起以“扩大潜在价值”为主题的为期多年的新消费营销计划。

1999 年 7 月 17 日，普莱特任命卡莉·弗瑞娜担任新公司总裁和 CEO，自己将退休离任。时年 45 岁的弗瑞娜，拥有 MIT 自然科学硕士等多项学位，曾任朗讯(Lucent)科技公司全球服务部门总裁等职务，被《财富》杂志列为“全美商业最有能力的女人之一”。历史悠久的 HP 公司上下齐心，弗瑞娜和员工们都坚信 HP 公司完全有能力谱写互联网业的第二次辉煌。

2001 年 9 月 4 日，IT 业界再次爆出惊人消息：HP 公司以 250 亿美元的价格，按换股方式收购了著名计算机制造商康柏计算机公司。这项并购将使两家计算机、打印机和计算机伺服器巨头合二为一，从而超出目前在个人计算机行业排名第一的戴尔计算机公司。合并后的新公司总部将设在原 HP 公司总部所在地——美国加利福尼亚州的帕洛阿尔托，由弗瑞娜担任董事会主席兼 CEO，雇员多达 14.5 万人，将在 160 多个国家展开业务，与 IT 行业领头羊 IBM 公司并驾齐驱。此次收购对于弗瑞娜来说堪称一次大胆和冒险的举动，她在试图将新 HP 公司转变成一个业务更为广泛的计算机、软件和服务供应商。

人们有理由相信，新的 HP 公司将继续沿着“惠普之道”继续走下去。

2003 年，HP 公司的财政营收额为 80.28 亿美元，在全球基础架构服务市场中占有 6.2%的份额。

2008 年，HP 公司的财政营收额突破 1000 亿美元。

HP 公司的管理实践基于相信人们一定会干得很出色并能做出正确决定的信念。七大公司目标为组织和个人目标的确定提供所有雇员都参与的管理框架。HP 公司倡导一种公开和不拘形式的文化。雇员通过固定的现金利润分成和股票购买方案分享其参与实现的 HP 公司的成功。

HP 公司企业价值：HP 公司信任并尊重每个人。面对任何情况都坚信：只要给予员工适当的手段和支持，他们愿意努力工作并一定会做得很好。HP 公司吸纳那些能力超卓、个性迥异及富于创新的人加入 HP 公司，承认他们对公司所做的努力和贡献。HP 公司人积极奉献，并能分享其通过努力所获得的成功。

HP 公司关注高层管理的成就和贡献。客户总是希望 HP 公司的产品和服务具备最高水准，同时希望所获价值亦能持续长久。为满足客户这种要求，所有 HP 公司人，尤其是经理人员必须率先积极热情、加倍努力地工作。今天仍在使用的技术和管理方法明天也许会落后过时。若想在竞争中立于不败之地，HP 公司人应时刻追求更新、更好的工作方式。

坚持诚实经营、毫不妥协。希望 HP 公司人彼此坦诚相待，以赢得他人的信任和忠诚。公司各级员工都应奉守最高的职业道德准则，并能充分理解止于至善的深刻含义。然而事实上，个人的道德操守不受 HP 公司规章制度的约束。因此，作为公司不可分割的组成部分，这一根深蒂固的传统将在员工中间代代相传。

通过团队精神来实现共同目标。“只有内部精诚合作，才能实现企业共同目标。”我们的承诺是：建立一只遍布全球的团队，努力工作，去实现客户、股东及其他有关人士的期望。经营中的利益和责任将由 HP 公司人共同分享。HP 公司鼓励灵活性和创新精神努力营造一个可容纳不同观点、鼓励创新的宽松工作环境。HP 公司努力实现明确、确定一致的总体目标，并且允许个人在实现公司目标时，灵活采用自己最佳的工作方式。HP 公司人有义务提高自身的工作能力,鼓励员工通过培训获得自我提高。在一个技术发展异常迅猛并要求员工能够立即适应的技术领域中,这一点尤为重要。

7.6 本章小结

本章主要介绍Java语言中异常处理机制的基本知识,包括Java应用程序在编译和运行时处理异常的常用方法和思路。通过本章学习可以为友好的应用程序开发打下基础,并有利于增强项目的健壮性。

本章主要介绍异常处理机制,学完本章后应该了解和掌握以下内容。

(1) Java异常处理的基本概念。

(2) 异常处理。

(3) 自定义异常类。

总之,本章内容是进行异常处理的关键技术,只有在掌握本章知识的基础上才能够开发出友好的、健壮的、安全的Java应用程序。

7.7 习题

7.7.1 选择题

1. 程序能够通过编译并能运行,但结果与期望值不符的错误是(　　)。

   A. 语法错　　B. 语义错　　C. 逻辑错　　D. 编译错

2. Java语言中所有例外情况的类都会继承的类是(　　)。

   A. Error　　B. Throwable　　C. Exception　　D. IOException

3. Java语言中用于抛出异常的语句是(　　)。

   A. try　　B. catch　　C. finally　　D. throws

4. 下面程序的执行结果是(　　)。

```
public class A{
    public static void main(String args[]){
        try{
            return;
        }
        finally{
            System.out.println("56789");
        }
    }
}
```

   A. 没有catch语句,无法编译通过　　B. 程序正常运行,但不输出结果

   C. 程序出现异常　　D. 程序正常运行,并输出"56789"

7.7.2 填空题

1. Java 语言中，根据性质不同可以将错误分为两大类：________和________。
2. 用于捕获异常的语句是________。
3. 在 try-catch-finally 语句中，无论是否有异常都要执行的是________子句。
4. Java 语言中要求捕获到的异常必须进行________。
5. 一个方法会产生异常，而该方法体中不予处理，可用________子句声明该方法将抛出异常。

7.7.3 论述题

1. 论述错误和异常的概念。
2. 论述 Java 语言的异常处理机制。

7.7.4 操作题

1. 使用异常处理机制编写一个简单的学生信息管理系统。
2. 为前 6 章的实训项目添加必要的异常处理机制。

第8章 图形用户界面

在设计应用程序完成某些业务功能时，用户希望这些程序能够提供友好的用户界面来帮助完成数据的处理，实现人机交互。在Java应用程序开发中，Java的图形用户界面实现应用程序与用户之间数据交流的图形化，为应用程序提供一个友好的图形化的界面。本章主要讲解Java图形用户界面的有关内容。

本章主要内容如下。

(1) Swing简介

(2) Swing组件。

(3) 布局管理器。

(4) 事件处理。

(5) 高级组件。

8.1 Swing简介

从Java语言诞生到现在，Java语言已经提供了两类图形用户界面。在早期的J2SE的版本中，主要使用的是抽象窗口工具集(Abstract Window Toolkit，AWT)。AWT图形用户界面平台相关性强，而且缺少部分基本功能的支持。对于简单的应用程序来说，AWT应用的效果还不错。但是要编写高质量、高性能以及可移植的图形用户界面就容易出现缺陷。为了改进AWT图形用户界面的不足，提高Java应用程序的性能，在AWT图形用户界面的基础上推出了Swing图形用户界面。

Swing图形用户界面基于AWT图形用户界面框架，提供了能力更加强大的图形用户界面组件。相对于AWT图形用户界面，Swing图形用户界面不仅增加了功能，而且减弱了平台相关性，即Swing图形用户界面与具体的计算机操作系统关联性较小。一方面，Swing图形用户界面比AWT图形界面可以克服更多由于操作系统不同所带来的在图形用户界面或者交互方式上的差异；另一方面，Swing图形用户界面还增加和改进了许多功能，也可定制操作系统风格的图形用户界面。虽然Swing图形用户界面继承自AWT图形用户界面，但是两类图形用户界面之间在组件控制机制等方面存在一些冲突。为了保证图形用户界面以及交互方式的正确性和稳定性，现在一般建议使用Swing图形用户界面。

但是Swing并没有完全代替AWT。尤其在采用Swing编写的程序中，还需要使用基本的AWT事件处理机制。

8.2　Swing 组件

Swing 图形用户界面主要由组件组成。用户可以通过鼠标或键盘对它们进行操作。在Swing 图形用户界面程序设计中，使用布局管理器类，按照一定的布局方式将组件添加到给定的容器中。通过组件的组合就形成了应用程序所需的图形用户界面。通过事件处理在图形用户界面上实现人机交互。

8.2.1　Swing 组件关系

在 Java 类库中，有很多接口和类提供 Java 应用程序开发所需的图形用户界面组件，它们被放在 Java 类库的 javax.swing 包中。主要组件类继承关系如图 8-1 所示。

Java 图形用户界面最基本的组成部分是组件。组件是构成图形用户界面的基本成分和核心元素。组件是一个可以以图形化的方式显示在屏幕上并能与用户进行交互的对象，如一个按钮或一个标签等。大部分组件不能独立地显示出来，必须放在一定的容器中才可以显示出来。

组件类 Component 是一个抽象类，是 AWT 组件类层次结构的根类，实际使用的组件都是 Component 类的子类。Component 类提供对组件操作的通用方法，包括设置组件位置、设置组件大小、可见性、设置组件字体、前景色和背景色、响应鼠标或键盘事件、组件重绘等。

容器(Container)也是一个类，实际上是 Component 类的子类，因此容器本身也是一个组件，具有组件的所有性质，但是它的主要功能是容纳其他组件和容器，在其可视区内显示这些组件。容器中各种组件的大小和位置由容器的布局管理器进行控制。

由于容器是组件，所以在容器中还可以放置其他容器，这样就可以使用多层容器构成富于变化的界面。

根据在图形用户界面中的用途，javax.swing 包中的组件可分为 6 种。

(1) 顶层容器：包括框架 JFrame 和对话框 JDialog 等。这两个类的父类都是窗口类。

(2) 一般容器：包括面板 JPanel、滚动窗格 JScrollPane、选项卡窗格 JTabbedPane。

(3) 专用容器：包括内部框架 JInternalFrame、分层窗格 JLayeredPane 和根窗格 JRootPane。内部框架是可以在一个窗口内显示若干个类似于框架的窗口。分层窗格给窗格增加了深度的概念。当两个或多个窗格重叠在一起时，可以根据窗格的深度值来决定应当显示哪一个窗格的内容，规定显示深度值大的窗格。根窗格一般是自动创建的容器。创建内部框架或任意一种顶层容器都会自动创建根窗格。

(4) 基本控件：包括命令式按钮 JButton、单选按钮 JRadioButton、复选框 JCheckBox、组合框 JComboBox 和列表框 JList 等。

(5) 可编辑组件：包括文本编辑框 JTextField、密码式文本编辑框 JPasswordField 和文本区域 JTextArea 等。

(6) 不可编辑组件：包括标签 JLabel 和进度条 JSlider 等。

下面分别介绍一些常用组件。

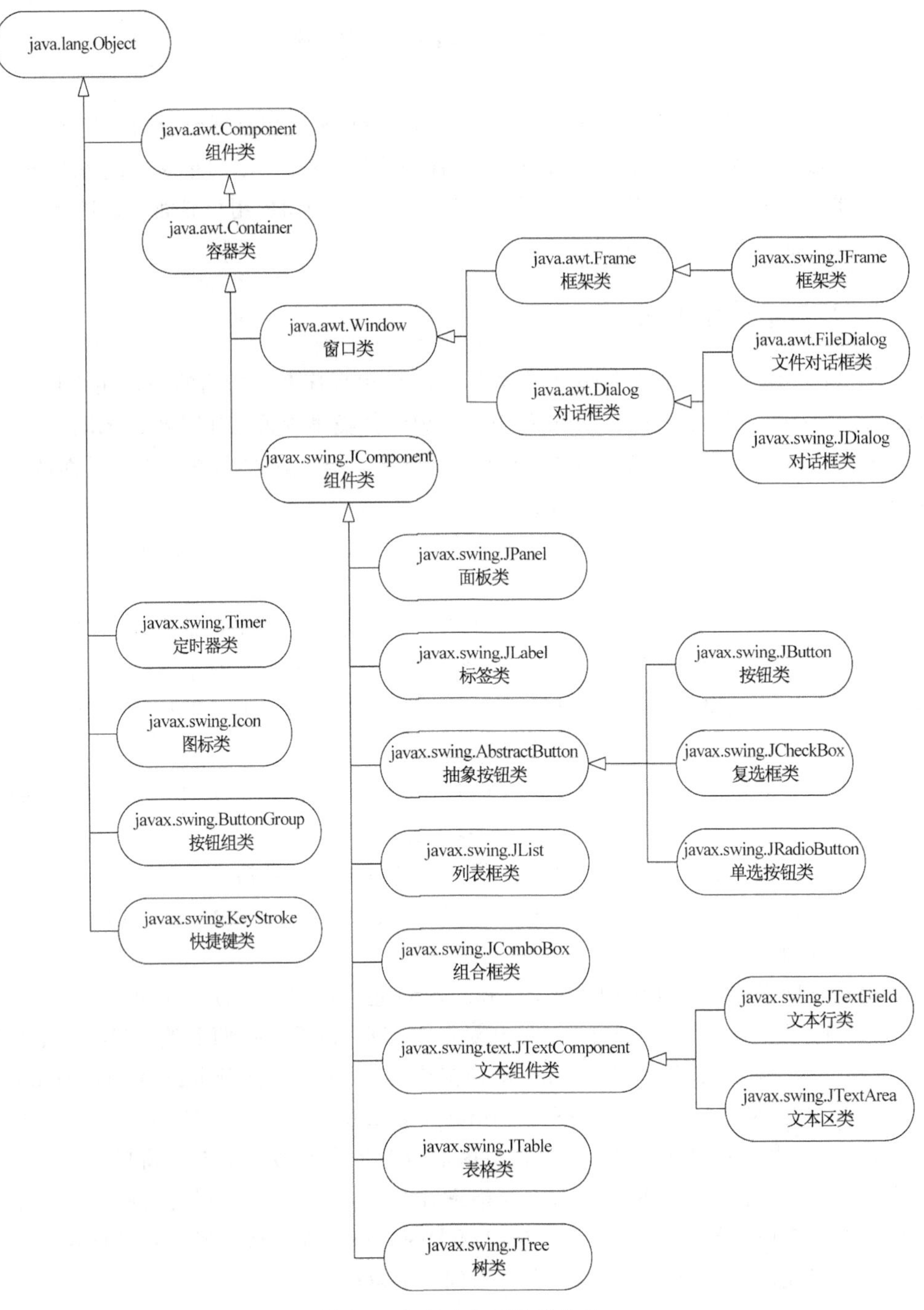

图 8-1 主要组件类继承关系

8.2.2 JFrame 和 JLabel 组件

容器有两种：窗口和面板。两者的区别如下。

(1) 窗口可以独立存在，可被移动，可被最大化和最小化，有标题栏、边框、可添加菜单栏。

（2）面板不能独立运行，必须包含在另一个容器里。面板没有标题，没有边框，不可添加菜单栏。

一个窗口可以包含多个面板，一个面板可以包含另一个面板，但是面板不能包含窗口。窗口类和面板类都是容器类 Container 的子类。

窗口类（Window）主要有两个子类：框架和对话框。

框架类（JFrame）是一种带标题栏并可以改变大小的窗口。Java 应用程序通常使用 JFrame 作为容器，在 JFrame 中放置组件。

要生成一个窗口，通常可使用 Window 类的子类 JFrame 进行实例化，而不是直接使用 Window 类。JFrame 的外观和 Windows 操作系统的窗口一样，有标题、边框、菜单、大小等。每个 JFrame 的对象实例化以后，都是没有大小和不可见的，因此必须调用 setSize()方法来设置大小，调用 setVisible()方法来设置可见性。

在图形用户界面上显示文本命令或信息的一种方式是使用标签。标签（JLabel）可以在图形用户界面上显示一个字符串或一幅图片。在标签上可以显示一行静态文本信息，这里的静态是指用户不能修改这些文本。标签使用 JLabel 类创建，而 JLabel 类是由 JComponent 类直接派生的。标签对象通过构造方法来创建。

【例 8-1】　框架和标签的使用（JFrameLabel.java）。

```
package ch82;
/*
    开发者：***
    开发地点：***
    开发时间：****年**月**日
    最后一次修改时间：****年**月**日
    功能简介：使用框架和标签设计一个图形用户界面，用来显示文本和图像
*/
import javax.swing.JFrame;
import java.awt.Container;
import java.awt.FlowLayout;
import javax.swing.ImageIcon;
import javax.swing.JLabel;

public class JFrameLabel extends JFrame{
    public JFrameLabel(){
        /*调用类 javax.swing.JFrame 的构造方法，生成标题为"框架和标签的使用"的窗口，
         该类中有构造方法 JFrame(String title)，若需要了解有关该类的其他方法可查
         阅 API
        */
        super("框架和标签的使用");
        /*getContentPane()是类 javax.swing.JFrame 的成员方法，用于返回当前窗口的容
         器，一般不直接使用 JFrame 容器，而是获取当前窗口的容器 c，在 c 中添加组件
        */
        Container c=getContentPane();
```

```
        /* setLayout()是类 JFrame 的成员方法,用于设置当前窗口的布局格式,new
         FlowLayout(FlowLayout.LEFT)是使用类 java.awt.FlowLayout 的构造方法实例
         化一个流布局管理器对象,并使组件自动左对齐
        */
        c.setLayout(new FlowLayout(FlowLayout.LEFT));
        //字符类型的数组
        String[] s={"文本标签", "文字在图形左方", "文字在图形下方"};
        /* 使用图像类型创建一个数组对象。其中 ImageIcon(getClass().getResource
         ("image.jpg"))用于生成一个图像对象,getClass().getResource("image.jpg")
         用于获取照片
        */
        ImageIcon[] ic={null,new ImageIcon(getClass().getResource("image.jpg")),
                        new ImageIcon(getClass().getResource("image1.jpg"))};
        /* 常量 JLabel.LEFT、JLabel.CENTER 和 JLabel.BOTTOM 代表不同的对齐方式
        */
        int [] ih={0, JLabel.LEFT, JLabel.CENTER};
        int [] iv={0, JLabel.CENTER, JLabel.BOTTOM};
        for (int i=0; i<3; i++)
        {
            /* JLabel 类的构造方法 JLabel(String text,Icon icon,int horizontal-
             Alignment)可创建具有指定文本、图像和水平对齐方式的 JLabel 实例。该标签在
             其显示区内垂直居中对齐。文本位于图像的尾部。Text 是标签中显示的文本,icon
             是标签中显示的图像。horizontalAlignment 可以取 LEFT、CENTER、RIGHT、
             LEADING 或 TRAILING 等常量值
            */
            JLabel label=new JLabel(s[i],ic[i],JLabel.LEFT);
            if (i>0)
            {
                /* 设置组件标签的文字与图标之间在水平方向上的相对位置关系,使文字分别
                 位于图标的左侧、右侧和中间
                */
                label.setHorizontalTextPosition(ih[i]);
                /* 设置组件标签的文字与图标在垂直方向上的相对位置关系,包括 JLabel.
                 TOP、Jlabel、Center 和 JLabel.BOTTOM 3 种方式
                */
                label.setVerticalTextPosition(iv[i]);
            }
            //设置当鼠标在标签上稍加停留时出现的提示信息
            label.setToolTipText("第"+(i+1)+"个标签");
            /* Container 类的 add(Component comp)方法用于在容器中添加组件,comp 指定
             需要添加的组件
            */
            c.add(label);          //把组件添加到当前容器中
        }                          //for 循环结束
    }
```

```
    public static void main(String args[]){
        JFrameLabel app=new JFrameLabel();
        //设置窗口大小,包括宽度和高度
        app.setSize(600, 300);
        //设置单击窗口"关闭"按钮时关闭应用程序
        app.setDefaultCloseOperation(JFrame.EXIT_ON_CLOSE);
        //设置窗口是否可见,为 true 时窗口可见,否则不可见
        app.setVisible(true);
    }
}
```

JFrameLabel 类的文件结构如图 8-2 所示。

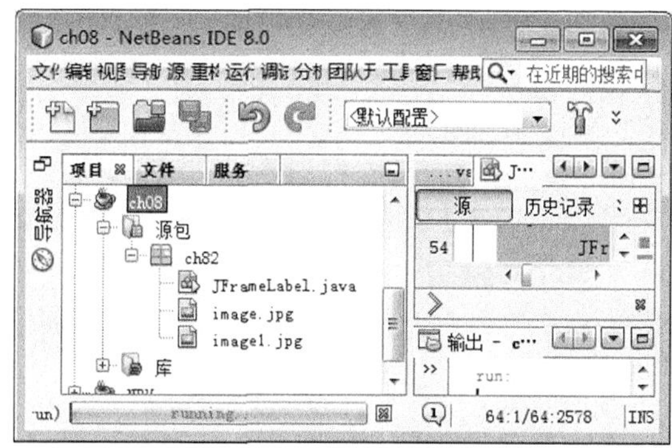

图 8-2　JFrameLabel 类的文件结构

JFrameLabel 类的运行效果以及鼠标停留时的效果如图 8-3 所示。

(a) 鼠标没有停留在标签上

(b) 鼠标停留在标签上

图 8-3　程序运行效果以及鼠标停留时的效果

8.2.3 JDialog 和 JOptionPane 组件

对话框是一种可移动的窗口，比框架简单，没有那么多的控制元素，如最小化、状态栏。对话框通常用来设计具有依赖关系的窗口，通常在已有的窗口上创建对话框。称已有的窗口称为父窗口，新创建的对话框是其子窗口。

对话框分为模态或非模态。当一个模态的对话框打开时，不允许访问应用程序中的其他窗口，直到该对话框关闭；而当一个非模态的对话框打开时，用户仍然可以访问其他窗口。

【例 8-2】 对话框的使用(JDialogUse.java)。

```
package ch82;
/*
    开发者：***
    开发地点：***
    开发时间：****年**月**日
    最后一次修改时间：****年**月**日
    功能简介：使用框架和对话框设计一个图形用户界面，程序运行后将弹出一个对话框
*/
import javax.swing.JFrame;
import java.awt.Container;
import java.awt.FlowLayout;
import javax.swing.JDialog;

public class JDialogUse{
    public static void main(String args[]){
        JFrame app=new JFrame("对话框的使用");
        Container c=app.getContentPane();
        c.setLayout(new FlowLayout(FlowLayout.LEFT));
        app.setSize(300, 300);
        app.setDefaultCloseOperation(JFrame.EXIT_ON_CLOSE);
        app.setVisible(true);
        /* 使用 javax.swing.JDialog 类的构造方法 JDialog(Frame owner, String
         title, boolean modal)。owner 指定对应的父窗口；title 设置对话框的标题，
         modal 表示对话框的模式，如果值为 true 表示模态，否则为非模态
        */
        JDialog d=new JDialog(app, "对话框", false);
        d.setSize(200, 100);
        d.setVisible(true);
    }
}
```

JDialogUse 类的文件结构和运行结果如图 8-4 所示。

JOptionPane 类可以方便地弹出要求用户提供值或向其发出通知的标准对话框，即该类提供一些有固定模式的对话框。

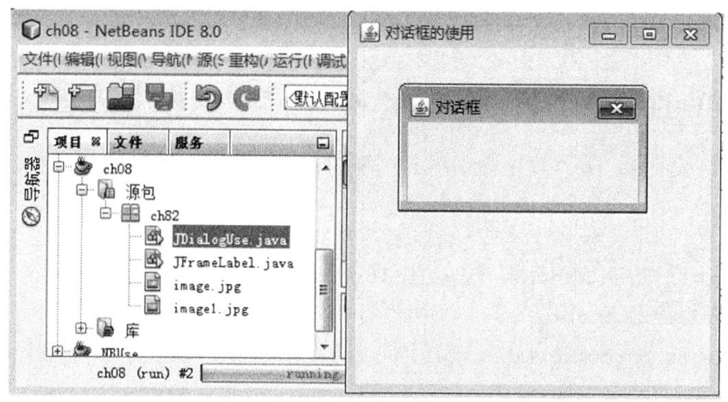

图 8-4 JDialogUse类的文件结构和运行结果

【例 8-3】 标准对话框的使用(StandardDialog.java)。

```
package ch82;
/*
    开发者：***
    开发地点：***
    开发时间：****年**月**日
    最后一次修改时间：****年**月**日
    功能简介：使用标准对话框
*/
import javax.swing.JOptionPane;

public class StandardDialog {
  public static void main(String args[]){
      JOptionPane.showMessageDialog(null, "同桌的你!");
      JOptionPane.showConfirmDialog(null, "你在他乡还好吗?");
      JOptionPane.showInputDialog(null, "你在他乡还好吗?");
      String [] s={"好", "不好"};
      JOptionPane.showInputDialog(null, "你在他乡还好吗?", "输入",
                                  JOptionPane.QUESTION_MESSAGE, null,s,s[0]);
  }
}
```

StandardDialog类的文件结构如图8-5所示。

图 8-5 StandardDialog类的文件结构

StandardDialog 类中有关方法说明如下。

1. JOptionPane. showMessageDialog(null, "同桌的你!")方法

该方法是 Javax. swing. JOptionPane 类的成员方法，弹出一个消息对话框。在该类中重载的方法如下：

```
public static void showMessageDialog(Component parentComponent,Object message)
throws HeadlessException;
public static void showMessageDialog(Component parentComponent,Object message,
String title,int messageType)throws HeadlessException;
public static void showMessageDialog(Component parentComponent,Object message,
String title,int messageType,Icon icon)throws HeadlessException;
```

其中，parentComponent 参数指定对应的父窗口；message 参数指定需要显示的消息；title 参数指定对话框的标题；messageType 参数指定消息类型，常见的消息类型有信息消息类型(JOptionPane. INFORMATION_MESSAGE)、警告消息类型(JOptionPane. WARNING_MESSAGE)、疑问消息类型(JOptionPane. QUESTION_MESSAGE)和错误消息类型(JOptionPane. ERROR_MESSAGE)，如果参数不包含 messageType，则默认的消息类型是信息消息类型；icon 参数指定对话框中的图标。

2. JOptionPane. showConfirmDialog(null,"你在他乡还好吗?")方法

该方法是 Javax. swing. JOptionPane 类的成员方法，弹出一个确认对话框。重载的方法如下：

```
public static int showConfirmDialog(Component parentComponent,Object message)
throws HeadlessException;
public static int showConfirmDialog(Component parentComponent,Object message,
String title,int optionType)throws HeadlessException;
public static int showConfirmDialog(Component parentComponent,Object message,
String title,int optionType,int messageType)throws HeadlessException;
public static int showConfirmDialog(Component parentComponent,Object message,
String title, int optionType, int messageType, Icon icon) throws
HeadlessException;
```

其中，parentComponent、message、title 和 icon 参数的功能同前。optionType 参数指定对话框选项的模式。当 optionType 为 JOptionPane. YES_NO_OPTION 时确认对话框只包含“是”、“否”按钮；当参数为 JOptionPane. YES_NO_CANCEL_OPTION 时，确认对话框包含“是”、“否”、“取消”按钮。如果方法中不含 optionType 参数，系统默认对话框是 JOptionPane. YES_NO_OPTION 模式。

3. JOptionPane. showInputDialog(null, "你在他乡还好吗? ")方法

该方法是 Javax. swing. JOptionPane 类的成员方法，弹出一个文本输入对话框。重载的方法如下：

```
public static void showInputDialog(Component parentComponent,Object message)
throws HeadlessException;
public static void showInputDialog(Component parentComponent,Object message,
Object initialSelectionValue)throws HeadlessExceptio;
public static void showInputDialog(Component parentComponent,Object message,
String title,int messageType)throws HeadlessException;
```

其中,parentComponent、message、title 和 messageType 参数的功能同前。在该对话框的文本框中可以输入字符串。initialSelectionValue 参数指定在文本框中显示的初始字符串。若未指定 title 参数,对话框默认标题是"输入";若未指定 messageType 参数,默认该对话框显示疑问消息信息。

4. JOptionPane. showInputDialog(null,"你在他乡还好吗?","输入",JOptionPane. QUESTION_MESSAGE, null, s, s[0])方法

该方法是 Javax. swing. JOptionPane 类的成员方法,在文本框中输入数据后单击"确定"按钮,弹出一个选择输入对话框。重载的方法如下:

```
public static void showInputDialog(Component parentComponent,Object message,
String title, int messageType, Icon icon, Object [ ] selectionValue, Object
initialSelectionValue))throws HeadlessException;
```

其中,前 5 个参数含义同前。selectionValue 参数是组合框的候选字符串数组;initialSelectionValue 参数指定在组合框中显示的初始字符串值。单击"确定"按钮,关闭对话框并返回选择的字符串,单击"取消"按钮,将直接关闭对话框。

StandardDialog 类运行后效果如图 8-6 所示。

(a) 程序运行后初始状态

(b) 单击图8-6 (a)中"确定"按钮后弹出的对话框

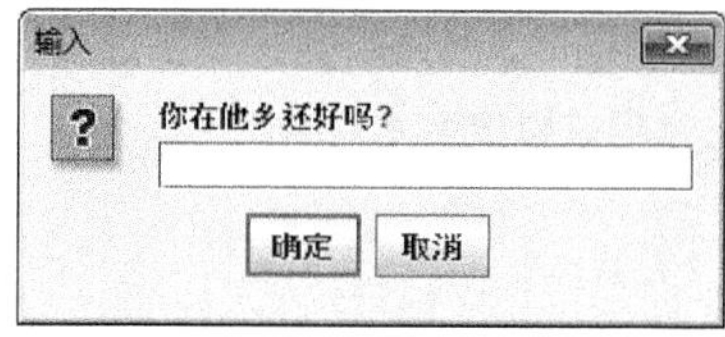

(c) 单击图8-6 (b)中"是"按钮后弹出的对话框

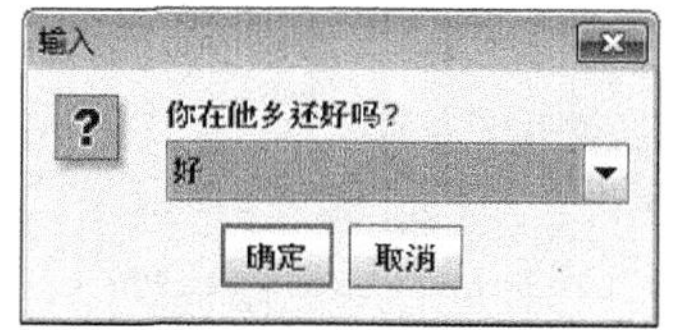

(d) 单击图8-6 (c)中"确定"按钮后弹出的对话框

图 8-6　程序运行结果

8.2.4　JTextField 和 JPasswordField 组件

文本编辑框常用于数据的输入,主要有文本编辑框(JTextField)和密码式文本编辑框

(JPasswordField),两者都可以编辑单行文本。采用 JTextField 类,可以在文本框中直接看到输入的字符串;采用 JPasswordField 类,在输入文本框中输入的字符被 * 代替。

JTextField 类和 JPasswordField 类的父类是 javax. swing. JTextComponent 类。

【例 8-4】 文本编辑框的使用(TextEditBox. java)。

```
package ch82;
/*
    开发者: ***
    开发地点: ***
    开发时间: ****年**月**日
    最后一次修改时间: ****年**月**日
    功能简介: 文本编辑框和密码框的使用
*/
import javax.swing.JFrame;
import java.awt.Container;
import java.awt.FlowLayout;
import javax.swing.JTextField;
import javax.swing.JPasswordField;

public class TextEditBox extends JFrame{
    public TextEditBox(){
        super("文本编辑框的使用");
        Container c=getContentPane();
        c.setLayout(new FlowLayout());
        /*JTextField 类的构造方法 JTextField(String text,int columns)中,text 参
         数是初始文本信息;columns 指定文本编辑框的宽度。JPasswordField 类的构造方法
         和 JTextField 类的构造方法相似
        */
        JTextField[] t={new JTextField("用户名:",6), new JTextField("请输入用户
        名",16),new JTextField("密   码:",6), new  JPasswordField("123456",16)};
        /*JTextField 类的 setEditable(boolean b)方法用于设置文本编辑框是否可以编
         辑。b 为 true 时可编辑,否则不能编辑。不能编辑时效果类似标签。另外,getText()
         方法用于获取文本信息,setText()用于设置文本信息
        */
        t[0].setEditable(false);
        t[2].setEditable(false);
        for(int i=0;i<4;i++)        //通过循环把文本框添加到容器中
            c.add(t[i]);
    }
    public static void main(String args[]){
        TextEditBox app=new TextEditBox();
        app.setSize(300,160);
        app.setDefaultCloseOperation(JFrame.EXIT_ON_CLOSE);
```

```
        app.setVisible(true);
    }
}
```

TextEditBox 类的文件结构和运行结果如图 8-7 所示。

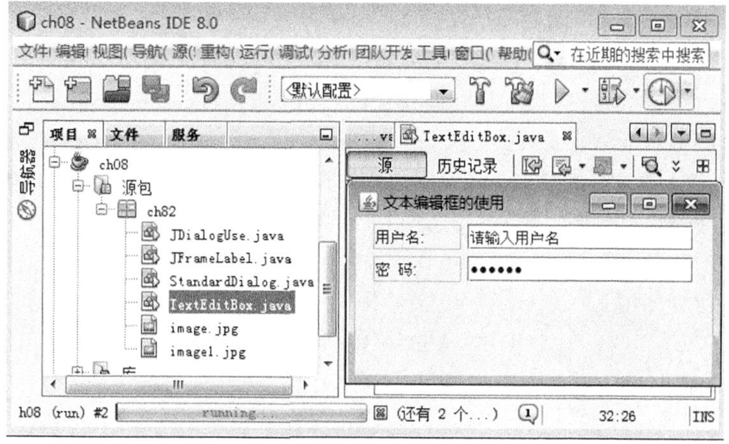

图 8-7　TextEditBox 类的文件结构和运行结果

8.2.5　JButton、JCheckBox 和 JRadioButton 组件

Swing 的按钮组件包括命令按钮(JButton)、选择按钮(JCheckBox)和单选按钮(JRadioButton),它们都是抽象类 AbstractButton 的子类。JButton、JCheckBox 和 JRadioButton 均为单击式组件,当单击这些组件时,都会触发特定的事件。单击 JCheckBox 和 JRadioButton 时它们的选择状态会发生变化。

【例 8-5】 单击式组件的使用(JButtonUse.java)。

```
package ch82;
/*
    开发者：***
    开发地点：***
    开发时间：****年**月**日
    最后一次修改时间：****年**月**日
    功能简介：单击式组件的使用
*/
import javax.swing.JFrame;
import java.awt.Container;
import java.awt.FlowLayout;
import javax.swing.ImageIcon;
import javax.swing.JButton;
import javax.swing.ButtonGroup;
import javax.swing.JCheckBox;
import javax.swing.JRadioButton;
```

```
public class JButtonUse extends JFrame{
    public JButtonUse(){
        super("按钮例程");
        Container c=getContentPane();
        c.setLayout(new FlowLayout());
        ImageIcon[] ii={new ImageIcon(getClass().getResource("left.gif")),
                        new ImageIcon(getClass().getResource("right.gif"))};
        /* JButton 类的构造方法 JButton(String text,Icon icon),其中 text 参数指定按
         钮上的文本信息;icon 参数指定按钮上的图标。另一个构造方法 JButton(String
         text)只有一个参数
        */
        JButton[] b={new JButton("左", ii[0]), new JButton("中间"),
                     new JButton("右", ii[1])};
        for (int i=0; i<b.length; i++)
            c.add(b[i]);
        //创建复选框并添加到框架中,复选框的构造方法和 JButton 类的构造方法相似
        JCheckBox[] cb={new JCheckBox("左"), new JCheckBox("右")};
        for (int i=0; i<cb.length; i++){
            c.add(cb[i]);
            cb[i].setSelected(true);     //用于设定复选框或者按钮的选定状态
        }
        //创建单选按钮并添加到框架中,单选框的构造方法和 JButton 类的构造方法相似
        JRadioButton[] rb={new JRadioButton("左"), new JRadioButton("右")};
        //创建按钮组,把按钮加到同一个组中
        ButtonGroup bg=new ButtonGroup();
        for (int i=0; i<rb.length; i++){
            c.add(rb[i]);
            bg.add(rb[i]);
        }
        rb[0].setSelected(true);
        rb[1].setSelected(false);
    }
    public static void main(String args[]){
        JButtonUse app=new JButtonUse();
        app.setSize(300, 160);
        app.setDefaultCloseOperation(JFrame.EXIT_ON_CLOSE);
        app.setVisible(true);
    }
}
```

JButtonUse 类的文件结构和运行结果如图 8-8 所示。

图 8-8 JButtonUse 类的文件结构和运行结果

8.2.6 JComboBox、JList、JTextArea 和 JScrollPane 组件

组合框(JComBox)又称为下拉列表框,用户可从下拉式列表框中选择已有的列表项。

列表框(JList)的界面显示出一系列的列表项,用户可从中选择一到多个列表项。

文本区域(JTextArea)是可以编辑多行文本信息的文本框,但文本区域不会自动出现滚动条。可以将文本区域添加到滚动窗格(JScrollPane)中,从而实现给文本区域添加滚动条的功能。此时当文本信息在水平方向上超过文本区域范围时会自动出现水平滚动条;当文本信息在垂直方向上超过文本区域范围时会自动出现垂直滚动条。这些组件的特点是都能够显示多行文本信息。

【例 8-6】 多行文本信息组件的使用(JLineUse.java)。

```
package ch82;
/*
    开发者:***
    开发地点:***
    开发时间:****年**月**日
    最后一次修改时间:****年**月**日
    功能简介:组合框、列表框和文本区域的使用
*/
import javax.swing.JFrame;
import java.awt.Container;
import java.awt.FlowLayout;
import javax.swing.JScrollPane;
import javax.swing.JComboBox;
import javax.swing.JList;
import javax.swing.JTextArea;

public class JLineUse extends JFrame{
```

```
    public JLineUse(){
        super("多行组件的使用");
        Container c=getContentPane();
        c.setLayout(new FlowLayout());
        String[] s={"选项 1", "选项 2", "选项 3"};
        JComboBox cb=new JComboBox(s);
        JList lt=new JList(s);
        JTextArea ta=new JTextArea("1\n2\n3\n4\n5\n6", 3, 9);
        JScrollPane sp=new JScrollPane(ta);
        c.add(cb);
        c.add(lt);
        c.add(sp);
    }
    public static void main(String args[]){
        JLineUse app=new JLineUse();
        app.setSize(300, 160);
        app.setDefaultCloseOperation(JFrame.EXIT_ON_CLOSE);
        app.setVisible(true);
    }
}
```

JLineUse 类的文件结构和运行结果如图 8-9 所示。

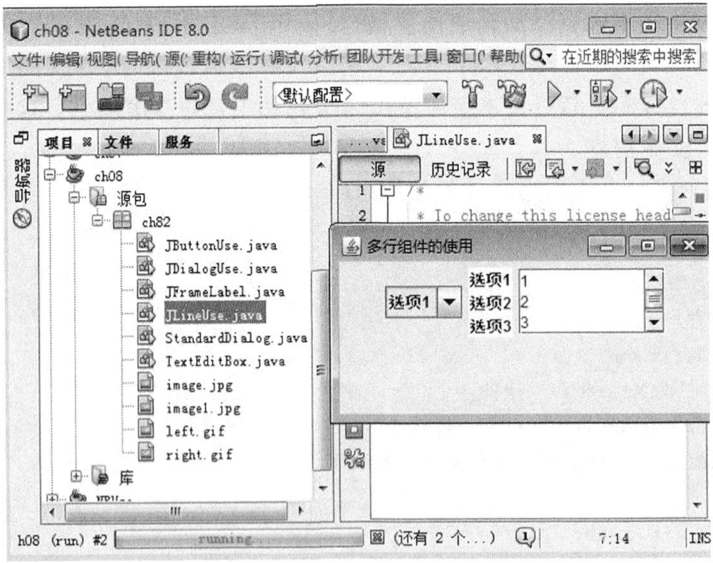

图 8-9　JLineUse 类的文件结构和运行结果

8.2.7　JPanel 和 JSlider 组件

面板(JPanel)是一个轻量容器组件。面板不能独立显示,必须包含在另一个容器里。面板没有标题,没有边框,不可添加菜单栏。

JPanel 的默认布局管理器是 FlowLayout。在面板中添加组件，然后再将面板添加到其他容器中，这样一方面可以将图形用户界面分组设计，另一方面还可以形成较合理的组件布局。

滚动条(JSlider)提供以图形的方式进行数据选择的功能。通常选取的范围是一个有限的整数区域。它提供了通过鼠标指针拖动滚动条中的滑动块获取数值的手段。另外，它还可以用来表示程序执行的进度。

【例 8-7】 面板和滚动条组件的使用(JSliderPanel.java)。

```
package ch82;
/*
    开发者：***
    开发地点：***
    开发时间：****年**月**日
    最后一次修改时间：****年**月**日
    功能简介：面板和滚动条的使用
*/
import javax.swing.JFrame;
import java.awt.Container;
import java.awt.FlowLayout;
import javax.swing.JPanel;
import javax.swing.JSlider;
import java.awt.Dimension;
import java.awt.Color;

public class JSliderPanel extends JFrame{
    public JSliderPanel(){
        super("面板和滚动条组件的使用");
        Container c=getContentPane();
        c.setLayout(new FlowLayout());
        /*JSlider 类的构造方法为 JSlider(int orientation, int min, int max, int
         value),其中,orientation 参数指定滚动条的方向;min 和 max 参数分别指定滚动条
         所表示的数值范围的最小值和最大值;value 参数指定滑动块在滚动条中的初始位置。
         orientation 参数值只能为常量 JSlider.HORIZONTAL 或 JSlider.VERTICAL。当
         参数 orientation 为 JSlider.HORIZONTAL 时,滚动条在水平方向,当参数
         orientation 为 JSlider.VERTICAL 时,滚动条在垂直方向。如果构造方法不含参数
         orientation,则滚动条的默认方向是水平方向
        */
        JSlider s=new JSlider(JSlider.HORIZONTAL,0,26,6);
        JPanel p=new JPanel();
        /*JPanel 类的方法 setPreferredSize(Dimension preferredSize)用于设置面板
         的大小。Dimension 类的构造方法 Dimension(int width,int height)用于设置面
         板具体的大小
        */
        p.setPreferredSize(new Dimension(100, 60));
        //JPanel 类的 setBackground(Color bg)方法用于设置面板的背景颜色
```

```
            p.setBackground(Color.red);
            c.add(s);
            c.add(p);
        }
        public static void main(String args[]){
            JSliderPanel app=new JSliderPanel();
            app.setSize(360, 160);
        app.setDefaultCloseOperation(JFrame.EXIT_ON_CLOSE);
            app.setVisible(true);
        }
    }
```

JSliderPanel 类的文件结构和运行结果如图 8-10 所示。

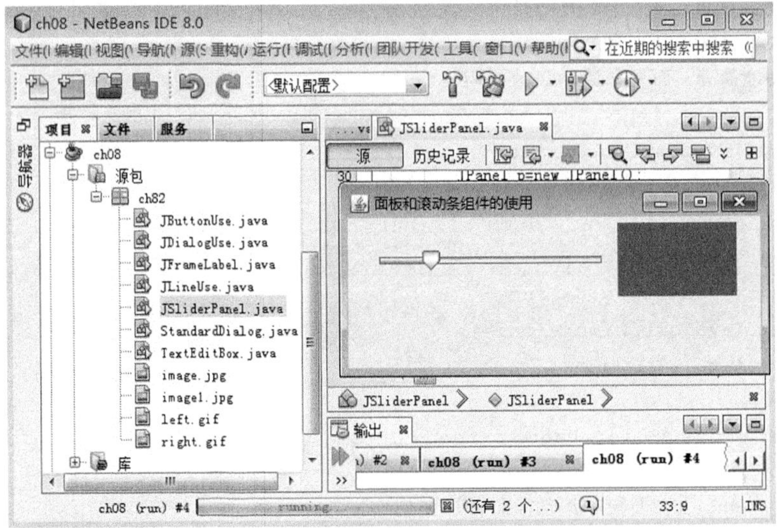

图 8-10 JSliderPanel 类的文件结构和运行结果

8.3 布局管理器

为了使生成的图形用户界面具有良好的平台无关性，Java 语言提供了布局管理器(LayoutManager)这个工具来管理组件在容器中的布局，而不是使用直接设置组件位置和大小的方式。每个容器都有一个布局管理器，当容器需要对某个组件进行定位或设置其大小尺寸时，就会调用其对应的布局管理器。常用布局管理器有 FlowLayout、GridLayout、BorderLayout、BoxLayout、CardLayout 和 GroupLayout 等。另外，如果类库提供的布局管理器不能满足项目的需要，用户可以自定义布局管理器。也可以把多个布局管理器组合起来使用。

8.3.1 布局管理器的概念

Java 为了实现跨平台的特性并获得动态的布局效果，将容器内的所有组件安排给一个

“布局管理器”来负责管理，如排列组件顺序、设置组件大小、位置，当窗口移动或调整大小后组件如何变化等功能，均授权给对应的容器布局管理器来管理。不同的布局管理器使用不同算法和策略，容器可以通过选择不同的布局管理器来决定布局。

Java 语言本身提供了多种布局管理器，用来控制组件在容器中的布局方式。在 Swing 图形用户界面程序设计中可以给顶层容器设置布局管理器。一般是先通过顶层容器的成员方法 getContentPane() 获取顶层容器的内容窗格，再通过类 Container 的成员方法 setLayout()设置内容窗格的布局管理器，从而实现给顶层容器设置布局管理器的目的。给其他容器设置布局管理器时，可以直接通过类 Container 的成员方法 setLayout()设置。在设置完布局管理器之后，一般可以向顶层容器的内容窗格或其他容器中添加组件。如果不设置布局管理器，则相应的容器或内容窗格采用默认的布局管理器，如 JFrame 和 JDialog 容器默认的布局管理器是 BorderLayout，JPanel 容器默认的布局管理器是 FlowLayout。

8.3.2 FlowLayout 布局管理器

流布局管理器(FlowLayout)是最常用的布局管理器。在流布局管理器中，当前行排满组件时就从下一行开始继续排列组件。FlowLayout 是 JPanel 的默认布局管理器。其管理组件的规律是：从上到下、从左到右放置组件。

FlowLayout 布局管理器通过调用类 FlowLayout 的构造方法创建实例。构造方法如下：

```
public FlowLayout ();
public FlowLayout (int align);
public FlowLayout (int align,int hgap,int vgap);
```

其中，align 参数指定行对齐方式，常用的值有 LEFT、CENTER 和 RIGHT，分别对应左对齐、居中对齐和右对齐。如果不含参数 align，则默认的对齐方式为居中对齐；hgap 参数指定在同一行上相邻两个组件之间的水平间隙；vgap 参数指定相邻两行组件之间的垂直间隙。hgap 参数和 vgap 参数的单位均为像素，如不指定这两个参数，其默认值均为 5(5 个像素)。

【例 8-8】 流布局管理器的使用(FlowLayoutUse.java)。

```
package ch83;
/*
    开发者：***
    开发地点：***
    开发时间：****年**月**日
    最后一次修改时间：****年**月**日
    功能简介：流布局管理器的使用
*/
import javax.swing.JFrame;
import java.awt.Container;
import java.awt.FlowLayout;
import javax.swing.JButton;

public class FlowLayoutUse{
    public static void main(String args[]) {
```

```
        JFrame app=new JFrame("流布局管理器的使用");
        Container c=app.getContentPane();
        c.setLayout(new FlowLayout());
        JButton button1=new JButton("确定");
        JButton button2=new JButton("取消");
        JButton button3=new JButton("关闭");
        c.add(button1);
        c.add(button2);
        c.add(button3);
        app.setSize(300, 100);
        app.setDefaultCloseOperation(JFrame.EXIT_ON_CLOSE);
        app.setVisible(true);
        }
}
```

FlowLayoutUse 类的文件结构和运行结果如图 8-11 所示。

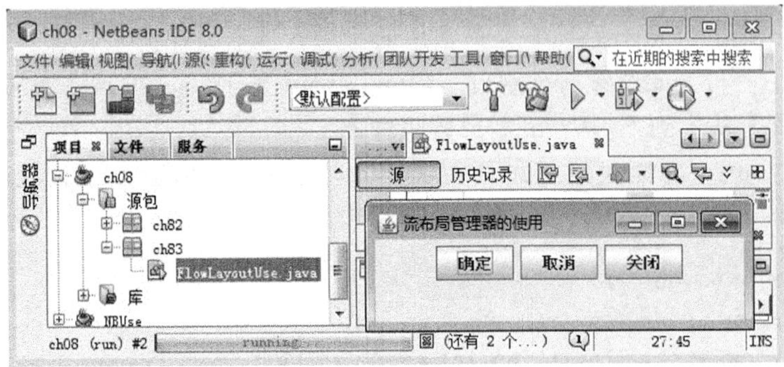

图 8-11 FlowLayoutUse 类的文件结构和运行结果

8.3.3 BorderLayout 布局管理器

边界布局管理器(BorderLayout)是 JFrame 和 JDialog 的默认布局管理器。

BorderLayout 布局管理器把容器分成 5 个区域：NORTH、SOUTH、EAST、WEST 和 CENTER。

在使用 BorderLayout 布局管理器的时候，如果容器的大小发生变化，其变化规律为：组件的相对位置不变，大小发生变化。例如，如容器变高，则 NORTH、SOUTH 区域不变，WEST、CENTER、EAST 区域变高；如容器变宽，WEST、EAST 区域不变，NORTH、CENTER、SOUTH 区域变宽。也就是说，水平拉宽可以看到南、北、中控件大小会有变化，东、西控件大小不变；上下拉长可以看到东、西、中控件大小会有变化，南、北控件大小不变化。不一定所有的区域都有组件，如果四周的区域(WEST、EAST、NORTH、SOUTH 区域)没有组件，则由 CENTER 区域去补充。但是如果 CENTER 区域没有组件，则保持空白。

BorderLayout 布局管理器通过调用类 BorderLayout 的构造方法创建。构造方法如下：

```
public BorderLayout();
public BorderLayout(int hgap,int vgap);
```

其中，hgap 参数指定在同一行上相邻两个组件之间的水平间隙；vgap 参数指定相邻两行组件之间的垂直间隙。hgap 参数和 vgap 参数的单位均为像素，如不指定这两个参数，其默认值均为 0(0 个像素)。

【例 8-9】 边界布局管理器的使用(BorderLayoutUse.java)。

```
package ch83;
/*
    开发者：***
    开发地点：***
    开发时间：****年**月**日
    最后一次修改时间：****年**月**日
    功能简介：边界布局管理器的使用
*/
import javax.swing.JFrame;
import java.awt.Container;
import java.awt.BorderLayout;
import javax.swing.JButton;

public class BorderLayoutUse{
    public static void main(String args[]){
        JFrame app=new JFrame("边界布局管理器的使用");
        Container c=app.getContentPane();
        c.setLayout(new BorderLayout());
        c.add(new JButton("东"), BorderLayout.EAST);
        c.add(new JButton("西"), BorderLayout.WEST);
        c.add(new JButton("南"), BorderLayout.SOUTH);
        c.add(new JButton("北"), BorderLayout.NORTH);
        c.add(new JButton("中"), BorderLayout.CENTER);
        app.setSize(160,160);
        app.setDefaultCloseOperation(JFrame.EXIT_ON_CLOSE);
        app.setVisible(true);
    }
}
```

BorderLayoutUse 类的文件结构和运行结果如图 8-12 所示。

图 8-12 BorderLayoutUse 类的文件结构和运行结果

8.3.4 GridLayout 布局管理器

网格布局管理器(GridLayout)将容器中各个组件呈网格状排列,平均占据容器的空间,即将容器等分成相同大小的矩形域,组件从第一行开始从左到右依次放置到这些矩形域内。当前行放满后,继续从下一行开始。

GridLayout 布局管理器通过调用类 GridLayout 的构造方法创建。构造方法如下:

```
public GridLayout();
public GridLayout(int rows,int cols);
public GridLayout(int rows,int cols,int hgap,int vgap);
```

其中,rows 和 cols 参数指定网格的行数和列数,如不指定 rows 和 cols 参数,其默认值均为 1。参数 rows 和 cols 均为非负整数,而且至少有 1 个不为 0。通常让其中一个参数大于 0,另一个参数为 0。如果行数 rows 大于 0,则网格的实际列数由行数 rows 和往容器中添加的组件数确定,而与参数 cols 的值基本上没有关系。hgap 参数指定在同一行上相邻两个组件之间的水平间隙,vgap 参数指定相邻两行组件之间的垂直间隙。参数 hgap 和 vgap 的单位均为像素。如不指定这两个参数,则其默认值均为 0(0 个像素)。

不一定所有的区域都有组件,可以缺少组件。图 8-13 所示为在 3 行 2 列的网格中排列不同数量组件的不同效果。

(a) 缺1个组件

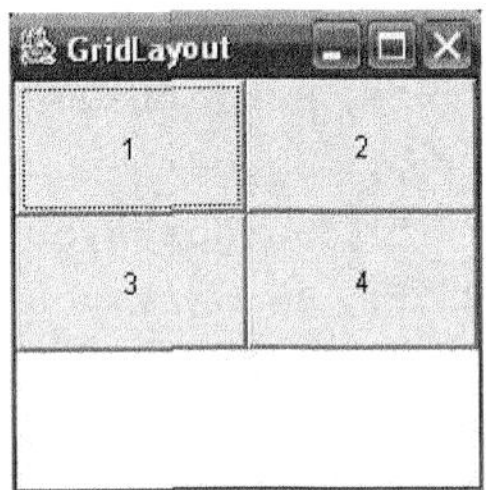

(b) 缺2个组件

(c) 缺3个组件

图 8-13 缺少组件的效果

【例 8-10】 网格布局管理器的使用(GridLayoutUse.java)。

```
package ch83;
/*
    开发者:***
    开发地点:***
    开发时间:****年**月**日
    最后一次修改时间:****年**月**日
    功能简介:网格布局管理器的使用
*/
import javax.swing.JFrame;
import java.awt.Container;
import java.awt.GridLayout;
import javax.swing.JButton;
```

```
public class GridLayoutUse{
    public static void main(String args[]){
        JFrame app=new JFrame("网格布局管理器的使用");
        Container c=app.getContentPane();
        c.setLayout(new GridLayout(2,3));
        for (int i=0;i<6; i++){
            String s="按钮"+(i+1);
            JButton b=new JButton(s);
            c.add(b);
        }
        app.setSize(266,266);
        app.setDefaultCloseOperation(JFrame.EXIT_ON_CLOSE);
        app.setVisible(true);
    }
}
```

GridLayoutUse 类的文件结构和运行结果如图 8-14 所示。

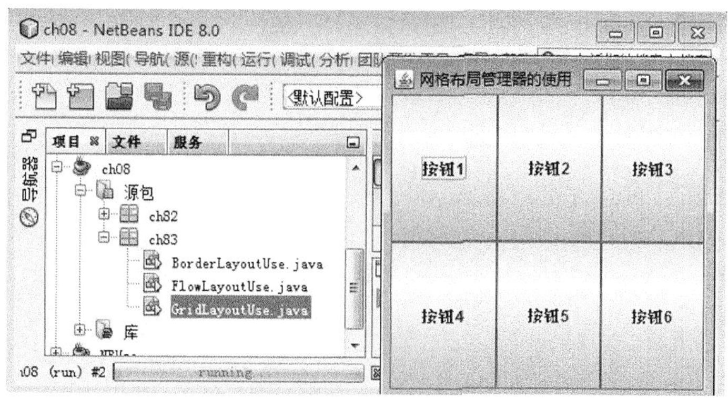

图 8-14　GridLayoutUse 类的文件结构和运行结果

8.3.5　BoxLayout 布局管理器

盒式布局管理器(BoxLayout)能够使多个组件在容器中沿水平方向或垂直方向排列。当容器的大小发生变化时,组件占用的空间大小并不会发生变化。

如果采用水平方向排列组件的方式,当组件的总宽度超过容器的宽度时,组件也不会换行,而是沿同一行继续排列。

如果采用垂直方向排列组件的方式,当组件的总高度超出容器高度时,组件也不会换列,而是沿同一列继续排列。

因此,有时需改变容器的大小才能见到所有的组件,即有些组件可能处于不可见的状态。

BoxLayout 布局管理器通过调用类 BoxLayout 的构造方法创建。构造方法如下:

```
public BoxLayout(Container target,int axis);
```

其中,target 参数指定目标容器;axis 参数指定组件的排列方向,其值为 BoxLayout. X_

AXIS 常量时，组件在容器中沿水平方向排列；其值为 BoxLayout. Y_AXIS 常量时，组件在容器中沿垂直方向排列。

【例 8-11】 盒式布局管理器的使用(BoxLayoutUse. java)。

```
package ch83;
/*
    开发者：***
    开发地点：***
    开发时间：****年**月**日
    最后一次修改时间：****年**月**日
    功能简介：盒式布局管理器的使用
*/
import javax.swing.JFrame;
import java.awt.Container;
import javax.swing.BoxLayout;
import javax.swing.JButton;

public class BoxLayoutUse{
    public static void main(String args[]){
        JFrame app=new JFrame("盒式布局管理器的使用");
        Container c=app.getContentPane();
        //c.setLayout(new BoxLayout(c,BoxLayout.X_AXIS));  //水平方式排列组件
        c.setLayout(new BoxLayout(c,BoxLayout.Y_AXIS));    //垂直方式排列组件
        for (int i=0;i<3; i++){
            String s="按钮"+(i+1);
            JButton b=new JButton(s);
            c.add(b);
        }
        app.setSize(360, 160);
        app.setDefaultCloseOperation(JFrame.EXIT_ON_CLOSE);
        app.setVisible(true);
    }
}
```

BoxLayoutUse 类的文件结构和运行结果如图 8-15 所示。

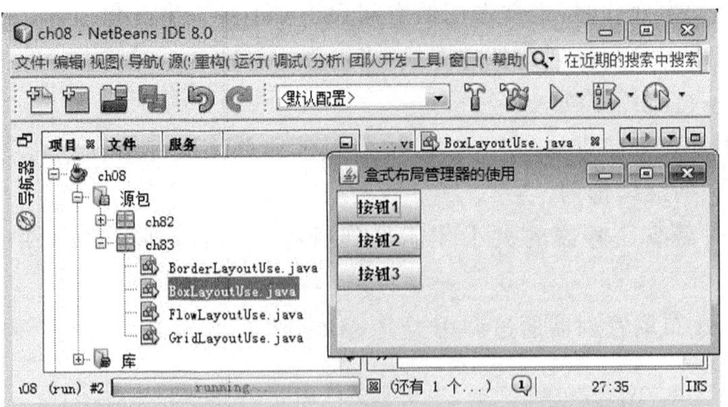

图 8-15 BoxLayoutUse 类的文件结构和运行结果

8.3.6 CardLayout 布局管理器

卡片布局管理器(CardLayout)对组件的排列方式是将新加入的组件放在原来已经加入的组件的上面,因此每次只能看到一个组件。

卡片布局管理器可以从上到下依次取出下面的组件,而当前的组件变成最后一个组件。卡片布局管理器也可以直接翻到某个组件,而组件之间的前后排列顺序并不发生变化。

CardLayout 布局管理器通过调用类 CardLayout 的构造方法创建。构造方法如下:

```
public CardLayout();
public CardLayout(int hgap,int vgap);
```

其中,hgap 和 vgap 参数用于设置组件与容器边界之间的间隙,单位为像素,不指定参数值时,默认为 0 个像素。

类 CardLayout 的其他常用方法如下。

(1) add(Component comp,Object constraints)方法:将名字为 constraints 的组件 comp 添加到容器上。

(2) next(Container parent)方法:将当前组件放置到所有组件的最后面,同时把下一个组件变成当前组件。

(3) show(Container parent,String name)方法:直接翻转到指定的组件,但不改变相邻组件之间的前后排列顺序。参数 parent 指定当前的容器或内容窗格,参数 name 指定所要翻转到的组件的名称,如果该组件不存在,则不进行任何操作。

【例 8-12】 卡片布局管理器的使用(CardLayoutUse.java)。

```
package ch83;
/*
    开发者:***
    开发地点:***
    开发时间:****年**月**日
    最后一次修改时间:****年**月**日
    功能简介:卡片布局管理器的使用
*/
import javax.swing.JFrame;
import java.awt.Container;
import java.awt.CardLayout;
import javax.swing.JButton;

public class CardLayoutUse{
    public static void main(String args[]){
        JFrame app=new JFrame("卡片布局管理器的使用");
        Container c=app.getContentPane();
        CardLayout card=new CardLayout();
        c.setLayout(card);
        for (int i=0; i<6; i++){
```

```
            String s="按钮"+(i+1);
                JButton b=new JButton(s);
                c.add(b, s);
            }
            card.show(c, "按钮 1");
            card.next(c);
            app.setSize(260,160);
            app.setDefaultCloseOperation(JFrame.EXIT_ON_CLOSE);
            app.setVisible(true);
        }
    }
```

CardLayoutUse 类的文件结构和运行结果如图 8-16 所示。

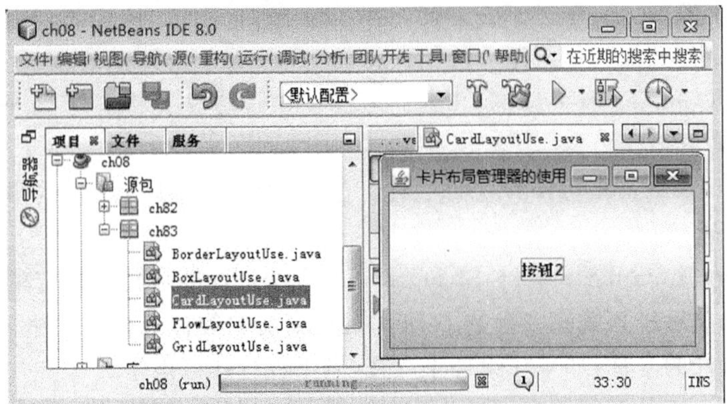

图 8-16 CardLayoutUse 类的文件结构和运行结果

8.3.7 GroupLayout

Java SE 6 提供了一个新的组布局管理器(GroupLayout)，它以 Group(组)为单位来管理布局，也就是把多个组件(如 JLable、JButton)按区域划分到不同的 Group(组)，再根据各个 Group(组)相对于水平轴(Horizontal)和垂直轴(Vertical)的排列方式来管理。该类在 javax. swing 包中。

GroupLayout 布局管理器通过调用类 GroupLayout 的构造方法创建。构造方法如下：

```
public GroupLayout(Container host)   //为指定的 Container 创建 GroupLayout。参数
                                       host 指定创建的 GroupLayout 作为其布局管
                                       理器
```

类 GroupLayout 的其他常用方法如下。

(1) public GroupLayout. ParallelGroup createParallelGroup(GroupLayout. Alignment alignment)方法：使用指定的对齐方式创建并返回一个并行组(ParallelGroup)；对齐方式有 LEADING(左对齐)、BASELINE(底部对齐)、CENTER(中心对齐)。

(2) public GroupLayout. SequentialGroup createSequentialGroup()方法：创建并返回一个顺序组(SequentialGroup)。

(3) public void linkSize(int axis,Component… components)方法：将指定组件强制调整为沿指定轴具有相同的大小，而不管其首选大小、最小大小或最大大小如何。将所有链接组件首选大小中的最大值赋予链接的组件。例如，如果沿水平轴将首选宽度分别为 10 和 20 的两个组件链接起来，则两个组件的宽度都将变为 20。可以多次使用此方法来将任意数量的组件强制调整为具有相同的大小。链接的 Component 是不可调整大小的。其中参数 components 应是具有相同大小的 Component；axis 指定沿其链接的轴，其值可以是 SwingConstants.HORIZONTAL 或 SwingConstans.VERTICAL 之一。

(4) public void setAutoCreateContainerGaps(boolean autoCreateContainerPadding)方法：设置是否应该自动创建容器与触到容器边框的组件之间的间隙。其中参数 autoCreateContainerPadding 的值决定是否应该自动创建容器与触到容器边框的组件之间的间隙，默认值为 false。

(5) public void setAutoCreateGaps(boolean autoCreatePadding)方法：设置是否自动创建组件之间的间隙。例如，如果设为 true 并且向 SequentialGroup 添加了两个组件，则将自动创建这两个组件之间的间隙，默认值为 false。

(6) public void setHorizontalGroup(GroupLayout.Group group)方法：设置沿水平轴确定组件位置和大小的 Group。其中参数 group 指定需要沿水平轴确定组件位置和大小的 Group。

(7) public void setVerticalGroup(GroupLayout.Group group)方法：设置沿垂直轴确定组件位置和大小的 Group。其中参数 group 指定需要沿垂直轴确定组件位置和大小的 Group。

【例 8-13】 组布局管理器的使用(GroupLayoutUse.java)。

```
package ch83;
/*
    开发者：***
    开发地点：***
    开发时间：****年**月**日
    最后一次修改时间：****年**月**日
    功能简介：组布局管理器的使用
*/
import java.awt.Component;
import java.awt.Container;
import javax.swing.GroupLayout;
import javax.swing.JButton;
import javax.swing.JCheckBox;
import javax.swing.JFrame;
import javax.swing.JLabel;
import javax.swing.JRadioButton;
import javax.swing.JTextField;
import javax.swing.SwingConstants;

public class GroupLayoutUse extends JFrame{
```

```
public GroupLayoutUse(){
    super("组布局管理器-查找");
    JLabel label1=new JLabel("查找:");
    JTextField textField1=new JTextField();
    JCheckBox cb1=new JCheckBox("区分大小写");
    JCheckBox cb2=new JCheckBox("不区分大小写");
    JRadioButton rb1=new JRadioButton("向上");
    JRadioButton rb2=new JRadioButton("向下");
    JButton findButton=new JButton("查找下一个");
    JButton cancelButton=new JButton("取消");
    Container c=getContentPane();
    GroupLayout layout=new GroupLayout(c);
    c.setLayout(layout);
    layout.setAutoCreateGaps(true);
    layout.setAutoCreateContainerGaps(true);
    GroupLayout.ParallelGroup hpg2a=
        layout.createParallelGroup(GroupLayout.Alignment.LEADING);
    /*addComponent(Component component)方法将 Component 添加到此 Group
    */
    hpg2a.addComponent(cb1);
    hpg2a.addComponent(cb2);
    GroupLayout.ParallelGroup hpg2b=
        layout.createParallelGroup(GroupLayout.Alignment.LEADING);
    hpg2b.addComponent(rb1);
    hpg2b.addComponent(rb2);
    GroupLayout.SequentialGroup hpg2H=layout.createSequentialGroup();
    hpg2H.addGroup(hpg2a);
    hpg2H.addGroup(hpg2b);
    GroupLayout.ParallelGroup hpg2=layout.createParallelGroup(
    GroupLayout.Alignment.LEADING);
    hpg2.addComponent(textField1);
    hpg2.addGroup(hpg2H);
    GroupLayout.ParallelGroup hpg3=
        layout.createParallelGroup(GroupLayout.Alignment.LEADING);
    hpg3.addComponent(findButton);
    hpg3.addComponent(cancelButton);
    layout.setHorizontalGroup(layout.createSequentialGroup()
    .addComponent(label1).addGroup(hpg2).addGroup(hpg3));
    layout.linkSize(SwingConstants.HORIZONTAL,new Component[]
    {findButton,cancelButton });
    GroupLayout.ParallelGroup vpg1=
        layout.createParallelGroup(GroupLayout.Alignment.BASELINE);
    vpg1.addComponent(label1);
    vpg1.addComponent(textField1);
    vpg1.addComponent(findButton);
```

```
        GroupLayout.ParallelGroup vpg2=
            layout.createParallelGroup(GroupLayout.Alignment.CENTER);
        vpg2.addComponent(cb1);
        vpg2.addComponent(rb1);
        vpg2.addComponent(cancelButton);
        GroupLayout.ParallelGroup vpg3=
            layout.createParallelGroup(GroupLayout.Alignment.BASELINE);
        vpg3.addComponent(cb2);
        vpg3.addComponent(rb2);
        layout.setVerticalGroup(layout.createSequentialGroup()
        .addGroup(vpg1).addGroup(vpg2).addGroup(vpg3));
        /*调整窗口的大小,以适合其子组件的首选大小和布局。如果该窗口或其所有者还不可
         显示,则在计算首选大小之前都将变得可显示。在计算首选大小之后,将会验证该窗口
        */
        pack();
    }
    public static void main(String[] args){
        GroupLayoutUse app=new GroupLayoutUse();
        app.setLocation(200,200);
        app.setDefaultCloseOperation(JFrame.EXIT_ON_CLOSE);
        app.setVisible(true);
    }
}
```

GroupLayoutUse 类的文件结构和运行结果如图 8-17 所示。

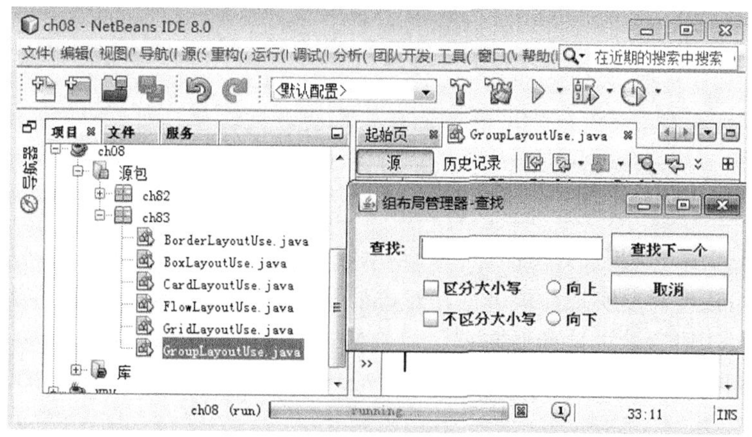

图 8-17　GroupLayoutUse 类的文件结构和运行结果

8.4　事件处理

图形用户界面提供人机交互的页面,但业务功能实现是通过事件驱动来完成的。在图形用户界面上,程序的运行是由于某个事件的发生,使事件源监听到该事件并进行处理。如

单击(事件)一个按钮(事件源),按钮监听到事件后进行下一步的处理。

8.4.1 事件处理简介

在 Java 应用程序项目中,事件处理是项目业务逻辑处理的关键性步骤。事件处理中有 3 个主要的概念:事件、事件源和事件处理。事件源是产生事件的对象;事件处理负责处理事件;事件是在事件源与事件监听器间传递信息的桥梁。它们之间的关系是:当事件源产生事件时,通过调用监听器相应的方法进行事件处理。下面首先了解一下有关事件处理的基本概念。

1. 事件

对鼠标、键盘以及其他输入设备的各种操作或者一个活动的发生称为事件(event)。如单击按钮,在文本框中输入数据、关闭窗口等。Java 语言中对事件的处理采用面向对象的思想,即通过对象的形式对各种事件进行封装和处理。不同的事件需要封装到不同的事件类中。Java 已经在 java. awt. event 包中预定义了许多事件类,而且每个事件类对应一个监听器。

2. 事件源

鼠标、键盘以及其他输入设备操作的组件称为事件源(event source),即事件发生的场所,通常就是各个组件。如单击一个按钮,按钮是事件源,在事件源上产生一个事件。为了对事件源进行操作,需要对事件源注册或添加监听器,监听器会监视组件,一旦监听器监听到事件,就对事件进行处理。

3. 事件处理

事件处理是指一旦事件产生时需要执行的操作。一个组件(事件源)可以注册多个事件。若多个组件需要响应同一个事件,可以注册同一个事件监听器。一个事件监听器对应一个事件处理方法。事件处理方法可以由本类实现,也可以由其他类实现。

例如,对于某种类型的事件×××Event,要想接收并处理这类事件,必须定义相应事件的监听器类,该类需要实现与该事件相对应的接口×××Listener。事件源实例化以后,必须进行授权,注册该类事件的监听器。通常使用 add×××Listener(×××Listener)方法来注册监听器。例如:

```
JButton b=new JButton("确定");
b.addActionListener(new ButtonHandler());
```

其中,对象 b 是事件源;addActionListener(ActionListener e)方法为 b 添加指定的监听器,以接收源自此按钮的动作事件。当用户在此按钮上按下或释放鼠标时,发生 ActionEvent 事件。如果事件对象 e 的值为 null,则不抛出任何异常,也不执行任何动作;new ButtonHandler()用于实例化监听器类的对象,进行事件处理。监听器类 ButtonHandler 要实现监听器接口,监听器接口的方法处理监听到的事件对象。

【例 8-14】 事件处理(EventHandingUse.java)。

```
package ch84;
/*
    开发者：***
    开发地点：***
    开发时间：****年**月**日
    最后一次修改时间：****年**月**日
    功能简介：事件处理的简单应用
*/
import javax.swing.*;
import java.awt.*;
import java.awt.event.*;

public class EventHandingUse{
    public EventHandingUse(){
        JFrame app=new JFrame("事件处理");
    Container c=app.getContentPane();
    c.setLayout(new FlowLayout());
    JButton b=new JButton("单击!");                    //事件源
    b.addActionListener(new ButtonHandler());         //对事件源添加监听
    c.add(b);
    app.setSize(200,100);
    app.setDefaultCloseOperation(JFrame.EXIT_ON_CLOSE);
    app.setVisible(true);
    }
    /*声明一个内部类 ButtonHandler,实现监听器接口;该类用于监听即获取相应的事件,并对
     事件进行处理。事件触发后需要执行的具体操作在 actionPerformed(ActionEvent e)方
     法中体现
    */
    class ButtonHandler implements ActionListener{
        public void actionPerformed(ActionEvent e){
            //处理的结果是：在控制台输出"您触发了事件源!"
            System.out.println("您触发了事件源!");
        }
    }
    public static void main(String args[]){
        new EventHandingUse();
    }
}
```

EventHandingUse 类的文件结构和运行结果如图 8-18 所示。

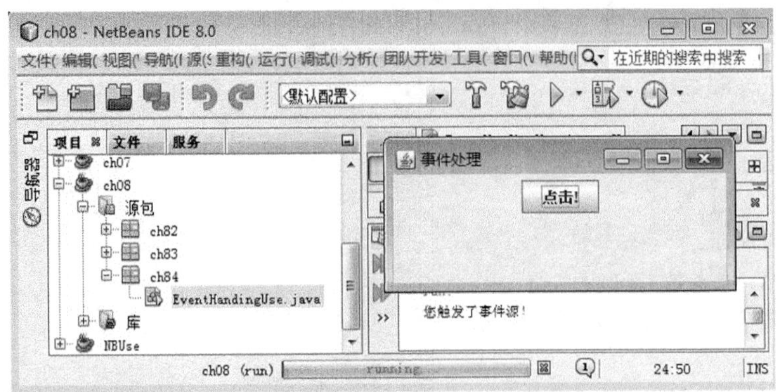

图 8-18　EventHandingUse 类的文件结构和运行结果

8.4.2　事件与事件源

运行 Java 图形程序时，程序和用户交互，事件驱动程序的执行。用户的行为会通过某个事件触发某个组件(即事件源，8.2 节介绍的组件都可以是事件源)。java.awt.event 包中常见的 AWT 事件类以及层次结构如图 8-19 所示。事件源(组件)及其层次结构请参考 8.2 节的内容。

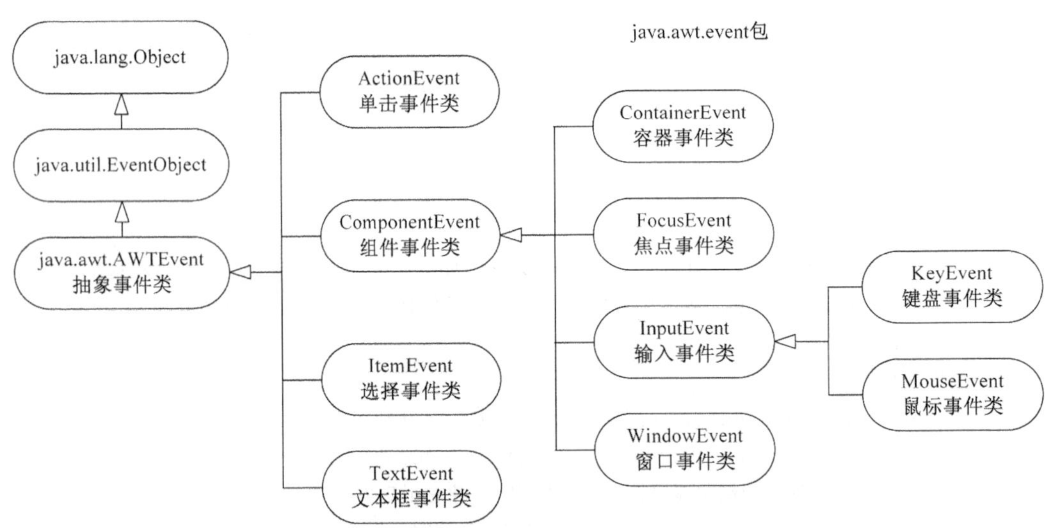

图 8-19　AWT 事件类及其层次结构

常见的用户行为、发生的事件类型以及事件源如表 8-1 所示。

表 8-1　常见的用户行为、发生的事件类型以及事件源

用户行为	事件源	事件类型
改变文本域	JTextComponent	TextEvent
在文本框按下回车键	JTextField	ActionEvent
选定一个新项	JComboBox	ItemEvent、ActionEvent

续表

用户行为	事件源	事件类型
选定多项	JList	ListSelectionEvent
单击按钮	JButton	ActionEvent
单击复选框	JCheckBox	ItemEvent、ActionEvent
单击单选按钮	JRadioButton	ItemEvent、ActionEvent
移动滚动条	JScrollBar	AdjustmentEvent
在容器中添加、删除组件	Container	ContainerEvent
组件移动、改变大小、显示、隐藏	Component	ComponentEvent
组件获取或者失去焦点	Component	FocusEvent
移动鼠标	Component	MouseEvent
选定菜单	JMenuItem	ActionEvent
打开、关闭、最小化、还原窗口	Window	WindowEvent

8.4.3 监听器的使用

对事件的处理是通过事件监听器实现的。首先需要为事件源登记事件监听器，又称为注册事件监听器。当有事件发生时，Java 虚拟机就生成一个事件对象，事件对象记录处理该事件所需的各种信息。当事件源收到事件对象时，就会启动在该事件源中注册的事件监听器，并将相应事件对象传送到对应的事件监听器中进行事件处理。

每类事件都有对应的事件监听器，监听器是接口，根据动作来定义方法。可以由同一个对象监听一个事件源上发生的多种事件。监听器中不使用的方法也必须实现，方法体可以为空，这是实现接口所规定的。

在包 java. awt. event 和 javax. swing. event 中还定义了一种命名结尾为 Adapter 的、实现事件监听器接口的抽象类，这些类一般称为事件适配器类。

事件适配器类主要用于解决这种情况：有些事件监听器接口含有多个成员方法，而在实际应用时又常常不需要对所有的这些成员方法进行处理，这时可以直接从事件适配器派生出子类，从而既实现了事件监听器接口，又只需要重新实现所需要处理的成员方法。表 8-2 中列出了事件类、对应的事件监听器接口以及对应的方法和含义。表 8-3 介绍了事件监听器接口和适配器类的对应关系。

表 8-2 事件类、对应的事件监听器接口以及对应的方法和含义

事件类	对应的事件监听器接口	接口中的方法	用户操作
ComponentEvent	ComponentListener 组件事件监听器接口	componentMoved(ComponentEvent e)	移去组件
		componentHidden(ComponentEvent e)	隐藏组件
		componentResized(ComponentEvente)	改变大小
		componentShown(ComponentEvent e)	显示组件

续表

事　件　类	对应的事件监听器接口	接口中的方法	用户操作
ContainerEvent	ContainerListener 容器事件监听器接口	ComponentAdded(ContainerEvent e)	添加组件
		ComponentRemoved(ContainerEvent e)	移动组件
WindowEvent	WindowListener 窗口事件监听器接口	windowOpened(WindowEvent e)	打开窗口
		windowActivated(WindowEvent e)	激活窗口
		windowDeactivated(WindowEvent e)	失去焦点
		windowClosing(WindowEvent e)	关闭窗口时
		windowClosed(WindowEvent e)	关闭窗口后
		windowIconified(WindowEvent e)	最小化
		windowDeiconified(WindowEvent e)	还原
ActionEvent	ActionListener 单击事件监听器接口	actionPerformed(ActionEvent e)	单击并执行
TextEvent	TextListener 文本编辑事件监听器接口	textValueChanged(TextEvent e)	修改文本行文本区域中的内容
ItemEvent	ItemListener 选择事件监听器接口	itemStateChanged(EtemEvent e)	改变选项的状态
MouseEvent	MouseMotionListener 鼠标移动事件监听器接口	mouseDragged(MouseEvent e)	鼠标拖动
		mouseMoved(MouseEvent e)	鼠标移动
MouseEvent	MouseListener 鼠标事件监听器接口	mouseClicked(MouseEvent e)	单击
		mouseEntered(MouseEvent e)	鼠标进入
		mouseExited(MouseEvent e)	鼠标离开
		mousePressed(MouseEvent e)	按下鼠标
		mouseReleased(MouseEvent e)	松开鼠标
KeyEvent	KeyListener 键盘事件监听器接口	keyPressed(KeyEvent e)	按下键盘
		keyReleased(KeyEvent e)	松开键盘
		keyTyped(KeyEvent e)	输入字符
FocusEvent	FocusListener 焦点事件监听器接口	focusGained(FocusEvent e)	获取焦点
		focusLost(FocusEvent e)	失去焦点
AdjustmentEvent	AdjustmentListener 调整事件监听器接口	adjustmentValueChanged(Adjustment-Event e)	调整滚动条的值

表 8-3 事件监听器接口和适配器类对应表

事件监听器接口	事件监听器对应的适配器类	事件监听器接口	事件监听器对应的适配器类
WindowListener	WindowAdapter	MouseListener	MouseAdapter
ComponentListener	ComponentAdapter	MouseMotionListener	MouseMotionAdapter
ContainerListener	ContainerAdapter	FocusListener	FocusAdapter
KeyListener	KeyAdapter		

8.4.4 事件处理

监听器对象必须实现相应的监听器接口。例如，要处理 ActionEvent 事件，事件源 JButton 注册的监听器必须实现 ActionListener 接口。ActionListener 接口包含抽象方法 actionPerformed(ActionEvent e)，该方法必须在事件处理类中实现。接到事件通知后，该方法将执行并进行事件处理。

事件对象传送给事件处理类，它包含与事件类型相关的信息。从事件对象中可以得到处理事件的有用数据。例如，可以使用 e. getSource()得到事件源，判断它是一个按钮还是一个菜单项或一个复选框等。也可以使用 setText(String str)方法设置事件源上的文本。

【例 8-15】 事件处理的简单应用(EventHandingUse1. java)。

```
package ch84;
/*
    开发者：***
    开发地点：***
    开发时间：****年**月**日
    最后一次修改时间：****年**月**日
    功能简介：使用匿名类实现简单的事件处理
*/
import java.awt.BorderLayout;
import java.awt.Container;
import java.awt.event.ActionEvent;
import java.awt.event.ActionListener;
import javax.swing.JButton;
import javax.swing.JFrame;

public class EventHandingUse1 extends JFrame{
    public EventHandingUse1(){
        super("使用匿名类的事件处理");
        Container c=getContentPane();
        JButton b=new JButton("单击 0 次");
        b.addActionListener(new ActionListener(){
            int count=0;
            public void actionPerformed(ActionEvent e){
                JButton b=(JButton)e.getSource();
```

```
                b.setText("单击"+(++count)+"次");
            }    //actionPerformed()方法结束
            }    //实现接口 ActionListener 的匿名类定义结束
        ); //addActionListener()方法结束
        /* JFrame 默认的布局管理器是 BorderLayout,未调用 setLayout()方法就表示使用
         的是默认布局管理器
        */
        c.add(b, BorderLayout.CENTER);
    }
    public static void main(String args[]){
        EventHandingUse1 app=new EventHandingUse1();
        app.setSize(260,100);
    app.setDefaultCloseOperation(JFrame.EXIT_ON_CLOSE);
        app.setVisible(true);
    }
}
```

EventHandingUse1 类的文件结构和运行结果如图 8-20 所示。

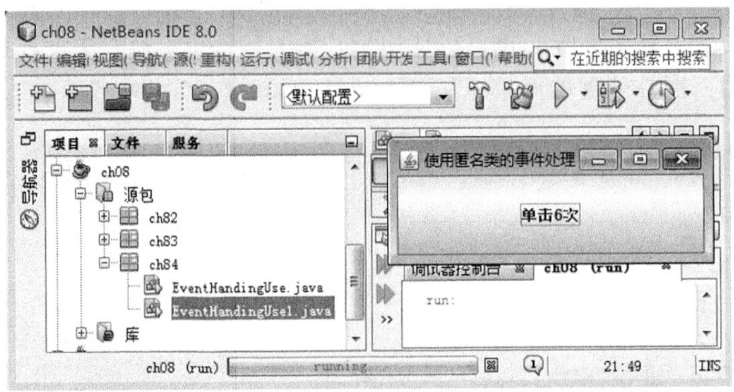

图 8-20　EventHandingUse1 类的文件结构和运行结果

常用事件类的使用介绍如下。

1. ActionEvent 事件类的使用

命令式按钮（JButton）、文本编辑框（JTextField）和密码式文本编辑框（JPasswordField)等,均可以触发动作事件(ActionEvent)。当单击命令式按钮时,可以触发动作事件。当在文本编辑框或密码式文本编辑框中输入回车符时,也可以触发动作事件。

这些组件通过本类的 addActionListener(ActionListener a)方法来注册动作事件监听器;该事件监听器是实现了接口 ActionListener 的普通类或匿名类的实例对象,可以通过 new 运算符创建。接口 ActionListener 只含有 actionPerformed 成员方法。该接口的声明如下:

```
public interface ActionListener extends EventListener {
    public void actionPerformed(ActionEvent e);
}
```

当有动作事件发生时，事件对象会被传递给事件监听器类的实例对象，并调用事件监听器类的成员方法 actionPerformed()。该成员方法的参数 e 指向事件对象，触发事件的具体组件可通过 ActionEvent 事件类的成员方法 getSource()获取到。getActionCommand()方法可获取与当前事件源相关的字符串，如在命令式按钮上的字符串或在文本编辑框中的字符串。

2. ItemEvent 事件类的使用

复选框(JCheckBox)、单选按钮(JRadioButton)和组合框(JComboBox)等组件可以触发项事件(ItemEvent)。当单击复选框、单选按钮或组合框选项引起选择状态发生变化时，可触发项事件。

这些组件通过本类的 addItemListener(ItemListener a)方法来注册项事件监听器；项事件监听器类是实现了接口 ItemListener 的普通类或匿名类的实例对象，可以通过 new 运算符创建。接口 ItemListener 只含有 itemStateChanged 成员方法。该接口的声明如下：

```
public interface ItemListener extends EventListener {
    public void itemStateChanged(ItemEvent e);
}
```

当有项事件发生时，项事件对象会被传递给项事件监听器实例对象，并调用项事件监听器类的成员方法 itemStateChanged()。该成员方法的参数 e 指向项事件对象，触发项事件的具体组件可通过 getSource()方法获取到。

3. ListSelectionEvent 事件类的使用

列表框(JList)可以触发列表选择事件(ListSelectionEvent)等事件。当单击列表框引起选择状态发生变化时，可以触发列表选择事件。类 JList 的 addListSelectionListener(ListSelectionListener a)方法用来注册列表选择事件监听器。通过该成员方法可以注册由参数 a 指定的列表选择事件监听器。该列表选择事件监听器是实现了接口 ListSelectionListener 的普通类或匿名类的实例对象，可以通过 new 运算符创建。接口 ListSelectionListener 只含有 valueChanged()方法。该接口的声明如下：

```
public interface ListSelectionListener extends EventListener {
    public void valueChanged(ListSelectionEvent e);
}
```

当有列表选择事件发生时，列表选择事件对象会被传递给列表选择事件监听器实例对象，并调用列表选择事件监听器类的成员方法 valueChanged()，该成员方法的参数指向列表选择事件对象，触发列表事件的具体组件可通过 getSource()方法获取。

8.4.5 鼠标事件

鼠标事件处理可能用到的监听器有 3 种：鼠标事件监听器(MouseListener)、鼠标移动事件监听器(MouseMotionListener)和鼠标滚轮事件监听器(MouseWheelListener)。

1. 鼠标事件监听器及其对应的事件类

鼠标事件监听器(MouseListener)接口的声明如下:

```
public interface MouseListener extends EventListener{
    //用于处理鼠标单击的事件
    public void mouseClicked(MouseEvent e);
    //用于处理按下鼠标的事件
    public void mousePressed(MouseEvent e);
    //用于处理放开鼠标的事件
    public void mouseReleased(MouseEvent e);
    //用于处理鼠标进入组件的事件
    public void mouseEntered(MouseEvent e);
    //用于处理鼠标离开组件的事件
    public void mouseExited(MouseEvent e);
}
```

鼠标事件监听器是通过编写实现接口 MouseListener 的普通类或匿名类,或者编写抽象类 MouseAdapter 的普通子类或匿名内部子类实现的。鼠标事件监听器主要用来处理按下鼠标键、放开鼠标键、鼠标进入组件或容器、鼠标离开组件或容器和单击组件或容器等动作触发的事件。

通过调用 addMouseListener(MouseListener a)方法注册鼠标事件监听器。

鼠标事件类是 MouseEvent,常用的方法有 3 个:getPoint()方法获取当发生鼠标事件时鼠标在当前组件或容器中的位置,返回的 java.awt.Point 类型值包含 x 和 y 两个整数类型的成员,共同构成了鼠标的位置坐标;getX()方法获取当发生鼠标事件时鼠标在当前组件或容器中的 x 坐标;getY()方法则获取 y 坐标。

2. 鼠标移动事件监听器以及对应的事件类

鼠标移动事件监听器(MouseMotionListener)接口的声明如下:

```
public interface MouseMotionListener extends EventListener{
    //用于处理鼠标拖动的事件
    public void mouseDragged(MouseEvent e);
    //用于处理鼠标移动的事件
    public void mouseMoved(MouseEvent e);
}
```

鼠标移动事件监听器通过编写实现了接口 MouseMotionListener 的普通类或匿名类,或者编写抽象类 MouseMotionAdapter 的普通子类或匿名子类实现。鼠标移动事件监听器主要用来处理移动鼠标和拖动鼠标触发的事件。

移动鼠标和拖动鼠标的区别在于当鼠标在运动时是否有鼠标键被按下。移动鼠标是在松开鼠标键时发生的运动,拖动鼠标是按住鼠标键不放时发生的运动。

通过调用 addMouseMotionListener(MouseMotionListener a)方法注册鼠标移动事件监听器。

3. 鼠标滚轮事件监听器以及对应的事件类

鼠标滚轮事件监听器(MouseWheelListene)接口的声明如下：

```
public interface MouseWheelListener extends EventListener {
    //用于处理鼠标滚轮事件
    public void mouseWheelMoved(MouseWheelEvent e);
}
```

鼠标滚轮事件监听器通过编写实现了接口 MouseWheelListene 的普通类或匿名类，或者通过编写抽象类 MouseAdapter 的普通子类或匿名内部子类来实现。鼠标滚轮事件监听器主要用来处理鼠标滚轮事件。

通过调用 addMouseWheelListener(MouseWheelListener a)方法注册鼠标滚动事件监听器。

鼠标滚轮事件类是 MouseWheelEvent，常用的方法有 4 个：getPoint ()方法获取当发生鼠标滚轮事件时鼠标指针在当前组件或容器中的位置，返回的 java. awt. Point 类型值包含 x 和 y 两个整数类型的成员，这两个成员共同构成了鼠标指针的位置坐标；getX()方法获取当事件发生时鼠标指针在当前组件或容器中的 x 坐标；getY()方法获取当事件发生时鼠标指针在当前组件或容器中的 y 坐标；getWheelRotation()方法获取当事件发生时鼠标滚轮旋转格数。当该成员方法的返回值大于 0 时，表明鼠标滚轮顺时针旋转；当该成员方法的返回值小于 0 时，表明鼠标滚轮逆时针旋转。

8.4.6　键盘事件

键盘事件处理可能用到的监听器有两种：键盘事件监听器(KeyListener)和焦点事件监听器(FocusListener)。

1. 键盘事件监听器以及对应的事件类

键盘事件监听器(KeyListener)接口的声明如下：

```
public interface KeyListener extends EventListener{
    //用于处理输入某个字符的事件
    public void keyTyped(KeyEvent e);
    //用于处理按下某个键盘键的事件
    public void keyPressed(KeyEvent e);
    //用于处理放开某个键盘键的事件
    public void keyReleased(KeyEvent e);
}
```

键盘事件监听器通过编写实现了接口 KeyListener 的普通类或匿名类，或者编写抽象类 KeyAdapter 的普通子类或匿名子类实现。键盘事件监听器主要用来处理来自键盘的输入，如按下键盘上的某个键，或放开某个键，或输入某个字符。

通过调用 addKeyListener(KeyListener e)方法注册键盘事件监听器。

键盘事件类是 KeyEvent，常用的方法有两个：getSource()方法获取当前事件的事件源；getKeyChar()方法获取在键盘上输入的字符。

2. 焦点事件监听器以及对应的事件类

焦点事件监听器(FocusListener)接口的声明如下：

```
public interface FocusListener extends EventListener{
    //用于处理获得键盘焦点的事件
    public void focusGained(FocusEvent e);
    //用于处理失去键盘焦点的事件
    public void focusLost(FocusEvent e) ;
}
```

焦点事件监听器通过编写实现了接口 FocusListener 的普通类或匿名类，或者编写抽象类 FocusAdapter 的普通子类或匿名子类实现。焦点事件监听器主要用来处理获取或失去键盘焦点的事件。获得键盘焦点就意味着当前事件源可以接收从键盘上输入的字符；失去键盘焦点就意味着当前事件源不能接收到来自键盘输入的字符。

通过调用 addFocusListener(FocusListener a)方法注册焦点事件监听器。

焦点事件类是 FocusEvent，常用的方法是 getSource()，该方法获取当前事件的事件源。

【例 8-16】 键盘事件处理的使用(KeyUse. java)。

```
package ch84;
/*
    开发者：***
    开发地点：***
    开发时间：****年**月**日
    最后一次修改时间：****年**月**日
    功能简介：键盘事件处理的使用
*/
import java.awt.BorderLayout;
import java.awt.Container;
import java.awt.event.FocusEvent;
import java.awt.event.FocusListener;
import java.awt.event.KeyAdapter;
import java.awt.event.KeyEvent;
import javax.swing.JFrame;
import javax.swing.JTextArea;

public class KeyUse extends JFrame{
    public KeyUse(){
        super("键盘事件处理的使用");
        Container c=getContentPane();
        JTextArea ta=new JTextArea("",6,12);
        ta.addFocusListener(new FocusListener(){
            public void focusGained(FocusEvent e){
                System.out.println("获得焦点");
            }
            public void focusLost(FocusEvent e){
```

```
                System.out.println("失去焦点");
            }
        }
    );
    ta.addKeyListener(new KeyAdapter(){
        public void keyTyped(KeyEvent e){
            System.out.println("键盘事件: "+e.getKeyChar());
        }
    }
    );
    c.add(ta,BorderLayout.CENTER);
}
public static void main(String args[]){
    KeyUse app=new KeyUse();
app.setSize(260, 160);
    app.setDefaultCloseOperation(JFrame.EXIT_ON_CLOSE);
    app.setVisible(true);
}
}
```

KeyUse 类的文件结构和运行结果如图 8-21 所示。

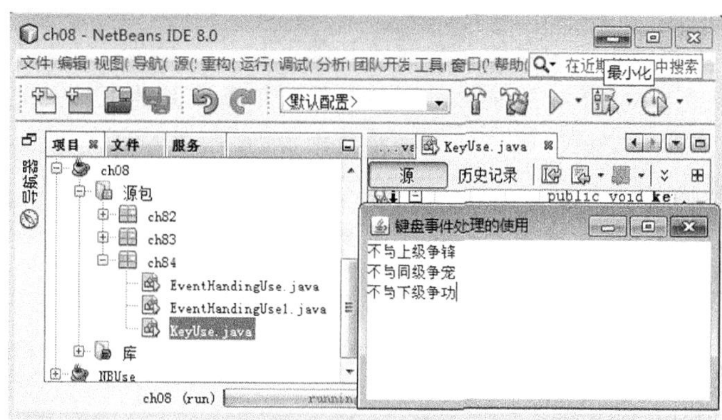

图 8-21　KeyUse 类的文件结构和运行结果

8.5　高级组件

在许多 Java 应用程序中都会用到菜单、表格以及 JTree 等功能组件。菜单提供了非常简洁的交互方式。表格为数据编辑和显示提供了交互手段。JTree 用树形层次结构显示数据。

8.5.1　菜单

1. 菜单的概念

目前各种软件系统一般都提供菜单操作功能。菜单为软件系统提供一种分类管理软件命令、复选操作、单选操作的形式和手段。

菜单是以树状的形式排列这些命令或操作的接口界面，从而方便查找、执行相应的命令或进行相应的操作。

常用的菜单形式有两种：常规菜单和快捷菜单。

2. 常规菜单

常规菜单由菜单栏(JMenuBar)、下拉式菜单(JMenu)和菜单项组成。

菜单项主要包括命令式菜单项(JMenuItem)、复选菜单项(JCheckBoxMenuItem)和单选菜单项(JRadioButtonMenuItem)。JMenuItem、JCheckBoxMenuItem 和 JRadioButtonMenuItem 均为抽象类 AbstractButton 的直接子类或间接子类。

菜单项实际上可以看作是另一种形式的按钮，其中命令式菜单项、复选菜单项和单选菜单项分别与命令式按钮(JButton)、复选框(JCheckBox)和单选按钮(JRadioButton)相对应。菜单为这些菜单项提供了一种组织方式。当单击菜单项时，可以触发与对应按钮相类似的命令或操作。

在下拉式菜单中可以包含多个菜单项或其他下拉式菜单。由于在下拉式菜单中允许存在其他下拉式菜单，从而可以形成一种树状的排列形式。

下拉式菜单有两种状态，一种是折叠状态，另一种是打开状态。当下拉式菜单处于折叠状态时，该下拉式菜单中所包含的菜单项或其他下拉式菜单处于不可见的状态。当下拉式菜单处于打开状态时，该下拉式菜单中所包含的菜单项或其他下拉式菜单处于可见的状态。在初始状态下，下拉式菜单一般是处于折叠状态，当单击下拉式菜单时，则会切换下拉式菜单的折叠和打开状态。

菜单栏是一种容器，在菜单栏中可以包含多个下拉式菜单。

菜单类及其层次结构如图 8-22 所示。

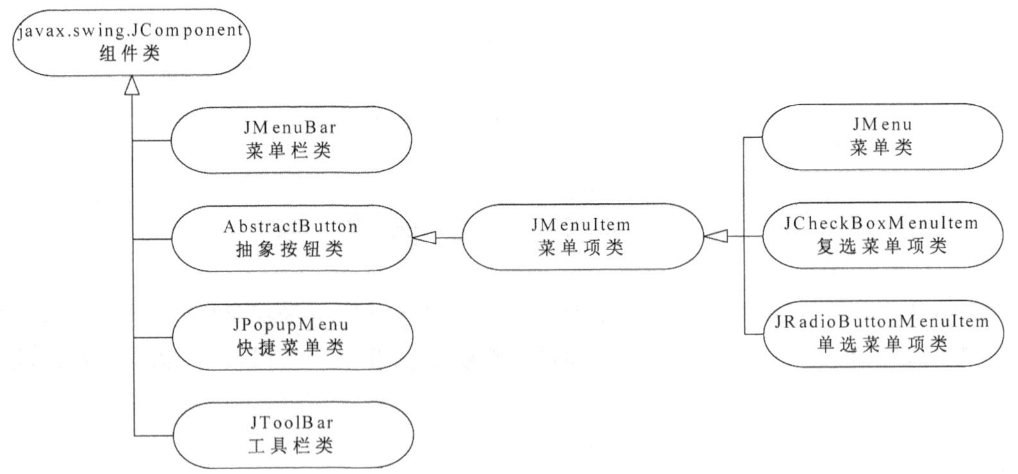

图 8-22　菜单类及其层次结构图

3. 菜单栏

菜单栏(JMenuBar)是用于添加菜单(JMenu)的容器。

JMenuBar 类的声明如下：

```
public class JMenuBar extends JComponent implements Accessible,MenuElement{
    public JMenuBar();
    //将指定的菜单添加到菜单栏
    public JMenu add(JMenu c);
}
```

JFrame 类提供 setJMenuBar(JMenuBar menubar)方法将菜单栏放置在框架窗口上方。

4. 菜单

菜单(JMenu)由一组菜单项组成,也可以是另一个菜单的容器,每个菜单有一个标题。

JMenu 类的声明如下：

```
public class JMenu extends JMenuItem implements Accessible,MenuElement{
    public JMenu();
    //用于创建指定标题菜单的构造方法
    public JMenu(String s);
    //用于在菜单中添加菜单项的方法
    public JMenuItem add(JMenuItem menuItem);
    //将一个分隔线或连字符添加到菜单的当前位置
    public void addSeparator();
}
```

5. 菜单项

菜单项(JMenuItem)是组成菜单或者快捷菜单的最小单位,一个菜单项对应一个特定命令,菜单项不能分解。当单击某个菜单项时,会执行对应的菜单命令。

JMenuItem 类的声明如下：

```
public class JMenuItem extends AbstractButton implements Accessible,MenuElement {
    //构造方法
    public JMenuItem();
    //用于创建指定标题菜单的构造方法
    public JMenuItem(String text);
    //用于创建指定标题以及图片菜单的构造方法
    public JMenuItem(String text, Icon icon);
    //参数 mnemonic 用来指定该命令式菜单项所对应的助记符
    public JMenuItem(String text,int mnemonic);
    //参数 mnemonic 用来指定助记符
    public void setMnemonic(char mnemonic);
    public void setMnemonic(int mnemonic);
    //用于设置菜单项的快捷键
```

```
    public void setAccelerator(KeyStroke keyStroke);
}
```

6. 复选菜单项

复选菜单项(JCheckBoxMenuItem)是可以被选定或取消选定的菜单项。如果被选定，菜单项的旁边通常会出现一个复选标记。如果未被选定或被取消选定，菜单项的旁边就没有复选标记。像常规菜单项一样，复选框菜单项可以有与之关联的文本或图标，或者两者兼而有之。

JCheckBoxMenuItem 类的声明如下：

```
public class JCheckBoxMenuItem extends JMenuItem implements SwingConstants,
    Accessible {
    public JCheckBoxMenuItem();
    public JCheckBoxMenuItem(String text);
    //b 为复选菜单项的选定状态
    public JCheckBoxMenuItem(String text, boolean b);
    public JCheckBoxMenuItem(String text, Icon icon, boolean b) ;
}
```

7. 单选菜单项

单选菜单项(JRadioButtonMenuItem)是属于一组菜单项的一个菜单项，同一时刻该组中的菜单项只能选择一个。被选择的项显示为选中状态。选择此项的同时，其他任何以前被选择的项都切换到未选择状态。要控制一组单选按钮菜单项的选择状态，可使用 ButtonGroup 对象。

JRadioButtonMenuItem 类的声明如下：

```
public class JRadioButtonMenuItem extends JMenuItem implements Accessible {
    public JRadioButtonMenuItem();
    public JRadioButtonMenuItem(String text);
    //若 selected 的值为 true,按钮被初始化为选择状态;否则,按钮被初始化为未选择状态
    public JRadioButtonMenuItem(String text,boolean selected);
    public JRadioButtonMenuItem(String text, Icon icon,boolean selected);
}
```

8. 快捷菜单

快捷菜单(JPopupMenu)是另一种常用的菜单。快捷菜单是通过按鼠标键而弹出的浮动菜单。因为在实际应用中快捷菜单的弹出一般是通过在容器界面上右击来实现，所以快捷菜单也常常称为右键菜单。快捷菜单不需要菜单栏，但需要创建快捷菜单实例对象。

JPopupMenu 类的声明如下：

```
public class JPopupMenu extends JComponent implements Accessible,MenuElement{
    public JPopupMenu();
    //add()方法用于添加菜单项
```

```
    public JMenuItem add(JMenuItem menuItem);
    public void addSeparator();
    /* invoker 指定快捷菜单所依附的组件,在组件调用者的坐标空间中的(x,y)位置处显示弹
     出菜单 */
    public void show(Component invoker, int x, int y);
}
```

【例 8-17】 常规菜单的使用(MenuUse.java)。

```
package ch85;
/*
    开发者：***
    开发地点：***
    开发时间：****年**月**日
    最后一次修改时间：****年**月**日
    功能简介：高级组件中的常规菜单的使用
*/
import java.awt.event.ActionEvent;
import java.awt.event.ActionListener;
import javax.swing.JFrame;
import javax.swing.JMenu;
import javax.swing.JMenuBar;
import javax.swing.JMenuItem;
import javax.swing.KeyStroke;

public class MenuUse extends JFrame{
    public MenuUse(){
        super("常规菜单的使用");
        //创建菜单栏(JMenuBar)对象
        JMenuBar mBar=new JMenuBar();
        //在 JFrame 容器中设置菜单栏对象,即将菜单栏添加到框架容器中
        this.setJMenuBar(mBar);
        //创建菜单对象
        JMenu[] m={new JMenu("文件(F)"), new JMenu("编辑(E)")};
        //保存助记符的数组
        char[][] mC={{'F','E'},{'O','S'}, {'C','V'}};
        //创建菜单项
        JMenuItem[] [] mI=
        {
            {new JMenuItem("打开(O)"), new JMenuItem("保存(S)")},
            {new JMenuItem("复制(C)"), new JMenuItem("粘贴(V)")}
        };
        for (int i=0; i<m.length;i++)
        {
            //将菜单添加到菜单栏中
            mBar.add(m[i]);
            //设置菜单的助记符
```

```
            m[i].setMnemonic(mC[0][i]);
            for (int j=0; j<mI[i].length; j++)
            {
                //在菜单中添加菜单项
                m[i].add(mI[i][j]);
                //为菜单项设置助记符
                mI[i][j].setMnemonic(mC[i+1][j]);
                //设置菜单项的快捷键,一般菜单项使用 Ctrl,菜单使用 Alt
                mI[i][j].setAccelerator(KeyStroke.getKeyStroke("ctrl"+mC[i+1]
                [j]));
                //为菜单项注册监听器
                mI[i][j].addActionListener(new ActionListener(){
                    public void actionPerformed(ActionEvent e)
                    {
                        JMenuItem mItem=(JMenuItem)e.getSource();
                        System.out.println("运行菜单项:"+mItem.getText());
                    } //actionPerformed()方法结束
                    } //实现接口 ActionListener 的匿名类结束
                ); //addActionListener()结束
                } //内部 for 循环结束
        } //外部 for 循环结束
        //在菜单项或下拉式菜单之间插入菜单分隔条
        m[0].insertSeparator(1);
    } //构造方法结束
    public static void main(String args[]){
        MenuUse app=new MenuUse();
        app.setSize(260,160);
        app.setDefaultCloseOperation(JFrame.EXIT_ON_CLOSE);
        app.setVisible(true);
    }
}
```

MenuUse 类的文件结构和运行结果如图 8-23 所示。图中下拉式菜单“文件(F)”是打开状态;下拉式菜单“编辑(E)”是折叠状态。

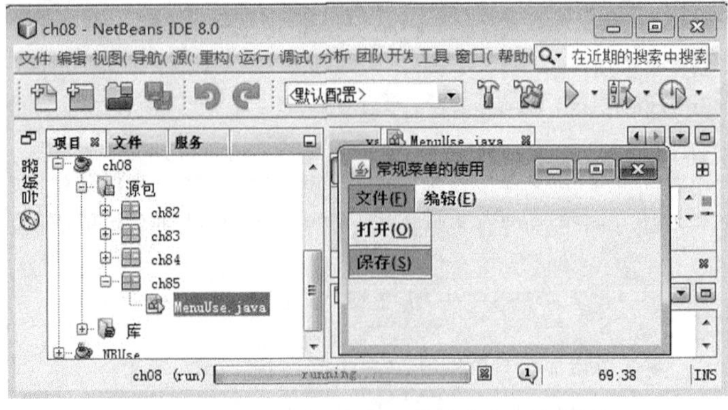

图 8-23 MenuUse 类的文件结构和运行结果

【例 8-18】 快捷菜单的使用(PopupMenuUse.java)。

```
package ch85;
/*
    开发者：***
    开发地点：***
    开发时间：****年**月**日
    最后一次修改时间：****年**月**日
    功能简介：高级组件中的快捷菜单的使用
*/
import java.awt.event.ActionEvent;
import java.awt.event.ActionListener;
import java.awt.event.MouseAdapter;
import java.awt.event.MouseEvent;
import javax.swing.JFrame;
import javax.swing.JMenu;
import javax.swing.JMenuItem;
import javax.swing.JPopupMenu;
import javax.swing.KeyStroke;

public class PopupMenuUse extends JFrame{
    private JPopupMenu popupMenu;
    public PopupMenuUse(){
        super("快捷菜单的使用");
        popupMenu=new JPopupMenu();
        JMenu[] m={new JMenu("文件(F)"),new JMenu("编辑(E)")};
        char[][] mC={{'F','E'},{'O','S'},{'C','V'}};
        JMenuItem[][] mI=
        {
            {new JMenuItem("打开(O)"), new JMenuItem("保存(S)")},
            {new JMenuItem("复制(C)"), new JMenuItem("粘贴(V)")}
        };
        for(int i=0;i<m.length;i++)
        {
            popupMenu.add(m[i]);
            m[i].setMnemonic(mC[0][i]);
            for (int j=0;j<mI[i].length;j++)
            {
                m[i].add(mI[i][j]);
                mI[i][j].setMnemonic(mC[i+1][j]);
                mI[i][j].setAccelerator(KeyStroke.getKeyStroke("ctrl"+mC[i+1]
                [j]));
                mI[i][j].addActionListener(new ActionListener(){
                        public void actionPerformed(ActionEvent e)
                        {
                            JMenuItem mItem=(JMenuItem)e.getSource();
```

```
                        System.out.println("运行菜单项:"+mItem.getText());
                    }
                }
            );
        }
    }
    m[0].insertSeparator(1);
    this.addMouseListener(new MouseAdapter(){
            public void mousePressed(MouseEvent e){
                if (e.isPopupTrigger())
                    popupMenu.show(e.getComponent(),e.getX(),e.getY());
            }
            public void mouseReleased(MouseEvent e){
                mousePressed(e);
            }
        }
    );
}
public static void main(String args[]){
    PopupMenuUse app=new PopupMenuUse();
    app.setSize(260,160);
    app.setDefaultCloseOperation(JFrame.EXIT_ON_CLOSE);
    app.setVisible(true);
}
}
```

PopupMenuUse 类的文件结构和运行结果如图 8-24 所示。

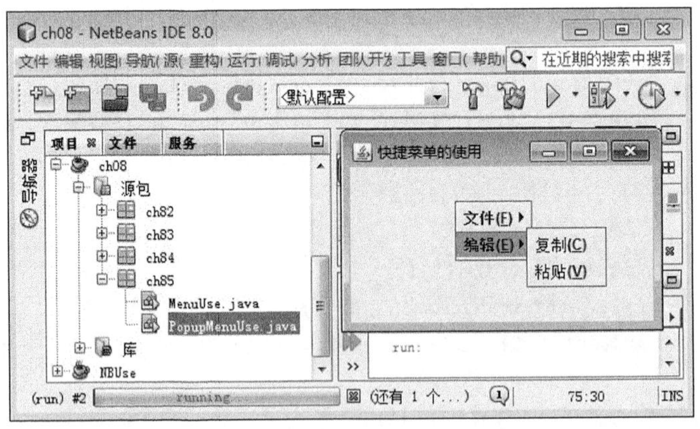

图 8-24　PopupMenuUse 类的文件结构和运行结果

8.5.2　表格

在图形用户界面上，经常使用二维表格来显示批量数据。二维表格通常由表头和表格数据组成。表头定义了各列的名称，列的名称称为列名。表格的每一列称为字段，列名也称为字段名。表格列的宽度可以调整，当将鼠标指针移到在表头处的各个列的边界处时，表示鼠标指针的图标变成调整列宽度的图标。这时，按下鼠标的左键拖动鼠标可以调整列的宽度。表格的数据部分定义了表格的具体内容，其中每个格称为单元格。可以由程序指定是否允许编辑单元格的内容。如果单元格的内容是可以编辑的，那么双击该单元格就会进入编辑该单元格内容的状态，即可以修改单元格的内容。在用表格展示数据库查询结果时，表格中每一行的数据对应数据库中的一条记录。

Java 类库中的 JTable 类是用来声明表格的。使用 JTable 类可以显示和编辑常规二维表格。

JTable 类的常用构造方法如下。

(1) public JTable()：构造一个默认的 JTable，使用默认的数据模型、默认的列模型和默认的选择模型对其进行初始化。

(2) public JTable(int numRows,int numColumns)：使用 DefaultTableModel 构造具有 numRows 行和 numColumns 列个空单元格的 JTable。列名称采用 "A"、"B"、"C" 等形式。

(3) public JTable(TableModel dm)：构造一个 JTable，使用表格模型 dm 指定的列模型和选择模型对其进行初始化。TableModel 是表格模型接口。

JTable 类将表格模型封装成为 Swing 图形用户界面的组件，为二维表格提供一个视图窗口，在图形界面上显示表格的内容，并提供交互的手段。

表格模型 TableModel 定义了二维表格的基本操作，如获取列数、行数、列名、单元格内容等。要生成表格模型的实例对象，就必须有实现了接口 javax. swing. table. TableModel 的表格模型类。在编写表格模型类的过程中，一般首先需要定义二维表格的数据结构来存储表头信息和表格数据内容。常用数据结构有二维数组和向量 Vector。如果二维表格的行数和列数在表格创建之后不需要改变，可以直接用二维数组。如果需要不断改变二维表格的行数或列数，则可以考虑通过 Vector 的实例对象存储表头信息和表格的数据内容。然后，在定义好的表格数据结构上完成接口 TableModel 规定的各个操作。

接口 TableModel 的实现类还可以通过继承抽象类 AbstractTableModel 来定义。抽象类 AbstractTableModel 已经实现了接口 TableModel 规定的大部分成员方法。

创建表格也可以直接利用已有的表格模型类 javax. swing. table. DefaultTableModel。通过类 DefaultTableModel 的构造方法 DefaultTableModel()可创建一个空的二维表格模型。

类 DefaultTableModel 的构造方法如下：

```
public DefaultTableModel(int rowCount,int columnCount);
public DefaultTableModel(Vector columnNames,int rowCount);
public DefaultTableModel(Vector data,Vector columnNames);
```

其中，rowCount 参数指定表格的行数，columnCount 参数指定表格的列数，向量 columnNames 指定各个列名，向量 data 指定表格中的数据。类 DefaultTableModel 可以直接采用 Vector 存储表格的表头信息和表格数据内容，其中一个 Vector 实例对象存储列名，另一个 Vector 实例对象存储表格数据内容。类 DefaultTableModel 的常用方法如下。

(1) public int getColumnCount()：获得二维表格的列数。

(2) public int getRowCount()：获取二维表格的行数。

(3) public String getColumnName(int column)：获取二维表格的第 column+1 列的列名。

(4) public Object getValueAt(int row,int column)：获取二维表格的第 row+1 行、第 column+1 列的元素。

(5) public Vector getDataVector()：获取二维表格存储数据内容的向量。

(6) public void setDataVector(Vector dataVector,Vector columnIdentifiers)：将二维表格存储数据内容的向量替换成参数 dataVector 指定的向量,将表示表头信息的向量替换成参数 columnIdentifiers 指定的向量。

(7) public void addColumn(Object columnName)：给二维表格的末尾添加新的一列,其中参数 columnName 指定列名。新添加的列的各个单元格的数据均为空。

(8) public void addColumn(Object columnName,Vector columnData)：给二维表格的末尾添加新的一列,其中参数 columnName 指定列名,参数 columnData 指定新加入列的各个单元格的数据内容。

(9) public void addRow(Vector rowData)：给二维表格的最后添加新的一行,其中参数 rowData 指定这一行的内容。如果 rowData 的值为"(Vector)null",则新添加的行的内容为空。

(10) public void insertRow(int row,Vector rowData)：给二维表格添加一行。新加入的行在表格中将位于第 row+1 行。原来在第 row+1 行及之后的行将往后移一行。新加入的行的内容由参数 rowData 指定。如果 rowData 的值为"(Vector)null",则新加入的行的内容为空。

(11) public void removeRow(int row)：删除表格的第 row+1 行。类 DefaultTableModel 不提供删除列的成员方法。如果需要删除某一列,可通过成员方法 getColumnName()获取列名;通过成员方法 getDataVector()获取存储表格数据的向量;然后直接操作列名向量和表格数据向量删除指定的列;最后通过成员方法 setDataVector()更新二维表格。虽然成员方法 addColumn()可以往表格的末尾添加新的列,但往表格中间插入新列的成员方法没有提供。因此,如果需要在表格的中间插入新的列,可以通过成员方法 getColumnName()获取所有的列名,通过成员方法 getDataVector()获取存储表格数据的向量,然后直接操作列名向量和表格数据向量,在指定位置插入新的列;最后通过成员方法 setDataVector()更新二维表格。

(12) public int getSelectedColumn()：返回当前选中列的第一列的下标索引值。如果选中的是单元格,则该单元格所在的列即为当前选中的列。如果没有列被选中,则返回−1。

(13) public int[] getSelectedColumns()：返回当前选中的所有列的下标索引值。如果没有列被选中,则返回 null。

(14) public int getSelectedColumnCount()：返回当前选中的列的列数。

(15) public int getSelectedRow()：返回当前选中行的第一行的下标索引值。如果没有行被选中,则返回−1。

(16) public int[] getSelectedRows()：返回当前选中的所有的行的下标索引值。如果没有行被选中，则返回 null。

(17) public int getSelectedRowCount()：返回当前选中的行的行数。

作为组件，表格的实例对象可以直接添加到容器的内容窗格中。例如：

```
JFrame app=new JFrame();
Container c=app.getContentPane();
DefaultTableModel m_data=new DefaultTableModel(3,3);
JTable m_view=new JTable(m_data);
c. add (m_view);
```

类 JTable 的成员方法如下。

(1) public void setPreferredScrollableViewportSize(Dimension size)：设置表格的显示区域大小。

(2) public void setAutoResizeMode(int mode)：设置表格列宽在表格缩放时的自动调整模式。

Mode 参数的值有以下几种。

(1) JTable. AUTO_RESIZE_OFF 常量：当调整某一列的宽度或添加列或删除列时，其他列的宽度保持不变，从而使表格的总宽度发生变化。

(2) JTable. AUTO_RESIZE_NEXT_COLUMN 常量：当将鼠标指针移到表头处的两列的边界并按下鼠标的左键调整这两列的宽度时，这两列的总宽度保持不变。

(3) JTable. AUTO_RESIZE_SUBSEQUENT_COLUMNS 常量：当调整某一列的宽度时，在这一列之后的所有列都会自动均匀地调整宽度，从而使得表格的总宽度保持不变。

(4) JTable. AUTO_RESIZE_LAST_COLUMN 常量：当调整某一列的宽度时，只有最后一列的宽度会发生相应的调整，从而使得表格的总宽度保持不变。

(5) JTable. AUTO_RESIZE_LAST_COLUMNS 常量：当调整某一列的宽度时，其他所有的列都会自动均匀地调整宽度，从而使得表格的总宽度保持不变。

【例 8-19】 表格的使用(TableUse. java)。

```
package ch85;
/*
    开发者：***
    开发地点：***
    开发时间：****年**月**日
    最后一次修改时间：****年**月**日
    功能简介：高级组件表格的使用，实现在表格中添加行、添加列、删除行、删除列等功能
*/
import java.awt.Container;
import java.awt.Dimension;
import java.awt.FlowLayout;
import java.awt.event.ActionEvent;
import java.awt.event.ActionListener;
import java.util.Vector;
import javax.swing.JButton;
import javax.swing.JFrame;
```

```
import javax.swing.JScrollPane;
import javax.swing.JTable;
import javax.swing.table.DefaultTableModel;

public class TableUse extends JFrame{
    DefaultTableModel dt;
    JTable table;
    public TableUse(){
        super("表格的使用");
        Container c=getContentPane();
        c.setLayout(new FlowLayout());
        //创建 4 个按钮
        JButton[] b={
                    new JButton("添加行"), new JButton("添加列"),
                    new JButton("删除行"), new JButton("删除列")
                   };
        //通过 for 语句将按钮添加到容器 c 中
        for (int i=0;i<4;i++)
            c.add(b[i]);
        //创建一个空的数据表格
        dt=new DefaultTableModel();
        //通过数据模型创建表格
        table=new JTable(dt);
        //设置表格显示区域的大小
        table.setPreferredScrollableViewportSize(new Dimension(360,160));
        //设置表格列宽在表格缩放时的自动调整模式
        table.setAutoResizeMode(JTable.AUTO_RESIZE_OFF);
        //添加滚动窗格
        JScrollPane sPane=new JScrollPane(table);
        c.add(sPane);
        //为按钮注册监听
        b[0].addActionListener(new ActionListener(){
            public void actionPerformed(ActionEvent e){
                //调用方法
                addRow();
                System.out.println("添加一行");
            }
            } //实现接口 ActionListener 的内部类结束
        ); //addActionListener()方法结束
        b[1].addActionListener(new ActionListener(){
            public void actionPerformed(ActionEvent e){
                //调用方法
                addColumn();
                System.out.println("添加一列");
              }
            }
        );
```

```
    b[2].addActionListener(new ActionListener(){
          public void actionPerformed(ActionEvent e){
              //调用方法
              deleteRow();
              System.out.println("删除当前行");
          }
       }
    );
    b[3].addActionListener(new ActionListener(){
          public void actionPerformed(ActionEvent e){
              //调用方法
              deleteColumn();
              System.out.println("删除当前列");
          }
       }
    );
}
//添加一列
public void addColumn(){
    //获得二维表格的列数
    int cNum=dt.getColumnCount();
    //获取二维表格的行数
    int rNum=dt.getRowCount();
    String s="列"+(cNum+1);
    //返回第一个选定列的索引值
    int c=table.getSelectedColumn();
    System.out.println("当前列号为:"+c);
    if (cNum==0||rNum==0||c<0){
        dt.addColumn(s);
        return;
    }
    c++;
    //调用方法进行表头的处理
    Vector<String>vs=getColumnNames();
    vs.add(c,s);
    Vector data=dt.getDataVector();
    for (int i=0;i<data.size();i++){
        Vector e=(Vector) data.get(i);
        e.add(c, new String(""));
    }
    dt.setDataVector(data, vs);
} //addColumn()方法结束
//添加一行
public void addRow() {
    int cNum=dt.getColumnCount();
    if (cNum==0)
        addColumn();
```

```
        int rNum=dt.getRowCount();
        int r=getRowCurrent();
        System.out.println("当前行号为:"+r);
        dt.insertRow(r,(Vector)null);
    } //addRow()方法结束
    //删除一列
    public void deleteColumn(){
        int cNum=dt.getColumnCount();
        if (cNum==0)
            return;
        int c=table.getSelectedColumn();
        if (c<0)
            c=0;
        System.out.println("当前列号为:"+c);
        //调用方法对表头进行处理
        Vector<String>vs=getColumnNames();
        vs.remove(c);
        Vector data=dt.getDataVector();
        for (int i=0;i<data.size(); i++){
            Vector e= (Vector) data.get(i);
            e.remove(c);
        }
        dt.setDataVector(data, vs);
    } //deleteColumn()方法结束
    //删除一行
    public void deleteRow(){
        int rNum=dt.getRowCount();
        if (rNum>0){
            int rEdit=getRowCurrent();
            dt.removeRow(rEdit);
        }
    } //deleteRow()方法结束
    //取得列名称
    public Vector<String>getColumnNames(){
        Vector<String>vs=new Vector<String>();
        int cNum=dt.getColumnCount();
        for(int i=0;i<cNum; i++)
            vs.add(dt.getColumnName(i));
        return(vs);
    } //getColumnNames()方法结束
    //取得当前行的行号
    public int getRowCurrent(){
        int r=table.getSelectedRow();
        if (r<0)
            r=0;
        return(r);
    } //getRowCurrent()方法结束
```

```
    public static void main(String args[]){
        TableUse app=new TableUse();
         app.setSize(360,260);
        app.setDefaultCloseOperation(JFrame.EXIT_ON_CLOSE);
        app.setVisible(true);
    }
}
```

TableUse 类的文件结构和运行结果如图 8-25 所示。

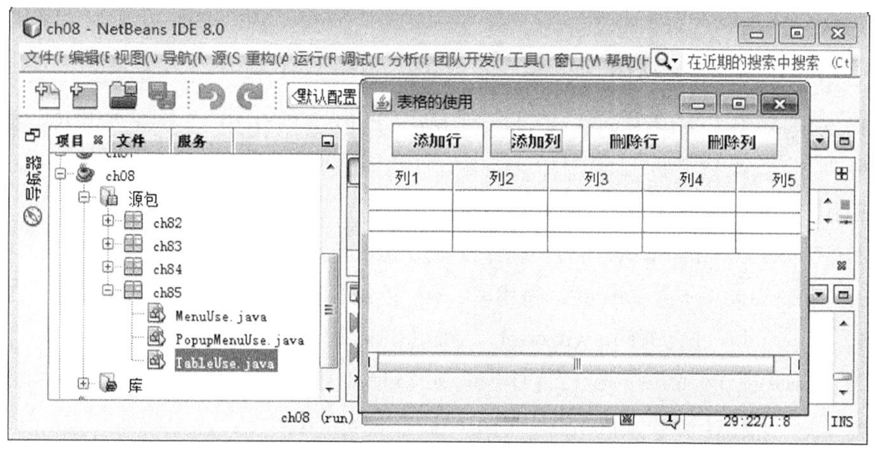

图 8-25　TableUse 类的文件结构和运行结果

8.5.3　JTree

JTree 是 Swing 的组件,它用树形层次结构显示数据。常用的 Windows 操作系统以及 QQ 聊天系统中都用到树形结构来显示数据,如图 8-26 所示。

图 8-26　树形层次结构

树可以用来浏览具有层次关系结构的数据。树中的所有节点都按层次索引表的形式显示。一个节点可以有子节点(也称为孩子)。如果一个节点没有子节点,则称为叶节点(leaf);没有父节点的节点称为根节点(root)。一棵树可以由许多子树组成,每个节点都可以是其他子树的根节点。

通过"单击"节点或者节点前面的叶柄,非叶节点能够展开或折叠。通常叶柄上有一个可视符号,标明是否能够展开或折叠。

和 JTable 一样,JTree 是一个非常复杂的组件,具有许多支持的接口和类。JTree 在 javax. swing 包中,但是支持的接口和类包含在 javax. swing. tree 包中。

1. JTree 类的构造方法

JTree 类包含 7 个用于创建树的构造方法,可以分别使用无参构造方法、树的模型、树节点、散列表、数组以及向量来创建一棵树。JTree 类的构造方法如下。

(1) JTree():创建一棵系统默认的树。

(2) JTree(Hashtable value):利用 Hashtable 创建树,不显示根节点。

(3) JTree(Object[] value):利用 Object 数组创建树,不显示根节点。

(4) JTree(TreeModel newModel):利用 TreeModel 创建树。

(5) JTree(TreeNode root):利用 TreeNode 创建树。

(6) JTree(TreeNode root, boolean asksAllowsChildren):利用 TreeNode 创建树,并决定是否允许子节点的存在。

(7) JTree(Vector value):利用 Vector 创建树,不显示根节点。

2. 使用 JTree()创建树

无参数的构造方法中各个节点的数据均是 Java 语言的默认值,而非自己设置的。该构造方法返回带有示例模型的 JTree。树使用的默认模型可以将叶节点定义为不带子节点的任何节点。

【例 8-20】 无参数构造方法的使用(NoParametersTree. java)。

```
package ch85;
/*
    开发者:***
    开发地点:***
    开发时间:****年**月**日
    最后一次修改时间:****年**月**日
    功能简介:高级组件 JTree 的使用,用无参数构造方法创建树
 */
import java.awt.Container;
import javax.swing.JFrame;
import javax.swing.JScrollPane;
import javax.swing.JTree;

public class NoParametersTree{
```

```
    public NoParametersTree(){
        JFrame app=new JFrame("无参数构造方法的使用");
        Container c=app.getContentPane();
        JTree tree=new JTree();
        /*创建一个视口(如果有必要)并设置其视图。不直接为 JScrollPane 构造方法提供视
         图的应用程序应使用此方法指定将显示在滚动窗格中的滚动组件
         */
        JScrollPane scrollPane=new JScrollPane();
        scrollPane.setViewportView(tree);
        c.add(scrollPane);
        app.pack();
        app.setDefaultCloseOperation(JFrame.EXIT_ON_CLOSE);
        app.setVisible(true);
    }
    public static void main(String[] args){
        new NoParametersTree();
    }
}
```

NoParametersTree 类的文件结构和运行结果如图 8-27 所示。

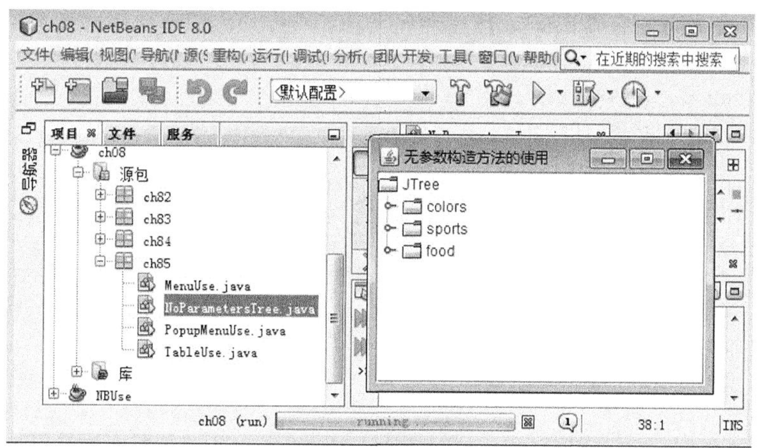

图 8-27　NoParametersTree 类的文件结构和运行结果

3. 使用 JTree(Hashtable value)创建树

如果需要输入特定的节点数据，可以把 Hashtable 当作 JTree 的数据输入。该构造方法返回用 Hashtable 创建的 JTree，它不显示根节点。Hashtable 中每个键-值对的半值都成为新根节点的子节点。默认情况下，树可以将叶节点定义为不带子节点的任何节点。

【例 8-21】 利用 Hashtable 建立树(HashtableTree.java)。

```
package ch85;
/*
    开发者：***
```

```
    开发地点：***
    开发时间：****年**月**日
    最后一次修改时间：****年**月**日
    功能简介：高级组件 JTree 的使用,利用 Hashtable 建立树
*/
import java.awt.Container;
import java.util.Hashtable;
import javax.swing.JFrame;
import javax.swing.JScrollPane;
import javax.swing.JTree;

public class HashtableTree{
    public HashtableTree(){
        JFrame app=new JFrame("利用 Hashtable 建立树");
        Container c=app.getContentPane();
        String[] s1={"本机磁盘(C:)","本机磁盘(D:)","本机磁盘(E:)"};
        String[] s2={"网上聊天","网络新闻","网络书店"};
        String[] s3={"公司文件","个人信件","私人文件"};
        Hashtable h1=new Hashtable();
        Hashtable h2=new Hashtable();
        h1.put("我的电脑",s1);
        h1.put("收藏夹",h2);
        h2.put("网站列表",s2);
        h1.put("我的公文包",s3);
        JTree tree=new JTree(h1);
        JScrollPane scrollPane=new JScrollPane();
        scrollPane.setViewportView(tree);
        c.add(scrollPane);
        app.pack();
        app.setDefaultCloseOperation(JFrame.EXIT_ON_CLOSE);
        app.setVisible(true);
    }
    public static void main(String[] args){
        new HashtableTree();
    }
}
```

HashtableTree 类的文件结构和运行结果如图 8-28 所示。

4. 使用 JTree(TreeNode root)创建树

JTree 上的每一个节点就代表一个 TreeNode 对象，TreeNode 本身是一个接口，该接口声明了 7 个有关节点处理的方法，包括获取子节点数(getChildCount())、获取父节点(getparent())、新增节点(insert())、删除节点(remove())、设置节点(setUserObject())等。在实际应用中，一般不会直接使用该接口，而是使用类库提供的 DefaultMutableTreeMode 类，此类是通过实现 MutableTreeNode 接口得到的，并提供了其他许多实用的方法。

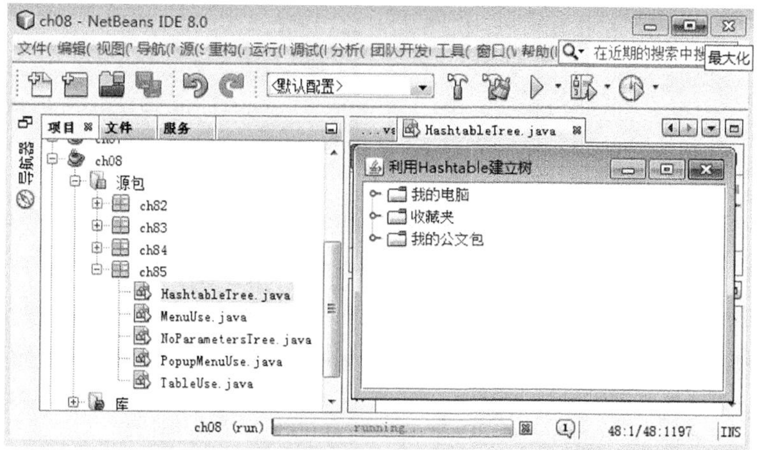

图 8-28　HashtableTree 类的文件结构和运行结果

MutableTreeNode 接口继承了 TreeNode 接口。

接下来介绍如何利用 DefaultMutableTreeNode 来建立 JTree。

首先来了解 DefaultMutableTreeNode 的构造方法。

(1) DefaultMutableTreeNode()：创建空的 DefaultMutableTreeNode 对象。

(2) DefaultMutableTreeNode(Object userObject)：用参数 userObject 对象作为节点创建 DefaultMutableTreeNode 对象。

(3) DefaultMutableTreeNode(Object userObject, Boolean allowsChildren)：用参数 userObject 对象作为节点创建 DefaultMutableTreeNode 对象，并决定是否允许此节点拥有子节点。

【例 8-22】　利用 DefaultMutableTreeNode 建立树(DefaultMutableTreeNodeTree.java)。

```
package ch85;
/*
    开发者：***
    开发地点：***
    开发时间：****年**月**日
    最后一次修改时间：****年**月**日
    功能简介：高级组件 JTree 的使用,利用 DefaultMutableTreeNode 创建树
*/
import java.awt.Container;
import javax.swing.JFrame;
import javax.swing.JScrollPane;
import javax.swing.JTree;
import javax.swing.tree.DefaultMutableTreeNode;

public class DefaultMutableTreeNodeTree{
    public DefaultMutableTreeNodeTree(){
        JFrame app=new JFrame("利用 DefaultMutableTreeNode 建立树");
```

```
        Container c=app.getContentPane();
        DefaultMutableTreeNode root=new DefaultMutableTreeNode("资源管理器");
        DefaultMutableTreeNode node1=new DefaultMutableTreeNode("我的公文包");
        DefaultMutableTreeNode node2=new DefaultMutableTreeNode("我的电脑");
        DefaultMutableTreeNode node3=new DefaultMutableTreeNode("收藏夹");
        root.add(node1);
        root.add(node2);
        root.add(node3);
        DefaultMutableTreeNode leafnode=new DefaultMutableTreeNode("公司文件");
        node1.add(leafnode);
        leafnode=new DefaultMutableTreeNode("私人文件");
        node1.add(leafnode);
        leafnode=new DefaultMutableTreeNode("个人信件");
        leafnode=new DefaultMutableTreeNode("本机磁盘(C:)");
        node2.add(leafnode);
        leafnode=new DefaultMutableTreeNode("本机磁盘(D:)");
        node2.add(leafnode);
        leafnode=new DefaultMutableTreeNode("本机磁盘(E:)");
        node2.add(leafnode);
        DefaultMutableTreeNode node31=new DefaultMutableTreeNode("网站列表");
        node3.add(node31);
        leafnode=new DefaultMutableTreeNode("网上聊天");
        node31.add(leafnode);
        leafnode=new DefaultMutableTreeNode("网络新闻");
        node31.add(leafnode);
        leafnode=new DefaultMutableTreeNode("网络书店");
        node31.add(leafnode);
        JTree tree=new JTree(root);
        JScrollPane scrollPane=new JScrollPane();
        scrollPane.setViewportView(tree);
        c.add(scrollPane);
        app.pack();
        app.setDefaultCloseOperation(JFrame.EXIT_ON_CLOSE);
        app.setVisible(true);
    }
    public static void main(String[] args){
        new DefaultMutableTreeNodeTree();
    }
}
```

DefaultMutableTreeNodeTree 类的文件结构和运行结果如图 8-29 所示。

5. 使用 JTree(TreeModel newModel)创建树

除了以节点的方式创建树之外，还可以用数据模型的模式建立树。树的数据模型是 TreeModel 接口。用此模式的好处是可以触发相关的树事件来处理树可能产生的一些变

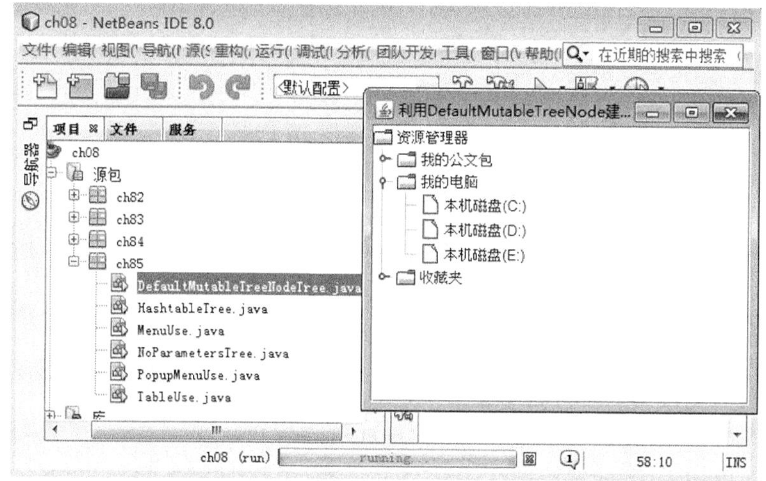

图 8-29　DefaultMutableTreeNodeTree 类的文件结构和运行结果

动。TreeModel 接口声明了如下 8 个方法。

(1) addTreeModelListener(TreeModelListener l)：添加一个 TreeModelListener 监听器来监控 TreeModelEvent 事件。

(2) getChild(Object parent,int index)：返回 parent 节点的第 index 个子节点。

(3) getChildCount(Object parent)：返回 parent 节点的子节点数。

(4) getIndexOfChild(Object parent,Object child)：返回 parent 节点的子节点 child 的索引值。

(5) getRoot()：返回树的根节点。

(6) isLeaf(Object node)：判断 node 节点是否为树叶节点。

(7) removeTreeModelListener(TreeModelListener l)：删除 TreeModelListener 监听器。

(8) valueForPathChanged(TreePath path,Object newValue)：当用户改变 Tree 上的值时如何应对。

可以使用这 8 个方法构造出自己想要的 JTree，不过在大部分情况下不会这样做，而是使用 Java 语言提供的默认树模型，即 DefaultTreeModel 类，这个类已经实现了 TreeModel 接口，另外提供了许多实用的方法。利用这个默认模型，能很方便地构造出 JTree。

(1) DefaultTreeModel(TreeNode root)：创建 DefaultTreeModel 对象，并指定根节点。

(2) DefaultTreeModel(TreeNode root,Boolean asksAllowsChildren)：创建具有根节点的 DefaultTreeModel 对象，并决定是否允许此节点具有子节点。

【例 8-23】 利用 TreeModel 建立树(TreeModelTree.java)。

```
package ch85;
/*
    开发者：***
    开发地点：***
    开发时间：****年**月**日
    最后一次修改时间：****年**月**日
```

```
    功能简介：高级组件 JTree 的使用,利用 TreeModel 建立树
*/
import java.awt.Container;
import javax.swing.JFrame;
import javax.swing.JScrollPane;
import javax.swing.JTree;
import javax.swing.tree.DefaultMutableTreeNode;
import javax.swing.tree.DefaultTreeModel;

public class TreeModelTree{
    public TreeModelTree(){
        JFrame app=new JFrame("利用 TreeModel 建立树");
        Container c=app.getContentPane();
        DefaultMutableTreeNode root=new DefaultMutableTreeNode("资源管理器");
        DefaultMutableTreeNode node1=new DefaultMutableTreeNode("我的公文包");
        DefaultMutableTreeNode node2=new DefaultMutableTreeNode("我的电脑");
        DefaultMutableTreeNode node3=new DefaultMutableTreeNode("收藏夹");
        DefaultTreeModel treeModel=new DefaultTreeModel(root);
        //加入节点到父节点
        treeModel.insertNodeInto(node1, root, root.getChildCount());
        treeModel.insertNodeInto(node2, root, root.getChildCount());
        treeModel.insertNodeInto(node3, root, root.getChildCount());
        DefaultMutableTreeNode leafnode=new DefaultMutableTreeNode("公司文件");
        treeModel.insertNodeInto(leafnode, node1, node1.getChildCount());
        leafnode=new DefaultMutableTreeNode("个人信件");
        treeModel.insertNodeInto(leafnode, node1, node1.getChildCount());
        leafnode=new DefaultMutableTreeNode("私人文件");
        treeModel.insertNodeInto(leafnode, node1, node1.getChildCount());
        leafnode=new DefaultMutableTreeNode("本机磁盘(C:)");
        treeModel.insertNodeInto(leafnode, node2, node2.getChildCount());
        leafnode=new DefaultMutableTreeNode("本机磁盘(D:)");
        treeModel.insertNodeInto(leafnode, node2, node2.getChildCount());
        leafnode=new DefaultMutableTreeNode("本机磁盘(E:)");
        treeModel.insertNodeInto(leafnode, node2, node2.getChildCount());
        DefaultMutableTreeNode node31=new DefaultMutableTreeNode("网站列表");
        treeModel.insertNodeInto(node31, node3, node3.getChildCount());
        leafnode=new DefaultMutableTreeNode("网上聊天");
        treeModel.insertNodeInto(leafnode, node3, node3.getChildCount());
        leafnode=new DefaultMutableTreeNode("网络新闻");
        treeModel.insertNodeInto(leafnode, node3, node3.getChildCount());
        leafnode=new DefaultMutableTreeNode("网络书店");
        treeModel.insertNodeInto(leafnode, node3, node3.getChildCount());
        JTree tree=new JTree(treeModel);
        //改变 JTree 的外观
        tree.putClientProperty("JTree.lineStyle","Horizontal");
```

```
        JScrollPane scrollPane=new JScrollPane();
        scrollPane.setViewportView(tree);
        c.add(scrollPane);
        app.pack();
        app.setDefaultCloseOperation(JFrame.EXIT_ON_CLOSE);
        app.setVisible(true);
    }
    public static void main(String args[]) {
        new TreeModelTree();
    }
}
```

TreeModelTree 类的文件结构和运行结果如图 8-30 所示。

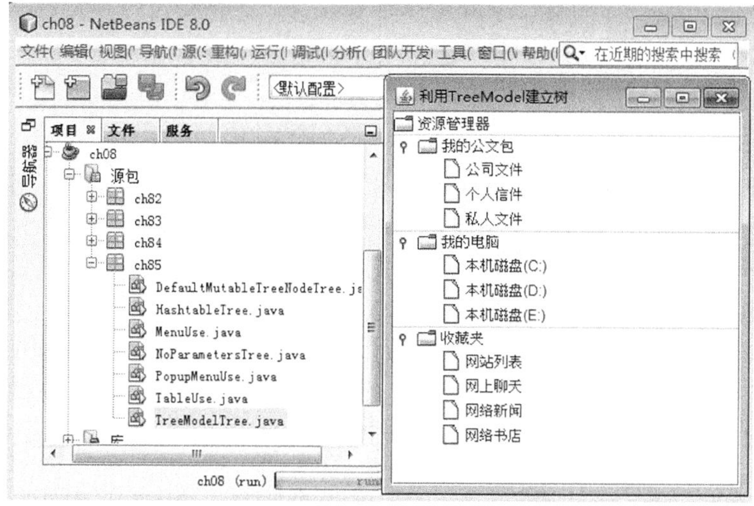

图 8-30　TreeModelTree 类的文件结构和运行结果

6. 改变 JTree 的外观

可以使用 JComponent 所提供的 putClientProperty(Object key,Object value)方法来设置默认的 JTree 外观,设置方式共有 3 种。

(1) putClientProperty("JTree.lineStyle","None"):设置默认外观。

(2) putClientProperty("JTree.lineStyle","Horizontal"):在 JTree 的文件夹间添加水平分隔线。

(3) putClientProperty("JTree.lineStyle","Angled"):使 JTree 具有类似 Windows 文件管理器的直角连接线。

具体功能的实现以及效果见例 8-25。也可利用 TreeCellRenderer 更改 JTree 的节点图形。

7. JTree 的事件处理

JTree 有两个常用的事件需要处理,分别是 TreeModelEvent 和 TreeSelectionEvent。

1) TreeModelEvent 事件处理

当树的结构有任何改变时，例如，节点值改变、新增节点、删除节点等，都会触发 TreeModelEvent 事件，要处理这样的事件必须实现 TreeModelListener 监听器，此监听器定义了 4 个方法。

(1) treeNodesChanged(TreeModelEvent e)：当节点改变时系统调用该方法。

(2) treeNodesInserted(TreeModelEvent e)：当新增节点时系统调用该方法。

(3) treeNodesRemoved(TreeModeEvent e)：当删除节点时系统调用该方法。

(4) treeStructureChanged(TreeModelEvent e)：当树结构改变时系统调用该方法。

事件类 TreeModelEvent 提供了 5 个方法，用于获取事件的相关信息。

TreeModelEvent 类的方法如下。

(1) getChildIndices()：返回子节点群的索引值。

(2) getChildren()：返回子节点群。

(3) getPath()：返回 Tree 中一条 path 上的节点。

(4) getTreePath()：获取目前位置的 TreePath。

(5) toString()：返回字符串。

调用 TreeModelEvent 的 getTreePath()方法就可以得到 TreePath 对象，此对象就能够知道用户目前选择的是哪一个节点，TreePath 类最常用的方法如下。

(1) getLastPathComponent()：获取最深(内)层的节点。

(2) getPathCount()：获取此 path 上的节点数。

例 8-24 中用户可以在 Tree 上编辑节点，按下 Enter 键后就可以改变节点原有的值，并将改变后的值显示在 JLabel 中。

【例 8-24】 TreeModelEvent 事件的使用(TreeModelEventUse.java)。

```
package ch85;
/*
    开发者：***
    开发地点：***
    开发时间：****年**月**日
    最后一次修改时间：****年**月**日
    功能简介：高级组件 JTree 的使用
 */
import java.awt.BorderLayout;
import java.awt.Container;
import java.awt.event.MouseAdapter;
import java.awt.event.MouseEvent;
import javax.swing.JFrame;
import javax.swing.JLabel;
import javax.swing.JScrollPane;
import javax.swing.JTree;
import javax.swing.event.TreeModelEvent;
import javax.swing.event.TreeModelListener;
import javax.swing.tree.DefaultMutableTreeNode;
```

```
import javax.swing.tree.DefaultTreeModel;
import javax.swing.tree.TreeNode;
import javax.swing.tree.TreePath;

public class TreeModelEventUse implements TreeModelListener{
    JLabel label=null;
    String nodeName=null;      //原有节点名称
    public TreeModelEventUse(){
        JFrame app=new JFrame("TreeModelEvent 事件的使用");
        Container c=app.getContentPane();
        c.setLayout(new BorderLayout());
        DefaultMutableTreeNode root=new DefaultMutableTreeNode("资源管理器");
        DefaultMutableTreeNode node1=new DefaultMutableTreeNode("文件夹");
        DefaultMutableTreeNode node2=new DefaultMutableTreeNode("我的电脑");
        DefaultMutableTreeNode node3=new DefaultMutableTreeNode("收藏夹");
        root.add(node1);
        root.add(node2);
        root.add(node3);
        DefaultMutableTreeNode leafnode=new DefaultMutableTreeNode("公司文件");
        node1.add(leafnode);
        leafnode=new DefaultMutableTreeNode("个人信件");
        node1.add(leafnode);
        leafnode=new DefaultMutableTreeNode("私人文件");
        node1.add(leafnode);
        leafnode=new DefaultMutableTreeNode("本机磁盘(C:)");
        node2.add(leafnode);
        leafnode=new DefaultMutableTreeNode("本机磁盘(D:)");
        node2.add(leafnode);
        leafnode=new DefaultMutableTreeNode("本机磁盘(E:)");
        node2.add(leafnode);
        DefaultMutableTreeNode node31=new DefaultMutableTreeNode("网站列表");
        node3.add(node31);
        leafnode=new DefaultMutableTreeNode("清华大学出版社");
        node31.add(leafnode);
        leafnode=new DefaultMutableTreeNode("郑州轻工业学院");
        node31.add(leafnode);
        leafnode=new DefaultMutableTreeNode("网络书店");
        node31.add(leafnode);
        JTree tree=new JTree(root);
        //设置 JTree 为可编辑的
        tree.setEditable(true);
        //为 Tree 添加检测 Mouse 事件的监听器,以便获取节点名称
        tree.addMouseListener(new MouseHandle());
        //取得 DefaultTreeModel,并检测是否有 TreeModelEvent 事件
        DefaultTreeModel treeModel=(DefaultTreeModel)tree.getModel();
```

```
        treeModel.addTreeModelListener(this);
        JScrollPane scrollPane=new JScrollPane();
        scrollPane.setViewportView(tree);
        label=new JLabel("更改数据为: ");
        c.add(scrollPane,BorderLayout.CENTER);
        c.add(label,BorderLayout.SOUTH);
        app.pack();
        app.setDefaultCloseOperation(JFrame.EXIT_ON_CLOSE);
        app.setVisible(true);
    }
    /*本类实现了 TreeModelListener 接口,该接口共定义了 4 个方法,分别是 TreeNodes-
     Changed()、treeNodesInserted ()、treeNodesRemoved ()、treeNodesRemoved ()、
     treeStructureChanged()。本例只针对更改节点值的功能实现了 treeNodesChanged()
     方法
    */
    public void treeNodesChanged(TreeModelEvent e){
        TreePath treePath=e.getTreePath();
        System.out.println(treePath);
        /*由 TreeModelEvent 取得的 DefaultMutableTreeNode 为节点的父节点,而不是用
         户节点
        */
        DefaultMutableTreeNode
        node=(DefaultMutableTreeNode)treePath.getLastPathComponent();
        try {
            /*getChildIndices()方法会返回当前修改节点的索引值。由于只修改一个节点,
             因此节点索引值就放在 index [0] 的位置,若修改的节点为 rootnode,则
             getChildIndices()的返回值为 null
            */
            int[] index=e.getChildIndices();
            /*由 DefaultMutableTreeNode 类的 getChildAt()方法获取修改的节点对象
            */
            node=(DefaultMutableTreeNode)node.getChildAt(index[0]);
        } catch (NullPointerException exc) {}
        /*由 DefaultMutableTreeNode 类的 getUserObject()方法取得节点的内容,或用
         node.toString()方法亦有相同效果
        */
        label.setText(nodeName+"更改数据为:"+(String)node.getUserObject());
    }
    public void treeNodesInserted(TreeModelEvent e){
    }
    public void treeNodesRemoved(TreeModelEvent e){
    }
    public void treeStructureChanged(TreeModelEvent e){
    }
    //处理 Mouse 事件
```

```
    class MouseHandle extends MouseAdapter{
        public void mousePressed(MouseEvent e){
            try{
                JTree tree=(JTree)e.getSource();
                /* JTree 的 getRowForLocation()方法会返回节点的列索引值。例如,本例
                 中"本机磁盘(D:)"的列索引值为 4,此索引值会随着其他数据夹的打开或收起
                 而改变,但"资源管理器"的列索引值恒为 0
                */
                int rowLocation=tree.getRowForLocation(e.getX(),e.getY());
                /* JTree 的 getPathForRow()方法会取得从 rootnode 到选择节点的一条
                 path,此 path 为一条直线,单击"本机磁盘(E:)",则 TreePath 为"资源管
                 理器"→"我的电脑"→"本机磁盘(E:)",因此利用 TreePath 的
                 getLastPathComponent()方法就可以获取所选择的节点
                */
                TreePath treepath=tree.getPathForRow(rowLocation);
                TreeNode treenode=(TreeNode) treepath.getLastPathComponent();
                nodeName=treenode.toString();
            }catch(NullPointerException ne){}
        }
    }
    public static void main(String args[]) {
        new TreeModelEventUse();
    }
}
```

TreeModelEventUse 类的文件结构和运行结果如图 8-31 所示。

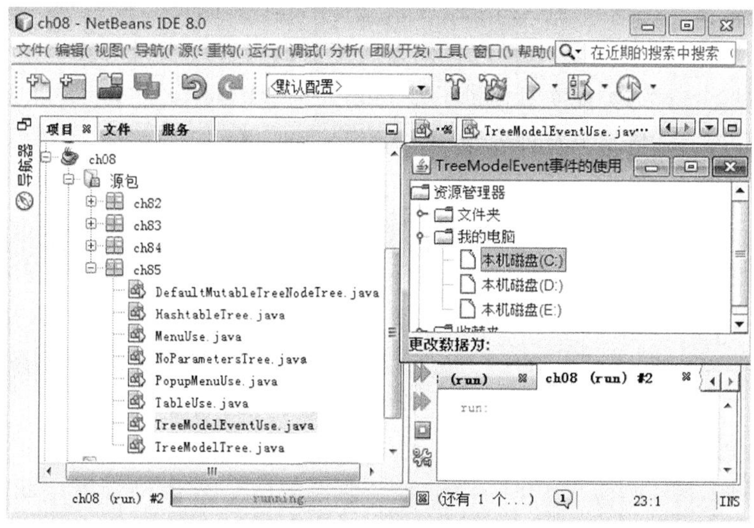

图 8-31　TreeModelEventUse 类的文件结构和运行结果

例 8-24 中关于 MouseHandle 的使用,即下列语句:

```
int rowLocation=tree.getRowForLocation(e.getX(), e.getY());
```

```
TreePath treepath=tree.getPathForRow(rowLocation);
```

等价于语句：

```
TreePath treepath=tree.getSelectionPath();
```

2) TreeSelectionEvent 事件处理

在 JTree 上单击任何一个节点都会触发 TreeSelectionEvent 事件。要处理这样的事件，必须实现 TreeSelectionListener 接口，该接口中定义了一个方法，即 valueChanged()方法。

事件类 TreeSelectionEvent 经常用于处理节点内容的显示操作。在 JTree 中选择节点的方式共有 3 种，这 3 种情况与选择 Jlist 中的项目是类似的，分别如下。

(1) DISCONTIGUOUS_TREE_SELECTION：可以一次选择不连续的多个节点(按住 Ctrl 键)，是默认值。

(2) CONTINUOUS_TREE_SELECTION：按住 Shift 键，可以一次选择某一连续的节点区间。

(3) SINGLE_TREE_SELECTION：一次只能选一个节点。

类库中提供了默认的选择模式类 DefaultTreeSelectionModel，利用这个类可以很方便地选择设置上面的 3 种选择模式。

8. JTree 的其他操作

JTree 中的每一个节点都是一个 TreeNode，可利用 JTree 的 setEditable()方法设置节点是否可编辑。若要在 JTree 中寻找节点的父节点或子节点，或判断是否为树节点，皆可由 TreeNode 实现，但编辑节点的任务是由 TreeCellEditor 类完成的，该类定义了 getTreeCellEditorComponent()方法，此方法使节点具有可编辑的效果。不过程序员不需要自己实现这个方法，类库本身提供了 DefaultTreeCellEditor 类来实现此方法，该类还提供了许多其他方法，如取得节点内容(getCellEditorValue())、设置节点字体(setFont())、决定节点是否可编辑(isCellEditable())等。如果 DefaultTreeCellEditor 所提供的功能不够，还可以使用 TreeCellEditor。可以利用 JTree 的 getCellEditor()方法取得 DefaultTreeCellEditor 对象。当编辑节点时会触发 ChangeEvent 事件，可以通过实现 CellEditorListener 接口来处理此事件。CellEditorListener 接口包括两个方法，分别是 editingStopped(ChangeEvent e)与 editingCanceled(ChangeEvent e)。若没有实现 TreeCellEditor 接口，系统会以默认的 DefaultTreeCellEdtior 类来处理这两个方法，因此无须再编写任何代码。

另外，JTree 还有一种事件处理模式，那就是 TreeExpansionEvent 事件。要处理这个事件必须注册 TreeExpansionListener 监听器。该监听器接口定义了两个方法，分别是 treeCollapsed(TreeExpansionEvent e)与 treeExpanded(TreeExpansionEvent e)。当节点展开时系统就会自动调用 treeExpanded()方法，当节点折叠时，系统就会自动调用 treeCollapsed()方法。可以在这两个方法中编写所要处理事件的程序代码。事件处理的过程可以参考以上示例代码，这里不再重复。

8.6　项目实训

8.6.1　项目目的

本项目整合本章及前面章节知识点，通过项目实践达到巩固已学知识的目的。

8.6.2　项目需求分析

本项目只有一个类 Calculator，该类实现计算器功能，可以实现加、减、乘、除、平方根（开平方根）、求几分之一等功能，代码如例 8-25 所示。本项目分别使用 NetBeans 8.0 和 Eclipse 4.3 开发，使用 NetBeans 8.0 开发的项目名称为 ch08，项目结构和运行结果如图 8-32 所示；使用 Eclipse 4.3 开发的项目名称为 ch8。

图 8-32　基于 NetBeans 8.0 的项目结构和运行结果

8.6.3　项目实现

【例 8-25】　计数器（Calculator.java）。

```
package ch86;
import java.awt.BorderLayout;
import java.awt.Color;
import java.awt.Container;
import java.awt.Dimension;
import java.awt.GridLayout;
import java.awt.Insets;
import java.awt.event.ActionEvent;
import java.awt.event.ActionListener;
import java.awt.event.WindowAdapter;
import java.awt.event.WindowEvent;
import javax.swing.JButton;
import javax.swing.JFrame;
```

```
import javax.swing.JPanel;
import javax.swing.JTextField;

public class Calculator implements ActionListener {
    JFrame f;
    JTextField tResult;
    JButton bNumber;
    JButton bOperator;
    JButton bOther;
    JButton bM;
    int t;
    boolean firstDigit;
    String operator;
    boolean isDouble=false;          //是否为实数的标记变量
    double op1, op2;                 //操作数
    StringBuffer buf=new StringBuffer(20);
    StringBuffer str=new StringBuffer();
    public Calculator() {
        f=new JFrame("计算器");
        Container contentPane=f.getContentPane();
        contentPane.setLayout(new BorderLayout());
        tResult=new JTextField("0.", 20);
        tResult.setBackground(Color.white);
        tResult.setHorizontalAlignment(JTextField.RIGHT);
        tResult.setSize(1, 1);
        JPanel pTop=new JPanel();
        pTop.add(tResult);
        contentPane.add(pTop, BorderLayout.NORTH);
        JPanel pBottom=new JPanel();
        pBottom.setLayout(new BorderLayout());
        contentPane.add(pBottom, BorderLayout.CENTER);
        JPanel pRight=new JPanel();
        pRight.setLayout(new BorderLayout());
        JPanel pUp=new JPanel();
        pUp.setLayout(new GridLayout(1,1));
        bOther=new JButton("C");
        bOther.addActionListener(this);
        bOther.setForeground(Color.RED);
        pUp.add(bOther);
        JPanel pDown=new JPanel();
        pDown.setLayout(new GridLayout(3, 5, 3, 2));
        bNumber=new JButton("7");
        bNumber.setForeground(Color.blue);
        bNumber.addActionListener(this);
        bNumber.setMargin(new Insets(3, 3, 3, 3));
```

```
pDown.add(bNumber);
bNumber=new JButton("8");
bNumber.setForeground(Color.blue);
bNumber.addActionListener(this);
bNumber.setMargin(new Insets(3, 3, 3, 3));
pDown.add(bNumber);
bNumber=new JButton("9");
bNumber.setForeground(Color.blue);
bNumber.addActionListener(this);
bNumber.setMargin(new Insets(3, 3, 3, 3));
pDown.add(bNumber);
bOperator=new JButton("/");
bOperator.setForeground(Color.RED);
bOperator.addActionListener(this);
bOperator.setMargin(new Insets(3, 0, 3, 0));
pDown.add(bOperator);
bOperator=new JButton("sqrt");
bOperator.addActionListener(this);
bOperator.setForeground(Color.blue);
bOperator.setMargin(new Insets(3, 0, 3, 0));
pDown.add(bOperator);
bNumber=new JButton("4");
bNumber.setForeground(Color.blue);
bNumber.addActionListener(this);
bNumber.setMargin(new Insets(3, 3, 3, 3));
bNumber.setHorizontalTextPosition(JButton.LEFT);
pDown.add(bNumber);
bNumber=new JButton("5");
bNumber.setForeground(Color.blue);
bNumber.addActionListener(this);
bNumber.setMargin(new Insets(3, 3, 3, 3));
pDown.add(bNumber);
bNumber=new JButton("6");
bNumber.setForeground(Color.blue);
bNumber.addActionListener(this);
bNumber.setMargin(new Insets(3, 3, 3, 3));
pDown.add(bNumber);
bOperator=new JButton("*");
bOperator.setForeground(Color.RED);
bOperator.addActionListener(this);
bOperator.setMargin(new Insets(3, 3, 3, 3));
pDown.add(bOperator);
bOperator=new JButton("%");
bOperator.setForeground(Color.blue);
bOperator.addActionListener(this);
```

```
bOperator.setMargin(new Insets(3, 3, 3, 3));
pDown.add(bOperator);
bNumber=new JButton("1");
bNumber.setForeground(Color.blue);
bNumber.addActionListener(this);
bNumber.setMargin(new Insets(3, 3, 3, 3));
pDown.add(bNumber);
bNumber=new JButton("2");
bNumber.setForeground(Color.blue);
bNumber.addActionListener(this);
bNumber.setMargin(new Insets(3, 3, 3, 3));
pDown.add(bNumber);
bNumber=new JButton("3");
bNumber.setForeground(Color.blue);
bNumber.addActionListener(this);
bNumber.setMargin(new Insets(3, 3, 3, 3));
pDown.add(bNumber);
bOperator=new JButton("-");
bOperator.setForeground(Color.RED);
bOperator.addActionListener(this);
bOperator.setMargin(new Insets(3, 3, 3, 3));
pDown.add(bOperator);
bOperator=new JButton("1/X");
bOperator.setForeground(Color.blue);
bOperator.addActionListener(this);
bOperator.setMargin(new Insets(3, 3, 3, 3));
pDown.add(bOperator);
JPanel pDown1=new JPanel();
pDown1.setLayout(new GridLayout(1, 3, 2, 2));
bOperator=new JButton("0");
bOperator.setForeground(Color.blue);
bOperator.addActionListener(this);
bOperator.setMargin(new Insets(3, 3, 3, 3));
pDown1.add(bOperator);
bOperator=new JButton(".");
bOperator.setForeground(Color.blue);
bOperator.addActionListener(this);
bOperator.setMargin(new Insets(3, 3, 3, 3));
pDown1.add(bOperator);
bOperator=new JButton("+");
bOperator.setForeground(Color.RED);
bOperator.addActionListener(this);
bOperator.setMargin(new Insets(3, 3, 3, 3));
pDown1.add(bOperator);
bOperator=new JButton("=");
```

```
        bOperator.setForeground(Color.blue);
        bOperator.addActionListener(this);
        bOperator.setMargin(new Insets(5, 5, 5, 5));
        pDown1.add(bOperator);
        pRight.add(pUp, BorderLayout.NORTH);
        pRight.add(pDown, BorderLayout.CENTER);
        pRight.add(pDown1, BorderLayout.SOUTH);
        pBottom.add(pRight, BorderLayout.CENTER);
        //关闭窗体时退出程序
        f.addWindowListener(new WindowAdapter() {
            public void windowClosing(WindowEvent evt) {
                System.exit(0);
            }
        });
        f.setSize(new Dimension(250, 220));
        f.setResizable(false);
        f.setVisible(true);
    }
    public void actionPerformed(ActionEvent e) {
        String s=e.getActionCommand();
        String temp1=tResult.getText();
        double dtemp1=Double.parseDouble(temp1);
        double op1=dtemp1;
       if (s.equals("C"))        //如果是 C 则将当前计算结果重置为 0
        {
            tResult.setText("0.");
            str.replace(0, str.length(), "");
        } else if (s.equals("1/X")) {
            tResult.setText(""+1/dtemp1);
        } else if (s.equals("sqrt"))     //如果按键为 sqrt,则将文本框中的内容求平方根
        {
            tResult.setText(""+Math.sqrt(dtemp1));
        }
        //执行加、减、乘、除、求余等运算
        else if (s.equals("+"))
        {
            t=1;
            str.setLength(0);
        } else if (s.equals("-"))
        {
            t=2;
            str.setLength(0);
        } else if (s.equals("*"))
        {
            t=3;
```

```
    str.setLength(0);
} else if (s.equals("/")) {
    t=4;
    str.setLength(0);
} else if (s.equals("%")) {
    t=5;
    str.setLength(0);
} else if (s.equals("=")) {
    if (t==1) {
        tResult.setText(""+(op1+op2));
          } else if (t==2) {
        tResult.setText(""+(op2-op1));
          } else if (t==3) {
        tResult.setText(""+(op1 * op2));
          } else if (t==4) {
        tResult.setText(""+(op2/op1));
          } else if (t==5) {
        tResult.setText(""+(op2 %op1));
    }
} else if (s.equals(".")) {
    isDouble=true;
    if (tResult.getText().trim().indexOf('.') !=-1); else {
        if (tResult.getText().trim().equals("0")) {
            str.setLength(0);
            tResult.setText((str.append("0"+s)).toString());
        }
        else if(tResult.getText().trim().equals("")){
        //如果初始显示为空则不做任何操作
        }
        else {
            tResult.setText((str.append(s)).toString());
        }
    }
} else if (s.equals("0"))      //如果选择的是 0
{
    if (tResult.getText().trim().equals("0.")) {
    } else {
        tResult.setText(str.append(s).toString());
        op2=Double.parseDouble(tResult.getText().trim());
    }
} else {
    tResult.setText(str.append(s).toString());
    op2=Double.parseDouble(tResult.getText().trim());
    op2=op1;
}
```

```
    }
    public static void main(String[] args) {
        new Calculator();
    }
}
```

8.6.4　常见问题及解决方案

（1）异常信息提示如图 8-33 所示。

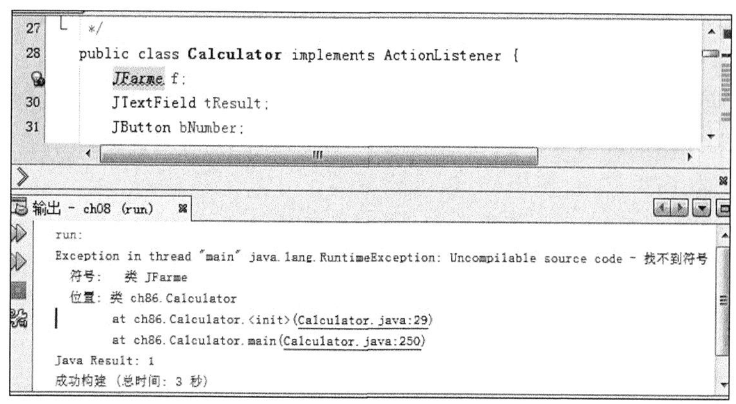

图 8-33　异常信息提示(一)

解决方案：出现图 8-33 所示程序第 29 行的错误，是因为把类 JFrame 写成了 JFarme，把 JFarme 改为 JFrame 后保存并重新编译即可。一般在发生异常并提示“找不到符号”的情况下，基本上都是由于把标识符拼写错误导致的，或者没有把需要的类导入而导致的。

（2）异常信息提示如图 8-34 所示。

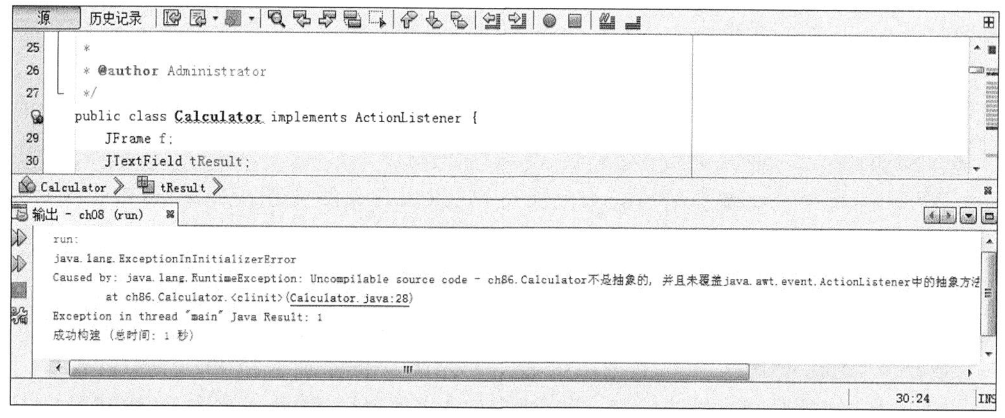

图 8-34　异常信息提示(二)

解决方案：异常提示没有覆盖 actionPerformed(ActionEvent e)方法，只需覆盖该方法即可。接口 ActionListener(监听器)中的抽象方法无论是否使用都必须被覆盖。

8.7 课外阅读——图形用户界面的发展史

图形用户界面这一概念是 20 世纪 70 年代由施乐公司帕洛阿尔托研究中心提出的。我们现在所说的普遍意义上的 GUI 便是由此产生的。1973 年，施乐公司帕洛阿尔托研究中心(Xerox PARC)施乐研究机构工作小组最先构建了 WIMP(也就是视窗、图标、菜单和点选器/下拉菜单)的范例，并率先在施乐一台实验性的计算机上使用。

图形用户界面或图形用户接口(Graphical User Interface，GUI)是指采用图形方式显示的计算机操作环境用户接口。与早期计算机使用的命令行界面相比，图形界面对于用户来说更为简便易用。GUI 的广泛应用是当今计算机发展的重大成就之一，它极大地方便了非专业用户的使用。人们从此不再需要死记硬背大量的命令，取而代之的是通过窗口、菜单、按键等方式来方便地进行操作。而嵌入式 GUI 具有下面几个方面的基本要求：轻型、占用资源少、高性能、高可靠性、便于移植、可配置等。

1980 年，Three Rivers 公司推出 Perq 图形工作站。

1981 年，施乐公司推出了 Alto 的继承者 Star，Alto 曾首次使用了窗口设计。

1984 年，苹果公司推出 Macintosh。

1986 年，首款用于 UNIX 的窗口系统 X Window System 发布。

1988 年，IBM 公司发布 OS/2 1.10 标准版演示管理器(Presentation Manager)，这是第一种支持 Intel 计算机的稳定的图形界面。

1992 年，微软公司发布 Windows 3.1，增加了多媒体支持。

1995 年，微软公司的 Windows 95 发布，其视窗操作系统的外观基本定型。

1995 年，Sun 公司推出 AWT，后来又推出 Swing。

1996 年，微软公司发布 Bob，此软件具有动画助手和有趣的图片。

1996 年，IBM 公司发布 OS/2 Warp 4，它的交互界面得到显著改善，至今仍有不少 ATM 机运行这样的系统。

1997 年，KDE 和 GNOME 两大开源桌面项目启动。

1997 年，苹果公司发布 Mac OS 8，这个系统具有三维外观并提供了 SpringLoaded Folder 功能。

2000 年，苹果公司漂亮的 Aqua，也就是 Mac OS X 系统的默认外观，可以让用户更轻松地使用计算机。

2001 年，微软公司发布 Windows XP，实现桌面功能的整合。

2003 年，Mac OS X v10.3 提供了一键单击访问任何已打开窗口的功能。

2003 年，Sun 公司的 Java 桌面系统为 GNOME 桌面添加了和 Mac 类似的效果。

2006 年，微软公司发布 Windows Vista，对此前其视窗操作系统的外观做了较大的修改。

2012 年，7 月 25 日 苹果公司正式发售了新一代操作系统 OS X Mountain(山狮)，版本号为 10.8，通过全新的信息 APP，用户可以向使用另一台 Mac、iPhone、iPad 或 iPod touch 的任何人发送文本、照片、视频、通讯录、网络链接和文档，甚至可以在一部设备上发起对话，在另一部设备上继续进行。

2012 年 10 月 25 日，微软公司发布了 Windows 8 操作系统，对计算机的系统做了极大的改进，用户可以更方便地使用计算机。

8.8 本章小结

本章主要介绍 Java 语言中常用的图形用户界面组件。这些组件是开发 Java 应用程序所需的常用工具，也是第 10 章和第 16 章项目实训中需要用到的知识。通过本章的学习可以为后续几章学习奠定基础。

本章主要介绍图形用户界面的开发，学习完本章应了解和掌握以下内容。

(1) Swing 简介

(2) Swing 组件。

(3) 布局管理器。

(4) 事件处理。

(5) 高级组件。

总之，通过本章学习，应能够使用组件开发基于图形用户界面的应用程序，为后续项目开发奠定基础。

8.9 习　题

8.9.1 选择题

1. Swing 图形用户界面主要由(　　)组成。

   A. 组件　　B. 容器　　C. 布局管理器　　D. 事件

2. 下列说法正确的是(　　)。

   A. JTextArea 组件在需要时会自动显示滚动条

   B. JList 组件可以有选择地设置滚动条，可以有也可以没有

   C. JTextArea 组件和 JList 组件本身都没有滚动条

   D. JScrollPane 容器只能包含 JTextArea 组件或者 JList 组件

3. 创建一个有"开始"按钮语句的是(　　)。

   A. JTextField b=new JTextField("开始");

   B. JButton b=new JButton("开始");

   C. JLabel b=new JLabel("开始");

   D. JCheckbox b=new JCheckbox("开始");

4. ActionEvent 事件的监听器类应实现的接口是(　　)。

   A. FocusListener　　B. ComponentListener

   C. WindowListener　　D. ActionListener

5. 为了监听列表框的选项状态是否改变，应该注册的监听器是(　　)。

   A. ItemListener　　B. ActionListener

   C. KeyListener　　D. ListSelectionListener

8.9.2 填空题

1. ________的主要功能是容纳其他组件和容器。
2. 顶层容器包括________和________,这两个类的父类都是窗口类。
3. 容器有两种： ________和________。
4. 对话框分为 ________和________两种。
5. 图形用户界面的高级组件主要包括菜单界面、表格和________。
6. 常用的菜单形式有两种：________和________。
7. 菜单由菜单栏、________和________组成。

8.9.3 论述题

1. 论述组件和容器的关系。
2. 论述窗口和面板的区别。
3. 论述事件、事件源和事件处理以及它们之间的关系。

8.9.4 操作题

1. 设计一个输入电话簿信息的用户界面。
2. 设计一个名片管理的用户界面。
3. 设计一个类似 QQ 或者飞信的界面。

第9章 JDBC技术

JDBC技术是数据库应用程序开发的关键技术之一，本章主要讲解JDBC的相关概念与原理。

本章主要内容如下。

(1) JDBC简介。

(2) 通过JDBC技术访问数据库。

(3) 查询数据库。

(4) 更新数据库。

9.1 JDBC简介

JDBC的全称为Java DataBase Connectivity，是面向应用程序开发人员和数据库驱动程序开发人员的应用程序接口(Application Programming Interface，API)。

JDBC是一个面向对象的应用程序接口，通过它可访问各类关系型数据库。JDBC也是Java核心类库的一部分，由Java语言编写的类和界面组成。JDBC为数据库应用开发人员、Java Web开发人员提供了一种标准的应用程序设计接口，使开发人员可以用纯Java语言编写完整的数据库应用程序。

自从Java语言于1995年5月正式公布以来，Java语言风靡全球，出现了大量用Java语言编写的程序，其中也包括数据库应用程序。由于没有一个Java语言的数据库API，编程人员不得不在Java程序中加入C语言的ODBC(Open Database Connectivity)函数调用。这就使很多Java的优秀特性无法充分发挥，例如平台无关性、面向对象特性等。随着越来越多的编程人员对Java语言的日益喜爱，越来越多的公司在Java程序开发上投入的精力日益增加，对Java语言访问数据库的API需求越来越强烈。也由于ODBC本身有其不足之处，例如它不容易使用，没有面向对象的特性等，Sun公司决定开发Java语言的数据库应用程序开发接口。在JDK 1.x版本中，JDBC只是一个可选部件，到了JDK 1.1公布时，SQL类(也就是JDBC API)就成为Java语言的标准部件。

JDBC给数据库应用开发人员、Java Web开发人员提供了一种标准的应用程序设计接口，使开发人员可以用纯Java语言编写完整的数据库应用程序。通过使用JDBC，开发人员可以很方便地将SQL语句传送给几乎任何一种数据库。也就是说，开发人员可以不必写一个程序访问MySQL，写另一个程序访问Oracle，再写一个程序访问Microsoft的SQL Server。用JDBC编写的程序能够自动地将SQL语句传送给相应的数据库管理系统(DBMS)。

不但如此，使用 Java 编写的应用程序可以在任何支持 Java 的平台上运行，不必在不同的平台上编写不同的应用程序。Java 和 JDBC 的结合可以让开发人员在开发数据库应用时真正实现"Write Once，Run Everywhere!"。

简单地说，JDBC 能完成下列三件事。

(1) 同一个数据库建立连接。

(2) 向数据库发送 SQL 语句。

(3) 处理数据库返回的结果。

JDBC 的结构如图 9-1 所示。

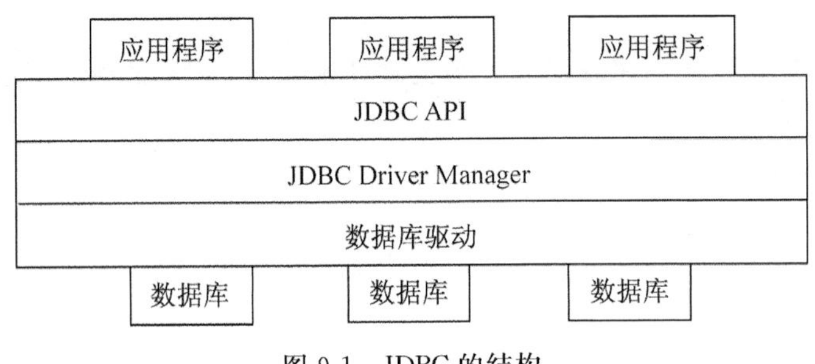

图 9-1 JDBC 的结构

1. 应用程序

用户应用程序实现数据库的连接、发送 SQL 指令、获取结果。应用程序需执行以下任务：请求与数据源建立连接；向数据源发送 SQL 请求；询问结果；处理过程错误；控制传输；提交操作；关闭连接。

2. JDBC API

JDBC API 是一个标准统一的 SQL 数据存取接口。JDBC 的作用与 ODBC 的作用类似。它为 Java 程序提供统一的操作各种数据库的接口，程序员编程时，可以不关心它所要操作的数据库是哪个厂家的产品，从而提高了软件的通用性。只要系统中安装了正确的驱动器组件，JDBC 应用程序就可以访问其相关的数据库。

3. 驱动程序管理器

JDBC 驱动程序管理器的主要作用是代表用户的应用程序调入特定驱动程序，要完成的任务包括：为特定数据库定位驱动程序；处理 JDBC 初始化调用；为每个驱动程序提供 JDBC 功能入口点。

4. 驱动程序

驱动程序实现 JDBC 的连接，向特定数据源发送 SQL 声明，并且为应用程序获取结果。

5. 数据库

数据库由用户应用程序想访问的数据源和自身参数组成(即 DBMS 类型)。

9.2 通过 JDBC 技术访问数据库

目前每个数据库厂商都提供了数据库的 JDBC 驱动程序，可以直接使用 DBMS 厂商提供的 JDBC 驱动访问数据库。下面分别介绍 MySQL、Microsoft SQL Server 数据库通过 JDBC 驱动在 IDE 中的配置。

9.2.1 通过 JDBC 访问 MySQL 数据库

1. MySQL JDBC 驱动的下载和配置

本教程使用的是 MySQL 5.6(有关 MySQL 的详细介绍、下载、使用方法请参考第 15 章)，需下载支持 5.6 版本的 JDBC 驱动。下载完成后，把得到的 zip 文件解压到任意目录，这里假设该目录是"D:\深入浅出 Java 程序设计\ch09"。然后设置 ClassPath 以保证能够访问到这个驱动程序。设置方法如下。

(1) 依次进入"我的电脑"→"系统"→"设置环境变量"，找到名为 ClassPath 的环境变量，如果没有就添加该变量。

(2) 设置环境变量 ClassPath 的值为".;D:\深入浅出 Java 程序设计\ch09\mysql-connector-java-5.1.21\mysql-connector-java-5.1.21\mysql-connector-java-5.1.21-bin.jar"。

如果使用 NetBeans 或 Eclipse 开发 Java 项目，JDBC 驱动的配置过程如下。

(1) MySQL JDBC 驱动在 NetBeans 中的配置。

在 NetBeans 项目 ch09 的"库"上右击，弹出如图 9-2 所示的快捷菜单，单击"添加 JAR/文件夹(F)"，弹出添加 JAR/文件夹对话框，找到 MySQL JDBC 驱动所在位置，如图 9-3 所示。找到驱动位置后单击"打开"按钮，MySQL JDBC 驱动配置即完成。

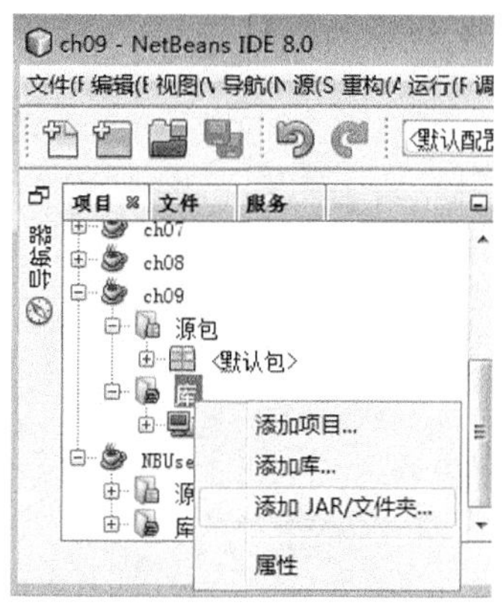

图 9-2 右键菜单

(2) MySQL JDBC 驱动在 Eclipse 中的配置。

在 Eclipse 项目 ch9 上右击，在弹出的快捷菜单中单击 Build Path→Configure Build Path 命令，如图 9-4 所示。

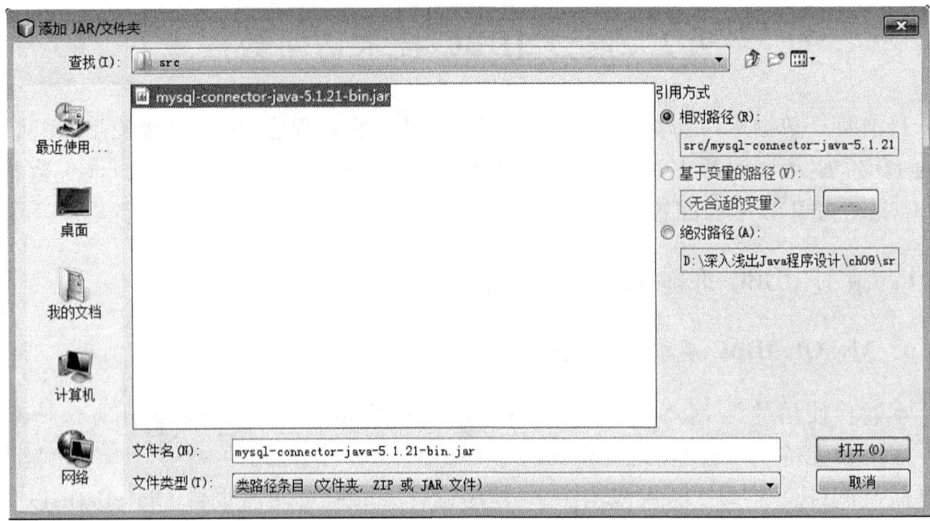

图 9-3　添加 JAR/文件夹对话框

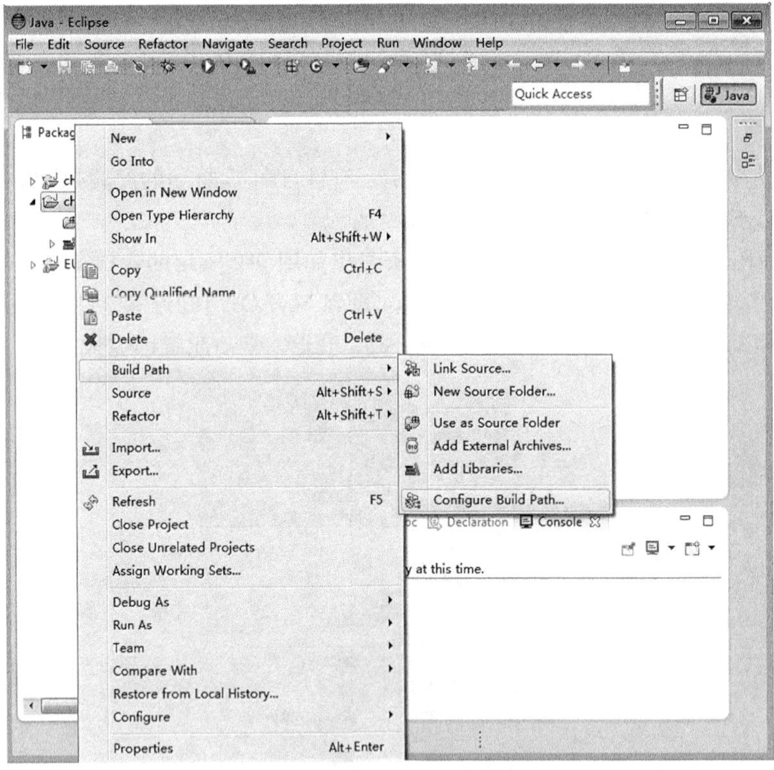

图 9-4　查找 Configure Build Path 功能

单击图 9-4 所示菜单中的 Configure Build Path 命令，弹出如图 9-5 所示的对话框，在该对话框中选择 Libraries 选项卡，单击 Add External JARS 按钮，找到 MySQL JDBC 驱动所在位置，如图 9-6 所示。找到驱动位置后单击“打开”按钮，MySQL JDBC 驱动在 Eclipse 中的配置完成。

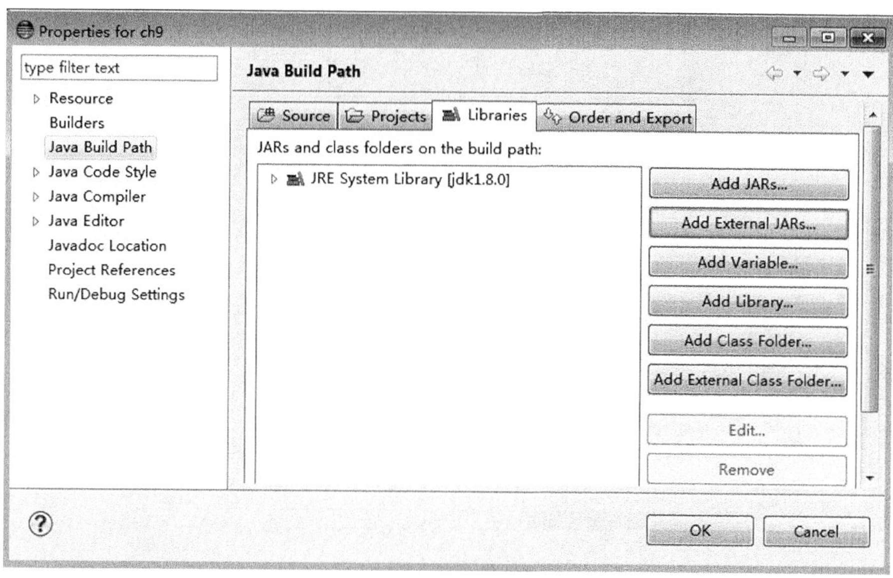

图 9-5　Java Build Path 对话框

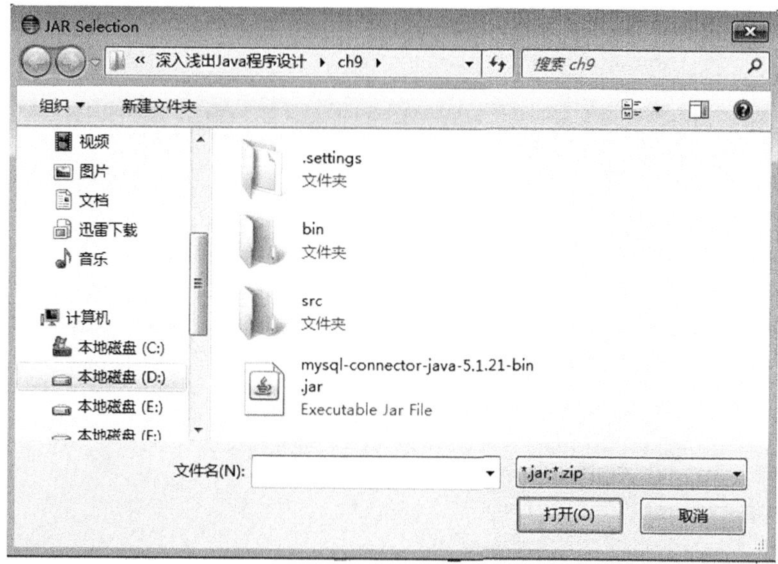

图 9-6　“查找 JAR 路径”对话框

2. 使用 MySQL 创建数据库和表

使用 MySQL 以及工具插件 Navicat 建立数据库 student 和表 stu(具体方法请参考第 15 章),如图 9-7 所示。

3. 编写程序访问 MySQL(MySQLUse.java)

【例 9-1】 通过 JDBC 驱动访问 MySQL 数据库(MySQLUse.java)。

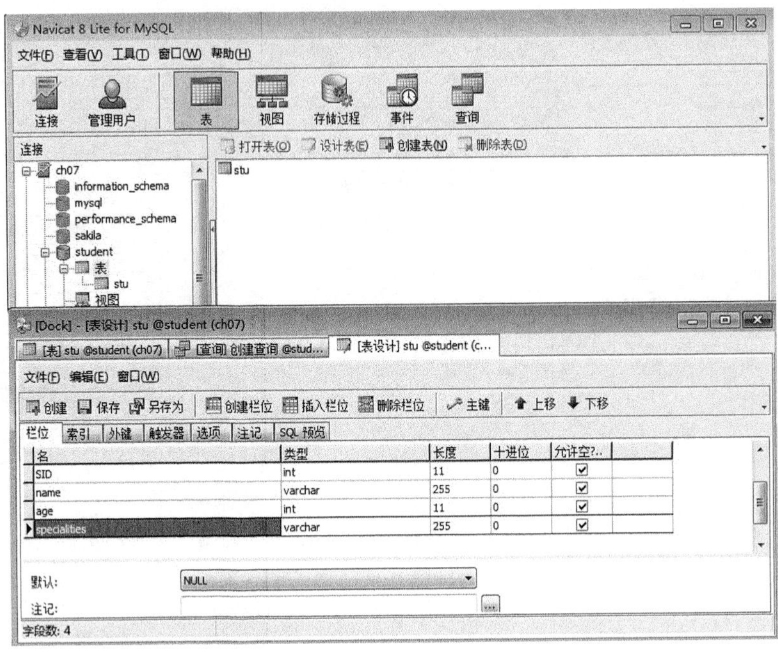

图 9-7 创建数据库

```
package ch92;

/*
    开发者：***
    开发地点：***
    开发时间：****年**月**日
    最后一次修改时间：****年**月**日
    功能简介：通过 MySQL 的 JDBC 驱动访问 MySQL 数据库，把数据库中的数据输出到图形用户界
              面的表格中
*/
import java.awt.BorderLayout;
import java.awt.Container;
import java.sql.Connection;
import java.sql.DriverManager;
import java.sql.ResultSet;
import java.sql.Statement;
import javax.swing.JFrame;
import javax.swing.JScrollPane;
import javax.swing.JTable;
public class MySQLUse extends JFrame{
    Object data[][];
    Object colname[]={"学号","姓名","年龄","专业"};
    JTable studentTable;
    public MySQLUse() {
        super("通过 MySQL 的 JDBC 驱动访问数据库");
```

```
        Container c=getContentPane();
        c.setLayout(new BorderLayout());
        try{
            /*装载驱动程序,每种数据库都由数据库厂商提供 JDBC 驱动,不同厂商数据库的
             JDBC 驱动不一样,MySQL 5.0 的驱动为 com.mysql.jdbc.Driver
            */
            Class.forName("com.mysql.jdbc.Driver");
            /*建立连接,其中 URL 部分为 jdbc:mysql://localhost:3306/student,参数
             localhost 表示是本机操作,如果数据库不在本机,可以改成数据库所在机器的 IP
             地址;3306 是 MySQL 的端口地址,每种数据库都有自己默认的端口号;student 是
             数据库名。第一个 root 是登录 MySQL 数据库系统的用户名,第二个 root 是登录
             密码
            */
            Connection conn=DriverManager.getConnection(
                        "jdbc:mysql://localhost:3306/student","root","root");
            Statement stmt=conn.createStatement();
            String sql="select * from stu";
            ResultSet rs=stmt.executeQuery(sql);
            //将记录指针移到结果集的最后一行
            rs.last();
            //获取结果集的行数,根据行数申请数组空间
            int n=rs.getRow();
            data=new Object[n][10];
            studentTable=new JTable(data, colname);
            c.add(new JScrollPane(studentTable),BorderLayout.CENTER);
            int i=0;
            //将记录指针重新移到结果集的第一行之前
            rs.beforeFirst();
            while (rs.next()){
                data[i][0]=rs.getString(1);
                data[i][1]=rs.getString(2);
                data[i][2]=rs.getInt(3);
                data[i][3]=rs.getString(4);
                i++;
            }
            rs.close();
            conn.close();
        }catch (Exception e) {
            e.printStackTrace();
        }
    }
    public static void main(String[] args) {
        MySQLUse app=new MySQLUse();
        app.setSize(500, 200);
        app.setVisible(true);
```

```
        app.setDefaultCloseOperation(JFrame.EXIT_ON_CLOSE);
    }
}
```

MySQLUse 类的文件结构和运行结果如图 9-8 所示。

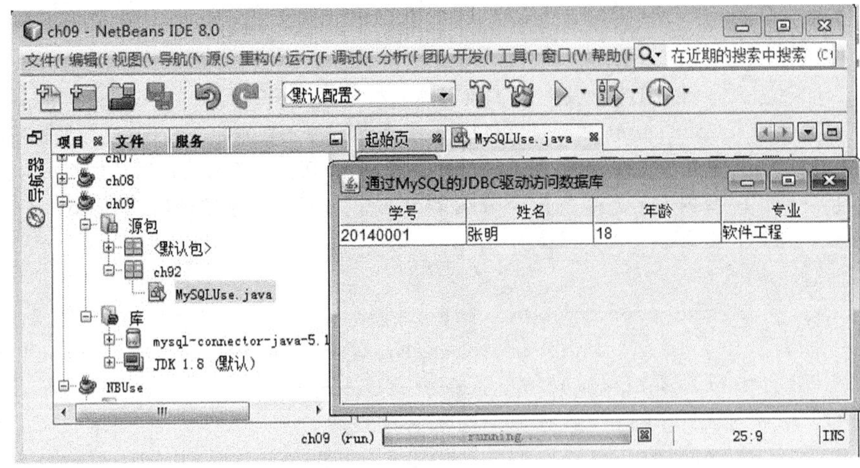

图 9-8　MySQLUse 类的文件结构和运行结果

9.2.2　通过 JDBC 访问 Microsoft SQL Server 数据库

本书使用 SQL Server 2008 数据库，有关 SQL Server 2008 的下载、安装等知识请参考其他资料。

1. Microsoft SQL Server JDBC 驱动的下载和配置

Microsoft SQL Server 2008 数据库的 JDBC 驱动是 Microsoft JDBC Driver 4.0 for SQL Server，可在 Microsoft 官方网站下载。下载解压后得到 2 个 JAR 包，如图 9-9 所示。

图 9-9　SQL Server 2008 JDBC 驱动的 JAR 文件

如果使用 NetBeans 或者 Eclipse 开发 Java 项目，在其中加载 SQL Server 2008 的 JDBC 驱动的方法与加载 MySQL 的 JDBC 驱动的方法相似，不过在加载 Microsoft JDBC Driver 4.0 for SQL Server 驱动时，只需选择 SQLJDBC4.JAR 文件即可，如图 9-10 所示。

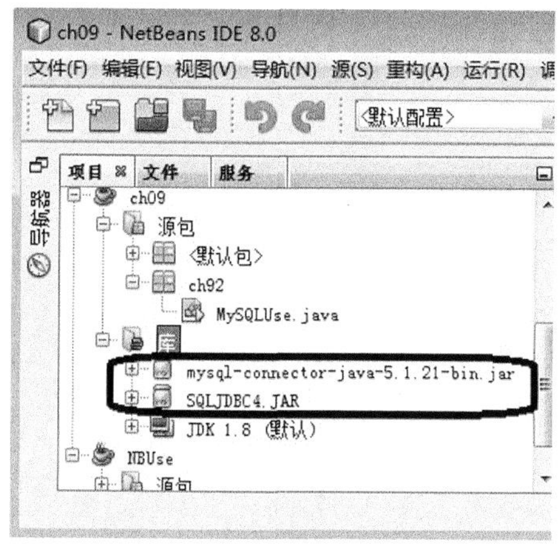

图 9-10　在库中只加载 SQLJDBC4.JAR 文件

2. 使用 Microsoft SQL Server 2008 建立数据库和表

在 SQL Server 2008 中创建要使用的数据库，数据库中的表以及表中的数据如图 9-11 和图 9-12 所示。

图 9-11　创建数据库

接下来设置 SQL Server 2008 的登录模式，步骤如下。

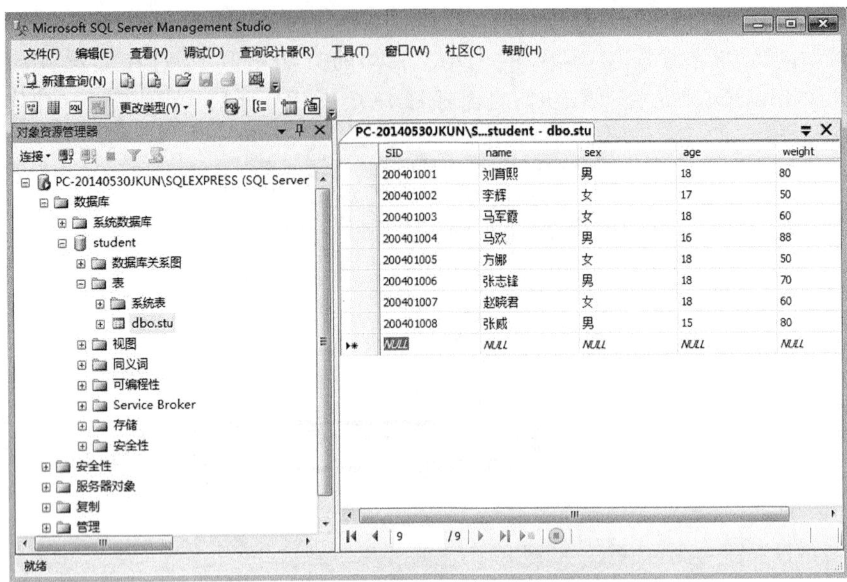

图 9-12 数据库中的数据

1）打开属性配置界面

单击“开始”→“所有程序”→Microsoft SQL Server 2008→SQL Server Management Studio 命令，弹出图 9-13。选择服务器名称和身份验证后单击“连接”按钮，弹出如图 9-14 所示的 SQL Server Management Studio 管理界面，右击其中的服务器名称，弹出如图 9-15 所示的快捷菜单，单击“属性”后弹出图 9-16。

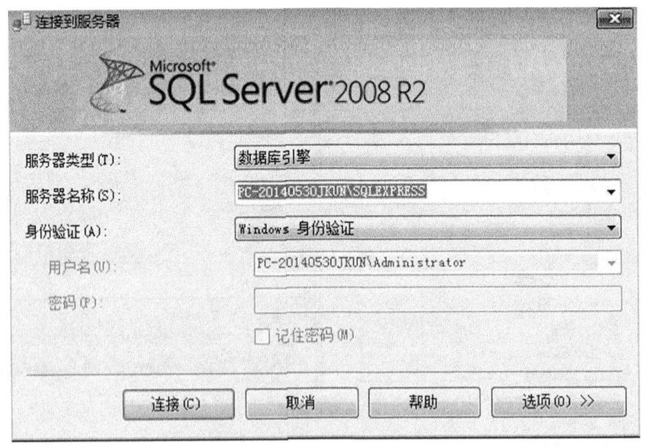

图 9-13 “连接到服务器”对话框

2）设置混合登录模式

在图 9-16 所示对话框中，单击“选择页”中的“安全性”后选中“SQL Server 和 Windows 身份验证模式”单选按钮。

3）登录设置

sa 是 SQL Server 默认的数据库管理员用户名。在图 9-14 所示的企业管理器属性结构中，单击“安全性”→“登录名”，右击 sa 弹出快捷菜单，如图 9-17 所示，在其中选择“属性”命令，弹出图 9-18，在其中设置数据库连接的密码，选择要操作的数据库为 student；单击“状态”弹出如图 9-19 所示的界面，把登录设置为启用。

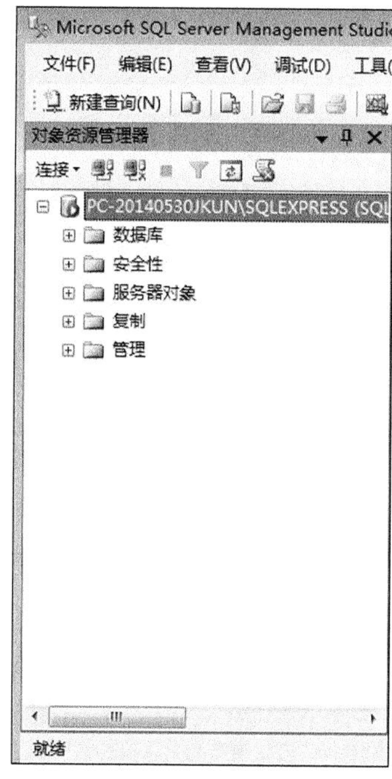

图 9-14　管理界面

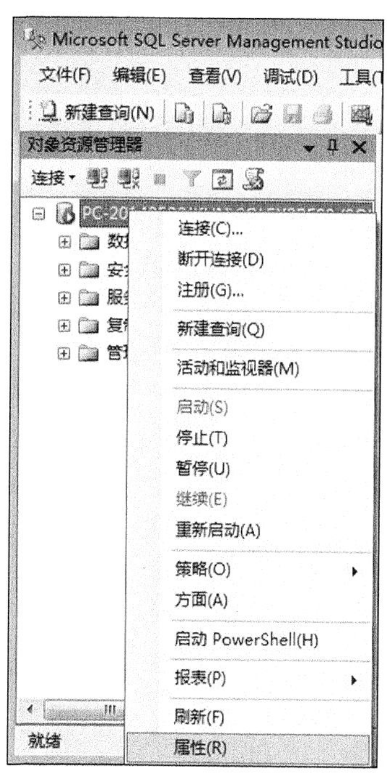

图 9-15　服务器属性

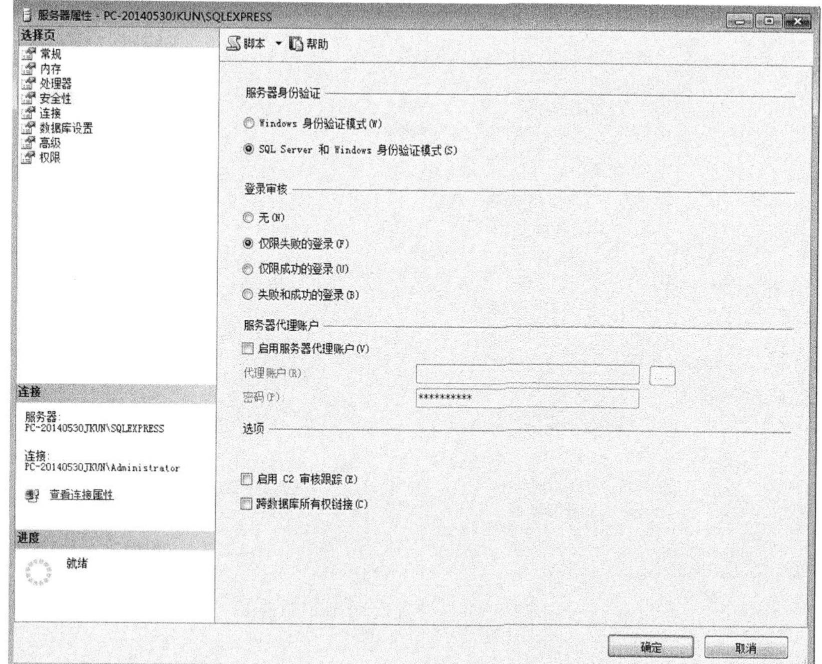

图 9-16　设置混合登录模式

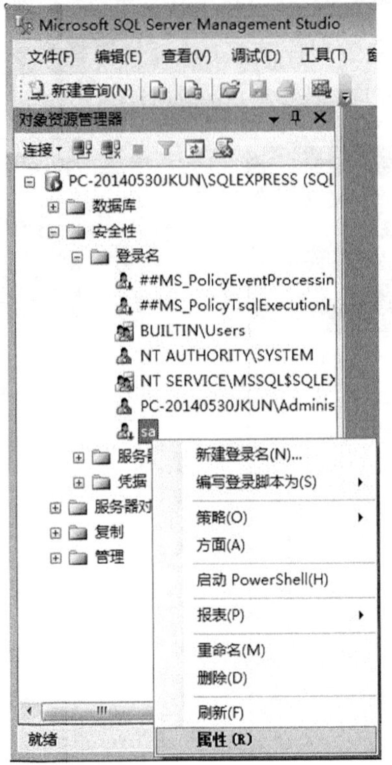

图 9-17 快捷菜单

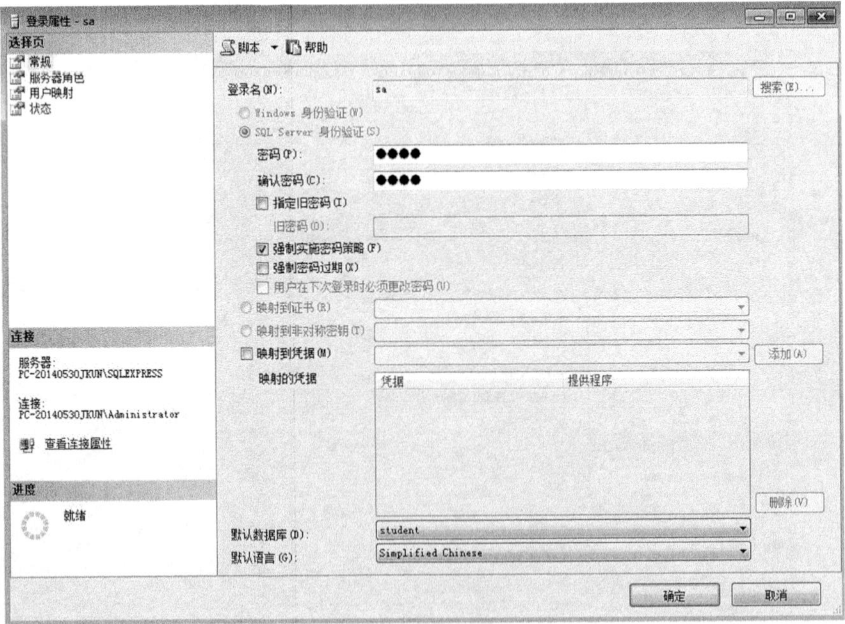

图 9-18 设置密码指定数据库

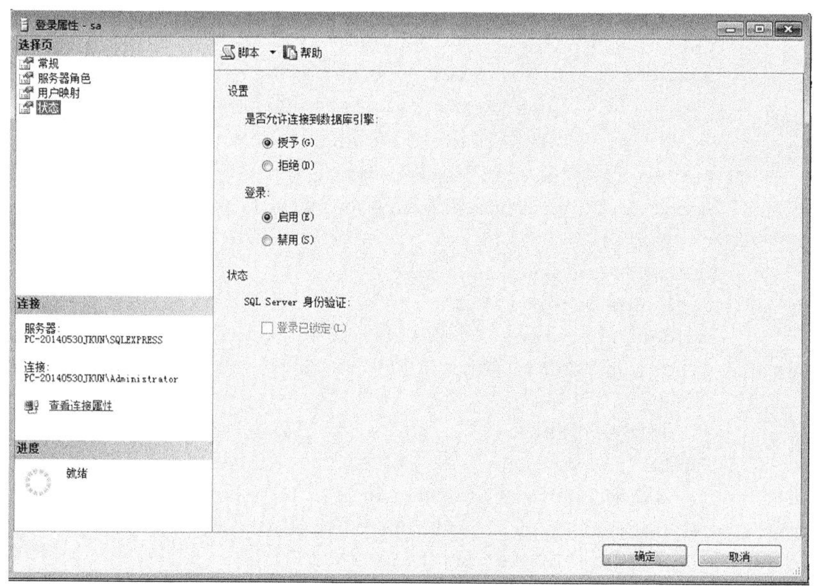

图 9-19　登录启用界面

3. 编写程序访问 SQL Server(SQLServerUse.java)

【例 9-2】 通过 JDBC 访问 SQL Server 数据库(SQLServerUse.java)。

```
package ch92;
/*
    开发者:***
    开发地点:***
    开发时间:****年**月**日
    最后一次修改时间:****年**月**日
    功能简介:通过 SQL Server 的 JDBC 驱动访问 Server 2008 数据库,把数据库中的数据输出
              到图形用户界面的表格中
*/
import java.awt.*;
import java.sql.*;
import javax.swing.*;
public class SQLServerUse extends JFrame{
    Object data[][];
    Object colname[]={"学号","姓名","性别","年龄","体重(公斤)"};
    JTable studentTable;
    public SQLServerUse() {
        super("通过 SQL Server 的 JDBC 驱动访问数据库");
        Container c=getContentPane();
        c.setLayout(new BorderLayout());
        try{
            Class.forName("com.microsoft.sqlserver.jdbc.SQLServerDriver");
            String url="jdbc:sqlserver://localhost:1433;databasename=student";
            String user="sa";               //数据库登录用户名
```

```
            String password="root";        //数据库登录密码
            Connection conn=DriverManager.getConnection(url,user,password);
            Statement stmt=conn.createStatement(
                            ResultSet.TYPE_SCROLL_SENSITIVE,
                            ResultSet.CONCUR_READ_ONLY);
            String sql="select * from stu";
            ResultSet  rs=stmt.executeQuery(sql);
            rs.last();
            int n=rs.getRow();
            data=new Object[n][5];
            studentTable=new JTable(data, colname);
            c.add(new JScrollPane(studentTable),BorderLayout.CENTER);
            int i=0;
            rs.beforeFirst();
            while (rs.next()){
                data[i][0]=rs.getString(1);
                data[i][1]=rs.getString(2);
                data[i][2]=rs.getString(3);
                data[i][3]=rs.getString(4);
                data[i][4]=rs.getString(5);
                i++;
            }
            rs.close();
            conn.close();
        }catch (Exception e) {
            e.printStackTrace();
        }
    }
    public static void main(String[] args) {
        SQLServerUse app=new SQLServerUse();
        app.setSize(500, 260);
        app.setVisible(true);
        app.setDefaultCloseOperation(JFrame.EXIT_ON_CLOSE);
    }
}
```

SQLServerUse 类的文件结构和运行结果如图 9-20 所示。

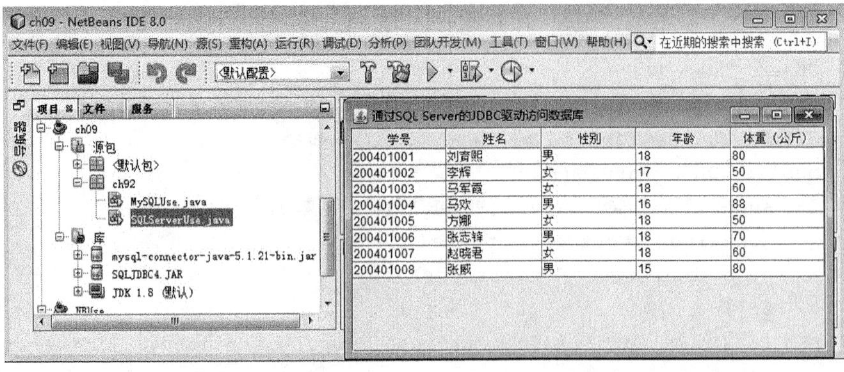

学号	姓名	性别	年龄	体重（公斤）
200401001	刘育熙	男	18	80
200401002	李辉	女	17	50
200401003	马军霞	女	18	60
200401004	马欢	男	16	88
200401005	方娜	女	18	50
200401006	张志锋	男	18	70
200401007	赵晓君	女	18	60
200401008	张威	男	15	80

图 9-20　SQLServerUse 类的文件结构和运行结果

9.3 查询数据库

数据查询是数据库的一项基本操作，通常使用结构化查询语言(Structure Query Language,SQL)和 ResultSet 对记录进行查询和管理。查询数据库的方法有很多，可以分为顺序查询、带参数查询、模糊查询、查询分析等。

SQL 是标准的结构化查询语言，可以在任何数据库管理系统中使用，因此被普遍使用，其语法格式如下：

```
select list from table
[where search_condition]
[group by group_by_expression] [having search_condition]
[order by order_expression [asc/desc] ];
```

各参数的含义如下。

(1) list：目标列表达式。用来指明要查询的列名，或是有列名参与的表达式。用 * 代表所有列。

(2) table：指定要查询的表名称。可以是一张表也可以是多张表。如果不同表中有相同列，需要用“表名.列名”的方式指明该列来自哪张表。

(3) search_condition：查询条件表达式，用来设定查询的条件。

(4) group_by _expression：分组查询表达式。按表达式条件将记录分为不同的记录组参与运算，通常与目标列表达式中的函数配合使用，实现分组统计的功能。

(5) order_expression：排序查询表达式。按指定表达式的值来对满足条件的记录进行排序，默认是升序(asc)。

SQL 中的查询语句除了可以实现单表查询以外，还可以实现多表查询和嵌套查询，使用起来比较灵活，可以参考其他资料了解较复杂的查询方式。

JDBC 提供 3 种接口实现 SQL 语句的发送执行，分别是 Statement、PreparedStatement 和 CallableStatement。Statement 接口的对象用于执行简单的不带参数的 SQL 语句；PreparedStatement 接口的对象用于执行带有 IN 类型参数的预编译过的 SQL 语句；CallableStatement 接口的对象用于执行一个数据库的存储过程。PreparedStatement 继承了 Statement，而 CallableStatement 又从 PreparedStatement 继承而来。通过上述类型的对象发送 SQL 语句进行查询，由 JDBC 提供的 ResultSet 接口对结果集中的数据进行操作。下面分别对 JDBC 中执行发送 SQL 语句以及实现结果集操作的接口进行介绍。

1. Statement

使用 Statement 发送要执行的 SQL 语句前首先要创建 Statement 对象实例，然后根据参数 type、concurrency 的取值情况返回 Statement 类型的结果集。语法格式如下：

```
Statement stmt=con.createStatement(type,concurrency);
```

其中，type 参数用来设置结果集的类型。type 参数有 3 种取值：取值为 ResultSet. TYPE_FORWORD_ONLY 时，代表结果集的记录指针只能向下滚动；取值为 ResultSet. TYPE_

SCROLL_INSENSITIVE 时,代表结果集的记录指针可以上下滚动,数据库变化时,当前结果集不变;取值为 ResultSet. TYPE_SCROLL_SENSITIVE 时,代表结果集的记录指针可以上下滚动,数据库变化时,结果集随之改变。

concurrency 参数用来设置结果集更新数据库的方式,有两种取值:当 concurrency 参数取值为 ResultSet. CONCUR_READ_ONLY 时,代表不能用结果集更新数据库中的表;而当 concurrency 参数的取值为 ResultSet. CONCUR_UPDATETABLE 时,代表可以更新数据库。

Statement 还提供了一些操作结果集的方法,表 9-1 列出了 Statement 的一些常用方法。

表 9-1　Statement 提供的常用方法

方　　法	说　　明
executeQuery()	用来执行查询
executeUpdate()	用来执行更新
execute()	用来执行动态的未知操作
setMaxRow()	设置结果集容纳的最多行数
getMaxRow()	获取结果集的最多行数
setQueryTimeOut()	设置一个语句执行的等待时间
getQueryTimeOut()	获取一个语句的执行等待时间
close()	关闭 Statement 对象,释放其资源

2. PreparedStatement

PreparedStatement 可以将 SQL 语句传给数据库做预编译处理,即在执行的 SQL 语句中包含一个或多个 IN 参数,可以通过设置 IN 参数值多次执行 SQL 语句,而不必重新编译 SQL 语句,这样可以大大提高执行 SQL 语句的速度。

所谓 IN 参数就是指那些在 SQL 语句创建时尚未指定值的参数,在 SQL 语句中 IN 参数用"?"号代替。例如:

```
PreparedStatement pstmt=connection.preparedStatement("select * from student
where 年龄>=? and 性别=? ");
```

这个 PreparedStatement 对象用来查询表中符合指定条件的信息,在执行查询之前必须对每个 IN 参数进行设置,设置 IN 参数的语法格式如下:

```
pstmt.set×××(position,value);
```

其中,×××为要设置数据的类型,position 为 IN 参数在 SQL 语句中的位置,value 指定该参数被设置的值。例如:

```
pstmt.setInt(1,20);
```

【例 9-3】 利用 PreparedStatement 查询数据(PreparedStatementUse.java)。

```
package ch93;
/*
    开发者: ***
    开发地点: ***
    开发时间: ****年**月**日
    最后一次修改时间: ****年**月**日
    功能简介: 用 PreparedStatement 查询数据并把查询到的数据输出到图形用户界面的表格中
*/
import java.awt.BorderLayout;
import java.awt.Container;
import java.sql.Connection;
import java.sql.DriverManager;
import java.sql.PreparedStatement;
import java.sql.ResultSet;
import javax.swing.JFrame;
import javax.swing.JScrollPane;
import javax.swing.JTable;

public class PreparedStatementUse extends JFrame{
    Object data[][];
    Object colname[]={"学号","姓名","性别","年龄","体重(公斤)"};
    JTable studentTable;
    public PreparedStatementUse() {
        super("PreparedStatement 查询数据");
        Container c=getContentPane();
    c.setLayout(new BorderLayout());
        try{
            Class.forName("com.microsoft.sqlserver.jdbc.SQLServerDriver");
            String url="jdbc:sqlserver://localhost:1433;databasename=student";
            String user="sa";           //数据库登录用户名
            String password="root";     //数据库登录密码
            Connection conn=DriverManager.getConnection(url,user,password);
            String sql="select * from  stu where age>=? and age<=?";
            PreparedStatement stmt=conn.prepareStatement(sql,
                                ResultSet.TYPE_SCROLL_SENSITIVE,
                                ResultSet.CONCUR_READ_ONLY);
            stmt.setInt(1,18);
            stmt.setInt(2,20);
            ResultSet rs=stmt.executeQuery();
            rs.last();
            int n=rs.getRow();
            data=new Object[n][5];
            studentTable=new JTable(data, colname);
            c.add(new JScrollPane(studentTable),BorderLayout.CENTER);
```

```
            int i=0;
            rs.beforeFirst();
            while (rs.next()){
                data[i][0]=rs.getString(1);
                data[i][1]=rs.getString(2);
                data[i][2]=rs.getString(3);
                data[i][3]=rs.getString(4);
                data[i][4]=rs.getString(5);
                i++;
            }
            rs.close();
            conn.close();
        }catch (Exception e) {
            e.printStackTrace();
        }
    }
    public static void main(String[] args) {
        PreparedStatementUse app=new PreparedStatementUse();
        app.setSize(500, 260);
        app.setVisible(true);
        app.setDefaultCloseOperation(JFrame.EXIT_ON_CLOSE);
    }
}
```

PreparedStatementUse 类的文件结构和运行结果如图 9-21 所示。

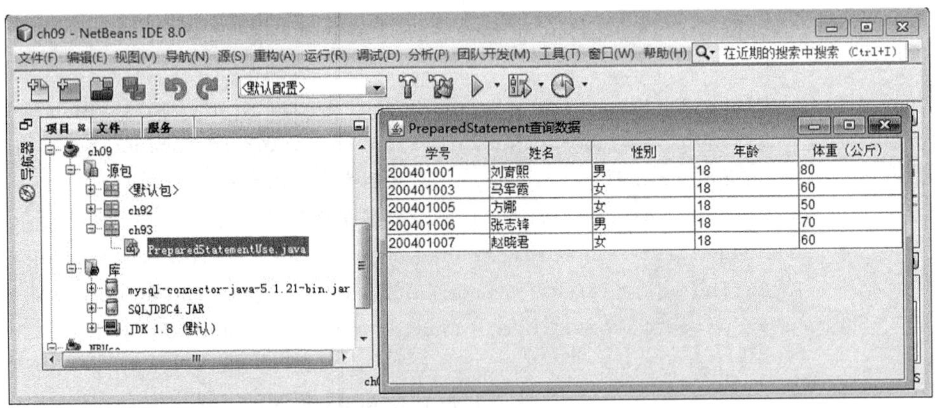

图 9-21　PreparedStatementUse 类的文件结构和运行结果

3. ResultSet 接口

可以通过 ResultSet 对象调用 ResultSet 接口中的方法对数据进行操作，并且在结果集中进行滚动查询。常用的查询方法如表 9-2 所示。

表 9-2 ResultSet 对象滚动查询的方法

方　　法	说　　明
next()	顺序查询数据
previous()	将记录指针向上移动，当移动到结果集第一行之前时返回 false
beforeFirst()	将记录指针移动到结果集的第一行之前
afterLast()	将记录指针移动到结果集的最后一行之后
first()	将记录指针移动到结果集的第一行
last()	将记录指针移动到结果集的最后一行
isAfterLast()	判断记录指针是否到达记录集的最后一行之后
isFirst()	判断记录指针是否到达记录集的第一行
isLast()	判断记录指针是否到达记录集的最后一行
getRow()	返回当前记录指针所指向的行号，行号从 1 开始，如果没有结果集，返回结果为 0
absolute(int row)	将记录指针移动到指定的第 row 行
close()	关闭对象，并释放它所占用的资源

【例 9-4】 ResultSet 对象的指针滚动(ResultSetUse.java)。

```
package ch93;
/*
    开发者：***
    开发地点：***
    开发时间：****年**月**日
    最后一次修改时间：****年**月**日
    功能简介：使用 ResultSet 的方法滚动处理数据并把结果集中的数据输出到图形用户界面的
              表格中
*/
import ch92.SQLServerUse;
import java.awt.BorderLayout;
import java.awt.Container;
import java.sql.Connection;
import java.sql.DriverManager;
import java.sql.ResultSet;
import java.sql.Statement;
import javax.swing.JFrame;
import javax.swing.JScrollPane;
import javax.swing.JTable;
public class ResultSetUse extends JFrame{
    Object data[][];
    Object colname[]={"学号","姓名","性别","年龄","体重(公斤)"};
    JTable studentTable;
```

```
    public ResultSetUse() {
        super("使用 ResultSet 的游标滚动处理数据");
        Container c=getContentPane();
        c.setLayout(new BorderLayout());
        try{
            Class.forName("com.microsoft.sqlserver.jdbc.SQLServerDriver");
            String url="jdbc:sqlserver://localhost:1433;databasename=student";
            String user="sa";              //数据库登录用户名
            String password="root";        //数据库登录密码
            Connection conn=DriverManager.getConnection(url,user,password);
            Statement stmt =conn.createStatement(
                        ResultSet.TYPE_SCROLL_SENSITIVE,
                        ResultSet.CONCUR_READ_ONLY);
            String sql="select * from stu";
            ResultSet  rs=stmt.executeQuery(sql);
            rs.last();
            int n=rs.getRow();
            data=new Object[n][5];
            studentTable=new JTable(data, colname);
            c.add(new JScrollPane(studentTable),BorderLayout.CENTER);
            int i=0;
            rs.afterLast();
            while (rs.previous()){
                data[i][0]=rs.getString(1);
                data[i][1]=rs.getString(2);
                data[i][2]=rs.getString(3);
                data[i][3]=rs.getString(4);
                data[i][4]=rs.getString(5);
                i++;
            }
            rs.close();
            conn.close();
        }catch (Exception e) {
            e.printStackTrace();
        }
    }
    public static void main(String[] args) {
        ResultSetUse app=new ResultSetUse();
        app.setSize(500, 260);
        app.setVisible(true);
        app.setDefaultCloseOperation(JFrame.EXIT_ON_CLOSE);
    }
}
```

ResultSetUse 类的文件结构和运行结果如图 9-22 所示。

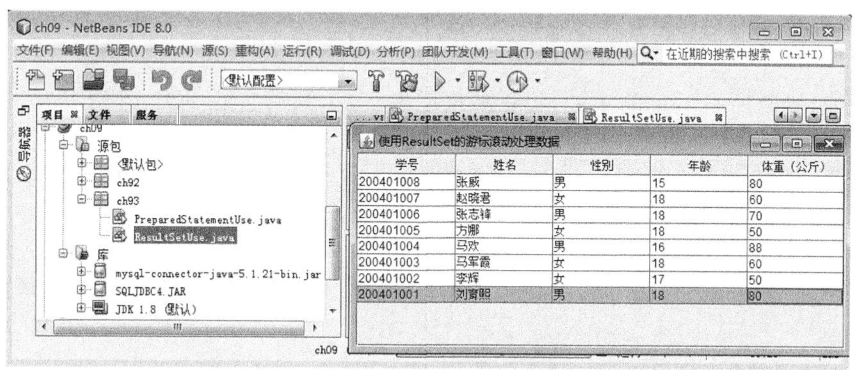

图 9-22　ResultSetUse 类的文件结构和运行结果

9.4　更新数据库

更新数据库是数据库的基本操作之一，因为数据库中的数据是不断变化的，只有通过添加、删除、修改操作，才能使数据库中的数据保持动态更新。

1. 添加操作

在 SQL 语言中，通过使用 insert 语句可以将新行添加到表或视图中，语法格式如下：

```
insert into table_name column_list values({default|null|expression} [,…n]);
```

其中，table_name 指定将要插入数据的表或 table 变量的名称；column_list 是要在其中插入数据的一列或多列的列表。必须用圆括号将 column_list 括起来，并且用逗号进行分隔；values ({default|null|expression} [,…n])引入要插入的数据值的列表。对 column_list（如果已指定）中或者表中的每个列，都必须有一个数据值，且必须用圆括号将值列表括起来。如果 values 列表中的值与表中列的顺序不相同，或者未包含表中所有列的值，那么必须使用 column_list 明确地指定存储每个传入值的列。

例如，在学生信息表中添加一个学生的信息('00001','david','male')，则对应的 SQL 语句应为

```
insert into student values('00001','david','male');
```

2. 修改操作

SQL 语言中的修改语句是 update 语句，其语法格式为

```
update table_name set column_name= expression[,column_name1=expression]
[where search_condition]
```

其中，table_name 用来指定需要修改的表的名称。如果该表不在当前服务器或数据库不为当前用户所有，这个表名可用连接服务器、数据库和所有者名称来限定；set column_name=

expression[,column_name1 = expression]指定要更新的列或变量名称的列表，column_name 指定含有要更改数据的列的名称；where search_condition 指定条件来限定所要更新的行。

例如，修改所有学生的年龄，将年龄都增加 1 岁，则对应的 SQL 语句应为

```
update student set 年龄=年龄+1;
```

3. 删除操作

在 SQL 语言中，使用 delete 语句删除数据表中的行。delete 语句的语法格式为

```
delete FROM table_name [where search_condition]
```

其中，table_name 用来指定从中删除记录的表；where 用来指定用于限制删除行数的条件。如果没有提供 where 子句，则 delete 语句将删除表中的所有行。

例如，要从学生信息表中删除学号为'00001'的学生信息，则对应的 SQL 语句应为

```
delete FROM stuInfo where 学号='000001';
```

4. 更新数据库应用

Statement 类提供 executeUpdate()方法，用于执行 insert、update、delete 等命令。例如，要在数据库添加一条信息，可执行下列语句：

```
stmt=con.createStatement();
String condition="insert into student values('00001', '王力', 21, 'computer') ";
stmt.executeUpdate(condition);
```

9.5 项目实训

9.5.1 项目目的

本项目通过一个学生信息管理系统的开发来综合应用已学知识，通过项目训练达到复习并提高的目的。

9.5.2 项目需求分析

本项目是一个使用 MySQL 数据库管理数据的学生信息管理系统，能够实现对学生信息的浏览、添加、删除、修改和查询功能。为了实现代码重用、简化开发，首先编写了一个 GetStuInfo 类，该类是一个面板，该面板的主要作用是获取学生的基本信息，代码如例 9-5 所示。为了操作数据库以及减少重复，编写了一个 GetConnection 类，该类主要实现对数据库的连接功能，代码如例 9-6 所示。对学生信息的浏览、添加、删除、修改和查询功能封装到类 StuManage 中，代码如例 9-7 所示。项目的主类为 Main，代码如例 9-8 所示。

本项目使用的数据库是 MySQL(读者也可以选择自己所熟悉的其他数据库)，数据库名和表名都为 stu，数据库、表以及表中对应的字段及其数据类型如图 9-23 所示。

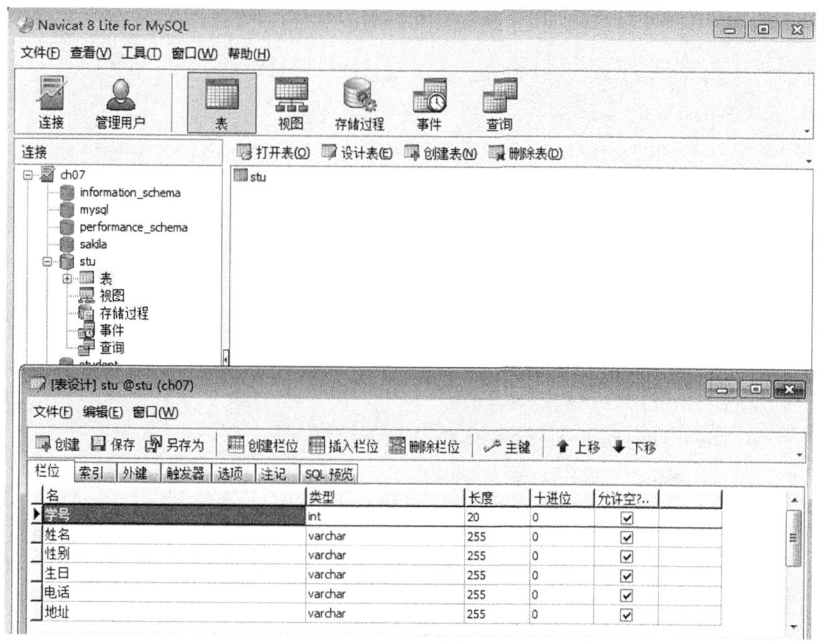

图 9-23　创建数据库

本项目分别使用 NetBeans 8.0 和 Eclipse 4.3 开发，使用 NetBeans 8.0 开发的项目名称为 ch09，项目结构和运行结果如图 9-24 所示；使用 Eclipse 4.3 开发的项目名称为 ch9。

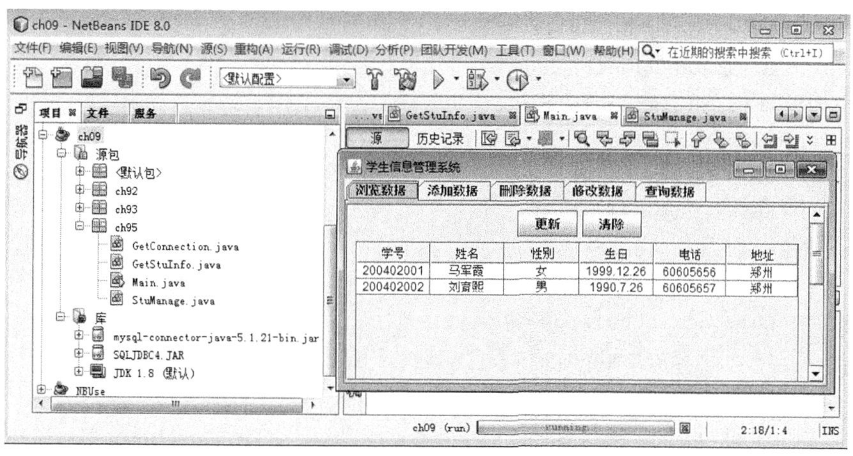

图 9-24　基于 NetBeans 8.0 的项目结构和运行结果

9.5.3　项目实现

【例 9-5】 封装学生基本信息的类(GetStuInfo.java)。

```
package ch95;
import java.awt.FlowLayout;
import javax.swing.JLabel;
import javax.swing.JPanel;
```

```
import javax.swing.JTextField;

public class GetStuInfo extends JPanel {
    JTextField name;
    JTextField number;
    JTextField sex;
    JTextField birthday;
    JTextField phone;
    JTextField address;
    public GetStuInfo() {
        JLabel stuname=new JLabel("姓名");
        name=new JTextField(10);
        JLabel stunumber=new JLabel("学号");
        number=new JTextField(10);
        JLabel stusex=new JLabel("性别");
        sex=new JTextField(10);
        JLabel stubirthday=new JLabel("生日");
        birthday=new JTextField(10);
        JLabel stuaddress=new JLabel("地址");
        address=new JTextField(10);
        JLabel stuphone=new JLabel("电话");
        phone=new JTextField(10);
        this.setLayout(new FlowLayout());
        this.add(stunumber);
        this.add(number);
        this.add(stuname);
        this.add(name);
        this.add(stusex);
        this.add(sex);
        this.add(stuphone);
        this.add(phone);
        this.add(stubirthday);
        this.add(birthday);
        this.add(stuaddress);
        this.add(address);
    }
    public String getnumber() {
        String number1=number.getText();
        return number1;
    }
    public String getname() {
        String name1=name.getText();
        return name1;
    }
    public String getsex() {
```

```
        String sex1=sex.getText();
        return sex1;
    }
    public String getbirthday() {
        String birthday1=birthday.getText();
        return birthday1;
    }
    public String getphone() {
        String phone1=phone.getText();
        return phone1;
    }
    public String getaddress() {
        String address1=address.getText();
        return address1;
    }
}
```

【例 9-6】 连接数据库的类(GetConnection.java)。

```
package ch95;
import java.sql.Connection;
import java.sql.DriverManager;
import java.sql.SQLException;

public class GetConnection {
    public Connection getConn() {
        Connection conn=null;
          try {
            Class.forName("com.mysql.jdbc.Driver");
            conn=DriverManager.getConnection(
                  "jdbc:mysql://localhost:3306/stu", "root", "root");
        } catch (ClassNotFoundException e) {
            System.err.println(e.toString());
        } catch (SQLException ex) {
            System.err.println(ex.toString());
        }
        return conn;
    }
}
```

【例 9-7】 学生信息管理类(StuManage.java)。

```
package ch95;
import java.awt.Dimension;
import java.awt.event.ActionEvent;
import java.awt.event.ActionListener;
import java.sql.Connection;
```

```
import java.sql.ResultSet;
import java.sql.SQLException;
import java.sql.Statement;
import javax.swing.JButton;
import javax.swing.JFrame;
import javax.swing.JLabel;
import javax.swing.JOptionPane;
import javax.swing.JPanel;
import javax.swing.JScrollPane;
import javax.swing.JTabbedPane;
import javax.swing.JTable;
import javax.swing.JTextField;
import javax.swing.table.DefaultTableCellRenderer;

public class StuManage extends JFrame implements ActionListener {
    int row;
    JTabbedPane tab=new JTabbedPane();
    JPanel mainpanel=new JPanel();
    JScrollPane viewlistscroll;            //显示所有数据的滚动面板
    JScrollPane viewscroll;                //显示单条数据的滚动面板
    JPanel updatepanel=new JPanel();
    GetStuInfo stuinfo1=new GetStuInfo();
    GetStuInfo stuinfo2=new GetStuInfo();
    JPanel querypanel=new JPanel();
    JButton dataButton=new JButton("删除");
    JTextField queryTextFile=new JTextField(10);
    Object  data[][],data1[][], data2[][];
    Object colname[]={ "学号", "姓名", "性别", "生日", "电话", "地址" };
    JTable stutable, querytable, querylist;
    JButton add=new JButton("添加");
    JButton modifybutton=new JButton("修改");
    JButton updatebutton=new JButton("更新");
    JButton querybutton=new JButton("查询");
    JButton update=new JButton("更新数据");
    String sno;
    JTextField snotext=new JTextField(10);
    public StuManage() {
        super("学生信息管理系统");
        setDefaultCloseOperation(JFrame.EXIT_ON_CLOSE);
        viewDataList();
        addData();
        deleteData();
        modifyData();
        queryData();
        add(tab);
```

```
    }
    //添加数据
    public void addData() {
        JButton adddata_clear=new JButton("清除");
        mainpanel.add(stuinfo1);
        add.addActionListener(this);
        stuinfo1.add(add);
        stuinfo1.add(adddata_clear);
        adddata_clear.addActionListener(new ActionListener() {
            public void actionPerformed(ActionEvent d) {
                stuinfo1.number.setText("");
                stuinfo1.sex.setText("");
                stuinfo1.name.setText("");
                stuinfo1.phone.setText("");
                stuinfo1.address.setText("");
                stuinfo1.birthday.setText("");
            }
        });
        tab.add("添加数据", stuinfo1);
    }
    //修改数据
    public void modifyData() {
        JButton update_clear=new JButton("清除");
        mainpanel.add(stuinfo2);
        stuinfo2.add(modifybutton);
        stuinfo2.add(querybutton);
        querybutton.addActionListener(new ActionListener() {
            public void actionPerformed(ActionEvent d) {
                stuinfo2.number.setEditable(false);
                stuinfo2.sex.setEditable(true);
                stuinfo2.name.setEditable(true);
                stuinfo2.phone.setEditable(true);
                stuinfo2.address.setEditable(true);
                stuinfo2.birthday.setEditable(true);
                sno=stuinfo2.number.getText();
                if (stuinfo2.number.getText().isEmpty())
                    JOptionPane.showMessageDialog(null, "学号不能为空！");
                else
                    try{
                        ResultSet rs;
                        Connection conn=new GetConnection().getConn();
                        Statement stmt=conn.createStatement();
                        String sql="select * from stu where 学号="+sno;
                        rs=stmt.executeQuery(sql);
                        while (rs.next()){
```

```
                    stuinfo2.name.setText(rs.getString(2));
                    stuinfo2.sex.setText(rs.getString(3));
                    stuinfo2.birthday.setText(rs.getString(4));
                    stuinfo2.phone.setText(rs.getString(5));
                    stuinfo2.address.setText(rs.getString(6));
                }
                querytable.setVisible(false);
                querytable.setVisible(true);
                rs.close();
                conn.close();
            } catch (Exception e) {
                e.printStackTrace();
            }
        }
    });
    stuinfo2.add(modifybutton);
    modifybutton.addActionListener(new ActionListener() {
        public void actionPerformed(ActionEvent d) {
            if (stuinfo2.number.getText().isEmpty())
                JOptionPane.showMessageDialog(null, "学号不能为空!");
            else
                try{
                    stuinfo2.sex.setEditable(false);
                    stuinfo2.name.setEditable(false);
                    stuinfo2.phone.setEditable(false);
                    stuinfo2.address.setEditable(false);
                    stuinfo2.birthday.setEditable(false);
                    String no=stuinfo2.number.getText();
                    String name=stuinfo2.name.getText();
                    String sex=stuinfo2.sex.getText();
                    String birth=stuinfo2.birthday.getText();
                    String phone=stuinfo2.phone.getText();
                    String address=stuinfo2.address.getText();
                    Connection conn=new GetConnection().getConn();
                    Statement stmt=conn.createStatement();
                    String sql="update stu set 姓名='"+name+"',性别='"+sex+"',
                            生日='"+birth+"',电话='"+phone+"',地址='"+
                            address+"' where 学号='"+no+"'";
                    stmt.executeUpdate(sql);
                    JOptionPane.showMessageDialog(null, "修改成功!");
                    stmt.close();
                } catch (Exception e) {
                    e.printStackTrace();
                } finally {
                    StuManage add1=new StuManage();
```

```
                    add1.setLocationRelativeTo(null);
                    add1.setVisible(true);
                    add1.setSize(500, 170);
                    setVisible(false);
                    stuinfo2.number.setEditable(true);
                }
            }
        });
        stuinfo2.add(update_clear);
        update_clear.addActionListener(new ActionListener() {
            public void actionPerformed(ActionEvent d) {
                stuinfo2.number.setEditable(true);
                stuinfo2.sex.setEditable(false);
                stuinfo2.name.setEditable(false);
                stuinfo2.phone.setEditable(false);
                stuinfo2.address.setEditable(false);
                stuinfo2.birthday.setEditable(false);
                stuinfo2.number.setText("");
                stuinfo2.sex.setText("");
                stuinfo2.name.setText("");
                stuinfo2.phone.setText("");
                stuinfo2.address.setText("");
                stuinfo2.birthday.setText("");
            }
        });
        stuinfo2.sex.setEditable(false);
        stuinfo2.name.setEditable(false);
        stuinfo2.phone.setEditable(false);
        stuinfo2.address.setEditable(false);
        stuinfo2.birthday.setEditable(false);
        tab.add("修改数据", stuinfo2);
    }
    //删除数据
    public void deleteData() {
        JLabel snolabel=new JLabel("学号");
        JButton delete_query=new JButton("查询");
        JButton delete_clear=new JButton("清除");
        mainpanel.add(snolabel);
        mainpanel.add(snotext);
        mainpanel.add(delete_query);
        mainpanel.add(dataButton);
        mainpanel.add(delete_clear);
        data2=new Object[1][6];
        querylist=new JTable(data2, colname);
        JScrollPane jsp=new JScrollPane(querylist);
```

```
mainpanel.add(jsp);
querylist.setVisible(false);
querylist.setFillsViewportHeight(true);
delete_query.addActionListener(new ActionListener() {
    public void actionPerformed(ActionEvent d) {
        sno=snotext.getText();
        if (snotext.getText().isEmpty())
            JOptionPane.showMessageDialog(null, "学号不能为空!");
        else
            try{
                ResultSet rs1;
                Connection conn=new GetConnection().getConn();
                Statement stmt1=conn.createStatement();
                String sql1="select * from stu where 学号="+sno;
                rs1=stmt1.executeQuery(sql1);
                int i=0;
                if (rs1.next()) {
                    data2[i][0]=rs1.getString(1);
                    data2[i][1]=rs1.getString(2);
                    data2[i][2]=rs1.getString(3);
                    data2[i][3]=rs1.getString(4);
                    data2[i][4]=rs1.getString(5);
                    data2[i][5]=rs1.getString(6);
                    querylist.setVisible(true);
                } else
                    JOptionPane.showMessageDialog(null,"无记录!");
                querylist.setVisible(false);
                querylist.setVisible(true);
                rs1.close();
                conn.close();
            } catch (Exception e) {
                System.out.println(e.getMessage());
            }
    }
});
dataButton.addActionListener(new ActionListener() {
    public void actionPerformed(ActionEvent d) {
        sno=snotext.getText();
        if (snotext.getText().isEmpty())
            JOptionPane.showMessageDialog(null, "学号不能为空!");
        else
            try{
                Connection conn=new GetConnection().getConn();
                Statement stmt1=conn.createStatement();
                String sql1="delete from stu where 学号='"+sno+"'";
```

```
                    stmt1.executeUpdate(sql1);
                    querytable.setVisible(false);
                    querytable.setVisible(true);
                    conn.close();
                    JOptionPane.showMessageDialog(null, "删除成功！");
                } catch (Exception e) {
                    e.printStackTrace();
                }
            }
        });
        delete_clear.addActionListener(new ActionListener() {
            public void actionPerformed(ActionEvent d) {
                snotext.setText("");
            }
        });
        tab.add("删除数据", mainpanel);
    }
    //查询数据
    public void queryData() {
        JLabel cxjl=new JLabel("学号");
        JButton cxbutton=new JButton("查询");
        JButton cxqcbutton=new JButton("清除");
        querypanel.add(cxjl);
        querypanel.add(queryTextFile);
        querypanel.add(cxbutton);
        querypanel.add(cxqcbutton);
        cxqcbutton.addActionListener(new ActionListener() {
            public void actionPerformed(ActionEvent d) {
                queryTextFile.setText("");
            }
        });
        data1=new Object[1][6];
        querytable=new JTable(data1, colname);
        viewscroll=new JScrollPane(querytable);
        querypanel.add(viewscroll);
        querytable.setVisible(false);
        querytable.setFillsViewportHeight(true);
        tab.add("查询数据", querypanel);
        cxbutton.addActionListener(new ActionListener() {
            public void actionPerformed(ActionEvent d) {
                sno=queryTextFile.getText();
                if (queryTextFile.getText().isEmpty())
                    JOptionPane.showMessageDialog(null, "学号不能为空！");
                else
                    try {
```

```
                ResultSet rs1;
                Connection conn=new GetConnection().getConn();
                Statement stmt1=conn.createStatement();
                String sql1="select * from stu where 学号="+sno;
                rs1=stmt1.executeQuery(sql1);
                int i=0;
                if (rs1.next()) {
                    data1[i][0]=rs1.getString(1);
                    data1[i][1]=rs1.getString(2);
                    data1[i][2]=rs1.getString(3);
                    data1[i][3]=rs1.getString(4);
                    data1[i][4]=rs1.getString(5);
                    data1[i][5]=rs1.getString(6);
                    querytable.setVisible(true);
                } else
                    JOptionPane.showMessageDialog(null,"无记录!");
                querytable.setVisible(false);
                querytable.setVisible(true);
                rs1.close();
                conn.close();
            } catch (Exception e) {
                System.out.println(e.getMessage());
            }
        }
    });
}
//用表格显示数据
public void viewData() {
    try {
        JPanel content=new JPanel();
        JButton clear=new JButton("清除");
        ResultSet rs;
        Connection conn=new GetConnection().getConn();
        Statement stmt=conn.createStatement();
        String sql="select * from stu";
        rs=stmt.executeQuery(sql);
        rs.last();
        row=rs.getRow();
        data=new Object[row][6];
        stutable=new JTable(data, colname);
        DefaultTableCellRenderer  r=new  DefaultTableCellRenderer();
        r.setHorizontalAlignment(JLabel.CENTER);
        stutable.setDefaultRenderer(Object.class,r);
        content.setPreferredSize(new Dimension(50, 400));
        content.add(updatebutton);
```

```
            content.add(clear);
            updatebutton.addActionListener(new ActionListener() {
                public void actionPerformed(ActionEvent d) {
                    StuManage add1=new StuManage();
                    add1.setLocationRelativeTo(null);
                    add1.setVisible(true);
                    add1.setSize(476, 170);
                    setVisible(false);
                }
            });
            content.add(new JScrollPane(stutable));
            viewlistscroll=new JScrollPane(content);
            rs.beforeFirst();
            clear.addActionListener(new ActionListener() {
                public void actionPerformed(ActionEvent d) {
                    int i;
                    for (i=0; i<stutable.getRowCount(); i++) {
                        data[i][0]="";
                        data[i][1]="";
                        data[i][2]="";
                        data[i][3]="";
                        data[i][4]="";
                        data[i][5]="";
                    }
                }
            });
            int i=0;
            while (rs.next()) {
                data[i][0]=rs.getString(1);
                data[i][1]=rs.getString(2);
                data[i][2]=rs.getString(3);
                data[i][3]=rs.getString(4);
                data[i][4]=rs.getString(5);
                data[i][5]=rs.getString(6);
                i++;
            }
            rs.close();
            conn.close();
        } catch (Exception e) {
            e.printStackTrace();
        }
        tab.add("浏览数据", viewlistscroll);
    }
    //浏览数据
    public void viewDataList() {
```

```
        viewData();
    }
    //查询学号是否存在
    public boolean queryExist(String id){
        boolean b=false;
        try {
            ResultSet rs;
            Connection conn=new GetConnection().getConn();
            Statement stmt=conn.createStatement();
            String sql="select * from stu where 学号="+id;
            rs=stmt.executeQuery(sql);
            if (rs.next()) {
                b=true;
            }
            rs.close();
            conn.close();
        } catch (Exception e) {
            System.out.println(e.getMessage());
        }
        return b;
    }
    public void actionPerformed(ActionEvent e) {
        if (e.getSource()==add) {
            Statement stmt=null;
            try {
                String no=stuinfo1.getnumber();
                String name1=stuinfo1.getname();
                String sex=stuinfo1.getsex();
                String birth=stuinfo1.getbirthday();
                String phone=stuinfo1.getphone();
                String address=stuinfo1.getaddress();
                if(queryExist(no)){
                    JOptionPane.showMessageDialog(null, "学号已存在!");
                }else{
                    Connection conn=new GetConnection().getConn();
                    stmt=conn.createStatement();
                    String sql="insert into stu (学号,姓名,性别,生日,电话,地址)"+"
                            values("+"'"+no+"',"+"'"+name1+"',"+"'"+sex+"
                            ',"+"'"+birth+"',"+"'"+phone+"',"+"'"+address
                            +"')";
                stmt.executeUpdate(sql);
                JOptionPane.showMessageDialog(null, "添加成功!");
                }
            }catch (Exception f) {
                f.printStackTrace();
```

```
                JOptionPane.showMessageDialog(null, "添加失败");
            }finally{
                try {
                    stmt.close();
                } catch (SQLException e1) {
                    e1.printStackTrace();
                }
            }
        }
    }
}
```

【例 9-8】 项目主类(Main.java)。

```
package ch95;
public class Main {
    public static void main(String[] args) {
        StuManage stumanage=new StuManage();
        stumanage.setLocationRelativeTo(null);
        stumanage.setVisible(true);
        stumanage.setSize(500,170);
    }
}
```

9.5.4 常见问题及解决方案

(1) 异常信息提示如图 9-25 所示。

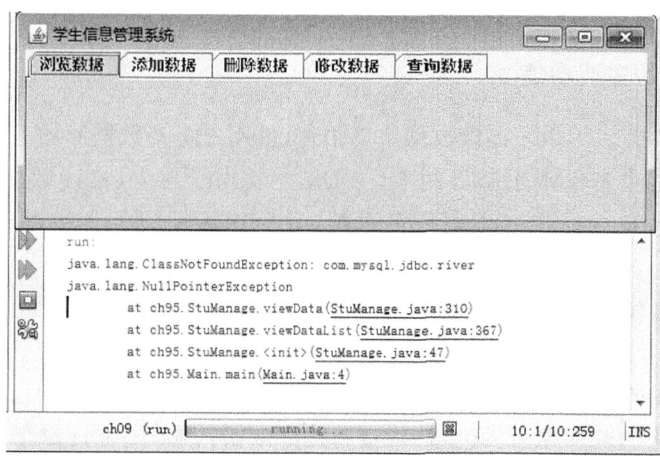

图 9-25 异常信息提示(一)

解决方案：出现如图 9-25 所示的异常是因为 MySQL 的 JDBC 驱动名称拼写错误，所以导致空指针异常，查询失败，窗口中没有数据可以显示。

(2) 异常信息提示如图 9-26 所示。

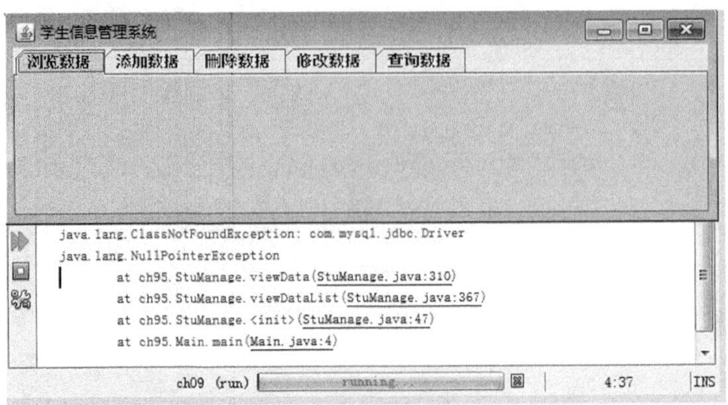

图 9-26 异常信息提示(二)

解决方案：出现图 9-26 所示异常的主要原因是在项目库中没有加载 MySQL 的 JDBC 驱动。

9.6 课外阅读——DBMS 技术简介

数据库管理系统(Database Management System,DBMS)是一种操纵和管理数据库的大型软件,用于建立、使用和维护数据库。它对数据库进行统一的管理和控制,以保证数据库的安全性和完整性。用户通过 DBMS 访问数据库中的数据,数据库管理员也通过 DBMS 进行数据库的维护工作。它可使多个应用程序和用户用不同的方法在同时刻或不同时刻去建立、修改和询问数据库。大部分 DBMS 提供数据定义语言(Data Definition Language, DDL)和数据操作语言(Data Manipulation Language,DML),供用户定义数据库的模式结构与权限约束,实现对数据的追加、删除等操作。

1. DBMS 的主要功能

(1) 数据定义。DBMS 提供数据定义语言,供用户定义数据库的三级模式结构、两级映像以及完整性约束和保密限制等约束。DDL 主要用于建立、修改数据库的库结构。DDL 所描述的库结构仅仅给出了数据库的框架,数据库的框架信息被存放在数据字典(Data Dictionary)中。

(2) 数据操作。DBMS 提供数据操作语言,供用户实现对数据的追加、删除、更新、查询等操作。

(3) 数据库的运行管理。数据库的运行管理功能是 DBMS 的运行控制、管理功能,包括多用户环境下的并发控制、安全性检查和存取限制控制、完整性检查和执行、运行日志的组织管理、事务的管理和自动恢复,即保证事务的原子性。这些功能保证了数据库系统的正常运行。

(4) 数据组织、存储与管理。DBMS 要分类组织、存储和管理各种数据,包括数据字典、用户数据、存取路径等,需确定以何种文件结构和存取方式在存储级上组织这些数据,如何实现数据之间的联系。数据组织和存储的基本目标是提高存储空间的利用率,选择合适的存取方法提高存取效率。

(5) 数据库的保护。数据库中的数据是信息社会的战略资源,所以对数据的保护至关重要。DBMS 对数据库的保护通过 4 个方面来实现:数据库的恢复、数据库的并发控制、数据库的完整性控制、数据库的安全性控制。DBMS 的其他保护功能还有系统缓冲区的管理以及数据存储的某些自适应调节机制等。

(6) 数据库的维护。这一部分包括数据库的数据载入、转换、转储、数据库的重组合重构以及性能监控等功能,这些功能分别由各个应用程序来完成。

(7) 通信。DBMS 具有与操作系统的联机处理、分时系统及远程作业输入的相关接口,负责处理数据的传送。对网络环境下的数据库系统,还应该包括 DBMS 与网络中其他软件系统的通信功能以及数据库之间的互操作功能。

2. DBMS 的组成部分

按功能划分,数据库管理系统大致可分为 6 个部分。

(1) 模式翻译。提供数据定义语言,用它书写的数据库模式被翻译为内部表示。数据库的逻辑结构、完整性约束和物理储存结构保存在内部的数据字典中。数据库的各种数据操作(如查找、修改、插入和删除等)和数据库的维护管理都是以数据库模式为依据的。

(2) 应用程序的编译。把包含着访问数据库语句的应用程序,编译成在 DBMS 支持下可运行的目标程序。

(3) 交互式查询。提供易使用的交互式查询语言,如 DBMS 负责执行查询命令,并将查询结果显示在屏幕上。

(4) 数据的组织与存取。提供数据在外围储存设备上的物理组织与存取方法。

(5) 事务运行管理。提供事务运行管理及运行日志、事务运行的安全性监控和数据完整性检查、事务的并发控制及系统恢复等功能。

(6) 数据库的维护。为数据库管理员提供软件支持,包括数据安全控制、完整性保障、数据库备份、数据库重组以及性能监控等维护工具。

3. DBMS 的技术特点

(1) 采用复杂的数据模型表示数据结构,数据冗余小,易扩充,实现了数据共享。

(2) 具有较高的数据和程序独立性,数据库的独立性有物理独立性和逻辑独立性。

(3) 数据库系统为用户提供了方便的用户接口。

(4) 数据库系统提供 4 个方面的数据控制功能,分别是并发控制、恢复、完整性和安全性。数据库中各个应用程序所使用的数据由数据库系统统一规定,按照一定的数据模型组织和建立,由系统统一管理和集中控制。

(5) 增加了系统的灵活性。

4. DBMS 的常见品牌

DBMS 常见的品牌有 Sybase、DB2、Oracle、MySQL、Microsoft SQL Server。

5. DBMS 选用原则

选择数据库管理系统时应从以下几个方面予以考虑。

(1) 构造数据库的难易程度。需要分析数据库管理系统有没有范式的要求，即是否必须按照系统所规定的数据模型分析现实世界，建立相应的模型；数据库管理语句是否符合国际标准，符合国际标准则便于系统的维护、开发、移植；有没有面向用户的易用的开发工具；所支持的数据库容量特性决定了数据库管理系统的使用范围。

(2) 程序开发的难易程度。有无计算机辅助软件工程工具 CASE——计算机辅助软件工程工具可以帮助开发者根据软件工程的方法提供各开发阶段的维护、编码环境，便于复杂软件的开发、维护；有无第四代语言的开发平台——第四代语言具有非过程语言的设计方法，用户不需编写复杂的过程性代码，易学、易懂、易维护；有无面向对象的设计平台——面向对象的设计思想十分接近人类的逻辑思维方式，便于开发和维护；对多媒体数据类型的支持——多媒体数据需求是今后发展的趋势，支持多媒体数据类型的数据库管理系统必将减少应用程序的开发和维护工作。

(3) 数据库管理系统的性能分析。包括性能评估(响应时间、数据单位时间吞吐量)、性能监控(内外存使用情况、系统输入输出速率、SQL 语句的执行、数据库元组控制)、性能管理(参数设定与调整)。

(4) 对分布式应用的支持。包括数据透明与网络透明程度。数据透明是指用户在应用中不需指出数据在网络中的什么节点上，数据库管理系统可以自动搜索网络，提取所需数据；网络透明是指用户在应用中无须指出网络所采用的协议，数据库管理系统自动地将数据包转换成相应的协议数据。

(5) 并行处理能力。支持多 CPU 模式的系统(SMP、CLUSTER、MPP)，负载的分配形式，并行处理的颗粒度、范围。

(6) 可移植性和可扩展性。可移植性指垂直扩展和水平扩展能力。垂直扩展要求新平台能够支持低版本的平台，数据库客户机/服务器机制支持集中式管理模式，这样保证用户以前的投资和系统；水平扩展要求满足硬件上的扩展，支持从单 CPU 模式转换成多 CPU 并行机模式(SMP、CLUSTER、MPP)。

(7) 数据完整性约束。数据完整性指数据的正确性和一致性保护，包括实体完整性、参照完整性、复杂的事务规则。

(8) 并发控制功能。对于分布式数据库管理系统，并发控制功能是必不可少的。因为它面临的是多任务分布环境，可能会有多个用户点在同一时刻对同一数据进行读或写操作，为了保证数据的一致性，需要由数据库管理系统的并发控制功能来完成。

(9) 容错能力。异常情况下对数据的容错处理。评价标准：硬件的容错，有无磁盘镜像处理功能软件的容错，有无软件方法。

(10) 安全性控制。包括安全保密的程度(账户管理、用户权限、网络安全控制、数据约束)。

(11) 支持多种文字处理能力。包括数据库描述语言的多种文字处理能力(表名、域名、数据)和数据库开发工具对多种文字的支持能力。

(12) 数据恢复的能力。当突然停电、出现硬件故障、软件失效、病毒或严重错误操作时，系统应提供恢复数据库的功能，如定期转存、恢复备份、回滚等，使系统有能力将数据库恢复到损坏以前的状态。

9.7　本章小结

Java 语言具有强大的数据库开发功能，它简单易用，并以其特有的数据库访问技术和简单易用的强大功能满足了程序设计者快速开发和实施的需要。通过本章的学习，应掌握以下内容。

(1) JDBC 简介。

(2) 通过 JDBC 技术访问数据库。

(3) 数据库操作。

本章内容为后续项目实训中的数据库访问操作奠定基础，也为今后项目开发中的数据库操作部分打下基础。

9.8　习　　题

9.8.1　选择题

1. JDBC 提供 3 个接口来实现 SQL 语句的发送，其中执行简单的不带参数 SQL 语句的是(　　)。

　　A. Statement 类　　B. PreparedStatement 类

　　C. CallableStatement 类　　D. DriverStatement 类

2. Statement 类提供 3 种执行 SQL 语句的方法，用来执行更新操作的是(　　)。

　　A. executeQuery()　　B. executeUpdate()

　　C. execute()　　D. query()

3. 负责处理驱动的调入并产生对新的数据库的连接支持的是(　　)。

　　A. DriverManager　　B. Connection

　　C. Statement　　D. ResultSet

9.8.2　填空题

1. ________是 Java 提供的一个面向对象的应用程序接口，通过它可访问各类关系型数据库。

2. 在 ResultSet 中用于顺序查询数据的方法是________。

9.8.3　论述题

论述 JDBC 数据库驱动的作用。

9.8.4　操作题

1. 优化 9.5 节的项目代码，用自己熟悉的数据库系统重新设计项目数据库，并把数据表的中文字段名改为英文字段名。

2. 编写一个用数据库管理数据的宿舍管理系统。

第10章 IPTTM管理系统项目实训

本章主要运用前9章的相关概念与原理，完成一个电信IP资费管理系统项目的设计实现。通过本实训的综合训练，能够在逐步掌握Java项目开发的流程、图形用户界面和数据库设计的基础上，为后续的项目开发奠定基础。

10.1 项目需求说明

根据业务模型和电信业务的需要，本项目的功能需求分析及模块设计如下。

(1) 登录模块。

实现登录功能、注册功能的数据处理。要求新用户必须先注册。

(2) 用户管理模块。

实现开通账号、用户账号查询、用户列表功能。其中开通账号查询可以更方便用户的查询，用户可以通过开通账号查询来获取一些相关的信息。用户列表具有账号的增加、暂停、修改和删除等功能。

(3) 管理员管理模块。

管理员管理模块分为3部分：增加管理员、管理员列表和私人信息。

增加管理员时需要的信息有账号、登录密码、重复密码、真实姓名、管理员邮箱、联系电话、登录权限等。其中登录权限包括管理员管理、资费管理、用户管理、账务查询、账单查询。

管理员列表包括的信息有账号、姓名、电话、邮箱、开户日期、权限及修改和删除操作选项。

私人信息包括登录密码、重复密码、真实姓名、管理员邮箱、开通日期、联系电话、登录权限，其中登录权限又包括资费管理、账务查询和管理员管理3个级别。

管理员管理模块的需求如下。

① 管理员开通账户管理：管理用户账号，包括账号开通、暂停(加锁)、恢复、删除等。

② 管理员资料管理：管理员资料包括姓名、身份证号、地址等。

③ 管理员信息：ID、姓名、账号、密码、状态(正常/暂停/关闭)、联系电话、E-mail、开通日期、停止日期、权限(查询/修改/开户)等。

(4) 资费管理模块。

完成资费的增、删、改、查功能。

(5) 账单管理模块。

需求：整合系统数据按月生成用户账单。

账单信息(可参考移动或联通的账单管理模块)如下。

① 用户标识信息：账单 ID、姓名、账号、状态、联系电话、开通日期、E-mail。

② 账务信息：账号、日期、登录时长、本月费用。

③ 账单明细：登录时间、退出时间、时长。

(6) 账务管理模块。

需求：按月、年分别生成"月账务信息统计报表"和"年账务信息统计报表"。

月账务信息(可参考移动或联通的账务模块)如下。

① 生成一个计费月周期中每一天的账务信息。

② 月账务信息：日期、时长、费用。

③ 年账务信息(可参考移动或联通的账务模块)。

(7) 用户自服务管理模块。

需求：用户可以通过 Internet 查询自己的当前或历史账单，并能修改自己的密码或变更相关业务。

用户账务信息查询如下。

① 用户标识信息：账单 ID、姓名、状态、开通日期。

② 账务信息：日期、登录时长、本月费用。

③ 用户信息修改：账单明细，如登录时间、退出时间、时长。

备注：本章仅完成了本项目部分功能的实现，读者可以根据实际情况进行相应功能的增减、调整。通过本项目的练习，可以了解和掌握在项目开发过程中模块的划分以及对业务需求的分析方法。由于篇幅限制，本书不再对该项目的其他具体业务进行详细介绍，读者可参考软件工程的相关内容自行了解、分析和实现。

10.2 项目分析与设计

经需求分析，本项目的总体功能模块架构设计如图 10-1 所示。注册用户需登录系统才能使用各项功能，未注册用户不能登录系统。

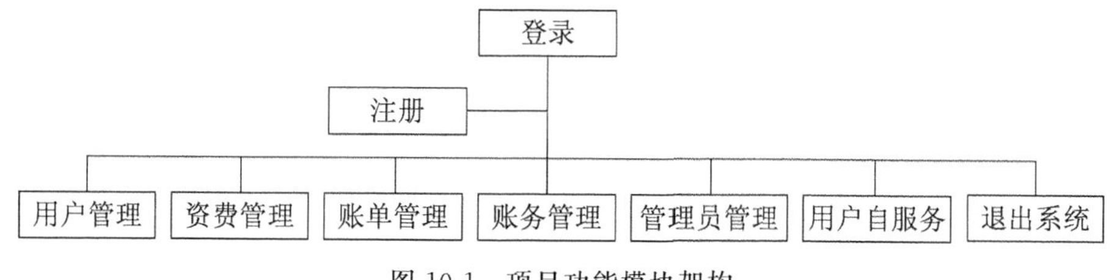

图 10-1 项目功能模块架构

10.3 项目的数据库设计

对于本项目使用的数据库，可以根据自己掌握的 DBMS 系统，按照数据优化的思想自行设计和创建数据库及表，需分别设计管理员表、用户表、资费表、服务器月账单表、服务器年账单表、用户消费表、数据采集表。管理员表包括的字段有编号、登录密码、真实姓名、电话、邮箱地址，其中编号为主键，开通账户时不可输入相同的编号，否则系统不执行相应操作。用户表包括的字段有编号、密码、真实姓名、性别、付款方式、用户状态、电子邮箱、省份、职业、联系电话、公司、公司编码、邮政编码，其中编号是主键，便于对用户进行统一管理。资费表包括的字段有业务账号、资费名称、业务密码、每小时资费、服务器名称、服务器状态，同样，账号是主键，服务器是外键，要确保有此服务器才可以进行选择。用户消费表包含了各个用户的消费信息、登录时间、退出时间以及时长，方便用户随时进行查询。服务器月账单表保存各个服务器的每个月的资费信息。服务器年账单表是服务器的年资费表，可以方便管理员进行查询和管理。

根据以上需求分析可知本项目所需的数据表有管理用户表(user)、顾客用户表(consumer)、账单信息表(tab)、资源类别表(source)、账务信息表(unit)和服务器信息表(serve)。表 10-1～表 10-6 所示的表设计仅供参考，读者可根据实际业务需求另行设计。数据库(ipttm)和表的创建结果如图 10-2 所示。

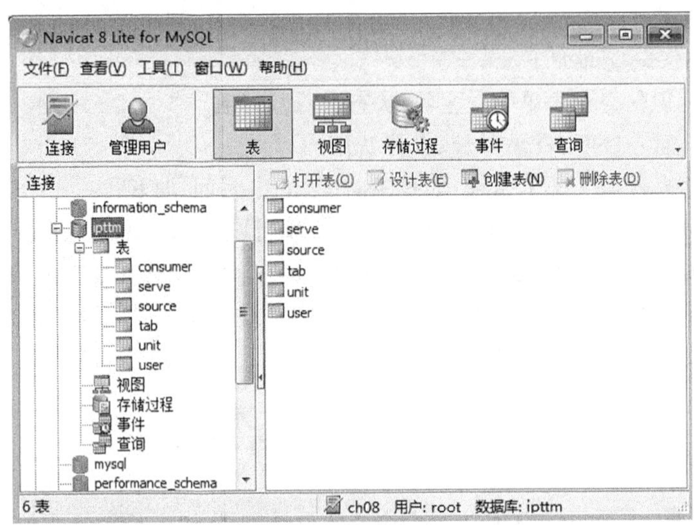

图 10-2 数据库和表

表 10-1 管理用户表(user)

字段名称	字段类型	字段长度	字段说明
id	varchar	50	用户编号
name	varchar	50	用户姓名
sex	char	2	性别
password	varchar	50	用户密码
telephone	varchar	50	联系电话
email	varchar	50	电子邮箱
date	date	50	开户日期
authority	varchar	50	用户权限

表 10-2　顾客用户表(consumer)

字段名称	字段类型	字段长度	字段说明
id	varchar	50	用户编号
password	varchar	50	用户密码
name	varchar	50	用户姓名
sex	char	4	性别
methord	varchar	50	付款方式
job	varchar	50	职业
company	varchar	50	公司
province	varchar	50	省份
telephone	varchar	50	联系电话
mail	varchar	50	电子邮箱
mail2	varchar	50	公司邮箱
post	varchar	50	邮政编码
date	date	10	开户日期
state	varchar	10	状态

表 10-3　账单信息表(tab)

字段名称	字段类型	字段长度	字段说明
id	varchar	50	账号
time	double	11	登录时长(小时)
spent	double	11	费用(元)
state	varchar	10	状态

表 10-4　资源类别表(source)

字段名称	字段类型	字段长度	字段说明
name	varchar	50	资费名称
month_rent	double	20	月租费用
hour_spent	double	20	小时费用
introduce	varchar	6	资费说明

表 10-5　账务信息表(unit)

字段名称	字段类型	字段长度	字段说明
id	varchar	50	账务账号
time	double	6	时长
spent	double	6	费用(元)
state	varchar	10	状态
dengtime	date	50	登录时间
tuitime	date	50	退出时间
name	varchar	50	服务器名

表 10-6 服务器信息表(serve)

字段名称	字段类型	字段长度	字段说明
name	varchar	50	服务器
all	double	11	总共时间
year	int	11	年份
month	int	11	月份

10.4 项目的开发过程

本项目开发一个 IP 电信资费管理(IP Telecom Tariff Management,IPTTM)系统,项目名称为 IPTTM。

10.4.1 项目的模块划分及其结构

系统有登录和注册功能,登录后系统主界面的功能模块有用户管理、资费管理、账单管理、账务管理、管理员管理、用户自服务等,项目的文件结构如图 10-3 所示。

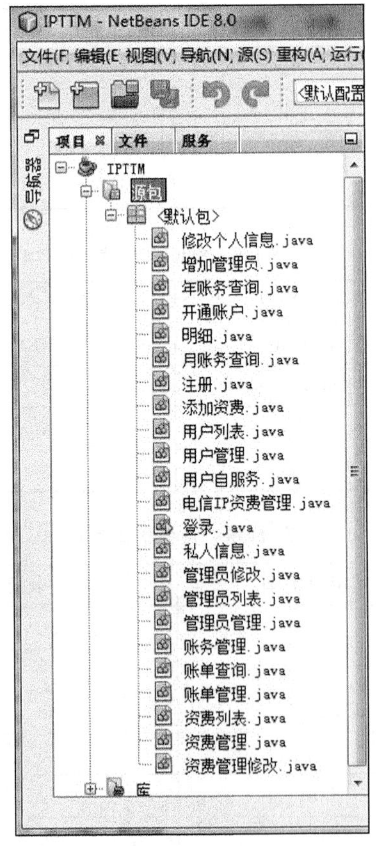

图 10-3 项目的文件结构

10.4.2　项目的登录和注册功能设计与实现

本系统提供登录图形用户界面，效果如图 10-4 所示，代码见例 10-1。输入正确的用户名和密码后可以登录系统，如果没有注册用户账号，需先注册。

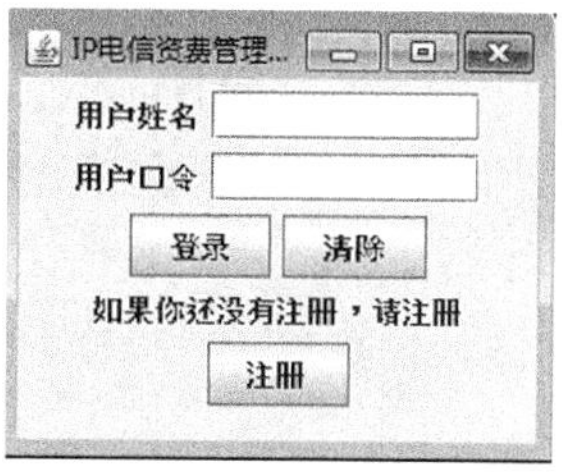

图 10-4　登录界面

【例 10-1】　登录功能(登录.java)。

```
/*
    开发者：***
    开发地点：***
    开发时间：****年**月**日
    最后一次修改时间：****年**月**日
    功能简介：实现登录功能
*/
import java.awt.Container;
import java.awt.FlowLayout;
import java.awt.Label;
import java.awt.event.ActionEvent;
import java.awt.event.ActionListener;
import java.sql.Connection;
import java.sql.DriverManager;
import java.sql.ResultSet;
import java.sql.SQLException;
import java.sql.Statement;
import javax.swing.JButton;
import javax.swing.JDialog;
import javax.swing.JFrame;
import javax.swing.JLabel;
import javax.swing.JOptionPane;
import javax.swing.JPasswordField;
import javax.swing.JTextField;

public class 登录 implements ActionListener{
    private JFrame app;
    private JButton 登录,清除,注册,重新输入,退出;
    private JLabel 用户姓名,用户口令;
    private JTextField 用户名;
    private JPasswordField 用户密码;
    private JDialog 提示;
    private int massage=0;
    public 登录(){
        app=new JFrame("IP 电信资费管理系统");
        app.setSize(200,200);
        app.setLocation(360,240);
        app.setDefaultCloseOperation(app.EXIT_ON_CLOSE);
        Container c=app.getContentPane();
```

```
        c.setLayout(new FlowLayout());
        用户姓名=new JLabel("用户姓名");
        c.add(用户姓名);
        用户名=new JTextField(10);
        c.add(用户名);
        用户口令=new JLabel("用户口令");
        c.add(用户口令);
        用户密码=new JPasswordField(10);
        c.add(用户密码);
        登录=new JButton("登录");
        c.add(登录);
        登录.addActionListener(this);
        清除=new JButton("清除");
        c.add(清除);
        清除.addActionListener(this);
        提示=new JDialog();
        提示.setSize(340,80);
        提示.setLocation(app.getX()+100,app.getY()+100);
        提示.setLayout(new FlowLayout());
        提示.add(new Label("重新输入还是退出?"));
        重新输入=new JButton("重新输入");
        重新输入.addActionListener(this);
        提示.add(重新输入);
        退出=new JButton("退出");
        提示.add(退出);
        退出.addActionListener(this);
        c.add(new JLabel("如果你还没有注册,请注册"));
        注册=new JButton("注册");
        c.add(注册);
        注册.addActionListener(this);
        app.setVisible(true);
    }
    public void actionPerformed(ActionEvent e) {
        if(e.getSource()==登录) {
            Connection con;
            Statement stmt;
            ResultSet rs;
            try{
                Class.forName("com.mysql.jdbc.Driver");
            }catch(ClassNotFoundException f) {
                System.out.println("SQLException:"+f.getLocalizedMessage());
            }
            try{
                con=DriverManager.getConnection("jdbc:mysql://localhost:3306/
                                                    ip ttm","root","root");
```

```
            stmt=con.createStatement();
            rs=stmt.executeQuery("select * from consumer");
            while(rs.next()){
                String st1=rs.getString("id");
                String st2=rs.getString("password");
                char[] ps=用户密码.getPassword();
                String st3="";
                for(int i=0;i<ps.length;i++)
                    st3+=ps[i];
                if((用户名.getText().equals(st1))&&(st3.equals(st2))){
                    massage=1;
                    new 电信 IP 资费管理();
                    app.setVisible(false);
                    rs.close();
                    stmt.close();
                    con.close();

                    break;
                }
            }
            if(massage==0){
                JOptionPane.showMessageDialog(app,"您输入的账号或密码有误,请
                                重新输入!","系统提示",JOptionPane.ERROR_
                                MESSAGE);
            }
            con.close();
        }catch(SQLException f){
            System.out.println(f);
        }
    }
    if(e.getSource()==清除){
        提示.setVisible(true);
    }
    if(e.getSource()==退出)
        System.exit(0);
    if(e.getSource()==重新输入){
        用户名.setText("");
        用户密码.setText("");
        提示.setVisible(false);
    }
    if(e.getSource()==注册){
        new 注册();
        app.setVisible(false);
    }
}
```

```
    public static void main(String args[]){
        new 登录();
    }
}
```

在图 10-4 所示的用户登录界面中，如果用户输入的用户名或密码有误，将弹出消息提示对话框提示用户，如图 10-5 所示。

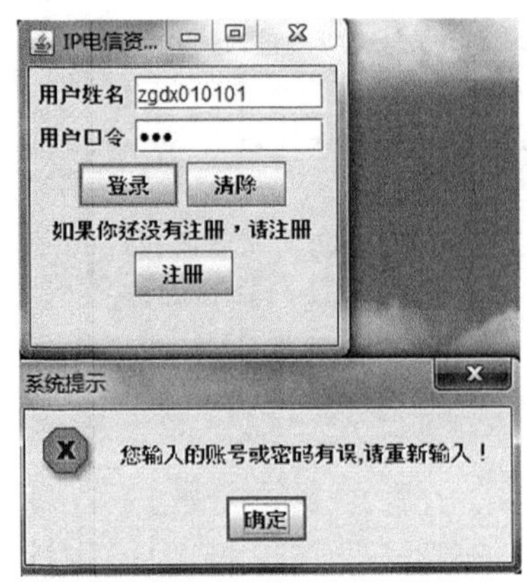

图 10-5　消息提示对话框

如果用户没有注册，单击如图 10-4 所示界面中的“注册”按钮后执行代码行“new 注册();”，将出现如图 10-6 所示的注册图形用户界面。注册类的代码如例 10-2 所示。

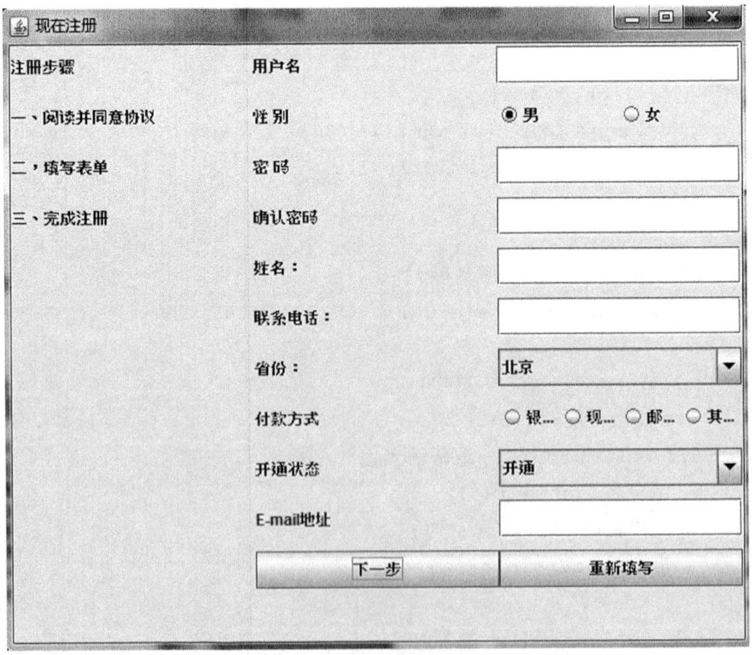

图 10-6　注册界面

【例 10-2】　注册功能(注册.java)。

```
/*
    开发者：***
    开发地点：***
    开发时间：****年**月**日
    最后一次修改时间：****年**月**日
    功能简介：实现注册功能
*/
import java.awt.Container;
import java.awt.Dialog;
import java.awt.GridLayout;
import java.awt.event.ActionEvent;
import java.awt.event.ActionListener;
import java.awt.event.ItemEvent;
import java.awt.event.ItemListener;
import java.sql.Connection;
import java.sql.DriverManager;
import java.sql.SQLException;
import java.sql.Statement;
import javax.swing.ButtonGroup;
import javax.swing.JButton;
import javax.swing.JComboBox;
import javax.swing.JFrame;
import javax.swing.JLabel;
import javax.swing.JOptionPane;
import javax.swing.JPanel;
import javax.swing.JPasswordField;
import javax.swing.JRadioButton;
import javax.swing.JTextField;

public class 注册 implements ActionListener,ItemListener{
    private JFrame app;
    private JTextField 用户名,密码,确认密码,姓名,联系电话,E-mail 地址;
    private JRadioButton 男,女;
    private JRadioButton 银行转账,现金支付,邮政汇款,其他;
    private JComboBox 省份,开通状态;
    private JButton 下一步,重新填写;
    private Dialog dialog;
    public 注册(){
        app=new JFrame("现在注册");
        app.setSize(600,500);
        app.setLocation(200,140);
        app.setDefaultCloseOperation(EXIT_ON_CLOSE);
        Container c=app.getContentPane();
        c.setLayout(new GridLayout(1,3));
        JPanel p1=new JPanel();
```

```
p1.setLayout(new GridLayout(12,1,0,10));
p1.add(new JLabel("注册步骤"));
p1.add(new JLabel("一、阅读并同意协议"));
p1.add(new JLabel("二,填写表单"));
p1.add(new JLabel("三、完成注册"));
c.add(p1);
JPanel p2=new JPanel();
JPanel p3=new JPanel();
c.add(p2);
c.add(p3);
p2.setLayout(new GridLayout(12,1,0,10));
p3.setLayout(new GridLayout(12,1,0,10));
p2.add(new JLabel("用户名"));
用户名=new JTextField(10);
p3.add(用户名);
p2.add(new JLabel("性 别"));
ButtonGroup 性别=new ButtonGroup();
男=new JRadioButton("男",true);
性别.add(男);
女=new JRadioButton("女",false);
性别.add(女);
JPanel p31=new JPanel();
p31.setLayout(new GridLayout(1,2));
p31.add(男);
p31.add(女);
p3.add(p31);
p2.add(new JLabel("密 码"));
密码=new JPasswordField(10);
p3.add(密码);
p2.add(new JLabel("确认密码"));
确认密码=new JPasswordField(10);
p3.add(确认密码);
p2.add(new JLabel("姓名: "));
姓名=new JTextField(10);
p3.add(姓名);
p2.add(new JLabel("联系电话: "));
联系电话=new JTextField(10);
p3.add(联系电话);
p2.add(new JLabel("省份: "));
Object province[]={"北京","上海","河南"};
省份=new JComboBox(province);
p3.add(省份);
p2.add(new JLabel("付款方式"));
ButtonGroup 方式=new ButtonGroup();
银行转账=new JRadioButton("银行转账");
方式.add(银行转账);
现金支付=new JRadioButton("现金支付");
```

```
        方式.add(现金支付);
        邮政汇款=new JRadioButton("邮政汇款");
        方式.add(邮政汇款);
        其他=new JRadioButton("其他");
        方式.add(其他);
        JPanel p32=new JPanel();
        p32.setLayout(new GridLayout(1,4));
        p32.add(银行转账);
        p32.add(现金支付);
        p32.add(邮政汇款);
        p32.add(其他);
        p3.add(p32);
        p2.add(new JLabel("开通状态"));
        Object zhuangtai[]={"开通","未开通"};
        开通状态=new JComboBox(zhuangtai);
        p3.add(开通状态);
        开通状态.addItemListener(this);
        p2.add(new JLabel("E-mail 地址"));
        e_mail 地址=new JTextField(10);
        p3.add(e_mail 地址);
        下一步=new JButton("下一步");
        p2.add(下一步);
        下一步.addActionListener(this);
        重新填写=new JButton("重新填写");
        p3.add(重新填写);
        重新填写.addActionListener(this);
        app.setVisible(true);
    }
    public void itemStateChanged(ItemEvent f){
    }
    public void actionPerformed(ActionEvent e){
        if(密码.getText().equals(确认密码.getText())){
            if(e.getSource()==下一步){
                Connection con;
                Statement stmt;
                try{
                    Class.forName("com.mysql.jdbc.Driver");
                }catch(ClassNotFoundException ce){
                  System.out.println("SQLException:"+ce.getLocalizedMessage());
                }
                try{
                    con=DriverManager.getConnection("jdbc:mysql://localhost:
                                      3306/ipttm","root","root");
                    stmt=con.createStatement();
                    String xb="";
                    if(男.isSelected())
                        xb=男.getText();
                    if(女.isSelected())
```

```
                xb=女.getText();
            String sf="";
            if(省份.getSelectedIndex()==0)
                sf="河南省";
            if(省份.getSelectedIndex()==1)
                sf="北京";
            if(省份.getSelectedIndex()==2)
                sf="上海";
            String fs="";
            if(银行转账.isSelected())
                fs="银行转账";
            if(现金支付.isSelected())
                fs="现金支付";
            if(邮政汇款.isSelected())
                fs="邮政汇款";
            if(其他.isSelected())
                fs="其他";
            String zt="";
            if(开通状态.getSelectedIndex()==0)
                zt="开通";
            if(开通状态.getSelectedIndex()==1)
                zt="未开通";
                String sqlstr="insert into  consumer
                                " +" (id, sex, password, name, telephone,
                                province, methord, state, mail)" +" values
                                ("+"'"+用户名.getText()+"'"+","+"'"+xb+"'"
                                +","+"'"+密码.getText()+"'"+","+"'"+姓名.
                                getText()+"'"+","+"'"+联系电话.getText()
                                +"'"+","+"'"+sf+"'"+","+"'"+fs+"'"+","
                                +"'"+zt+"'"+","+"'"+E-mail 地址.getText()
                                +"'"+")";
            stmt.executeUpdate(sqlstr);
            stmt.close();
            con.close();
            new 登录();
            app.setVisible(false);
        }
        catch(SQLException f)
        {
            System.out.println("SQLException:"+f.getMessage());
        }
    }
}
else
{
    JOptionPane.showMessageDialog(app,"对不起!两次密码输入不同,请重新输
                                    入!","系统提示",JOptionPane
                                    .INFORMATION_MESSAGE);
```

```
                用户名.setText("");
                密码.setText("");
                确认密码.setText("");
                姓名.setText("");
                联系电话.setText("");
                E-mail 地址.setText("");
                this.setVisible(false);
            }
            if(e.getSource()==重新填写)
            {
                用户名.setText("");
                密码.setText("");
                确认密码.setText("");
                姓名.setText("");
                联系电话.setText("");
                E-mail 地址.setText("");
            }
        }
    }
```

10.4.3　项目主界面设计与实现

如果在图 10-4 所示的登录界面中输入的用户名和密码正确，将执行例 10-1 中的代码行“new 电信 IP 资费管理();”，出现如图 10-7 所示的系统主界面，代码如例 10-3 所示。

图 10-7　系统主界面

【例 10-3】　系统主界面功能(电信 IP 资费管理.java)。

```
/*
    开发者：***
    开发地点：***
    开发时间：****年**月**日
```

```
    最后一次修改时间：****年**月**日
    功能简介：实现 IP 电信资费管理系统主界面
*/
import java.awt.BorderLayout;
import java.awt.Color;
import java.awt.Container;
import java.awt.FlowLayout;
import java.awt.Font;
import java.awt.GridLayout;
import java.awt.event.ActionEvent;
import java.awt.event.ActionListener;
import javax.swing.ImageIcon;
import javax.swing.JButton;
import javax.swing.JFrame;
import javax.swing.JLabel;
import javax.swing.JPanel;
import javax.swing.JScrollPane;

public class 电信 IP 资费管理 implements ActionListener{
    private JButton 用户管理,资费管理,账单管理,账务管理,管理员管理,用户自服务,退出
                    系统;
    private JPanel p3;
    public 电信 IP 资费管理(){
        JFrame app=new JFrame("系统主界面");
        Container c=app.getContentPane();
        c.setLayout(new BorderLayout());
        JPanel p1=new JPanel();
        p1.setBackground(Color.WHITE);
        c.add(p1,"West");
        p1.setLayout(new GridLayout(2,1));
        JPanel p2=new JPanel(new GridLayout(7,1));
        p1.add(p2);
        用户管理=new JButton("用户管理");
        p2.add(用户管理);
        用户管理.addActionListener(this);
        资费管理=new JButton("资费管理");
        p2.add(资费管理);
        资费管理.addActionListener(this);
        账单管理=new JButton("账单管理");
        p2.add(账单管理);
        账单管理.addActionListener(this);
        账务管理=new JButton("账务管理");
        p2.add(账务管理);
        账务管理.addActionListener(this);
        管理员管理=new JButton("管理员管理");
        p2.add(管理员管理);
        管理员管理.addActionListener(this);
```

```
        用户自服务=new JButton("用户自服务");
        p2.add(用户自服务);
        用户自服务.addActionListener(this);
        退出系统=new JButton("退出系统");
        p2.add(退出系统);
        退出系统.addActionListener(this);
        p3=new JPanel();
        ImageIcon icon1=new ImageIcon("123.jif");
        JLabel cp1=new JLabel(icon1);
        cp1.setSize(500,300);
        p3.add(cp1);
        JScrollPane spane=new JScrollPane(p3);
        c.add(spane,"Center");
        JPanel p5=new JPanel(new GridLayout(3,1));
        p5.setBackground(Color.GREEN);
        c.add(p5,"South");
        p5.add(new JLabel("清华大学出版社",JLabel.CENTER));
        p5.add(new JLabel("计算机事业部",JLabel.CENTER));
        p5.add(new JLabel("Copyright 2014.",JLabel.CENTER));
        JPanel p6=new JPanel(new FlowLayout(FlowLayout.CENTER));
        p6.setBackground(Color.YELLOW);
        c.add(p6,"North");
        JLabel huanying=new JLabel("欢迎使用本公司业务");
        huanying.setFont(new Font("华文行楷",1,30));
        huanying.setForeground(Color.RED);
        p6.add(huanying,JLabel.CENTER);
        app.setSize(700,640);
        app.setLocation(100,80);
        app.setVisible(true);
    }
    public void actionPerformed(ActionEvent e){
        if(e.getActionCommand()=="用户管理"){
            p3.setVisible(false);
            p3.removeAll();
            p3.add(new 用户管理());
            p3.setVisible(true);
        }
        if(e.getSource()==资费管理){
            p3.setVisible(false);
            p3.removeAll();
            p3.add(new 资费管理());
            p3.setVisible(true);
        }
       if(e.getSource()==账单管理){
            p3.setVisible(false);
            p3.removeAll();
            p3.add(new 账单管理());
            p3.setVisible(true);
```

```
            }
            if(e.getSource()==账务管理){
                p3.setVisible(false);
                p3.removeAll();
                p3.add(new 账务管理());
                p3.setVisible(true);
            }
            if(e.getSource()==管理员管理){
                p3.setVisible(false);
                p3.removeAll();
                p3.add(new 管理员管理());
                p3.setVisible(true);
            }
            if(e.getSource()==用户自服务){
                p3.setVisible(false);
                p3.removeAll();
                p3.add(new 用户自服务());
                p3.setVisible(true);
            }
            if(e.getSource()==退出系统)
                System.exit(10);
        }
    }
```

10.4.4 项目的用户管理功能设计与实现

单击图 10-7 所示系统主界面中的“用户管理”按钮，即执行例 10-3 中的“p3. add(new 用户管理());”，将出现如图 10-8 所示的界面。用户管理类的代码如例 10-4 所示。

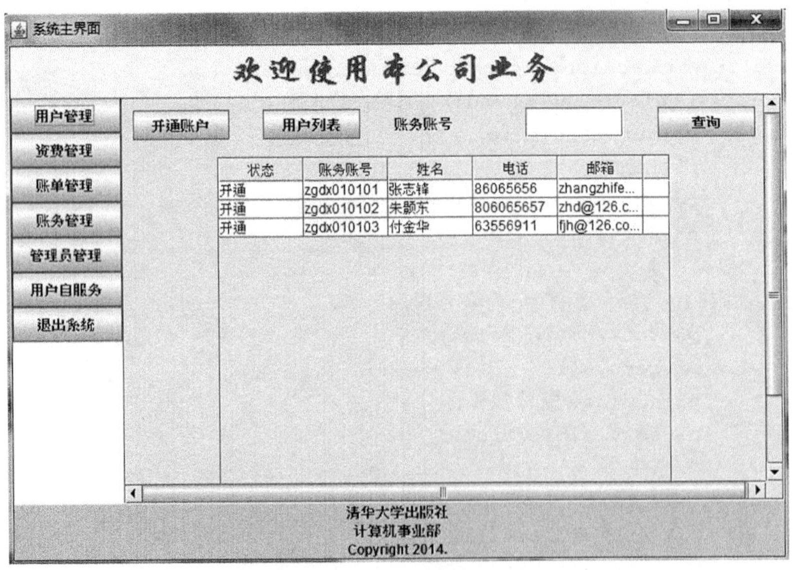

图 10-8 用户管理的主要功能

【例 10-4】 用户管理功能(用户管理.java)。

```
/*
    开发者:***
    开发地点:***
    开发时间:****年**月**日
    最后一次修改时间:****年**月**日
   功能简介:实现用户管理模块的"开通用户"、"用户列表"和"查询"功能
*/
import java.awt.BorderLayout;
import java.awt.Dimension;
import java.awt.GridLayout;
import java.awt.HeadlessException;
import java.awt.event.ActionEvent;
import java.awt.event.ActionListener;
import java.sql.Connection;
import java.sql.DriverManager;
import java.sql.ResultSet;
import java.sql.SQLException;
import java.sql.Statement;
import javax.swing.JButton;
import javax.swing.JLabel;
import javax.swing.JOptionPane;
import javax.swing.JPanel;
import javax.swing.JScrollPane;
import javax.swing.JTable;
import javax.swing.JTextField;

public class 用户管理 extends JPanel implements ActionListener{
    private JButton 开通账户,用户列表,查询;
    private JTextField 账务账号;
    private JPanel p1,p2,p3,p4,p5;
    private JButton []jb=new JButton[3];
    private JScrollPane jsp1;
    private Connection con;
    private Statement stmt;
    private ResultSet rs;
    private int message=0;
    public 用户管理(){
        p1=new JPanel(new BorderLayout());
        p2=new JPanel();
        p1.add(p2,"North");
        p2.setLayout(new GridLayout(1,5,30,0));
        开通账户=new JButton("开通账户");
        开通账户.addActionListener(this);
        p2.add(开通账户);
```

```
        用户列表=new JButton("用户列表");
        p2.add(用户列表);
        用户列表.addActionListener(this);
        p2.add(new JLabel("账务账号"));
        账务账号=new JTextField();
        p2.add(账务账号);
        查询=new JButton("查询");
        p2.add(查询);
        查询.addActionListener(this);
        p4=new JPanel(new BorderLayout());
        p5=new JPanel(new GridLayout(17,1));
        p4.add(p5,"East");
        String s2[]={"恢复","暂停","删除"};
        int j=0;
        for(j=0;j<jb.length;j++){
              jb[j]=new JButton(s2[j]);
              jb[j].addActionListener(this);
              p5.add(jb[j]);
        }
        p3=new JPanel();
        p1.add(p3,"Center");
        p3.add(new 用户列表());
        this.add(p1);
        this.setVisible(true);
    }
    public void actionPerformed(ActionEvent e){
        try{
            Class.forName("com.mysql.jdbc.Driver");
              con = DriverManager.getConnection ("jdbc:mysql://localhost:3306/
                                              ipttm","root","root");
            stmt=con.createStatement();
            rs=stmt.executeQuery("select * from consumer");
            while(rs.next()){
                String st1=rs.getString("id");
                String st2=账务账号.getText();
                if(st2.equals(st1)){
                    message=1;
                    Object ob[][]=new Object[1][6];
                    String s1[]={"账号","姓名","电话","邮箱","性别","状态"};
                    String st4=rs.getString("state");
                    ob[0][0]=st1;
                    ob[0][1]=rs.getString("name");
                    ob[0][2]=rs.getString("telephone");
                    ob[0][3]=rs.getString("mail");
                    ob[0][4]=rs.getString("sex");
```

```
                ob[0][5]=st4;
                JTable table1=new JTable(ob,s1);
                table1.setSize(300,200);
                jsp1=new JScrollPane(table1);
                jsp1.setPreferredSize(new Dimension(table1.getWidth(),
                table1.getHeight()));
                p4.add(jsp1,"Center");
                if(e.getSource()==jb[1]){
                    String st3="update consumer set state='暂停' where id=
                    '"+st2+"'";
                    stmt.executeUpdate(st3);
                }
                if(e.getSource()==jb[0]){
                    String st5="update consumer set state='开通' where id=
                    '"+st2+"'";
                    stmt.executeUpdate(st5);
                }
                if(e.getSource()==jb[2]){
                    String st6="delete from consumer where id='"+st2+"'";
                    stmt.executeUpdate(st6);
                }
                p3.setVisible(false);
                p3.removeAll();
                p3.add(new 用户列表());
                p3.setVisible(true);
                break;
            }
        }
        stmt.close();
        con.close();
    }catch (HeadlessException ex){
        ex.printStackTrace();
    }catch (SQLException ex){
        ex.printStackTrace();
    } catch (ClassNotFoundException ex){
        ex.printStackTrace();
    }
    if(e.getSource()==开通账户){
        p3.setVisible(false);
        p3.removeAll();
        p3.add(new 开通账户());
        p3.setVisible(true);
    }
    if(e.getSource()==用户列表){
        p3.setVisible(false);
```

```
                p3.removeAll();
                p3.add(new 用户列表());
                p3.setVisible(true);
            }
            if(e.getSource()==查询){
                if(message==0){
                    JOptionPane.showMessageDialog(this,"您查询的用户不存在!","系统提
                                                  示",JOptionPane.WARNING_
                                                  MESSAGE);
                }else{
                    p3.setVisible(false);
                    p3.removeAll();
                    p3.add(p4);
                    p3.setVisible(true);
                }
            }
        }
    }
```

单击图 10-8 所示界面中的“开通账户”后，即执行例 10-4 中的“p3.add(new 开通账户());”，将出现如图 10-9 所示的界面。开通账户类的代码如例 10-5 所示。

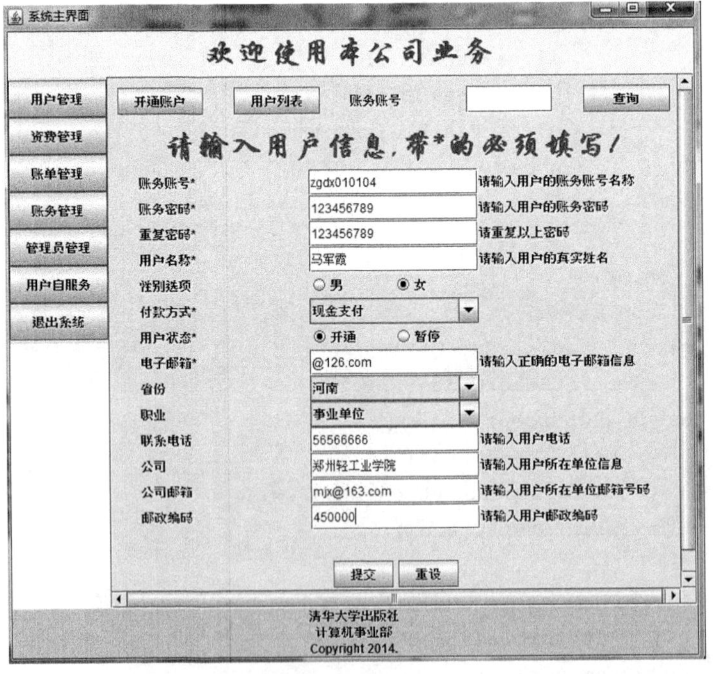

图 10-9 “开通账号”功能

【例 10-5】 开通账户功能(开通账户.java)。

```
/*
    开发者:***
```

```
    开发地点：***
    开发时间：****年**月**日
    最后一次修改时间：****年**月**日
    功能简介：实现开通账户功能,可以开通多个账务账号
*/
import java.awt.BorderLayout;
import java.awt.Color;
import java.awt.Font;
import java.awt.GridLayout;
import java.awt.event.ActionEvent;
import java.awt.event.ActionListener;
import java.awt.event.ItemEvent;
import java.awt.event.ItemListener;
import java.sql.Connection;
import java.sql.DriverManager;
import java.sql.SQLException;
import java.sql.Statement;
import javax.swing.ButtonGroup;
import javax.swing.JButton;
import javax.swing.JComboBox;
import javax.swing.JLabel;
import javax.swing.JOptionPane;
import javax.swing.JPanel;
import javax.swing.JRadioButton;
import javax.swing.JTextField;

public class 开通账户 extends JPanel implements ActionListener,ItemListener{
    private JButton 提交,重设;
    private JTextField 账务账号,账务密码,重复密码,用户名称,电子邮箱,联系电话,公司,
                    公司邮箱,邮政编码;
    private JRadioButton 男,女,开通,暂停;
    private JComboBox 付款方式,省份,职业;
    private String st1,st2,st3;
    public 开通账户(){
        JPanel p1=new JPanel();
        p1.setLayout(new BorderLayout());
        JPanel p2=new JPanel();
        p1.add(p2,"North");
        JLabel tishi=new JLabel("请输入用户信息,带*的必须填写!");
        p2.add(tishi,JLabel.CENTER);
        tishi.setFont(new Font("华文行楷",1,30));
        tishi.setForeground(Color.RED);
        JPanel p3=new JPanel();
        p1.add(p3,"South");
        提交=new JButton("提交");
```

```
p3.add(提交);
提交.addActionListener(this);
重设=new JButton("重设");
p3.add(重设);
重设.addActionListener(this);
JPanel p4=new JPanel(new GridLayout(15,3));
p1.add(p4,"Center");
p4.add(new JLabel("账务账号*"));
账务账号=new JTextField();
p4.add(账务账号);
p4.add(new JLabel("请输入用户的账务账号名称"));
p4.add(new JLabel("账务密码*"));
账务密码=new JTextField();
p4.add(账务密码);
p4.add(new JLabel("请输入用户的账务密码"));
p4.add(new JLabel("重复密码*"));
重复密码=new JTextField();
p4.add(重复密码);
p4.add(new JLabel("请重复以上密码"));
p4.add(new JLabel("用户名称*"));
用户名称=new JTextField();
p4.add(用户名称);
p4.add(new JLabel("请输入用户的真实姓名"));
p4.add(new JLabel("性别选项"));
JPanel p5=new JPanel(new GridLayout(1,2));
p4.add(p5);
ButtonGroup bg1=new ButtonGroup();
男=new JRadioButton("男",true);
bg1.add(男);
p5.add(男);
女=new JRadioButton("女");
bg1.add(女);
p5.add(女);
p4.add(new JLabel());
p4.add(new JLabel("付款方式*"));
Object fangshi[]={"现金支付","银行转账","邮政汇款","其他"};
付款方式=new JComboBox(fangshi);
p4.add(付款方式);
付款方式.addItemListener(this);
p4.add(new JLabel());
p4.add(new JLabel("用户状态*"));
JPanel p6=new JPanel(new GridLayout(1,2));
p4.add(p6);
ButtonGroup gp2=new ButtonGroup();
开通=new JRadioButton("开通",true);
```

```
        gp2.add(开通);
        p6.add(开通);
        暂停=new JRadioButton("暂停");
        gp2.add(暂停);
        p6.add(暂停);
        p4.add(new JLabel());
        p4.add(new JLabel("电子邮箱*"));
        电子邮箱=new JTextField("@126.com");
        p4.add(电子邮箱);
        p4.add(new JLabel("请输入正确的电子邮箱信息"));
        p4.add(new JLabel("省份"));
        Object shengfen[]={"北京","上海","河南","河北","西藏","其他"};
        省份=new JComboBox(shengfen);
        p4.add(省份);
        省份.addItemListener(this);
        p4.add(new JLabel());
        p4.add(new JLabel("职业"));
        Object zhiye[]={"公务员","事业单位","企业","其他"};
        职业=new JComboBox(zhiye);
        p4.add(职业);
        职业.addItemListener(this);
        p4.add(new JLabel());
        p4.add(new JLabel("联系电话"));
        联系电话=new JTextField();
        p4.add(联系电话);
        p4.add(new JLabel("请输入用户电话"));
        p4.add(new JLabel("公司"));
        公司=new JTextField();
        p4.add(公司);
        p4.add(new JLabel("请输入用户所在单位信息"));
        p4.add(new JLabel("公司邮箱"));
        公司邮箱=new JTextField("@163.com");
        p4.add(公司邮箱);
        p4.add(new JLabel("请输入用户所在单位邮箱号码"));
        p4.add(new JLabel("邮政编码"));
        邮政编码=new JTextField();
        p4.add(邮政编码);
        p4.add(new JLabel("请输入用户邮政编码"));
        this.add(p1);
        this.setVisible(true);
    }
    public void itemStateChanged(ItemEvent f){
        if(付款方式.getSelectedIndex()==0)
            st1="现金支付";
        if(付款方式.getSelectedIndex()==1)
```

```
            st1="银行转账";
        if(付款方式.getSelectedIndex()==2)
            st1="邮政汇款";
        if(付款方式.getSelectedIndex()==3)
            st1="其他";
        if(省份.getSelectedIndex()==0)
            st2="北京";
        if(省份.getSelectedIndex()==1)
            st2="上海";
        if(省份.getSelectedIndex()==2)
            st2="河南";
        if(省份.getSelectedIndex()==3)
            st2="河北";
        if(省份.getSelectedIndex()==4)
            st2="西藏";
        if(省份.getSelectedIndex()==5)
            st2="其他";
        if(职业.getSelectedIndex()==0)
            st3="公务员";
        if(职业.getSelectedIndex()==1)
            st3="事业单位";
        if(职业.getSelectedIndex()==2)
            st3="企业";
        if(职业.getSelectedIndex()==3)
            st3="其他";
    }
    public void actionPerformed(ActionEvent e){
        if(e.getSource()==提交);{
            if(账务密码.getText().equals(重复密码.getText())){
                try{
                    Class.forName("com.mysql.jdbc.Driver");
                }catch(ClassNotFoundException g){
                  System.out.println("SQLException:"+g.getLocalizedMessage());
                }
                String xb="";
                if(男.isSelected())
                    xb="男";
                if(女.isSelected())
                    xb="女";
                String zt="";
                if(开通.isSelected())
                    zt="开通";
                if(暂停.isSelected())
                    zt="暂停";
                try{
```

```
                Connection con;
                Statement stmt;
                con=DriverManager.getConnection("jdbc:mysql://localhost:
                                                3306/ipttm","root","root");
                stmt=con.createStatement();
                String sql="insert into  consumer(id,sex,password,name,
                        telephone, province, methord, state, mail, job,
                        company,mail2, post) values ( " +" '" + 账务账号.
                        getText()+"'"+","+"'"+xb+"'"+","+"'"+账务密码.
                        getText()+"'"+","+""+"'"+用户名称.getText()+"'"
                        +","+"'"+联系电话.getText()+"'"+","+"'"+st2+"'"
                        +","+"'"+st1+"'"+","+"'"+zt+"'"+","+"'"+电子邮
                        箱.getText()+"'"+","+""+""+"'"+st3+"'"+","+"'"
                        +公司.getText()+"'"+",'"+公司邮箱.getText()+"'"
                        +","+"'"+邮政编码.getText()+"'"+")";
                stmt.executeUpdate(sql);
                stmt.close();
                con.close();
                this.setVisible(false);
                this.removeAll();
                this.add(new 用户列表());
                this.setVisible(true);
            }catch (SQLException ex){
                ex.printStackTrace();
            }
        }
        if(!(账务密码.getText().equals(重复密码.getText()))){
            JOptionPane.showMessageDialog(this,"您输入的重复密码不正确,请重
                                        新输入!","系统提示",JOptionPane.
                                        ERROR_MESSAGE);
        }
    }
    if(e.getSource()==重设){
        账务账号.setText("");
        账务密码.setText("");
        重复密码.setText("");
        用户名称.setText("");
        电子邮箱.setText("");
        联系电话.setText("");
        公司.setText("");
        公司邮箱.setText("");
        邮政编码.setText("");
    }
  }
}
```

单击图 10-8 所示界面中的“用户列表”按钮后，即执行例 10-4 中的“p3.add(new 用户列表());”，将出现如图 10-10 所示的界面，用户列表类的代码如例 10-6 所示。

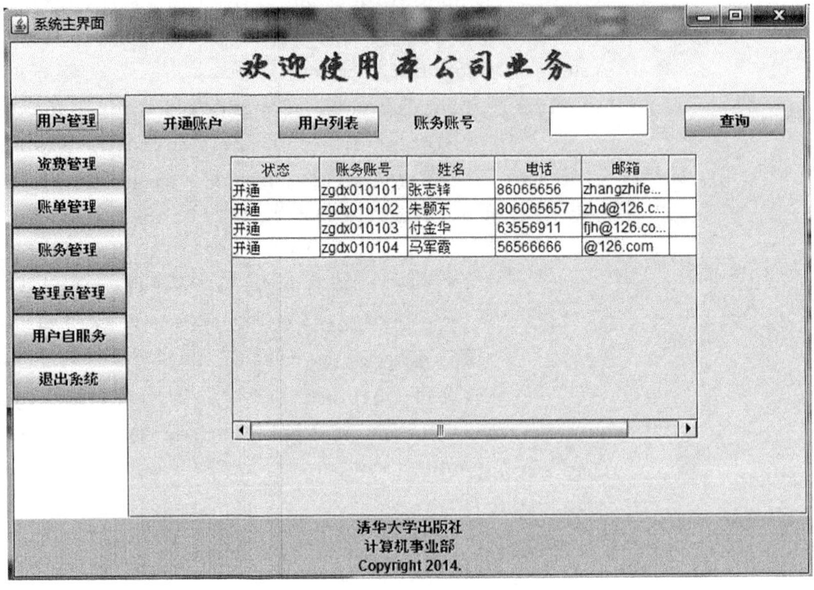

图 10-10 “用户列表”功能

【例 10-6】 用户列表功能(用户列表.java)。

```
/*
    开发者：***
    开发地点：***
    开发时间：****年**月**日
    最后一次修改时间：****年**月**日
    功能简介：把用户信息显示在用户列表中
*/
import java.awt.BorderLayout;
import java.awt.Dimension;
import java.awt.FlowLayout;
import java.awt.event.ActionEvent;
import java.awt.event.ActionListener;
import java.sql.Connection;
import java.sql.DriverManager;
import java.sql.ResultSet;
import java.sql.SQLException;
import java.sql.Statement;
import javax.swing.JOptionPane;
import javax.swing.JPanel;
import javax.swing.JScrollPane;
import javax.swing.JTable;

public class 用户列表 extends JPanel implements ActionListener{
```

```
private JTable m_view;
private JPanel p1,p2,p3;
public 用户列表(){
    JPanel p1=new JPanel(new BorderLayout());
    Connection con;
    Statement stmt;
    ResultSet rs;
    try{
        Class.forName("com.mysql.jdbc.Driver");
    }catch(ClassNotFoundException f){
        System.out.println("SQLException:"+f.getLocalizedMessage());
    }
    try{
        con=DriverManager.getConnection("jdbc:mysql://localhost:3306/
        ipttm","root","root");
        stmt=con.createStatement(1005,1008);
        rs=stmt.executeQuery("select * from consumer");
        rs.last();
        int k=rs.getRow();
        if(k==0){
            JOptionPane.showMessageDialog (this,"您查询的表为空表!","系统提
                                    示",JOptionPane.WARNING_MESSAGE);
        }
        rs.beforeFirst();
        String ob[][]=new String[k][7];
        for(int i=0;i<k&&rs.next();i++){
            ob[i][0]=rs.getString("state");
            ob[i][1]=rs.getString("id");
            ob[i][2]=rs.getString("name");
            ob[i][3]=rs.getString("telephone");
            ob[i][4]=rs.getString("mail");
            ob[i][5]=rs.getString("date");
        }
        String s[]={"状态","账务账号","姓名","电话","邮箱","日期"};
        m_view=new JTable(ob,s);
        m_view.setSize(700,700);
        m_view.setAutoResizeMode(JTable.AUTO_RESIZE_OFF);
        JScrollPane sPane=new JScrollPane(m_view);
        sPane.setPreferredSize(new
                Dimension(m_view.getWidth()-300,m_view.getHeight()-300));
        p3=new JPanel(new FlowLayout());
        p1.add(p3,"Center");
        p3.add(sPane);
        this.add(p1);
        this.setVisible(true);
        con.close();
    }catch (SQLException ex){
        ex.printStackTrace();
```

```
            }
        }
        public void actionPerformed(ActionEvent e){
        }
    }
```

在图 10-10 所示界面中输入账务账号后单击“查询”按钮，即执行例 10-4 中的“p3.add(p4);”，将出现如图 10-11 所示的界面。p4 面板的定义详见例 10-4。

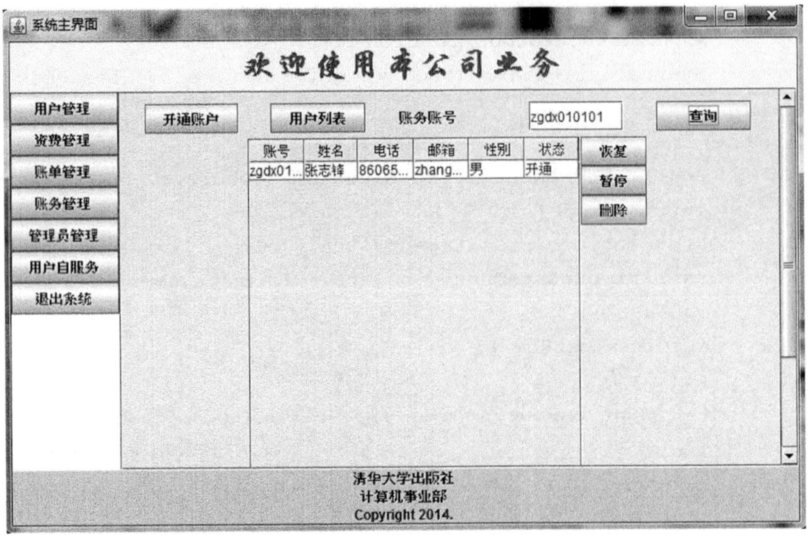

图 10-11 “查询”功能

10.4.5 项目的资费管理功能设计与实现

单击图 10-11 所示系统主界面中的“资费管理”按钮，即执行例 10-3 中的“p3.add(new 资费管理());”，将出现如图 10-12 所示的界面，资费管理类的代码如例 10-7 所示。

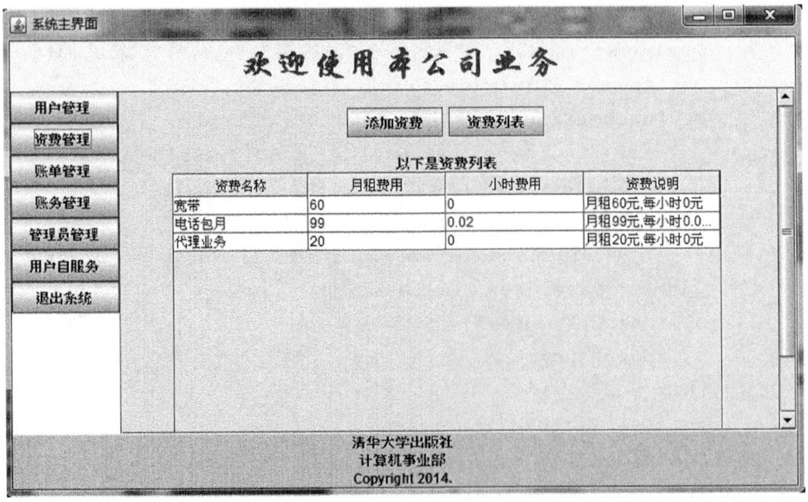

图 10-12 “资费管理”功能

【例 10-7】　资费管理功能(资费管理.java)。

```
/*
    开发者：***
    开发地点：***
    开发时间：****年**月**日
    最后一次修改时间：****年**月**日
    功能简介：实现资费管理功能
*/
import java.awt.BorderLayout;
import java.awt.FlowLayout;
import java.awt.event.ActionEvent;
import java.awt.event.ActionListener;
import javax.swing.JButton;
import javax.swing.JPanel;

public class 资费管理 extends JPanel implements ActionListener{
    private JPanel p1,p2,p3;
    private JButton 添加资费,资费列表;
    public 资费管理(){
        p1=new JPanel(new BorderLayout());
        p2=new JPanel(new FlowLayout(java.awt.FlowLayout.CENTER));
        p1.add(p2,"North");
        添加资费=new JButton("添加资费");
        添加资费.addActionListener(this);
        p2.add(添加资费);
        资费列表=new JButton("资费列表");
        资费列表.addActionListener(this);
        p2.add(资费列表);
        p3=new JPanel();
        p1.add(p3);
        p3.add(new 资费列表());
        this.add(p1);
        this.setVisible(true);
    }
    public void actionPerformed(ActionEvent e){
        if(e.getSource()==资费列表){
            p3.setVisible(false);
            p3.removeAll();
            p3.add(new 资费列表());
            p3.setVisible(true);
        }
        if(e.getSource()==添加资费){
            p3.setVisible(false);
            p3.removeAll();
            p3.add(new 添加资费());
```

```
            p3.setVisible(true);
        }
    }
}
```

单击图 10-12 所示界面中的“添加资费”按钮后，即执行例 10-7 中的“p3.add(new 添加资费());”，将出现如图 10-13 所示的界面，添加资费类的代码如例 10-8 所示。

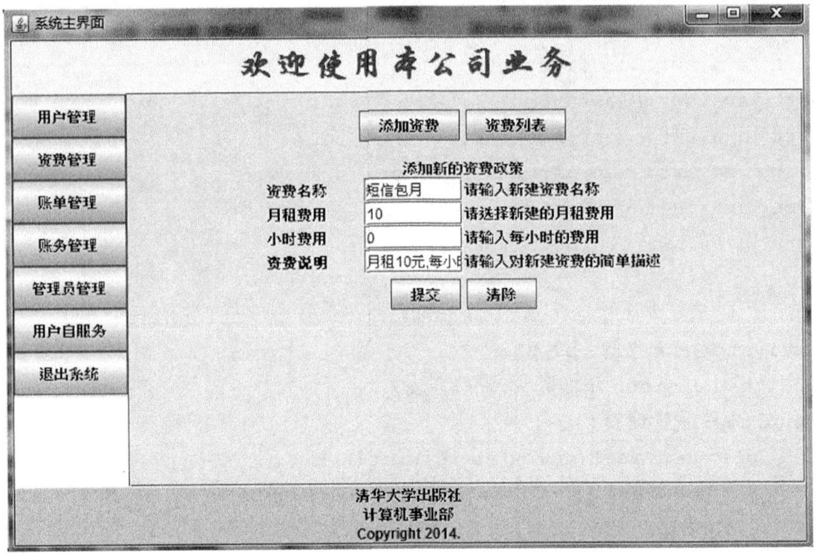

图 10-13 “添加资费”功能

【例 10-8】 添加资费功能(添加资费.java)。

```
/*
    开发者：***
    开发地点：***
    开发时间：****年**月**日
    最后一次修改时间：****年**月**日
    功能简介：实现添加资费功能
*/
import java.awt.BorderLayout;
import java.awt.FlowLayout;
import java.awt.GridLayout;
import java.awt.event.ActionEvent;
import java.awt.event.ActionListener;
import java.sql.Connection;
import java.sql.DriverManager;
import java.sql.SQLException;
import java.sql.Statement;
import javax.swing.JButton;
import javax.swing.JLabel;
import javax.swing.JPanel;
import javax.swing.JTextField;
```

```
public class 添加资费 extends JPanel implements ActionListener{
    private JPanel p1;
    private JTextField[]jt=new JTextField[4];
    private String s[]={"资费名称","月租费用","小时费用","资费说明"};
    private JButton b[]=new JButton[2];
    public 添加资费(){
        p1=new JPanel(new BorderLayout());
        p1.add(new JLabel("添加新的资费政策",JLabel.CENTER),"North");
        JPanel p2=new JPanel(new GridLayout(1,2));
        JPanel p3=new JPanel(new GridLayout(4,2));
        p1.add(p2);
        p2.add(p3);
        for(int i=0;i<jt.length;i++){
            p3.add(new JLabel(s[i]));
            jt[i]=new JTextField();
            p3.add(jt[i]);
        }
        JPanel p4=new JPanel(new GridLayout(4,1));
        p2.add(p4);
        String s2[]={"请输入新建资费名称","请选择新建的月租费用","请输入每小时的费
                    用","请输入对新建资费的简单描述"};
        for(int j=0;j<s2.length;j++)
            p4.add(new JLabel(s2[j]));
        JPanel p5=new JPanel(new java.awt.FlowLayout(FlowLayout.CENTER));
        String s3[]={"提交","清除"};
        for(int i=0;i<b.length;i++){
            b[i]=new JButton(s3[i]);
            p5.add(b[i]);
            b[i].addActionListener(this);
        }
        p1.add(p5,"South");
        this.add(p1);
        this.setVisible(true);
    }
    public void actionPerformed(ActionEvent e){
        if(e.getSource()==b[0]){
            try{
                Connection conn;
                Statement stmt;
                Class.forName("com.mysql.jdbc.Driver");
                conn=DriverManager.getConnection("jdbc:mysql://localhost:3306/
                                                    ipttm","root","root");
                stmt=conn.createStatement();
                String s1="";
                String s2="";
                s1="P"+jt[1].getText()+"—"+jt[2].getText();
```

```
                s2="月租"+jt[1].getText()+"元"+","+"每小时"+jt[2].getText()+"元";
                jt[3].setText(s2);
                String sql="insert into source"+"(name,month_rent,hour_spent,
                        introduce)"+"values('"+jt[0].getText()+"','"+jt
                        [1].getText()+"','"+jt[2].getText()+"','"+s2+"'"
                        +")";
                stmt.executeUpdate(sql);
                stmt.close();
                conn.close();
                this.setVisible(false);
                this.removeAll();
                this.add(new 资费列表());
                this.setVisible(true);
            }catch (SQLException ex) {
                ex.printStackTrace();
                } catch (ClassNotFoundException ex) {
                ex.printStackTrace();
            }
        }
        if(e.getSource()==b[1]){
            for(int i=0;i<jt.length;i++){
                jt[i].setText("");
            }
        }
    }
}
```

单击图 10-12 所示界面中的“资费列表”按钮后，执行例 10-7 中的代码“p3. add(new 资费列表());”，将出现如图 10-14 所示的界面，资费列表类的代码如例 10-9 所示。

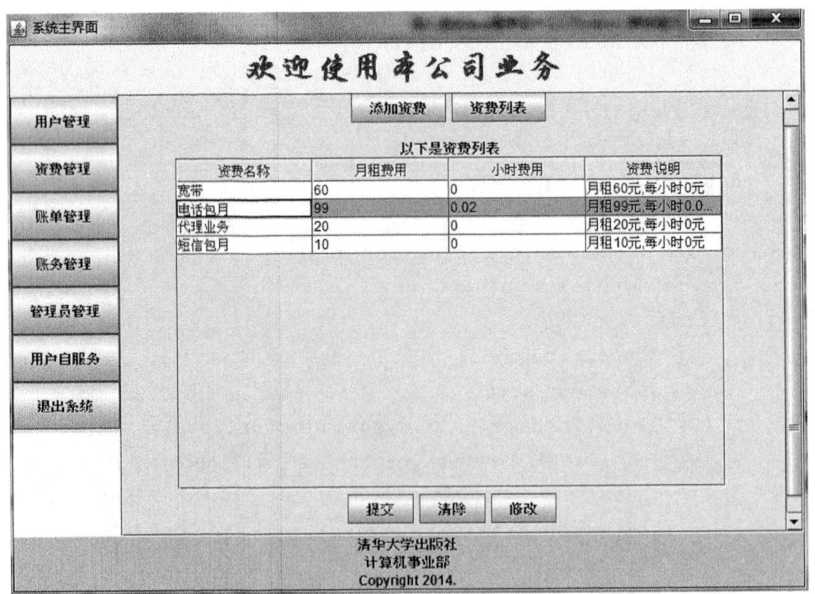

图 10-14 “资费列表”功能

【例 10-9】　资费列表功能(资费列表.java)。

```
/*
    开发者: ***
    开发地点: ***
    开发时间: ****年**月**日
    最后一次修改时间: ****年**月**日
    功能简介: 实现资费列表功能
*/
import java.awt.BorderLayout;
import java.awt.Dimension;
import java.awt.FlowLayout;
import java.awt.event.ActionEvent;
import java.awt.event.ActionListener;
import java.sql.Connection;
import java.sql.DriverManager;
import java.sql.ResultSet;
import java.sql.Statement;
import javax.swing.JButton;
import javax.swing.JLabel;
import javax.swing.JOptionPane;
import javax.swing.JPanel;
import javax.swing.JScrollPane;
import javax.swing.JTable;

public class 资费列表  extends JPanel implements ActionListener{
    private JButton jb1,jb2,jb3;
    private JTable jt;
    private JPanel p1;
    public 资费列表(){
        p1=new JPanel(new BorderLayout());
        p1.add(new JLabel("以下是资费列表",JLabel.CENTER),"North");
        Connection con;
        Statement stmt;
        ResultSet rs;
        try{
            Class.forName("com.mysql.jdbc.Driver");
        }catch (ClassNotFoundException ex){
            System.out.println("error: "+ex);
        }
        try{
            con=DriverManager.getConnection ("jdbc:mysql://localhost:3306/
                                                 ipttm","root","root");
            stmt=con.createStatement (ResultSet.TYPE_SCROLL_SENSITIVE,
                                         ResultSet.CONCUR_READ_ONLY);
            rs=stmt.executeQuery("select * from source");
```

```
            rs.last();
            int k=rs.getRow();
            if(k==0){
                JOptionPane.showMessageDialog(this,"您查询的表为空表!","系统提
                                            示",JOptionPane.WARNING_MESSAGE);
            }
            rs.beforeFirst();
            String obj[][]=new String[k][4];
            for(int i=0;(i<k)&&(rs.next());i++){
                obj[i][0]=rs.getString("name");
                obj[i][1]=rs.getString("month_rent");
                obj[i][2]=rs.getString("hour_spent");
                obj[i][3]=rs.getString("introduce");
            }
            String s[]={"资费名称","月租费用","小时费用","资费说明"};
            jt=new JTable(obj,s);
            jt.setSize(600,600);
            JScrollPane jsp=new JScrollPane(jt);
            jsp.setPreferredSize(new
                            Dimension(jt.getWidth()-100,jt.getHeight()-100));
            p1.add(jsp,"Center");
            con.close();
        }catch(Exception e){
            e.printStackTrace();
        }jb1=new JButton("提交");
        jb1.addActionListener(this);
        jb2=new JButton("清除");
        jb3=new JButton("修改");
        jb3.addActionListener(this);
        JPanel p5=new JPanel(new FlowLayout());
        p5.add(jb1);
        p5.add(jb2);
        p5.add(jb3);
        p1.add(p5,"South");
        jb2.addActionListener(this);
        this.add(p1);
        this.setVisible(true);
    }
    public void actionPerformed(ActionEvent e){
        this.setVisible(false);
        this.removeAll();
        this.add(new 资费管理修改());
        this.setVisible(true);
    }
}
```

单击图 10-14 所示界面中的“修改”按钮后，即执行例 10-9 中的代码“this. add(new 资费管理修改());”，将出现如图 10-15 所示的界面，资费管理修改类的代码如例 10-10 所示。

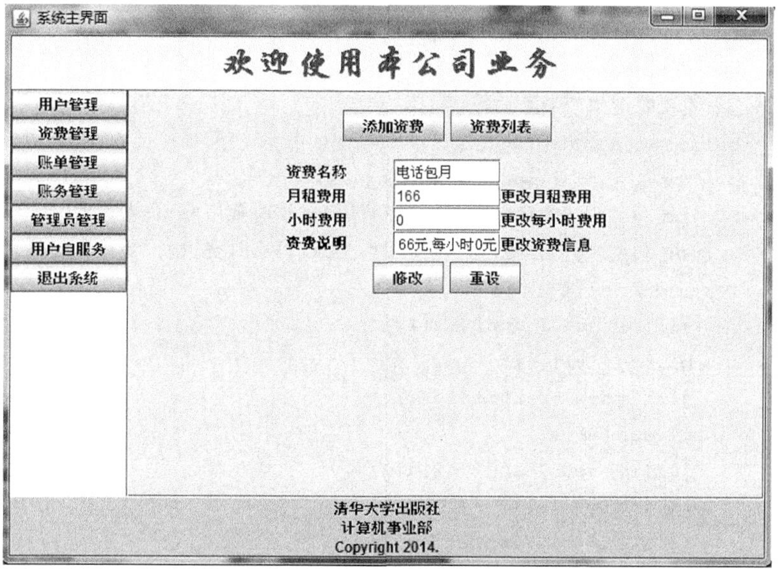

图 10-15 “修改”功能

【例 10-10】 修改资费功能(资费管理修改.java)。

```
/*
    开发者：***
    开发地点：***
    开发时间：****年**月**日
    最后一次修改时间：****年**月**日
    功能简介：实现资费修改功能
*/
import java.awt.BorderLayout;
import java.awt.FlowLayout;
import java.awt.GridLayout;
import java.awt.event.ActionEvent;
import java.awt.event.ActionListener;
import java.sql.Connection;
import java.sql.DriverManager;
import java.sql.ResultSet;
import java.sql.SQLException;
import java.sql.Statement;
import javax.swing.JButton;
import javax.swing.JLabel;
import javax.swing.JOptionPane;
import javax.swing.JPanel;
import javax.swing.JTextField;
```

```
public class 资费管理修改 extends JPanel implements ActionListener{
    private JPanel p1,p2;
    private JTextField[]j1=new JTextField[4];
    private JLabel jl1[]=new JLabel[4],jl2[]=new JLabel[4];
    private JButton b1,b2;
    public 资费管理修改(){
        this.setLayout(new BorderLayout());
        p1=new JPanel(new GridLayout(4,3));
        String []s1={"资费名称","月租费用","小时费用","资费说明"};
        String []s2={"","更改月租费用","更改每小时费用","更改资费信息"};
        for(int i=0;i<4;i++){
            jl1[i]=new JLabel(s1[i]);
            p1.add(jl1[i]);
            j1[i]=new JTextField();
            p1.add(j1[i]);
            jl2[i]=new JLabel(s2[i]);
            p1.add(jl2[i]);
            this.add(p1,"Center");
        }
        p2=new JPanel(new FlowLayout(java.awt.FlowLayout.CENTER));
        b1=new JButton("修改");
        p2.add(b1);
        b1.addActionListener(this);
        b2=new JButton("重设");
        p2.add(b2);
        b2.addActionListener(this);
        this.add(p2,"South");
        this.setVisible(true);
    }
    public void actionPerformed(ActionEvent e){
        if(e.getSource()==b1)
            try{
                Connection con;
                Statement stmt;
                Class.forName("com.mysql.jdbc.Driver");
                con=DriverManager.getConnection("jdbc:mysql://localhost:3306/
                                                  ipttm","root","root");
                stmt=con.createStatement();
                ResultSet rs=stmt.executeQuery("select * from source");
                String s1="";
                String s2="";
                s1=j1[0].getText();
                s2="月租"+j1[1].getText()+"元"+","+"每小时"+j1[2].getText()+"元";
                j1[3].setText(s2);
                int message=0;
```

```
                while(rs.next()){
                    if(s1.equals(rs.getString("name"))){
                        message=1;
                        String str1="update source set name=
                                '"+s1+"',"+"month_rent='"+j1[1].getText()
                                +"',"+"hour_spent='"+j1[2].getText()+"',"
                                +"introduce='"+s2+"'"+"where name='"+s1+
                                "'";
                        stmt.executeUpdate(str1);
                        break;
                    }
                }
                if(message==0)
                    JOptionPane.showMessageDialog(this,"对不起!此用户名不存在!请
                                        重新输入!","系统提示",JOptionPane.
                                        INFORMATION_MESSAGE);
                stmt.close();
                con.close();
            }catch (SQLException ex){
                ex.printStackTrace();
            }catch (ClassNotFoundException ex){
                ex.printStackTrace();
            }
        }
    }
```

10.4.6 项目其他功能模块的设计与实现

由于篇幅的限制，本项目其他功能模块的设计与实现请参考前述内容自行完成。也可参考其他类似项目。

10.5 课外阅读——企业管理系统

企业信息管理是企业管理者为了实现企业目标，对企业信息和企业信息活动进行管理的过程。它是企业以先进的信息技术为手段，对信息进行采集、整理、加工、传播、存储和利用的过程，对企业的信息活动过程进行战略规划，对信息活动中的要素进行计划、组织、领导、控制的决策过程，力求资源有效配置、共享管理、协调运行、以最少的耗费创造最大的效益。企业信息管理是信息管理的一种形式，把信息作为待开发的资源，把信息和信息的活动作为企业的财富和核心。

在企业信息管理中，信息和信息活动是企业信息管理的主要对象。企业的所有活动情况都要转变成信息，以"信息流"的形式在企业信息系统中运行，以便实现信息传播、存储、共享、创新和利用。此外，传统管理中企业的信息流、物质流、资金流、价值流等，也要转变成各种"信息流"并入信息管理中。企业信息管理的原则必须遵循信息活动的固有规律，并建立

相应的管理方法和管理制度，只有这样，企业才能完成各项管理职能。

企业信息管理过程又是一个信息采集、整理、传播、存储、共享、创新和利用的过程。通过不断产生和挖掘管理信息或产品信息来反映企业活动的变化，信息活动的管理过程和管理意图力求创新，不断满足信息管理者依靠信息进行学习、创新和决策的迫切需要。

1. 企业信息管理的基本任务

有效组织企业现有信息资源，围绕企业战略、经营、管理、生产等开展信息处理工作，为企业各层次提供所需的信息。

不断地收集最新的经济信息，提高信息产品和信息服务的质量，努力提高信息工作中的系统性、时效性、科学性，积极创造条件，实现信息管理的计算机化。

2. 企业信息管理的内容

企业信息管理内容包括企业信息化建设、企业信息开放与保护、企业信息开发与利用。

企业信息化建设是企业实现信息管理的必要条件。大致任务包括计算机网络基础设施建设(企业计算机设备的普及、企业内部网 Intranet/企业外部网 Extranet 的建立与因特网的连接等)；生产制造管理系统的信息化(计算机辅助设计 CAD、计算机辅助制造 CAM 等的运用)；企业内部管理业务的信息化(管理信息系统 MIS、决策支持系统 DSS、企业资源计划管理 ERP、客户关系管理 CRM、供应链管理 SCM、知识管理 KM 等)；企业信息化资源的开发与利用(企业内外信息资源的利用、企业信息化人才队伍培训、企业信息化标准、规范及规章制度的建立)；企业信息资源建设(包括信息技术资源的开发、信息内容资源的开发等)。

企业信息开放与保护，信息开放有两层含义，即信息公开和信息共享。信息公开包括向上级主管公开信息、向监督部门公开信息、向社会公开信息、向上下游企业公开信息和向消费者公开信息、向投资者公开信息等。企业信息按照一定的使用权限在企业内部部门之间、员工之间和与之合作伙伴之间进行资源共享。企业信息保护的手段很多，如专利保护、商标保护、知识产权保护、合同保护、公平竞争保护等。

企业信息的开发与利用，从信息资源类型出发，企业信息资源有记录型信息资源、实物型信息资源和智力型信息资源之分。智力型信息资源是一类存储在人脑中的信息、知识和经验，这类信息需要人们不断开发加以利用。企业信息开发与利用的内容，包括市场信息、科技信息、生产信息、销售信息、政策信息、金融信息和法律信息等。

10.6 本章小结

本章主要介绍 IP 电信资费管理系统项目的开发过程。通过本章实训项目的训练，能够在掌握所学理论知识的同时，提高项目开发能力，激发对项目开发的兴趣。

10.7 习　　题

1. 请完成本实训项目未实现功能模块的设计开发。
2. 请编写一个图书管理系统。

第11章 I/O流与文件

在计算机上，数据一般都以文件的形式保存在存储介质上。程序可以通过读写操作来输入或输出文件中的数据，从而实现程序对数据的各种操作。Java语言提供了许多类来处理目录、文件和文件里的数据。

本章主要内容如下。

(1) 输入流。

(2) 输出流。

(3) 文件。

11.1 文件与流简介

文件是存储在磁盘上的数据的集合。输入与输出(I/O)就是要在文件中保存和从文件中读取数据。以文件形式存储起来的数据具有“永久性”。

11.1.1 文件简介

1. 文件

文件(file)用来存储计算机中的数据，是计算机软件的重要组成部分。文件可以存放在多种介质中，如硬盘、光盘，而且还可以通过网络传输。内存也可以存储计算机数据，但与存储在硬盘上的文件数据相比，存储在内存中的数据在计算机关机或掉电时一般就会消失。因此，文件是使计算机上的工作得以延续的一种重要媒介。另外，计算机程序在执行时，要求被处理的数据必须先加载到内存中。因此，一方面需要将位于内存中的数据保存到文件中，以便长期使用；另一方面又需要将在文件中的数据加载到内存中，以便计算机处理。

在文件中的数据只是一连串的字节或字符，并没有明显的结构。文件数据的内部结构需要由程序自己定义与处理。

Java语言将文件看作字节或字符序列的集合。组成文件的字节序列或字符序列分别称为字节流或字符流。Java语言提供了非常丰富的类来处理目录、文件及文件数据，这些类主要位于包java.io中。

2. 文件系统

操作系统中负责管理和存储文件信息的软件机构称为文件管理系统，简称文件系统。

文件系统由三部分组成：与文件管理有关的软件、被管理的文件以及实施文件管理所需的数据结构。从系统角度来看，文件系统是对文件存储空间进行组织和分配，负责文件的存储并对存入的文件进行保护和检索的系统。具体地说，它负责为用户建立文件，存入、读出、修改、转储文件，控制文件的存取，当用户不再使用时撤销文件等。

文件系统用文件来组织和管理存放在各种介质上的信息。

3. 目录结构

在计算机上有可能保存很多文件，归类存放有利于将来使用的时候快速查找。文件系统提供目录机制实现文件的检索。目录(directory)是文件系统组织和管理文件的基本单位，保存所管理的每个文件的基本信息。文件目录项包括文件名字、文件所有者、文件类型、文件长度、文件权限、文件创建时间、文件最后修改时间等文件属性。

文件保存在目录中，目录中还可以包含子目录。例如，磁盘顶层目录是根目录，根目录下面可以有子目录和文件，子目录下面还可以包含子目录和文件。

4. 文件和数组的区别

(1) 数组由固定多个元素组成，而文件的长度是不确定的、任意的。

(2) 数组元素总是存放在内存，而文件则往往与外部介质相联系。

(3) 以“数组变量[下标]”的形式可以访问数组中的任意一个元素，而文件不能通过下标形式访问，需要通过文件对象调用相应的方法来访问。

11.1.2 流简介

1. 流

在计算机系统的实际应用中，常常需要处理许多资源。这些资源有的以文件形式保存在磁盘中，有的需要通过网络进行连接。这样在应用程序的实现中，必须在程序中提供一种将数据源连接到应用程序的方法。这样的方式称为流(stream)。

按照数据传输的方向，可将流分为输入流和输出流。

2. 输入输出流

输入输出处理是程序设计中非常重要的一部分，如从键盘读取数据、从文件中读取数据或向文件中写入数据等。

输入流(input stream)将数据从文件、标准输入或其他外部输入设备中加载到内存。

输出流(output stream)将在内存中的数据保存到文件中，或者传输给输出设备。

Java 把这些不同类型的输入输出抽象为流，用统一接口来表示，从而使程序简单明了。

JDK 提供了一系列类来实现输入输出处理。

输入流在 Java 语言中对应抽象类 java.io.InputStream 和 java.io.Reader 及其子类，输出流对应抽象类 java.io.OutputStream 和 java.io.Writer 及其子类。

3. 字节流和字符流

按照流中元素的基本类型，可将流分为字节流和字符流。

字节流是由字节(byte)组成的;字符流是由字符组成的。Java 语言中一个字符由两个字节组成。

字节流与字符流的主要区别在于它们的处理方式不同。字节流是最基本的,InputStream 和 OutputStream 类以及它们的子类都是字节流,主要用于处理二进制数据,即按字节来处理。但实际应用中很多数据是文本,因此又提出了字符流的概念。字符流根据虚拟机的 unicode 编码规范来处理,也就是要进行字符集的转换,Reader 类和 Writer 类以及它们的所有子类都是字符流。

字节流在读写数据时以字节为单位,而字符流读写数据时以字符为单位。

11.2 字节输入输出流

字节流是从 InputStream 和 OutputStream 派生出来的一系列类。这类流以字节(byte)为基本处理单位。

常用的字节流如下。

(1) InputStream 和 OutputStream。

(2) FileInputStream 和 FileOutputStream。

(3) DataInputStream 和 DataOutputStream。

(4) ObjectInputStream 和 ObjectOutputStream。

(5) BufferedInputStream 和 BufferedOutputStream。

(6) ByteArrayInputStream 和 ByteArrayOutputStream。

11.2.1 InputStream 和 FileInputStream

1. InputStream 类

InputStream 类是抽象类,所以不能构造实例对象。InputStream 类定义了字节输入流的基本操作,如读数据和关闭输入流等功能。因为 Java 语言提供了庞大的类库,而且每个类中都有许多方法,如需更详细地了解这些方法的使用,请查阅 Java API。

【例 11-1】 InputStream 类的使用(InputStreamUse.java)。

```
package ch112;
/*
    开发者:***
    开发地点:***
    开发时间:****年**月**日
    最后一次修改时间:****年**月**日
    功能简介:通过键盘输入数据并按 Enter 键后,将输入的数据输出到控制台
*/
import java.io.InputStream;
import java.io.IOException;

public class InputStreamUse{
```

```
    //构造方法接收输入的数据并将数据输出
    public InputStreamUse(InputStream in){
        try{
            while(true){
                int i=in.read();
                char c=(char)i;
                System.out.print(c);
            }
        }catch(IOException e){
            System.out.print(e);
            e.printStackTrace();
        }
    }
    public static void main(String[] args){
        new InputStreamUse(System.in);
    }
}
```

InputStreamUse 类的文件结构和运行结果如图 11-1 所示。

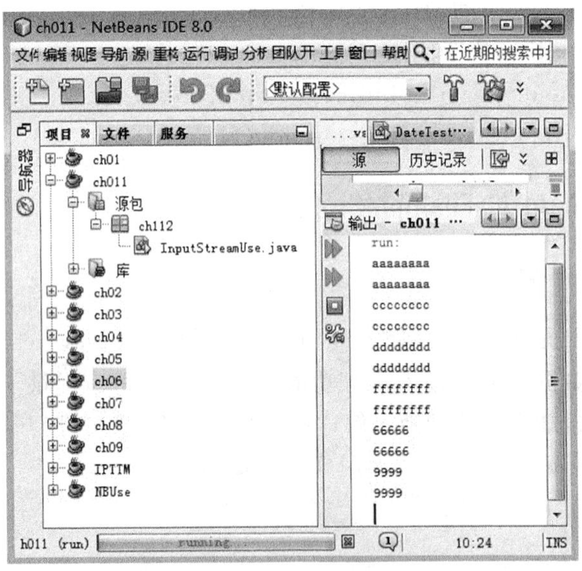

图 11-1　InputStreamUse 类的文件结构和运行结果

2. FileInputStream 类

InputStream 类是抽象类，不能通过构造方法实例化对象。但是可以通过子类的实例对象获取 InputStream 类的实例对象。其他字节输入流都是 InputStream 类的直接或者间接子类。FileInputStream 类(文件输入流)也是 InputStream 类的子类。相应的文件输出流是 FileOutStream。文件输入输出流用来进行文件 I/O 处理，用它们所提供的方法可以打开本地主机上的文件，并进行顺序读/写。有关文件输入输出流的相关方法请参考

Java API。

对文件内容的操作步骤如下。

(1) 创建文件对应的输入输出流的实例对象,以获取相关的资源文件,如所需内存空间以及文件的访问权限。

(2) 对文件进行读(输入)/写(输出)操作。

(3) 调用 close()方法,关闭文件,释放所占的系统资源。

【例 11-2】 FileInputStream 类的使用(FileInputStreamUse.java)。

```
package ch112;
/*
    开发者:***
    开发地点:***
    开发时间:****年**月**日
    最后一次修改时间:****年**月**日
    功能简介:使用 FileInputStreamUse 类读取文件中的数据并输出到控制台,最后统计文件
             所占的字节数
*/
import java.io.FileInputStream;
import java.io.IOException;

public class FileInputStreamUse {
  public FileInputStreamUse(){
      try{
         /*通过构造方法实例化一个文件输入流对象,要访问的文本文件和源文件在同一个包
          中,所以需要使用绝对路径,如"D:/深入浅出 Java 程序设计/ch011/src/ch112/
          number.txt",否则无法找到文件
         */
        FileInputStream f=new FileInputStream ("D:/深入浅出 Java 程序设计/ch011/
                                                src/ch112/number.txt");
        int i ;
        //读取文件中的数据
        int b=f.read();
        //如果文件的数据读取完毕,返回值就为-1,表示读取文件结束
        for(i=0;b!=-1;i++){
            System.out.print((char)b);
            b=f.read();
        }
        System.out.println();
        System.out.println("文件字节数为"+i);
        f.close();
      }catch (IOException e){
         System.err.println(e);
      }
  }
  public static void main(String args[ ]){
```

```
        new FileInputStreamUse();
    }
}
```

FileInputStreamUse 类和 number. txt 在同一个包中，获取 number. txt 文件的绝对路径的最简单方法之一是在其上右击，在弹出的快捷菜单中选择“属性”命令，如图 11-2 所示；单击“属性”弹出“文件属性”对话框，查找文件路径，如图 11-3 所示。

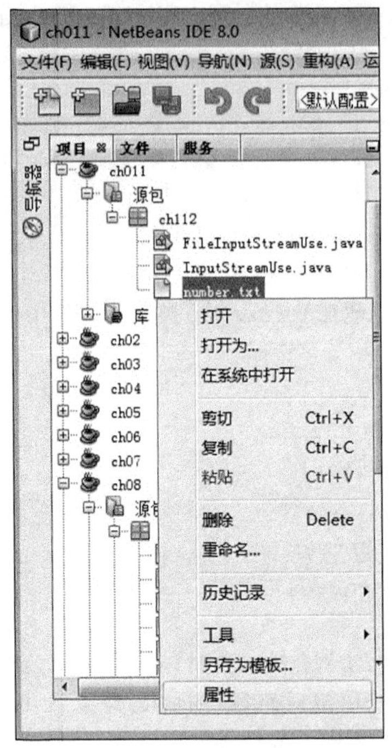

图 11-2　文本文件的快捷菜单

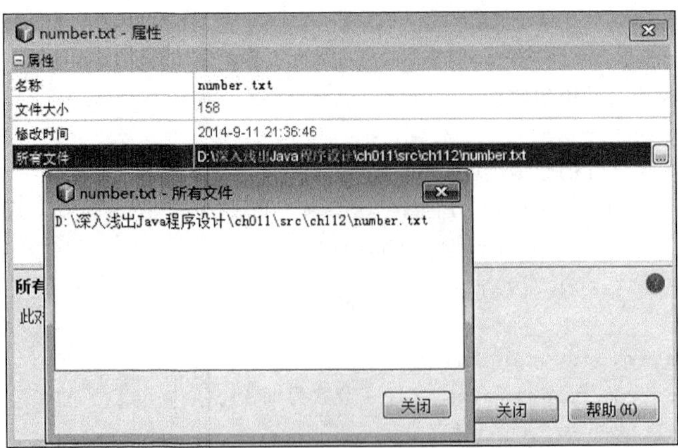

图 11-3　“文件属性”对话框

FileInputStreamUse 类的文件结构和运行结果如图 11-4 所示。

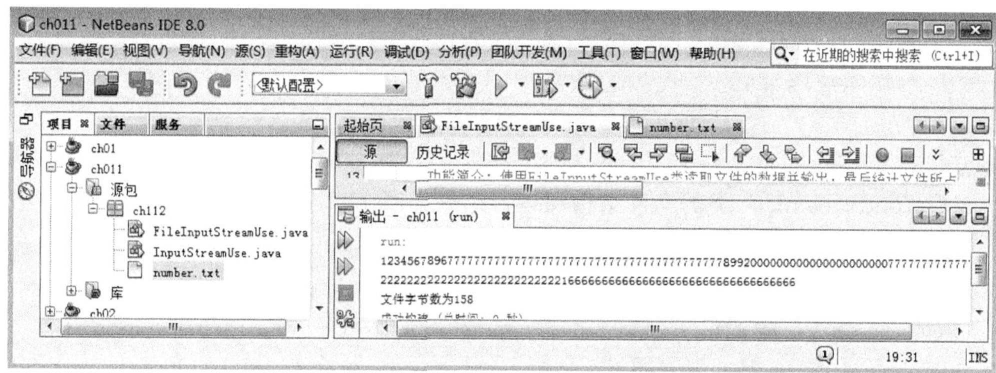

图 11-4　FileInputStreamUse 类的文件结构和运行结果

11.2.2　OutputStream 和 FileOutputStream

1. OutputStream

抽象类 InputStream 用来处理字节输入流，而抽象类 OutputStream 用来处理字节输出流。OutputStream 类定义了字节输出流的基本操作，如输出数据和关闭输出流等功能。

【例 11-3】 OutputStream 类的使用(OutputStreamUse.java)。

```
package ch112;
/*
    开发者：***
    开发地点：***
    开发时间：****年**月**日
    最后一次修改时间：****年**月**日
    功能简介：使用 OutputStream 类在控制台输出数据
*/
import java.io.IOException;
import java.io.OutputStream;

public class OutputStreamUse {
    public OutputStreamUse(OutputStream out){
        String s="慈母手中线，游子身上衣。临行密密缝，意恐迟迟归。谁言寸草心，报得三
                春晖。";
        byte[] b=s.getBytes();
        try{
            //将字节数组 b 写出到输出流
            out.write(b);
            //把缓存中所有内容强制输出
            out.flush();
        }catch (IOException e){
            System.err.println(e);
        }
```

```
    }
    public static void main(String args[]){
        new OutputStreamUse(System.out);
    }
}
```

OutputStreamUse 类的文件结构和运行结果如图 11-5 所示。

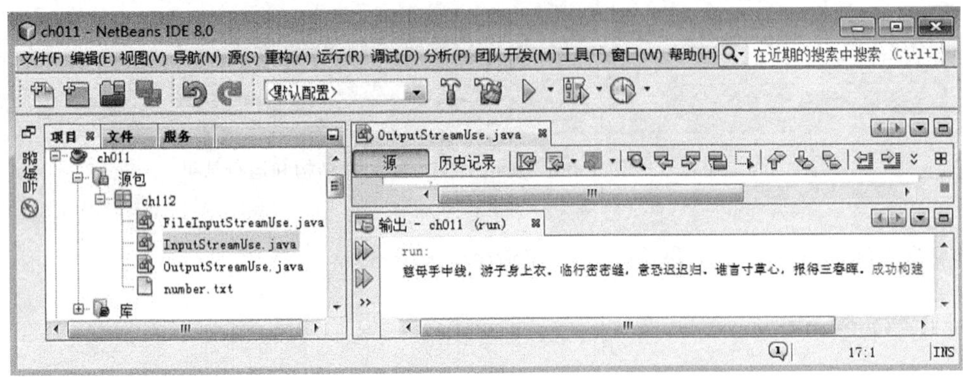

图 11-5 OutputStreamUse 类的文件结构和运行结果

2. FileOutputStream

文件输出流 FileOutputStream 类是 OutputStream 类的子类，可以通过它的构造方法实例化对象，用实例对象向文件中写入数据。

FileOutputStream 类可以将数据写入文件，遵循以下文件操作的步骤。

(1) 实例化对象，获取相关文件资源。

(2) 通过 FileOutputStream 类的 write()方法把数据写入到文件中；通过 flush()方法强制输出。

(3) 调用 close()方法，关闭文件，释放系统资源。

【例 11-4】 FileOutputStream 类的使用(FileOutputStreamUse.java)。

```
package ch112;
/*
    开发者：***
    开发地点：***
    开发时间：****年**月**日
    最后一次修改时间：****年**月**日
    功能简介：使用 FileOutputStream 类把数据输出到文件中，即把数据写入文件
*/
import java.io.FileOutputStream;
import java.io.IOException;

public class FileOutputStreamUse {
    public FileOutputStreamUse(){
```

```
        String s="有志者事竟成,破釜沉舟,百二秦关终属楚;苦心人天不负,卧薪尝胆,三千越
                甲可吞吴。";
        byte[ ] b=s.getBytes();
        try{
            /* 实例化一个文件输出流对象。其中,String 类型参数"座右铭.txt"是文本文件
             名,如果该文本文件在指定的路径下已存在,就覆盖里面的内容,否则就在指定的
             路径下新建一个名为"座右铭.txt"的文本文件,也可以使用重载方法
             FileOutputStream(String name,boolean append)指定追加方式,实现在文本
             文件末尾追加内容
            */
            FileOutputStream f=new FileOutputStream("D:/深入浅出 Java 程序设计/
                                                   ch011/src/ch112/座右铭.txt");
            f.write(b);
            f.flush();
            f.close();
        }catch (IOException e){
            System.err.println(e);
        }
    }
    public static void main(String args[ ]){
        new FileOutputStreamUse();
    }
}
```

FileOutputStreamUse 类的文件结构和运行结果如图 11-6 所示。

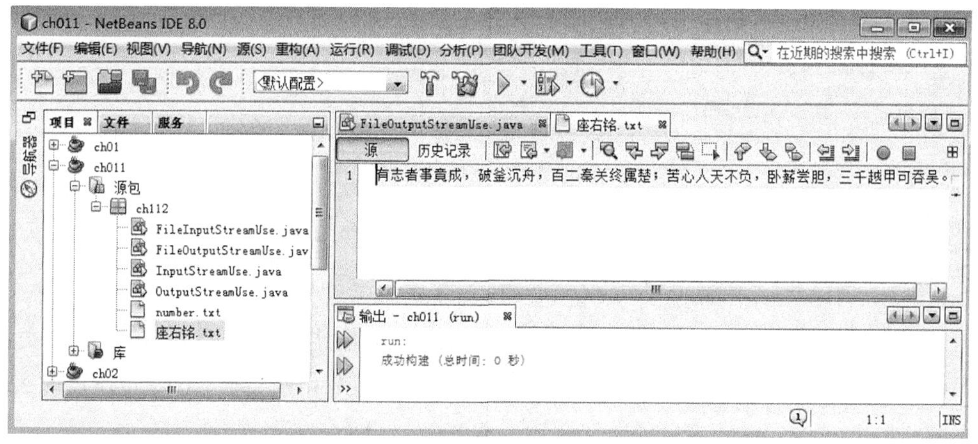

图 11-6 FileOutputStreamUse 类的文件结构和运行结果

如果例 11-4 中的文件路径为“座右铭. txt”,则表示该文件在项目根目录下,如图 11-7 所示。此时在项目的文件结构图中看不到该文件,但能在项目根目录下查找到。如果使用 Eclipse 或者 MyEclipse 开发,可以直接把文本文件复制到项目文件结构中的根目录下。如图 11-8 所示的 number. txt 文件。

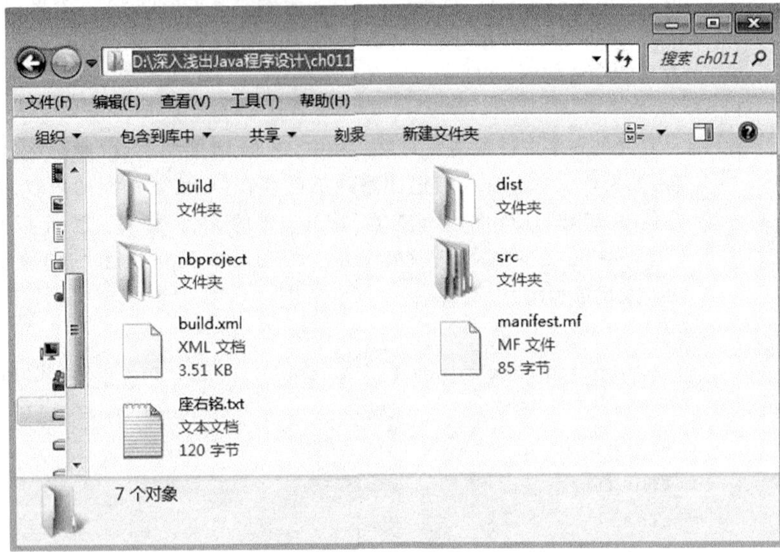

图 11-7 项目跟路径下的文本文件

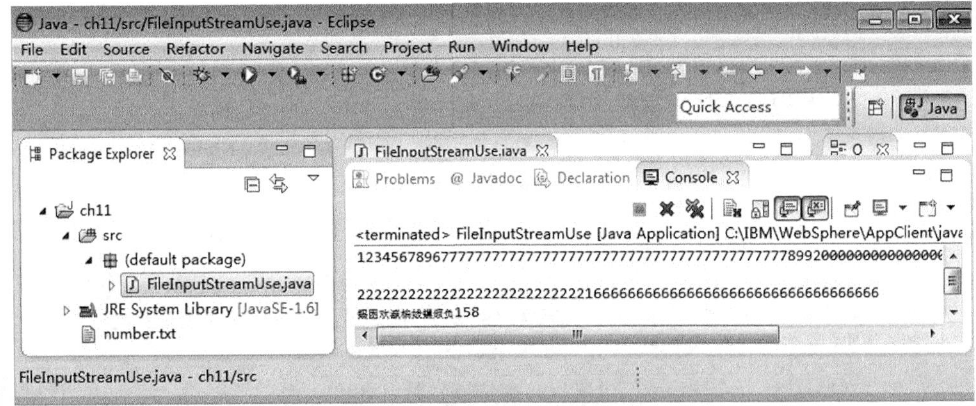

图 11-8 Eclipse 环境下的文件结构

11.2.3 DataInputStream 和 DataOutputStream

数据字节输入流 DataInputStream 类和数据字节输出流 DataOutputStream 类提供直接读或写基本数据类型数据的方法，在读或写某种基本数据类型时，不必关心它的实际长度是多少字节。

1. DataInputStream

DataInputStream 类的声明如下：

```
public class DataInputStream extends FilterInputStream implements DataInput {
    public DataInputStream(InputStream in);
    public final short readShort() throws IOException;
```

```
    public final byte readByte() throws IOException;
    public final int readInt() throws IOException;
    public final long readLong() throws IOException;
    public final float readFloat() throws IOException;
    public final double readDouble() throws IOException;
    public final char readChar() throws IOException;
    public final boolean readBoolean() throws IOException;
    public void close() throws IOException;
}
```

数据字节输入流提供了 8 个 read()方法，分别用于从字节输入流中获取基本数据类型的数据值。

2. DataOutputStream

DataOutputStream 类的声明如下：

```
public class DataOutputStream extends FilterOutputStream implements DataOutput
{
    public DataOutputStream(OutputStream out);        //构造方法
    public final void writeByte(int v) throws IOException;
    public final void writeShort(int v) throws IOException;
    public final void writeInt(int v) throws IOException;
    public final void writeLong(long v) throws IOException;
    public final void writeFloat(float v) throws IOException;
    public final void writeDouble(double v) throws IOException;
    public final void writeChar(int v) throws IOException;
    public final void writeBoolean(boolean v) throws IOException;
    public final void writeChars(String s) throws IOException;
    public final int size();                        //返回实际写入的字节数
    public void flush() throws IOException;         //强制立即将缓存中的数据写入文件中
    public void close() throws IOException;
}
```

数据字节输出流提供了 9 个 write()方法，分别用于向字节输出流写入基本数据类型和字符串类型的数据值。

【例 11-5】 数据字节流的使用(DataStreamUse.java)。

```
package ch112;
/*
    开发者：***
    开发地点：***
    开发时间：****年**月**日
    最后一次修改时间：****年**月**日
    功能简介：数据字节流的使用
*/
import java.io.DataInputStream;
```

```
import java.io.DataOutputStream;
import java.io.FileInputStream;
import java.io.FileOutputStream;

public class DataStreamUse {
    public DataStreamUse(){
        try{
            FileOutputStream fout=new FileOutputStream("D:/深入浅出 Java 程序设
                                        计/ch011/src/ch112/out.txt");
            DataOutputStream dfout=new DataOutputStream(fout);
            for(int i=0; i<6; i++)
                dfout.writeInt(i);
            dfout.close();
            FileInputStream fin=new FileInputStream("D:/深入浅出 Java 程序设计/
                                        ch011/src/ch112/out.txt");
            DataInputStream dfin=new DataInputStream(fin);
            for (int i=0; i<6; i++)
                System.out.print(dfin.readInt()+",");
            dfin.close();
        }catch (Exception e){
            System.err.println(e);
            e.printStackTrace();
        }
    }
    public static void main(String args[]){
        new DataStreamUse();
    }
}
```

DataStreamUse 类的文件结构和运行结果如图 11-9 所示。

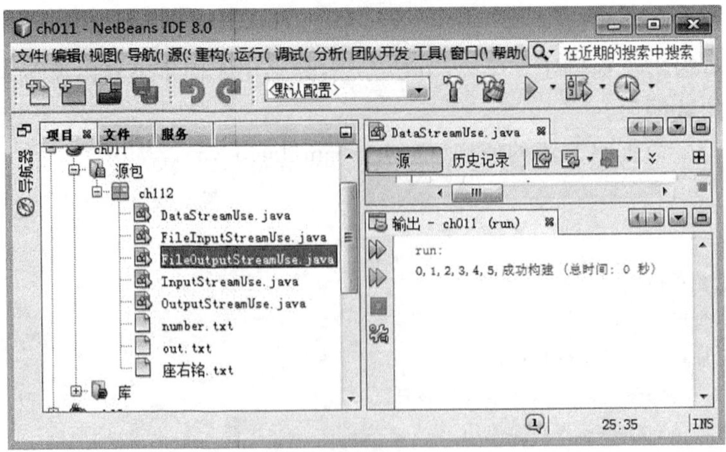

图 11-9　DataStreamUse 类的文件结构和运行结果

11.2.4　ObjectInputStream 和 ObjectOutputStream

记录数据可以包含若干个不同数据类型的数据项，在 C 和 C++ 中声明为结构，在 Java 语言中把这个结构声明为类。在 Java 类中，这种类型的数据读/写以对象为单位进行操作。Java 语言提供在字节流中直接读取或者写入一个对象的方法。对象流分为对象输入流 ObjectInputStream 和对象输出流 ObjectOutputStream。

【例 11-6】　序列化对象(Student.java)。

```
package ch112;
/*
    开发者：***
    开发地点：***
    开发时间：****年**月**日
    最后一次修改时间：****年**月**日
    功能简介：序列化对象
*/
import java.io.Serializable;

/*Serializable 接口是序列化接口，该接口没有方法。实现了该接口的类 Student 是序列化
 类。当以对象为单位读/写数据时，必须将类声明为序列化类，以约定每次读/写的字节数，否则不
 知道应该读/写多少字节
*/
public class Student implements Serializable{
    private int number;
    private String name;
    private static int count=0;
    public Student(String name){
        this.count++;
        this.number=this.count;
        this.name=name;
    }
    public String toString(){
        return this.number+"  "+this.name;
    }
}
```

Student 类是为了在例 11-7 中使用对象流而声明的一个序列化类。例 11-7 是对象流的使用示例。

【例 11-7】　对象流的使用(ObjectStreamUse.java)。

```
package ch112;
/*
    开发者：***
    开发地点：***
    开发时间：****年**月**日
```

```
    最后一次修改时间：****年**月**日
    功能简介：对象流的使用
*/import java.io.FileInputStream;
import java.io.FileOutputStream;
import java.io.ObjectInputStream;
import java.io.ObjectOutputStream;
import java.io.IOException;

public class ObjectStreamUse{
    //向指定文件写入若干学生对象
    public void writeToFile() throws IOException {
        FileOutputStream fout=new FileOutputStream("D:/深入浅出 Java 程序设计/
                                                    ch011/src/ch112/学生.text");
        ObjectOutputStream objout=new ObjectOutputStream(fout);
        //写入一个对象
        objout.writeObject(new Student("张志锋"));
        objout.writeObject(new Student("朱颢东"));
        objout.writeObject(new Student("付金华"));
        objout.close();
        fout.close();
    }
    //从指定文件中读取若干学生对象
    public void readFromFile() throws IOException {
        FileInputStream fin=new FileInputStream("D:/深入浅出 Java 程序设计/
                                                    ch011/src/ch112/学生.text");
        ObjectInputStream objin=new ObjectInputStream(fin);
        while (true) {
            try{
                //读取一个对象
                Student stu=(Student)objin.readObject();
                System.out.println(stu.toString()+"  ");
            }catch (Exception e){
                e.getMessage();
                break;
            }
        }
        objin.close();
        fin.close();
    }
    //返回从指定文件中读取的学生对象数组
    public Student[] openFile() throws IOException {
        FileInputStream fin=new FileInputStream("学生.text");
        ObjectInputStream objin=new ObjectInputStream(fin);
        Student[] students=new Student[20];
        int i=0;
```

```
        while (true){
            try{
                //读取一个对象
                students[i]=(Student)objin.readObject();
                i++;
            }catch (Exception e){
                e.getMessage();
                break;
            }
        }
        objin.close();
        fin.close();
        return students;
    }
    public static void main(String args[]) throws IOException{
        ObjectStreamUse afile=new ObjectStreamUse();
        afile.writeToFile();
        afile.readFromFile();
    }
}
```

ObjectStreamUse 类的文件结构和运行结果如图 11-10 所示。

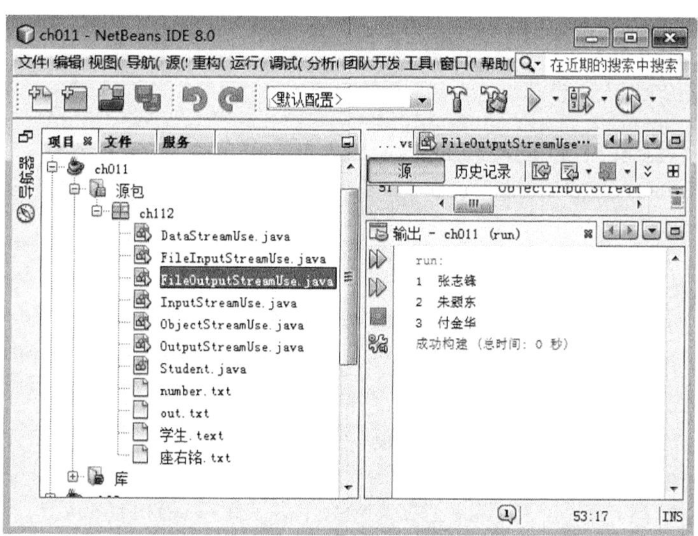

图 11-10　ObjectStreamUse 类的文件结构和运行结果

11.2.5　BufferedInputStream 和 BufferedOutputStream

类 BufferedInputStream 和类 BufferedOutputStream 是带缓存的输入流和输出流。使用缓存，就是在实例化类 BufferedInputStream 和类 BufferedOutputStream 对象时，会在内存中开辟一个字节数组用来存放数据流中的数据。借助字节数组，在读取或者存储数据时可以以字节数组为单位把数据读入内存或以字节数组为单位把数据写入指定的文件中，从而大大提高数据的读/写效率。

类 BufferedInputStream 的构造方法如下。

(1) BufferedInputStream(InputStream in)。其中，in 是指定的输入流，通常是 FileInputStream 类的实例对象。

(2) BufferedInputStream(InputStream in,int size)。其中，in 是指定的输入流，size 是大于 0 的数，用于指定缓存大小。如果 size 缺省，系统会指定默认大小。

类 BufferedOutputStream 的构造方法和类 BufferedInputStream 的构造方法相似。

下面通过带缓存和不带缓存两种方式分别读取同一个文件，以比较说明使用缓存和不用缓存时读取效率的明显差异。

【例 11-8】 缓存流的使用(BufferedStreamUse.java)。

```
package ch112;
/*
    开发者：***
    开发地点：***
    开发时间：****年**月**日
    最后一次修改时间：****年**月**日
    功能简介：带缓存流的使用
*/
import java.io.FileInputStream;
import java.io.BufferedInputStream;
import java.util.Date;

public class BufferedStreamUse{
    private static String fileName="D:/深入浅出 Java 程序设计/ch011/src/ch112/毕
                                业那年我们二十三岁.txt";
    public BufferedStreamUse(){
        try{
            int i=0;
            int ch;
            //下面是不带缓存的操作
            //创建获取当前时间的对象
            Date d1=new Date();
            FileInputStream f=new FileInputStream(fileName);
            //返回值为-1时代表文件数据读取结束
            while((ch=f.read())!=-1)
                i++;
            f.close();
            Date d2=new Date();
            /*getTime()方法是类 Date 中的方法，用于获取当前时间，单位为毫秒。读取文件
             前后的两个时间相减就是读取文件所用的时间，通过时间比较评价两个流的效率
             高低
             */
```

```
            long t=d2.getTime()-d1.getTime();
            //输出读取的文件名及其大小
            System.out.printf("读取文件%s(共%d字节)\n",fileName,i);
            //输出读取文件所用的时间
            System.out.printf("不带缓存的方法需要%1$d毫秒\n", t);
            //下面是带缓存的操作
            i=0;
            d1=new Date();
            f=new FileInputStream(fileName);
            BufferedInputStream fb=new BufferedInputStream(f);
            while ((ch=fb.read()) !=-1)
                i++;
            fb.close();
            d2=new Date();
            t=d2.getTime()-d1.getTime();
            System.out.printf("带缓存的方法需要%1$ d毫秒\n", t);
        }catch (Exception e){
            System.err.println(e);
        }
    }
    public static void main(String args[ ]){
        new BufferedStreamUse();
    }
}
```

BufferedStreamUse 类的文件结构和运行结果如图 11-11 所示。

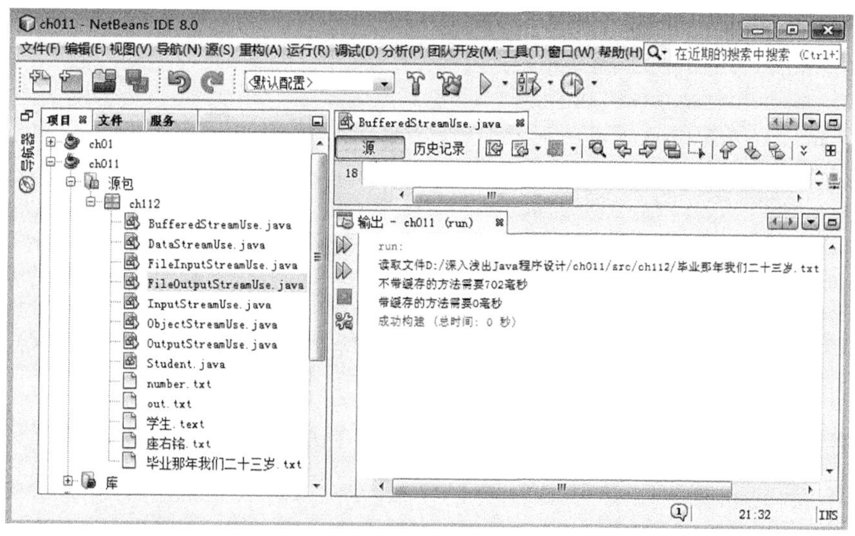

图 11-11　BufferedStreamUse 类的文件结构和运行结果

备注：读取一个文件的快慢和计算机硬件、软件以及运行在系统上的文件多少等都有关系，是否使用缓存只是其中一个因素。总之，从运行结果来看，带缓存的流要比不带缓存的快得多。

11.2.6 标准的输入输出流

在计算机系统中,标准输入是指从键盘等外部输入设备中获得数据,标准输出是指向显示器或打印机等外部输出设备发送数据。

1. 标准输入输出常量

标准输入输出在 System 类中已声明。System 类的声明如下:

```
public final class System extends Object {
    public final static InputStream in=nullInputStream;     //标准输入常量
    public final static PrintStream out=nullPrintStream ;   //标准输出常量
    public final static PrintStream err=nullPrintStream;    //标准错误输出常量
}
```

System.in 是 InputStream 类的常量,通过 read()方法获取从键盘输入的数据。System.out 是 PrintStream 类的常量,通过调用 print()或 println()方法向显示器或其他输出设备输出数据。System.err 实现标准的错误输出。

2. PrintStream

类 PrintStream 是标准的输出类。该类的常用对象是 System.out。类 PrintStream 的声明如下:

```
public class PrintStream extends FilterOutputStream{
    public void print(boolean b);
    public void print(char c);
    public void print(long l);
    public void print(int i);
    public void print(float f);
    public void print(double d) ;
    public void print(String s);
    public void print(Object obj);
    public void println();
    public PrintStream(OutputStream out);
    public PrintStream(OutputStream out,Boolean autoFlsh);     //是否立即输出
}
```

【例 11-9】 标准输入输出流的使用(StandardInputOutputUse.java)。

```
package ch112;
/*
    开发者:***
    开发地点:***
    开发时间:****年**月**日
    最后一次修改时间:****年**月**日
```

```
    功能简介：标准输入输出流的使用
 */
import java.io.IOException;

public class StandardInputOutputUse{
    //抛出异常交由 Java 虚拟机处理
    public static void main(String args[]) throws IOException{
        System.out.print("请从键盘上输入数据：");
        byte buffer[]=new byte[512];          //以字节数组作为缓冲区
        //从标准输入流中读取若干字节到指定缓冲区,返回实际读取的字节数
        int count=System.in.read(buffer);
        System.out.print("通过标准的输出流输出的数据：");
        for (int i=0;i<count;i++)
            //按字节方式输出 buffer 中的元素值
            System.out.print(" "+buffer[i]);
        System.out.println();
        for (int i=0;i<count;i++)
            //按字符方式输出 buffer 中的元素值
            System.out.print((char) buffer[i]);
        //输出实际读取的字节数
        System.out.println("count="+count);
    }
}
```

StandardInputOutputUse 类的文件结构和运行结果如图 11-12 所示。

图 11-12　StandardInputOutputUse 类的文件结构和运行结果

从图 11-12 可以看出，从键盘上输入 6 个字符"abc123"和回车键后，"int count=System.in.read(buffer);"从标准输入流中读取数据并把它们存储到缓冲区 buffer 中，

count 变量记录实际读入的字节数为 8，其中，回车和换行符各占一个字节。标准的输入过程如图 11-13 所示。标准的输出过程如图 11-14 所示。

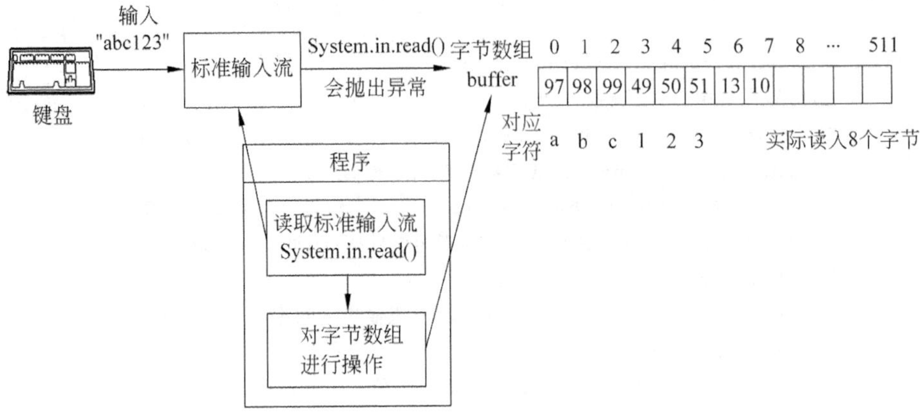

图 11-13　标准的输入过程

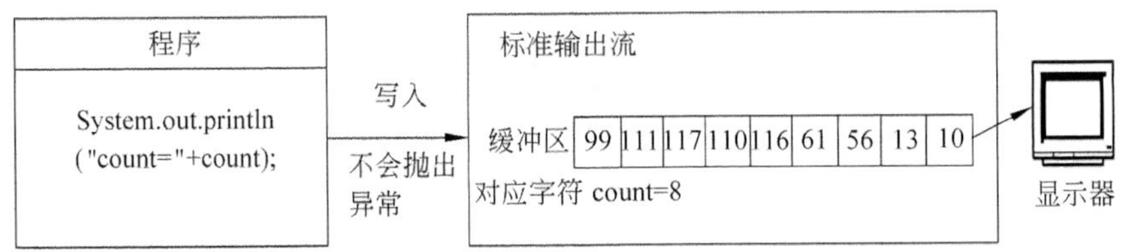

图 11-14　标准的输出过程

从图 11-12～图 11-14 可以看出，在使用字节流处理数据时，有时候希望输出我们已输入的数据，但实际输出结果和原来输入的数据不一致，即可能以 ASCII 码的形式显示。而使用字符流可以保证输出结果和我们输入的字符完全保持一致。下面介绍字符流的使用。

11.3　字符输入输出流

Java 中提供了处理以 16 位的 Unicode 码表示的字符流的类，即以 Reader 和 Writer 为基类派生出的一系列类。从 Reader 和 Writer 派生出的一系列类，以 16 位的 Unicode 码表示的字符为基本处理单位。Reader 类与 InputStream 类相似，Writer 类与 OutputStream 类相似。字符输入输出流又称为读/写器。

常用的字符流主要如下。

(1) Reader 和 Writer。

(2) FileReader 和 FileWriter。

(3) BufferedReader 和 BufferedWriter。

11.3.1　Reader 和 Writer

Reader 和 Writer 是两个抽象类，它们只是提供了一系列用于字符流处理的方法，不能生成这两个类的实例，只能通过使用由它们派生出来的子类对象来处理字符流，即不能使用

new Reader()或 new Writer()。

1. Reader

抽象类 Reader 和 Writer 规定了字符流的基本操作。抽象类 Reader 用来读出数据,是所有处理字符流的输入类的父类,主要用于读取字符和关闭流。

Reader 类的声明如下:

```
public abstract class Reader extends Object implements Readable, Closeable{
    /* 从文件中读取一个字符,返回值为读取的字符,当返回值为-1 时,表示到达文件末尾 */
    public int read() throws IOException;
    /* 读取一系列字符到数组 cbuf[]中,返回值为实际读取的字符的数量,当返回值为-1 时,表
     示到达文件末尾 */
    public int read(char cbuf[]) throws IOException;
    /* 读取 len 个字符,从数组 cbuf[]的下标 off 处开始存放,返回值为实际读取的字符数量,
     该方法必须由子类实现,当返回值为-1 时,表示到达文件末尾 */
    public abstract int read(char cbuf[],int off,int len) throws IOException;
    public boolean markSupported();          //判断当前流是否支持做标记
    public void reset() throws IOException ;  //将当前流重置到做标记处
    //该成员方法关闭当前字符流并释放与字符流相关的系统资源
    public abstract void close() throws IOException;
}
```

2. Writer

抽象类 Writer 用来存储数据,提供了多个成员方法,分别用来输出单个字符、字符数组和字符串。该类是所有处理字符流的输出类的父类。

Writer 类的声明如下:

```
public abstract class Writer implements Appendable,Closeable,Flushable{
    //将整型值 c 的低 16 位写入当前文件中
    public void write(int c) throws IOException;
    //将字符数组 cbuf[]写入当前文件中
    public void write(char cbuf[]) throws IOException;
    //将字符数组 cbuf[]中从索引为 off 的位置处开始的 len 个字符写入当前文件中
    public abstract void write(char cbuf[],int off,int len) throws IOException;
    //将字符串 str 中的字符写入当前文件中
    public void write(String str) throws IOException;
    //将字符串 str 中从索引 off 处开始的 len 个字符写入当前文件中
    public void write(String str,int off,int len) throws IOException;
    //将字符序列 csq 添加到当前文件中
    public Writer append(CharSequence csq) throws IOException;
    //将字符 c 添加到当前文件中
    public Writer append(char c) throws IOException;
    //强制输出,使得数据立即写入文件中
    public abstract void flush()  throws IOException;
```

```
    //关闭当前字符流并释放与字符流相关的系统资源
    public abstract void close() throws IOException;
}
```

11.3.2 FileReader 和 FileWriter

类 FileReader 和类 FileWriter 分别是抽象类 Reader 和 Writer 类的子类。FileReader 兼有抽象类 Reader 的所有成员方法,可以进行读取字符串和关闭流等操作。类 FileWriter 兼有抽象类 Writer 的所有成员方法,可以进行输出单个或多个字符、强制输出和关闭流等操作。

类 FileReader 和类 FileWriter 中方法的声明和使用,与类 FileInputStream 和类 FileOutputStream 中的方法的声明和使用非常相似。

【例 11-10】 文件字符流的使用(FileReaderWriterUse. java)。

```
package ch113;
/*
    开发者: ***
    开发地点: ***
    开发时间: ****年**月**日
    最后一次修改时间: ****年**月**日
    功能简介: 文件字符流的使用,用文件字符输出流把数据写入文件,用文件字符输入流把文件中
              的数据读出
*/
import java.io.FileReader;
import java.io.FileWriter;
import java.io.IOException;

public class FileReaderWriterUse{
    public FileReaderWriterUse(){
        try{
            FileWriter writer=new FileWriter ("D:/深入浅出 Java 程序设计/ch011/
                                              src/ch113/日记.txt");
            writer.write("吃得苦中苦,方为人上人!奋斗重在行动!");
            writer.close();
            //读取日记文件中的数据并输出到控制台
            FileReader reader=new FileReader ("D:/深入浅出 Java 程序设计/ch011/
                                              src/ch113/日记.txt");
            for(int c=reader.read();c!=-1; c=reader.read())
                System.out.print((char)c);
            reader.close();
        }catch(IOException e){
            System.err.println(e);
        }
    }
```

```
    public static void main(String args[]){
        new FileReaderWriterUse();
    }
}
```

FileReaderWriterUse 类的文件结构和运行结果如图 11-15 所示。

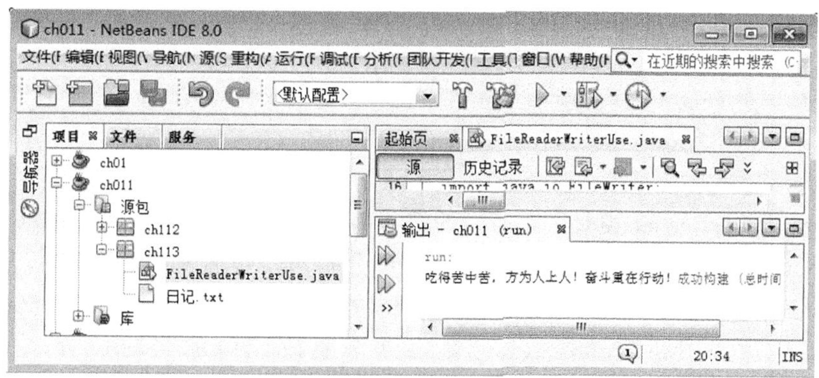

图 11-15 FileReaderWriterUse 类的文件结构和运行结果

11.3.3 BufferedReader 和 BufferedWriter

FileReader 类和 FileWriter 类以字符为单位进行数据读/写操作，数据的传输效率很低。Java 提供 BufferedReader 类、LineNumberReader 类和 BufferedWriter 类以缓冲流方式进行数据读写操作。

1. BufferedReader

BufferedReader 类的声明如下：

```
public class BufferedReader extends Reader{
    public BufferedReader(Reader in);              //使用默认的缓冲区大小
    public BufferedReader(Reader in, int sz);      //sz 为指定的缓冲区大小
    //读取一行字符串，输入流结束时返回 null
    public String readLine() throws IOException;
    public void close() throws IOException;
}
```

从字符输入流中读取文本，把字符存放在缓冲区中，从而提供字符、数组和行的高效读取。可以指定缓冲区的大小，或者使用默认的大小。大多数情况下，默认值就足够用了。例如：

```
BufferedReader in=new BufferedReader(new FileReader("test.txt"));
```

将缓冲指定文件的输入。如果没有缓冲，则每次调用 read()或 readLine()都会导致从文件中读取字节，并将其转换为字符后返回，而这是极其低效的。

可以对使用 DataInputStream 按原文输入的程序进行本地化，方法是用合适的

BufferedReader 替换每个 DataInputStream。

2. LineNumberReader

LineNumberReader 类的声明如下：

```
public class LineNumberReader extends Reader{
    public LineNumberReader(Reader in);
    public LineNumberReader(Reader in, int sz);        //获取当前行号
    public String getLineNumber() throws IOException;
    public void close() throws IOException;
}
```

LineNumberReader 类是跟踪行号的缓冲字符输入流。此类定义了方法 void setLineNumber(int)和 int getLineNumber()，它们可分别用于设置和获取当前行号。默认情况下，行编号从 0 开始。该行号随数据读取递增，并可以通过调用 setLineNumber(int)进行更改。但要注意，setLineNumber(int)不会实际更改流中的当前位置；它只更改将由 getLineNumber()返回的值。可认为行是由换行符('\n')、回车符('\r')或回车后面紧跟换行符中的任何一个终止的。

3. BufferedWriter

BufferedWriter 类的声明如下：

```
public class BufferedWriter extends Writer{
    public BufferedWriter(Writer out);
    public BufferedWriter(Writer out, int sz);
    public void newLine() throws IOException;        //写入一个换行符
    public void flush() throws IOException;
    public void close() throws IOException;
}
```

将文本写入字符输出流，缓冲各个字符，从而提供单个字符、数组和字符串的高效写入。可以指定缓冲区的大小，或者接受默认的大小。在大多数情况下，默认值就足够用了。

【例 11-11】 缓冲字符流的使用(BufferedReaderWriterUse.java)。

```
package ch113;
/*
    开发者：***
    开发地点：***
    开发时间：****年**月**日
    最后一次修改时间：****年**月**日
    功能简介：缓冲字符流的使用
 */
import java.io.FileReader;
import java.io.FileWriter;
import java.io.BufferedWriter;
```

```
import java.io.LineNumberReader;
import java.io.IOException;

public class BufferedReaderWriterUse{
    public BufferedReaderWriterUse(){
        try{
            /* new FileWriter("D:/深入浅出 Java 程序设计/ch011/src/ch113/励志.
             txt")生成文件输出流对象,为生成的文件输出流对象添加缓冲
            */
            BufferedWriter bw= new BufferedWriter(new FileWriter("D:/深入浅出
                                    Java 程序设计/ch011/src/ch113/励志.txt"));
            bw.write("有志者,事竟成");
            bw.newLine();
            bw.write("苦心人,天不负");
            bw.newLine();
            bw.close();
            LineNumberReader br=new LineNumberReader(new FileReader("D:/深入浅
                              出 Java 程序设计/ch011/src/ch113/励志.txt"));
            String s;
            for (s=br.readLine();s!=null;s=br.readLine())
                System.out.println(br.getLineNumber()+":"+s);
            br.close();
        }catch(IOException e){
            System.err.println(e);
        }
    }
    public static void main(String args[]){
        new BufferedReaderWriterUse();
    }
}
```

BufferedReaderWriterUse 类的文件结构和运行结果如图 11-16 所示。

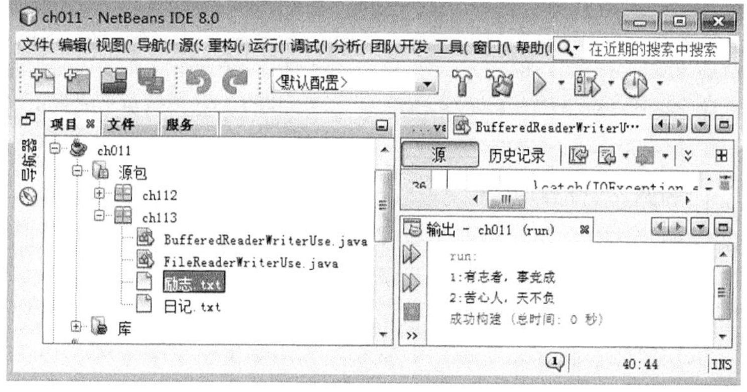

图 11-16　BufferedReaderWriterUse 类的文件结构和运行结果

11.4 文件操作类

在 Java 应用程序中，许多时候需要执行对文件的操作。下面介绍一些在 Java 语言中常用的文件类。

11.4.1 文件类

文件类 File 可以设置文件或者目录的各种属性，如文件名、文件大小、文件类型、文件修改日期和文件权限等，提供实现判断指定文件是否存在、获取当前文件路径、获取当前目录文件列表、创建文件、删除文件、创建目录和删除目录等操作的方法。

在打开、保存和复制文件时，需要读/写文件的数据内容，这些操作由流实现。文件类型不同，使用的流的类型也不同。

创建文件和目录可以通过 File 类的构造方法和成员方法实现。

File 类的声明如下：

```
public class File extends Object implements Serializable, Comparable<File>{
    public File(String pathname);           //构造方法,pathname 用于指定路径名
    public String getName();                //得到一个文件的名称(不包括路径)
    public String getPath();                //得到一个文件的路径名
    public String getAbsolutePath();        //得到一个文件的绝对路径名
    public String getParent();              //得到一个文件的上一级目录名
    public String renameTo(File newName);//将当前文件名转换为给定的完整文件路径
    public boolean exists();                //测试当前 File 对象所指示的文件是否存在
    public boolean canWrite();              //测试当前文件是否可写
    public boolean canRead();               //测试当前文件是否可读
    public boolean isFile();                //测试当前文件是否是文件(不是目录)
    public boolean isDirectory();           //测试当前文件是否是目录
    public long lastModified();             //得到文件最近一次修改的时间
    public long length();                   //得到文件的长度,以字节为单位
    public boolean delete();                //删除当前文件
    public boolean mkdir();                 //根据当前对象生成一个由该对象指定的路径
    public String[] list();                //以字符串数组形式返回当前目录下的所有文件
    public File[] listFiles();              //以 File 类数组形式列出当前目录中所有文件
}
```

该类是文件和路径名的抽象表示形式。

File 类的实例是不可变的，也就是说，一旦创建，File 对象表示的抽象路径名将永不改变。

【例 11-12】 文件类的使用(FileUse.java)。

```
package ch114;
/*
    开发者：***
```

```
    开发地点：***
    开发时间：****年**月**日
    最后一次修改时间：****年**月**日
    功能简介：文件类的使用
*/
import java.io.File;
import java.util.Date;
import java.text.SimpleDateFormat;
import java.io.IOException;

public class FileUse{
    public FileUse(){
        //当前目录
        File dir=new File(".");
        //统计目录数
        int count_dirs=0;
        //统计文件数
        int count_files=0;
        //统计所有文件总字节数
        long byte_files=0;
        System.out.println(dir.getAbsolutePath()+"目录\r\n");
        //SimpleDateFormat 类实现日期格式转换(日期->文本)、(文本->日期)
        SimpleDateFormat sdf=new SimpleDateFormat("yyyy-MM-dd hh:mm");
        File[] files=dir.listFiles();
        for (int i=0;i<files.length;i++){
            //显示文件名
            System.out.print(files[i].getName()+"\t");
            //判断指定 File 对象是否是文件
            if (files[i].isFile()){
                //显示文件长度
                System.out.print(files[i].length()+"B\t");
                count_files++;
                byte_files+=files[i].length();
            }
            else{
                //<DIR>表示 file 对象是目录
                System.out.print("<DIR>\t");
                count_dirs++;
            }
            System.out.println(sdf.format(new Date(files[i].lastModified())));
        }
        System.out.println("\r\n 共有"+count_files+"个文件,总字节数为 "+byte_
        files);
        System.out.println("共有"+count_dirs+"个目录");
    }
```

```
    public static void main(String args[]) throws IOException {
        new FileUse();
    }
}
```

FileUse 类的文件结构和运行结果如图 11-17 所示。

图 11-17　FileUse 类的文件结构和运行结果

11.4.2 随机访问文件类

RandomAccessFile 类的实例支持对随机存取文件的读取和写入。随机存取文件类似于存储在文件系统中的一个大型字节数组。存在指向该隐含数组的光标或索引，称为文件指针；输入操作从文件指针所指位置开始读取字节，并随着对字节的读取而前移此文件指针。如果随机存取文件以读取/写入模式创建，则也可以进行输出操作；输出操作从文件指针所在位置开始写入字节，并随着对字节的写入而前移此文件指针。在隐含数组的当前末尾之后进行输出操作将导致该数组扩展。该文件指针可以通过 getFilePointer()方法获取，并通过 seek()方法设置指向的位置。

通常，如果此类中的所有读取操作在读取所需数量的字节之前已到达文件末尾，则抛出 EOFException(是一种 IOException)。如果由于某些原因无法读取任何字节，而不是在读取所需数量的字节之前已到达文件末尾，则抛出 IOException，而不是 EOFException。需要特别指出的是，如果流已被关闭，则可能抛出 IOException。

随机访问文件类可以对一个文件同时进行读、写操作，可以在文件中的指定位置随机读写数据。

RandomAccessFile 类的声明如下：

```
public class RandomAccessFile extends Object implements DataOutput,DataInput,
```

```
Closeable {
    public RandomAccessFile(String name, String mode) throws FileNotFoundException;
    public RandomAccessFile(File file, String mode) throws FileNotFoundException;
    public final int readInt() throws IOException;                //读取一个整型值
    public final void writeInt(int v) throws IOException;         //写入一个整型值
    public long length() throws IOException;                      //返回文件长度
    public long getFilePointer() throws IOException;              //获取文件指针位置
    public void seek(long pos) throws IOException;                //设置文件指针位置
    public void close() throws IOException;                       //关闭文件
}
```

public RandomAccessFile(String name, String mode) throws FileNotFoundException 用于创建从中读取和向其中写入的随机存取文件流。参数 name 指定文件名；mode 是模式，"r"表示以只读方式打开，"rw" 表示可以对文件同时进行读写；file 为文件对象。

【例 11-13】 随机访问文件类的使用(RandomAccessFileUse. java)。

```
package ch114;
/*
    开发者：***
    开发地点：***
    开发时间：****年**月**日
    最后一次修改时间：****年**月**日
    功能简介：随机访问文件类的使用
*/
import java.io.RandomAccessFile;
import java.io.IOException;

public class RandomAccessFileUse{
    public RandomAccessFileUse(){
        try{
            RandomAccessFile f=new RandomAccessFile("写偶数.txt", "rw");
            int a;
            /*通过 for 语句向"写偶数.txt"文本文件中写入 10 个偶数,即 0,2,4,6,…,18
             */
            for(int i=0;i<10;i++)
                f.writeInt(2*i);
            /*seek(8)从文件开头以字节为单位测量偏移量位置,在该位置设置文件指针,这里
             定位到第三个偶数上
          */
            f.seek(8);
            //f.writeInt(0)把定位到的第三个偶数修改为 0
            f.writeInt(0);
            //将文件指针定位到文件的头部
            f.seek(0);
```

```
            //把"写偶数.txt"文件中的数据通过一个 for 语句输出
            for(int i=0;i<10; i++){
                a=f.readInt();
                System.out.println("["+i+"]: "+a);
            }
            f.close();
        }catch (IOException e){
            System.err.println(e);
        }
    }
    public static void main(String args[]){
        new RandomAccessFileUse();
    }
}
```

RandomAccessFileUse 类的文件结构和运行结果如图 11-18 所示。

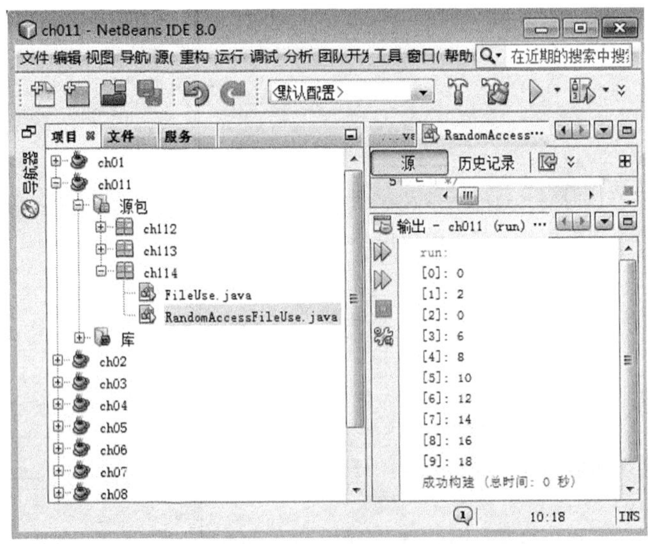

图 11-18　RandomAccessFileUse 类的文件结构和运行结果

11.4.3　文件过滤器接口

在查找目录中的文件信息时，假如希望只查看一部分文件，可以使用过滤条件。操作系统中提供了约定的通配符“?”、* 等。如 *.java 表示扩展名为.java 的所有文件。Java 程序中，可以通过 File 类和过滤器接口来实现该功能。

Java 语言提供 FileFilter 和 FilenameFilter 两种对文件过滤的接口。两种过滤接口的声明如下：

```
public interface FileFilter{
    boolean accept(File pathname)
}
```

```
public interface FilenameFilter{
    boolean accept(File dir, String name)
}
```

这两个接口通常结合 File 类中的 list(filter)和 listFiles(filter)一起使用。

【例 11-14】 过滤器的使用(FilterUse.java)。

```
package ch114;
/*
    开发者：***
    开发地点：***
    开发时间：****年**月**日
    最后一次修改时间：****年**月**日
    功能简介：过滤器的使用
*/
import java.io.FilenameFilter;
import java.io.File;

public class FilterUse implements FilenameFilter{
    //文件名前缀
    private String prefix;
    //文件扩展名
    private String extend;
    public FilterUse(String filterstr){
        this.prefix="";
        this.extend="";
        //将 String 中的所有字符都转换为小写
        filterstr=filterstr.toLowerCase();
        //返回指定字符'*'在此字符串中第一次出现处的索引值
        int i=filterstr.indexOf('*');
        if (i>0)
            //获得'*'之前的字符串
            this.prefix=filterstr.substring(0,i);
        int j=filterstr.indexOf('.');
        if (j>0)
        {
            //获得'.'之后的文件扩展名字符串
            this.extend=filterstr.substring(j+1);
            //识别"*.*"
            if (this.extend.equals("*"))
                this.extend="";
        }
        //当前目录
        File dir=new File(".","");
        System.out.println(dir.getAbsolutePath()+"目录中,"+filterstr+"文件如
        下:");
```

```
        //获得指定目录中满足过滤器要求的文件名列表
        String[] filenames=dir.list(this);
        for (i=0;i<filenames.length;i++)
            System.out.println(filenames[i]);
    }
    public FilterUse(){
        this("*.*");
    }
    public boolean accept(File dir, String filename){
        filename=filename.toLowerCase();
        return(filename.startsWith(this.prefix))&(filename.endsWith(this.extend));
    }
    public static void main(String args[]){
        new FilterUse("*.txt");
    }
}
```

FilterUse 类的文件结构和运行结果如图 11-19 所示。

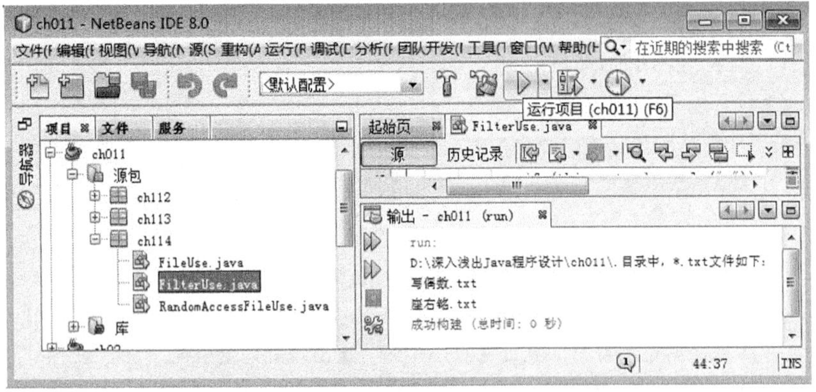

图 11-19 FilterUse 类的文件结构和运行结果

当调用 list()方法或者 listFiles()方法时，首先获取全部文件列表，再对这个列表按指定条件进行过滤。对列表中的每个数据项调用 accept()方法。如果 accept()方法为真，把相应的数据项保存在列表中，否则将相应的数据项从列表中删除。经过这样不断过滤得到新的目标文件列表。

11.4.4 文件对话框类

在 Windows 操作系统中，当打开文件、保存文件或者另存文件时，会弹出文件对话框让人们选择，如图 11-20 所示。

Java 语言提供文件对话框类 FileDialog。该类调用 Windows 操作系统中的 API，即调用 Windows 操作系统中的“保存”对话框（“另存为”对话框和“保存”对话框是一样的）和“打开”对话框。java.awt.FileDialog 类是 java.awt.Dialog 类的子类。文件对话框是一个独立的、可移动的窗口，给用户提供选择文件的操作。

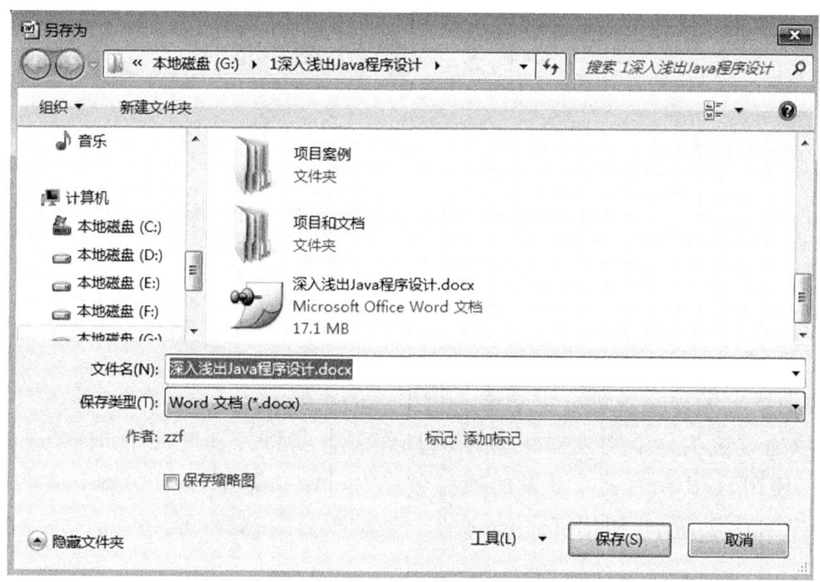

图 11-20　"另存为"对话框

FileDialog 类的声明如下：

```
public class FileDialog extends Dialog{
    //此常量值指定文件对话框是"打开"对话框
    public static final int LOAD=0;
    //此常量值指定文件对话框是"保存"或"另保存"对话框
    public static final int SAVE=1;
    //创建一个文件对话框,parent 参数指定对话框的所有者
    public FileDialog(Frame parent);
    //创建一个具有指定标题的文件对话框
    public FileDialog(Frame parent,String title);
    //mode 是对话框的模式,可以是 FileDialog.LOAD 或 FileDialog.SAVE
    public FileDialog(Frame parent,String title,int mode);
    //获取模式
    public int getMode();
    //设置模式
    public void setMode(int mode);
    //将此文件对话框的目录设置为指定目录
    public void setDirectory(String dir);
    //获得文件对话框中当前选定的文件
    public String getFile();
    //获取文件对话框的文件名过滤器
    public FilenameFilter getFilenameFilter();
    //设置文件名过滤器
    public void setFilenameFilter(FilenameFilter filter);
}
```

11.5 项目实训

11.5.1 项目目的

本项目通过编写一个记事本程序来综合复习已学知识，通过项目实训达到巩固已学知识的目的。

11.5.2 项目需求分析

本实训要求编程实现记事本功能。记事本的主要菜单有"文件"、"编辑"、"格式"和帮助功能，可以通过这些菜单实现对记事本的操作。本项目分别使用 NetBeans 8.0 和 Eclipse 4.3 开发，使用 NetBeans 8.0 开发的项目名称为 ch011，基于 NetBeans 8.0 的项目结构和运行结果如图 11-21 所示，使用 Eclipse 4.3 开发的项目名称为 ch11。

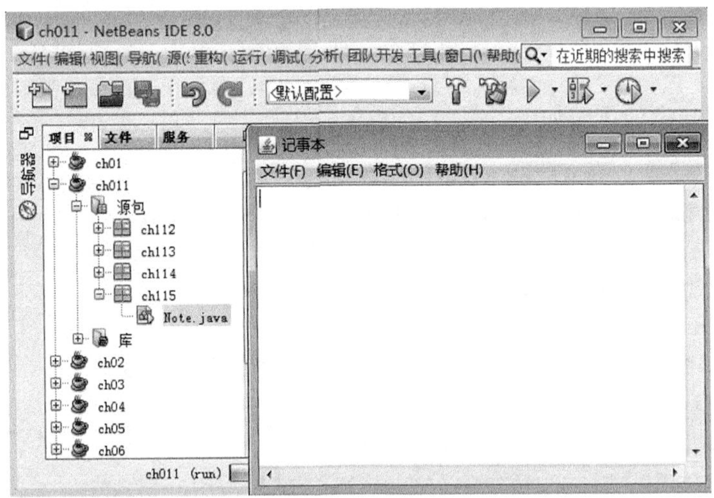

图 11-21 基于 NetBeans 8.0 的项目结构和运行结果

11.5.3 项目实现

【例 11-15】 记事本类(Note.java)。

```
package ch115;
import java.awt.BorderLayout;
import java.awt.Color;
import java.awt.Container;
import java.awt.Font;
import java.awt.Toolkit;
import java.awt.datatransfer.Clipboard;
import java.awt.datatransfer.DataFlavor;
import java.awt.datatransfer.StringSelection;
```

```
import java.awt.datatransfer.Transferable;
import java.awt.event.ActionEvent;
import java.awt.event.ActionListener;
import java.awt.event.InputEvent;
import java.awt.event.KeyEvent;
import java.awt.event.MouseAdapter;
import java.awt.event.MouseEvent;
import java.awt.event.WindowAdapter;
import java.awt.event.WindowEvent;
import java.io.BufferedReader;
import java.io.BufferedWriter;
import java.io.File;
import java.io.FileReader;
import java.io.FileWriter;
import java.io.IOException;
import javax.swing.JButton;
import javax.swing.JCheckBoxMenuItem;
import javax.swing.JColorChooser;
import javax.swing.JFileChooser;
import javax.swing.JFrame;
import javax.swing.JMenu;
import javax.swing.JMenuBar;
import javax.swing.JMenuItem;
import javax.swing.JOptionPane;
import javax.swing.JPopupMenu;
import javax.swing.JScrollPane;
import javax.swing.JTextArea;
import javax.swing.KeyStroke;
import javax.swing.UIManager;
import javax.swing.UnsupportedLookAndFeelException;
import javax.swing.event.DocumentEvent;
import javax.swing.event.DocumentListener;
import javax.swing.event.UndoableEditEvent;
import javax.swing.event.UndoableEditListener;
import javax.swing.undo.CannotUndoException;
import javax.swing.undo.UndoManager;

public class Note extends JFrame implements ActionListener, DocumentListener {
    //声明文件、编辑、格式、查看、帮助菜单
    JMenu mFile, mEdit, mMode, mHelp;
    //声明文件菜单项：新建、打开、保存、另存为、打印、退出
    JMenuItem mFile_New, mFile_Open, mFile_Save,mFile_Exit;
    //声明编辑菜单项：撤销、剪切、复制、粘贴、删除、替换、全选
    JMenuItem mEdit_Undo, mEdit_Cut, mEdit_Copy, mEdit_Paste, mEdit_Del, mEdit_
    SelectAll;
```

```
//声明格式菜单
JCheckBoxMenuItem formatMenu_LineWrap;
//声明颜色菜单
JMenu formatMenu_Color;
//声明菜单项：字体、前景色、背景色
JMenuItem  formatMenu_Color_FgColor, formatMenu_Color_BgColor;
//声明查看菜单
JCheckBoxMenuItem viewMenu_Status;
//声明帮助菜单项
JMenuItem mHelp_HelpTopics, mHelp_About;
//声明弹出菜单及菜单项
JPopupMenu popupMenu;
JMenuItem popupMenu_Undo, popupMenu_Cut, popupMenu_Copy, popupMenu_Paste,
popupMenu_Delete, popupMenu_SelectAll;
//文本编辑区域
static JTextArea Text;
//系统剪贴板
Toolkit toolKit=Toolkit.getDefaultToolkit();
Clipboard clipBoard=toolKit.getSystemClipboard();
//创建撤销操作管理器
protected UndoManager undo=new UndoManager();
protected UndoableEditListener undoHandler=new UndoHandler();
//是否是新文件
boolean isNewFile=true;
//当前文件名
File currentFile;
//存放编辑区原来的内容,用于比较文本是否有改动
String oldValue;
//字体设置里的"确定"按钮
JButton fontOkButton;
//设置编辑区默认字体
protected Font defaultFont=new Font("宋体", Font.PLAIN, 12);
File saveFileName=null, fileName=null;
public Note(){
    super("记事本");
    setDefaultCloseOperation(DO_NOTHING_ON_CLOSE);
    Container container=getContentPane();
    JScrollPane scroll=new JScrollPane(Text);
    //设置水平滑动
    scroll.setHorizontalScrollBarPolicy(JScrollPane.HORIZONTAL_SCROLLBAR
    _ALWAYS);
    //设置垂直滑动
     scroll.setVerticalScrollBarPolicy(JScrollPane.VERTICAL_SCROLLBAR_
     ALWAYS);
    //设置单词在一行不足容纳时换行
```

```
Text.setWrapStyleWord(true);
Text.setLineWrap(true);
//设置编辑区默认字体
Text.setFont(defaultFont);
//设置编辑区默认背景色
Text.setBackground(Color.white);
//设置编辑区默认前景色
Text.setForeground(Color.black);
//获取原文本编辑区的内容
oldValue=Text.getText();
//编辑区注册事件监听
//添加负责通知任何更改的撤销监听器
Text.getDocument().addUndoableEditListener(undoHandler);
//添加负责通知任何更改的文档监听器
Text.getDocument().addDocumentListener(this);
JMenuBar MenuBar=new JMenuBar();
//创建菜单
mFile=new JMenu("文件(F)",true);
mEdit=new JMenu("编辑(E)", true);
mMode=new JMenu("格式(O)",true);
mHelp=new JMenu("帮助(H)", true);
mEdit.addActionListener(new ActionListener(){
    public void actionPerformed(ActionEvent e){
        //设置剪切、复制、粘贴、删除等功能的可用性
        checkMenuItemEnabled();
    }
});
mFile.setMnemonic('F');
mEdit.setMnemonic('E');
mMode.setMnemonic('O');
mHelp.setMnemonic('H');
MenuBar.add(mFile);
MenuBar.add(mEdit);
MenuBar.add(mMode);
MenuBar.add(mHelp);
mFile_New=new JMenuItem("新建(N)", 'N');
mFile_Open=new JMenuItem("打开(O)", 'O');
mFile_Save=new JMenuItem("保存(S)", 'S');
mFile_Exit=new JMenuItem("退出(X)", 'X');
//添加快捷键：一般是 Ctrl+快捷键
mFile_New.setAccelerator(KeyStroke.getKeyStroke(KeyEvent.VK_N,
InputEvent.CTRL_MASK));
mFile_Open.setAccelerator(KeyStroke.getKeyStroke(KeyEvent.VK_O,
InputEvent.CTRL_MASK));
mFile_Save.setAccelerator(KeyStroke.getKeyStroke(KeyEvent.VK_S,
```

```
InputEvent.CTRL_MASK));
mFile_New.addActionListener(this);
mFile_Open.addActionListener(this);
mFile_Save.addActionListener(this);
mFile_Exit.addActionListener(this);
mFile.add(mFile_New);
mFile.add(mFile_Open);
mFile.add(mFile_Save);
//添加分割线
mFile.addSeparator();
mFile.add(mFile_Exit);
mEdit_Undo=new JMenuItem("撤销(U)", 'U');
mEdit_Cut=new JMenuItem("剪切(T)", 'T');
mEdit_Copy=new JMenuItem("复制(C)", 'C');
mEdit_Paste=new JMenuItem("粘贴(P)", 'P');
mEdit_Del=new JMenuItem("删除(L)", 'L');
mEdit_SelectAll=new JMenuItem("全选(A)", 'A');
//设置是否禁用该组件,false代表禁用,true代表启用
mEdit_Cut.setEnabled(false);
mEdit_Undo.setAccelerator(KeyStroke.getKeyStroke(KeyEvent.VK_Z,
InputEvent.CTRL_MASK));
mEdit_Cut.setAccelerator(KeyStroke.getKeyStroke(KeyEvent.VK_X,
InputEvent.CTRL_MASK));
mEdit_Copy.setAccelerator(KeyStroke.getKeyStroke(KeyEvent.VK_C,
InputEvent.CTRL_MASK));
mEdit_Paste.setAccelerator(KeyStroke.getKeyStroke(KeyEvent.VK_V,
InputEvent.CTRL_MASK));
mEdit_Del.setAccelerator(KeyStroke.getKeyStroke(KeyEvent.VK_DELETE, 0));
mEdit_SelectAll.setAccelerator(KeyStroke.getKeyStroke(KeyEvent.VK_A,
InputEvent.CTRL_MASK));
mEdit_Undo.addActionListener(this);
mEdit_Cut.addActionListener(this);
mEdit_Copy.addActionListener(this);
mEdit_Paste.addActionListener(this);
mEdit_Del.addActionListener(this);
mEdit_SelectAll.addActionListener(this);
mEdit.add(mEdit_Undo);
mEdit.addSeparator();
mEdit.add(mEdit_Cut);
mEdit.add(mEdit_Copy);
mEdit.add(mEdit_Paste);
mEdit.add(mEdit_Del);
mEdit.addSeparator();
mEdit.add(mEdit_SelectAll);
//格式菜单
```

```
formatMenu_LineWrap=new JCheckBoxMenuItem("自动换行(W)");
formatMenu_LineWrap.setMnemonic('W');
formatMenu_LineWrap.setState(true);
formatMenu_Color=new JMenu("颜色");
formatMenu_Color_FgColor=new JMenuItem("字体颜色");
formatMenu_Color_BgColor=new JMenuItem("背景颜色");
formatMenu_LineWrap.addActionListener(this);
formatMenu_Color_FgColor.addActionListener(this);
formatMenu_Color_BgColor.addActionListener(this);
mMode.add(formatMenu_LineWrap);
mMode.addSeparator();
mMode.add(formatMenu_Color);
formatMenu_Color.add(formatMenu_Color_FgColor);
formatMenu_Color.add(formatMenu_Color_BgColor);
//查看菜单
viewMenu_Status=new JCheckBoxMenuItem("状态栏(S)");
viewMenu_Status.setMnemonic('S');
viewMenu_Status.setState(true);
viewMenu_Status.addActionListener(this);
mHelp_HelpTopics=new JMenuItem("帮助(H)", 'H');
mHelp_About=new JMenuItem("关于(A)", 'A');
mHelp_HelpTopics.addActionListener(this);
mHelp_About.addActionListener(this);
mHelp.add(mHelp_HelpTopics);
mHelp.addSeparator();
mHelp.add(mHelp_About);
//创建右键弹出菜单
popupMenu=new JPopupMenu();
popupMenu_Undo=new JMenuItem("撤销(U)", 'U');
popupMenu_Cut=new JMenuItem("剪切(T)", 'T');
popupMenu_Copy=new JMenuItem("复制(C)", 'C');
popupMenu_Paste=new JMenuItem("粘贴(P)", 'P');
popupMenu_Delete=new JMenuItem("删除(D)", 'D');
popupMenu_SelectAll=new JMenuItem("全选(A)", 'A');
//撤销选项初始设为不可用
popupMenu_Undo.setEnabled(false);
//向右键菜单中添加菜单项和分隔符
popupMenu.add(popupMenu_Undo);
popupMenu.addSeparator();
popupMenu.add(popupMenu_Cut);
popupMenu.add(popupMenu_Copy);
popupMenu.add(popupMenu_Paste);
popupMenu.add(popupMenu_Delete);
popupMenu.addSeparator();
popupMenu.add(popupMenu_SelectAll);
```

```
        popupMenu_Undo.addActionListener(this);
        popupMenu_Cut.addActionListener(this);
        popupMenu_Copy.addActionListener(this);
        popupMenu_Paste.addActionListener(this);
        popupMenu_Delete.addActionListener(this);
        popupMenu_SelectAll.addActionListener(this);
        Text.addMouseListener(new MouseAdapter() {
            public void mousePressed(MouseEvent e) {
                checkForTriggerEvent(e);
            }
            public void mouseReleased(MouseEvent e) {
                checkForTriggerEvent(e);
            }
            private void checkForTriggerEvent(MouseEvent e) {
                if (e.isPopupTrigger())
                    //在组件调用者的坐标空间中的位置
                    popupMenu.show(e.getComponent(), e.getX(), e.getY());
                    //设置剪切、复制、粘贴、删除等功能的可用性
                    checkMenuItemEnabled();
                    Text.requestFocus();
            }
        });
        //改变标题栏窗口左侧默认图标
        this.setJMenuBar(MenuBar);
        container.add(scroll, BorderLayout.CENTER);
        this.pack();
        this.setSize(400, 600);
        this.setLocation(250, 50);
        this.setVisible(true);
        checkMenuItemEnabled();
        Text.requestFocus();
        //窗口关闭时检查文本框中是否有内容并提示是否保存
        this.addWindowListener(new WindowAdapter() {
            public void windowClosing(WindowEvent evt) {
                checkText();
            }
        });
    }
    public void checkText() {
        Text.requestFocus();
        String currentValue=Text.getText();
        boolean isTextChange=(currentValue.equals(oldValue)) ? false : true;
        if (isTextChange){
            int saveChoose=JOptionPane.showConfirmDialog(this, "您的文件尚未保
            存。是否保存?", "提示", JOptionPane.YES_NO_CANCEL_OPTION);
```

```
        if (saveChoose==JOptionPane.YES_OPTION) {
            JFileChooser fileChooser=new JFileChooser();
            fileChooser.setFileSelectionMode(JFileChooser.FILES_ONLY);
            fileChooser.setApproveButtonText("确定");
            fileChooser.setDialogTitle("另存为");
            int result=fileChooser.showSaveDialog(this);
            if (result==JFileChooser.CANCEL_OPTION) {
                return;
            }
            saveFileName=fileChooser.getSelectedFile();
            if (saveFileName==null || saveFileName.getName().equals(""))
                JOptionPane.showMessageDialog(this, "不合法的文件名", "不合法
                的文件名", JOptionPane.ERROR_MESSAGE);
            else {
                saveFile();
                Text.setText("");
                this.setTitle("新建文本");
            }
        }
        else if (saveChoose==JOptionPane.NO_OPTION) {
            System.exit(0);
        }
        else if (saveChoose==JOptionPane.CANCEL_OPTION) {
            Text.requestFocus();
        }
    }
    else if (!isTextChange) {
        System.exit(0);
    }
}
public void checkMenuItemEnabled() {
    String selectText=Text.getSelectedText();
    if (selectText==null) {
        mEdit_Cut.setEnabled(false);
        popupMenu_Cut.setEnabled(false);
        mEdit_Copy.setEnabled(false);
        popupMenu_Copy.setEnabled(false);
        mEdit_Del.setEnabled(false);
        popupMenu_Delete.setEnabled(false);
    } else {
        mEdit_Cut.setEnabled(true);
        popupMenu_Cut.setEnabled(true);
        mEdit_Copy.setEnabled(true);
        popupMenu_Copy.setEnabled(true);
        mEdit_Del.setEnabled(true);
```

```
            popupMenu_Delete.setEnabled(true);
        }
        //粘贴功能可用性判断
        Transferable contents=clipBoard.getContents(this);
        if (contents==null){
            mEdit_Paste.setEnabled(false);
            popupMenu_Paste.setEnabled(false);
        } else {
            mEdit_Paste.setEnabled(true);
            popupMenu_Paste.setEnabled(true);
        }
    }
    public int getlineNumber() {
        int totalLine=Text.getLineCount();
        int[] lineNumber=new int[totalLine+1];
        int pos=0,t=0,num=0,i=0;
        String s=Text.getText();
        while (true) {
            //返回\n所在的位置
            pos=s.indexOf('\12', pos);
            if (pos==-1)
                break;
            lineNumber[t++]=pos++;
        }
        if (Text.getCaretPosition() <=lineNumber[0])
            num=1;
        else {
            if(Text.getCaretPosition()>lineNumber[Text.getLineCount()-1])
                num=Text.getLineCount();
            for (i=0; i<totalLine+1; i++) {
                if (Text.getCaretPosition() <=lineNumber[i]){
                    num=i+1;
                    break;
                } else
                    continue;
            }
        }
        return num;
    }
    public void saveFile(){
        try {
            FileWriter fw=new FileWriter(saveFileName);
            fw.write(Text.getText());
            fw.close();
        } catch (Exception e) {
```

```
            e.getLocalizedMessage();
        }
    }
    //实现 ActionListener 的事件处理
    public void actionPerformed(ActionEvent e){
        if(e.getSource()==mFile_New){
            Text.requestFocus();
            String currentValue=Text.getText();
            boolean isTextChange=(currentValue.equals(oldValue)) ? false : true;
            if (isTextChange){
                int saveChoose=JOptionPane.showConfirmDialog(this, "您的文件尚
                未保存。是否保存?","提示", JOptionPane.YES_NO_CANCEL_OPTION);
                if(saveChoose==JOptionPane.YES_OPTION){
                    JFileChooser fileChooser=new JFileChooser();
                    fileChooser.setFileSelectionMode(JFileChooser.FILES_ONLY);
                    fileChooser.setApproveButtonText("确定");
                    fileChooser.setDialogTitle("另存为");
                    int result=fileChooser.showSaveDialog(this);
                    if (result==JFileChooser.CANCEL_OPTION) {
                        return;
                    }
                    saveFileName=fileChooser.getSelectedFile();
                    if(saveFileName==null||saveFileName.getName().equals(""))
                        JOptionPane.showMessageDialog(this, "不合法的文件名", "不
                        合法的文件名", JOptionPane.ERROR_MESSAGE);
                    else {
                        saveFile();
                        Text.setText("");
                        this.setTitle("新建文本");
                    }
                } else if (saveChoose==JOptionPane.NO_OPTION) {
                    Text.replaceRange("", 0, Text.getText().length());
                    this.setTitle("无标题-记事本");
                    isNewFile=true;
                    //撤销所有的"撤销"操作
                    undo.discardAllEdits();
                    mEdit_Undo.setEnabled(false);
                    popupMenu_Undo.setEnabled(false);
                    oldValue=Text.getText();
                } else if (saveChoose==JOptionPane.CANCEL_OPTION){
                    return;
                }
            } else {
                Text.setText("");
                this.setTitle("无标题-记事本");
```

```
            isNewFile=true;
            undo.discardAllEdits();
            mEdit_Undo.setEnabled(false);
            popupMenu_Undo.setEnabled(false);
            oldValue=Text.getText();
        }
    }//新建处理结束
    else if (e.getSource()==mFile_Open) {
        Text.requestFocus();
        String currentValue=Text.getText();
        boolean isTextChange=(currentValue.equals(oldValue)) ? false : true;
        if (isTextChange) {
            int saveChoose=JOptionPane.showConfirmDialog(this, "您的文件尚
            未保存。是否保存?", "提示", JOptionPane.YES_NO_CANCEL_OPTION);
            if (saveChoose==JOptionPane.YES_OPTION){
                JFileChooser fileChooser=new JFileChooser();
                fileChooser.setFileSelectionMode(JFileChooser.FILES_ONLY);
                fileChooser.setApproveButtonText("确定");
                fileChooser.setDialogTitle("另存为");
                int result=fileChooser.showSaveDialog(this);
                if (result==JFileChooser.CANCEL_OPTION) {
                    return;
                }
                saveFileName=fileChooser.getSelectedFile();
                if(saveFileName==null||saveFileName.getName().equals(""))
                    JOptionPane.showMessageDialog(this, "不合法的文件名", "不
                    合法的文件名", JOptionPane.ERROR_MESSAGE);
                else {
                    saveFile();
                    isNewFile=false;
                    currentFile=saveFileName;
                    oldValue=Text.getText();
                    this.setTitle(saveFileName.getName()+"  -记事本");
                }
            } else if (saveChoose==JOptionPane.NO_OPTION) {
                String str=null;
                JFileChooser fileChooser=new JFileChooser();
                fileChooser.setFileSelectionMode(JFileChooser.FILES_ONLY);
                fileChooser.setApproveButtonText("确定");
                fileChooser.setDialogTitle("打开文件");
                int result=fileChooser.showOpenDialog(this);
                if (result==JFileChooser.CANCEL_OPTION) {
                    return;
                }
                fileName=fileChooser.getSelectedFile();
```

```
            if (fileName==null || fileName.getName().equals(""))
                JOptionPane.showMessageDialog(this, "不合法的文件名", "不合法的文件名", JOptionPane.ERROR_MESSAGE);
            else {
                try {
                    FileReader fr=new FileReader(fileName);
                    BufferedReader bfr=new BufferedReader(fr);
                    Text.setText("");
                    while ((str=bfr.readLine()) !=null) {
                        Text.append(str+"\15\12");
                    }
                    this.setTitle(fileName.getName()+"  -记事本");
                    fr.close();
                    isNewFile=false;
                    currentFile=fileName;
                    oldValue=Text.getText();
                } catch (IOException ioException) {
                }
            }
        } else {
            return;
        }
    }
    else {
        String str=null;
        JFileChooser fileChooser=new JFileChooser();
        fileChooser.setFileSelectionMode(JFileChooser.FILES_ONLY);
        fileChooser.setApproveButtonText("确定");
        fileChooser.setDialogTitle("打开文件");
        int result=fileChooser.showOpenDialog(this);
        if (result==JFileChooser.CANCEL_OPTION) {
            return;
        }
        fileName=fileChooser.getSelectedFile();
        if (fileName==null || fileName.getName().equals(""))
            JOptionPane.showMessageDialog(this, "不合法的文件名", "不合法的文件名", JOptionPane.ERROR_MESSAGE);
        else {
            try {
                FileReader fr=new FileReader(fileName);
                BufferedReader bfr=new BufferedReader(fr);
                Text.setText("");
                while ((str=bfr.readLine()) !=null) {
                    Text.append(str+"\15\12");
                }
```

```
                    this.setTitle(fileName.getName()+"  -记事本");
                    fr.close();
                    isNewFile=false;
                    currentFile=fileName;
                    oldValue=Text.getText();
                } catch (IOException ioException){
                }
            }
        }
    }
    //保存
    else if (e.getSource()==mFile_Save){
        Text.requestFocus();
        if (isNewFile) {
            JFileChooser fileChooser=new JFileChooser();
            fileChooser.setFileSelectionMode(JFileChooser.FILES_ONLY);
            fileChooser.setApproveButtonText("确定");
            fileChooser.setDialogTitle("另存为");
            int result=fileChooser.showSaveDialog(this);
            if (result==JFileChooser.CANCEL_OPTION) {
                return;
            }
            saveFileName=fileChooser.getSelectedFile();
            if (saveFileName==null || saveFileName.getName().equals(""))
                JOptionPane.showMessageDialog(this, "不合法的文件名", "不合法
                的文件名", JOptionPane.ERROR_MESSAGE);
            else {
                saveFile();
                isNewFile=false;
                currentFile=saveFileName;
                oldValue=Text.getText();
                this.setTitle(saveFileName.getName()+"  -记事本");
            }
        } else {
            try {
                FileWriter fw=new FileWriter(currentFile);
                BufferedWriter bfw=new BufferedWriter(fw);
                bfw.write(Text.getText(), 0, Text.getText().length());
                bfw.flush();
                fw.close();
            } catch (IOException ioException) {
            }
        }
    }
    //退出
```

```
else if (e.getSource()==mFile_Exit) {
    int exitChoose=JOptionPane.showConfirmDialog(this, "确定要退出吗?",
    "退出提示", JOptionPane.OK_CANCEL_OPTION);
    if (exitChoose==JOptionPane.OK_OPTION) {
        checkText();
    } else {
        return;
    }
}
//撤销
else if (e.getSource()==mEdit_Undo || e.getSource()==popupMenu_Undo) {
    Text.requestFocus();
    if (undo.canUndo()){
        try {
            undo.undo();
        } catch (CannotUndoException ex) {
            ex.printStackTrace();
        }
        if (!undo.canUndo()) {
            mEdit_Undo.setEnabled(false);
            popupMenu_Undo.setEnabled(false);
        }
    }
}
//剪切
else if (e.getSource()==mEdit_Cut || e.getSource()==popupMenu_Cut) {
    Text.requestFocus();
    String text=Text.getSelectedText();
    StringSelection selection=new StringSelection(text);
    clipBoard.setContents(selection, null);
    Text.replaceRange("", Text.getSelectionStart(),
    Text.getSelectionEnd());
    checkMenuItemEnabled();
}
//复制
else if (e.getSource()==mEdit_Copy || e.getSource()==popupMenu_Copy){
    Text.requestFocus();
    String text=Text.getSelectedText();
    StringSelection selection=new StringSelection(text);
    clipBoard.setContents(selection, null);
    checkMenuItemEnabled();
}
//粘贴
else if (e.getSource()==mEdit_Paste || e.getSource()==popupMenu_
Paste) {
```

```
    Text.requestFocus();
    Transferable contents=clipBoard.getContents(this);
    if (contents==null)
        return;
    String text;
    text="";
    try {
        text=(String) contents.getTransferData(DataFlavor.stringFlavor);
    } catch (Exception exception) {
    }
    Text.replaceRange(text, Text.getSelectionStart(),
    Text.getSelectionEnd());
    checkMenuItemEnabled();
}
//删除
else if (e.getSource()==mEdit_Del || e.getSource()==popupMenu_Delete) {
    Text.requestFocus();
    Text.replaceRange("", Text.getSelectionStart(),
    Text.getSelectionEnd());
    checkMenuItemEnabled();
}
//全选
else if (e.getSource()==popupMenu_SelectAll || e.getSource()==mEdit_
SelectAll) {
    Text.selectAll();
}
//自动换行
else if (e.getSource()==formatMenu_LineWrap) {
    if (formatMenu_LineWrap.getState()) {
        Text.setLineWrap(true);
    } else
        Text.setLineWrap(false);
}
//设置字体颜色(前景色)
else if (e.getSource()==formatMenu_Color_FgColor) {
    Text.requestFocus();
    Color color=JColorChooser.showDialog(this, "更改字体颜色", Color.
    black);
    if (color !=null) {
        Text.setForeground(color);
    } else
        return;
}
//设置编辑区背景颜色
else if (e.getSource()==formatMenu_Color_BgColor) {
```

```
            Text.requestFocus();
            Color color=JColorChooser.showDialog(this, "更改背景颜色", Color.
            white);
            if (color !=null) {
                Text.setBackground(color);
            } else
                return;
        }
        //帮助主题
        else if (e.getSource()==mHelp_HelpTopics) {
            JOptionPane.showMessageDialog(this, "记事本支持拖入文本读取\n"+" ",
            "帮助主题", JOptionPane.INFORMATION_MESSAGE);
        }
        //关于
        else if (e.getSource()==mHelp_About) {
            JOptionPane.showMessageDialog(this, "记事本\n"+"欢迎使用本项目练习\
            n"+"项目练习\n", "关于记事本", JOptionPane.INFORMATION_MESSAGE);
        }
    }
    public void removeUpdate(DocumentEvent e) {
        mEdit_Undo.setEnabled(true);
        popupMenu_Undo.setEnabled(true);
    }
    public void insertUpdate(DocumentEvent e) {
        mEdit_Undo.setEnabled(true);
        popupMenu_Undo.setEnabled(true);
    }
    public void changedUpdate(DocumentEvent e) {
        mEdit_Undo.setEnabled(true);
        popupMenu_Undo.setEnabled(true);
    }
    //实现了接口 UndoableListener 的监听器类 UndoHandler
    class UndoHandler implements UndoableEditListener {
        public void undoableEditHappened(UndoableEditEvent uee) {
            undo.addEdit(uee.getEdit());
        }
    }
    public static void main(String s[]) throws ClassNotFoundException,
    InstantiationException, IllegalAccessException, UnsupportedLookAndFeel-
    Exception {
        //得到系统窗口
        UIManager.setLookAndFeel(UIManager.getSystemLookAndFeelClassName());
        Text=new JTextArea();
        //支持自动拖放
        Text.setDragEnabled(true);
```

```
            new Note();
        }
    }
```

11.5.4 常见问题及解决方案

本项目是对前面章节知识的综合练习，尤其是对图形用户界面以及流与文件的深层次的训练，其中有一部分类本书中没有介绍，所以本项目的难点主要是了解、熟悉和运用这些类，请查阅 API 来自行完善本项目。

11.6 课外阅读——操作系统简介

操作系统(Operating System，OS)是管理和控制计算机硬件与软件资源的计算机程序，是直接运行在“裸机”上的最基本的系统软件，任何其他软件都必须在操作系统的支持下才能运行。

操作系统是用户和计算机的接口，同时也是计算机硬件和其他软件的接口。操作系统的功能包括管理计算机系统的硬件、软件及数据资源，控制程序运行，改善人机界面，为其他应用软件提供支持等，使计算机系统所有资源最大限度地发挥作用，提供了各种形式的用户界面，使用户有一个好的工作环境，为其他软件的开发提供必要的服务和相应的接口。实际上，用户是不用接触操作系统的，操作系统管理着计算机硬件资源，同时按照应用程序的资源请求，为其分配资源，如划分 CPU 时间片，开辟内存空间，调用打印机等。

操作系统的种类相当多，各种设备安装的操作系统从简单到复杂，可分为智能卡操作系统、实时操作系统、传感器节点操作系统、嵌入式操作系统、个人计算机操作系统、多处理器操作系统、网络操作系统和大型机操作系统。按应用领域划分主要有 3 种：桌面操作系统、服务器操作系统和嵌入式操作系统。

桌面操作系统主要用于个人计算机上。个人计算机市场从硬件架构上来说主要分为两大阵营，PC 与 Mac 机；从软件上主要可分为两大类，分别为类 UNIX 操作系统和 Windows 操作系统。

UNIX 和类 UNIX 操作系统：Mac OS X 和 Linux 发行版(如 Debian、Ubuntu、Linux Mint、openSUSE、Fedora、Mandrake、Red Hat、Centos 等)。

微软公司 Windows 操作系统：Windows 98、Windows 2000、Windows XP、Windows Vista、Windows 7、Windows 8、Windows 8.1、Windows 10 等。

服务器操作系统一般指的是安装在大型计算机上的操作系统，如 Web 服务器、应用服务器和数据库服务器等。服务器操作系统主要集中在以下三大类。

(1) UNIX 系列：IBM-AIX、HP-UX、FreeBSD、OS X Server 等。

(2) Linux 系列：Red Hat Linux、CentOS、Debian、Ubuntu Server 等。

(3) Windows 系列：Windows NT Server、Windows Server 2003、Windows Server 2008、Windows Server 2012 等。

嵌入式操作系统是应用在嵌入式系统中的操作系统。嵌入式系统广泛应用在生活的各个方面，涵盖范围从便携设备到大型固定设施，如数码相机、手机、平板电脑、家用电器、医疗设备、交通灯、航空电子设备和工厂控制设备等，越来越多的嵌入式系统安装有实时操作系统。

在嵌入式领域常用的操作系统有嵌入式 Linux、Windows Embedded、VxWorks 等，以及广泛使用在智能手机或平板电脑等消费电子产品的操作系统，如 Android、iOS、Symbian、Windows Phone 和 BlackBerry OS 等。

1. 早期的操作系统

第一部计算机并没有操作系统。这是由于早期个人计算机的建立方式(如同建造机械计算机)与效能不足以执行如此程序。

但在 1947 年发明的晶体管，以及莫里斯·威尔克斯(Maurice Vincent Wilkes)发明的微程序方法，使得计算机不再是机械设备，而是电子产品。系统管理工具以及简化硬件操作流程的程序很快就出现了，且成为操作系统的基础。

1960 年，商用计算机制造商制造了批次处理系统，此系统可将工作的建置、调度以及执行序列化。此时，厂商为每一台不同型号的计算机创造不同的操作系统，因此为某计算机而写的程序无法移植到其他计算机上执行，即使是同型号的计算机也不行。

1964 年，IBM 公司推出了一系列用途与价位都不同的大型计算机——IBM System/360，这是大型主机的经典之作。而它们都共享代号为 OS/360 的操作系统(而非每种产品都有量身定做的操作系统)。让单一操作系统适用于整个系列的产品是 System/360 成功的关键，且实际上 IBM 公司大型系统便是此系统的后裔；为 System/360 所写的应用程序依然可以在现代的 IBM 机器上执行。

OS/360 也包含另一个优点：永久储存设备——硬盘驱动器的面世(IBM 公司称为 DASD(Direct Access Storage device))。另一个关键是分时概念的建立：将大型计算机珍贵的时间资源适当分配到所有使用者身上。分时也让使用者有独占整部机器的感觉；而 Multics 的分时系统是此时众多新操作系统中实践此观念最成功的。

1963 年，奇异公司与贝尔实验室合作以 PL/I 语言建立的 Multics，是激发 20 世纪 70 年代众多操作系统建立的灵感来源，尤其是由 AT&T 贝尔实验室的丹尼斯·里奇与肯·汤普逊所建立的 UNIX 系统，为了实践平台移植能力，此操作系统在 1969 年用 C 语言重写；另一个广为市场采用的小型计算机操作系统是 VMS。

2. 20 世纪 80 年代时期的操作系统

第一代微型计算机并不像大型计算机或小型计算机，没有装设操作系统的需求或能力；它们只需要最基本的操作系统，通常这种操作系统都是从 ROM 读取的，此种程序被称为监视程序(Monitor)。

20 世纪 80 年代，家用计算机开始普及。通常此时的计算机拥有 8 位处理器加上 64KB 内存、屏幕、键盘以及低音质喇叭。而 20 世纪 80 年代早期最著名的套装计算机为使用微处理器 6510(6502 芯片特别版)的 Commodore C64。此计算机没有操作系统，而是以 8KB 只读内存 BIOS 初始化彩色屏幕、键盘以及软驱和打印机。它可用 8KB 只读内存 BASIC 语言来直接操作 BIOS，并依此撰写程序，大部分是游戏。此 BASIC 语言的解释器勉强可算是此计算机的操作系统。

早期最著名的磁盘启动型操作系统是 CP/M,它支持许多早期的微计算机,且其功能被 MS-DOS 大量抄袭。

最早期的 IBM PC 架构类似 C64。当然它们也使用了 BIOS 以初始化与抽象化硬件的操作,甚至也附了一个 BASIC 解释器!但是它的 BASIC 优于其他公司产品的原因在于它有可携性,并且兼容于任何符合 IBM PC 架构的机器上。这样的 PC 可利用 Intel 8088 处理器(16 位寄存器)寻址,并最多可有 1MB 的内存,然而最初只有 640KB。软式磁盘机取代了过去的磁带机,成为新一代的储存设备,并可在它 512KB 的空间上读写。为了支持更进一步的文件读写概念,磁盘操作系统(Disk Operating System,DOS)应运而生。此操作系统可以合并任意数量的磁区,因此可以在一张磁盘片上放置任意数量与大小的文件。文件之间以档名区别。IBM 公司并没有很在意其上的 DOS,因此以向外部公司购买的方式取得操作系统。

1980 年微软公司取得了与 IBM 公司的合约,并且收购了一家公司出产的操作系统,在将之修改后以 MS-DOS 的名义出品,此操作系统可以直接让程序操作 BIOS 与文件系统。到了 Intel 80286 处理器的时代,才开始实作基本的储存设备保护措施。MS-DOS 的架构并不能完全满足所有需求,因为它同时只能执行最多一个程序(如果想要同时执行程序,只能使用 TSR 的方式来跳过 OS 而由程序自行处理多任务的部分),且没有任何内存保护措施。对驱动程序的支持也不够完整,因此导致诸如音效设备必须由程序自行设置的状况,造成不兼容的情况时有发生。许多应用程序因此跳过 MS-DOS 的服务程序,而直接存取硬件设备以取得较好的效能。虽然如此,但 MS-DOS 还是变成了 IBM PC 上面最常用的操作系统(IBM 公司自已也有推出 DOS,称为 IBM-DOS 或 PC-DOS)。MS-DOS 的成功使得微软公司成为地球上最赚钱的公司之一。

而 20 世纪 80 年代另一个崛起的操作系统异数是 Mac OS,此操作系统与麦金塔计算机紧紧捆绑在一起。一位施乐帕罗奥托研究中心员工 Dominik Hagen 访问了苹果计算机的史蒂夫·乔布斯,并且向他展示了此时施乐发展的图形化用户界面。苹果计算机惊为天人,并打算向施乐购买此技术,但因帕罗奥托研究中心并非商业单位而是研究单位,因此施乐回绝了这项买卖。在此之后苹果公司一致认为个人计算机的未来必定属于图形用户界面,因此也开始发展自已的图形化操作系统。现今许多我们认为是基本要件的图形化接口技术与规则,都是由苹果计算机打下的基础(例如下拉式菜单、桌面图标、拖曳式操作与双击等)。但正确来说,图形化用户界面的确是施乐创始的。

3. 20 世纪 90 年代的操作系统

Apple 计算机,苹果计算机的第一代产品。延续 20 世纪 80 年代的竞争,20 世纪 90 年代出现了许多对未来个人计算机市场影响深厚的操作系统。由于图形化用户界面日趋繁复,操作系统的能力也越来越复杂与巨大,因此强韧且具有弹性的操作系统就成了迫切的需求。此年代是许多套装类的个人计算机操作系统互相竞争的时代。

在市场崛起的苹果计算机,由于旧系统的设计不良,使得其后继发展不力,苹果公司决定重新设计操作系统。经过许多失败的项目后,苹果公司于 1997 年发布新操作系统——Mac OS 的测试版,而后推出的正式版取得了巨大的成功。让原先失意离开苹果公司的乔布斯风光再现。

除了商业主流的操作系统外,从 20 世纪 80 年代起在开放源码的世界中,BSD 系统也发展了非常久的一段时间,但在 20 世纪 90 年代由于与 AT&T 的法律争端,使得远在芬兰赫尔辛基大学的另一个源操作系统——Linux 兴起。Linux 内核是一个标准 POSIX 内核,其血缘可算是 UNIX 家族的一支。Linux 与 BSD 家族都搭配 GNU 计划所发展的应用程序,但是由于使用的许可证以及历史因素的作弄,Linux 取得了相当可观的开源操作系统市场占有率,而 BSD 则小得多。

相较于 MS-DOS 的架构,Linux 除了拥有傲人的可移植性(相较于 Linux,MS-DOS 只能运行在 Intel CPU 上),它也是一个分时多进程内核,并拥有良好的内存空间管理(普通的进程不能存取内核区域的内存)。想要存取任何非自己的内存空间的进程只能通过系统调用来达成。一般进程处于使用者模式(User mode)下,而执行系统调用时会被切换成内核模式(Kernel mode),所有的特殊指令只能在内核模式执行,此措施让内核可以完美管理系统内部与外部设备,并且拒绝无权限的进程提出的请求。因此理论上任何应用程序执行时的错误,都不可能让系统崩溃(Crash)。

另一方面,微软公司对于更强力的操作系统呼声的回应便是 Windows NT 于 1993 年的面世。

1983 年开始,微软公司就想要为 MS-DOS 建构一个图形化的操作系统应用程序,称为 Windows(有人说这是比尔·盖茨被苹果公司的 Lisa 计算机上市所刺激)。

一开始 Windows 并不是一个操作系统,只是一个应用程序,其背景还是纯 MS-DOS 系统,这是因为当时的 BIOS 设计以及 MS-DOS 的架构不甚良好之故。

在 20 世纪 90 年代初,微软公司与 IBM 公司的合作破裂,微软公司从 OS/2(早期为命令行模式,后来成为一个很成功但是曲高和寡的图形化操作系统)项目中抽身,并且在 1993 年 7 月 27 日推出 Windows NT 3.1,一个以 OS/2 为基础的图形化操作系统。

微软公司在 1995 年 8 月 15 日推出 Windows 95。

直到这时,Windows 系统依然是建立在 MS-DOS 的基础上,因此消费者莫不期待微软公司在 2000 年所推出的 Windows 2000,因为它才算是第一个脱离 MS-DOS 基础的图形化操作系统。

Windows NT 系统的架构为:在硬件阶层之上,有一个由微内核直接接触的硬件抽象层(HAL),而不同的驱动程序以模块的形式挂载在内核上执行。因此微内核可以使用诸如输入输出、文件系统、网络、信息安全机制与虚拟内存等功能。而系统服务层提供所有统一规格的函数调用库,可以统一所有副系统的实现方法。例如,尽管 POSIX 与 OS/2 对于同一件服务的名称与调用方法差异甚大,它们一样可以无碍地实现于系统服务层上。在系统服务层之上的副系统,全都是使用者模式,因此可以避免使用者程序执行非法行动。

DOS 副系统将每个 DOS 程序当成一个进程执行,并以个别独立的 MS-DOS 虚拟机器承载其运行环境。另外一个是 Windows 3.1 NT 模拟系统,实际上是在 Win32 副系统下执行 Win16 程序,因此达到了安全掌控为 MS-DOS 与早期 Windows 系统所撰写之旧版程序的能力。然而此架构只在 Intel 80386 处理器及后继机型上实现,且某些会直接读取硬件的程序,例如,大部分的 Win16 游戏,就无法套用这套系统,因此很多早期游戏便无法在 Windows NT 上执行。

Windows NT 有 3.1、3.5、3.51 与 4.0 版。

Windows 2000 是 Windows NT 的改进系列(事实上是 Windows NT 5.0)、Windows XP(Windows NT 5.1)以及 Windows Server 2003(Windows NT 5.2)、Windows Vista(Windows NT 6.0)、Windows 7(Windows NT 6.1)也都是基于 Windows NT 的架构。

渐渐增长并越趋复杂的嵌入式设备市场也促使嵌入式操作系统的成长。

大型机与嵌入式系统使用很多样化的操作系统。大型主机有许多开始支持 Java 及 Linux 以便共享其他平台的资源。嵌入式系统百家争鸣,从给 Sensor Networks 用的 Berkeley Tiny OS 到可以操作 Microsoft Office 的 Windows CE 都有。

4. 现在的操作系统

现代操作系统通常都有一个图形用户界面(GUI),并附加如鼠标或触控面板等有别于键盘的输入设备。旧的 OS 或性能导向的服务器通常不会有如此亲切的界面,而是以命令行界面(CLI)加上键盘为输入设备。以上两种界面其实都是所谓的壳,其功能为接受并处理用户的指令(例如,按下一按钮,或在命令提示列上输入指令)。

选择要安装的操作系统通常与其硬件架构有很大关系,只有 Linux 与 BSD 几乎可在所有硬件架构上运行,而 Windows NT 仅移植到了 DEC Alpha 与 MIPS Magnum。在 20 世纪 90 年代早期,个人计算机的选择就已被局限在 Windows 家族、类 UNIX 家族以及 Linux 上,而以 Linux 及 Mac OS X 为最主要的另类选择,直至今日。

在服务器方面,Linux、UNIX 和 Windows Server 占据了市场的大部分份额。在超级计算机方面,Linux 取代 UNIX 成为了第一大操作系统,截至 2012 年 6 月,世界超级计算机 500 强排名中基于 Linux 的超级计算机占据了 462 个席位,比率高达 92%。随着智能手机的发展,Android 和 iOS 已经成为目前最流行的两大手机操作系统。

2012 年,全球智能手机操作系统市场份额的变化情况相对稳定。智能手机操作系统市场一直被几个手机制造商巨头所控制,而安卓的垄断地位主要得益于三星智能手机在世界范围内所取得的巨大成功。2012 年第三季度,安卓的市场份额高达 74.8%,2011 年则为 57.4%。2013 年第一季度,它的市场份额继续增加,达到 75%。虽然 Android 占据领先,但是苹果公司的 iOS 用户在应用上花费的时间则比 Android 的长。虽然在这方面 Android 的数字一度接近苹果公司,但是像 iPad 3 这样的设备发布之后,苹果公司的数字还是会进一步增长。Windows Phone 系统在 8.1 版发布后市场份额稳步提高,应用生态正在改善,众多必需应用不断更新,但是速度还略嫌迟缓。微软公司收购了诺基亚公司,发展了许多 OEM 厂商,并不断发布新机型试图扭转 WP 的不利局面。

11.7 本章小结

本章内容为后续项目实训中的数据库连接操作奠定基础,也为今后项目开发中数据库操作部分打下基础。

本章主要介绍文件与流。文件与流是对数据操作的基本技术,通过文件与流的学习能够掌握对数据操作的基本过程和方法,为软件开发奠定基础。

通过本章的学习,应了解和掌握以下内容。

(1) 输入流。

(2) 输出流。

(3) 文件。

总之,通过本章的学习能够掌握对数据的操作,并且为后面章节的学习奠定基础。

11.8 习　题

11.8.1 选择题

1. 所有字节输入流的父类是(　　)。

   A. InputStream　　B. FileInputStream

   C. DataInputStream　　D. BufferInputStream

2. 所有字节输出流的父类是(　　)。

   A. OutputStream　　B. FileOutputStream

   C. DataOutputStream　　D. BufferOutputStream

11.8.2 填空题

1. ________用来存储计算机的数据,并可以存放到多种介质上。
2. 按照数据传输的方向,将流分为________和________。
3. 按照流中元素的基本类型,将流分为________和________。
4. 字符流的父类是 ________和________。
5. Java 中 I/O 流所在的包是________。

11.8.3 论述题

1. 论述什么是文件、文件系统和目录结构。
2. 论述文件和数组的区别。
3. 论述输入流和输出流以及它们的区别。

11.8.4 操作题

1. 进一步完善文件管理器和文本文件编辑器的功能。
2. 编写一个简单的与 Word 功能类似的软件。

第12章 多线程

目前主流的操作系统都是多任务、多进程的，即操作系统能够同时执行多项任务。随着计算机软硬件技术的不断提高，怎样提高系统的综合效率，是应用软件开发人员应当考虑的问题。为了真正提高系统效率，可以采用多线程技术。Java 语言提供了多线程机制。合理设计和利用多线程，可以充分利用计算机资源，提高程序执行效率。

本章主要内容如下。

(1) 进程和线程的概念。

(2) 多线程的实现。

(3) 线程的生命周期。

(4) 线程的优先级。

(5) 线程同步。

12.1 多线程简介

采用多线程技术的应用程序可以更好地利用系统资源。其主要优势在于充分利用 CPU 的空闲时间片，可以用尽可能少的时间来对用户的要求做出响应，使得进程的整体运行效率得到较大提高，同时增强了应用程序的灵活性。

12.1.1 什么是程序、进程和线程

在休闲时，人们可以一边浏览网页、一边听着歌曲，时不时有好友通过 QQ 系统发来祝福。这时我们需要通过启动应用程序“百度音乐”来听歌、打开浏览器来看新闻、登录 QQ 系统来聊天。“百度音乐”、“360 浏览器”和 QQ 都是应用程序。

现在的操作系统都是支持多进程的，进程有时又称为任务。操作系统负责对 CPU 等硬件资源进行合理分配和管理，在每一时刻只能处理某一个事情，由于 CPU 的执行速度非常快，如果以非常小的时间间隔(CPU 时间片)交替执行几件事情，给人的感觉就像是几件事情在同时进行一样，这就是操作系统的并发性。也是人们常说的：现在的操作系统是并发的、多进程的、多任务的。

程序是静态的代码，能够为人们的需求提供功能，但是只有执行程序时才能够为人们提供功能。我们执行或者打开这些程序时，程序就进行一次动态的执行过程，包括从代码加载到内存、分配内存空间、CPU 执行程序直到程序执行完毕。因此，进程就是获取系统资源动

态执行程序的一次过程。进程是动态的，程序是静态的。进程是程序动态执行的过程。例如，QQ 软件是程序，但是如果不执行，人们就无法使用；程序执行后，就创建了一个进程。在 Windows 操作系统的任务管理器中，可以查看当前正在运行的进程，如图 12-1 所示。在图 12-1 中的“进程”选项卡区域中，BaiduMusic. exe 是播放器“百度音乐”的进程；QQ. exe 是腾讯公司的 QQ 聊天系统进程。

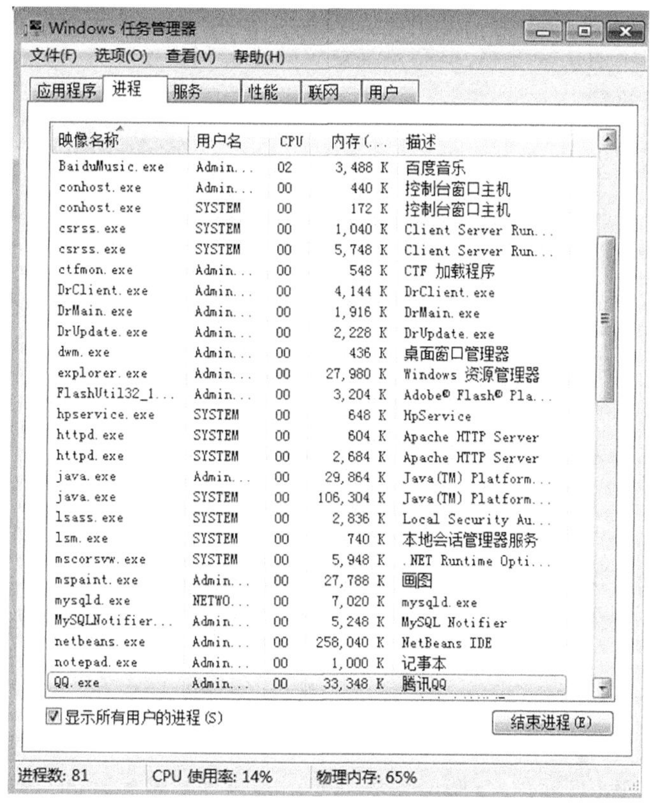

图 12-1　在 Windows 操作系统任务管理器中查看进程

在操作系统中，每个进程都是拥有独立的内存区域的系统资源，进程与进程之间系统资源一般不相互占用，所以一般进程之间的通信比较困难。多进程运行和程序开发没有关系，多进程运行是由计算机的操作系统来实现的。如果一个程序内部有多个任务并发执行，其中每个任务称为线程(Thread)。线程是在进程的独立内存区域内部独立执行的流程。一个进程内部可以有多个线程，这样的程序就是多线程程序。

以本书第 16 章的网络即时通信系统为例。程序用 Java 语言开发，分为客户端程序(一般称为 C，即 Client)和服务器端程序(一般称为 S，即 Server。)，也就是 C/S 模式。首先运行客户端程序(和人们登录腾讯公司的 QQ 系统一样，登录的 QQ 软件就是客户端)，通过程序的 main()方法启动进程，main()的执行也是一个线程，一般称为主线程。可以在不同的地点同时启动许多客户端程序(腾讯公司的 QQ 系统也是这样)。其次，运行服务器端程序(腾讯公司的 QQ 系统的服务器端程序，由腾讯公司负责启动。没有服务器端，就无法进行聊天，服务器端的软件实现 QQ 用户的管理，比如说账号的管理、聊天信息管理以及实现聊天等功能)，服务器端进程的启动也是通过 main()方法。客户端和服务器端的进程都启动后，许多客户端用户就可以和自己的朋友、同学聊天，当人们发送消息时，在服务器端会启动一个对应的线程与客户端进行通信，这样看起来似乎每个客户端都在同时与服务器端进行通信。以腾讯公司的 QQ 聊天系统为例，腾讯公司的 QQ 注册用户大约 7.2 亿，经常在线的有 5 亿，如果不用多线程编程技术，假定有 3 亿人在线聊天，用户就要排队把信息发出去，可以想象，你发过去第一条信息后，对方有可能经过好多分钟后才收到你的信息。这样不光是发送时间长，CPU 的利用率也很低。

怎么提高程序的执行效率、提高系统资源的综合利用效率？可以把进程分为多个线程，由多个线程同时执行。

程序执行后就是进程，一个进程可以分为多个线程，线程能够并发执行多项进程内部的操作。

12.1.2 使用线程的好处

使用多线程编程好处如下。

(1) 可以把程序中执行时间长的任务放到后台处理(交给线程)。

(2) 用户界面可以更加吸引人，比如当用户单击了一个按钮触发某些事件的处理时，可以弹出一个进度条来显示处理的进度，从而提供友好的界面操作。

(3) 程序的运行速度可能加快。

(4) 在实现一些等待的任务时，如用户输入、文件读写和网络收发数据等，线程就比较有用了。在这种情况下可以释放一些珍贵的资源，如内存等。

(5) 充分利用系统资源。如充分利用 CPU 的资源，最大程度地发挥硬件性能。

12.2 线程的实现

除了人们经常用到的 QQ 聊天系统是使用多线程技术实现的以外，Java 程序开发过程中用到的很多专业技术软件也是采用多线程机制开发的。例如，MySQL 数据库、Microsoft SQL Server 数据库、JVM 虚拟机等。

在进行多线程程序设计时，要声明一个要定义为线程的类，令该类实现 Runnable 接口或者继承 Thread 类就会具有多线程的能力，然后创建线程对象，线程对象调用方法启动线程。这样就能够实现多线程的处理。

程序中可以有多个具有线程能力的类。一个程序同时可以启动两个或者多个线程，每个线程在处理具体业务时可以分为若干个子线程来处理。

Java 语言提供 3 种线程实现方式：Thread、Runnable、Timer 和 TimerTask。

12.2.1 继承 Thread 线程类

Java 虚拟机允许应用程序并发地运行多个线程。创建一个新的 Thread 对象后，可以通过调用 start()方法启动这个新线程。

创建新线程类的一种方法是将类声明为 Thread 的子类。该子类应重写 Thread 类的 run()方法。

Thread 类的声明如下：

```
public class Thread extends Object implements Runnable{
    public Thread();                              //构造方法
    public Thread(String name);                   //name 指定线程名
    public Thread(Runnable target);               //target 指定线程的目标对象
    public Thread(Runnable target, String name)
    public void run()                             //描述线程操作的线程体
    {
        if(target!=null)
            target.run();                         //用于执行目标对象的 run()方法
    }
    public final String getName();                //返回线程名
    public final void setName(String name);       //设置线程名
    public static int activeCount();              //返回当前活动线程的个数
    public static Thread currentThread();         //返回当前执行的线程对象
    public synchronized void start();             //启动已创建的线程对象
    public Sting toString();              //返回线程的字符串信息,包括名字、优先级和线程组
}
```

【例 12-1】 继承 Thread 线程类的使用(ThreadUse.java)。

```
package ch122;
/*
    开发者：***
    开发地点：***
    开发时间：****年**月**日
    最后一次修改时间：****年**月**日
    功能简介：Thread 类的使用。通过继承类 Thread 声明一个多线程的类。由于 Thread 类是
              线程类,所以通过继承 Thread 声明的类也是线程类。该类的功能是通过两个线程
              分别输出奇数和偶数
*/
public class ThreadUse extends Thread{
    private String name;                //线程名
    private int a;                      //输出序列的初始值
    public ThreadUse(String name,int a){
        super(name);
        this.a=a;
    }
    public ThreadUse(String name){
        this(name,0);                   //调用当前对象
    }
    //覆盖父类 Thread 类的线程体 run()方法
    public void run(){
        int i=a;
        //获取线程名并输出到控制台
```

```
            System.out.print("\n"+this.getName()+": ");
            while(i<200)                    //通过 while 语句把数字输出后再自增 2
            {
               System.out.print(i+"  ");
               i+=2;
            }
            System.out.println(this.getName()+"结束!");
        }
        public static void main(String args[]){
            ThreadUse t1=new ThreadUse("奇数线程",1);         //创建线程对象
            ThreadUse t2=new ThreadUse("偶数线程",2);
            t1.start();                     //启动线程
            t2.start();                     //启动线程
        }
    }
```

ThreadUse 类的文件结构和运行结果如图 12-2 所示。

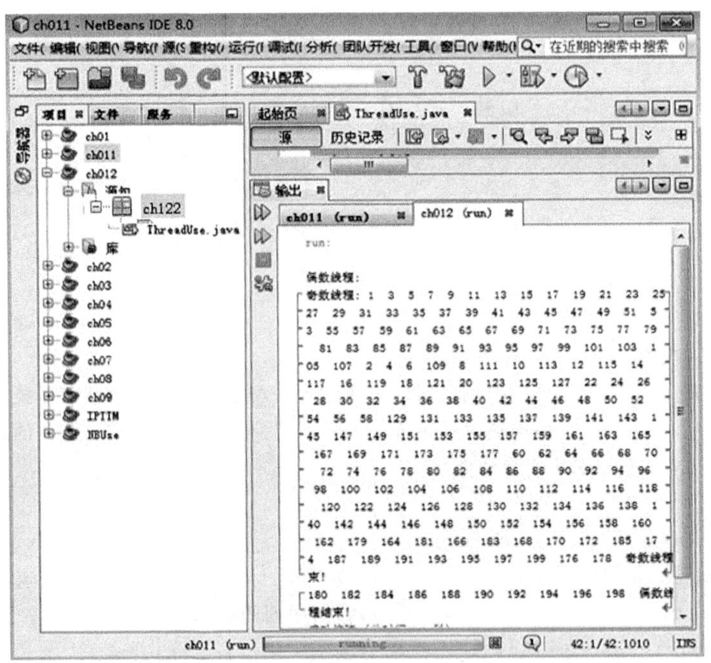

图 12-2 ThreadUse 类的文件结构和运行结果

main()方法的执行也是一个线程,称为主线程。在 main()方法中首先创建两个线程对象 t1 和 t2,分别调用 start()方法启动后,两个对象分别执行各自的 run()方法,即线程体,输出数字序列。

从图 12-2 中可以看出,奇偶数字是交替出现的。这是因为,启动线程对象的语句顺序只能决定线程对象的启动顺序。线程启动后与系统中的其他线程一样要等待操作系统调度后才能执行,线程何时执行、线程执行次序以及是否被高优先级的线程打断都不由程序控制,而是由操作系统决定。奇数线程的执行时间较长,执行过程中一个 CPU 时间片结束

了,下一个 CPU 时间片被用来执行偶数线程。偶数线程还没有执行完时,一个 CPU 时间片又结束了,又继续执行奇数线程。因此,两个线程交替运行,产生交替输出数字序列的效果。因此线程运行结果具有不确定性,也有可能后启动的线程先执行,导致多次运行程序有可能产生不同输出结果。

如果调整线程优先级,程序执行结果就会不一样。

如果例 12-1 中的其他代码不变,main(String args[])方法中做如下修改:

```
public static void main(String args[]){
    ThreadUse t1=new ThreadUse("奇数线程",1);         //创建线程对象
    ThreadUse t2=new ThreadUse("偶数线程",2);
    t1.start();             //启动线程
    t2.start();             //启动线程
    t2.setPriority(10);     //设置 t2 的优先级为 10
}
```

则运行结果如图 12-3 所示。

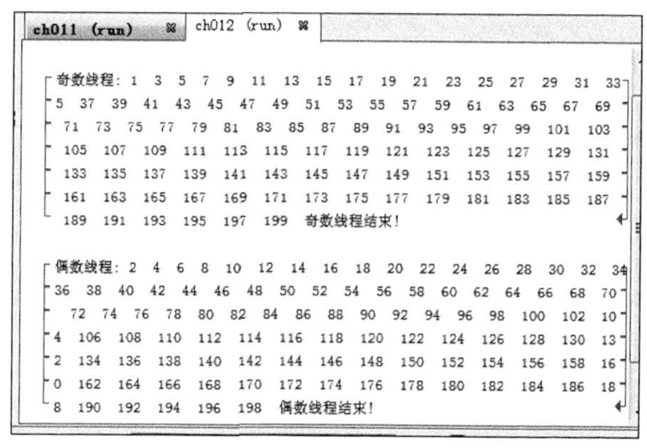

图 12-3　线程优先级设定以后的运行结果

由于线程 t2 的优先级为最高的 10,所以即使先启动线程 t1,最后还是会先执行优先级高的线程 t2。

备注:图 12-3 所示是该类在单核 CPU 的计算机上运行的结果,如果该程序是在多核 CPU 计算机上运行的,结果有可能不同,可能是轮流出现偶数和奇数的值。这是因为当奇数线程执行时,由于偶数线程的优先级高将优先执行,奇数线程应等待;但是由于是多核 CPU,一个 CPU 被偶数线程占用时,另外一个 CPU 可能处于空闲状态,就会同时执行奇数线程。所以如果计算机是多核 CPU 的,执行该程序后还是交替输出奇数和偶数,如图 12-4 所示。

12.2.2　实现接口 Runnable

通过实现 Runnable 接口的方式创建线程,还必须调用 Thread 类的构造方法,把实现 Runnable 接口类的对象作为参数封装到线程对象中。

Runnable 接口的声明如下:

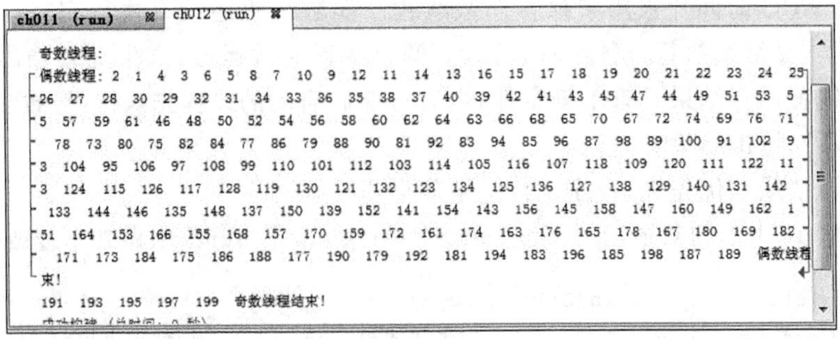

```
ch011 (run)    ch012 (run)
奇数线程:
偶数线程: 2  1  4  3  6  5  8  7  10  9  12  11  14  13  16  15  17  18  19  20  21  22  23  24  25
26  27  28  30  29  32  31  34  33  36  35  38  37  40  39  42  41  43  45  47  44  49  51  53  5
5  57  59  61  46  48  50  52  54  56  58  60  62  64  63  66  68  65  70  67  72  74  69  76  71
  78  73  80  75  82  84  77  86  79  88  90  81  92  83  94  85  96  87  98  89  100  91  102  9
3  104  95  106  97  108  99  110  101  112  103  114  105  116  107  118  109  120  111  122  11
3  124  115  126  117  128  119  130  121  132  123  134  125  136  127  138  129  140  131  142
 133  144  146  135  148  137  150  139  152  141  154  143  156  145  158  147  160  149  162  1
51  164  153  166  155  168  157  170  159  172  161  174  163  176  165  178  167  180  169  182
  171  173  184  175  186  188  177  190  179  192  181  194  183  196  185  198  187  189  偶数线程
束!
191  193  195  197  199  奇数线程结束!
```

图 12-4　在多核 CPU 计算机上执行的结果

```
public interface Runnable
{
    public abstract void run();
}
```

【例 12-2】 Runnable 接口的使用(RunnableUse.java)。

```
package ch122;
/*
    开发者:***
    开发地点:***
    开发时间:****年**月**日
    最后一次修改时间:****年**月**日
    功能简介:Runnable 接口的使用。声明一个类,实现 Runnable 接口的功能。该类不是线
            程类
*/
public class RunnableUse implements Runnable{
    private int a;
    public RunnableUse(int a){
        this.a=a;
    }
    //实现接口的方法
    public void run(){
        int i=a;
        System.out.println();
        while(i<200)
        {
            System.out.print(i+"  ");
            i+=2;
        }
        System.out.println("结束!");
    }
    public static void main(String args[]){
        //创建有线程体的目标对象,而非线程对象
        RunnableUse odd=new RunnableUse(1);
```

```
        //以目标对象为对象,通过 Thread 类的构造方法,创建线程对象
        Thread t1=new Thread(odd);
        t1.start();          //启动线程对象
        //创建有线程体的目标对象,而非线程对象
        RunnableUse even=new RunnableUse(2);
        //以目标对象为对象,通过 Thread 类的构造方法,创建线程对象
        Thread t2=new Thread(even);
        t2.start();          //启动线程对象
    }
}
```

RunnableUse 类的文件结构和运行结果如图 12-5 所示。

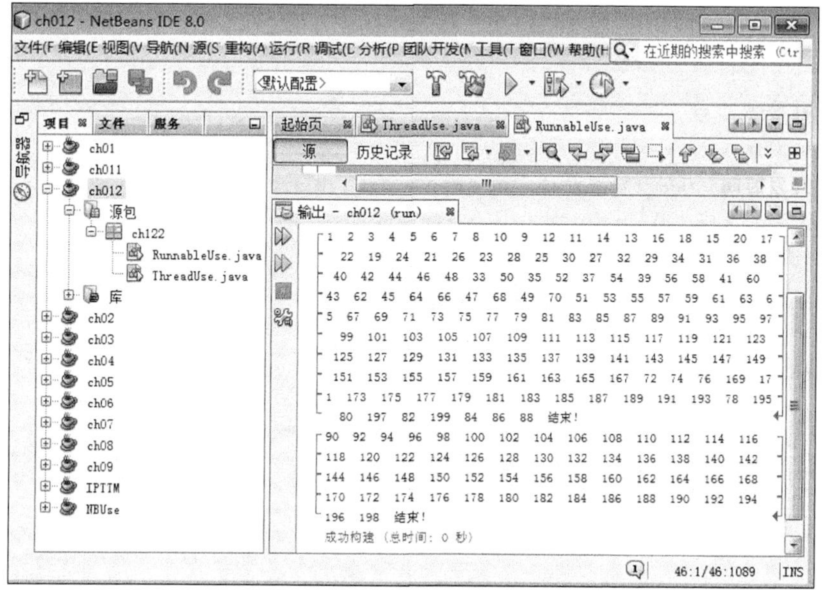

图 12-5　RunnableUse 类的文件结构和运行结果

类 RunnableUse 是实现接口 Runnable 的类,没有继承 Tread 类。RunnableUse 类的对象 odd 和 even 本身不是线程对象,没有 start()方法。RunnableUse 类实现了 Runnable 的 run()方法,其对象 odd 可以作为一个线程对象的目标对象。以目标对象为参数,通过 Thread 类的构造方法,执行语句"Thread t1=new Thread(odd,"奇数线程");"创建线程对象。以目标对象为参数创建的线程对象 t1 在运行时将实际执行 RunnableUse 的 run()方法。

例 12-1 中的 ThreadUse 类继承 Thread 类并覆盖了 Thread 类的 run()方法,所以 ThreadUse 类的对象有自己的非空的 run()方法,执行的也是自己的 run()方法,因此不需要目标对象。

例 12-1 和例 12-2 分别使用两种方式创建线程对象,效果相同。但两种创建线程对象的方法有区别。

(1) 通过继承 Thread 类的方式,必须覆盖 Thread 类中的 run()方法,在该方法中直接声明线程对象所要执行的操作。这种方式声明的类具有 Thread 类的方法,其对象本身就

是线程对象，可以直接控制和操作。

(2) 通过实现接口 Runnable 方式声明的类，其对象本身不是线程对象，需要再声明线程对象，并用实现 Runnable 接口的实现类对象作为线程对象的目标对象。

12.2.3 Timer 类和 TimerTask 类

通过继承 TimerTask 类声明的类具有多线程的能力，可以将要执行的线程功能写在线程体 run()方法中，然后通过 Timer 类启动线程的执行。在实际使用时，一个 Timer 对象可以启动多个继承了 TimerTask 类的线程对象。Timer 类实现的是类似闹钟的功能，即定时或者每隔一段时间触发一次线程。

【例 12-3】 Timer 类和 TimerTask 类的使用(TimerTimerTaskUse.java)。

```
package ch122;
/*
    开发者：***
    开发地点：***
    开发时间：****年**月**日
    最后一次修改时间：****年**月**日
    功能简介：Timer 类和 TimerTask 类的使用
*/
import java.util.Timer;
import java.util.TimerTask;

public class TimerTimerTaskUse extends TimerTask{
    private int a;          //输出序列的初始值
    public TimerTimerTaskUse(int a){
        this.a=a;
    }
    public void run(){
        int i=a;
        while(i<200)
        {
          System.out.print(i+"  ");
           i+=2;
        }
        System.out.println("结束!");
    }
    public static void main(String args[]){
        //创建 Timer 对象,用于启动线程
        Timer t=new Timer();
        //创建 TimerTask 类的子类对象
        TimerTimerTaskUse tu=new TimerTimerTaskUse(2);
        /*Timer 对象启动线程,方法是 t.schedule(tu,0),0 表示立即启动,如果把 0 改为
         1000,表示 1000ms 以后启动线程
         */
```

```
        t.schedule(tu,0);
    }
}
```

TimerTimerTaskUse 类的文件结构和运行结果如图 12-6 所示。

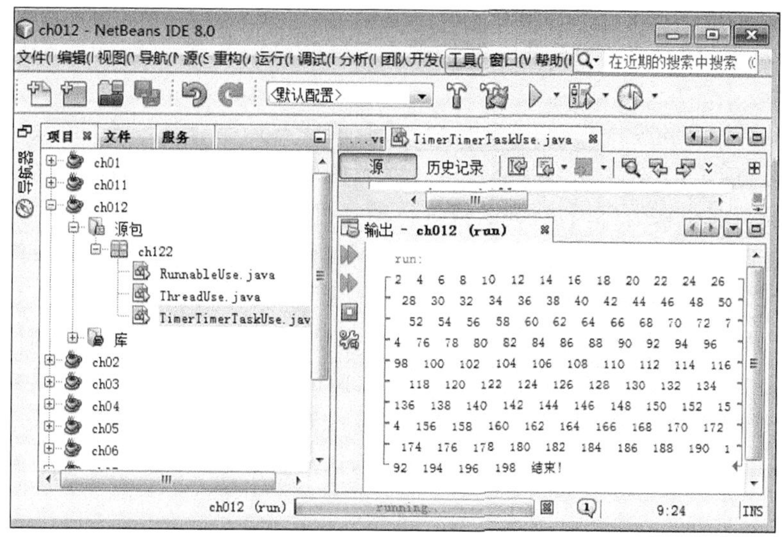

图 12-6　TimerTimerTaskUse 类的文件结构和运行结果

12.3　线程的生命周期

线程从创建到执行完成的整个过程称为线程的生命周期。在线程的生命周期中会经历 7 种状态，即新建状态、就绪状态、运行状态、等待状态、睡眠状态、阻塞状态和终止状态。如图 12-7 所示。

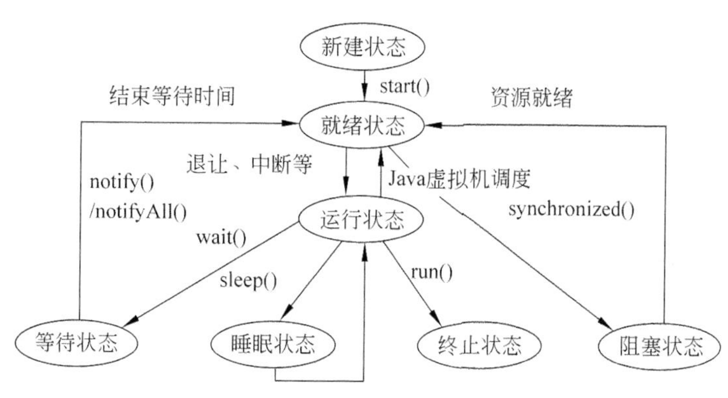

图 12-7　线程的生命周期

12.3.1　线程的状态

线程在生命周期里总会处于某个状态，线程的状态主要有 6 种。

(1) 新建状态。使用 new 运算符创建一个线程对象后，该线程仅仅是一个空对象，系统没有为它分配资源，该线程处于新建状态。

(2) 就绪状态和运行状态。从操作系统角度看，处于新建状态的线程调用 start()方法启动后，进入就绪状态，再由操作系统调度执行而转为运行状态。由于线程调度由操作系统控制和管理，程序无法控制，所以，从程序设计角度看，线程启动后即进入运行状态，程序中不需要区分就绪状态或运行状态。对于进入运行状态的线程对象，系统会执行线程对象的 run()方法。

(3) 阻塞状态和等待状态。一个运行状态的线程因某种原因不能继续运行时，进入阻塞状态或等待状态。处于阻塞状态或等待状态的线程不能执行，即使处理器空闲也不能执行。只有当引起阻塞的原因被消除，或等待的条件满足时，线程再转入运行状态，重新进入线程队列排队等待运行，再次运行时将从暂停处继续运行。导致线程进入阻塞状态或等待状态的原因有多种，如输入输出、等待消息、睡眠、锁定等。等待状态有 WAITING 和 TIMED_ WAITING 两种，WAITING 的等待时间不确定，TIMED_ WAITING 的等待时间确定。

(4) 终止状态。线程对象停止运行且未被撤销时处于终止状态。导致线程终止有两种情况：运行结束或被强行停止。当线程对象的 run()方法执行结束时，该线程对象进入终止状态，等待系统撤销对象所占用的资源；当进程因故停止运行时，该进程中的所有线程将被强行终止。

12.3.2 线程的优先级

在操作系统里，同一时刻有多个线程处于可运行状态，它们需要排队等待 CPU 资源，只有获取 CPU 时间片后才能执行。每个线程在排队等待时，根据线程的重要性以及紧急程度自动获取一个线程的优先级。可运行状态的线程按优先级进行排队，在优先级相同的基础上依据“先到先服务”原则进行线程的调度。

Java 语言提供 10 个等级的线程优先级，分别用 1～10 表示，优先级最低为 1，最高为 10，默认值为 5。

Thread 类中声明了 3 个表示优先级的公有静态常量：

```
(1) public static final int MIN__PRIORITY=1;          //最低优先级
(2) public static final int NORM_PRIORITY=5;          //默认优先级
(3) public static final int MAX_PRIORITY=10;          //最高优先级
```

Thread 类中与线程优先级有关的方法有以下 2 个：

```
(1) public final int getPriority();                    //获得线程优先级
(2) public final void setPriority(int newPriority);    //设置线程优先级
```

在线程执行的过程中，如果遇到优先级比它高的线程，原则上，该线程被打断，先执行优先级高的线程，等优先级高的线程执行完后，再执行该线程。

【例 12-4】 线程优先级的使用(PriorityUse.java)。

```
package ch123;
/*
```

```
    开发者：***
    开发地点：***
    开发时间：****年**月**日
    最后一次修改时间：****年**月**日
    功能简介：线程优先级的使用
 */
public class PriorityUse extends Thread{
    public PriorityUse(String name,int i){
        setName(name);
        setPriority(i);
    }
    public void run(){
        //通过 for 语句循环输出线程的名字和级别,每次循环间隔是 3000ms
        for(int i=0;i<6;i++){
            System.out.println("线程名字："+getName()+"
            "+"线程优先级别："+getPriority());
            try{
                Thread.sleep(3000);
            }catch(InterruptedException e){
                System.err.println(e);
            }
        }
    }
    public static void main(String args[]){
        PriorityUse t1=new PriorityUse("线程 1",9);
        t1.start();
        PriorityUse t2=new PriorityUse("线程 2",6);
        t2.start();
        PriorityUse t3=new PriorityUse("线程 3",7);
        t3.start();
    }
}
```

PriorityUse 类的文件结构和运行结果如图 12-8 所示。

图 12-8　PriorityUse 类的文件结构和运行结果

12.3.3 线程的调度

线程对象生成后处于新建状态，该状态表示线程对象初始化完成后还没有启动，也不会占用 CPU 的执行时间。通过调用 start()方法，该线程进入就绪状态，等待 CPU 的执行，一旦执行就进入运行状态。进入就绪状态的线程等待系统调度，在运行状态和阻塞状态之间切换。当线程执行完成后，就切换到终止状态，释放线程占用的资源，线程生命周期结束。

在线程执行的过程中，可以根据具体的需要调用 Thread 类的相关方法改变线程的状态。下面介绍 Thread 类中改变线程状态的常用方法。

1. sleep()方法

执行 sleep()方法，可以使当前线程睡眠若干毫秒。睡眠就是线程停止执行，直到指定睡眠时间结束为止。线程由运行状态进入不可运行的状态，等到睡眠时间结束后线程再次进入可运行状态。

【例 12-5】 sleep()方法的使用(SleepUse.java)。

```
package ch123;
/*
    开发者：***
    开发地点：***
    开发时间：****年**月**日
    最后一次修改时间：****年**月**日
    功能简介：sleep()方法的使用。开发一个简单的电子时钟，在图形用户界面实时显示时间
*/
import java.awt.BorderLayout;
import java.awt.Container;
import java.util.Calendar;
import java.util.GregorianCalendar;
import javax.swing.JFrame;
import javax.swing.JLabel;

public class SleepUse {
    public SleepUse(){
        JFrame app=new JFrame("电子时钟");
        Container c=app.getContentPane();
        JLabel clock=new JLabel("电子时钟");
        clock.setHorizontalAlignment(JLabel.CENTER);      //设置标签水平对齐方式
        c.setLayout(new BorderLayout());
        c.add(clock,BorderLayout.CENTER);
        app.setSize(160,80);
        app.setLocation(600,300);
        app.setDefaultCloseOperation(JFrame.EXIT_ON_CLOSE);
        app.setVisible(true);
        Thread t=new MyThread(clock);
        t.start();
```

```
    }
    class MyThread extends Thread{
        private JLabel clock;
        public MyThread(JLabel clock){
            this.clock=clock;
        }
        public void run(){
            while(true){
                clock.setText(this.getTime());
                try{
                    Thread.sleep(1000);
                }catch(Exception e){
                    System.err.println(e);
                }
            }
        }
        public String getTime(){
            Calendar cl=new GregorianCalendar();
            String time=cl.get(Calendar.YEAR)+"-"+
                     (cl.get(Calendar.MONTH)+1)+"-"+cl.get(Calendar.DATE)+" ";
            int h=cl.get(Calendar.HOUR_OF_DAY);
            int m=cl.get(Calendar.MINUTE);
            int s=cl.get(Calendar.SECOND);
            time+=h+":"+m+":"+s;
            return time;
        }
    }
    public static void main(String args[]){
        new SleepUse();
    }
}
```

SleepUse 类的文件结构和运行结果如图 12-9 所示。

图 12-9　SleepUse 类的文件结构和运行结果

2. yield()方法

执行 yield()方法,可以暂停当前线程的执行,将 CPU 资源让出来,允许其他线程执行,但该线程仍然处于可运行状态,不切换为阻塞状态。这时,系统选择其他同优先级线程执行,若无其他同优先级的线程,则选中该线程继续执行。

yield()方法的优点是:保证在有线程的时候不会让 CPU 闲置。主要针对多个线程合作问题,适用于强制线程间的合作。

【例 12-6】 yield()方法的使用(YieldUse.java)。

```
package ch123;
/*
    开发者:***
    开发地点:***
    开发时间:****年**月**日
    最后一次修改时间:****年**月**日
    功能简介:yield()方法的使用
*/
import java.util.Date;

public class YieldUse extends Thread{
    private String name;
    private boolean b;
    public YieldUse(String name,boolean b){
        this.setName(name);        //设置线程的名字
        this.b=b;
    }
    public void run(){
        long start=new Date().getTime();
        /*使用 for 语句是为了延长线程的执行时间,否则 3 个线程会在一个 CPU 时间片内迅速
         执行完。使用两个 for 语句进行双重循环延长执行时间后可以观察到:在执行该程序
         时,若调用了 yield()方法,要等待同优先级的线程执行完后该线程才执行,所以该线程
         执行的时间会长一些
        */
        for(int i=0;i<6000;i++){
            if(b)
                Thread.yield();
            for(int j=0;j<10000;j++){
                ;
            }
        }
        long end=new Date().getTime();
        System.out.println("\n"+this.getName()+" "+"执行时间: "+(end-start)+
        "毫秒");
```

```
    }
    public static void main(String args[]){
        YieldUse t1=new YieldUse("线程 1",false);
        YieldUse t2=new YieldUse("线程 2",true);
        YieldUse t3=new YieldUse("线程 3",false);
        t1.start();
        t2.start();
        t3.start();
    }
}
```

YieldUse 类的文件结构和运行结果如图 12-10 所示。

图 12-10　YieldUse 类的文件结构和运行结果

备注：由于计算机硬件和软件系统运行环境不同，运行在计算机上的软件数量也不同，所以在不同计算机环境中运行该程序的效果也不同。另外，再次执行该程序的时候，由于在 CPU 中排队被调用的顺序有可能不同，有可能“线程 3”执行所用时间比“线程 1”的短。但是“线程 2”的执行时间比其他两个线程的执行时间长。

3. interrupt()方法

执行 interrupt()方法，可以设置当前线程对象的运行中断标记，与该方法配合使用的还有两个判断线程是否中断的方法，声明如下。

(1) public void interrupt()：用于设置当前线程对象的运行中断标记。

(2) public boolean isInterrupted()：用于判断线程是否中断。

(3) public static boolean interrupted()：用于判断线程是否中断。

线程中断相关方法的关系是：interrupt()方法为线程设置一个中断标记，以便于 run()方法运行时使用 isInterrupted()方法检测到，此时线程若在 sleep()方法中被阻塞，由 sleep()方法抛出一个 InterruptedException 异常，然后捕获这个异常以处理中断操作。

【例 12-7】 interrupt()方法的使用(InterruptUse.java)。

```
package ch123;
/*
    开发者：***
    开发地点：***
    开发时间：****年**月**日
    最后一次修改时间：****年**月**日
    功能简介：interrupt()方法的使用。使用线程实现在图形用户界面上演示滚动字符的功能。
            本程序由框架中的3个面板组成,每个面板都有一个文本框,字符串在文本框内自右
            向左移动。3个面板对应3个线程对象
*/
import java.awt.FlowLayout;
import java.awt.GridLayout;
import java.awt.event.ActionEvent;
import java.awt.event.ActionListener;
import javax.swing.JButton;
import javax.swing.JFrame;
import javax.swing.JLabel;
import javax.swing.JPanel;
import javax.swing.JTextField;

public class InterruptUse extends JFrame{
    public InterruptUse(String[] texts)        //texts 用来保存需要滚动的字符串
    {
        super("interrupt()方法的使用-字体滚动");
        this.setSize(400,300);
        this.setLocation(300,260);
        //if 语句,用于设置至少一行字符串
        if (texts==null||texts.length==0)
            this.add(new RollbyJPanel("欢迎学习 Java 程序设计!"));
        else{
            this.setLayout(new GridLayout(texts.length,1));//网格布局,若干行1列
            for (int i=0;i<texts.length;i++)
                this.add(new RollbyJPanel(texts[i]));
        }
        this.setDefaultCloseOperation(EXIT_ON_CLOSE);
        this.setVisible(true);
    }
    public InterruptUse(){
        this(null);
    }
    //自定义内部私有面板类,实现事件监听器接口和线程接口
    private class RollbyJPanel extends JPanel implements ActionListener, Runnable{
        private JTextField text_word;              //滚动字符
        private JTextField text_sleep;             //设置线程睡眠时间
        private JButton button_start,button_interrupt;  //"启动"按钮,"中断"按钮
```

```
    private JTextField text_state;          //线程状态
    private Thread thread_rollby;           //线程对象
    private int sleeptime;                  //线程睡眠时间
    private RollbyJPanel(String text)       //内部面板类的构造方法
    {
        this.setLayout(new GridLayout(2,1));
        for(int i=0;i<100;i++)              //for循环用于为字符串添加空格
            text=text+" ";
        text_word=new JTextField(text);
        this.add(text_word);
        JPanel panel_sub=new JPanel(new FlowLayout(FlowLayout.LEFT));
        this.add(panel_sub);
        panel_sub.add(new JLabel("sleep"));
        //使用Math类中的random()生成一个随机数,用于设定线程睡眠时间
        this.sleeptime=(int)(Math.random()*100);
        text_sleep=new JTextField(""+sleeptime,5);
        panel_sub.add(text_sleep);
        text_sleep.addActionListener(this);
        button_start=new JButton("启动");
        panel_sub.add(button_start);
        button_start.addActionListener(this);
        button_interrupt=new JButton("中断");
        panel_sub.add(button_interrupt);
        button_interrupt.addActionListener(this);
        thread_rollby=new Thread(this);     //创建线程对象,目标对象是当前对象
        button_interrupt.setEnabled(false); //设置中断按钮为无效状态
        panel_sub.add(new JLabel("state"));
        //设置初始文本和长度
        text_state=new JTextField(""+thread_rollby.getState(),10);
        text_state.setEditable(false);
        panel_sub.add(text_state);
    }
    public void run(){
        //判断线程是活动的且没被中断
        while(thread_rollby.isAlive()&&!thread_rollby.isInterrupted()){
            try{
                String str=text_word.getText();
                str=str.substring(1)+str.substring(0,1);
                text_word.setText(str);
                thread_rollby.sleep(sleeptime);     //线程睡眠,可能抛出异常
            }
            catch(InterruptedException e){
                break;          //一旦中断,抛出异常,异常处理方法是退出循环
            }
```

```
            }
        }
        public void actionPerformed(ActionEvent e)       //事件处理
        {
            if(e.getSource()==button_start)          //单击"启动"按钮时
            {
                thread_rollby.start();
                text_state.setText(""+thread_rollby.getState()); //显示线程状态
                button_start.setEnabled(false);     //设置"启动"按钮为不可编辑状态
                button_interrupt.setEnabled(true); //设置"中断"按钮为可编辑状态
            }
            if(e.getSource()==button_interrupt)    //单击"中断"按钮时
            {
                thread_rollby.interrupt();          //设置当前线程对象的中断标记
                text_state.setText(""+thread_rollby.getState());
                //设置"启动"按钮为可编辑状态
                button_start.setEnabled(true);
                //设置"中断"按钮为不可编辑状态
                button_interrupt.setEnabled(false);
            }
        }
    }
    public static void main(String arg[]){
        String[] texts={"欢迎学习 Java 程序设计!","Java 将带你进入面向对象的时
                        代!","一分耕耘、一分收获!Java 语言你学好了吗?"};
        new InterruptUse(texts);
    }
}
```

InterruptUse 类的文件结构和运行结果如图 12-11 所示。

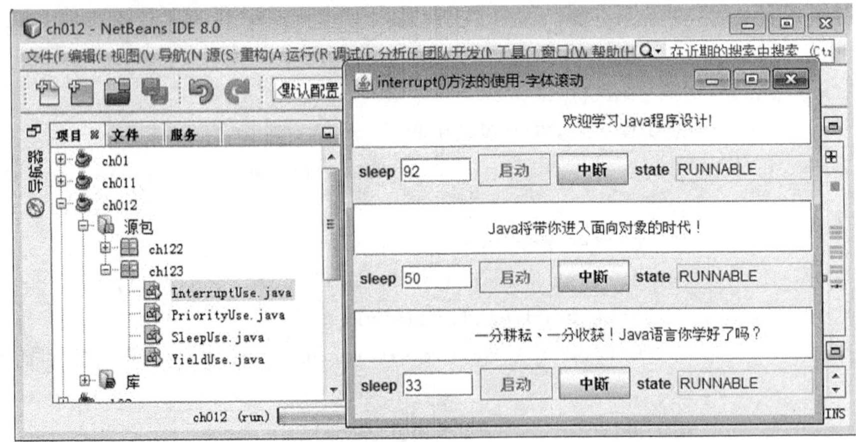

图 12-11 InterruptUse 类的文件结构和运行结果

12.4　线程的同步

多线程为程序开发带来许多便利，在多个线程同时访问同一个资源的时候，如果处理不好，多线程也会带来一些问题。Java 语言中使用线程同步机制来解决在多线程中对同一资源访问带来的问题。

12.4.1　线程间的关系

在系统资源里，线程和线程之间有的有关系，有的无关系。例如，两个不同进程的线程一般没有关系，如果是同一个进程的多个线程，有可能由于要同时访问或者操作同一个数据，它们之间就存在关联。处理不好线程之间的关系将导致很多问题。

1. 无关线程

无关线程是指多个线程分别在不同的内存区域或者变量集合上操作，一个线程的执行与其他并发线程的进展没有关系，即一个线程不会改变另一个线程的变量值。

2. 交互线程

交互线程是指多个线程共享同一个内存区域的某些变量，一个线程的执行可能影响其他线程的执行结果。交互的线程之间具有制约关系。因此，线程的交互必须是有控制的，否则会出现不正确的结果。

同一个进程中的多个线程由系统调度而并发执行时，彼此之间没有直接联系，并不知道其他线程的存在，一般情况下，也不受其他线程执行的影响。但是，如果两个线程要访问同一资源，线程间就存在资源竞争关系，这是线程间的间接制约关系。一个线程通过操作系统分配得到该资源，另一个将不得不等待，这时一个线程的执行可能影响同其竞争资源的其他线程。

在极端的情况下，被阻塞线程永远得不到访问权，从而不能成功地终止。所以，资源竞争引发了两个问题：一个是死锁问题，一组线程如果都获得了部分资源，还想要得到其他线程所占用的资源，最终所有的线程将陷入死锁；另一个是饥饿问题，一个线程由于其他线程总是优先于它而被无限期拖延。由于操作系统负责资源分配，所以操作系统必须协调好线程对资源的争用。操作系统需要保证诸线程能互斥地访问共享资源，既要解决饥饿问题，也要解决死锁问题。

3. 线程竞争关系和协作关系

交互线程间存在两种关系：竞争关系和协作关系。

当一个进程中的多个线程为完成同一任务而分工协作时，它们彼此之间有联系，知道其他线程的存在，而且受其他线程执行的影响。这些线程间存在协作关系，这是线程间的直接制约关系。由于合作的每一个线程都是独立地以不可预知的速度推进，这就需要相互协作的线程在某些协调点上协调各自的工作。当合作线程中的一个到达协调点后，在尚未得到其他伙伴线程发来的信号之前应阻塞自己，直到其他合作线程发来协调信号后方被唤醒并继续执行。这种协作线程之间相互等待对方消息或信号的协调关系称为线程同步。

交互线程并发执行时相互之间会干扰或影响其他线程的执行结果，因此交互线程间需要有同步机制。

线程的同步机制包括线程互斥和线程同步，线程互斥是线程同步的特殊情况。存在竞争关系的交互线程间需要采用线程互斥方式解决共享资源访问冲突问题；存在协作关系的交互线程间需要采用线程同步方式解决线程间的通信及因执行速度不同而引起的不同步问题。

4. 线程互斥和临界区管理

线程互斥是解决线程间竞争关系的手段。线程互斥是指若干个线程都需要使用同一共享资源时，任何时刻最多允许一个线程去使用，其他要使用该资源的线程必须等待，直到占有资源的线程释放该资源。

需要互斥访问的共享变量称为临界资源，并发线程中与共享变量有关的程序段称为临界区(critical section)。由于与同一变量有关的临界区分散在各有关线程的程序段中，而各线程的执行速度不可预知，操作系统对共享一个变量的若干线程进入各自临界区有以下 3 个调度原则。

(1) 一次至多一个线程能够在自己的临界区内。

(2) 不能让一个线程无限期地留在自己的临界区内。

(3) 不能强迫一个线程无限期地等待进入自己的临界区。特别地，进入临界区的任一线程不能妨碍正等待进入的其他线程的进展。

把临界区的调度原则总结成四句话：无空等待、有空让进、择一而入、算法可行。算法可行是指不能因为所选的调度策略导致死锁或者饥饿。这样能保证一个线程在临界区执行时，不让另一个线程进入相关的临界区，即各线程对共享变量的访问是互斥的，那么就不会造成与时间有关的错误。

操作系统提供“互斥锁”机制实现并发线程互斥地进入临界区，对共享资源进行操作。至于操作系统采用什么样的锁(信号灯、只读锁等)以及如何实现加锁和解锁等问题，Java 程序员并不需要关心，这些细节都由操作系统和 Java 虚拟机处理好了，程序员只需要在程序中声明哪个程序段是临界区即可，采用 Java 抽象的锁模型，就能够使程序在所有平台上可靠地、可预见地运行。

5. 线程互斥实现

Java 提供关键字 synchronized 用于声明一段程序为临界区，使线程对临界资源采用互斥方式访问。synchronized 有两种用法：声明一条语句、声明一个方法。

1) 同步语句

使用 synchronized 声明一条语句为临界区，该语句称为同步语句，语法格式如下：

```
synchronized(对象)语句;
```

其中，对象是多个线程共同操作的公共变量，即需要被锁定的临界资源，它将被互斥地使用；语句是临界区，它描述线程对临界资源的操作，如果是多条语句，需要用{}括起来成为一条复合语句。

一个同步语句允许一个对象锁保护一个单独的语句(也包括一个复合语句),在执行这个语句之前,必须要获得这个对象锁。

同步语句执行过程如下。

(1) 第 1 个线程希望进入临界区执行语句时,它获得临界资源,即指定对象的使用权,并将对象加锁,然后执行语句对该对象进行操作。

(2) 在此过程中,如果有第 2 个线程也希望对同一个对象执行这条语句,由于作为临界资源的对象已被锁定,则第 2 个线程必须等候。

(3) 第 1 个线程执行完临界区语句,它将释放对象锁。

(4) 第 2 个线程才能获得对象的使用权并运行。

这样,对于同一个对象,在任何时刻都只能有一个线程执行临界区语句,对该对象进行操作,其他竞争使用该对象的线程必须等待,直到对象锁被释放。这就实现了多个并发执行的交互线程对同一个临界资源的互斥使用。

2) 同步方法

使用 synchronized 声明一个方法,该方法称为同步方法,语法格式如下:

```
synchronized 方法声明
```

同步方法的方法体称为临界区,互斥使用(锁定)的是调用该方法的对象。该声明与以下声明效果相同:

```
synchronized (this)
{
    方法体;
}
```

同步语句与同步方法的行为基本相似,只是前者的作用范围小,它只是锁住一条语句或复合语句,而不是完整的方法。这样就增加了灵活性并且缩小了对象锁的作用域。

12.4.2 线程同步问题

多线程之间共享同一内存资源时,由于线程的竞争会导致数据的不安全、不一致性问题,最严重的会导致死锁和饥饿问题。Java 语言中使用线程同步机制解决这些问题。

【例 12-8】 当线程竞争时不使用同步(NoSynchronizedUse. java)。

```
package ch124;
/*
    开发者:***
    开发地点:***
    开发时间:****年**月**日
    最后一次修改时间:****年**月**日
    功能简介:当线程竞争不使用同步时,会发现获取的数据和期望的值不一样
*/
public class NoSynchronizedUse extends Thread{
```

```
    String name;              //用户姓名
    CriticalSection cs;       //使用 CriticalSection 类生成一个对象
    public NoSynchronizedUse(String name,CriticalSection cs){
        this.name=name;
        this.cs=cs;
        start();
    }
    public void run(){
        try{
            for(int i=0;i<10;i++){
                System.out.println(name+":"+"抢到了"+cs.a+"号票!");
                cs.a--;
                Thread.sleep(30);
            }
        }catch(Exception e){
            System.err.println(e);
        }
    }
    public static void main(String arg[]){
        CriticalSection cs=new CriticalSection();
        NoSynchronizedUse ns1=new NoSynchronizedUse("马军霞",cs);
        NoSynchronizedUse ns2=new NoSynchronizedUse("郑倩",cs);
    }
}
```

【例 12-9】 临界区资源类(CriticalSection.java)。

```
package ch124;
/*
    开发者:***
    开发地点:***
    开发时间:****年**月**日
    最后一次修改时间:****年**月**日
    功能简介:声明该类模拟临界区资源,在 NoSynchronizedUse 类中使用该类
*/
public class CriticalSection {
    public int a;
        public CriticalSection(){
            a=20;
        }
}
```

NoSynchronizedUse 类和 CriticalSection 类的文件结构和运行结果如图 12-12 所示。

在例 12-8 中,线程类 NoSynchronizedUse 的两个对象 ns1 和 ns2 都需要访问 CriticalSection 类的对象 cs,以此来模拟两个人抢票的操作。因此,对象 cs 是临界资源。线程 ns1 和 ns2 每隔 30ms 输出各自抢到的票号,并将总票数减 1。

图 12-12　NoSynchronizedUse 类 CriticalSection 类的文件结构和运行结果

出现图 12-12 所示的结果，是由于线程 ns1 和 ns2 的并发执行引起的。当线程 ns1 输出了抢到的票号后，还没来得及改变变量 a 的值，线程 ns2 也输出了抢到的同一个票号。

出现这个问题也比较容易理解，因为对于最基本的多线程程序，系统只保证线程同时执行。至于哪个先执行，哪个后执行，或者一个线程执行到一半，就把 CPU 的执行权交给另外一个线程，系统并不能保证，即线程的执行顺序是随机的，不受控制的，所以会出现上面的结果。

这种结果在很多实际应用中是不能被接受的。例如，银行存款、取款的应用程序里，两个人同时取一个账户的存款，一个使用存折、一个使用卡，这样访问账户的金额就会出现问题。又如在售票系统中，如果也这样就会出现多人买到相同座位的票，而有些座位的票却未售出。

在多线程编程中，这是一个典型的临界资源问题，解决该问题最基本、最简单的思路就是使用线程同步。

线程同步关键字 synchronized 的作用就是：对于同一个对象（不是一个类的不同对象），当多个线程都同时调用该方法或代码块时，必须依次执行，也就是说，两个或两个以上的线程同时启动后，如果一个线程已经开始执行该段代码，则另外一个线程必须等待这个线程执行完才能开始执行这段代码。就像在银行的柜台办理业务一样，营业员就是这个对象，每个顾客就好比线程，当一个顾客开始办理时，其他顾客都必须等待，即使这名顾客在办理过程中接了一个电话（类似于这个线程释放了占用 CPU 的时间，而处于阻塞状态），其他顾客也只能等待。

【例 12-10】 线程同步的使用(SynchronizedUse. java)。

```
package ch124;
/*
    开发者: ***
    开发地点: ***
    开发时间: ****年**月**日
    最后一次修改时间: ****年**月**日
    功能简介: 线程同步的使用
*/
public class SynchronizedUse extends Thread{
    String name;                //用户姓名
    CriticalSection1 cs1;   //使用 CriticalSection 类生成一个对象
    public SynchronizedUse(String name,CriticalSection1 cs1){
        this.name=name;
        this.cs1=cs1;
        start();
    }
    public void run(){
        try{
            for(int i=0;i<10;i++){
                cs1.action(name);
                Thread.sleep(30);
            }
        }catch(Exception e){
            System.err.println(e);
        }
    }
    public static void main(String arg[]){
        CriticalSection1 cs1=new CriticalSection1();
        SynchronizedUse ns1=new SynchronizedUse("马军霞",cs1);
        SynchronizedUse ns2=new SynchronizedUse("郑倩",cs1);
    }
}
```

【例 12-11】 临界区资源类(CriticalSection1. java)。

```
package ch124;
/*
    开发者: ***
    开发地点: ***
    开发时间: ****年**月**日
    最后一次修改时间: ****年**月**日
    功能简介: 声明一个类,模拟临界区资源,在 SynchronizedUse 类中使用该类
*/
public class CriticalSection1{
```

```
    public int a;
    public CriticalSection1(){
        a=20;
    }
    public synchronized void action(String name){
        System.out.println(name+":"+"抢到了"+a+"号票!");
        a--;
    }
}
```

线程同步后一般不会再发生数据安全问题，也不会导致死锁和饥饿问题。SynchronizedUse 类和 CriticalSection1 类的文件结构和运行结果如图 12-13 所示。

图 12-13　SynchronizedUse 类 CriticalSection1 类的文件结构和运行结果

12.5　项 目 实 训

12.5.1　项目目的

本项目通过编写一个限时回答问题程序来综合复习已学知识，通过项目实训达到巩固已学知识的目的。

12.5.2 项目需求分析

本项目设计实现一个限时回答问题的程序，模拟电视节目中经常看到的活动：主持人提出问题并要求回答人员在限定的时间内回答问题。程序中有一个计数器线程，由该线程限定必须在10s内回答一个问题，回答后将进入下一题，如果在规定的时间内没有回答问题也将进入下一题。由本程序模拟主持人提出问题，用户回答问题，回答正确得1分，最后统计得分，问题和答案均保存在question.txt文件中。question.txt的格式为：每个问题及其备选题为一组数据；两组数据之间用减号(--)和答案分隔，如--A--。本项目分别使用NetBeans 8.0和Eclipse 4.3开发，使用NetBeans 8.0开发的项目名称为ch012，项目结构和运行结果如图12-14所示；使用Eclipse 4.3开发的项目名称为ch12。

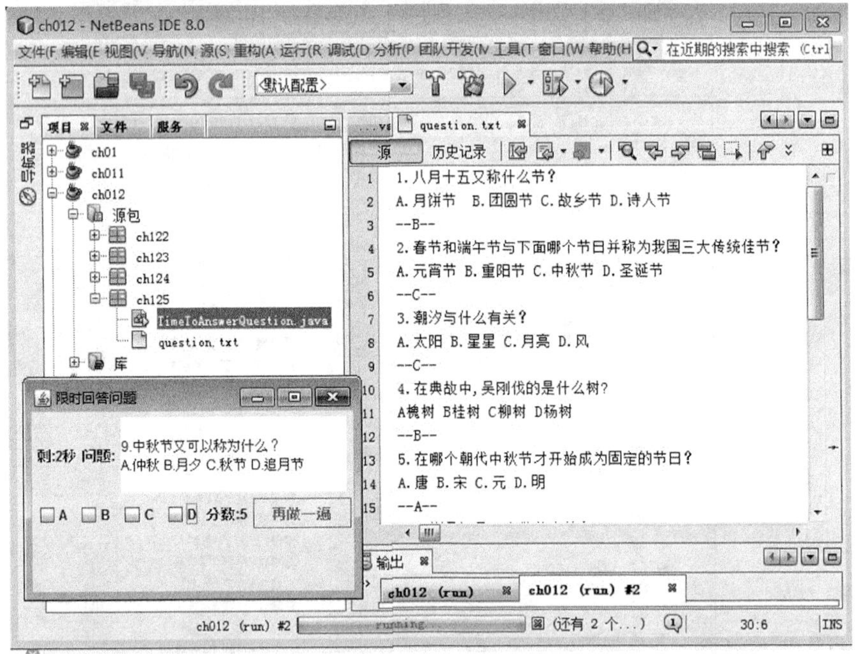

图 12-14 基于 NetBeans 8.0 的项目结构和运行结果

12.5.3 项目实现

【例 12-12】 限时回答问题(TimeToAnswerQuestion.java)。

```
package ch125;
import java.awt.FlowLayout;
import java.awt.event.ActionEvent;
import java.awt.event.ActionListener;
import java.awt.event.ItemEvent;
import java.awt.event.ItemListener;
import java.io.BufferedReader;
import java.io.File;
```

```
import java.io.FileReader;
import java.io.IOException;
import javax.swing.JButton;
import javax.swing.JCheckBox;
import javax.swing.JFrame;
import javax.swing.JLabel;
import javax.swing.JTextArea;
import javax.swing.Timer;

public class TimeToAnswerQuestion extends JFrame implements ActionListener,
ItemListener{
    File questionFile;              //文件对象
    int MAX=10;                     //常量
    int maxTime=MAX;
    int score=0;                    //统计正确答案
    Timer time;                     //计时器
    JTextArea  showQuesion;         //显示试题
    JCheckBox choiceA,choiceB,choiceC,choiceD;
    JLabel showScore,showTime;
    String correctAnswer;           //正确答案
    JButton reStart;                //"再做一遍"按钮
    FileReader inOne;               //读取一个试题
    BufferedReader inTwo;           //缓存
    public TimeToAnswerQuestion(){
        time=new Timer(1000,this);
        showQuesion=new JTextArea(4,18);
        setLayout(new FlowLayout());
        showScore=new JLabel("分数"+score);
        showTime=new JLabel(" ");
        add(showTime);
        add(new JLabel("问题:")) ;
        add(showQuesion);
        choiceA=new JCheckBox("A");
        choiceB=new JCheckBox("B");
        choiceC=new JCheckBox("C");
        choiceD=new JCheckBox("D");
        choiceA.addItemListener(this);
        choiceB.addItemListener(this);
        choiceC.addItemListener(this);
        choiceD.addItemListener(this);
        add(choiceA);
        add(choiceB);
        add(choiceC);
        add(choiceD);
        add(showScore);
```

```
        reStart=new JButton("再做一遍");
        reStart.setEnabled(false);
        add(reStart);
        reStart.addActionListener(this);
        setBounds(100,100,300,300);
        setDefaultCloseOperation(JFrame.EXIT_ON_CLOSE);
        setVisible(true);
    }
    public void setMAX(int n){
        MAX=n;
    }
    public void setTestFile(File f) {
        questionFile=f;
        score=0;
        try{
            inOne=new FileReader(questionFile);
            inTwo=new BufferedReader(inOne);
            readOneQuesion();
            reStart.setEnabled(false);
        }
        catch(IOException exp){
            showQuesion.setText("没有选题");
        }
    }
    public void readOneQuesion() {
        showQuesion.setText(null);
        try {
            String s=null;
            while((s=inTwo.readLine())!=null) {
                if(!s.startsWith("-"))
                    showQuesion.append("\n"+s);
                else {
                    s=s.replaceAll("-","");
                    correctAnswer=s;
                    break;
                }
            }
            time.start();           //启动计时
            if(s==null) {
                inTwo.close();
                reStart.setEnabled(true);
                showQuesion.setText("题目完毕");
                time.stop();
            }
```

```
        }
        catch(IOException exp){}
    }
    public void itemStateChanged(ItemEvent e) {
        JCheckBox box=(JCheckBox)e.getSource();
        String str=box.getText();
        boolean booOne=box.isSelected();
        boolean booTwo=str.compareToIgnoreCase(correctAnswer)==0;
        if(booOne&&booTwo){
            score++;
            showScore.setText("分数:"+score);
            time.stop();                //停止计时
            maxTime=MAX;
            readOneQuesion();           //读入下一道题目
        }
        box.setSelected(false);
    }
    public void actionPerformed(ActionEvent e) {
        if(e.getSource()==time){
            showTime.setText("剩:"+maxTime+"秒");
            maxTime--;
            if(maxTime <=0){
                maxTime=MAX;
                readOneQuesion();   //读入下一道题目
            }
        }
        else if(e.getSource()==reStart) {
            setTestFile(questionFile);
        }
    }
    public static void main(String args[]) {
        TimeToAnswerQuestion ttaq=new TimeToAnswerQuestion();
        ttaq.setTitle("限时回答问题");
        ttaq.setTestFile(new File("../ch012/src/ch125/question.txt"));
        ttaq.setMAX(10);
    }
}
```

12.5.4 常见问题及解决方案

(1) 异常信息提示如图 12-15 所示。

解决方案：如果出现如图 12-15 所示的异常，最主要的原因可能是读取不到 question.txt 文件，解决的主要方法是首先看 question.txt 文件名拼写是否有误，其次看文件路径是

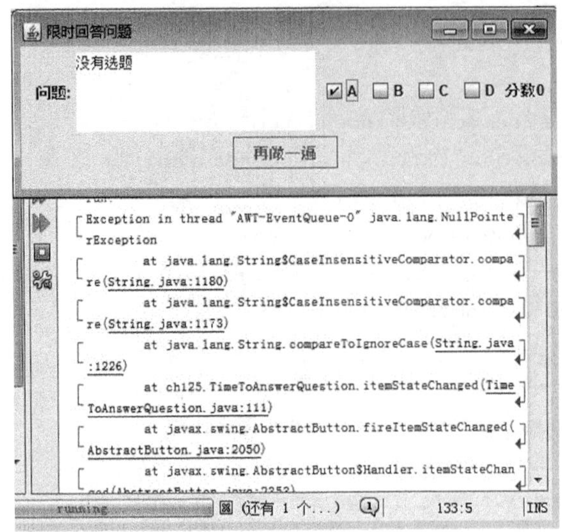

图 12-15 异常信息提示(一)

否正确,最后看使用的类是否正确。

(2) 异常信息提示如图 12-16 所示。

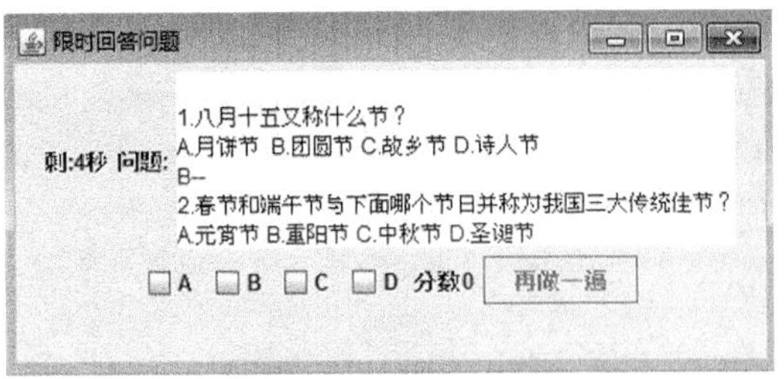

图 12-16 异常信息提示(二)

解决方案:出现如图 12-16 所示的异常,主要是因为在两个问题之间的答案前没有加减号,应改为--B--。

12.6 课外阅读——微软公司的发展史

微软公司是世界 PC 软件开发的先导。微软公司于 1981 年为 IBM-PC 开发的操作系统软件 MS-DOS 曾用在数以亿计的 IBM-PC 及其兼容机上。但随着微软公司的日益壮大,微软公司与 IBM 公司已在许多方面成为竞争对手。1991 年,IBM 公司和苹果公司解除了与微软公司的合作关系,但 IBM 公司与微软公司的合作关系从未间断过,两个公司保持着既竞争又合作的复杂关系。微软公司的产品包括文件系统软件(MS-DOS 和 Xenix)、操作系统软件(窗口系统 Windows 系列)、应用软件 MS-Office 等、多媒体及计算机游戏、有关计算机的书籍以及 CD-ROM 产品。1992 年,微软公司买进 Fox 公司,迈进了数据库软件市场。

1975 年,19 岁的比尔·盖茨从哈佛大学退学,和他的高中校友保罗·艾伦一起卖 BASIC 语言程序。当盖茨还在哈佛大学读书时,他们曾为 MITS 公司的 Altair 编制语言。

后来，盖茨和艾伦搬到阿尔伯克基，并在当地一家旅馆房间里创建了微软公司。1979年，MITS公司关闭，微软公司以修改BASIC程序为主要业务继续发展。

微软公司是全球最大的计算机软件提供商，总部设在华盛顿州的雷德蒙市。公司于1975年由比尔·盖茨和保罗·艾伦成立。公司最初以Micro-soft的名称(意思为"微型软件")发展和销售BASIC解释器。最初的总部是新墨西哥州的阿尔伯克基。

1977年，微软公司搬到西雅图的贝尔维尤，在那里开发PC编程软件。1980年，IBM公司选中微软公司为其新PC编写关键的操作系统软件，这是公司发展中的一个重大转折点。由于时间紧迫，程序复杂，微软公司以5万美元的价格从西雅图的一位程序编制者帕特森手中买下了一个操作系统的使用权，再把它改写为磁盘操作系统软件(MS-DOS)。公司目前在60多个国家设有分支办公室，全世界雇员人数接近44 000人。IBM-PC的普及使MS-DOS取得了巨大的成功，因为其他PC制造者都希望与IBM-PC兼容。MS-DOS在很多家公司被特许使用，因此20世纪80年代，它成了PC的标准操作系统。到1984年，微软公司的销售额超过1亿美元。随后，微软公司继续为IBM公司、苹果公司以及无线电器材公司的计算机开发软件，但在1991年后，由于利益的冲突，IBM公司、苹果公司已经与微软公司反目。1983年，保罗·艾伦患霍奇金氏病离开微软公司，后来成立了自己的公司。艾伦拥有微软公司15%的股份，至今仍列席董事会。1986年，公司转为公营。盖茨保留公司45%的股权，这使其成为1987年PC产业中的第一位亿万富翁。1996年，他的个人资产总值已超过180亿美元。1997年，则达到了340亿美元，1998年超过了500亿大关，成为理所当然的全球首富。

微软公司的拳头产品Windows98/NT/2000/Me/XP/Server 2003/Windows 7/Windows 8成功地占有了从PC到商用工作站甚至服务器的广阔市场，为微软公司带来了丰厚的利润：公司在Internet软件方面也是后来居上，抢占了大量的市场份额。在IT软件行业流传着这样一句告诫："永远不要去做微软公司想做的事情"。可见，微软公司的巨大潜力已经渗透到了软件界的方方面面，简直是无孔不入，所向披靡。微软公司的巨大影响已经对软件同行构成了极大的压力，也把自己推上了反垄断法的被告位置。连多年来可靠的合作伙伴Intel公司也与之反目，对簿公堂。2001年9月，鉴于经济低迷，美国政府有意重振美国信息产业，拒绝拆分微软公司。至此，诉微软公司反垄断法案告一段落。

微软公司包括以下核心业务组：个人服务组(PSG)，由集团副总裁Bob Muglia领导，致力于为个人用户和商业用户提供更容易的在线连接，并且为各种各样的设备提供软件服务。PSG包含NET协议、服务平台部、移动组、MSN的互联网访问服务、用户设备组以及用户界面平台部。MSN和个人服务业务组，由副总裁Yusuf Mehdi领导，负责网络程序开发、业务发展以及MSN和微软公司其他服务世界范围内的市场和销售，包括MSN eShop、MSN Carpoint、MSN HomeAdvisor、the MSNBC venture、Slate和MSNTV平台组，由集团副总裁Jim Allchin领导，负责在各个方面不断对Windows平台做出改进，例如，把存储、通信、消息通知、共享图像及听音乐等变为Windows经历的自然扩展。此外，本组包括NET企业服务器组、开发工具部和Windows数字媒体部。办公和商务服务组，由集团副总裁Jeff Raikes领导，负责开发提高生产力和商业流程的应用和服务。工作包括将功能完善且性能强大的Microsoft Office逐步演化为以服务于基础的产品。除Office部门之外，商用工具部门，包括bCentral和Great Plains的商用应用程序部门都将属于该部门。全球销售、市场和服务组，由集团副总裁 Orlando Ayala 领导，集成了微软公司的销售和服务伙伴，以满足世界范围内微软用户的需要。这些用户包括企业用户、中小型组织、教育机构、程序开发人员和个人用户。此外，本组包括微软产品支持服务、网络解决方案组、企业伙伴组、市场营销组织和微软全球三大地区的业务组织。微软研究院，由资深副总裁 Rick Rashid 领导，负责对今天或明天的计算机课题提出创造性的建议和解决方案，使计算机变得更加易于使用。同时负责为下一代的硬件产品设计软件，改进软件设计流程和研究计算机科学的数学基础。关于 MSR 更详细的信息可参见 Microsoft Research Web page。运营组，由总裁和首席运营官 Rick Belluzzo 领导，负责管理商业运作和全部的商业计划。包括公司的财政、行政管理、人力资源和信息技术部门。

微软公司如此令人瞩目的原因有以下一些：它是全球最大的计算机软件公司；它在操作系统和办公软件方面扮演着事实上的垄断者地位；它使得它的创立者跻身于世界上最富有的人之列；特别是掌门人比尔·盖茨多年来位居世界首富；任何公开买卖的公司中，它有最大的公司市值；多年来它官司不断，和业界其他公司的明争暗斗已经成为 IT 文化的一部分。

微软公司生产的软件产品包括很多的种类：Windows 图形操作系统，它有很多版本。MS-DOS——微软公司的早期产品，它是一个命令行界面的操作系统。早期的 Windows 版本要在 MS-DOS 下运行，但是到了 Windows NT 以及以后的产品已经可以脱离 MS-DOS 运行了，但由于用户应用因软硬件原因在 Windows NT 下不能正常运作，微软公司同时间继续推出 Windows 95、Windows 98、Windows Me，均是在 MS-DOS 下运行的过渡产品。Microsoft Office 是微软公司的办公软件套件，根据版本不同可能包括 Word(文字处理)、Excel(表格处理)、Access(桌面数据库)、PowerPoint(幻灯片制作)、Outlook(个人邮件和日程管理)、Project(项目管理)和 Publisher(电子排版)等软件。微软公司也为 Apple Macintosh 生产使用于苹果计算机的版本。

Internet Explorer 是微软公司的网页浏览器。它是目前世界上使用最广泛的一种浏览器，从 Windows 95 开始，被设置为微软公司各版本的 Windows 的默认浏览器。它在 Apple Macintosh 上也可以使用。微软公司投资了四亿美元把这种浏览器预装在苹果机上。Microsoft FrontPage 是一款所见即所得的网页编辑软件。

Windows Media Player 是一个用于播放音频和视频的程序。

微软公司也生产一系列参考产品，例如百科全书和地图册，使用 Encarta 的名称。

微软公司还开发用于应用系统开发的集成开发环境，命名为 Microsoft Visual Studio。目前已发布用于.NET 环境编程的相应开发工具 Visual Studio .NET。

游戏帝国时代、微软公司模拟飞行、微软公司模拟火车、微模拟货车为 Microsoft 旗下工作室开发。20 世纪 90 年代中期，微软公司开始将其产品线扩张到计算机网络领域。微软公司在 1995 年 8 月 24 日推出了在线服务 MSN(Microsoft Network，微软网络)。MSN 是美国在线的直接竞争对手，也是微软公司其他网络产品的主打品牌。

1996 年，微软公司以及美国的广播业巨擘 NBC(国家广播公司)联合创立了 MSNBC，一个综合性的 24 小时新闻频道以及在线新闻服务供应商。

1997 年年末，微软公司收购了 Hotmail，Hotmail 是最早以及最受欢迎的 webmail 服务商。Hotmail 被重新命名为 MSN Hotmail，并成为.NET Passport，一个综合登入服务系统的平台。

MSN Messenger 是一个即时信息客户程序，由微软公司在 1999 年推出，是美国在线的 AOL Instant Messenger(AIM)及 ICQ 的主要竞争对手。

微软公司创立了多所培训中心，旨在训练出一批低成本、只精通微软公司产品的雇员。最著名的就是 MCSE 考核(全称“微软认证系统工程师”)。虽然 MCSE 确实认证对微软公司产品的熟悉程度，它却并不是一个工程师的考核。一些苛刻的评论人员将 MCSE 称为“必须咨询那些有经验的人”。

虽然微软公司总体上是一家软件公司，它也生产一些计算机硬件产品，通常用来支援其特殊的软件商品策略：早期的一个例子是微软鼠标，用来鼓励更多用户使用微软操作系统的图形用户界面。由于使用图形用户界面而不用到鼠标是很罕见的，因此鼠标的流行会帮助更多用户使用 Windows。微软公司确立了 IntelliMouse(中键带滚轮的鼠标)鼠标标准，新增的滚轮方便了用户在浏览网页时上下翻页。

微软公司还售游戏杆等游戏硬件产品。公司还购买了互联网设备公司 WebTV，以支援其 MSN 互联网服务。

2001 年，微软公司推出的 Xbox 游戏机标志着公司开始进入价值上百亿美元的游戏终端市场，这个市场之前一直由索尼(Sony)和任天堂(Nintendo)两家公司主导。

微软公司创立于 1975 年，公司创立初期以销售 BASIC 解译器为主。当时的计算机爱好者也常常自行开发小型的 BASIC 解译器，并免费分发。然而，由于微软公司是少数几个 BASIC 解译器的商业生产商，很多家庭计算机生产商在其系统中采用微软公司的 BASIC 解译器。随着微软公司的 BASIC 解译器的快速成长，制造商开始采用微软公司的 BASIC 的语法以及其他功能以确保与现有的微软产品兼容。正是由于这种循环，微软公司的 BASIC 逐渐成为公认的市场标准，公司也逐渐占领了整个市场

1983 年，微软公司与 IBM 公司签订合同，为 IBM PC 提供 BASIC 解译器，之后微软公司又向 IBM 公司的机器提供操作系统。微软公司之后购买了 Tim Patterson 的 QDOS 使用权，在进行部分改写后通过 IBM 公司向市场发售，将其命名为 MS-DOS。MS-DOS 获得了巨大的成功。PC 硬件上运行的程序在技术上并不一定比其所取代的大型程序要好，但它有两项无法超越的优点：它为终端用户提供了更大的自由，而且价格更低廉。微软公司的成功也是个人计算机发展的序幕。

微软公司开发过多种软件产品，包括操作系统、程序设计语言的编译器以及解译器、文字处理器、数据表等办公软件、互联网客户程序，网页浏览器和电邮客户端等这些产品中有些十分成功，有些则不太成功。从中人们发现了一个规律：虽然微软公司的产品的早期版本往往漏洞百出，功能匮乏，并且要比其竞争对手的产品差，但之后的版本却会快速进步，并且广受欢迎。今天，微软公司的很多产品在其不同的领域主宰市场。

微软公司在市场营销以及产品开发中的可重用工程中花了大量的精力，并且试图将其产品进一步组合，以提供用户一贯的开发环境。微软公司也试图将 Windows 这个著名品牌扩展到其他领域，例如，用于 PDA 的 Windows CE 以及支持 Windows 的 Smartphone 产品。

很长一段时间内，微软公司被广泛认可为一个计算机软件市场上的“乖小孩”，提供低廉的软件以取代原先价格高昂的主流 UNIX 产品。微软公司也因赚入大笔钞票而受到钦佩。然而，即使是在早期，微软公司被指责故意将其 MS-DOS 与竞争对手生产的 Lotus 1-2-3 数据表无法兼容。到 20 世纪 90 年代，微软公司是“坏小孩”的看法日益增多。主要的批评意

见是他们利用在桌上计算机市场上的优势不公平地剥削用户。

最近几年，有人指责微软公司涉嫌一系列合法性受怀疑的商业行为。微软公司的 Windows 产品有效地垄断了桌面计算机操作系统市场。那些持上述看法的人指出，几乎所有市场上出售的个人计算机都预装有微软公司的 Windows 操作系统。一些观察家声称，微软公司作为一个垄断企业令其竞争对手处境窘困：一方面，竞争对手不愿意承认微软公司的垄断地位。因为在一个被垄断的市场，只有一家产品或服务的提供商。因此对竞争对手而言，将微软公司称为垄断者会将自己置于一个失败者的境地：这样做等于是否定了自己的存在，或否定了自己能够生存、竞争的能力。另一方面，竞争对手又希望将微软公司比作垄断企业，因为这样做会给自己带来好处。首先，这有可能导致市场管理者（政府）的介入。其次，被看作是“落水狗”的微软公司竞争对手有可能在公共关系上取胜，以刺激销售。无论微软公司是否是垄断企业，人们可以肯定的是：在多数微型计算机软件市场，微软公司是主导企业。这种主导引发很多不满。这种不满不仅仅只存在于竞争对手中间。有人批评认为微软公司试图利用其在桌面计算机操作系统市场上的垄断地位来扩大其在其他市场上的市场份额，例如，网页浏览器、服务器操作系统、办公软件、多媒体播放软件。在微软公司将 Internet Explorer 与 Windows 操作系统捆绑销售后，微软公司在浏览器市场获得了非常大的份额。正是部分由于这种行为，微软公司被美国联邦法庭裁定滥用其在美国的操作系统市场的主导优势。在所有这些指控中，微软公司以满足客户需求为由为自己辩护。也有人批评微软公司的“包围再扩展”的策略。微软公司试图在开放、已确立的标准之上加入专利功能，以最终达到利用其市场优势来控制“扩展”的标准。有些人将这种策略称为“包围、扩展再毁灭”。

2002 年，微软公司的多项网络以及互联网相关的产品在多次出现安全漏洞后被广受讨论。一些恶意的程序员不断利用微软软件的安全漏洞搞破坏，例如，通过互联网创造及发布能够消耗系统资源或破坏数据的蠕虫、病毒以及特洛伊木马。这些破坏行为一般的目标是微软公司的 Outlook 和 Outlook Express 电邮客户程序、Internet Information Server(IIS) 网页服务器，以及 SQL Server 数据库服务器软件。微软公司辩解说由于其在互联网软件市场上的领导地位，自然而然地微软公司的产品会遭到更多的攻击，因为这些微软公司产品被广泛使用。而有人则反驳说这些攻击也对准那些微软公司并不占优势的产品，显示微软公司的产品要比其竞争对手的产品在安全性上更低一筹。

在一些案例中，微软公司的产品为了让新手更容易使用、设置，往往导致了这些蠕虫及病毒的散播。例如，微软公司的 Windows 操作系统自 1995 年起就自动隐藏文件后缀名，这样那些恶意攻击者往往就能够让 E-mail 收信人打开一些看起来普通却十分危险的附件（最近版本的 Outlook 和 Outlook Express 禁止接收危险的文件类型，这样用户便无法打开）。批评指出微软公司是在用软件的易用性交换安全性。

盖茨在 2002 年 1 月启动了可信赖计算计划。他将其形容为一个长期的、全公司性的计划，以寻找并修正微软公司产品中的安全以及泄露隐私方面的漏洞。在该计划下，公司会重新评估和设计原先的一些规范及过程，也延迟了 Microsoft Windows Server 2003 的上市时间。对可信赖计算计划的反应各不相同，有观察家表扬微软公司对安全问题的重视，但也提醒公司还有很多工作要做。

微软公司对这些法律威胁以及公众看法的反应就是紧凑的政治游说活动以及撒入上百

万美元的政治捐款。根据政治反应中心网站的数据，微软公司在上一次的美国联邦选举的政治捐款中，43%给了民主党，57%给了共和党。

微软公司产品的主要优点是它的普遍性，让用户从所谓的网络效应中得益。例如，Microsoft Office 的广泛使用使得 Office 文件成为文档处理格式的标准，这样几乎所有的商业用户都离不开 Microsoft Office。

微软公司的软件也被设计成容易设置，允许企业雇用低廉、水准并不太高的系统管理员。微软公司的支持者认为这样做的结果是下降了"拥有总成本"。微软公司的软件对 IT 经理们在采购软件系统时也代表了"安全"的选择，因为微软公司软件的普遍性让他们能够说他们跟随的是被广泛接受的选择。这对那些专业知识不足的 IT 经理来说是一个特别吸引人的好处。虽然这样做对快速软件开发是十分有效的，它却导致了不同软件包之间的复杂依赖关系。这可能导致的后果是，举个例子，当微软公司的浏览器程序崩溃时，会导致操作系统的 GUI 同时崩溃。微软公司在安全问题上的立场就是"不是禁止就是允许"。这些问题从专门攻击微软程序的蠕虫以及病毒的泛滥中就可见一二。

上面所提到的关于允许雇用廉价却未有良好训练的系统管理员的优点有可能导致以下问题：更大的不可靠性，意味着你需要雇用更多的这类管理员；有可能导致安全漏洞，因为不管使用什么操作系统，只有受过良好训练的系统管理员才可能提升系统安全性。微软公司的批评者指出运行微软公司的产品需要花费更大代价，因为微软公司软件的用户事实上并不拥有他们所使用的软件，这对微软公司的商业模式是十分重要的。微软公司将自由软件看作是它可能的主要竞争对手，特别是 Linux。从万圣节文件中我们可以看到，微软公司已经对自由软件以及开放源代码软件采取了"包围、扩展、毁灭"的策略。

为了在桌上计算机市场上建立其领导地位，微软公司冒着失去低廉价格以及更多自由度（这正是个人计算机快速发展以及微软公司自身成功的重要因素）的风险。单就价格层面而言，微软公司很难与自由软件相抗衡。很多相信微软公司并没有赋予他们选择自由的用户已经从自由软件那里找到了他们所渴望的自由。

传统的微软策略，例如购买竞争对手，或者 FUD 策略，对于自由软件而言毫无作用。因为自由软件无法被收购或控制，自由软件即使失去了创造它的公司也依然能够生存。

微软公司首席行政执行官史蒂夫·鲍尔默已经将 Linux 称作一个"坚强的竞争力量。它是非传统的、自由的，而且很便宜。我们必须告诉人们，为什么他们所付（给我们的）其实物超所值。我们的产品曾经都很便宜。我们要比 Novell、甲骨文都要便宜。但这次我们不能这样办。"

鲍尔默在一个微软公司伙伴的会议上说："我们曾经十分自豪，自己提供最便宜的产品——我们的价格最低，提供的内容却最多，不论是 Novell、Lotus 还是其他任何人都比不过我们。但现在我们面临的，是一个独特的竞争对手——Linux。对我们这样的公司而言，这实在是一种新的思考方式。"对于那些预装 Linux 的低廉个人计算机，微软公司的反应是他们不会降低 Windows 的销售价格。一些观察家指出，这种拒绝进行价格战的行为正是垄断企业的特点。

1998 年 11 月 5 日，微软公司在北京成立微软中国研究院，并于 2001 年 11 月 1 日将其正式更名为微软亚洲研究院。微软亚洲研究院是微软公司在海外开设的第二家基础科研机构，也是亚洲地区唯一的基础研究机构。

12.7 本章小结

本章介绍了线程的概念以及在 Java 应用程序开发中用到的线程基本知识，包括线程的生命周期、线程的状态、线程的优先级、线程的调度、线程的关系和线程同步问题。通过本章的学习为开发多线程的应用程序奠定基础。

通过本章的学习，应了解和掌握以下内容。

(1) 进程和线程的概念。

(2) 多线程的实现。

(3) 线程的生命周期。

(4) 线程的优先级。

(5) 线程同步。

总之，通过本章的学习，应初步掌握 Java 中多线程的基本知识，为开发应用程序奠定良好的基础。

12.8 习　　题

12.8.1 选择题

1. 通过继承(　　)类声明的类是线程类。

   A. Runnable　　B. Thread　　C. Timer　　D. Object

2. 线程的最低优先级是(　　)。

   A. 1　　B. 3　　C. 6　　D. 10

3. 解决线程资源共享遇到的问题可以采用(　　)。

   A. 异常机制　　B. 事件机制　　C. 同步机制　　D. 内存管理机制

12.8.2 填空题

1. Java 语言提供 4 种线程实现方式：________、________、Timer 和 TimerTask。
2. 线程的默认优先级是________。
3. 资源竞争导致了两个问题：________和________。

12.8.3 论述题

1. 论述什么是程序、进程和线程以及它们之间的关系。
2. 论述使用线程的好处。
3. 论述线程的 6 种状态。
4. 论述什么是死锁和饥饿。

12.8.4 操作题

1. 使用多线程技术编写模拟银行 ATM 存款和取款的系统。
2. 使用多线程开发一个模拟售票系统。

第13章 网络编程

21世纪的一些重要特征就包括数字化、网络化和信息化，这是一个以网络为核心的信息时代。网络现已成为信息社会的命脉和发展经济的重要基础。现在人们的生活、工作、学习和交往都已离不开因特网。1994年，中国作为第71个国家加入Internet。

在网络上，通过IP地址标识，使得位于不同地理位置的计算机有可能互相访问和通信。每台计算机都可以存放一定数量的资源，并通过网络共享。现在网络上的资源非常丰富。统一资源定位器(URL)可以指向网络上的各种资源。通过统一资源定位器可以获取网络上的资源。在网络上进行通信通常要遵循一定的规则，这些规则常常称为协议。常用的网络通信协议有TCP、UDP和SSL安全网络通信协议等。

本章主要内容如下。

(1) 网络通信简介。

(2) URL。

(3) 基于TCP的Socket编程。

(4) 基于UDP的Socket编程。

(5) 基于SSL的Socket编程。

13.1 网络通信简介

网络用物理链路将各个孤立的工作站或主机连接在一起，组成数据链路，从而达到资源共享和通信的目的。通信是人与人之间通过某种媒体进行的信息交流与传递。网络通信一般通过网络协议进行。当今网络协议有很多，我们经常用到的是TCP/IP。实际应用中，应根据具体需要来选择合适的网络协议。

网络协议就是网络之间沟通、交流的桥梁，只有相同网络协议的计算机才能进行信息的沟通与交流。这就好比人与人之间交流所使用的各种语言一样，只有使用相同语言才能正常、顺利地进行交流。从专业角度定义，网络协议是计算机在网络中实现通信时必须遵守的约定，也就是通信协议，主要是对信息传输的速率、传输代码、代码结构、传输控制步骤、出错控制等做出规定并制定出标准。

网络中不同的工作站、服务器之间能传输数据是由于协议的存在。随着网络的发展，不同的网络应用程序开发商开发了不同的通信方式。为了使通信成功可靠，网络中的所有主机都必须使用同一语言，不能带有方言。因而必须开发严格的标准定义主机之间的每个包中每个字中的每一位。这些标准源自于多个组织的努力，约定好通用的通信方式，即协议。

这些都使通信更容易。已经开发了许多协议，但是只有少数被保留了下来。那些协议的淘汰有多种原因——设计不好、实现不好或缺乏支持。而那些保留下来的协议经历了时间的考验并成为有效的通信方法。这些协议都符合一定的协议标准。

网络协议标准可分为两类。

(1) 事实标准：由厂家制定的，未经有关标准化组织审定通过，但由于广泛使用而形成了事实标准。

(2) 法定标准：经有关标准化组织审定通过的标准。

国际上的常见标准化组织有 3 个。

(1) 国际电信联盟(International Telecommunication Union,ITU)。

(2) 国际标准化组织(International Standards Organization,ISO)。

(3) Internet 体系结构委员会(Internet Architecture Board,IAB)。

法律上的国际标准网络协议 OSI 并没有得到市场的认可。非国际标准网络协议 TCP/IP 现在获得了最广泛的应用。TCP/IP 常被称为事实上的国际标准网络协议。

1977 年，ISO 成立研究机构。1983 年，形成了 OSI 的正式文件，即七层协议体系结构，只要遵循 OSI 标准，一个系统就可以和位于世界上任何地方的、也遵循这同一标准的其他任何系统进行通信。七层协议分别是物理层、数据链路层、网络层、传输层、会话层、表示层和应用层。

TCP/IP 把整个网络划分为四层的体系结构：应用层、传输层、网络层和网络接口层。在实际网络应用中，网络接口层包含数据链路层和物理层。

每种网络协议都有自己的优点，但是只有 TCP/IP 允许与 Internet 完全连接。TCP/IP 是在 20 世纪 60 年代由麻省理工学院和一些商业组织为美国国防部开发的 ARPANET 基础上诞生的。开发网络的目的是即便遭到核攻击而破坏了大部分网络，TCP/IP 仍然能够维持有效的通信。

TCP/IP 同时满足了可扩展性和可靠性的需求。TCP/IP 的开发得到了美国政府的大力资助。Internet 商业化以后，人们开始发现全球网的强大功能。Internet 的普遍性是 TCP/IP 至今仍然使用的原因。常常在没有意识到的情况下，用户就在自己的 PC 上安装了 TCP/IP，从而使该网络协议在全球应用最广。目前 IPv4 的 32 位寻址方案已不足以支持即将加入 Internet 的主机和网络数，可能的替代标准是 IPv6。

13.2 统一资源定位器

在信息化时代，网络上有丰富的资源供人们使用。行政单位、学校、公司等各个单位都可以通过网络发布消息。人们也可以在网络上获取人们需要的各种各样的软件、电子书籍和歌曲等。这些网络资源都可以通过统一资源定位器定位。

URL(Uniform Resource Locator)是统一资源定位器的简称，它表示 Internet 上某一资源的地址。通过 URL 可以访问 Internet 上的各种网络资源，比如最常见的 WWW、FTP 站点。浏览器通过解析给定的 URL 可以在网络上查找相应的文件或其他资源。

在获取各种网络资源之前一般需要知道网络资源所在的网络地址。

1. 网络地址

在网络上，计算机是通过网络地址标识的。网络地址通常有两种表示方法。第一种表示方法通常采用4个整数组成，是一个32位的地址。每个32位IP地址被分割成两部分：前缀和后缀。地址前缀部分确定了计算机从属的物理网络；后缀部分确定了该网络上的一台计算机。

例如，219.198.127.8是郑州轻工业学院的IP地址。

另外一种方法是通过域名表示网络地址。

例如，www.zzuli.edu.cn是郑州轻工业学院网站的域名。该域名与IP地址表示的是同一个网络地址。如果在网页浏览器的地址栏中输入219.198.127.8或输入www.zzuli.edu.cn，打开的是同一个网页，即郑州轻工业学院的主页。

在网络程序中，可以用类InetAddress的实例对象来封装网络地址，并获取其相关的信息。

类InetAddress的常用成员方法有3个。

(1) getLocalHost()：可获取本地计算机的网络地址，表示成127.0.0.1或localhost。

(2) getByAddress(byte[ ] addr)：可获取由参数addr指定的IP地址所对应的网络地址。

(3) getByName (String host)：获取字符串参数host所指定的网络地址，IP地址和主机名都可作为host的参数值。

【例13-1】 获取网络地址的使用(InetAddressUse.java)。

```
package ch132;
/*
    开发者：***
    开发地点：***
    开发时间：****年**月**日
    最后一次修改时间：****年**月**日
    功能简介：使用 InetAddress 类获取网络地址
*/
import java.net.InetAddress;
import java.net.UnknownHostException;

public class InetAddressUse{
    //主机名,或者域名
    private String hostAddress;
    //声明一个对象
    InetAddress ia;
    public InetAddressUse(String hostAddress){
        this.hostAddress=hostAddress;
    }
    public void address(){
        try{
```

```
            ia=InetAddress.getByName(hostAddress);
        }catch (UnknownHostException e){
            System.err.println(e);
        }
        if(ia!=null){
            System.out.println("网络地址是:"+ia.getHostAddress());
            System.out.println("网站的主机名是:"+ia.getHostName());
        }
        else
            System.out.println("无法访问该网络地址: "+hostAddress);
    }
    public static void main(String args[]){
        InetAddressUse iau=new InetAddressUse("www.zzuli.edu.cn");
        iau.address();
    }
}
```

InetAddressUse 类的文件结构和运行结果如图 13-1 所示。

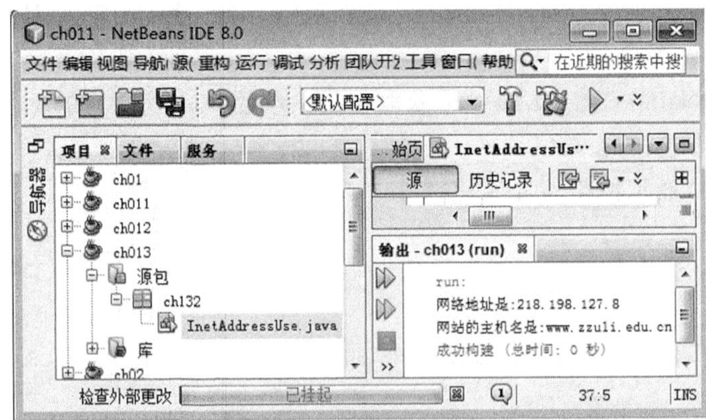

图 13-1 InetAddressUse 类的文件结构和运行结果

2. 统一资源定位器(URL)

统一资源定位器也称为网络资源定位器或统一资源定位地址，它一般指向网络上的资源。网络资源不仅包括网络上的各种简单对象，如网络上的路径和文件等，还可以是一些复杂的对象，如数据库或搜索引擎。统一资源定位器通常由若干个部分组成，其中常用的有协议(Protocol)、主机(Host)、端口号(Port)、文件(File)等。

协议(Protocol)指的是获取网络资源的网络传输协议。例如，超文本传输协议(HyperText Transfer Protocol，HTTP)是在网络上进行超文本数据传输的一种协议，文件传输协议(File Transfer Protocol，FTP)是在网络上进行文件传输的协议。这两种协议都是常用的网络协议。

主机(Host)指的是网络资源所在的主机。它可以用网络地址表示。

端口号(Port)指的是与主机进行通信的端口号。端口号是一个整数，通常取值范围在

0～65 535 之间(即 16 位二进制整数)。小于 1024 的端口号一般分配给特定的服务协议,如 TELNET(远程登录)的默认端口号是 23;简单邮件传输协议(Simple Mail Transfer Protocol,SMTP)的默认端口号是 25;HTTP 的默认端口号是 80;FTP 的默认端口号是 21(控制端口)、20(数据端口)。如果没有注明端口号,URL 将使用默认的端口号。

文件(File)指的是广义的文件,即除了可以是普通的文件之外,还可以是路径。

3. URL 类的声明

URL 类的声明如下:

```
public final class URL implements Serializable{
    //参数 spec 指定一个包含协议、主机名、端口号、文件名的完整 URL 地址
    public URL(String spec)throws MalformedURLException;
    //参数分别指定协议名、主机名、文件名
    public URL(String protocol, String host, String file) throws
    MalformedURLException;
    public URL (String protocol, String host, Sting port, String file) throws
    MalformedURLException;              //参数分别指定协议名、主机名、端口号、文件名
    public String getProtocol();        //返回在该 URL 中记录的协议名称
    public String getHost();            //返回在该 URL 中记录的主机名
    public String toString();           //返回完整的 URL 地址字符串
    public int getDefaultPort();        //返回在该 URL 中记录的默认端口号
    public int getPort();               //返回在该 URL 中记录的端口号
    public String getFile();            //返回在该 URL 中记录的文件名
}
```

【例 13-2】 URL 的使用(URLUse.java)。

```
package ch132;
/*
    开发者:***
    开发地点:***
    开发时间:****年**月**日
    最后一次修改时间:****年**月**日
    功能简介:使用 URL 类获取 URL 的基本属性
*/
import java.net.URL;
import java.net.MalformedURLException;

public class URLUse{
    public static void main(String args[]){
        try{
            URL u=new URL("http://www.zzuli.edu.cn");
            System.out.println("在 URL("+u+")当中:");
            System.out.println("协议是"+u.getProtocol());
            System.out.println("主机名是"+u.getHost());
```

```
            System.out.println("文件名是"+u.getFile());
            System.out.println("端口号是"+u.getPort());
        }catch (MalformedURLException e){
            System.err.println(e);
        }
    }
}
```

URLUse 类的文件结构和运行结果如图 13-2 所示。

图 13-2　URLUse 类的文件结构和运行结果

4. 获取网络资源

统一资源定位器指向网络上的资源。通过类 URL 的成员方法 openStream()可以将类 URL 的实例对象与它所指向的资源建立起关联，从而可以将该网络资源当作一种特殊的数据流。这样可以利用处理数据流的方法获取该网络资源。

读取网络资源数据的步骤如下。

(1) 创建类 URL 的实例对象，使其指向给定的网络资源。

(2) 通过类 URL 的成员方法 openStream()建立起 URL 连接，并返回输入流对象的引用，以便读取数据。

(3) 通过 java.io.BufferedInputStream 或 java.io.BufferedReader 封装输入流。

(4) 读取数据，并进行数据处理。

(5) 关闭数据流。

其中，步骤(3)不是必要的步骤。当网络不稳定或速度很慢时，通过步骤(3)可以提高获取网络资源数据的速度。

【例 13-3】 通过 URL 获取网络资源的应用示例(URLReadDataUse.java)。

```
package ch132;
/*
    开发者：***
    开发地点：***
```

```
    开发时间：****年**月**日
    最后一次修改时间：****年**月**日
    功能简介：通过 URL 获取网站的资源
 */
import java.io.BufferedReader;
import java.io.InputStreamReader;
import java.net.URL;

public class URLReadDataUse{
    public URLReadDataUse(){
        try{
            URL url=new URL("http://www.zzuli.edu.cn");
            BufferedReader br=new BufferedReader(new
                                            InputStreamReader(url.openStream()));
            String s;
            while ((s=br.readLine()) !=null)      //读取网络资源信息
                System.out.println(s);            //输出网络资源信息
            br.close();
        }catch (Exception e){
            System.err.println(e);
        }
    }
    public static void main(String args[]){
        new URLReadDataUse();
    }
}
```

URLReadDataUse 类的文件结构和运行结果如图 13-3 所示。

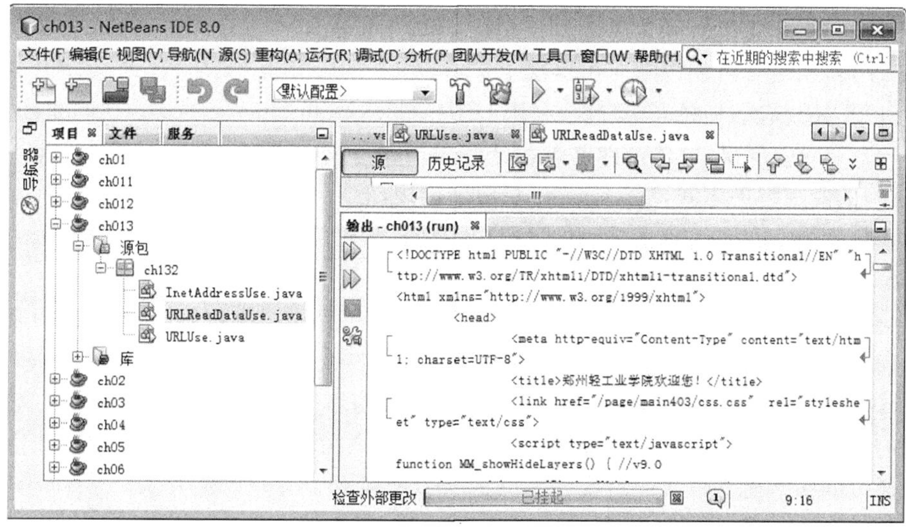

图 13-3　URLReadDataUse 类的文件结构和运行结果

13.3 Java 网络编程

使用 Java 语言提供的网络编程类库可以编写类似 QQ 聊天系统、FTP 服务器、Web 服务器等应用软件。

13.3.1 Java 网络编程概述

通过使用套接字来实现进程间通信的编程，就是网络编程。网络编程从大的方面说包括信息的发送与接收。中间传输由物理线路完成，编程人员可以不用考虑中间传输。网络编程最主要的工作就是在发送端把信息通过规定的协议分封成包，在接收端按照规定的协议对包进行解析，从而提取出对应的信息，达到通信的目的。其中最主要的工作就是数据包的封装、数据包的过滤、数据包的捕获和数据包的分析，最后再做一些处理。

套接字是一种基于网络通信的接口，是一种软件形式的抽象表述。用于表达两台计算机之间在同一个连接上的两个"终端"，即针对一个连接，每台机器上都有一个"套接字"，它们之间有一条虚拟"线缆"，线缆的每一端都插入到一个"套接字"里。

套接字的相关概念如下。

(1) 套接字(Socket)：应用程序和网络协议的接口。

(2) Java Socket：Java 应用程序和网络协议的接口，提供若干个类的定义。Java 应用程序利用这些类集成网络协议的行为，实现网络通信。

(3) TCP Socket：使用 TCP 实现可靠的网络通信。

(4) UDP Socket：使用 UDP 实现效率较高的网络通信。

(5) SSL Socket：使用 SSL 实现安全的网络编程。

Java 语言中的套接字(Socket)就是网络通信协议的一种应用，Java 语言将 TCP/IP 封装到 java.net 包的 Socket 和 ServerSocket 类中，通过 TCP/IP 提供网络上两台计算机之间(程序之间)交互通信的可靠连接。

Java 网络编程可在以下 4 个层次上进行。

(1) URL 层次，即最高级层次，利用 URL 直接进行 Internet 上的资源访问和数据传输。

(2) Socket 层次，即传统网络编程经常采用的方式，通过在 Client/Server(客户端/服务器)结构的应用程序之间建立 Socket 套接字连接，然后在连接之上进行数据通信，是一种常用的通信模式。在使用套接字通信过程中主动发起通信的一方被称为客户端。接受请求进行通信的一方被称为服务器。

(3) Datagram 数据报层次，即最低级层次，是使用"用户数据报协议(UDP)"的通信方式。

(4) SSL 是基于加密和安全的网络编程。

java.net 包中提供的 Socket 类实现了客户端的通信功能、ServerSocket 类实现了服务器端的通信功能。当客户端和服务器连通后，它们之间就建立了一种双向通信模式。

通过套接字建立连接的过程分为以下 3 个步骤。

(1) 服务器建立进程，负责监听端口(客户端)是否要求进行通信。

(2) 客户端创建一个 Socket 对象，包括连接的主机号和端口号，指定使用的通信协议，通过发出通信请求，试图与服务器建立连接。

(3) 服务器监听到客户端的请求,创建一个对象,与客户端进行通信。

在使用套接字编写客户端/服务器应用程序时,建立客户端和服务器两端相互通信的过程是一样的,该过程的主要工作可归纳为以下 4 个方面。

(1) 打开套接字。

(2) 打开到套接字的输入、输出流。

(3) 根据服务器协议读写套接字。

(4) 通信结束前的清理工作。

在 Java 网络编程中,一个套接字由主机号、端口号和协议名三部分主要内容组成。

TCP/IP 模型提供了两个传输层协议:传输控制协议 TCP 和用户数据报协议 UDP。

13.3.2　基于 TCP 的网络编程原理

TCP 是一个可靠的面向连接的传输层协议,它将某节点的数据以字节流形式无差错地投递到互联网的任何一台计算机上。发送方的 TCP 将用户交来的字节流划分成独立的报文并交给网络层进行发送,而接收方的 TCP 将接收的报文重新装配交给接收用户。TCP 同时处理有关流量控制的问题,以防止快速的发送方淹没慢速的接收方。

UDP 是一个不可靠的、无连接的传输层协议,UDP 将可靠性问题交给应用程序解决。UDP 主要面向请求/应答式的交易型应用,一次交易往往只有一来一回两次报文交换,假如为此而建立连接和撤销连接,开销是相当大的。这种情况下使用 UDP 就非常有效。另外,UDP 也应用于那些对可靠性要求不高,要求网络的延迟较小的场合,如语音和视频数据的传送。

基于 TCP 的网络编程原理,如图 13-4 所示。

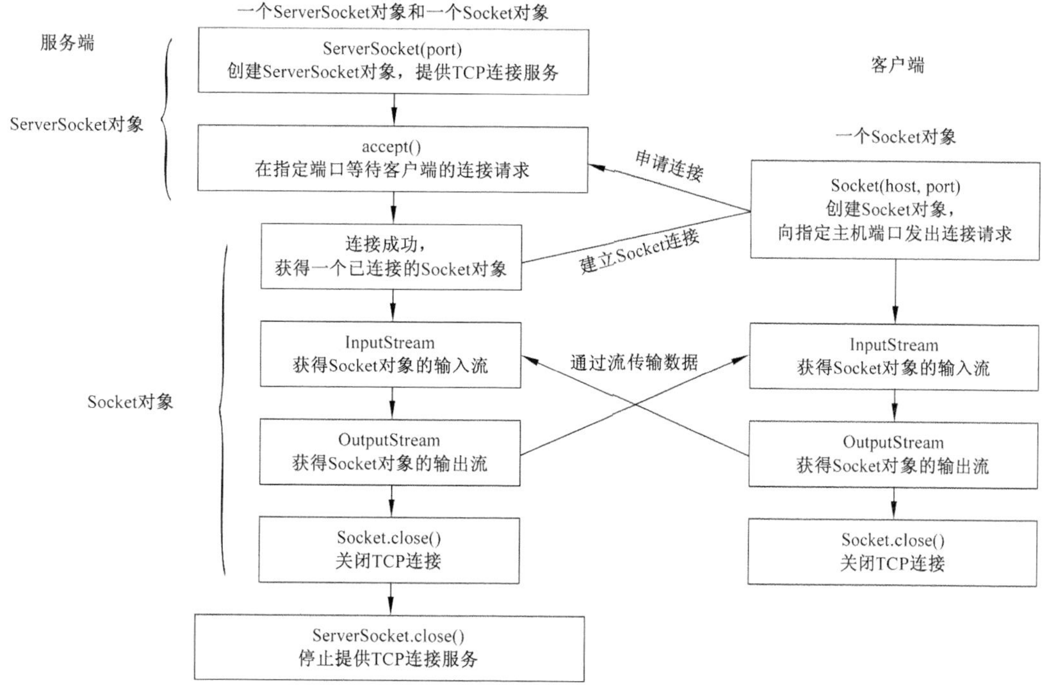

图 13-4　基于 TCP 的网络编程原理

服务器端编程通常由如下 5 个步骤组成。

(1) 在服务器端,首先要创建类 ServerSocket 的实例对象,注册在服务器端进行连接的端口号以及允许连接的最大客户数目。

(2) 调用类 ServerSocket 的成员方法 accept()等待并监听来自客户端的连接。当有客户端请求与该服务器建立起连接时,类 ServerSocket 的成员方法 accept()将返回连接到客户端的套接字,套接字的类型是 Socket。通过该套接字可以与客户端进行数据通信。

(3) 调用类的成员方法 getInputStream()和 getOutputStream()获得该套接字所对应的输入流和输出流。

(4) 通过获得的输入流和输出流与客户端进行数据通信,并处理从客户端获得的数据以及需要向客户端发送的数据。

(5) 在数据通信完毕之后,关闭输入流、输出流和套接字。

在服务器端创建类 ServerSocket 的实例对象,并且调用类 ServerSocket 的成员方法 accept()之后,服务器端开始一直等待客户端与其连接。

客户端编程通常由如下 4 个步骤组成。

(1) 创建类 Socket 的实例对象,与服务器端建立起连接。在创建 Socket 的实例对象时需要指定服务器端的主机名以及进行连接的端口号(即在服务器端构造类 ServerScket 的实例对象时所注册的端口号)。主机名与端口号必须完全匹配才能建立起连接,并构造出类 Socket 的实例对象。在构造出 Socket 的实例对象之后的步骤与服务器端的相应步骤基本一致。

(2) 调用类 Socket 的成员方法 getInputStream()和 getOutputStream()获得该套接字所对应的输入流和输出流。

(3) 通过获得的输入流和输出流与服务器端进行数据通信,并处理从服务器端获得的数据以及需要向服务器端发送的数据。

(4) 当数据通信完毕,关闭输入流、输出流以及套接字。

13.3.3 基于 TCP 的网络编程实现

1. 服务器端程序编写思路

Java 提供了一个 ServerSocket 类,程序员可以很方便地用它编写服务器程序。

ServerSocket 类包含了如下用 Java 编写服务器程序的所有内容。

(1) 创建 ServerSocket 对象的构造方法。

(2) 在指定端口监听客户端连接并返回 Socket 对象的方法。

(3) 设置不同选项以及各种其他常用的方法。

服务器端网络程序的基本生命周期如下。

(1) 利用 ServerSocket()构造方法在指定端口号后创建一个新的 ServerSocket 实例对象。

(2) ServerSocket 利用它的 accept()方法在指定端口监听客户端连接。accept()方法会一直处于阻塞状态,直到有客户端试图建立连接。这时 accept()方法会返回一个连接客户端和服务器的 Socket 对象。

(3) 调用 getInputStream()方法、getOutputStream()方法或者两者都调用来得到与客户端通信的输入流和输出流，具体调用哪一个方法还是两者都调用与具体服务器的类型有关。

(4) 服务器和客户端根据双方都承认的协议进行交互，直到关闭连接时为止。

(5) 服务器、客户端或两者均关闭连接。

(6) 服务器返回步骤(2)，等待下一个连接的到来。

ServerSocket 的 3 个构造方法如下：

```
public ServerSocket(int port)throws IOException,BindException
public ServerSocket(int port,int queueLength)throws IOException,BindException
public ServerSocket(int port,int backlog,InetAddress bindAddr)throws IOException
```

使用指定的端口、侦听 backlog 和要绑定的本地 IP 地址创建服务器套接字。port 是端口号；backlog 参数必须是大于 0 的正值。如果传递的值等于或小于 0，则使用默认值。传入连接指示(对连接的请求)的最大队列长度被设置为 backlog 参数。如果队列满时收到连接请求将拒绝该连接。bindAddr 参数可以在 ServerSocket 的多宿主主机上使用，ServerSocket 仅接收对其地址之一的连接请求。如果 bindAddr 为 null，则默认接收所有本地地址上的连接。端口号必须在 0～65 535 之间(包括两者)。

例如，为创建一个在 HTTP 服务器的 80 端口使用的服务器套接字，可以编写如下代码：

```
try {
    ServerSocket ss=new ServerSocket(80);
}catch (IOException e){
    System.err.println(e);
}
```

如果不能在所要求的端口号创建服务器套接字，此构造方法将触发一个 IOException 异常。

创建 ServerSocket 时触发 IOException 通常总是意味着下面两种情况之一。

(1) 可能有从另外一个完全不同的程序来的服务器套接字已经占用了所要求的端口号。

(2) 在没有 root(超级用户)权限的情况下试图与范围在 1～1023 之间的端口号建立连接。

例如，为了在端口号 5776 上创建一个服务器套接字，同时使队列中所能存储的到来的连接请求数达到 100，可以编写下面的代码：

```
try {
    ServerSocket httpd=new ServerSocket(5776,100);
}catch(IOException e){
    System.err.println(e);
}
```

2. 客户端程序编写思路

Java 提供了一个 Socket 类，程序员可以很方便地用它编写客户端程序。

Socket 类包含了用 Java 编写客户端程序的所有内容。

客户端网络程序的基本生命周期如下。

(1) 利用构造方法 Socket()创建一个套接字对象，与服务器的指定端口号建立连接。

(2) 调用 Socket 类的 getOutputStream()和 getInputStream()获取输出流和输入流，使用 InputStream()和 OutputStream()进行网络数据的发送和接收。

(3) 最后关闭通信套接字。

Socket 类中有 3 个构造方法。

Socket(String,int)：构造一个连接指定主机、指定端口号的 Socket 实例对象。

Socket(String,int,Boolean)：构造一个连接指定主机、指定端口号的 Socket 实例对象，boolean 类型的参数用来设置是数据流 Socket 类还是数据包 Socket 类的实例对象。

Socket(InetAddress,inl)：构造一个连接指定网络地址、指定端口号的 Socket 实例对象。

3. 服务器和客户端的实现

例 13-4～例 13-8 采用多线程的网络编程技术实现一个简单聊天系统。

例 13-4 声明的类是服务器和客户端相同的图形用户界面部分，利用继承性减少聊天界面的图形界面类，即例 13-5 和例 13-6 的代码书写量。例 13-6 中的类继承例 13-5 中的类。例 13-7 中的类是服务器端的类(ServerSocket)。例 13-8 是客户端程序代码(Socket)。

【例 13-4】 聊天系统图形用户界面通用面板(MyPanel2.java)。

```
package ch133;
/*
    开发者：***
    开发地点：***
    开发时间：****年**月**日
    最后一次修改时间：****年**月**日
    功能简介：声明聊天系统图形用户界面通用面板，是聊天界面的父类
*/
import javax.swing.JFrame;
import java.awt.BorderLayout;
import java.awt.Color;
import java.awt.Font;
import javax.swing.BorderFactory;
import javax.swing.JButton;
import javax.swing.JLabel;
import javax.swing.JPanel;
import javax.swing.JScrollPane;
import javax.swing.JTextArea;
import javax.swing.JTextField;
import javax.swing.SwingConstants;

public class MyPanel2 extends JPanel {
    //北区域：可根据 size 的值，创建多个标签和文本框
    protected int size;
    protected JLabel labels[];
```

```
protected JTextField fields[];
//"确定"按钮,由派生子类根据具体要求实现
protected JButton doTask1;
protected JLabel  promptLabel;
//中区域: 文本区
protected JTextArea textArea;
//南区域: 由派生子类根据具体要求放置不同的图形组件
JPanel  southPanel;
public MyPanel2(int mySize){
    setLayout(new BorderLayout());
    //北区域
    size=mySize;
    labels=new JLabel[size];
    fields=new JTextField[size];
    for (int count=0; count<labels.length; count++)
        labels[count]=new JLabel("标签"+count,SwingConstants.RIGHT);
    for (int count=0; count<fields.length; count++)
        fields[count]=new JTextField(12);
    JPanel innerPanelCenter=new JPanel();
    for (int count=0; count<size; count++) {
        JPanel innerPanel=new JPanel();
        innerPanel.add(labels[count]);
        innerPanel.add(fields[count]);
        innerPanelCenter.add(innerPanel);
    }
    doTask1=new JButton("确定");
    innerPanelCenter.add(doTask1);
    promptLabel=new JLabel("设置提示!");
    promptLabel.setForeground(Color.red);
    promptLabel.setBorder(BorderFactory.createTitledBorder("提示"));
    JPanel northPanel=new JPanel(new BorderLayout());
    northPanel.add(innerPanelCenter, BorderLayout.CENTER);
    northPanel.add(promptLabel, BorderLayout.SOUTH);
    add(northPanel,BorderLayout.NORTH);
    //中区域
    textArea=new JTextArea();
    //设置自动换行
    textArea.setLineWrap(true);
    //字边界换行
    textArea.setWrapStyleWord(true);
    textArea.setFont(new Font("幼圆", Font.PLAIN, 16));
    add(new JScrollPane(textArea),BorderLayout.CENTER);
    //南区域
    //调用本类方法初始化南边图形界面组件
    southPanel=this.setSouthPanel();
    add(this.setSouthPanel(),BorderLayout.SOUTH);
}
//该方法创建南边的图形界面组件,子类可根据需要覆盖它
```

```
    protected JPanel setSouthPanel(){
        JPanel panelSouth=new JPanel();
        panelSouth.add(new JLabel("子类中需重写南边的图形组件,以满足不同要求!"));
        return panelSouth;
    }
    //测试 MyPanel2 类
    public static void main(String args[]) {
        JFrame app=new JFrame("通用图形界面--父类 MyPanel2");
        MyPanel2 p=new MyPanel2(1);
        p.labels[0].setText("姓名");
        app.getContentPane().add(p,BorderLayout.CENTER);
        app.setSize(400, 300);
        app.setDefaultCloseOperation(JFrame.EXIT_ON_CLOSE);
        app.setVisible(true);
    }
}
```

聊天系统的文件结构如图 13-5 所示,运行结果如图 13-6 所示。

图 13-5 聊天系统的文件结构

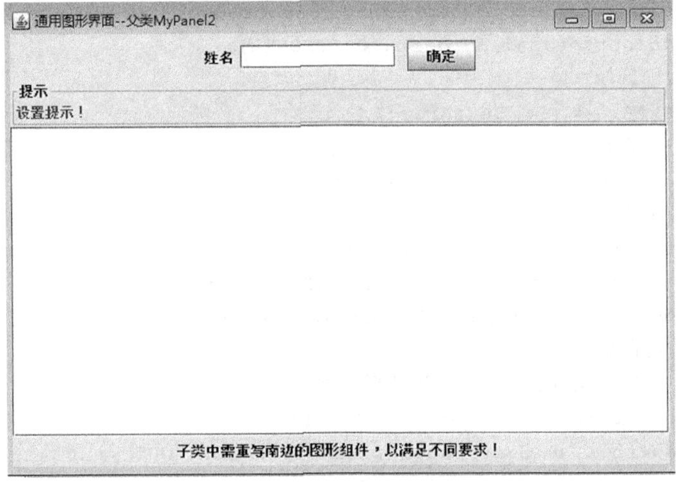

图 13-6 通用父类(MyPanel2)的运行结果

例 13-6 中声明的类继承了例 13-4 中声明的类，在形式上实现了各按钮的动作事件监听处理，并增加了一部分界面内容，如界面南边区域的“发送”、“离线”按钮等组件，运行效果如图 13-7 所示。

【例 13-5】 聊天界面(ChatPanel.java)。

```
package ch133;
/*
    开发者：***
    开发地点：***
    开发时间：****年**月**日
    最后一次修改时间：****年**月**日
    功能简介：声明聊天界面，该类继承聊天系统图形用户界面通用面板类 MyPanel2
*/
import java.awt.event.ActionEvent;
import java.awt.event.ActionListener;
import javax.swing.JButton;
import javax.swing.JFrame;
import javax.swing.JPanel;
import javax.swing.JTextField;

/* 聊天系统图形界面类：实现了各按钮的动作事件监听，但只提供空方法体，具体的功能实现由子
 类负责
*/
public class ChatPanel extends MyPanel2 implements ActionListener{
    //南边的图形界面
    //文本框：输入聊天内容
    protected JTextField southField;
    //"发送"按钮：发送聊天内容
    protected JButton sendButton;
    //"离线"按钮，断开连接
    protected JButton exitButton;
    //昵称
    protected String nickname="我们";
    //初始化面板中的图形组件
    public ChatPanel() {
        //图形界面继承自父类，但修改了文字提示、南边图形界面
        //调用父类构造方法，参数 1 表示有 1 个标签 labels[0]，1 个文本框 fields[0]
        super(1);
        //设置第 1 个标签的提示文字
        labels[0].setText("输入昵称");
        promptLabel.setText("单击\"确定\"按钮，若服务器和客户连接上后，可开始聊天!");
        //为北边的"确定"按钮添加监听
        doTask1.addActionListener(this);
        //为南边的"发送"按钮添加监听
        sendButton.addActionListener(this);
```

```
        //为南边的"离线"按钮添加监听
        exitButton.addActionListener(this);
    }
    //"确定"、"发送"、"离线"3 按钮单击时将执行的任务
    public void actionPerformed(ActionEvent e) {
        if(e.getSource()==doTask1){         //北边"确定"按钮
            doTask1Button();
        }
        if(e.getSource()==sendButton){    //南边"发送"按钮
            sendButton();
        }
        if(e.getSource()==exitButton){    //南边"离线"按钮
            exitButton();
        }
    }
    //单击北边"确定"按钮执行的动作。只提供空方法体,由子类实现具体功能
    protected void doTask1Button(){
    }
    //单击南边"发送"按钮执行的动作。只提供空方法体,由子类实现具体功能
    protected void sendButton(){
    }
    //单击南边"离线"按钮执行的动作。只提供空方法体,由子类实现具体功能
    protected void exitButton(){
    }
    //覆盖父类同名方法,重新绘制聊天室南边的 GUI
    protected JPanel setSouthPanel() {
        //聊天面板南边,一个文本框用于输入聊天内容、两个按钮("发送"和"离线")
        //放置南边组件的面板对象
        JPanel southPanel=new JPanel();
        //输入聊天内容的文本框
        southField=new JTextField(20);
        southPanel.add(southField);
        //"发送"按钮
        sendButton=new JButton("发送");
        //初始设置为不可用
        sendButton.setEnabled(false);
        southPanel.add(sendButton);
        //"离线"按钮
        exitButton=new JButton("离线");
        //初始设置为不可用
        exitButton.setEnabled(false);
        southPanel.add(exitButton);
        //返回包含上述组件的面板对象
        return southPanel;
    }
```

```
    //测试 ChatPanel 类
    public static void main(String args[]){
        JFrame app=new JFrame("聊天界面");
        app.getContentPane().add(new ChatPanel());
        app.setSize(400, 300);
        app.setDefaultCloseOperation(JFrame.EXIT_ON_CLOSE);
        app.setVisible(true);
    }
}
```

ChatPanel 类的运行结果如图 13-7 所示。

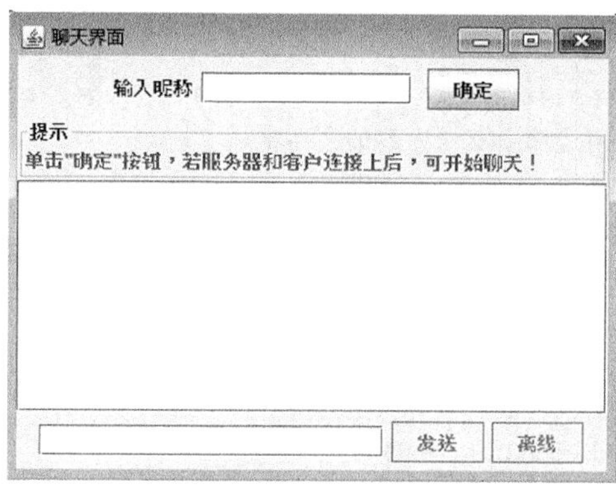

图 13-7　ChatPanel 类的运行结果

例 13-6 中的代码继承例 13-5 中声明的类，并实现多线程，该类能够实现通信功能。

【例 13-6】 增加通信功能(ChatPanelSocket.java)。

```
package ch133;
/*
    开发者：***
    开发地点：***
    开发时间：****年**月**日
    最后一次修改时间：****年**月**日
    功能简介：继承自聊天室图形界面类 ChatPanel,增加了通信功能并实现线程接口 Runnable
*/
import java.io.DataInputStream;
import java.io.DataOutputStream;
import java.net.Socket;
import javax.swing.JFrame;

public class ChatPanelSocket extends ChatPanel implements Runnable{
    //客户端 Socket 对象
    protected Socket socket;
    //读数据
    protected DataInputStream input;
    //写数据
    protected DataOutputStream output;
```

```
    //线程对象,用于接收对方发送的字符串
    protected Thread  thread;
    public ChatPanelSocket(){
        super();
    }
    /* 本类没有覆盖 doTask1Button()方法,交由其子类服务器端程序和客户端程序分别覆盖,
     具体实现"发送"按钮(sendButton)执行的动作
*/
    protected void sendButton() {
        try {
            //发送聊天内容,对方在 run()方法中接收
            output.writeUTF(nickname+"说:"+southField.getText());
            //在文本区中显示
            textArea.append("我说: "+southField.getText()+"\n");
            //清空南边输入发送内容的文本框
            southField.setText("");
        }catch(Exception e){
            e.printStackTrace();
        }
    }
    //覆盖父类方法实现"离线"按钮(exitButton)执行的动作
    protected void exitButton(){
        try {
            //向对方发送字符串"bye",然后关闭连接
            output.writeUTF("bye");
            sendButton.setEnabled(false);
            exitButton.setEnabled(false);
            textArea.append("连接断开!");
            socketClosing();
        }catch(Exception e) {
            e.printStackTrace();
        }
    }
    //接收对方发送过来的字符串
    public void run(){
        System.out.println("线程启动!");
        //保存对方发送过来的字符串
        String inStr="";
        while (true) {
            try {
                //读取对方发送的字符串,根据不同内容分别处理
                inStr=input.readUTF();
                if(inStr.equals("bye")){
                    sendButton.setEnabled(false);
                    exitButton.setEnabled(false);
                    textArea.append("连接断开!!");
                    socketClosing();
```

```
                    break;
                }else{
                    /* 如果对方发送的不是"bye",则在本方文本区追加显示聊天内容
                    */
                    textArea.append(inStr+"\n");
                }
            } catch (Exception e) {
                socketClosing();
                System.out.println("有异常,连接中断!");
                break;
            }
        }
        System.out.println("线程结束!");
    }
    //关闭所有连接
    private void socketClosing() {
        try {
            input.close();
            output.close();
            socket.close();
        } catch (Exception e){
            System.out.println("关闭 Socket 和流时,发生异常!");
        }
    }
    public static void main(String[] args) {
        JFrame app=new JFrame("具有通信功能的聊天界面");
        app.getContentPane().add(new ChatPanelSocket());
        app.setSize(400, 300);
        app.setDefaultCloseOperation(JFrame.EXIT_ON_CLOSE);
        app.setVisible(true);
    }
}
```

ChatPanelSocket 类的运行结果如图 13-8 所示。

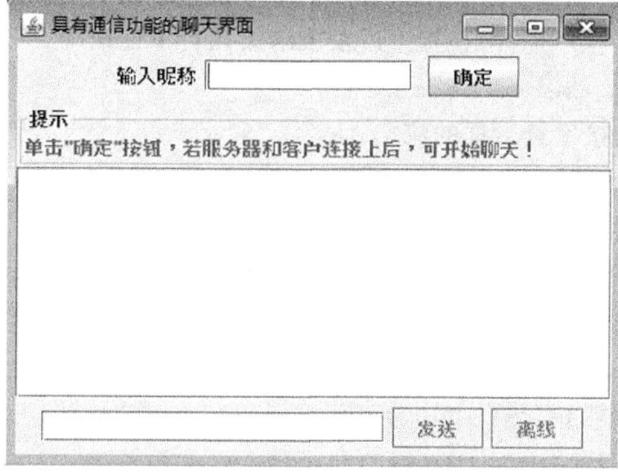

图 13-8　ChatPanelSocket 类的运行结果

例 13-7 中声明的类继承例 13-6 中声明的类，是服务器端程序代码。例 13-7 和例 13-8 分别实现了客户端和服务器端网络编程。

【例 13-7】 服务器端程序(ChatServer.java)。

```
package ch133;
/*
    开发者：***
    开发地点：***
    开发时间：****年**月**日
    最后一次修改时间：****年**月**日
    功能简介：声明实现服务器端的类，是 C/S 模式中的服务器部分，该类继承具有通信功能的聊
             天界面类 ChatPanelSocket
*/
import java.io.DataInputStream;
import java.io.DataOutputStream;
import java.net.ServerSocket;
import javax.swing.JFrame;

public class ChatServer extends ChatPanelSocket{
    public ChatServer(){
        super();
        //设置提示标签的提示内容
        promptLabel.setText("服务器端聊天程序，应先启动，等待客户连接…");
    }
    //单击北边按钮后启动服务器，并等待客户连接
    protected void doTask1Button(){
        textArea.append("启动服务器!\n");
        //得到北边文本框输入的"昵称"
        nickname=fields[0].getText();
        //中间文本区追加显示内容
        textArea.append(nickname+"等待客户连接…\n");
        try {
            ServerSocket server=new ServerSocket(7500);
            //等待客户连接，连接上后才能继续执行下面语句
            socket=server.accept();
            //从套接字读数据的流
            input=new DataInputStream(socket.getInputStream());
            //向套接字写数据的流
            output=new DataOutputStream(socket.getOutputStream());
            //创建线程对象在 run()方法中接收对方发送的字符串
            thread=new Thread(this);
            //启动线程，执行 run()方法
            thread.start();
            //连接后设置北边按钮不可用
            doTask1.setEnabled(false);
```

```
            //设置南边"发送"按钮可用
            sendButton.setEnabled(true);
            //设置南边"离线"按钮可用
            exitButton.setEnabled(true);
            //发送消息
            output.writeUTF(nickname+"说：好想你！一直在等你连上我呢！");
        }catch (Exception e) {
            e.printStackTrace();
        }
    }
    //启动服务器端的聊天程序
    public static void main(String args[]) {
        JFrame app=new JFrame("服务器端");
        app.getContentPane().add(new ChatServer());
        app.setSize(400, 300);
        app.setDefaultCloseOperation(JFrame.EXIT_ON_CLOSE);
        app.setVisible(true);
    }
}
```

ChatServer 类用于启动服务器，运行结果如图 13-9 所示。

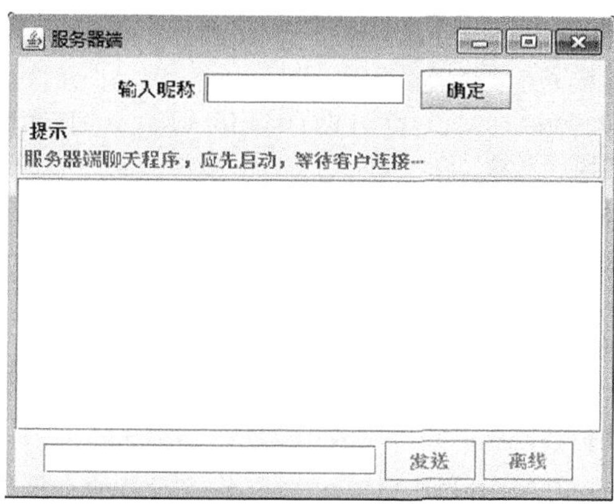

图 13-9 ChatServer 类的运行结果

例 13-8 中声明的类是客户端程序。

【例 13-8】 客户端程序(ChatClient.java)。

```
package ch133;
/*
    开发者：***
    开发地点：***
    开发时间：****年**月**日
    最后一次修改时间：****年**月**日
    功能简介：声明实现客户端的类，是 C/S 模式中的客户端部分。该类继承聊天界面
            类 ChatPanel
```

```
*/
import java.io.DataInputStream;
import java.io.DataOutputStream;
import java.net.Socket;
import javax.swing.JFrame;

public class ChatClient extends ChatPanelSocket{
    public ChatClient(){
        super();
        promptLabel.setText("客户端聊天程序,服务器端已启动后,才能连接,开始聊天!");
    }
    //单击北边按钮,连接服务器,开始聊天
    protected void doTask1Button(){
        textArea.append("连接服务器!\n");
        try {
            //得到北边文本框输入的"昵称"
            nickname=fields[0].getText();
            //中间文本区追加显示内容
            textArea.append(nickname+"连接服务器!\n");
            socket=new Socket("127.0.0.1", 7500);
            //从套接字读数据的流
            input=new DataInputStream(socket.getInputStream());
            //向套接字写数据的流
            output=new DataOutputStream(socket.getOutputStream());
            //创建线程对象: 在 run()方法中接收对方发送的字符串
            thread=new Thread(this);
            thread.start();
            doTask1.setEnabled(false);
            sendButton.setEnabled(true);
            exitButton.setEnabled(true);
            //发送消息
            output.writeUTF(nickname+"说: 想和你聊天!");
        } catch (Exception e) {
            e.printStackTrace();
        }
    }
    //启动聊天室客户端程序
    public static void main(String args[]) {
        JFrame app=new JFrame("客户端");
        app.getContentPane().add(new ChatClient());
        app.setSize(400, 300);
        app.setDefaultCloseOperation(JFrame.EXIT_ON_CLOSE);
        app.setVisible(true);
    }
}
```

ChatClient 类的是客户端类，运行结果如图 13-10 所示。

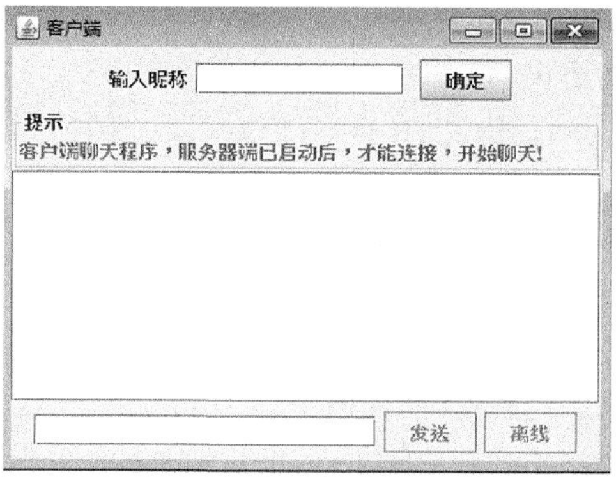

图 13-10　ChatClient 类的运行结果

在服务器端输入昵称后单击“确定”按钮，启动服务器；在客户端也输入昵称后单击“确定”按钮连接服务器，运行效果如图 13-11 所示。

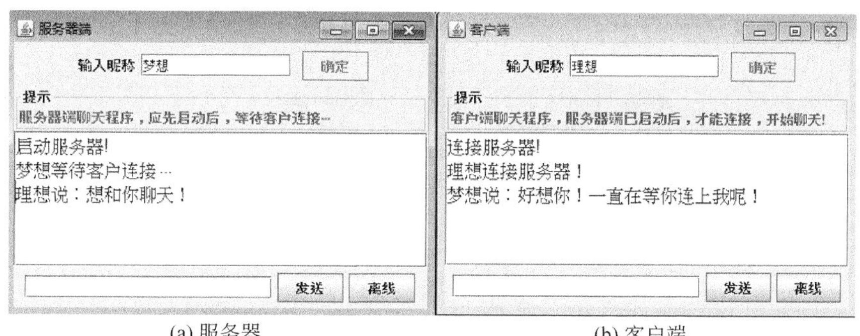

(a) 服务器　　　　(b) 客户端

图 13-11　服务器和客户端建立连接

在图 13-11 所示的服务器端和客户端进行聊天，效果如图 13-12 所示。

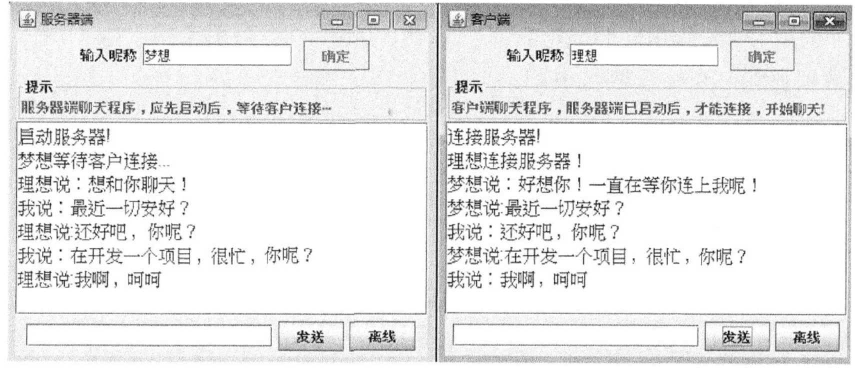

(a) 服务器端　　　　(b) 客户端

图 13-12　服务器端和客户端聊天

13.3.4 基于 UDP 的 Socket 编程原理

TCP 是面向连接的协议,而 UDP 是一种无连接的协议。

数据报是以 UDP 为通信协议的一种通信方式,它为两台计算机之间提供一种非可靠的无连接投递报文的通信服务,由于这种通信方式不建立连接,所以不能保证所有的数据都能准确、有序地送到目的地,它允许重传那些由于各种原因半路“走失”的数据。数据报的优点是通信速度比较快。因此,数据报服务一般用于传送非关键性的数据。

在 Java 网络 UDP 编程中,在网络上发送和接收数据报需要使用 java. net 类库中提供的 DatagramSocket 和 DatagramPacket 等类。

DatagramSocket 类用于收发数据,DatagramPacket 类包含了要发送的具体数据信息。

DatagramSocket 类是用来发送数据报的套接字,它通过套接字方式进行数据报通信。使用 DatagramSocket 类和 DatagramPackte 类来编写发送端和接收端程序就可以实现数据报的发送和接收。使用数据报通信时,在接收端和发送端需要分别创建并运行各自的 Java 语言程序。

基于 UDP 的 Socket 编程原理如图 13-13 所示。

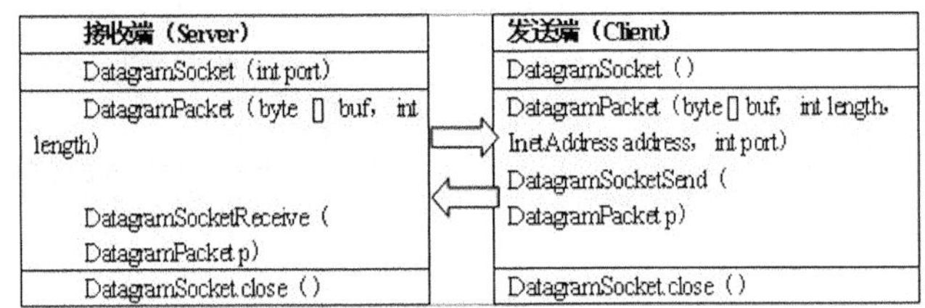

图 13-13 基于 UDP 的 Socket 编程原理

接收端(服务器端)程序编写通常由 4 个步骤组成。

(1) 通过构造方法 DatagramSocket(int port)创建一个数据报套接字,并绑定到指定端口上。

(2) 调用 DatagramPacket(byte [] buf,int length)建立用于接收数据的 UDP 包,将接收到的数据放在一个字节数组中。

(3) 调用 DatagramSocket 类的 receive()方法接收 UDP 包。

(4) 调用 DatagramSocket 类的 close()方法关闭数据报套接字。

包的消息包括发送方、消息长度、消息自身。

发送端(客户端)程序编写通常由 4 个步骤组成。

(1) 通过构造方法 DatagramSocket()创建一个数据报套接字。

(2) 调用 DatagramPacket(byte []buf,int length,InetAddress address,int port)建立要发送的 UDP 包。

(3) 调用 DatagramSocket 类的 send()方法发送 UDP 包。

(4) 调用 DatagramSocket 类的 close()方法关闭数据报套接字。

13.3.5　基于 UDP 的 Socket 编程实现

1. 服务器端(数据接收端)程序编写思路

Java 提供 DatagramSocket 类,用来表示发送和接收数据报的套接字。

数据报套接字是包投递服务的发送或接收点。每个在数据报套接字上发送或接收的包都是单独编址和路由的。从一台计算机发送到另一台计算机的多个包可能选择不同的路由,也可能按不同的顺序到达。

在 DatagramSocket 上总是启用 UDP 广播发送。为了接收广播包,应该将 DatagramSocket 绑定到通配符地址。例如:

```
DatagramSocket s=new DatagramSocket(null);
s.bind(new InetSocketAddress(8888));
```

等价于:

```
DatagramSocket s=new DatagramSocket(8888);
```

两个例子都能创建在 UDP 8888 端口上接收广播的 DatagramSocket。

DatagramSocket 类的构造方法如下。

(1) public DatagramSocket() throws SocketException:构造数据报套接字并将其绑定到本地主机上任何可用的端口。套接字将被绑定到通配符地址,IP 地址由操作系统内核来选择。

(2) public DatagramSocket(int port) throws SocketException:创建数据报套接字并将其绑定到本地主机上的指定端口。套接字将被绑定到通配符地址,IP 地址由操作系统内核来选择。

(3) public DatagramSocket(int port,InetAddress laddr) throws SocketException:创建数据报套接字,将其绑定到指定的本地地址和端口,laddr 是要绑定的本地地址。本地端口必须在 0～65 535 之间(包括两者)。如果 IP 地址为 0.0.0.0,套接字将被绑定到通配符地址,IP 地址由操作系统内核选择。

2. 客户端(数据发送端)程序编写思路

发送端也使用 DatagramSocket 类。具体的区别请参考图 13-13。

3. 服务器端(接收端)和客户端(发送端)的实现

例 13-9 和例 13-10 分别是服务器端的程序和客户端的程序。

【例 13-9】 基于 UDP 的 Socket 服务器端的程序(UDPServer.java)。

```
package ch133;
/*
    开发者:***
    开发地点:***
    开发时间:****年**月**日
```

```
    最后一次修改时间：****年**月**日
    功能简介：基于 UDP 的 Socket 实现服务器端的功能
*/
import java.net.DatagramPacket;
import java.net.DatagramSocket;
import java.net.InetAddress;
import java.util.Date;

public class UDPServer{
    public UDPServer(){
        DatagramSocket dSocket;
        DatagramPacket inPacket;
        DatagramPacket outPacket;
        InetAddress cAddr;
        int cPort;
        byte[] inBuffer=new byte[100];
        byte[] outBuffer;
        String s;
        try{
            /创建 DatagramSocket 对象,端口是 7600
            dSocket=new DatagramSocket(7600);
            //接收客户端的数据
            while (true){
                /*创建一个对象用于接收客户端(发送端)发送的数据,且包的大小和客户端创
                 建的包大小一样,用于接收发送端发送的包
                */
                inPacket=new DatagramPacket(inBuffer, inBuffer.length);
                //接收数据包
                dSocket.receive(inPacket);
                //获取客户端的地址
                cAddr=inPacket.getAddress();
                //获取客户端的端口
                cPort=inPacket.getPort();
                s=new String(inPacket.getData(), 0, inPacket.getLength());
                System.out.println("接收到客户端信息: "+s);
                System.out.println("客户端主机名为: "+cAddr.getHostName());
                System.out.println("客户端端口为: "+cPort);
                //向客户端发送数据
                Date d=new Date();
                outBuffer=d.toString().getBytes();
                outPacket=new DatagramPacket(outBuffer, outBuffer.length,
                cAddr, cPort);
                //发送数据包到客户端
                dSocket.send(outPacket);
            }
        }catch (Exception e){
            e.printStackTrace();
```

```
        }
    }
    public static void main(String args[]){
        new UDPServer();
    }
}
```

【例 13-10】　基于 UDP 的 Socket 客户端的程序(UDPClient.java)。

```
package ch133;
/*
    开发者:***
    开发地点:***
    开发时间:****年**月**日
    最后一次修改时间:****年**月**日
    功能简介:实现基于 UDP 的 Socke 客户端的功能
*/
import java.net.DatagramPacket;
import java.net.DatagramSocket;
import java.net.InetAddress;

public class UDPClient{
    public static void main(String args[ ]){
        DatagramPacket inPacket;
        InetAddress sAddr;
        byte[ ] inBuffer=new byte[100];
        try{
            DatagramSocket dSocket=new DatagramSocket();
            if(args.length==0)
                sAddr=InetAddress.getByName("127.0.0.1");
            else
                sAddr=InetAddress.getByName(args[0]);
            String s="请求连接";
            byte[] outBuffer=s.getBytes();
            /*创建一个对象用于发送客户端的数据包,指定要发送的包的大小,以及要发送到的
             地址和端口号,即目的地以及端口号
            */
            DatagramPacket outPacket=new DatagramPacket(outBuffer, outBuffer.
            length, sAddr, 7600);
            //发送数据包
            dSocket.send(outPacket);
            //接收服务器发送的数据
            inPacket=new DatagramPacket(inBuffer, inBuffer.length);
            //接收数据包
            dSocket.receive(inPacket);
            s=new String (inPacket.getData(), 0, inPacket.getLength());
            System.out.println("接收到服务器端信息: "+s);
            dSocket.close();
        }catch (Exception e){
```

```
                e.printStackTrace();
            }
        }
    }
```

UDPServer 和 UDPClient 类的文件结构和运行结果如图 13-14 所示。

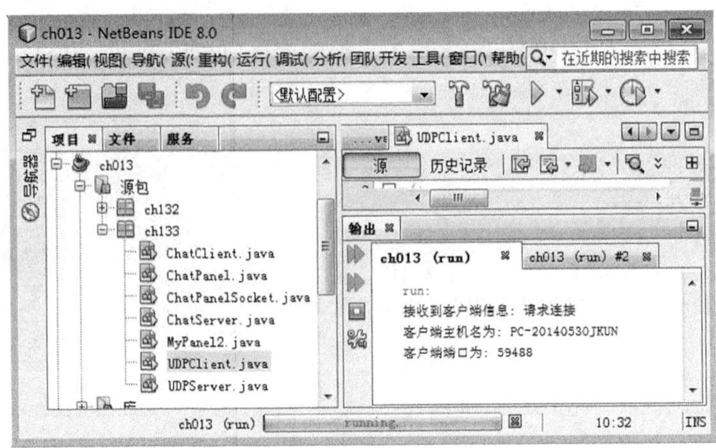

图 13-14　UDPServer 和 UDPClient 类的文件结构和运行结果

13.3.6　基于 SSL 的 Socket 编程原理

随着网络的普及，网络对数据传输的安全要求越来越迫切。1994 年，网景公司推出 SSL(Secure Sockets Layer)安全网络通信协议。

SSL 协议设计的主要目的是提供网络通信的保密性和可靠性。基于 SSL 协议的网络数据通信一般采用多种密钥对通信的数据进行加密，从而保证即使 SSL 网络通信被攻击者窃听，攻击者也只能得到已经加密的数据，而且多种密钥同时加密的方法也加大了攻击者破解加密数据的难度。

SSL 协议在网络协议的层次结构如图 13-15 所示。

<table>
<tr><td colspan="2">应用层协议</td></tr>
<tr><td>SSL协议</td><td>SSL握手协议
SSL记录协议</td></tr>
<tr><td colspan="2">可靠的传输协议(TCP)</td></tr>
</table>

图 13-15　SSL 协议在网络协议中的层次结构

SSL 协议由 SSL 记录协议(SSL Record Protocol)和 SSL 握手协议(SSL Handshake Protocol)组成。

SSL 记录协议规定了如何将传输的数据封装在记录中，即规定记录的格式、记录的加密方式、记录的压缩和解压缩方式等。在 SSL 协议中，每个记录的最大长度是 32 767B。

SSL 握手协议要求进行通信的双方分别是服务器端与客户端。SSL 握手协议规定了在服务器端和客户端之间进行连接的步骤、选择数据加密方式的步骤以及进行数据通信的步骤等。一般操作系统中都提供密钥和证书管理工具来实现对程序的加密,也可以自定义加密算法进行加密。

基于 SSL 的 Socket 编程原理如图 13-16 所示。

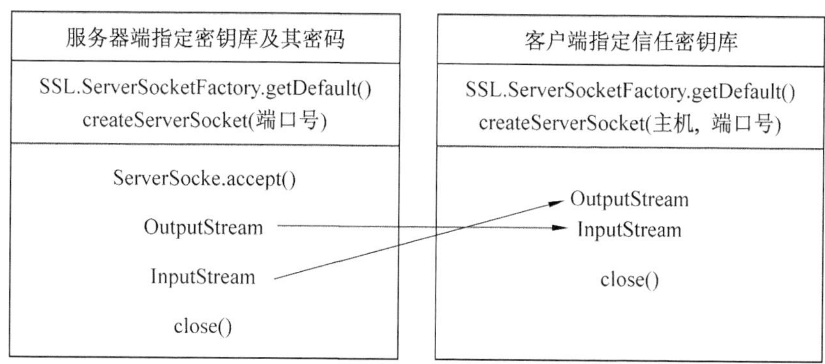

图 13-16　基于 SSL 的 Socket 编程原理

13.4　项 目 实 训

13.4.1　项目目的

本项目通过编写一个文件上传程序来综合复习已学知识,通过项目的实现达到巩固已学知识的目的。

13.4.2　项目需求分析

本项目要求编程实现文件上传功能。本项目分别使用 NetBeans 8.0 和 Eclipse 4.3 开发,使用 NetBeans 8.0 开发的项目名称为 ch013,项目结构以及运行结果如图 13-17 所示;使用 Eclipse 4.3 开发的项目名称为 ch13。

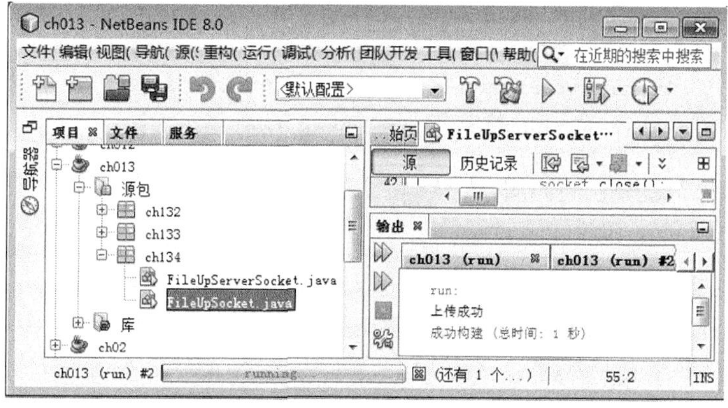

图 13-17　基于 NetBeans 8.0 项目结构以及运行结果

13.4.3 项目实现

【例 13-11】 文件上传服务器端(FileUpServerSocket. java)。

```
package ch134;
import java.io.File;
import java.io.FileOutputStream;
import java.io.InputStream;
import java.io.OutputStream;
import java.net.ServerSocket;
import java.net.Socket;

public class FileUpServerSocket implements Runnable{
    private Socket socket;
    public FileUpServerSocket(Socket socket) {
        this.socket=socket;
    }
    public void run(){
        int count=1;
        try{
            InputStream in=socket.getInputStream();
            File parentFile=new File("d:\\upload\\");
            if (!parentFile.exists()){
                parentFile.mkdir();
            }
            File file=new File(parentFile, count+".jpg");
            while (file.exists()){
                file=new File(parentFile,count+++".jpg");
            }
            FileOutputStream fos=new FileOutputStream(file);
            byte[] buf=new byte[1024];
            int len=0;
            while((len=in.read(buf))!=-1){
                fos.write(buf,0,len);
            }
            OutputStream out=socket.getOutputStream();
            out.write("上传成功".getBytes());
            fos.close();
            socket.close();
        } catch (Exception e){
            e.printStackTrace();
        }
    }
    public static void main(String[] args) throws Exception {
        ServerSocket serverSocket=new ServerSocket(1234);
        while (true) {
```

```
            Socket s=serverSocket.accept();
            Thread  t=new Thread(new FileUpServerSocket(s));
            t.start();
        }
    }
}
```

【例 13-12】 文件上传客户端(FileUpSocket.java)。

```
package ch134;
import java.io.FileInputStream;
import java.io.InputStream;
import java.io.OutputStream;
import java.net.Socket;

public class FileUpSocket {
    public static void main(String[] args) throws Exception {
        Socket socket=new Socket("127.0.0.1", 1234);
        OutputStream out=socket.getOutputStream();
        FileInputStream fis=new FileInputStream("D:\\a.jpg");
        byte[] buf=new byte[1024];
        int len;
        while((len=fis.read(buf))!=-1){
            out.write(buf,0,len);
        }
        socket.shutdownOutput();
        InputStream in=socket.getInputStream();
        byte[] bufMsg=new byte[1024];
        int num=in.read(bufMsg);
        String Msg=new String(bufMsg, 0, num);
        System.out.println(Msg);
        fis.close();
        socket.close();
    }
}
```

13.4.4 常见问题及解决方案

(1) 异常信息提示如图 13-18 所示。

```
ch013 (run)   ch013 (run) #2   ch013 (run) #3
run:
Exception in thread "main" java.lang.IllegalArgumentException: Port value out of range: 6666
6
        at java.net.ServerSocket.<init>(ServerSocket.java:232)
        at java.net.ServerSocket.<init>(ServerSocket.java:128)
        at ch134.FileUpServerSocket.main(FileUpServerSocket.java:48)
Java Result: 1
成功构建 (总时间: 0 秒)
```

图 13-18 异常信息提示(一)

解决方案：出现如图 13-18 所示异常的主要原因是端口号超过了有效的范围，解决的主要方法是改用有效的端口号。

(2) 异常信息提示如图 13-19 所示。

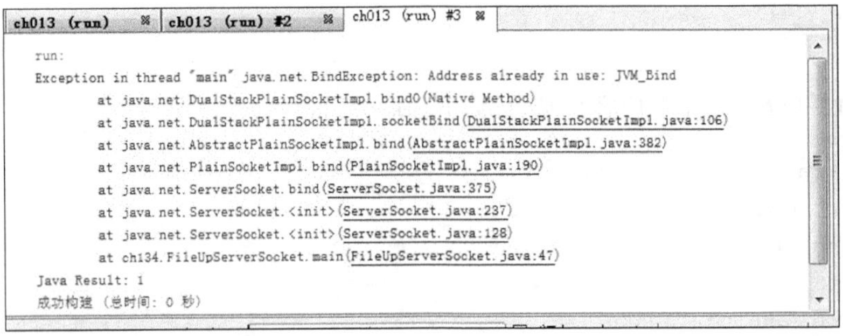

```
ch013 (run)  ch013 (run) #2  ch013 (run) #3
run:
Exception in thread "main" java.net.BindException: Address already in use: JVM_Bind
        at java.net.DualStackPlainSocketImpl.bind0(Native Method)
        at java.net.DualStackPlainSocketImpl.socketBind(DualStackPlainSocketImpl.java:106)
        at java.net.AbstractPlainSocketImpl.bind(AbstractPlainSocketImpl.java:382)
        at java.net.PlainSocketImpl.bind(PlainSocketImpl.java:190)
        at java.net.ServerSocket.bind(ServerSocket.java:375)
        at java.net.ServerSocket.<init>(ServerSocket.java:237)
        at java.net.ServerSocket.<init>(ServerSocket.java:128)
        at ch134.FileUpServerSocket.main(FileUpServerSocket.java:47)
Java Result: 1
成功构建 (总时间: 0 秒)
```

图 13-19　异常信息提示(二)

解决方案：出现如图 13-19 所示异常的主要原因是端口号被占用，解决的主要方法是改用没被占用的端口号。需要注意的是，如果运行程序后没有关掉该程序的进程，下次运行时也会出现该异常。

13.5　课外阅读——互联网的发展史

1957 年，苏联发射了人类第一颗人造地球卫星。作为响应，美国国防部组建了高级研究计划局，开始将科学技术应用于军事领域。

1961 年，麻省理工学院的 Leonard Kleinrock 发表了第一篇有关包交换的论文。

1962 年，麻省理工学院的 J. C. R. Licklider 和 W. Clark 发表的一篇论文中提到分布式社交行为的全球网络概念。

1964 年，RAND 公司的 Paul Baran 提出包交换网络。

1965 年，ARPA 资助进行分时计算机系统的合作网络研究。互联网最早起源于美国国防部高级研究计划署的 ARPA 网，该网于 1969 年投入使用。由此，ARPAnet 成为现代计算机网络诞生的标志。从 20 世纪 60 年代起，由 ARPA 提供经费，联合计算机公司和大学共同研制而发展 ARPAnet 网络。最初，ARPAnet 主要是用于军事研究目的，它主要是基于这样的指导思想：网络必须经受得住故障的考验而维持正常的工作，一旦发生战争，当网络的某一部分因遭受攻击而失去工作能力时，网络的其他部分应能维持正常的通信工作。ARPAnet 在技术上的另一个重大贡献是 TCP/IP 协议簇的开发和利用。作为 Internet 的早期骨干网，ARPAnet 的试验奠定了 Internet 存在和发展的基础，较好地解决了异种机网络互连的一系列理论和技术问题。

1971 年，位于美国剑桥的 BBN 科技公司的工程师雷·汤姆林森开发出了电子邮件。此后 ARPAnet 的技术开始向大学等研究机构普及。

1983 年，ARPAnet 宣布将把过去的通信协议 NCP(网络控制协议)向新协议 TCP/IP 过渡。

1988 年，美国伊利诺斯大学的学生史蒂夫·多那开始开发电子邮件软件 Eudora。

1990 年，CERN（欧洲粒子物理研究所）的科学家蒂姆·伯纳斯·李开发出了万维网。他还开发出了极其简单的浏览器。此后互联网开始向社会大众普及。

1993 年，伊利诺斯大学美国国家超级计算机应用中心的学生马克·安德里森等人开发出了真正的浏览器 Mosaic。该软件后来被作为 Netscape Navigator 推向市场。此后互联网开始得以爆炸性普及。

进入新的世纪，随着各国电子商务、电子政务的普及，网络正在改变着人们的生活方式，但是也带来了新的挑战，其中最严重的问题就是网络安全问题，例如黑客。

我国进入“互联网＋”时代。

“互联网＋”简单点说就是需要将互联网与传统行业相结合，促进各行各业产业发展。它代表一种新的经济形态，即充分发挥互联网在生产要素配置中的优化和集成作用，将互联网的创新成果深度融合于经济社会各领域之中，提升实体经济的创新力和生产力，形成更广泛的以互联网为基础设施和实现工具的经济发展新形态。

1. 提出

“互联网＋”是对创新 2.0 时代新一代信息技术与创新 2.0 相互作用共同演化推进经济社会发展新形态的高度概括。在 2012 年 11 月 14 日的易观第五届移动互联网博览会上，易观国际董事长兼首席执行官于扬先生首次提出“互联网＋”理念。他认为“在未来，‘互联网＋’公式应该是我们所在的行业目前的产品和服务，在与我们未来看到的多屏全网跨平台用户场景结合之后产生的这样一种化学公式。我们可以按照这样一个思路找到若干这样的想法。而怎么找到你所在行业的‘互联网＋’是企业需要思考的问题。”马化腾也认为：“互联网加一个传统行业，意味着什么呢？其实是代表了一种能力，或者是一种外在资源和环境，是对这个行业的一种提升。”

2015 年 3 月 5 日上午十二届全国人大三次会议上，李克强总理在政府工作报告中首次提出“互联网＋”行动计划。李克强总理所提的“互联网＋”在与较早相关互联网企业讨论聚焦的“互联网改造传统产业”基础上已经有了进一步的深入和发展。李克强总理在政府工作报告中首次提出的“互联网＋”实际上是创新 2.0 下互联网发展新形态、新业态，是知识社会创新 2.0 推动下的互联网形态演进。伴随知识社会的来临，驱动当今社会变革的不仅仅是无所不在的网络，还有无所不在的计算、无所不在的数据、无所不在的知识。“互联网＋”不仅仅是互联网移动了、泛在了、应用于某个传统行业了，更加入了无所不在的计算、数据、知识，造就了无所不在的创新，推动了知识社会以用户创新、开放创新、大众创新、协同创新为特点的创新 2.0，改变了人们的生产、工作、生活方式，也引领了创新驱动发展的“新常态”。

2. 内涵

“互联网＋”代表一种新的经济形态，即充分发挥互联网在生产要素配置中的优化和集成作用，将互联网的创新成果深度融合于经济社会各领域之中，提升实体经济的创新力和生产力，形成更广泛的以互联网为基础设施和实现工具的经济发展新形态。

3. 特征

“互联网＋”有六大特征。

一是跨界融合。＋就是跨界，就是变革，就是开放，就是重塑融合。敢于跨界了，创新的基础就更坚实；融合协同了，群体智能才会实现，从研发到产业化的路径才会更垂直。融合本身也指代身份的融合，客户消费转化为投资，伙伴参与创新，等等，不一而足。

二是创新驱动。中国粗放的资源驱动型增长方式早就难以为继，必须转变到创新驱动发展这条正确的道路上来。这正是互联网的特质，用所谓的互联网思维来求变、自我革命，也更能发挥创新的力量。

三是重塑结构。信息革命、全球化、互联网业已打破了原有的社会结构、经济结构、地缘结构、文化结构。权力、议事规则、话语权不断在发生变化。“互联网＋”社会治理、虚拟社会治理会有很大的不同。

四是尊重人性。人性的光辉是推动科技进步、经济增长、社会进步、文化繁荣的最根本的力量，互联网的力量之强大最根本地也来源于对人性的最大限度的尊重、对人的体验的敬畏、对人的创造性发挥的重视。例如 UGC、卷入式营销、分享经济。

五是开放生态。关于“互联网＋”，生态是非常重要的特征，而生态的本身就是开放的。推进“互联网＋”，其中一个重要的方向就是要把过去制约创新的环节化解掉，把孤岛式创新连接起来，让研发由人性决定的市场驱动，让创业并努力者有机会实现价值。

六是连接一切。连接是有层次的，可连接性是有差异的，连接的价值是相差很大的，但是连接一切是“互联网＋”的目标。

4. 影响

教育行业作为传统行业的代表之一，毫无疑问也受到“互联网＋”的影响。“互联网＋”之于在线教育，给了本就颇为踊跃的投资和创业者们提供了政策方面的刺激。

“互联网＋”中重要的一点是催生新的经济形态，并为大众创业、万众创新提供环境。

从长远来看，“互联网＋”之于教育的作用关乎社会整体素质的提升；而反过来，知识社会的愿景也要求我们用信息的力量来提升教育的影响力，在线教育有其发展壮大的必然性。

5. 发展

看到互联网企业的成功与辉煌，传统企业大可不必眼馋。互联网对于传统企业来说不仅是电商。一些年长的企业家经历了过去 30 年中国经济两位数的高速增长，大家一定认为 2012 年是中国经济最冷的一年，这种冷不仅仅反映在出口增速的下滑，也不仅仅反映在过去 2008 年、2009 年大跃进时在融资之后没有更多的能力，同时也反映在大经济环境的不确定，消费者的钱包一直没有打开。

这个世界上所有的传统应用和服务都应该被互联网改变，如果这个世界还没有被互联网改变是不对的，一定意味着这里面有商机，也意味着基于这种商机能产生新的格局。我们有机会在为用户创造价值的同时，能够自己成就新的价值，为成长奠定基础。

我们看到每一个传统行业都孕育着“互联网＋”的机会。在寻找“互联网＋”的过程中，首先注意到用户所处的环境变化。我们每天面对 PC 屏幕，同时我们越发依赖手机这张屏。

家中的智能电视有一天会像手机、平板电脑一样，里面布满各种 APP。而汽车里的那张屏也正在被挖掘，车联网的概念刚刚兴起。未来的生活是希望在多屏的环境中随时随地用到互联网。而这样的服务会以一个“互联网＋”的公式存在，从而重新改造和创造我们今天所有的产品。而对用户而言，他们未来不会关心他是通过接入网线、Wi-Fi、移动网络还是电源线上网，不会关心他用的是 iOS、Android 还是 Windows。因为他们面对的每一个面都可以是一张屏，通过它们能将用户和互联网、企业所提供的应用和服务随时随地联系在一起，这就足够了。也许对创业者来说，当熟悉了这样的一个路径之后，我们基于“多屏全网跨平台”的理念，与行业结合，才有机会再往前迈一步。我们的传统行业才能真正的转型，从而创造新的局面。

从 18、19 世纪第一次工业革命发明了蒸汽机的技术到 19、20 世纪有了电力的技术以来，我们看到很多的行业发生了变化，而且很有趣的是，比如说蒸汽机发明之后，蒸汽机的动力可以大大增加印刷量，包括学校、书籍都大量地产生，造成知识的传播和有知识的人大量的培养。这跟互联网的传播、通信的特征也很接近。

再看电的产生，电力产生了很多东西，除了灯泡，包括收音机、电视机等这些都是有利于资讯的传播和沟通的，还有电话等。这些我们看互联网有了之后它好像也是加强这方面的特征，它是不是一种第三次工业革命？或者它的其中一个很重要的一部分呢？我想这里面是很值得思考的。所以说有这样的一个推演之后，所有的传统行业不用怕，这个不是什么新经济，就跟过去没有电一样，没有电以前金融也可以，各个银行之间都是记账，交易所在那里叫号可以成交，有电可以电子化，有互联网我相信也会衍生出很多新的机会，这不是一个神奇的东西，是理所当然的。

随着互联网深入应用，特别是以移动技术为代表的普适计算、泛在网络的发展与向生产生活、经济社会发展各方面的渗透，信息技术推动的面向知识社会的创新形态形成日益受到关注。创新形态的演变也推动了互联网形态、信息通信技术形态的演变，物联网、云计算、大数据等新一代信息技术作为互联网的延伸和发展，在与知识社会创新 2.0 形态的互动中也进一步推动了创新形态的演变，涌现出 Web 2.0、开源软件、微观装配等创新 2.0 的典型案例以及 AIP、Living Lab、Fab Lab、创客、维基、威客等创新 2.0 典型模式。

正是在这种背景下，中央提出创新驱动发展“新常态”，提出充分利用新一代信息技术发展和知识社会的下一代创新机遇，简政放权、强化法治、鼓励创新创业、激发市场和社会活力，并出台一系列鼓励大众创新、万众创业的举措。李克强总理在十二届全国人大三次会议上的政府工作报告中提出的“互联网＋”也就具有了更丰富、更深刻、更富时代特征的内涵。报告中指出新兴产业和新兴业态是竞争高地，要实施高端装备、信息网络、集成电路、新能源、新材料、生物医药、航空发动机、燃气轮机等重大项目，把一批新兴产业培育成主导产业。制订“互联网＋”行动计划，推动移动互联网、云计算、大数据、物联网等与现代制造业结合，促进电子商务、工业互联网和互联网金融健康发展，引导互联网企业拓展国际市场。国家已设立 400 亿元新兴产业创业投资引导基金，要整合筹措更多资金，为产业创新加油助力，并全力推进创新、创业，全面激发市场和社会活力，进入创新 2.0 时代创新驱动发展的“新常态”。

6. 趋势

连接一切有一些基本要素，包括技术（如互联网技术、云计算、物联网、大数据技术等等）、场景、参与者（人、物、机构、平台、行业、系统）、协议与交互、信任等。这里，“信任”作为一个要素很多人未必理解或认同，我反倒感觉它是最重要的因素之一。因为互联网＋让信息不对称降低，连接节点的可替代性更高，只有“信任”是选择节点或“连接器”的最好判别因素，信任让连接的其他要素与信息不会阻塞、迟滞，让某些节点不会被屏蔽。

“互联网＋”行动计划将促进产业升级。首先，“互联网＋”行动计划能够直接创造出新兴产业，促进实体经济持续发展。“互联网＋行业”能催生出无数的新兴行业。例如，“互联网＋金融”激活并提升了传统金融，创造出包括移动支付、第三方支付、众筹、P2P 网贷等模式的互联网金融，使用户可以在足不出户的情况下满足金融需求。其次，“互联网＋”行动计划可以促进传统产业变革。“互联网＋”令现代制造业管理更加柔性化，更加精益制造，更能满足市场需求。最后，“互联网＋”行动计划将帮助传统产业提升。互联网＋商务＝电商，互联网与商务相结合，利用互联网平台的长尾效应，在满足个性化需求的同时创造出了规模经济效益。

“互联网＋”行动计划将重点促进以云计算、物联网、大数据为代表的新一代信息技术与现代制造业、生产性服务业等的融合创新，发展壮大新兴业态，打造新的产业增长点，为大众创业、万众创新提供环境，为产业智能化提供支撑，增强新的经济发展动力，促进国民经济提质增效升级。

13.6 本章小结

本章介绍网络编程的基本知识，通过本章的学习能够使我们了解网络编程的基本方法和过程，为第 16 章的网络编程项目以及今后的高级网络编程打下良好的基础。

通过本章的学习，应了解和掌握以下内容。

(1) 网络通信简介。

(2) URL。

(3) 基于 TCP 的 Socket 编程。

(4) 基于 UDP 的 Socket 编程。

(5) 基于 SSL 的 Socket 编程。

总之，通过本章的学习，应对 Java 网络编程有一定的了解，能够开发出简单的网络应用程序。

13.7 习　　题

13.7.1 选择题

1. OSI 七层协议是由(　　)制定的。

A. ITU　　B. ISO　　C. IAB　　D. TCP/IP

2. 国际上,事实上的网络体系结构标准是(　　)。

A. ISO　　B. OSI　　C. TCP/IP　　D. ITU

3. 用于定位网络资源的是(　　)。

A. WWW　　B. FTP　　C. TCP　　D. URL

4. 下列说法错误的是(　　)。

A. TCP 是可靠的面向连接的传输协议

B. UDP 是可靠的无连接的传输协议

C. UDP 通信速度比 TCP 通信速度快

D. SSL 是网络安全通信协议

5. 若有 URL u=new URL("http://email.163.com"),执行 u.getFile()方法得到的结果是(　　)。

A. 163　　B. com　　C. email　　D. null

6. 下列选项正确的是(　　)。

A. Socket s=new Socket("202.196.8.189",8686);

B. Socket s=new Socket(8686);

C. SocketServer s=new SocketServer("202.196.8.189",8686);

D. Socket s=new SocketServer(8686);

13.7.2 填空题

1. 网络协议标准可分为两类：厂家制定和________。

2. TCP/IP 把整个网络划分为四层体系结构：网络接口层、网络层、________和________。

3. IP 地址有 IPv4 和________两种。

4. ________是一种基于网络进程通信的接口。

5. Java 网络编程中,一个套接字由________、________和________组成。

6. TCP/IP 模型提供两个传输层协议：________和________。

13.7.3 论述题

1. 论述基于 TCP 的 Socket 编程原理。

2. 论述基于 UDP 的 Socket 编程原理。

3. 论述基于 SSL 的 Socket 编程原理。

13.7.4 操作题

1. 编写一个简单的浏览器。

2. 编写一个简单的 Web 服务器。

3. 编写一个简单的 FTP 服务器。

第14章 集 合

在利用计算机解决实际问题的过程中,往往需要对涉及的大量数据进行组织和管理。利用数组可以快速、有序、有效率地排列同类型的批量数据,并通过位置索引快速随机地存取其中的数据。但是数组的大小是固定的,如何合理设置数组的长度使其满足实际需求,是程序员经常需要考虑的问题。此外,同一个数组中的元素类型也必须相同。为了更加灵活地在程序中处理批量信息,Java 提供了集合框架,用一系列设计优良的接口、类以及算法来管理对象集合。

集合框架是程序开发过程中经常需要使用的工具,利用集合程序员能够方便地操作批量数据,尤其是当事先无法确定要存放数据的个数,或者需要使用比数组下标存取机制更灵活的数据操纵方法时,就要用到集合。熟练掌握集合框架中的类和接口能够使程序员灵活管理程序中的数据,提高 Java 项目的开发效率。本章主要介绍 Java 集合框架的结构以及常用接口和类的具体定义和使用方法。

本章主要内容如下。

(1) Java 集合框架的层次体系结构。

(2) Collection 接口。

(3) Set 接口及其实现类。

(4) List 接口及其实现类。

(5) Map 接口及其实现类。

(6) 迭代器与比较器。

(7) Arrays 类与 Collections 类。

14.1 Java 集合框架

集合框架是为了表示和操作集合而规定的一种统一的、标准的体系结构,由一组用来表示和操作集合的接口与类组成。集合将若干用途相同、近似的数据组合成一个整体,是一个保存其他对象的存储库,如数组、列表和队列等。一个集合本身也是一个对象。集合相当于一个数据容器,是以某种形式将数据组织在一起的数据结构(data structure),其存储的每个对象被认为是集合中的一个元素。集合还提供增加、删除等管理所保存元素的服务。Java 集合中只能保存引用类型的数据,集合中的元素相当于引用类型的变量。

任何集合框架包括三部分内容:对外的接口、接口的实现和对集合运算的算法。接口表示集合的抽象数据类型,提供了对集合中所表示的内容进行单独操作的可能。集合框架中接口的具体实现表现为可复用的数据结构。算法是对一个实现了某个集合框架中的接口的对象进行某种计算的方法，例如查找、排序等。

Java 的集合框架 API 存放于 java.util 包内，主要有 3 个接口：List、Set 和 Map，分别代表线性表、规则集、图(映射)。其中，接口 List 和 Set 继承了 Collection 接口，而接口 Map 及其实现类则自成体系，与以 Collection 为根的接口和类体系没有任何关系。这些集合的实现类主要包括 ArrayList、LinkedList、HashSet、TreeSet、HashMap、TreeMap 等。与 Collection 接口有关的主要接口与类的关系如图 14-1 所示。

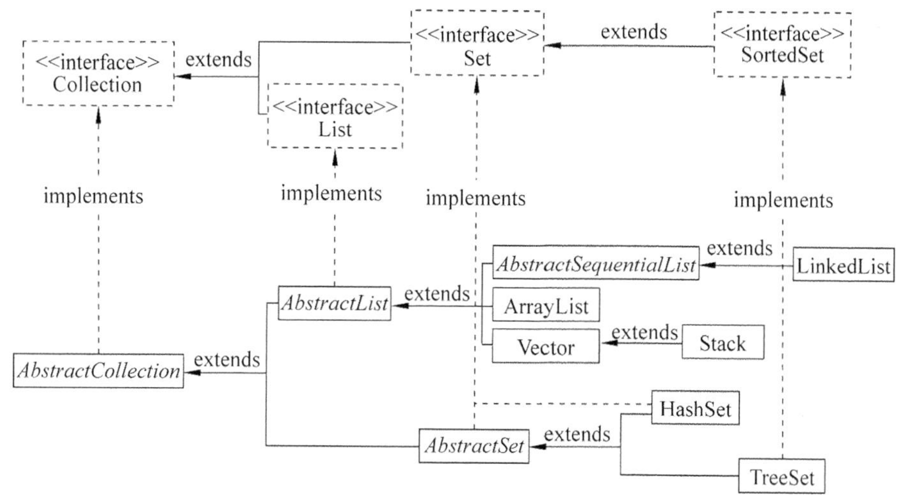

图 14-1　与 Collection 接口有关的集合框架结构

图 14-1 中，虚线框表示接口，实线框表示类，抽象类用斜体表示，虚线表示实现接口，实线表示继承关系。接口 Collection 是集合层次结构的顶层接口，定义了集合、链表等所有属于集合的类都应该具有的通用方法，如添加、删除、遍历等，这些方法和功能都需要在其实现类中加以实现。接口 Set 只是简单地继承了 Collection 接口，其中并没有声明任何新的成员方法。SortedSet 接口继承了 Set 接口，并增加了一些与排序有关的成员方法。接口 List 在继承 Collection 接口的基础上，还增加了几个与顺序有关的成员方法。抽象类 AbstractCollection、AbstractList、AbstractSet 和 AbstractSequentialList 分别实现了部分接口或抽象类中的成员方法，以减轻子类需要实现接口或抽象类中所有成员方法的负担。

与 Map 接口有关的部分接口与类之间的关系如图 14-2 所示。Map 接口和哈希表类似，是键-值对的集合。键-值对的集合构成了映射结构，利用这种方式存储数据的最大好处是检索速度快，可以通过键来实现对值元素的快速访问。

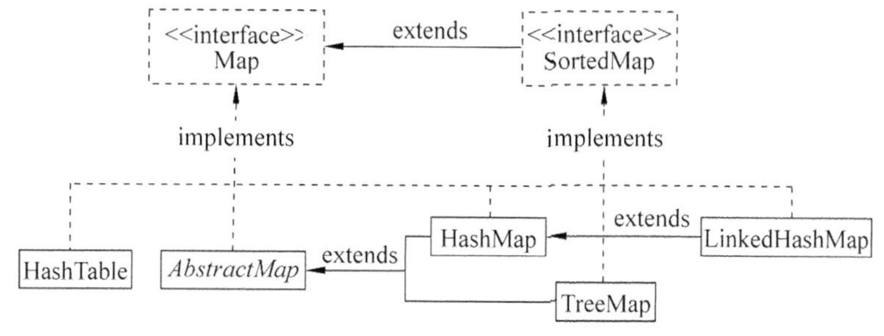

图 14-2　与 Map 接口有关的接口与类

14.2 Collection 接口

Collection 接口是最基本的集合接口，可以管理任何对象。一个 Collection 就代表一组对象。所有实现 Collection 接口的类都必须提供两个标准的构造方法：一个是无参数的构造方法，用于创建一个空的 Collection；一个是有一个 Collection 类型参数的构造方法，用于创建一个新的 Collection，这个新的 Collection 与传入的 Collection 有相同的元素。使用后一个构造方法可以实现 Collection 的复制。

Collection 接口约定了所有属于集合的类都应该具有的通用方法，如添加、删除等操作，因此熟悉它的常用方法对于理解和使用集合框架是很重要的。表 14-1 中给出了 Collection 接口中的主要方法。其中，除了 iterator()和 size()方法由各子类分别实现外，抽象类 AbstractCollection 实现了其他所有方法。

表 14-1 Collection 接口中的主要方法

方 法 名	功 能 说 明
boolean add(Object o)	添加对象 o 为集合元素，添加成功返回 true，否则返回 false
boolean addAll(Collection c)	添加指定集合对象 C 中的所有元素，添加成功返回 true，否则返回 false
boolean remove(Object o)	删除集合中的指定元素 o，删除成功返回 true，否则返回 false
boolean ramoveAll(Collection c)	删除集合中所有与指定集合 c 共有的元素，删除成功返回 true，否则返回 false
boolean retainAll(Collection c)	仅保留集合中与指定集合 c 共有的元素，成功返回 true，否则返回 false
boolean contains(Object o)	检查集合中是否包含有指定对象 o，有返回 true，否则返回 false
boolean containsAll(Collection c)	检查集合中是否包含指定集合 c 中的所有元素，是返回 true，否则返回 false
Object[] toArray()	返回包含集合中的所有元素的数组
void clear()	清空集合中的所有元素
int size()	返回集合中的元素个数
boolean isEmpty()	判断集合是否为空，是返回 true，否则返回 false
Iterator iterator()	返回对集合元素进行迭代的迭代器

Java 没有为 Collection 接口提供直接的实现类，因此下面的示例中用到了后面将要介绍的 ArrayList 类，该类间接实现了 Collection 接口。

【例 14-1】 Collection 接口应用示例(CollectionExam.java)。

```
package ch142;
/*
    开发者：***
    开发地点：***
```

```
    开发时间：****年**月**日
    最后一次修改时间：****年**月**日
    功能简介：利用 ArrayList 类,通过对两个集合 c1、c2 的操作,演示 Collection 中常用方法
            的使用。关于 ArrayList 类的详细介绍见 14.3.1 节
*/
import java.util.ArrayList;
import java.util.Arrays;
import java.util.Collection;
public class CollectionExam {
    public static void main(String[] args){
        /*声明两个 Collection 类型的变量 c1 和 c2,并用存储 String 类型对象的 ArrayList
         对象初始化。注意两个变量的初始化方式不同。本句也可改为 Collection c1=new
         ArrayList(),c2=new ArrayList();*/
        Collection<String>c1=new ArrayList<>(),c2=new ArrayList();
        if(c1.add("张志锋"))
            System.out.println("在第一个集合中第一次添加\"张志锋\"成功!");
        else
            System.out.println("在第一个集合中第一次添加\"张志锋\"失败!");
        System.out.println("在第一个集合中添加\"刘禹锡\"。");
        c1.add("刘禹锡");
        System.out.println("在第一个集合中添加\"张伟\"。");
        c1.add("张伟");
        /*验证是否允许存在重复的元素。Collection 接口对此没有要求,本例中使用的
         ArrayList 允许重复元素存在*/
        if(c1.add("张志锋"))
            System.out.println("在第一个集合中第二次添加\"张志锋\"成功!");
        else
            System.out.println("在第一个集合中第二次添加\"张志锋\"失败!");
        System.out.println("此时第一个集合中的元素个数为: "+c1.size());
        /*先将集合 c1 中的元素存放到数组中,然后利用工具类 Arrays 将该数组中的内容以字
         符串形式输出。关于 Arrays 类的详细介绍见 14.7.1 节*/
        System.out.println("第一个集合中的元素包括: "+Arrays.toString(c1.
        toArray()));
        //验证删除操作只删除集合中第一个目标元素,后面的重复元素仍然保留
        if(c1.remove("张志锋"))
            System.out.println("在第一个集合中删除\"张志锋\"成功!");
        else
            System.out.println("在第一个集合中删除\"张志锋\"失败!");
        System.out.println("删除一个\"张志锋\"后第一个集合中的元素个数为: "+c1.
        size());
        if(c1.contains("张志锋"))
            System.out.println("删除一个\"张志锋\"后第一个集合中仍然存在\"张志锋
            \"!");
        else
            System.out.println("删除一个\"张志锋\"后第一个集合中不存在\"张志锋\"!");
```

```
        System.out.println("删除一个\"张志锋\"后第一个集合中的元素包括："+(c1.
        toString()));
        c2.add("张志锋");
        c2.add("张伟");
        System.out.println("第二个集合中有"+c2.size()+"个元素:"+c2.toString());
        //检查集合 c1 中是否包含集合 c2 中的所有元素
        if(c1.containsAll(c2))
            System.out.println("第一个集合中包含第二个集合中的所有元素");
        //在集合 c1 中删除与集合 c2 不同的元素,即删除"刘禹锡"
        if(c1.retainAll(c2))
        System.out.println("使第一个集合中仅保留也包含在第二个集合中的所有元素,即:
        "+c1.toString());
        //在集合 c1 中删除与集合 c2 相同的元素,即删除剩下的所有元素
        if(c1.removeAll(c2))
            System.out.println("删除第一个集合中也包含在第二个集合中的所有元素,此时
            第一个集合的大小为："+c1.size());
        if(c1.isEmpty())
            System.out.println("第一个集合中没有元素了。");
        c2.clear();
        System.out.println("第二个集合中也没有元素了。");
    }
}
```

Collection 应用示例的文件结构和运行结果如图 14-3 所示。

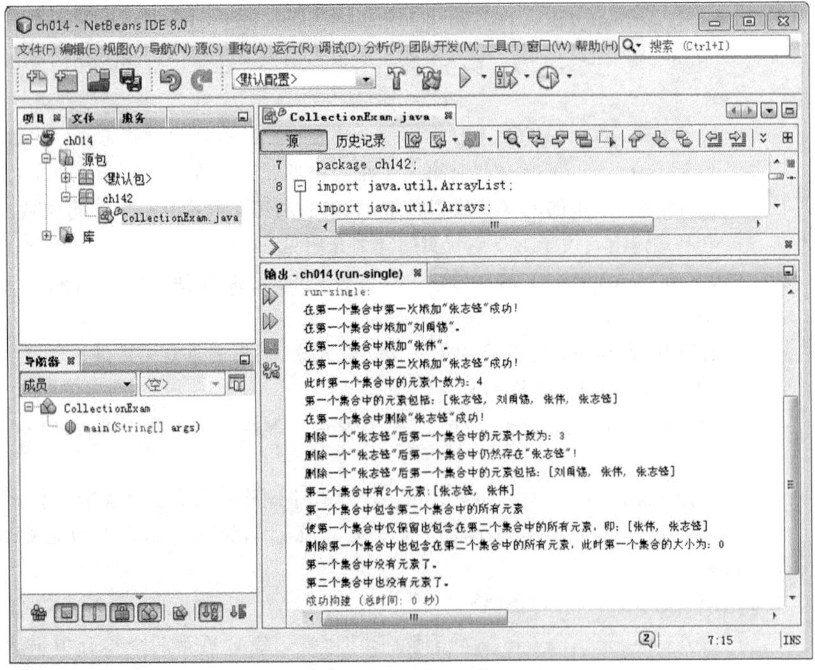

图 14-3 Collection 示例文件结构和运行结果

14.3　List 接口

List 接口扩展了 Collection 接口，允许存在重复元素，是有序集合。元素之间的顺序关系可以由插入时间的先后决定，也可以由元素值的大小决定。

List 中的每个元素都对应着一个类似于数组下标的整型索引，表示元素在集合中的位置。索引值也从 0 开始，可以通过索引访问集合中的元素。

为了保持元素的有序特性，List 接口增加了一些相应的方法，能够在集合中按照具体位置添加和删除元素。List 接口的实现类主要有 ArrayList 和 LinkedList 等。

List 接口的主要方法如表 14-2 所示。

表 14-2　List 接口的主要方法

方　法　名	功能说明
void add(int index,Object element)	将 element 添加到指定的位置，当前处于该位置的元素和所有后续元素向右移动，相应的索引值增 1
boolean addAll(int index,Collection c)	将集合 c 中的所有对象添加到指定位置，当前处于该位置的元素和所有后续元素向右移动，索引值增加。index 指定 c 的第一个元素要插入的位置，添加成功返回 true，否则返回 false
Object get(int index)	返回索引为 index 的对象
Object remove(int index)	删除索引为 index 的对象，返回被删除的对象
Object set(int index,object element)	用 element 取代索引为 index 的元素，返回被取代的对象
int indexOf(object o)	返回集合中第一个与 o 匹配的对象的索引，如果没有找到与 o 匹配的对象就返回－1
int lastIndexOf(object o)	返回集合中最后一个与 o 匹配的对象的索引，如果没有找到与 o 匹配的对象就返回－1

14.3.1　ArrayList 类

ArrayList 类继承了抽象类 AbstractList 并实现了 List 接口，称为列表集合。ArrayList 用动态创建的基本数组类型实现，所有施加在 ArrayList 上的操作都是通过调用数组的相应方法实现的。ArrayList 中的元素是一种线性表，允许存储 null 值，也可以重复存储数据。

ArrayList 类封装了一个动态再分配的 Object[]数组，用来存储列表中的元素，数组的大小称为 ArrayList 类对象的容量，总是至少等于列表的大小。容量可以随着新元素的不断添加而自动增长：如果列表中的元素个数超过了数组的容量，就自动创建一个更大的新数组，并将当前数组中的所有元素都复制到新数组中。当需要插入大量元素时，可以在插入前调用 ensureCapacity()方法来主动增加 ArrayList 对象的容量，这样可以减少容量递增式再分配的数量，从而提高插入效率。删除元素时，ArrayList 对象的容量不能自动减小，但可以调用 ArrayList 的 trimToSize()方法将内部数组的容量调整为列表的当前大小。

ArrayList 的构造方法如下。

(1) ArrayList ()：创建一个空的列表集合对象，其内部数组的初始容量为 10。

(2) ArrayList (Collection c)：创建一个列表集合对象，包括指定集合 c 中的所有元素。

(3) ArrayList (int initialCapacity)：创建一个空的列表集合对象，其内部数组的初始容量为 initialCapacity。

【例 14-2】 ArrayList 应用示例(ArrayListExam. java)。

```
package ch143;
/*
  开发者：***
  开发地点：***
  开发时间：****年**月**日
  最后一次修改时间：****年**月**日
  功能简介：通过对两个列表集合的操作，演示 ArrayList 类中常用方法的使用
*/
import java.util.ArrayList;
import java.util.List;
public class ArrayListExam {
    public static void main(String[] args){
        /*声明一个 List 类型的变量 list，并用 ArrayList 类的无参构造方法创建一个
         ArrayList 类对象来初始化 list */
        List<String>list=new ArrayList<>();
        //向 list 中添加对象："张志锋"、"刘禹锡"、"张伟"、"孟二冬"
        list.add("张志锋");
        list.add("刘禹锡");
        list.add("张伟");
        list.add("孟二冬");
        //向 list 中再次添加"张志锋"到指定位置
        list.add(3,"张志锋");
        list.add(null);
        System.out.println("第一个列表集合的元素个数为："+list.size());
        System.out.println("第一个列表集合中的元素包括："+list);
        //输出 list 中的第一个元素
        System.out.println("第一个列表集合中的第一个元素是："+list.get(0));
        //输出 list 中第一个出现的"张志锋"的索引值
        System.out.println("第一个列表集合中第一个出现的\"张志锋\"的索引是：
        "+list.indexOf("张志锋"));
        //输出 list 中最后一个出现的"张志锋"的索引值
        System.out.println("第一个列表集合中最后一个出现的\"张志锋\"的索引是：
        "+list.lastIndexOf("张志锋"));
        //删除 list 中第一个出现的"张志锋"
        list.remove("张志锋");
        System.out.println("删除第一个出现的\"张志锋\"后，第一个列表集合的元素个数
        为："+list.size()+"，包括："+list);
         //删除 list 中索引为 2 的元素
```

```
        list.remove(2);
        System.out.println("删除索引为 2 的元素后,第一个列表集合的元素个数为:
        "+list.size()+",包括: "+list);
         //将 list 中索引为 3 的元素改成"张志锋"
        Object o=list.set(3,"张志锋");
        System.out.println("第一个列表集合中索引为 3 的元素"+o+"被替换掉了");
        System.out.println("将索引为 3 的元素改成\"张志锋\"后,第一个列表集合的元素个
        数为: "+list.size()+",包括: "+list);
        /*声明一个 ArrayList 类型的变量 list2,并以 list 为参数、用有一个集合类型参数的
         构造方法创建一个 ArrayList 类对象来初始化 list2,将 list 中的元素都添加到
         list2 中*/
        ArrayList<String>list2=new ArrayList<>(list);
        System.out.println("第二个列表集合的元素个数为: "+list2.size()+",包括: "
        +list2);
        //将 list 中的所有元素添加到 list2 中索引为 1 的元素之后
        list2.addAll(1,list);
        System.out.println("将第一个列表集合中的所有元素添加到第二个列表集合中索引
        为 1 的元素之后,\n 第二个列表集合的元素个数为: "+list2.size()+",包括:
        "+list2);
    }
}
```

ArrayList 示例的文件结构和运行结果如图 14-4 所示。从本例中根据索引进行的操作结果可以看出,集合索引的取值范围和数组下标的取值范围一样,都是从 0 开始。在访问列表元素时要注意索引取值不能越界,否则也会抛出 IndexOutOfBoundsException 异常。

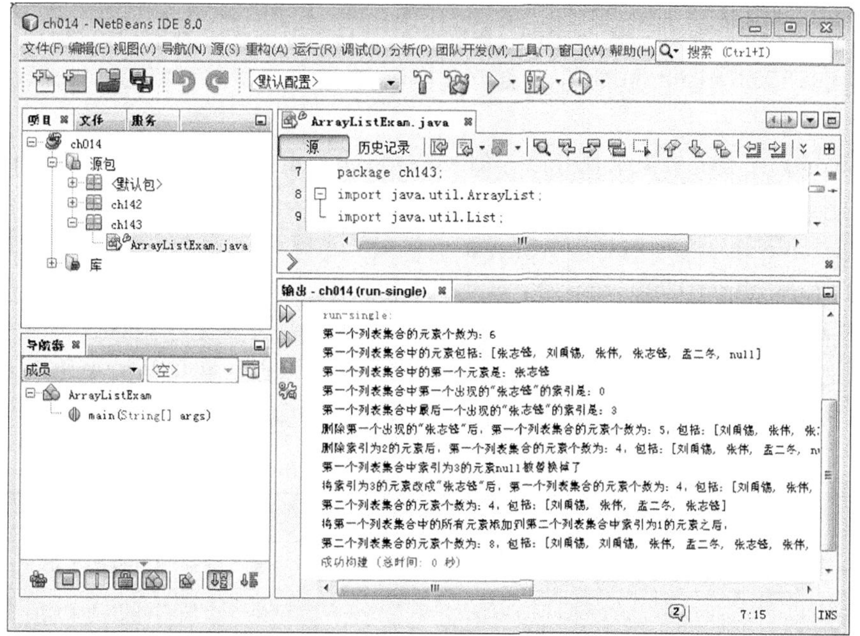

图 14-4 ArrayList 示例的文件结构和运行结果

ArrayList 的特征和数组相似，但数组一旦被创建，它的大小就固定了，而 ArrayList 对象的大小是可以动态改变的，可以将其看作动态数组或数组的复杂版本。

和数组一样，ArrayList 类的随机访问速度较快，但是向表中插入和删除元素比较慢，因为也需要通过数组元素的移动来实现。

ArrayList 适合在以下情况使用。

(1) 需要处理的对象数目不确定，序列中的元素都是对象或者可以表示为对象。

(2) 需要将不同类的对象组合成一个数据序列。

(3) 需要在对象序列中频繁地插入和删除元素，导致序列长度变化。

(4) 需要经常定位元素或者进行其他查询操作。

(5) 需要在不同类之间传递大量数据。

Vector(向量)类是 List 接口的另一个实现类，也是用数组实现的，其用法和 ArrayList 类基本一样。Vector 也能够根据需要改变大小，而且 Vector 还允许通过设置容量增量来指定需要增加的容量。

Vector 类有一个子类 Stack(栈)。Stack 类通过 5 个操作扩展了 Vector 类，将向量视为具有后进先出特性的栈，实现了这种常用数据结构的定义。关于栈的详细介绍请参考数据结构类书籍的相关内容。

14.3.2 LinkedList 类

LinkedList 类实现了 List 接口，是一个用动态内部链表实现的列表集合，表中每个元素都保存了它的前一个元素和后一个元素的引用，彼此连接，因此可称为链表。LinkedList 类使用的是双向循环链表，提供了从列表两端提取、插入和删除元素的方法，可以按序号检索列表中的元素，并能够进行向前或向后的双向遍历。由于双向链表的每个节点都有两个指针指向上一节点和下一节点，插入、删除数据时只需要关注元素的前、后项，修改其保存的引用即可，所以 LinkedList 的插入、删除速度较快，适合那些需要频繁进行插入和删除操作的列表。

LinkedList 类的对象中也可以存储 null 值，允许重复存储数据。Linkedlist 类的构造方法如下。

(1) LinkedList()：创建一个空列表。

(2) LinkedList(Collection c)：创建一个包含集合 c 中所有元素的列表。

LinkedList 类添加了一些处理列表两端元素的方法。使用这些新方法，程序员就可以轻松地把 LinkedList 当作一个堆栈、队列或其他面向端点的数据结构来使用。LinkedList 类的常用方法如表 14-3 所示，还有一些未列出的方法可参考前述表 14-2 及 API 文档。

表 14-3 Linkedlist 类的常用方法

方 法 名	功 能 说 明
public boolean addFirst(Object o)	将对象 o 添加到链表的头部
public boolean addLast(Object o)	将对象 o 添加到链表的末尾
public Object getFirst()	返回链表的第一个元素

续表

方　法　名	功能说明
public Object getLast()	返回链表的最后一个元素
public Object remove()	返回并删除链表的第一个元素
public Object removeFirst()	返回并删除链表的第一个元素
public Object removeLast()	返回并删除链表的最后一个元素

【例 14-3】 LinkedList 的应用示例(LinkedListExam.java)。

```
package ch143;
/*
  开发者：***
  开发地点：***
  开发时间：****年**月**日
  最后一次修改时间：****年**月**日
  功能简介：通过对链表集合的操作,演示 LinkedList 类中常用方法的使用
*/
import java.util.LinkedList;
import java.util.List;
public class LinkedListExam {
    public static void main(String[] args){
        /*声明一个 LinkedList 类型的变量 lList,并用 LinkedList 类的无参构造方法创建
         一个对象来初始化 lList */
        LinkedList<String>lList=new LinkedList<>();
        //向 lList 中添加对象："张志锋"、"刘禹锡"、"张伟"
        lList.add("张志锋");
        lList.add("刘禹锡");
        lList.add("张伟");
        //向 lList 指定位置添加"孟二冬"
        lList.add(2,"孟二冬");
        //向 lList 尾部再次添加"张志锋"
        lList.addLast("张志锋");
        //向 lList 头部添加 null
        lList.addFirst(null);
        System.out.println("链表的元素个数为："+lList.size());
        System.out.println("链表中的元素包括："+lList);
        //输出 lList 中的第一个元素
        System.out.println("链表中的第一个元素是："+lList.getFirst());
        //输出 lList 中的最后一个元素
        System.out.println("链表中的最后一个元素是："+lList.getLast());
        //取 lList 中索引为 1~4 之间的元素并创建一个子列表 list
        List list=lList.subList(1,4);
        //输出子列表 list 中的元素
```

```
            System.out.println("子表中的元素有: "+list);
            //重新输出 lList 中的元素
            System.out.println("生成子表后原链表中的元素有: "+lList);
            //删除 lList 中的第一个元素
            lList.removeFirst();
            //删除 lList 中的最后一个元素
            lList.removeLast();
            //重新输出 lList 中的元素
            System.out.println("删除第一个和最后一个元素后链表中的元素有: "+lList);
            //删除 lList 中索引为 1~3 之间的元素
            lList.subList(1,3).clear();
            //重新输出 lList 中的元素
            System.out.println("删除指定范围内的元素后链表中的元素有: "+lList);
        }
    }
```

LinkedList 应用示例的文件结构和运行结果如图 14-5 所示。

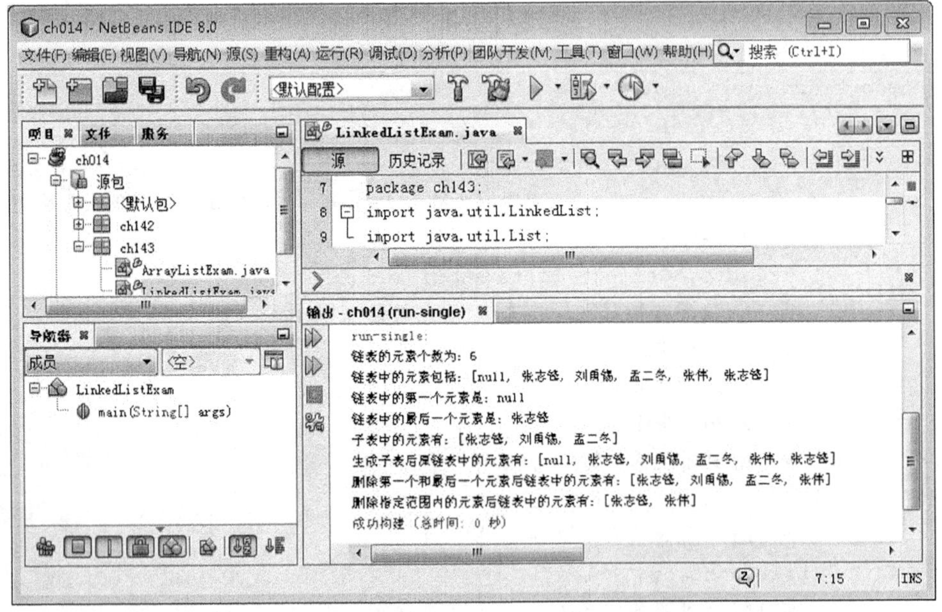

图 14-5　LinkedList 应用示例的文件结构和运行结果

ArrayList 类与 LinkedList 类的很多成员方法相似，两者的本质区别在于：ArrayList 使用顺序存储结构，LinkedList 使用链式存储结构。在实际开发中，要选用这两者中的哪一个依赖于特定的数据管理需求。如果需要通过下标随机访问列表中的元素，除了在末尾之外，不需要在其他位置插入或删除元素，那么使用 ArrayList 速度更快，效率更高。如果应用程序只需要顺序地访问列表元素，但要频繁地在列表的任意位置插入或删除元素，还是选择 LinkedList 更合适。

14.4　Map 接口

身份证号和个人信息是一对一的关系，如果应用程序经常需要根据身份证号在上百万的个人信息数据中查找某个人的信息，那么图(Map)是一种有效的存储这种关系的数据结构。

在数组中，通过下标可以非常方便地获取数组中的元素，但反过来，如果要根据元素获取该元素的下标就比较困难了，通常需要顺序遍历数组元素才能找到。如果用图来存储数据，就可以方便地根据元素的值来查找元素的存储位置，例如，根据身份证号查找个人信息。

图是一种依照关键字(key)存储元素的容器，其中的每一个元素都是成对出现的，它代表一类将键(即 key)映射到值(value)的对象，因此也称为映射。图中存储的每个对象都有一个关键字，这个关键字决定了对象在 Map 中的存储位置。关键字类似于 List 中的下标，不过 List 中的下标只能是整数，而图中的关键字可以是任意类型的对象。图中每个对象的关键字应该是唯一的，每个 key 最多只能映射到一个 value，value 是可以重复的。一个 key 和它对应的 value 构成一个映射关系，实际存储在图中的就是这个映射关系。

如果要在图中检索一个元素，必须提供相应的关键字，就像在查字典时必须提供要查的字的部首或拼音作为查询关键字一样。操作系统的注册表就是用这种方法存储数据的。

Map 接口及其实现类自成一体，没有继承 Collection 接口，与 Set 或 List 接口有明显区别。Map 接口的子接口 SortedMap 是一个按升序排列 key 的 Map。AbstractMap 是派生自 Map 接口的一个抽象类。这个抽象类实现了 Map 接口中的部分成员方法，使得具体的实现类不必实现 Map 接口中的每个成员方怯。AbstractMap 的子类主要有 HashMap 和 TreeMap。HashMap 对象中允许存储 null 值，但由于键必须是唯一的，所以只能有一个空键值。TreeMap 实现了 SortedMap 接口，可以描述一个将元素按键值升序排列的映射。因此 TreeMap 有一些扩展的方法执行与顺序有关的操作。14.5.2 节中介绍的 TreeSet 就是依靠 TreeMap 来实现的。

Map 接口提供了查询、更新和获取图中的值和键的方法。Map 接口没有 add()方法，要添加元素需要通过 put()方法来实现。Map 接口中的主要方法如表 14-4 所示。

表 14-4　Map 接口的主要方法

方　法　名	功 能 说 明
boolean containsKey(Object key)	图中存在键为 key 的元素时返回 true，否则返回 false
boolean containsValue(Object value)	图中存在值为 value 的元素时返回 true，否则返回 false
Object get(Object key)	返回键为 key 的元素的值，如果不存在该键则返回 null
Object put(Object key,Object value)	在图中添加以 key 为键、以 value 为值的新元素，返回 null；如果图中已存在键为 key 的元素，则用 value 替代该元素原有的值，并返回该值
void putAll(Map m)	复制另一个 Map 对象 m 中的所有元素
Set entrySet()	返回图中所有键-值对的集合

续表

方 法 名	功 能 说 明
Set keyset()	返回图中所有关键字的集合
Collection values()	返回图中所有值的集合
Object remove(Object key)	删除图中键为 key 的元素,返回该元素的值。如果图中不存在键为 key 的元素则返回 null

14.4.1 HashMap 类

散列图 HashMap 是抽象类 AbstractMap 的子类,是实现了 Map 接口的哈希表,使用哈希技术散列存取数据。

HashMap 将键-值(key-value)对当成一个整体进行处理,根据哈希算法来计算键-值对的存储位置,这样可以保证快速存取图中的键-值对。HashMap 实际上是一个数组和链表的组合体。hashCode()方法返回的哈希值对应着数组中的元素,当有多个 key 的哈希值相等时,相应的多个键-值对就以链表的形式保存在一起,对应着同一个数组元素。这就是在哈希算法中用拉链法解决冲突的应用。其基本过程是:对于每个要存入的键-值对,通过 hashCode()方法中定义的函数关系(称为散列函数)计算出 key 对应的函数值,即哈希值,这个哈希值就是该键-值对在 HashMap 中的存储地址;如果该地址已有元素,就利用 equals()方法检查其 key 是否与要存入的 key 相同,如果相同就用新的 value 替换原有的 value;否则根据拉链法,将新添加的键-值对插入到链表头部成为该链表的第一个节点。在 HashMap 中查找元素时,也要首先计算 key 的哈希值,找到对应的存储位置,然后通过 key 的 equals()方法在该位置的链表中找到需要的元素。关于哈希表及冲突解决方法请参考数据结构类教材中的相关内容。

因此,要存放到 HashMap 中的 key 所属类必须已经定义了 hashCode()方法和 equals()方法。和 equals()方法一样,hashCode()方法也是由 Object 类继承而来的,且大多数 Java 系统类已覆盖了该方法。如果 key 是自定义类的对象,这个自定义类也必须实现 hashCode()方法和 equals()方法。实际应用中,key 通常是 String 类型,而 String 类型已经重写了 hashCode()方法和 equals()方法。

HashMap 的容量表示散列图中用来区分不同哈希值的 key 空间的长度,就是其对应的数组的大小,默认值为 16。

HashMap 的加载因子(load factor)定义了散列图的充满程度,其值是 0.0~1.0 之间的一个小数。加载因子指定了当 HashMap 中的元素超过多少的时候自动扩容。

HashMap 的加载因子通常默认为 0.75。当散列图中元素的个数大于散列图容量与加载因子的乘积时,散列图的容量将自动扩展。

加载因子越高(越接近 1.0),内存的使用率越高,但在散列图中查找元素花费的时间越长;加载因子越低(越接近 0.0),在散列图中查找元素花费的时间越短,但内存浪费相应也越多。

HashMap 对象中允许存在空值和空键。

HashMap 类没有定义自己的新方法。其构造方法如下。

(1) public HashMap()：创建一个空的散列图集合，初始容量为 16，加载因子为 0.75。

(2) public HashMap(Map m)：创建一个包含图 m 中所有元素的散列图集合，其初始容量足以包含集合 t 中的所有元素，加载因子为 0.75。

(3) public HashMap(int initialCapacity)：创建一个容量为 initialCapacity、加载因子为 0.75 的空的散列图集合。

(4) public HashMap (int initialCapacity, float loadFactor)：创建一个容量为 initialCapacity、加载因子为 loadFactor 的空散列图集合。

【例 14-4】 HashMap 的应用示例(HashMapExam.java)。

```
package ch144;
import java.util.HashMap;
/*
    开发者：***
    开发地点：***
    开发时间：****年**月**日
    最后一次修改时间：****年**月**日
    功能简介：利用 HashMap 映射实现从学生姓名到学号的映射。通过对散列图集合的操作，演示
              HashMap 类中常用方法的使用
*/
public class HashMapExam {
    public static void main(String[] args){
        /*声明一个 HashMap 类型的变量 map，并用 HashMap 类的无参构造方法创建一个对象来
         初始化 map*/
        HashMap map=new HashMap();
        //向 map 中添加键值对："001","张志锋"
        map.put("001","张志锋");
        //向 map 中添加键值对："002","张伟"
        map.put("002","张伟");
        //向 map 中添加键-值对：null,"刘禹锡"。验证散列图是否允许空键值
        map.put(null,"刘禹锡");
        //向 map 中添加键-值对："003",null。验证散列图是否允许空值
        map.put("003",null);
        //向 map 中添加键-值对："004","张志锋"。验证散列图是否允许重复的值
        map.put("004","张志锋");
        //向 map 中添加键-值对："002","孟二冬"。验证散列图是否允许重复的键值
        map.put("002","孟二冬");                    //输出 map 中的元素个数
        System.out.println("散列图中的元素个数为："+map.size());
        //输出 map 中的所有元素
        System.out.println("散列图中的元素包括："+map);
        //检查 map 中是否存在键为 null 的元素
        System.out.println("散列图中是否包含空键："+map.containsKey(null));
        //检查 map 中是否存在值为 null 的元素
        System.out.println("散列图中是否包含空值："+map.containsValue(null));
```

```
            //输出 map 中键为"001"的元素的值
            System.out.println("散列图中键为"001"的元素的值为: "+map.get("001"));
            //删除 map 中键为"001"的元素
            System.out.println("散列图中键为"001"的元素被删除,其值为: "+map.remove("
            001"));
            //输出 map 中的所有键值
            System.out.println("散列图中的键包括: "+map.keySet());
            //输出 map 中的所有值
            System.out.println("散列图中的值包括: "+map.values());
            //输出 map 中的所有键-值对
            System.out.println("散列图中的键-值对包括: "+map.entrySet());
            //声明一个 HashMap 类型的变量 map2,包含 map 中所有元素
            HashMap map2=new HashMap(map);
            //输出 map2 中的所有元素
            System.out.println("第二个散列图中的元素包括: "+map2);
        }
    }
```

HashMap 应用示例的文件结构和运行结果如图 14-6 所示。根据输出结果可见散列图中的键和值都可以是 null,而且值可以重复,但键必须是唯一的,如果插入重复的键,会覆盖原有的元素。本例中最后插入的"孟二冬"覆盖了图中原来与键"002"关联的值"张伟",因此最终输出的数据中没有"张伟"。

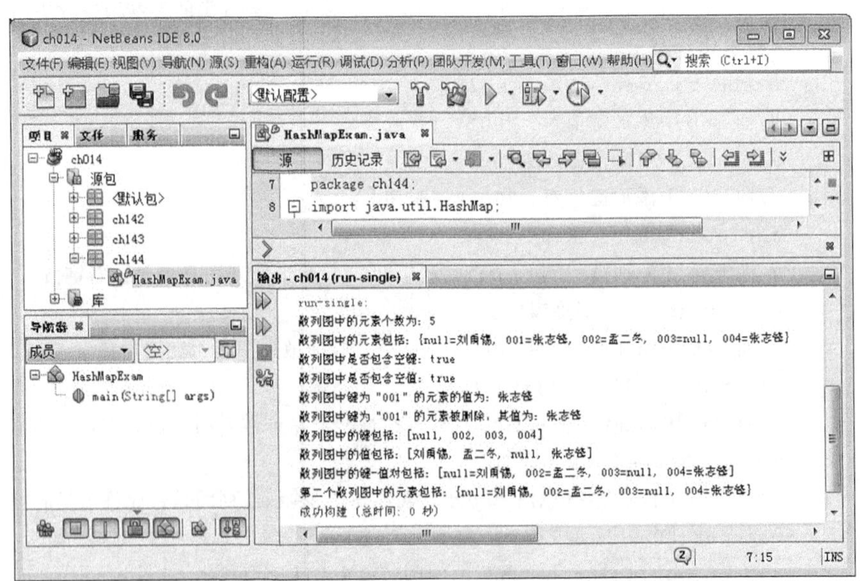

图 14-6　HashMap 示例的文件结构和运行结果

HashMap 中的元素是无序的,但 HashMap 的子类 LinkedHashMap 可以对散列图中的元素排序。LinkedHashMap 类是用链表实现的,称为链式散列图。在 LinkedHashMap 中,元素既可以按照它们被插入图中的顺序(插入顺序,insertion order)排列,也可以按它们

最后一次被访问的顺序(访问顺序,access order)排列。通过指定下列构造方法的第 3 个参数为 true,可以创建按访问顺序排列的 LinkedHashMap 对象：

```
public LinkedHashMap (int initialCapacity, float loadFactor,boolean accessOrder)
```

其中,参数 initialCapacity 和 float loadFactor 指定初始容量和加载因子;accessOrder 为 true 时元素按被访问的顺序从早到晚排序,为 false 时元素按插入图中的先后顺序排列。

HashMap 可以根据键值(即关键字),通过哈希运算快速查找散列图中的值,如果要在 Map 中频繁插入、删除和定位元素,HashMap 类是最好的选择。但如果需要在散列图中按照自然顺序或者自定义的顺序遍历元素,那么使用 TreeMap 类更合适。

14.4.2　TreeMap 类

TreeMap 类继承了 AbstractMap 类并实现了 sortedMap 接口,称为树形图或树图。

SortedMap 是 Map 的子接口,顾名思义,它可以保持图中的元素按键值有序排列。该接口还提供了一些与排序有关的元素访问方法。因此 TreeMap 类能够按照键的自然顺序对图中的元素进行排序。关于“自然顺序”的详细说明见 14.6.2 节。

TreeMap 类的构造方法如下。

(1) public TreeMap()：创建一个新的空树图,该树图将其元素按自然顺序进行排列。

(2) public TreeMap(Comparator comparator)：创建一个新的空树图,它根据指定比较器 comparator 对元素进行排序。比较器 Comparator 的详细介绍见 14.6.2 节。

(3) public TreeMap(Collection c)：创建一个包含指定集合 c 中所有元素的新树图,它将其元素按自然顺序进行排序。

(4) public TreeMap(SortedMap s)：创建一个与指定有序图 s 具有相同映射关系和相同排序顺序的新的空树图。

TreeMap 不允许存在 null 键,试图向 TreeMap 对象中添加 null 键将会导致空指针异常,containsKey()方法的参数也不能是 null。TreeMap 类的主要方法如表 14-5 所示。

表 14-5　TreeMap 类的主要方法

方　法　名	功 能 说 明
public Object firstKey()	返回树形图中第一个(最小的)键
public Object lastKey()	返回树形图中最后一个(最小的)键
public SortedMap headMap(Object toKey)	返回树形图的一个子集,其键值小于 toKey
public SortedMap tailMap(Object fromKey)	返回树形图的一个子集,其键值大于或等于 fromKey
public SortedMap subMap(Object fromKey, Object toKey)	返回树形图的一个子集,其键值大于或等于 fromKey 且小于 toKey
public Object ceilingKey(Object key)	返回大于等于 key 的最小键,如果不存在这样的键,则返回 null

续表

方 法 名	功 能 说 明
public Object higherKey(Object key)	返回大于 key 的最小键，如果不存在这样的键，则返回 null
public Object floorKey(Object key)	返回小于等于 key 的最大键，如果不存在这样的键，则返回 null
public Object lowerKey(Object key)	返回小于 key 的最大键，如果不存在这样的键，则返回 null

【例 14-5】 TreeMap 的应用示例(TreeMapExam.java)。

```
package ch144;
import java.util.SortedMap;
import java.util.TreeMap;
/*
    开发者：***
    开发地点：***
    开发时间：****年**月**日
    最后一次修改时间：****年**月**日
    功能简介：通过对树形图的操作，演示 TreeMap 类中常用方法的使用
 */
public class TreeMapExam {
    public static void main(String[] args){
        /*声明一个 TreeMap 类型的变量 map,并用 TreeMap 类的无参构造方法创建一个对象来
         初始化 map*/
        TreeMap map=new TreeMap();
        //向 map 中添加键-值对："001","张志锋"
        map.put("001","张志锋");
        //向 map 中添加键-值对："002","张伟"
        map.put("002","张伟");
        //向 map 中添加键-值对："003",null。验证树形图是否允许空值
        map.put("003",null);
        //向 map 中添加键-值对："004","张志锋"。验证树形图是否允许重复的值
        map.put("004","张志锋");
        //向 map 中添加键-值对："002","孟二冬"。验证树形图是否允许重复的键
        map.put("002","孟二冬");
        //输出 map 中的元素个数
        System.out.println("树形图中的元素个数为："+map.size());
        //输出 map 中的所有元素
        System.out.println("树形图中的元素包括："+map);
         //检查 map 中是否存在值为 null 的元素
        System.out.println("树形图中是否包含空值："+map.containsValue(null));
        //输出 map 中最小的键
        System.out.println("树形图中最小的键值为："+map.firstKey());
```

```
        //输出 map 中最大的键
        System.out.println("树形图中最大的键值为："+map.lastKey());
        //输出 map 中小于"003"的所有键
        System.out.println("树形图中小于"003"的键包括："+map.headMap("003"));
        //输出 map 中大于等于"003"的所有键
        System.out.println("树形图中大于等于"003"的键包括："+map.tailMap("
        003"));
        //输出 map 中大于等于"003"的那个键
        System.out.println("树形图中大于等于"003"的键为："+map.ceilingKey("
        003"));
        //输出 map 中大于"003"的那个键
        System.out.println("树形图中大于"003"的键为："+map.higherKey("003"));
        //输出 map 中小于等于"003"的那个键
        System.out.println("树形图中小于等于"003"的键为："+map.floorKey("003"));
        //输出 map 中小于"003"的那个键
        System.out.println("树形图中小于"003"的键为："+map.lowerKey("003"));
        /* 获取 map 的一个子集 smap，包含 map 中键值大于等于"002"、小于"004"的所有元
         素 */
        SortedMap smap=map.subMap("002", "004");
        //输出子集 smap 中的所有元素
        System.out.println("树形图子集中的元素包括："+smap);
    }
}
```

TreeMap 应用示例的文件结构和运行结果如图 14-7 所示。根据运行结果可知，TreeMap 对象中允许存在空值，允许重复的值，放入其中的元素自动按键值升序排列。

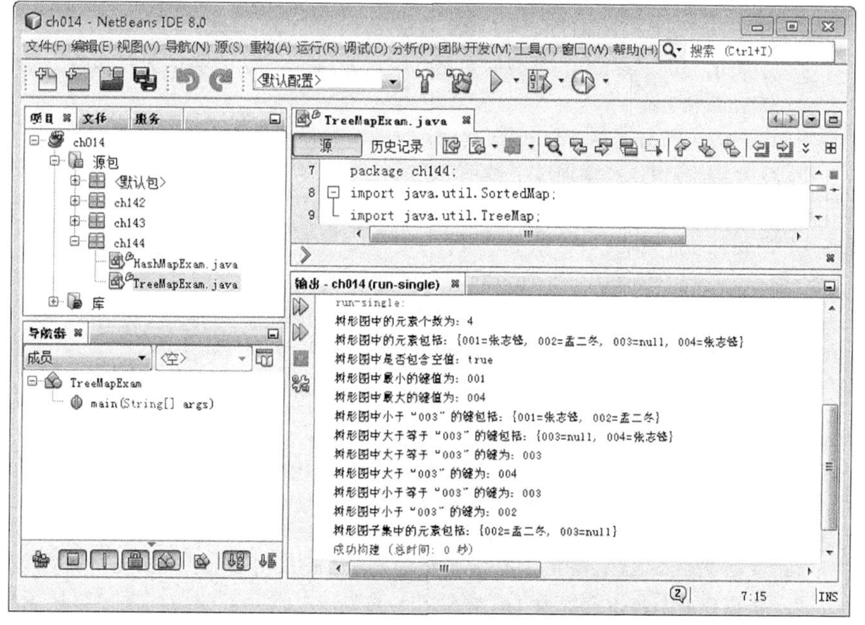

图 14-7 TreeMap 应用示例的文件结构和运行结果

本例的实现也可以采用例 14-4 中的方法，即先创建一个 HashMap 类的对象，然后以这个对象为参数创建一个 TreeMap 对象。

HashMap 是基于 Hash 算法实现的，其性能通常优于 TreeMap。TreeMap 中元素的添加顺序和实际存储顺序可能不同。添加时，TreeMap 自动遍历已经存在的元素，根据 key 值寻找合适的插入位置，将要添加的元素插入到已经有序的元素序列中。通常字符串按照字典顺序排列，数值按照数字大小的顺序排列。因此，要求添加到 TreeMap 的 key 必须是可排序的。

一般情况下优先考虑使用 HashMap，但如果需要有序访问图中的元素，可以使用 TreeMap。通常先把数据添加到 HashMap，再把 HashMap 转换为 TreeMap 来进行有序遍历，这样效率会更高。如果不需要对元素排序，就应该使用 HashMap，因为在 HashMap 中插入和删除元素时不必维持元素的有序关系，花费的时间较少，效率较高。

【例 14-6】 HashMap、LinkedHashMap、TreeMap 的比较示例(MapCompare.java)。

```
package ch144;
import java.util.HashMap;
import java.util.LinkedHashMap;
import java.util.TreeMap;
/*
  开发者：***
  开发地点：***
  开发时间：****年**月**日
  最后一次修改时间：****年**月**日
  功能简介：通过同一批元素的存储，比较散列图、链式散列图、树形图在元素存储顺序上的异同
*/
public class MapCompareExam {
    public static void main(String args[]){
        /*声明一个 HashMap 类型的变量 hmap，并用 HashMap 类的无参构造方法创建一个对象
          来初始化 hmap*/
        HashMap hmap=new HashMap();
        //向 hmap 中连续添加 3 个键-值对
        hmap.put("China","001");
        hmap.put("America","002");
        hmap.put("Britain","003");
        //输出 hmap 中的元素，观察元素顺序
        System.out.println("散列图中的元素包括："+hmap);
        /*声明一个 TreeMap 类型的变量 tmap，以 hmap 为参数创建一个 TreeMap 类型的对象
          来初始化 tmap*/
        TreeMap tmap=new TreeMap(hmap);
        //输出 tmap 中的元素，观察元素的顺序
        System.out.println("树形图中的元素包括："+tmap);
        /*声明一个 LinkedHashMap 类型的变量 lmap，并用 LinkedHashMap 类的无参构造方
          法创建一个初始容量为 16、加载因子为 0.75、按元素的访问顺序排序的对象来初始化
          lmap*/
        LinkedHashMap lmap=new LinkedHashMap(16, (float) 0.75,true);
```

```
        //向 lmap 中连续添加 3 个键-值对
        lmap.put("China","001");
        lmap.put("America","001");
        lmap.put("Britain","003");
        //按顺序先后访问 lmap 中键值为"Britain"、"China"和"America"的元素
        lmap.get("Britain");
        lmap.get("China");
        lmap.get("America");
        //输出 lmap 中的元素,观察元素顺序
        System.out.println("链式散列图中的元素包括: "+lmap);
    }
}
```

不同图集合比较示例的文件结构和运行结果如图 14-8 所示。可见 HashMap 对象中的元素是随机排列的,TreeMap 对象将放入其中的元素按键值的自然顺序排列,LinkenHashMap 对象中的元素在本例中是按访问顺序排列的,如果希望按照元素添加的顺序排列,可以将实例化 LinkenHashMap 类时使用的构造方法的第 3 个参数改为 false,或者使用 LinkenHashMap 类的其他构造方法。

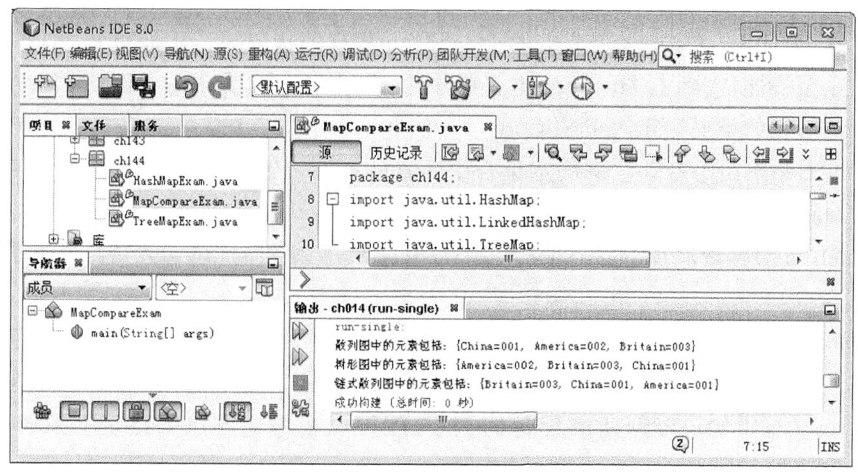

图 14-8　不同图集合比较示例的文件结构和运行结果

在应用程序开发过程中,如果不需要保持图中元素的顺序,通常使用 HashMap;如果需要保持图中元素的插入顺序或访问顺序,就使用 LinkedHashMap;如果需要使图中元素按照键值排序,就使用 TreeMap。

在 Java 2 以前,一般使用 java. util. Hashtable 来存储键和值的映射关系。Hashtable 类实现了 Map 接口,与 HashMap 类的用法基本一样,但 key 和 value 都不能为 null。

14.5　Set 接口

Set 接口是 Collection 接口的子接口,但它只是简单地继承了 Collection 接口,自身并没有引入新的方法或常量。与父接口不同的是,Set 接口明确规定其实现类的实例中不能

包含重复的元素，即对于其实现类实例中的任意两个元素 e1 和 e2，e1.equals(e2)的值均为 false。这与数学中集合概念的含义一致。由于具体的 Set 实现类依靠 equals()方法来检查其中元素的唯一性，因此要添加到 Set 中的对象的类必须重写 equals()方法。

Set 接口不保证集合中元素的顺序。由于 Set 接口中没有声明不同于父接口的新方法，因此其基本方法与父接口 Collection 的相同，这里不再赘述。

抽象类 AbstractSet 继承自 AbstractCollection 类并实现了 Set 接口的部分方法，从而最大限度地减少了实现 Set 接口所需的工作。AbstractSet 类没有实现 size 方法和 iterator 方法。Set 接口还派生了一个 SortedSet 子接口，能够描述有序的元素集合。

Set 接口的主要实现类有 HashSet 类和 TreeSet 类，它们均继承自抽象类 AbstractSet。其中 HashSet 类以散列方式管理集合中的元素，而 TreeSet 类还实现了 SortedSet 接口，能够将放入其中的元素按升序存放，因此要求其中的对象是可以排序的。

14.5.1 HashSet 类

散列集 HashSet 又称为哈希表(散列表)，它继承自 AbstractSet 类并实现了 Set 接口，不允许出现重复元素，元素存入的顺序和在集合内存储的顺序不一定相同，允许存在一个 null 元素。

虽然 HashSet 和 14.4.1 节中的 HashMap 实现的接口规范不同，但它们底层的哈希存储机制完全一样，实际上 HashSet 本身就采用 HashMap 来实现的。因此，要存放到散列集中的对象所属的类必须重写 hashCode()方法和 equals()方法。

HashSet 采用哈希算法来决定集合中元素的存储位置，这样可以保证快速存、取集合中的元素，特别是在大集合中查找时，HashSet 的效率优势比较突出。

HashSe 的容量和加载因子的含义与 HashMap 的相同，可参考 14.4.1 节，这里不再重复。

HashSet 类提供了多个构造方法，可以使用它的无参构造方法来创建空的散列集，也可以使用一个现有的集合来创建新的散列集。默认情况下，散列集的初始容量为 16，加载因子是 0.75。如果知道要创建的集合的大小，就可以在构造方法中指定初始容量和加载因子。其构造方法如下。

(1) public HashSet()：创建一个新的空散列集，其默认初始容量是 16，加载因子是 0.75。

(2) public HashSet(Collection c)：创建一个新的散列集，包含指定集合 c 中的所有元素。其初始容量足以包含集合 c 中的所有元素，加载因子为 0.75。

(3) public HashSet(int initialCapacity)：创建一个初始容量为 initialCapacity 的新的空散列集，其加载因子为 0.75。

(4) public HashSet(int initialCapacity, float loadFactor)：创建一个新的空散列集，其初始容量为 initialCapacity，加载因子为 loadFactor。

【例 14-7】 HashSet 应用示例(HashSetExam.java)。为了验证散列集对其中对象的要求，本例中使用了另一个类 Student，该类重写了 hashCode()和 equals()方法，其详细定义见例 14-8。

```
package ch145;
/*
    开发者：***
    开发地点：***
    开发时间：****年**月**日
    最后一次修改时间：****年**月**日
    功能简介：通过对 3 个散列集 h1、h2、h3 的操作,演示 HashSet 类中常用方法的使用以及用自
             定义类创建散列集的方法
*/
import java.util.Arrays;
import java.util.HashSet;
import java.util.Set;
public class HashSetExam {
    public static void main(String[] args){
        /*声明一个 Set 类型的变量 h1,并用 HashSet 类的无参构造方法创建一个 HashSet 类
         的对象来初始化 h1。这里没有用泛型指定集合元素的类型,因此 h1 中可以存放任何类型
         的对象。建议指定元素类型,使编译器能够进行类型检查并保证只有正确类型的对象可
         以被添加到集合中*/
        Set h1=new HashSet();
        //向 h1 中添加对象
        System.out.println("在第一个散列集中添加对象：\"刘禹锡\",\"张伟\",\"孟二冬
        \"");
        h1.add("刘禹锡");
        h1.add("张伟");
        h1.add("孟二冬");
        //向 h1 中添加对象成功后将返回 true,否则返回 false
        if(h1.add("张志锋"))
            System.out.println("在第一个散列集中第一次添加\"张志锋\"成功!");
        else
            System.out.println("在第一个散列集中第一次添加\"张志锋\"失败!");
        //尝试向 h1 中重复添加已存在的对象,验证 HashSet 中元素的唯一性
        if(h1.add("张志锋"))
            System.out.println("在第一个散列集中第二次添加\"张志锋\"成功!");
        else
            System.out.println("在第一个散列集中第二次添加\"张志锋\"失败!");
        System.out.println("此时第一个散列集中的元素个数为："+h1.size());
        /*先将 h1 中的元素存放到数组中,然后利用工具类 Arrays 将该数组中的内容以字符串
         形式输出。关于 Arrays 类的详细介绍见 14.7.1 节*/
        System.out.println("第一个散列集中的元素包括："+Arrays.toString(h1.
        toArray()));
        //从 h1 中删除对象,成功后将返回 true,否则返回 false
        if(h1.remove("张志锋"))
            System.out.println("在第一个散列集中删除\"张志锋\"成功!");
        else
            System.out.println("在第一个散列集中删除\"张志锋\"失败!");
```

```
        if(h1.contains("张志锋"))
            System.out.println("删除一个\"张志锋\"后第一个散列集中仍然存在\"张志锋
            \"!");
        else
            System.out.println("删除一个\"张志锋\"后第一个散列集中不存在\"张志锋
            \"!");
        System.out.println("删除一个\"张志锋\"后第一个散列集中的元素个数为: "+h1.
        size()+",包括: "+(h1.toString()));
        /*声明一个 HashSet 类的变量 h2,并以 h1 为实参通过 HashSet 类的一个有参构造方法
         创建一个 HashSet 类的对象来初始化 h2*/
        HashSet h2=new HashSet(h1);
        System.out.println("第二个散列集中的元素包括: ");
        //输出 h2 中的元素
        for(Object o:h2)
            System.out.print(o+"  ");
        System.out.println();
        //声明一个 HashSet 类的变量 h3 并初始化,指定其元素类型为 Student
        HashSet<Student>h3=new HashSet<>();
        //创建两个内容完全相同的 Student 类对象,由变量 s1、s2 分别引用
        Student s1=new Student("张志锋",18),s2=new Student("张志锋",18);
        /*比较 s1、s2 是否相等。恒等运算'=='判断两个引用是否相等,即判断两个变量 s1、s2
         保存的地址信息是否相同*/
        System.out.println("s1.equals(s2): "+s1.equals(s2)+"\ns1==s2: "+(s1=
        =s2)+"\ns1 的 hashcode:"+s1.hashCode()+"\ns2 的 hashcode:"+s2.hashCode
        ());
        //向 h3 中添加内容相同的两个 Student 类对象 s1、s2。
        if(h3.add(s1))
            System.out.println("在第三个散列集中添加 s1 成功。");
        else
            System.out.println("在第三个散列集中添加 s1 失败。");
        /*s1、s2 的 hashcode 相等,即要在散列集中存储的地址相同,进一步调用 equals()发
         现对象值也相等,从而判断二者为相同对象,第二次添加操作未执行,h3 中只有一个元
         素*/
        if(h3.add(s2))
            System.out.println("在第三个散列集中添加 s2 成功。");
        else
            System.out.println("在第三个散列集中添加 s2 失败。");
        System.out.println("第三个散列集中有"+h3.size()+"个元素,包括:"+h3);
    }
}
```

【例 14-8】 定义 Student 类(Student.java),该类覆盖了 hashCode()方法和 equals()方法。

```
package ch145;
/*
  开发者:***
```

```
开发地点：***
开发时间：****年**月**日
最后一次修改时间：****年**月**日
功能简介：供例 14-7 中的 HashSetExam 类使用，创建存放自定义类对象的散列集。需要覆盖
        hashCode()方法和 equals()方法
*/
public class Student {
    private String name;
    private int num;
    public Student(String name,int num){
        this.name=name;
        this.num=num;
    }
    public  String getName(){
        return name;
    }
    public void setName(String name){
        this.name=name;
    }
    public int getNum(){
        return num;
    }
    public void setNum(int num){
        this.num=num;
    }
    //覆盖 equals()方法，按照属性值判断两个 Student 类对象是否相等
    public boolean equals(Object o){
        Student s=(Student)o;
        if(this.name.equals(s.getName())&&this.num==s.getNum())
            return true;
        else
            return false;
    }
    /*覆盖 hashCode()方法，具体实现算法可以不同，只要保证不同对象的 hashcode 值不同即
     可*/
    public int hashCode(){
        int hash=1;
        hash=hash * 31+name.hashCode();
        hash=hash * 31+(name==null ? 0 : name.hashCode());
        return hash;
    }
    /*覆盖 toString()方法，使得在 HashSetExam 类中输出散列集中的本类型元素时能得到有
     意义的输出字符串。可按需定义*/
    public String toString(){
        return name+"的学号是"+num;
```

```
        }
    }
```

HashSet 示例的文件结构和运行结果如图 14-9 所示。

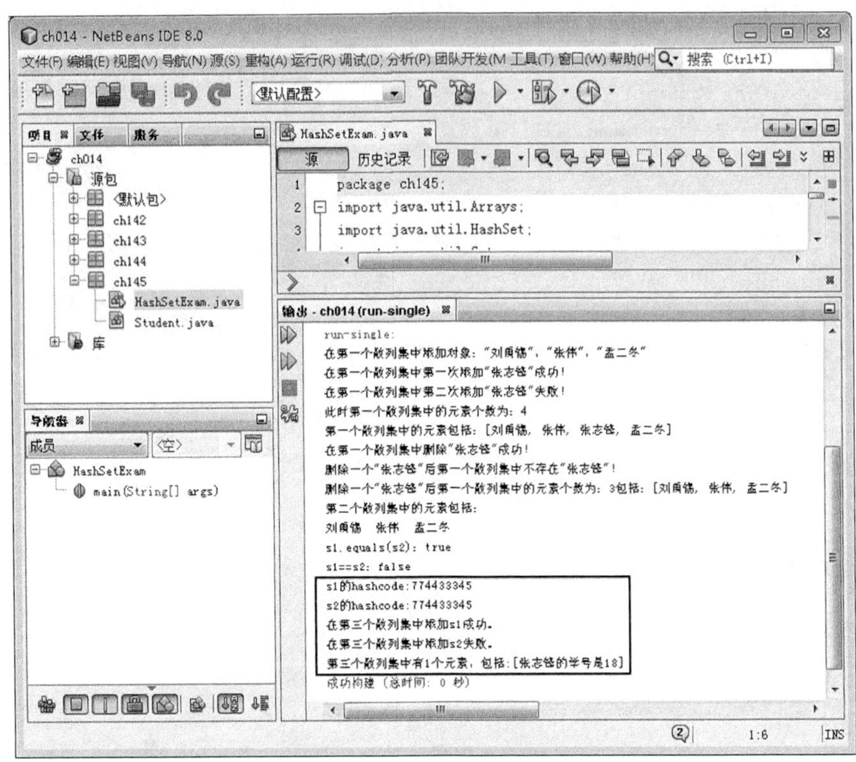

图 14-9 HashSet 示例的文件结构和运行结果

如图 14-9 所示的输出结果表明，散列集中元素的排列顺序与添加顺序不一定相同，这是由其使用的哈希算法决定的。从矩形框内的输出结果可以看出，散列集中不能出现重复元素。

如果 Student 类中没有实现 hashCode()方法，s1、s2 的 hashcode 值就不会相等，因为 hashCode()方法默认返回一个与对象地址有关的数值，而两个对象的地址一定不会相同，导致 hashCode()方法的返回值必定不同。这样一来，s1、s2 就会被存放到散列集 h3 的两个不同位置，使得散列集中出现重复元素。将例 14-8 中的 hashCode()方法删除后，例 14-7 的运行结果如图 14-10 所示，矩形框内的信息表明两个内容相同的对象都被成功添加到了同一个散列集中。

HashSet 在底层是通过 HashMap 实现的，其很多方法都是通过直接调用 HashMap 的相应方法实现的。关于 HashMap 的相关内容请参考 14.4.1 节。

类似于 HashMap 的子类 LinkedHashMap，HashSet 也有一个用链表实现的子类 LinkedHashSet，称为链式散列集。HashSet 中的元素是无序的，但 LinkedHashSet 可以按照元素添加的顺序对集合中的元素排序。如果将例 14-7 中的 HashSet 换成 LinkedHashSet，运行结果如图 14-11 所示。矩形框内的输出信息表明，链式散列集中的元素是按照插入顺序排列的，与图 14-9 所示的输出结果不同。

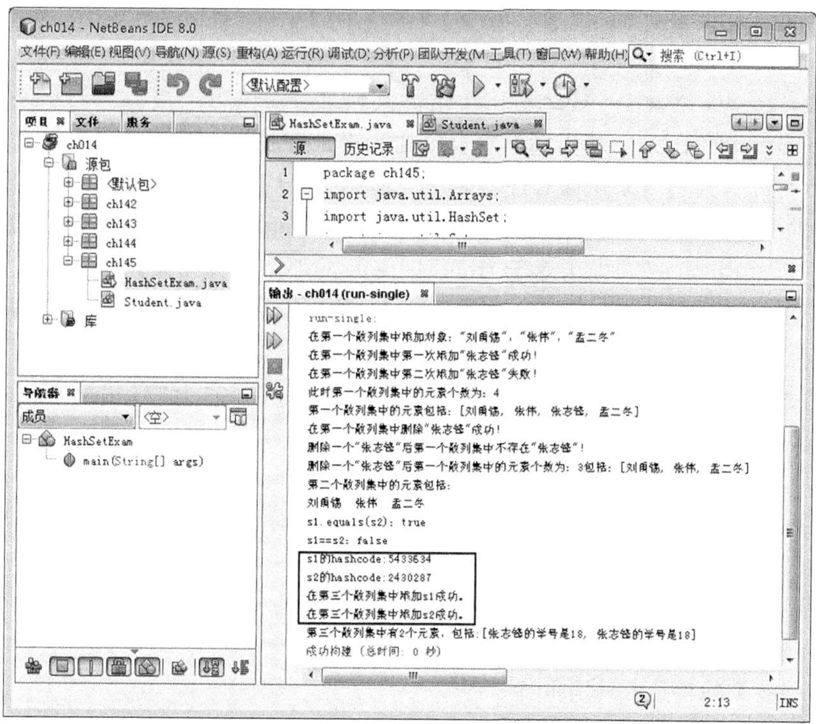

图 14-10　HashSet 示例的文件结构和运行结果(未覆盖 hashCode()方法时)

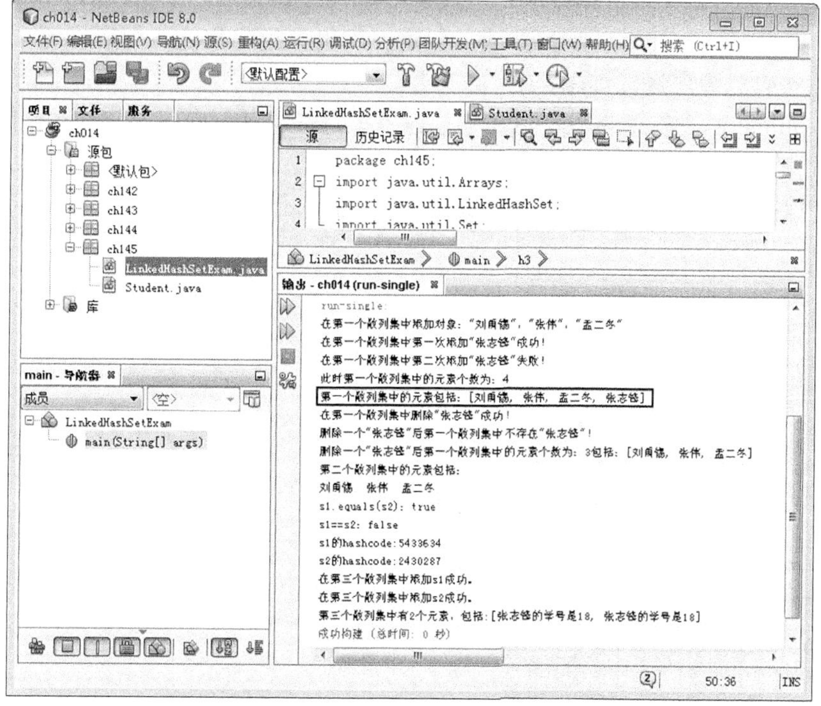

图 14-11　LinkedHashSet 示例的文件结构和运行结果

14.5.2 TreeSet 类

树集 TreeSet 继承自 AbstractSet 类并实现了 SortedSet 接口。与 SortedMap 类似，SortedSet 是 Set 的子接口，可以确保集合中的元素是有序的。SortedSet 接口提供了 first() 方法和 last() 方法，分别用来返回有序集合中当前第一个(最小的)元素和最后一个(最大的)元素；还提供了 headSet(toElement) 方法和 tailSet(fromElement) 方法，分别用来返回有序集合中小于 toElement 和大于等于 fromElement 的那一部分元素。

与 HashSet 一样，作为 Set 接口的实现类，TreeSet 中的元素也不允许重复。TreeSet 与 HashSet 的区别是：HashSet 不保证元素的顺序，允许存在一个 null 值，而 TreeSet 中的元素按自然顺序插入并保持有序，不允许存在 null 值。关于"自然顺序"的详细说明见 14.6.2 节。

与 TreeMap 一样，TreeSet 添加元素的顺序跟实际存储的顺序可能不同。TreeSet 将要添加的元素插入到已经有序的元素序列中，并保持有序状态。因此，要求添加到 TreeSet 中的对象也必须是可排序的。

因为需要维持元素的有序关系，TreeSet 的速度通常比 HashSet 慢。只有在需要排序功能的时候才使用 TreeSet。

TreeSet 类的构造方法有 4 个。

(1) public TreeSet()：创建一个新的空树集，该树集将其元素按自然顺序排列。

(2) public TreeSet(Comparator comparator)：创建一个新的空树集，它根据指定的比较器 Comparator 对元素进行排序。比较器 Comparator 的相关介绍见 14.6.2 节。

(3) public TreeSet(Collection c)：创建一个包含指定集合 c 中所有元素的新树集，它将其元素按自然顺序进行排序。

(4) public TreeSet(SortedSet s)：创建一个与指定有序规则集 s 具有相同映射关系和相同排序顺序的新树集。

【例 14-9】 TreeSet 应用示例(TreeSetExam.java)。

```
package ch145;
/*
    开发者：***
    开发地点：***
    开发时间：****年**月**日
    最后一次修改时间：****年**月**日
    功能简介：通过对散列集 h 和树集 t 的操作，演示 TreeSet 类中常用方法的使用
 */
import java.util.HashSet;
import java.util.Set;
import java.util.SortedSet;
import java.util.TreeSet;
public class TreeSetExam {
    public static void main(String[] args){
        //声明一个 Set 类型的变量 h，并用 HashSet 类的无参构造方法创建一个 HashSet 类对
```

```
     象来初始化 h
    Set <String>h=new HashSet<>();
    //向 h 中添加对象
    System.out.println("在散列集中添加对象：\"张志锋\",\"刘禹锡\",\"张伟\",\"
    孟二冬\"");
    h.add("张志锋");
    h.add("刘禹锡");
    h.add("张伟");
    h.add("孟二冬");
    System.out.println("散列集中的元素包括："+h);
    //利用散列集 h 创建一个 TreeSet 对象,由变量 t 引用
    TreeSet <String>t=new TreeSet<>(h);
    System.out.println("树集中的元素包括："+t);
    //输出树集中的第一个元素
    System.out.println("树集中的第一个元素是："+t.first());
    //输出树集中的最后一个元素
    System.out.println("树集中的最后一个元素是："+t.last());
    //输出树集中"孟二冬"之前的所有元素,不包括"孟二冬"
    System.out.println("树集中\"孟二冬\"之前的元素有："+t.headSet("孟二冬"));
    //输出树集中"孟二冬"之后的所有元素,包括"孟二冬"
    SortedSet t1=t.tailSet("孟二冬");
    System.out.println("树集中\"孟二冬\"之后的元素有："+t1);
  }
}
```

TreeSet 示例的文件结构和运行结果如图 14-12 所示。由输出结果可见,在由散列集 h 创建的树集 t 中的元素是有序排列的,与散列集 h 中原有顺序不同。本例也可改写为：使用 TreeSet 的无参构造方法直接创建一个树集对象,然后将各元素直接添加到该对象中。这样实现的弊端是：每次添加元素的时候,树集中原有的元素都会被重新排序一次,因此效率较低。本例中只是在创建树集 t 时进行了一次排序。

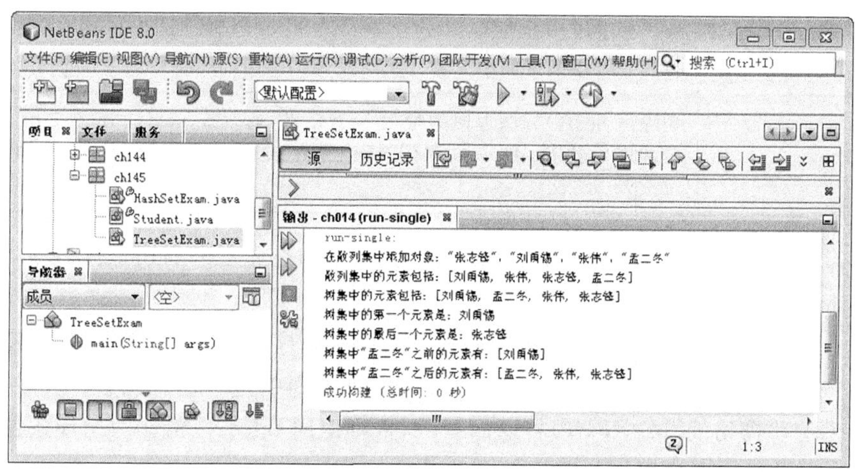

图 14-12 TreeSet 示例的文件结构和运行结果

14.6 迭代器与比较器

Iterator 接口与 Comparator 接口是 Java 集合框架中两个重要的辅助接口。其中，Iterator 接口提供了遍历集合中元素的标准方法，它可以把访问逻辑从不同类型的集合类中抽象出来，从而避免向客户端暴露集合的内部实现结构。Comparable 接口和 Comparator 接口用于定义对象比较的方法，使得用户自定义类的对象也能够被正确添加到树集或树图中。

14.6.1 迭代器

迭代器接口 Iterator 能够以统一的方式对列表中的元素进行遍历，并可以在遍历集合的同时删除元素。

所有实现了 Collection 接口的集合类都有一个 iterator()方法，该方法用来返回一个实现了 Iterator 接口的类的对象，即迭代器。不同集合返回的迭代器对象的具体类型可能不同，但是它们都实现了 Iterator 接口，开发人员不必关心到底是哪种 Iterator，只需要获得这个 Iterator 接口即可。

迭代器是一种设计模式，也是 Java 中使用最多的一种模式。Iterator 接口提供一种方法访问一个容器中的各个元素，而又不暴露该容器对象的内部细节。使用 Iterator 接口提供的方法，可以从头至尾遍历集合并选择集合中的元素，而程序员不需要知道这个集合的具体实现类型是什么。程序员不必直接和具体的集合类打交道，只需要控制 Iterator 就可以间接遍历整个集合。

Java 的 Iterator 接口功能比较简单，并且只能从前往后单向移动，它提供的方法只有 3 个，如表 14-6 所示。

表 14-6 Iterator 接口的方法

方法名	功能说明
boolean hasNext()	如果集合中还有下一个元素就返回 true，否则返回 false
Object next()	返回集合中的下一个元素。第一次调用时返回集合中的第一个元素
void remove()	删除由 next()方法返回的最后一个元素，通常在 next()方法或 previous()方法被调用后执行，且每次调用 next()方法或 previous()方法时只能调用一次 remove()方法

只需要使用表 14-6 中的前两个方法就可以实现集合元素的遍历。Iterator 的使用步骤通常如下。

(1) 调用集合的 iterator()方法得到一个指向集合序列第一个元素的迭代器。

(2) 设置循环，重复调用 hasNext()方法，检查序列中是否还有元素。如果集合中还有元素可供迭代器访问，hasNext()将返回 true，否则返回 false，以值作为循环条件。

(3) 在循环体中调用 next()方法获得集合序列中的下一个元素。

(4) 如果需要删除元素，可以调用 remove()方法。remove()方法删除 next()方法最后一次返回的元素。

典型的代码组织方式如下：

```
for(Iterator it=c.iterator(); it.hasNext();) {
    Object o=it.next();       //获取集合 c 中的元素并赋给变量 o
    …                         //对 o 所引用对象的操作
}
```

从 JDK 1.5 开始，Java 提供了简化的 for 语句，即 foreach 语句，使得上述代码在语法上得到了进一步的精简：

```
for(Type t : c) {             //Type 是集合 c 中元素的类型
…                             //对 t 所引用对象的操作
}
```

实际上，foreach 语句本质上还是由 Iterator 接口实现的。需要注意的是，如果要删除当前元素，就不能使用 foreach 语句，因为 foreach 结构隐藏了迭代器，所以无法调用 remove()方法。此外，需要并行地迭代多个集合时，也只能使用 Iterator 接口。

Iterator 接口的功能比较简单，而针对 List 接口设计的列表迭代器 ListIterator 接口更复杂高级一些，因而具有更多的功能。ListIterator 接口可以双向遍历 List，也可以在 List 中插入、替换和删除元素，还可以定位当前的索引位置。通过调用 listIterator()方法可以获得一个指向 List 序列起始处的 ListIterator，也可以调用 listIterator(n)方法创建一个一开始就指向索引为 n 的元素(即序列尾元素)的 ListIterator。

ListIterator 接口还提供了 add()方法，用来向 List 中添加对象；ListIterator 不仅可以顺序向后遍历集合元素，还具有 hasPrevious()和 previous()方法，用来实现逆向(顺序从后向前)遍历集合；ListIterator 还允许通过调用 nextIndex()和 previousIndex()方法获取元素的索引位置；ListIterator 不仅能删除元素，还可以利用 set()方法实现对 LinkedList 等 List 数据结构的修改操作。ListIterator 接口扩展功能相关的方法如表 14-7 所示。因此，迭代器就是实现了 Iterator 接口或者 ListIterator 接口的类的对象。

表 14-7　ListIterator 接口扩展功能相关的方法

方　法　名	功能说明
void add(Object o)	将对象 o 插入到列表中 next()方法返回的下一个元素的前面，或者 previous 返回的下一个元素之后；因此新元素的插入不影响对 next()方法的后续调用，但对 previous()方法的后续调用会返回此新元素。此方法的调用会使 nextIndex()方法或 previousIndex()方法的返回值增 1。如果列表中原来没有元素，那么新元素就成为列表中的唯一元素
void set(Object o)	用对象 o 替换 next()方法或 previous()方法返回的最后一个元素。只有在最后一次调用 next()方法或 previous()方法后既没有调用 ListIterator.remove()方法也没有调用 ListIterator.add()方法时才可以调用该方法
boolean hasPrevious()	如果以逆向遍历列表时列表迭代器中有多个元素就返回 true，否则返回 false

续表

方　法　名	功能说明
Object previous()	返回列表中的前一个元素。可以重复调用此方法来迭代列表，可以和 next()方法混合调用
int nextIndex()	返回对 next()方法的后续调用所返回的元素的索引。如果列表迭代器在列表的尾部则返回列表的大小
int previousIndex()	返回对 previous()方法的后续调用所返回的元素的索引。如果列表迭代器在列表的起始位置则返回－1

【例 14-10】 迭代器的应用示例(IteratorExam.java)。

```
package ch146;
import java.util.ArrayList;
import java.util.Iterator;
import java.util.LinkedList;
import java.util.ListIterator;
/*
    开发者：***
    开发地点：***
    开发时间：****年**月**日
    最后一次修改时间：****年**月**日
    功能简介：通过对 ArrayList 和 LinkedList 集合的遍历、插入、删除等操作，演示 Iterator
              和 ListIterator 接口中常用方法的使用
*/
public class IteratorExam {
    public static void main(String[] args){
        //声明一个 ArrayList 变量 list1 并初始化
        ArrayList list1=new ArrayList();
        //向 list1 中依次添加"张志锋"、"孟二冬"、"刘禹锡"、"张伟"
        list1.add("张志锋");
        list1.add("孟二冬");
        list1.add("刘禹锡");
        list1.add("张伟");
        //用 foreach 循环顺序输出 list1 中的所有元素
        System.out.println("用 foreach 循环顺序输出 ArrayList 的所有元素：");
        for(Object o:list1){
            System.out.println(o);
        }
        /*声明一个 LinkedList 类型的变量 list2，并利用 list1 进行初始化，使 list2 中包
         含 list1 中的所有元素*/
        LinkedList list2=new LinkedList(list1);
        /*声明一个 ListIterator 类型的变量 it1，调用 listIterator()方法令 it1 指向
         list2 的初始位置*/
        ListIterator it1=list2.listIterator();
```

```
        //用 it1 通过 for 循环顺序输出 list1 中的所有索引和元素
        System.out.println("用 ListIterator 顺序输出 LinkedList 中的元素：");
        for(;it1.hasNext();){
            System.out.println("索引："+it1.nextIndex()+" 元素："+it1.next());
        /*若下一次调用 next()方法将返回的元素的索引是 2，就将 next()方法返回的最后一
         个元素改为"李普"，即修改了索引为 1 的元素"孟二冬"；并在索引为 2 的元素"刘禹锡"之
         前插入"王斌"*/
            if(it1.nextIndex()==2){
                it1.set("李普");
                it1.add("王斌");
            }
        }
        //用 it1 逆序输出 list2 中的所有索引和元素
        System.out.println("用 ListIterator 逆序输出 LinkedList 的所有元素：");
        while(it1.hasPrevious()){
            System.out.println("索引："+it1.previousIndex()+"    元素："+it1.
            previous());
        /*如果 previous ()方法下次调用将返回的索引是 2，就删除 previous()方法返回的最
         后一个元素，即"刘禹锡"*/
            if(it1.previousIndex()==2)
                it1.remove();
        }
        /*声明一个 ListIterator 类型的变量 it2，调用 listIterator(n)方法令 it2 指向
         list2 中索引为 2 的元素*/
        ListIterator it2=list2.listIterator(2);
        //用 it2 顺序输出 list2 中从索引 2 开始往后的所有元素，包括索引为 2 的元素
        System.out.println("用 ListIterator 顺序输出 LinkedList 中从索引 2 开始往后
        的所有元素：");
        while(it2.hasNext()){
            System.out.println(it2.next());
        }
    }
}
```

迭代器应用示例的文件结构和运行结果如图 14-13 所示。程序首先利用 Iterator 顺序输出了一个 ArrayList 列表 list1 中的所有元素，然后利用这个列表创建了一个 LinkedList 类型的列表即链表 list2。接下来用不带参数的 ListIterator()方法获得一个指向链表起始位置的列表迭代器 it1，在用这个迭代器顺序遍历输出链表 list2 中的元素时，如果下一个元素的索引是 2，就将刚输出的、索引为 1 的元素"孟二冬"修改为"李普"，并在索引为 2 的元素(即"刘禹锡")之前插入新元素"王斌"，且"王斌"的索引是 2，此位置及此位置以后的元素的索引都自动增 1。但是因为新元素的插入不影响对 next()方法的后续调用，因此继续循环时并没有输出"王斌"。此时链表 list2 中已有 5 个元素，因此紧接着逆序输出链表 list2 时就输出了包括"王斌"在内的 5 个元素。在逆序遍历过程中，如果下一个元素的索引是 2，就删除刚输出的、索引为 3 的元素即("刘禹锡")，这样链表 list2 中就只有 4 个元素了。最

后调用带参数的 ListIterator(n)方法得到一个指向索引 2 的列表迭代器 it2,并用它顺序遍历输出链表 list2,因为是从链表中间位置的"王斌"开始输出的,所以只输出了"王斌"和其后的唯一元素"张伟"。

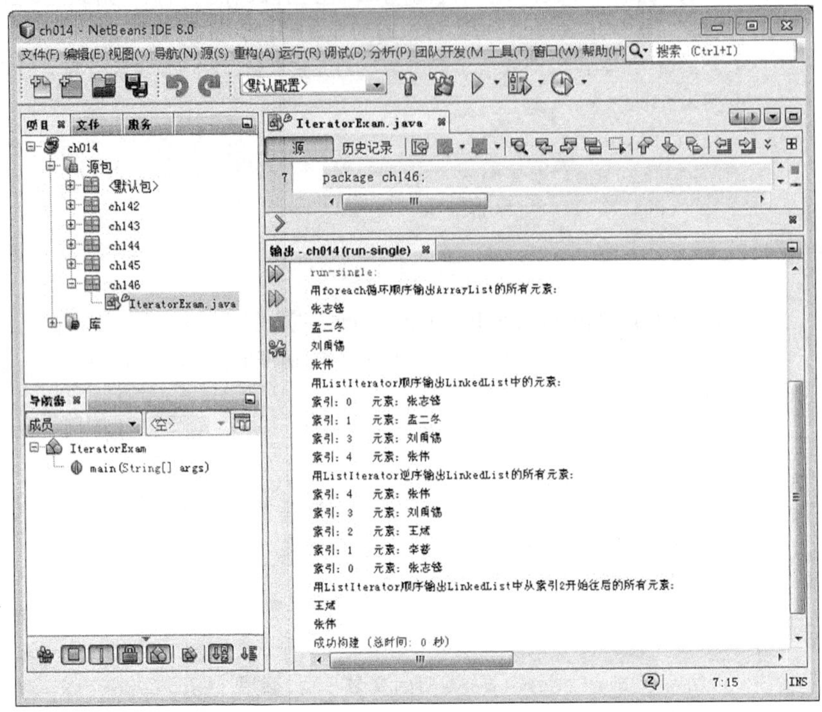

图 14-13 迭代器示例的文件结构和运行结果

可以把迭代器想象成一个指针,这个指针可以指向列表第一个元素之前、最后一个元素之后以及任意两个元素之间,如果列表中有 n 个元素,就会有 $n+1$ 个可以指向的位置。因此迭代器实际上没有指向具体的元素,而是指向了元素之前或之后的位置。需要注意的是,在逆序遍历链表时,如果迭代器还指向链表的起始位置,就不会有元素被遍历到,因为此时迭代器指针所指的位置是链表最前面的位置,已经无法再向前移动了。在例 14-10 中,如果将第一次用 it1 顺序遍历链表 list2 的代码删掉或注释掉,由于刚获取的迭代器指针指向链表最前面,后续的逆序输出循环将不会输出任何元素。

需要注意的是,如果想用 foreach 遍历自定义类的集合,自定义类就必须实现一个名为 Iterable 的接口。Iterable 接口在 java. lang 包中,它只定义了一个方法:

```
Iterator<T>iterator()
```

该方法的作用是返回一个在一组 T 类型的元素上进行迭代的迭代器。自定义类实现了 Iterable 接口后,其对象就可成为 foreach 语句的目标,就可以用 foreach 语句来遍历所有由该类对象构成的集合了。

实际上,Collection 接口、List 接口和 Set 接口都是 Iterable 接口的子接口,因此它们的实现类也都实现了 Iterable 接口,而并没有直接实现 Iterator 接口。

在项目开发实践中,经常需要将集合与迭代器配合起来使用,或者将数据库的结果集

ResultSet 与集合配合起来使用，因此要熟练掌握集合和迭代器的使用方法。

14.6.2　比较器

在 14.4.2 节和 14.5.2 节中曾介绍过，TreeMap 和 TreeSet 可以将其中的元素按自然顺序排列。自然顺序(natural order)是指：实现了 Comparable 接口的类可以使用该接口提供的 compareTo()方法对其对象进行比较，这种方法定义的顺序通常称为自然顺序。许多 Java API 中的类都实现了 Comparable 接口，例如，String、Date、Calender 类以及所有基本数据类型的包装类。这样的类的对象被认为是可以互相比较的。

Comparable 接口也在 java.lang 包中，只有一个方法：

```
public int compareTo(Object o)
```

该方法用于比较当前对象与指定对象 o 的顺序。如果当前对象小于、等于或大于指定对象，将分别返回负整数、零或正整数。注意：该方法的比较结果应和 equals()方法的比较结果保持一致。

只要对象是可以互相比较的，就可以将它们添加到树集或树图中。反之，如果希望用树集或树图来管理某类的对象，就要使该类实现 Comparable 接口。

【例 14-11】　Comparable 接口的应用示例(ComparableExam.java)。

```
package ch146;
import java.util.TreeSet;
/*
    开发者：***
    开发地点：***
    开发时间：****年**月**日
    最后一次修改时间：****年**月**日
    功能简介：通过树集演示 Comparable 接口的使用。本例中使用了另一个类 Student1,该类
              实现了 Comparable 接口,其详细定义见例 14.12
*/
public class ComparableExam {
    public static void main(String[] args){
        /*声明一个存放 Student1 对象的 TreeSet 类型变量 t,并用 TreeSet 类的无参构造方
         法初始化*/
        TreeSet<Student1>t=new TreeSet<>();
        //向 t 中添加对象
        System.out.println("在树集中添加对象：\"张志锋\",\"刘禹锡\",\"张伟\",\"孟
        二冬\"");
        t.add(new Student1("张志锋",3));
        t.add(new Student1("刘禹锡",1));
        t.add(new Student1("张伟",4));
        t.add(new Student1("孟二冬",2));
        System.out.println("树集中的元素包括："+t);
    }
}
```

【例 14-12】 Student1 类的定义(Student1.java),该类覆盖了 compareTo()方法。供例 14-11 使用。

```
package ch146;
/*
    开发者：***
    开发地点：***
    开发时间：****年**月**日
    最后一次修改时间：****年**月**日
    功能简介：供例 14-11 中的 ComparableExam 类使用,来创建存放自定义类对象的树集。需
              要实现 Comparable 接口
 */
public class Student1 implements Comparable<Student1>{
    private String name;
    private int num;
    public Student1(String name,int num){
        this.name=name;
        this.num=num;
    }
    public  String getName(){
        return name;
    }
    public void setName(String name){
        this.name=name;
    }
    public int getNum(){
        return num;
    }
    public void setNum(int num){
        this.num=num;
    }
    /*覆盖 toString()方法,使得在 ComparableExam 类中输出本类型树集元素时能得到有意
      义的输出字符串。可按需定义*/
    public String toString(){
        return name+"的学号是"+num;
    }
    public int compareTo(Student1 o) {
        return this.num-o.num;
    }
}
```

Comparable 应用示例的文件结构和运行结果如图 14-14 所示。由于 Student1 类在实现 compareTo()方法时是按照 num 成员的值进行比较的,因此,放入树集中的对象自动按照 num 成员值的大小关系排序。

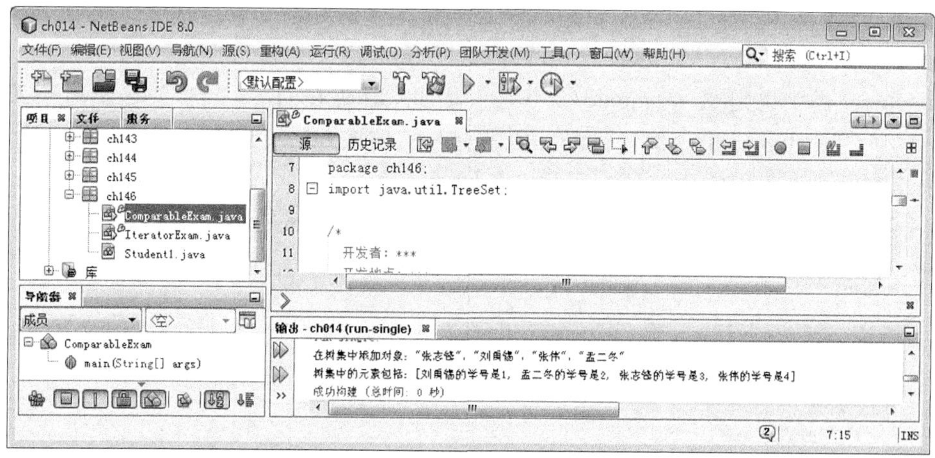

图 14-14　Comparable 应用示例的文件结构和运行结果

如果 Student1 类没有实现 Comparable 接口，其对象就不是可比较的，不能用树集或树图来管理，否则会出现如图 14-15 所示的错误。

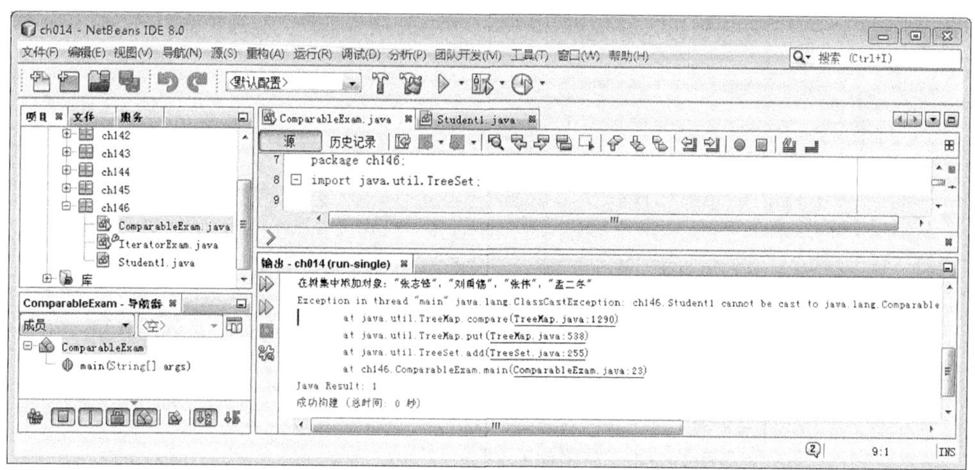

图 14-15　放入树集中的对象不可比较导致错误

如果不想实现 Comparable 接口，又希望将其对象插入到树集或树图中，或者虽然实现了 Comparable 接口但不想使用 compareTo()方法来比较对象，那么可以使用 Java 提供的另外一种解决方法，即通过实现 Comparator 接口另外定义一个比较器来比较这些元素。这种方法定义的顺序称为比较器顺序(order by comparator)。

比较器接口 Comparator 是策略模式的一种实现，体现了将类和排序算法相分离的原则。要想使用比较器，创建有序集时必须使用有参构造方法 TreeSet(Comparator comparator)或 TreeMap(Comparator comparator)，这样创建的有序集能使用比较器中的 compare()方法对集合内的元素进行排序。

Comparator 接口有两个方法：compare()和 equals()。

(1) public int compare(Object o1,Object o2)：如果 o1 小于 o2，就返回一个负值；如果 o1 大于 o2，就返回一个正值；若两者相等，则返回 0。

(2) public boolean equals(Object o)：如果指定的对象 o 也是一个比较器，并且与这个比较器具有相同的排序，则返回 true，否则返回 false。

Object 类中也定义了 equals()方法。因此，即使在自定义的比较器类中没有实现 equals()方法，也不会出现编译错误。但是有时实现该方法可以提高程序性能，因为这样可以快速判断两个不同的比较器是否具有相同的排序。

【例 14-13】 Comparator 接口的应用示例(ComparatorExam.java)。

```
package ch146;
import java.util.TreeSet;
/*
    开发者：***
    开发地点：***
    开发时间：****年**月**日
    最后一次修改时间：****年**月**日
    功能简介：通过树集演示 Comparator 接口的使用。本例中使用了另一个类 Student2 来创建
             树集，并为该类定义了比较器 Student2Comparator。Student2 类和
             Student2Comparator 类的详细定义分别见例 14-14 和例 14-15
*/
public class ComparatorExam {
    public static void main(String[] args){
        /*声明一个存放 Student1 对象的 TreeSet 类型变量 t,并用 TreeSet 类的有参构造方
         法初始化,指定比较器为 Student2Comparator 类的对象*/
        TreeSet<Student2>t=new TreeSet<>(new Student2Comparator());
        //向 t 中添加对象
        System.out.println("在树集中添加对象：\"张志锋\",\"刘禹锡\",\"张伟\",\"孟
        二冬\"");
        t.add(new Student2("张志锋",3));
        t.add(new Student2("刘禹锡",1));
        t.add(new Student2("张伟",4));
        t.add(new Student2("孟二冬",2));
        System.out.println("树集中的元素包括："+t);
    }
}
```

【例 14-14】 Student2 类的定义(Student2.java)，供例 14-13 使用。

```
package ch146;
/*
    开发者：***
    开发地点：***
    开发时间：****年**月**日
    最后一次修改时间：****年**月**日
    功能简介：供例 14-13 中的 ComparatorExam 类使用，来创建存放自定义类对象的树集
*/
```

```
public class Student2{
    private String name;
    private int num;
    public Student2(String name,int num){
        this.name=name;
       this.num=num;
    }
    public  String getName(){
        return name;
    }
    public void setName(String name){
        this.name=name;
    }
    public int getNum(){
        return num;
    }
    public void setNum(int num){
        this.num-num;
    }
    /*覆盖 toString()方法,使得在 ComparatorExam 类中输出本类型树集元素时能得到有意
     义的输出字符串。可按需定义 */
    public String toString(){
        return name+"的学号是"+num;
    }
}
```

【例 14-15】 Student2 类的比较器的定义(Student2Comparator. java),供例 14-13 使用。

```
package ch146;
import java.util.Comparator;
/*
    开发者:***
    开发地点:***
    开发时间:****年**月**日
    最后一次修改时间:****年**月**日
    功能简介:Student2 类的比较器,需实现 Comparator 接口,供例 14-13 使用
*/
public class Student2Comparator implements Comparator<Student2>{
    //覆盖 compare()方法
    public int compare(Student2 s1, Student2 s2) {
        return s1.getNum()-s2.getNum();
    }
}
```

例 14-13 创建了一个存放 Student2 类对象的树集，并指定 Student2Comparator 类的对象为比较器，即树集中的 Student2 对象是用 Comparator 接口的 compare()方法进行排序的，类 Student2Comparator 实现了 Comparator 接口，因而成为 Student2 类的比较器。Comparator 接口应用示例的文件结构和运行结果如图 14-16 所示。

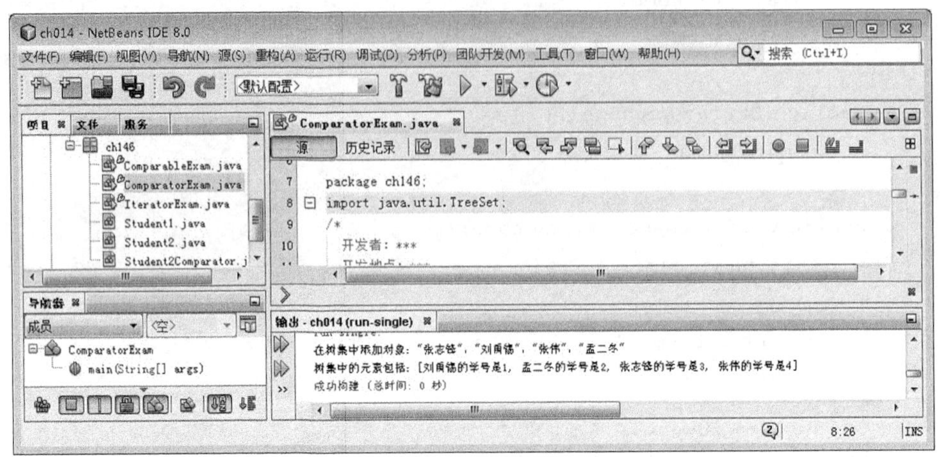

图 14-16　Comparator 接口应用示例的文件结构和运行结果

用 Comparator 接口实现的排序容易扩展，如果需要按照 Student2 类的其他属性进行排序，只需要重新写一个比较器类实现 Comparator 接口，并且重写其中的 Compare()方法就可以了。可以直接将 Comparator 实现类的对象作为参数传给 Arrays. sort(Object[], Comparator)方法或 Collections. sort(Object[], Comparator)方法来进行排序。关于 Arrays. sort(Object[], Comparator)方法和 Collections. sort(Object[], Comparator)方法的使用介绍见 14.7 节。

当需要排序的集合或数组是自定义类型时，通常可以使用 Comparator 接口或 Comparable 接口来自定义对象的排序方法。

14.7　集合工具类

数组和集合是 Java 应用程序中用来处理批量数据的有效数据结构，使用频繁。为了方便对数组和集合的操作，Java 提供了两个工具类，即 Arrays 和 Collections，分别包含了用于实现数组和集合常用操作的静态方法。这两个类都在 java. util 包中。

14.7.1　Arrays 类

数组能够有效地管理一批同类型的数据，基本类型的批量数据只能用数组保存。Arrays 类提供的方法可以直接实现数组的排序、搜索等常用操作，还包含了一个允许将数组作为列表来查看的静态工厂。

Arrays 类的主要功能包括给数组赋值、对数组排序、比较数组、查找数组元素，其常用方法见表 14-8。

表 14-8 Arrays 类的常用方法

方 法 名	功能说明
public static <T> List<T> asList(Object…a)	将 T 类型的数组 a 或多个对象转换为固定大小的 List 类型对象并返回。常用于 List 类型对象的初始化
public static int binarySearch(Object[] a, Object key)	在数组 a 中使用二分搜索法搜索指定对象 key,若找到则返回其索引,否则返回(-(插入点)-1)。插入点是将 key 插入数组的那一点,即第一个大于 key 的元素的索引,如果数组中的所有元素都小于 key,则插入点为 a.length。这样保证了当且仅当 key 被找到时,返回值才大于等于 0。此方法调用前必须根据元素的自然顺序对 a 进行升序排序,否则搜索结果不确定。如果数组包含多个等于指定对象 key 的元素,则无法保证找到的是哪一个
public static int binarySearch(Object[] a, int fromIndex, int toIndex, Object key)	在数组 a 中,使用二分搜索法在从索引 fromIndex 开始(包括 fromIndex)到索引 toIndex 为止(不包括 toIndex)的范围内搜索指定对象 key。若找到则返回其索引,否则返回(-(插入点)-1)。插入点是将 key 插入数组的那一点,即范围内第一个大于 key 的元素索引,如果范围内的所有元素都小于 key,则插入点为 toIndex。这样保证了当且仅当 key 被找到时返回的值才大于等于 0。此方法调用前必须根据元素的自然顺序对范围内的元素进行升序排序,否则搜索结果不确定。如果范围内包含多个等于指定对象 key 的元素,则无法保证找到的是哪一个
public static Object[] copyOf(Object[] original, int newLength)	在数组 original 中从第一个元素开始复制 newLength 个元素生成一个新数组并返回。如果 newLength 超过 original 的长度,返回的数组中后面的元素为 null。newLength 应非负
public static Object[] copyOfRange(Object[] original, int from, int to)	在数组 original 中,将从索引为 from 开始(包括 from)到索引 to 为止(不包括 to)的元素复制到一个新数组中并返回,original[from]的元素复制为新数组的初始元素,除非 from==original.length 或 from==to。新数组的长度为 to-from。from 必须位于 0 和 original.length 之间(包括 original.length)。to 必须大于等于 from,可以大于 original.length,此时新数组后面的元素为 null
public static boolean equals(Object[] a, Object[] b)	如果数组 a 和 b 的元素个数相等,且两个所有相应元素对都相等,则认为这两个数组相等,返回 true,否则返回 false
public static void fill(Object[] a, Object val)	用对象 val 填充数组 a 的每个元素,替换原有值
public static void fill(Object[] a, int fromIndex, int toIndex, Object val)	用对象 val 填充数组 a 中从索引 fromIndex(包括 fromIndex)到索引 toIndex(不包括 toIndex)之间的每个元素,替换原有值
public static void sort(Object[] a)	根据元素的自然顺序对数组 a 按升序进行排序。数组中的所有元素必须是可相互比较的
public static void sort(Object[] a, int fromIndex, int toIndex)	根据元素的自然顺序对数组 a 中从索引 fromIndex(包括 fromIndex)一直到索引 toIndex(不包括 toIndex)的范围按升序进行排序。此范围中的所有元素必须是可相互比较的

续表

方 法 名	功能说明
public static void sort(Object[] a, Comparator c)	根据比较器 c 产生的顺序对数组 a 进行排序。数组中的所有元素必须是通过比较器 c 可相互比较的
public static void sort(Object[] a, int fromIndex, int toIndex, Comparator c)	根据比较器 c 产生的顺序对数组 a 中从索引 fromIndex(包括 fromIndex)到索引 toIndex(不包括 toIndex)的范围进行排序。此范围内的所有元素必须是通过比较器 c 可相互比较的
public static String toString(Object[] a)	返回数组 a 的内容的字符串表示形式

在表 14-8 中列出的方法中，除了 asList()方法，其他方法都有不同基本类型参数的重载方法，可以用来直接操作基本类型的数组，具体定义请参考 API。asList()方法能够将数组转换为列表，而 Collection 接口的 toArray()方法能将集合转换成数组，这两个方法起到了数组和集合之间的桥梁作用。

【例 14-16】 Arrays 类的应用示例(ArraysExam. java)。

```
package ch147;
import java.util.ArrayList;
import java.util.Arrays;
import java.util.List;
import ch146.Student2;
import ch146.Student2Comparator;
/*
    开发者：***
    开发地点：***
    开发时间：****年**月**日
    最后一次修改时间：****年**月**日
    功能简介：演示 Arrays 类中常用方法的使用。本例中用到了 14.6.2 节中的 Student2 类及
             其迭代器类 Student2Comparator,需要导入
*/
public class ArraysExam {
    public static void main(String[] args){
    /*分别声明字符串型数组 a1、int 型数组 a2、Integer 型数组 a3 和 Student2 类型的数组 b
     并初始化*/
        String[] a1=new String[]{"张志锋","刘禹锡","张伟","孟二冬"};
        int[] a2=new int[]{10,20,30,40};
        Integer[] a3=new Integer[]{10,20,30,40};
        Student2[] b=new Student2[]{new Student2("张志锋",3),new Student2("刘禹
        锡",1),new Student2("张伟",4),new Student2("孟二冬",2)};
        //调用 Arrays.asList()方法分别将 a1、a2、a3、b 转换成列表 list1、list2、list3、
        list4
        List<String>list1=Arrays.asList(a1);
        List list2=Arrays.asList(a2);
        List list3=Arrays.asList(a3);
        List<Student2>list4=Arrays.asList(b);
```

```
//用多个字符串作为参数生成一个列表 list5
List list5=Arrays.asList("China","British","America","Japan");
//输出各个列表的内容
System.out.println("字符串数组转换成的列表："+list1);
System.out.println("int 数组转换成的列表："+list2);
System.out.println("Integer 数组转换成的列表："+list3);
System.out.println("自定义类型数组转换成的列表："+list4);
System.out.println("多个字符串转换成的列表："+list5);
//更新 list1 中索引为 1 的元素值
list1.set(1,"张志峰");
//输出更新后的列表内容
System.out.println("字符串数组转换成的列表更新后："+list1);
//输出与 list1 关联的数组 a1 的内容
System.out.println("字符串数组同步更新："+Arrays.toString(a1));
/* list1.add("张威");这条语句不能执行,因为 Arrays.asList()方法返回的是固定
 大小的列表。如果希望在 asList()方法返回的列表中增、删元素,可通过该列表生成新
 的 ArrayList 对象或 LinkedList 对象,然后再执行增、删操作 */
//以 list1 为参数生成一个 ArrayList 对象,由变量 list11 引用
ArrayList<String>list11=new ArrayList<>(list1);
//向 list11 中增加元素
list11.add("张威");
//输出 list11 中的内容
System.out.println("在字符串数组转换成的列表中添加新元素："+list11);
//输出与 list1 关联的数组 a1 的内容
System.out.println("字符串数组中没有同步添加："+Arrays.toString(a1));
//将数组 a3 排序
Arrays.sort(a3);
//输出排序后的数组 a3 的内容
System.out.println("Integer 数组排序后："+Arrays.toString(a3));
//将数组 b 按比较器 Student2Comparator 定义的顺序排序
Arrays.sort(b,new Student2Comparator());
//输出排序后的数组 b 的内容
System.out.println("自定义类型数组排序后："+Arrays.toString(b));
//在数组 a3 中二分查找存在的 20 并输出其索引
System.out.println("\"20\"的索引是："+Arrays.binarySearch(a3, 20));
//在数组 a3 中二分查找不存在的 23 并输出查找结果
System.out.println("\"23\"的索引是："+Arrays.binarySearch(a3, 23));
//复制 a3 的前两个元素得到一个新数组并输出
System.out.println("复制的 Integer 数组(包括 a3 的前两个元素)："+Arrays.
toString(Arrays.copyOf(a3,2)));
//复制 a3 中索引为 1 到 3 之间的元素得到一个新数组并输出
System.out.println("复制的 Integer 数组(包括 a3 中从索引 1 到 3 的元素)："+
Arrays.toString(Arrays.copyOfRange(a3,1,3)));
//创建一个新的 Integer 数组 a4,内容与 a3 的相同
Integer[] a4={new Integer("10"),new Integer("20"),new Integer("30"),new
```

```
            Integer("40")};
            //判断 a3 和 a4 是否相等
            System.out.println("a2 和 a3 是否相等: "+Arrays.equals(a3, a4));
            //将数组 a4 的所有元素均改为 1
            Arrays.fill(a4, 1);
            //输出填充为 1 后的数组 a4 的内容
            System.out.println("用 1 填充 Integer 数组后: "+Arrays.toString(a4));
            //将数组 a4 中从索引 1 到 3 之间的元素均改为 2
            Arrays.fill(a4, 1,3,2);
            //输出部分填充为 2 后的数组 a4 的内容
            System.out.println("用 2 填充 Integer 数组的指定范围后: "+Arrays.toString
            (a4));
        }
    }
```

Arrays 类应用示例的文件结构和运行结果如图 14-17 所示。

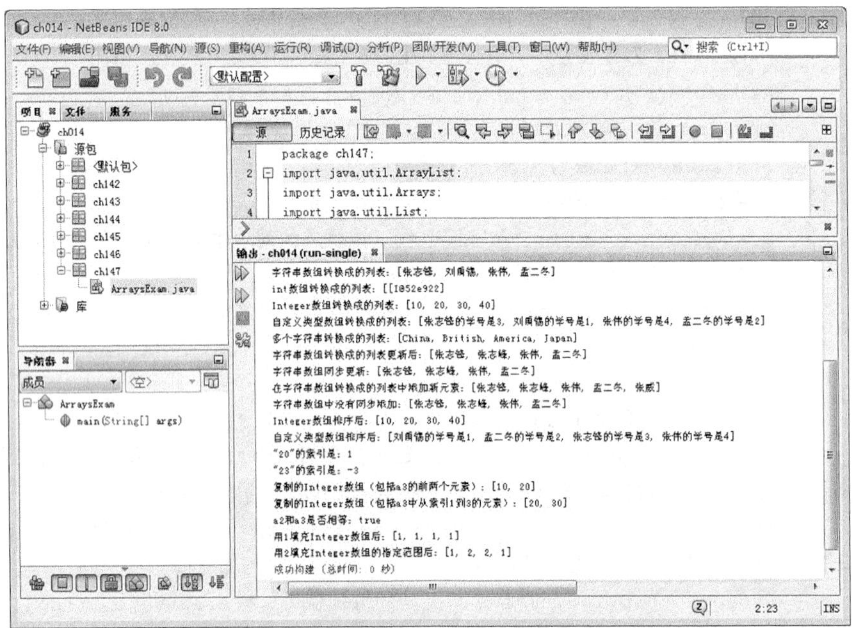

图 14-17 Arrays 类应用示例的文件结构和运行结果

图 14-17 所示的输出结果中,第二行输出的并不是 int 型数组中的 4 个数值,即这 4 个参数没有被视为 list2 的 4 个元素。这是因为 int 是基本数据类型,而 asList()方法只能接受引用类型的参数,所以这里 Java 将 int 型数组 a2 看成了一个引用类型的参数,生成了只有一个元素的列表,这个元素就是指向数组 a2 的引用。如果希望转换成的列表以数组中所有数值为元素,可以用基本数据类型的封装类来声明数组,例如,本例中的 Integer 类型数组 a3。

为了验证指定比较器的 sort()方法,本例导入并使用了 14.6.2 节中例 14-14 和例 14-15 定义的 Student2 类及其迭代器类 Student2Comparator,其详细定义见前文。

本例中调用 binarySearch ()方法在数组 a3 中查找不存在的数值 23,返回的索引是 —3,表示没有找到。这是因为如果将 23 插入到排好序的 a3 中,23 的位置应在 20 和 30 之间,其索引应为 30,现在的索引也就是 2,这就是 23 的插入点。根据 binarySearch ()方法的定义,返回值应为(—2—1),即—3。只要 binarySearch ()方法的返回值为负数,就说明目标数组中没有要找的对象。

14.7.2 Collections 类

对于能够处理批量引用类型数据的集合类,Java 提供了工具类 Collections,用来实现集合的各种常用操作。Collections 类完全由在 Collection 上进行操作或返回 Collection 的静态方法组成。注意区分 Collections 和 Collection 的不同,前者是个包含许多静态方法的类,其方法以后者为操作对象,后者则是集合类体系的顶层接口。

Collections 类的常用方法如表 14-9 所示。

表 14-9 Collections 类的常用方法

方 法 名	功 能 说 明
public static int binarySearch(List list, Object key)	在列表 list 中使用二分搜索法搜索对象 key,如果找到就返回其索引,否则返回(—(插入点) 1)。插入点的定义与 14.7.1 节中 Arrays 类同名方法中的相同。此方法调用前,必须通过调用 sort(List)方法根据列表元素的自然顺序对 list 进行升序排序,否则搜索结果不确定。如果 list 中包含多个等于 key 的元素,则无法保证找到的是哪一个
public static int binarySearch(List list, Object key,Comparator c)	在列表 list 中使用二分搜索法搜索对象 key,如果找到就返回其索引,否则返回(—(插入点)—1)。插入点的定义与 14.7.1 节中 Arrays 类同名方法中的相同。此方法调用前,必须通过 sort(List,Comparator)方法根据比较器 c 对 list 进行升序排序,否则搜索结果不确定。如果列表中包含多个等于指定 key 的元素,则无法保证找到的是哪一个
public static void copy(List dest, List src)	将所有元素从列表 src 复制到列表 dest。目标列表的长度至少必须等于源列表的长度。如果目标列表更长,不会影响目标列表中的其余元素
public static boolean disjoint(Collection c1,Collection c2)	如果两个指定集合中没有相同的元素,则返回 true
public static final List emptyList()	返回只读的空 List
public static final Map emptyMap()	返回只读的空 Map
public static final Set emptySet()	返回只读的空 Set
public static void fill(List list,Object o)	使用指定元素替换指定列表中的所有元素
public static int frequency(Collection c, Object o)	返回集合 c 中等于对象 o 的元素的个数
public static int indexOfSubList(List source,List target)	返回列表 source 中第一次出现列表 target 的起始位置;如果没有出现这样的列表则返回—1

续表

方　法　名	功 能 说 明
public static Object max(Collection c)	根据元素的自然顺序返回集合 c 中的最大元素。集合 c 中的所有元素都必须实现 Comparable 接口
public static Object max(Collection col, Comparator com)	根据比较器 com 定义的顺序返回集合 col 中的最大元素。集合 col 中的所有元素都必须可通过比较器 com 相互比较
public static Object min(Collection c)	根据元素的自然顺序返回集合 c 中的最小元素。集合 c 中的所有元素都必须实现 Comparable 接口
public static Object min(Collection col, Comparator com)	根据比较器 com 产生的顺序返回集合 col 中的最小元素。集合 col 中的所有元素都必须可通过比较器 com 相互比较
public static List nCopies(int n,Object o)	返回由 n 个对象 o 组成的只读 List
public static boolean replaceAll(List list, Object old,Object new)	用对象 new 替换列表 list 中所有的对象 old,若发生替换就返回 true,否则返回 false
public static void reverse(List list)	反转列表 list 中元素的顺序
public static Comparator reverseOrder()	返回一个比较器,它强行逆转实现了 Comparable 接口的集合的自然顺序
public static Comparator reverseOrder (Comparator c)	返回一个比较器,它强行逆转比较器 c 的顺序。如果 c 为 null,则此方法等同于 reverseOrder()
public static void rotate(List list, int distance)	根据指定的距离 distance 循环移动列表 list 中的元素。distance 为正数时元素向右移动,为负数时元素向左移动
public static void shuffle(List list)	随机置换列表 list 中的元素,打乱其原有顺序
public static void sort(List list)	根据元素的自然顺序对列表 list 按升序进行排序。list 中的所有元素都必须是可相互比较的
public static void sort(List list, Comparator c)	根据比较器 c 的定义的顺序对列表 list 进行排序。list 内的所有元素都必须可使用比较器 c 相互比较
public static void swap(List list,int i,int j)	将列表 list 中索引为 i 和 j 的元素交换
public static List singletonList(Object o)	返回只包含一个对象 o 的只读 List
public static List singletonSet(Object o)	返回只包含一个对象 o 的只读 Set
public static List singletonMap(Object o)	返回只包含一个对象 o 的只读 Map

【例 14-17】 Collections 类的应用示例(CollectionsExam.java)。

```
package ch147;
import ch146.Student1;
import java.util.ArrayList;
import java.util.Arrays;
import java.util.Collections;
import java.util.List;
/*
  开发者：***
```

```
  开发地点：***
  开发时间：****年**月**日
  最后一次修改时间：****年**月**日
  功能简介：演示 Collections 类中常用方法的使用。本例中使用了 14.6.2 节中例 14-12 定义
           的 Student1 类，需要导入
 */
public class CollectionsExam {
    public static void main(String[] args){
        /*创建一个空 List、一个由 10 个字符串"Hello"构成的 List，分别由变量 list1、
         list2 引用 */
        List list1=Collections.emptyList();
        List list2=Collections.nCopies(10, "Hello");
        //分别输出两个列表的内容
        System.out.println("空列表："+list1);
        System.out.println("Hello 列表："+list2);
        //输出 list2 中"Hello"的个数
        System.out.println("Hello 列表中\"Hello\"的个数："+Collections.
        frequency(list2, "Hello"));
        //创建一个 Student1 类型的列表集合 list3，包含 4 个元素
        List<Student1>list3=new ArrayList<>(Arrays.asList(new Student1("张志
        锋",3),new Student1("刘禹锡",1),new Student1("张伟",4),new Student1("孟
        二冬",2)));
        //创建一个长度为 10 的新的数组列表集合 list4
        List<Student1>list4=new ArrayList<>(Arrays.asList(new Student1[10]));
        //将 list3 的元素复制到 list4 中
        Collections.copy(list4,list3);
        //输出 list3 和 list4 的内容
        System.out.println("学生列表的初始状态："+list3);
        System.out.println("备份学生列表的初始状态："+list4);
        //验证 list2 和 list3 中没有相同的元素
        System.out.println("Hello 列表和学生列表中没有相同的元素："+Collections.
        disjoint(list2, list3));
        //查找 list3 在 list4 中首次出现的位置并输出
        System.out.println("学生列表在其备份列表中首次出现的位置："+Collections.
        indexOfSubList(list4, list3));
        //反转 list3 中的元素顺序，然后输出
        Collections.reverse(list3);
        System.out.println("学生列表反转后："+list3);
        //交换 list3 中第一个和最后一个元素的位置，然后输出
        Collections.swap(list3, 0, list3.size()-1);
        System.out.println("学生列表首尾元素交换后："+list3);
        //将 list3 中的元素依次向右循环移动一个位置，然后输出
        Collections.rotate(list3, 1);
        System.out.println("学生列表元素循环右移后："+list3);
        //将 list3 中的元素排序并输出
```

```
        Collections.sort(list3);
        System.out.println("学生列表排序后: "+list3);
        //将 list3 中的元素按降序排序并输出
        Collections.sort(list3,Collections.reverseOrder());
        System.out.println("学生列表降序排列后: "+list3);
        //在 list3 中二分查找学生"张志锋"并输出其索引
        System.out.println("学号为 3 的学生对象在学生列表中的索引: "+Collections.
        binarySearch(list3, new Student1("张志锋",3)));
        //用"张志锋"替代 list4 中的 null,然后输出
        Collections.replaceAll(list4,null,new Student1("张志锋",100));
        System.out.println("用\"张志锋\"替换备份学生列表的 null 后: "+list4);
        //随机置换 list4 中的元素,然后输出
        Collections.shuffle(list4);
        System.out.println("随机置换备份学生列表的元素后: "+list4);
        //输出 list4 中最大的元素和最小的元素
        System.out.println("备份学生列表中最大的元素: "+Collections.max(list4));
        System.out.println("备份学生列表中最小的元素: "+Collections.min(list4));
    }
}
```

Collections 类应用示例的文件结构和运行结果如图 14-18 所示。本例中仅演示了关于 List 的部分操作方法,其他未涉及方法以及 Set 和 Map 相关方法的使用步骤与其类似,不再赘述。

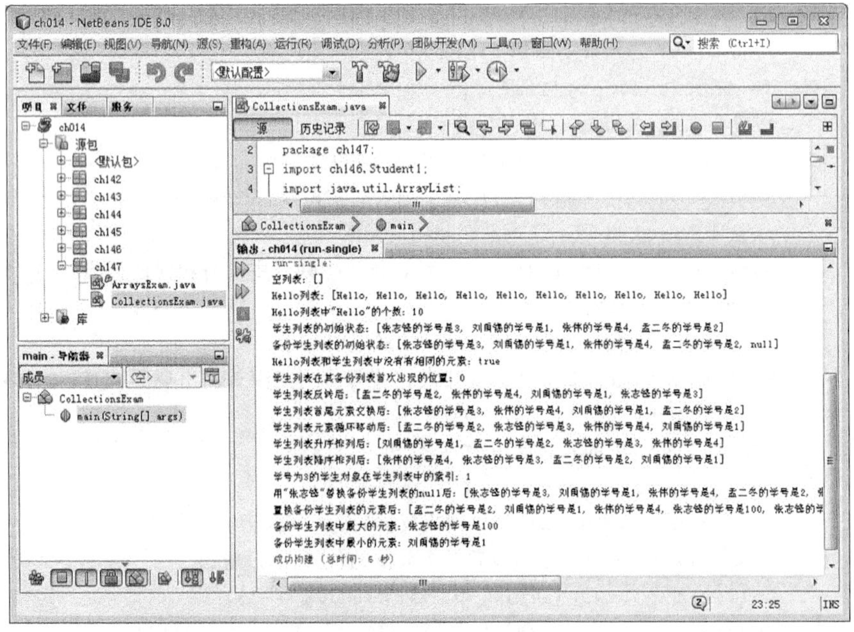

图 14-18 Collections 类应用示例的文件结构和运行结果

需要注意的是,emptyList()、emptySet()、emptyMap()、nCopies()以及 singletonList()、singletonSet()、singletonMap()的返回值都是不可改变的,只能查不能增、删、改。

为演示 sort()、max()、min() 等方法的使用，例 14-17 使用了例 14-12 中定义的 Student1 类，需要导入该类。Student1 类实现了 Comparable 接口，满足了相关方法对参数类型的要求。

14.8　项目实训

14.8.1　项目目的

本项目的设计目标是实现一个学生学科竞赛获奖信息的管理系统。通过该项目的分析、设计与实现，达到复习、巩固 Java 集合类的应用、数据库操作、常用组件的使用、异常处理等知识和技术的目的。

14.8.2　项目需求分析

基于练习目的，本项目管理的学生竞赛获奖信息仅涉及部分关键数据项，包括获奖学生的姓名、相关的竞赛名称、所获奖项等级、获奖时间。对获奖信息的操作也仅限于简单的增加、删除、修改、查询。

因此，本项目的数据库中仅需创建一个数据表，用于管理获奖信息，具体表设计如表 14-10 所示。

表 14-10　获奖信息表

字段名称	字段类型	字段长度	字段说明
id	int	5	获奖信息编号
sname	varchar	20	获奖学生姓名
pname	varchar	50	竞赛名称
plevel	varchar	10	获得奖项等级
pdate	date	0	获奖日期

本项目使用 MySQL 数据库系统，创建一个名为 contest 的数据库，并在该数据库中创建一个名为 prize 的表，如图 14-19 所示。读者也可以选择使用自己熟悉的其他数据库系统。

本项目包括 4 个类。其中，Prize 类用于描述一个完整的获奖记录，其具体定义见例 14-18。Contest 类是本项目的主类，用于实现系统界面的绘制、具体功能的实现，其代码见例 14-19。关于数据库操作的方法被封装到了 PrizeDao 类中，该类的具体定义见例 14-20。为了实现代码重用，定义了一个连接工厂类 MyConnection，用于在需要连接数据库时方便地获取数据库连接，该类的定义见例 14-21。

本项目分别使用 NetBeans 8.0 和 Eclipse 4.3 开发，使用 NetBeans 8.0 开发的项目名称为 ch014，项目结构以及运行结果如图 14-20 所示；使用 Eclipse 4.3 开发的项目名称为 ch14。

系统运行后，在表格中显示数据库中的所有获奖信息。用户可以在任意组合框中输入

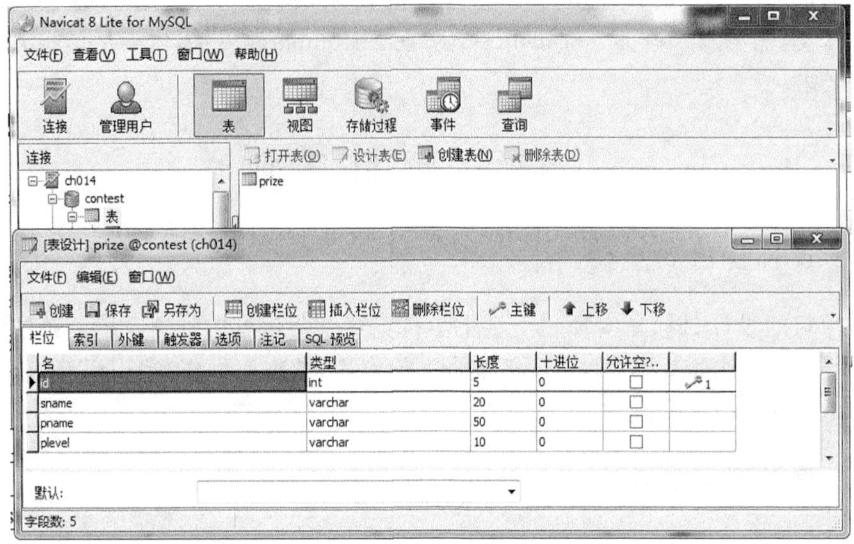

图 14-19 数据库设计

图 14-20 基于 NetBeans 8.0 的项目结构及运行结果

或选择要查询的数据，单击“查询”按钮后，表格中将显示所有满足条件的获奖记录。用户也可以在任意组合框中输入或选择要添加的数据，然后单击“添加”按钮添加新的获奖记录，其中获奖时间可以为空，此时将以当前日期作为获奖时间录入。如果用户在表格中单击某行记录，该记录的各字段值将自动显示为各组合框的当前选定项，用户可以在组合框中修改数据，然后单击“修改”按钮完成信息修改，也可直接单击“删除”按钮删除该记录。添加、修改、删除操作后均弹出标准信息框提示成功或失败。各操作执行后表格内容及各组合框列表项

也会同步更新。

14.8.3 项目实现

【例 14-18】 Prize 类的定义。该类用于表示一个获奖记录(Prize.java)。

```
package ch148;
/*
  开发者：***
  开发地点：***
  开发时间：****年**月**日
  最后一次修改时间：****年**月**日
  功能简介：描述获奖信息具体内容,用于表示一条完整的获奖记录信息
*/
public class Prize{
    private int id;
    private String sname;
    private String prizename;
    private String prizelevel;
    private String prizetime;
    public Prize(String sn,String pn,String pl,String pt){
        sname=sn;
        prizename=pn;
        prizelevel=pl;
        prizetime=pt;
    }
    public String getSName(){
        return sname;
    }
    public void SetSName(String n){
        sname=n;
    }
    public String getPName(){
        return prizename;
    }
    public void SetPName(String n){
        prizename=n;
    }
    public String getPLevel(){
        return prizelevel;
    }
    public void SetPLevel(String l){
        prizelevel=l;
    }
    public String getPTime(){
        return prizetime;
```

```
    }
    public void SetPTime(String t){
        prizetime=t;
    }
    public String toString(){
        return "姓名："+getSName()+"\n 竞赛："+getPName()+"\n 奖项："+getPLevel()
        +"\n 时间："+getPTime();
    }
}
```

【例 14-19】 项目主类 Contest 的定义(Contest.java)。

```
package ch148;
import java.awt.event.ActionEvent;
import java.awt.event.ActionListener;
import java.awt.event.MouseAdapter;
import java.awt.event.MouseEvent;
import java.text.DateFormat;
import java.util.ArrayList;
import java.util.Arrays;
import java.util.Date;
import java.util.HashSet;
import java.util.Iterator;
import java.util.Set;
import java.util.TreeSet;
import java.util.Vector;
import javax.swing.BorderFactory;
import javax.swing.DefaultComboBoxModel;
import javax.swing.JButton;
import javax.swing.JComboBox;
import javax.swing.JFrame;
import javax.swing.JLabel;
import javax.swing.JOptionPane;
import javax.swing.JPanel;
import javax.swing.JScrollPane;
import javax.swing.JTable;
import javax.swing.table.DefaultTableModel;
/**
    开发者：***
    开发地点：***
    开发时间：****年**月**日
    最后一次修改时间：****年**月**日
    功能简介：实现学科竞赛获奖信息管理系统主界面及主要功能
 */
public class Contest extends JFrame implements ActionListener{
    ArrayList<Prize>prize;          //保存查询到的所有获奖记录
```

```
    PrizeDao dao;
    Vector<String>sn,pn,pl,pd;
    String sname,pname,plevel,pdate;                //当前选中的获奖信息各字段值
    private final JPanel panel;                     //操作区面板
    private final JScrollPane sp;
    private JComboBox c1,c2,c3,c4;
    private final JLabel l1,l2,l3,l4;
    private final JButton badd,bdel,bmodify,bquery;
    private DefaultTableModel m;
    private JTable t;
    //定义表头向量
    Vector<String> c=new Vector<>(Arrays.asList(new String[]{"学生姓名","竞
    赛","奖项","时间"}));
    Vector data=null;                               //定义存放表格数据的向量
    public Contest(String s){
        super(s);
dao=new PrizeDao();
        setLayout(null);
        prize=dao.getPrize("select * from prize"); //获取所有获奖记录
        //操作区面板初始化
        panel=new JPanel();
        panel.setLayout(null);
        l1=new JLabel("学生姓名",JLabel.CENTER);
        l1.setBounds(10,10,90,20);
        l2=new JLabel("竞赛名称",JLabel.CENTER);
        l2.setBounds(130,10,100,20);
        l3=new JLabel("获得奖项",JLabel.CENTER);
        l3.setBounds(270,10,90,20);
        l4=new JLabel("获奖时间",JLabel.CENTER);
        l4.setBounds(380,10,90,20);
        sn=getAllStudent();
        c1=new JComboBox(sn);
        c1.setBounds(10,30,70,20);
        c1.setEditable(true);
        pn=getAllPrize();
        c2=new JComboBox(pn);
        c2.setBounds(110,30,140,20);
        c2.setEditable(true);
        pl=getAllLevel();
        c3=new JComboBox(pl);
        c3.setBounds(280,30,70,20);
        c3.setEditable(true);
        pd=getAllYear();
        c4=new JComboBox(pd);
        c4.setBounds(380,30,90,20);
```

```
c4.setEditable(true);
bquery=new JButton("查 询");
bquery.setBounds(60,60,70,20);
bquery.addActionListener(this);
badd=new JButton("添加");
badd.setBounds(180,60,70,20);
badd.addActionListener(this);
bmodify=new JButton("修改");
bmodify.setBounds(260,60,70,20);
bmodify.addActionListener(this);
bdel=new JButton("删除");
bdel.setBounds(360,60,70,20);
bdel.addActionListener(this);
panel.add(l1);
panel.add(l2);
panel.add(l3);
panel.add(l4);
panel.add(c1);
panel.add(c2);
panel.add(c3);
panel.add(c4);
panel.add(bquery);
panel.add(badd);
panel.add(bmodify);
panel.add(bdel);
panel.setBorder(BorderFactory.createEtchedBorder());   //设置操作区面板边框
panel.setBounds(5,5,485,90);
add(panel);             //将操作区面板添加到窗体
data=all();             //默认显示所有获奖记录
//创建显示获奖信息的表格
m=new DefaultTableModel(data,c);
t=new JTable(m);
/*为表格注册监听器,当单击表格中某行时,将该行数据设为组合框当前选定项*/
t.addMouseListener(new MouseAdapter(){
    int r;
    public void mouseClicked(MouseEvent e){
        if (e.getButton()==MouseEvent.BUTTON1){
            r=t.getSelectedRow();
            //将当前行中获奖记录的各字段值保存到相应的变量中
            sname=(String)m.getValueAt(r,0);
            pname=(String)m.getValueAt(r,1);
            plevel=(String)m.getValueAt(r,2);
            pdate=(String)m.getValueAt(r,3);
            //设置各组合框当前选定项为当前选中记录的字段值
            c1.setSelectedItem(sname);
```

```
                c2.setSelectedItem(pname);
                c3.setSelectedItem(plevel);
                c4.setSelectedItem(pdate);
            }
        }
    });
    sp=new JScrollPane(t);                    //将表格放到滚动面板上
    sp.setBounds(5,100,485,265);
    add(sp);                                  //将滚动面板添加到窗体
    setSize(500,400);
    setResizable(false);
    setLocationRelativeTo(null);              //设置窗体位于屏幕中间
    setDefaultCloseOperation(JFrame.EXIT_ON_CLOSE);
    setVisible(true);
}
//获取所有获奖学生的姓名
private Vector getAllStudent() {
    Set<String>s=new HashSet<>();
    Iterator it=prize.iterator();
    Prize p;
    s.add("");                                //保证组合框中默认选项为空
    /*将所有查询到的姓名保存到 HashSet 对象中,可以防止组合框下拉列表中出现重复
     姓名*/
    while(it.hasNext()){
       p=(Prize)it.next();
       s.add(p.getSName());
    }
    /*创建一个树集对象 temp。Collator 类用来执行区分语言环境的 String 比较,这里
    选择 CHINA*/
    TreeSet temp=new TreeSet(Collator.getInstance(java.util.Locale.CHINA));
    //将散列集中的姓名添加到树集对象中,实现按汉字字典顺序排序
    temp.addAll(s);
    Vector<String>v=new Vector(temp);
    return v;
}
//获取所有竞赛名称
private  Vector getAllPrize() {
    Set<String>s=new HashSet<>();
    Iterator it=prize.iterator();
    Prize p;
    s.add("");            //保证组合框中默认选项为空
    /*将所有查询到的竞赛名称保存到 HashSet 对象中,可以防止组合框下拉列表中出现重
    复的竞赛名称*/
    while(it.hasNext()){
       p=(Prize)it.next();
```

```
            s.add(p.getPName());
        }
        /*创建一个树集对象 temp。Collator 类用来执行区分语言环境的 String 比较,这里
         选择 CHINA */
        TreeSet temp=new TreeSet(Collator.getInstance(java.util.Locale.CHINA));
        //将散列集中的竞赛名称添加到树集对象中,实现按汉字字典顺序排序
        temp.addAll(s);
        Vector<String>v=new Vector(new TreeSet<>(temp));
        return v;
    }
    //获取所有奖项等级
    private  Vector getAllLevel() {
         Set<String>s=new HashSet<>();
        Iterator it=prize.iterator();
        Prize p;
        s.add("");           //保证组合框中默认选项为空
        /*将所有查询到的奖项等级保存到 HashSet 对象中,可以防止组合框下拉列表中出现重
        复的奖项等级 */
        while(it.hasNext()){
           p=(Prize)it.next();
           s.add(p.getPLevel());
        }
        Vector<String>v=new Vector(new TreeSet<>(s));
        return v;
    }
    //获取所有获奖日期
    private  Vector getAllYear() {
         Set<String>s=new HashSet<>();
        Iterator it=prize.iterator();
        Prize p;
        s.add("");           //保证组合框中默认选项为空
        /*将所有查询到的获奖时间保存到 HashSet 对象中,可以防止组合框下拉列表中出现重
        复的奖项等级 */
        while(it.hasNext()){
            p=(Prize)it.next();
            s.add(p.getPTime());
        }
        Vector<String>v=new Vector(new TreeSet<>(s));
        return v;
    }
    //将 prize 列表中的所有获奖记录转存到 data 向量中
    private Vector<Prize>all() {
        Vector data=new Vector();
        Iterator it=prize.iterator();
        Prize p;
```

```
        while(it.hasNext()){
            p=(Prize)it.next();
            Vector v=new Vector();
            v.add(p.getSName());
            v.add(p.getPName());
            v.add(p.getPLevel());
            v.add(p.getPTime());
            data.add(v);
        }
        return data;
    }
    public void actionPerformed(ActionEvent e) {
        String sql;
        Object s;
        if(e.getSource()==bquery){      //处理"查询"按钮单击事件
            sql="select * from prize";
            s=c1.getSelectedItem();
            if(s!="")
                sql+=" where sname='"+(String)s+"'";
            s=c2.getSelectedItem();
            if(s!="")
                sql+=",pname='"+(String)s+"'";
            s=c3.getSelectedItem();
            if(s!="")
                sql+=",plevel='"+(String)s+",";
            s=c4.getSelectedItem();
            if(s!="")
                sql+=",pdate='"+(String)s+"'";
            prize=dao.getPrize(sql);   //更新查询结果列表,为表格更新做准备
        }
        if(e.getSource()==badd){        //处理"添加"按钮单击事件
            sql="insert into prize (sname,pname,plevel,pdate) values('";
            s=c1.getSelectedItem();
            if(s!="")
                sql+=(String)s;
            else
                JOptionPane.showMessageDialog(this, "请输入获奖学生姓名!");
            s=c2.getSelectedItem();
            if(s!="")
                sql+="','"+(String)s;
            else
                JOptionPane.showMessageDialog(this, "请输入竞赛名称!");
            s=c3.getSelectedItem();
            if(s!="")
                sql+="','"+(String)s;
```

```
    else
        JOptionPane.showMessageDialog(this, "请输入获奖等级!");
    s=c4.getSelectedItem();
    if(s!="")
        sql+="','"+(String)s;
    else{
        //如果没有输入获奖日期,就以当前日期为获奖日期
        Date now=new Date();
        DateFormat d=DateFormat.getDateInstance();
        sql+="','"+d.format(now);
    }
    dao.addPrize(sql+"')");
    //更新查询记录列表,为表格更新及组合框列表项更新做准备
        prize=dao.getPrize("select * from prize");
}
if(e.getSource()==bmodify){    //处理修改按钮单击事件
    sql="update prize set ";
    s=c1.getSelectedItem();
    if(s!="")
        sql+="sname='"+(String)s;
    else
        JOptionPane.showMessageDialog(this, "学生姓名不能为空!");
    s=c2.getSelectedItem();
    if(s!="")
        sql+="',pname='"+(String)s;
    else
        JOptionPane.showMessageDialog(this, "竞赛名称不能为空!");
    s=c3.getSelectedItem();
    if(s!="")
        sql+="',plevel='"+(String)s;
    else
        JOptionPane.showMessageDialog(this, "获奖等级不能为空!");
    s=c4.getSelectedItem();
    if(s!="")
        sql+="',pdate='"+(String)s;
    else{
        Date now=new Date();
        DateFormat d=DateFormat.getDateInstance();
        sql+="',pdate='"+d.format(now);
    }
    //修改最初选定行中的记录,以其原始字段值为条件
    dao.modifyPrize(sql+"' where sname='"+sname+"' and pname='"+pname
    +"' and plevel='"+plevel+"' and pdate='"+pdate+"'");
    prize=dao.getPrize("select * from prize");
}
```

```
        if(e.getSource()==bdel){        //处理删除按钮单击事件
            sql="delete from prize where ";
            s=c1.getSelectedItem();
            if(s!="")
                sql+="sname='"+(String)s+"'";
            s=c2.getSelectedItem();
            if(s!="")
                sql+="and pname='"+(String)s+"'";
            s=c3.getSelectedItem();
            if(s!="")
                sql+="and plevel='"+(String)s+"'";
            s=c4.getSelectedItem();
            if(s!="")
                sql+="and pdate='"+(String)s+"'";
            dao.delPrize(sql);
            prize=dao.getPrize("select * from prize");
        }
        //更新表格的内容
        data=all();
        m=new DefaultTableModel(data,c);
        t.setModel(m);
        //更新组合框的内容
        c1.setModel(new DefaultComboBoxModel(getAllStudent()));
        c2.setModel(new DefaultComboBoxModel(getAllPrize()));
        c3.setModel(new DefaultComboBoxModel(getAllLevel()));
        c4.setModel(new DefaultComboBoxModel(getAllYear()));
    }
    public static void main(String[] args){
        new Contest("学科竞赛成绩管理");
    }
}
```

【例 14-20】 数据库操作类 PrizeDao 的定义(PrizeDao.java)。

```
package ch148;
import java.sql.Connection;
import java.sql.ResultSet;
import java.sql.SQLException;
import java.sql.Statement;
import java.util.ArrayList;
import java.util.Collections;
import java.util.logging.Level;
import java.util.logging.Logger;
import javax.swing.JOptionPane;
/**
    开发者: ***
```

```
    开发地点：***
    开发时间：****年**月**日
    最后一次修改时间：****年**月**日
    功能简介：实现数据库记录的增加、删除、修改和查询
*/
public class PrizeDao {
    //查询获奖记录
    public ArrayList<Prize>getPrize(String sql) {
        ArrayList<Prize>list=new ArrayList<>(Collections.emptyList());
        Connection conn=MyConnection.getConnection();
        Statement stmt=null;
        ResultSet rs=null;
        try {
            stmt=conn.createStatement();
            rs=stmt.executeQuery(sql);
            while(rs.next()){
                list.add(new Prize(rs.getString(2),rs.getString(3),
                rs.getString(4),rs.getString(5)));
            }
        } catch (SQLException ex) {
        }
        finally{
            try {
                if(rs!=null) rs.close();
                if(stmt!=null) stmt.close();
                if(conn!=null) conn.close();
            } catch (SQLException ex) {
                Logger.getLogger(Contest.class.getName()).log(Level.SEVERE,
                null, ex);
            }

        }
        return list;
    }

 //添加获奖记录
    public void addPrize(String sql) {
        Connection conn=MyConnection.getConnection();
        Statement stmt=null;
        ResultSet rs=null;
        if(conn!=null){
            try{
                stmt=conn.createStatement();
                if(stmt.executeUpdate(sql)==1) JOptionPane.showMessageDialog
                (null, "添加成功!");
```

```
            else JOptionPane.showMessageDialog(null, "添加失败!");
        } catch (SQLException ex) {
            Logger.getLogger(Contest.class.getName()).log(Level.SEVERE,
            null, ex);
        }
        finally{
            try {
                if(rs!=null) rs.close();
                if(stmt!=null) stmt.close();
                conn.close();
            } catch (SQLException ex) {
                Logger.getLogger(Contest.class.getName()).log(Level.
                SEVERE, null, ex);
            }
        }
    }
}

//修改选中的获奖记录
public void modifyPrize(String sql) {
    Connection conn=MyConnection.getConnection();
    Statement stmt=null;
    ResultSet rs=null;
    if(conn!=null){
        try{
            stmt=conn.createStatement();
            if(stmt.executeUpdate(sql)==1) JOptionPane.showMessageDialog
            (null, "修改成功!");
            else JOptionPane.showMessageDialog(null, "修改失败!");
        } catch (SQLException ex) {
            Logger.getLogger(Contest.class.getName()).log(Level.SEVERE,
            null, ex);
        }
        finally{
            try {
              if(rs!=null) rs.close();
              if(stmt!=null) stmt.close();
              conn.close();
            } catch (SQLException ex) {
              Logger.getLogger(Contest.class.getName()).log(Level.
              SEVERE, null, ex);
            }
        }
    }
}
```

```
    //删除选中的获奖记录
    public void delPrize(String sql) {
        Connection conn=MyConnection.getConnection();
        Statement stmt=null;
        ResultSet rs=null;
        if(conn!=null){
            try{
                stmt=conn.createStatement();
                if(stmt.executeUpdate(sql)==1) JOptionPane.showMessageDialog
                (null, "删除成功!");
                else JOptionPane.showMessageDialog(null, "删除失败!");
            } catch (SQLException ex) {
                Logger.getLogger(Contest.class.getName()).log(Level.SEVERE,
                null, ex);
            }
            finally{
                try {
                  if(rs!=null) rs.close();
                  if(stmt!=null) stmt.close();
                  conn.close();
                } catch (SQLException ex) {
                   Logger.getLogger(Contest.class.getName()).log(Level.
                   SEVERE, null, ex);
                }
            }
        }
    }
}
```

【例 14-21】 数据库连接工厂类 MyConnection 的定义(MyConnection.java)。

```
package ch148;
import java.sql.Connection;
import java.sql.DriverManager;
import java.sql.SQLException;
import java.util.logging.Level;
import java.util.logging.Logger;
/**
    开发者:***
    开发地点:***
    开发时间:****年**月**日
    最后一次修改时间:****年**月**日
    功能简介:创建数据库连接
 */
public class MyConnection {
    public static Connection getConnection(){
```

```
            Connection conn=null;
            try {
                Class.forName("com.mysql.jdbc.Driver");
                 conn=DriverManager.getConnection("jdbc:mysql://localhost:3306/
                 contest","root","");
            } catch (SQLException|ClassNotFoundException ex) {
                Logger.getLogger(MyConnection.class.getName()).log(Level.SEVERE,
                null, ex);
            }
            return conn;
        }
    }
```

14.8.4　常见问题及解决方案

(1) 赋值类型不兼容异常信息提示如图 14-21 所示。

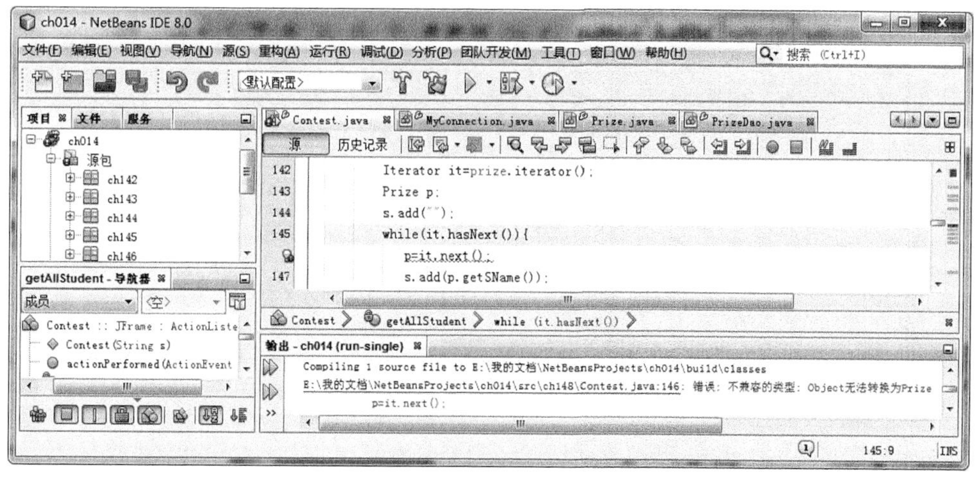

图 14-21　赋值类型不兼容异常

解决方案：迭代器返回的对象是 Object 类型的，与变量 p 类型不兼容，需要转换为 p 所属的类型(即 Prize)，才能完成赋值。红色波浪线标示处代码应修改为“p=(Prize)it. next();”。

(2) 组合框中的学生姓名没有按字典顺序排列，效果如图 14-22 所示。

解决方案：利用树集的排序特性，通过 Collator 类创建一个能够按中文规则比较字符串的树集对象，将所有学生姓名添加到该树集中，从而实现将组合框中的学生姓名按照中文字典顺序排列。具体实现见 Contest 类的 getAllStudent()方法或 getAllPrize()方法。

(3) 空指针异常提示信息如图 14-23 所示。

解决方案：空指针异常(NullPointerException)是 Java 程序开发中常见的异常之一。出现该异常时，可按照控制台提示信息定位错误代码，分析是哪个引用类型的变量值为 null。图 14-23 所示信息表明问题出现在语句“prize = dao. getPrize (" select * from prize");”中，经检查发现变量 dao 未赋值，没有指向任何 PrizeDao 类的对象，导致出现空指

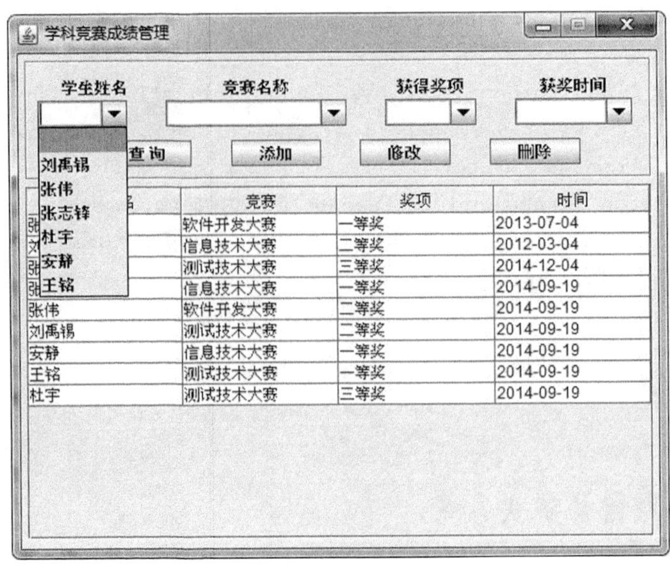

图 14-22　姓名排序错误

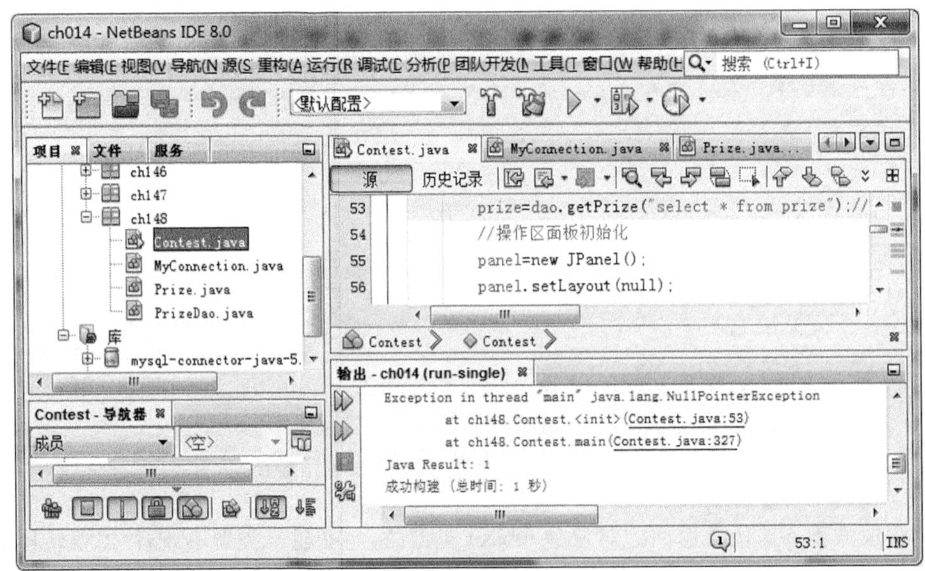

图 14-23　空指针异常

针异常，在构造方法中添加给 dao 赋值的语句“dao=new PrizeDao();”即可排除该异常。

14.9　课外阅读——云计算

过去的几十年中，计算模式经历了大机时代的终端-主机模式，个人 PC 时代的客户机-服务器模式，到互联网时代的浏览器-服务器模式，一直到如今的网格计算和云计算的繁荣。以效用计算为主旋律的 IT 技术推动服务计算模式从超级计算向分布式计算再向云计算发展。

用户对互联网内容的贡献飞快地增长，软件更多地以服务的形式通过互联网被发布和访问，而这些网络服务需要海量的存储和强大计算能力来满足日益增长的业务需求，云计算的理念就这样应运而生。

当前，云计算服务应用的种类不断增多，普及程度逐渐深入，使用者正向普通用户拓展。未来，云计算及其基础设施将是信息产业的核心平台，它所蕴含的技术变革和创新服务模式将深刻影响产业技术创新及产业竞争格局的发展。

1. 什么是云计算

Google 公司的创始者因为买不起昂贵的商用服务器来设计搜索引擎而采用了众多廉价的 PC 来提供搜索服务。他们成功地把这种 PC 集群做到比商用服务器更强大，而成本却远远低于商用的硬件与软件，形成了所谓的云计算技术。2003—2006 年，Google 发表了四篇关于分布式文件系统、并行计算、数据管理和分布式资源管理的文章，奠定了云计算发展的基础。基于这些文章，开源组织 Hadoop 逐步复制 Google 公司的云计算系统，从此开始了 Hadoop 云计算平台的流行。2008 年，Google 公司对外推出 Google APP Engine 应用托管服务，用户可以在 GAE 平台使用 Python 和 Java 语言开发各种 Web 应用。2008 年 10 月，微软公司宣布推出 Windows Azure 云计算平台。

术语“云”来源于在计算机网络拓扑图中互联网通常以云来表示。云计算的定义可以从狭义和广义两个方面来看。

1) 狭义云计算

狭义云计算是一种 IT 基础设施的交付和使用的模式，通常是指通过网络以按需、易扩展的方式获得所需的资源(硬件、平台、软件)。提供资源的网络被称为“云”。“云”中的资源在使用者看来是可以无限扩展的，并且可以随时获取，按需使用，按使用付费，随时扩展。这种特性经常被称为像水电一样使用 IT 基础设施和软件服务。

2) 广义云计算

广义云计算是服务的交付和使用的模式，指通过网络以按需、易扩展的方式获得所需的服务。这种服务可以是基于互联网的软件服务、带宽服务，也可以是任意其他的服务。所有这些网络服务人们可以理解为网络资源，众多资源形成“资源池”。

人们把这种资源池称为“云”。“云”是一些可以自我维护和管理的虚拟计算资源，通常为一些大型服务器集群，包括计算服务器、存储服务器、宽带资源等。云计算将所有的计算资源集中起来，并由软件实现自动管理，无须人为参与。这使得应用提供者无须为烦琐的细节而烦恼，能够更加专注于自己的业务，有利于创新和降低成本。有人打了个比方：这就好比是从古老的单台发电机模式转向了电厂集中供电的模式。它意味着计算能力也可以作为一种商品进行流通，就像煤气、水电一样，取用方便，费用低廉。最大的不同在于，它是通过互联网进行传输的。

无论是狭义概念还是广义概念，我们都不难看出，云计算是并行计算(Parallel Computing)、分布式计算(Distributed Computing)和网格计算(Grid Computing)等相关技术结合发展的产物，或者说是这些计算机科学概念的商业实现。云计算的核心技术是虚拟化(Virtualization)。云计算服务是 IaaS(基础设施即服务)、PaaS(平台即服务)、SaaS(软件即服务)等概念混合演进并跃升的结果。

综上所述,云计算由并行计算、分布式计算和网格计算演化而来,但它又融合了协同工作、社交网络、搜索引擎等 Web 2.0 技术和虚拟化技术,它依托强大的高性能计算基础结构,提供能够同时满足大量个人和商业需求的租用式服务,这一新型的共享基础架构平台已经得到了主流软硬件厂商的广泛认同。

在互联网之后的复杂基础设施的抽象"云计算"(Cloud Computing),是一种动态的、易扩展的且通常是通过互联网提供虚拟化资源的计算方式,用户不需要了解云内部的细节,也不必具有云内部的专业知识,或直接控制基础设施,便能使用相关资源。

云计算原理是使用特定的软件按照指定的优先级和调度算法将计算或欲存储的数据分配到云环境中的各个节点。其中云中的各个节点指的是分布式的计算机。

云计算未来主要有两个发展方向。一个是构建与应用程序紧密结合的大规模底层基础设施,使得应用能够扩展到很大的规模;另一个是通过构建新型的云计算应用程序,在网络上提供更加丰富的用户体验。

2. 云计算的特点

1) 超大规模

"云"具有相当的规模,Google 公司云计算已经拥有 100 多万台服务器,Amazon、IBM、微软、Yahoo!等公司的"云"均拥有几十万台服务器。企业私有云一般拥有数百上千台服务器。"云"能赋予用户前所未有的计算能力。

2) 虚拟化技术

这是云计算最强调的特点,包括资源虚拟化和应用虚拟化。每一个应用部署的环境和物理平台是没有关系的。通过虚拟平台进行管理达到对应用进行扩展、迁移、备份,操作均通过虚拟化层次完成。支持用户在任意位置、使用各种终端获取应用服务。所请求的资源来自"云",而不是固定的有形的实体。应用在"云"中某处运行,但实际上用户无须了解,也不用担心应用运行的具体位置。只需要一台笔记本或者一个手机,就可以通过网络服务来实现我们需要的一切,甚至包括超级计算这样的任务。

3) 动态可扩展

通过动态扩展虚拟化的层次达到对应用进行扩展的目的。可以实时将服务器加入到现有的服务器机群中,增加"云"的计算能力。

4) 按需部署

用户运行不同的应用需要不同的资源和计算能力。云计算平台可以按照用户的需求部署资源和计算能力。

5) 高灵活性

现在大部分的软件和硬件都对虚拟化有一定支持,各种 IT 资源,如软件、硬件、操作系统、存储网络等所有要素通过虚拟化,放在云计算虚拟资源池中进行统一管理。同时,能够兼容不同硬件厂商的产品,兼容低配置机器和外设而获得高性能计算。

6) 高可靠性

虚拟化技术使得用户的应用和计算分布在不同的物理服务器上面,使用了数据多副本容错、计算节点同构可互换等措施来保障服务的高可靠性，即使单点服务器崩溃，仍然可以通过动态扩展功能部署新的服务器作为资源和计算能力添加进来，保证应用和计算的正常运转。

7）高性价比

云计算采用虚拟资源池的方法管理所有资源，自动化集中式管理使大量企业无须负担日益高昂的数据中心管理成本，对物理资源的要求较低。可以使用廉价的 PC 组成"云"，而计算性能却可超过大型主机。因此用户可以充分享受"云"的低成本优势。

3. 云计算关键技术

按需部署是云计算的核心。要解决按需部署，必须解决资源的动态可重构、监控和自动化部署等，而这些又需要以虚拟化、高性能存储、处理器、高速互联网等技术为基础。所以云计算除了需要仔细研究其体系结构外，还要特别注意研究资源的动态可重构、自动化部署、资源监控、虚拟化、高性能存储、处理器等关键技术。

为了有效支持云计算，其体系结构必须支持几个关键特征。首先，系统必须是自治的，即需要内嵌有自动化技术，以减轻或消除人工部署和管理任务，而允许平台智能地响应应用的要求；其次，云计算的架构必须是敏捷的，能够对需求信号或变化做出快速的反应。内嵌的虚拟化技术和集群化技术，能应付增长或服务级要求的快速变化。云计算平台的体系结构是一个云服务器的互联网络图。

云计算的基本原理是，通过使计算分布在大量的分布式计算机上，而非本地计算机或远程服务器中，企业数据中心的运行将更与互联网相似。这使得企业能够将资源切换到需要的应用上，根据需求访问计算机和存储系统。

云计算是以数据为中心的一种数据密集型的超级计算。在数据存储、数据管理、编程模式、并发控制、系统管理等方面具有自身独特的技术。

1）海量分布式存储技术

为保证高可用、高可靠和经济性，云计算采用分布式存储的方式来存储数据，采用冗余存储的方式来保证数据的可靠性，即为同一份数据存储多个副本，以高可靠软件来弥补硬件的不可靠，从而提供廉价可靠的系统。另外，云计算系统需要同时满足大量用户的需求，并行地为大量用户提供服务。因此，云计算的数据存储技术必须具有高吞吐率和高传输率的特点。云计算的数据存储技术主要有谷歌的非开源的 GFS(Google File System)和 Hadoop 开发团队开发的 GFS 的开源实现 HDFS(Hadoop Distributed File System)。大部分的 IT 厂商，包括 Yahoo!、Intel 公司的云计划采用的都是 HDFS 的数据存储技术。

2）并行编程模式

为了高效利用云计算的资源，使用户能更轻松地享受云计算带来的服务，云计算的编程模型必须保证后台复杂的并行执行和任务调度向用户和编程人员透明。云计算采用 MapReduce 编程模式，将任务自动分成多个子任务，通过 Map 和 Reduce 两步实现任务在大规模计算节点中的调度和分配。该模型是一种处理和产生大规模数据集的编程模型。MapReduce 不仅仅是一种编程模型，同时也是一种高效的任务调度模型。MapReduce 这种编程模型并不仅适用于云计算，在多核和多处理器、Cell Processor 以及异构机群上同样有良好的性能。MapReduce 是一种处理和产生大规模数据集的编程模型，程序员在 Map 函数中指定对各分块数据的处理过程，在 Reduce 函数中指定如何对分块数据处理的中间结果进行归约，用户只需要指定 map 和 reduce 函数来编写分布式的并行程序。当在集群上运行 MapReduce 程序时，程序员不需要关心如何将输入的数据分块、分配和调度，同时系统还将处理集群内节点失败以及节点间通信的管理等。

执行一个 MapReduce 程序需要 5 个步骤：输入文件、将文件分配给多个 worker 并行地执行、写中间文件(本地写)、多个 Reduce workers 同时运行、输出最终结果。本地写中间文件在减少了对网络带宽压力的同时减少了写中间文件的时间耗费。执行 Reduce 时，根据从 Master 获得的中间文件位置信息，Reduce 使用远程过程调用，从中间文件所在节点读取所需的数据。MapReduce 模型具有很强的容错性，当 worker 节点出现错误时，只需要将该 worker 节点屏蔽在系统外等待修复，并将该 worker 上执行的程序迁移到其他 worker 上重新执行，同时将该迁移信息通过 Master 发送给需要该节点处理结果的节点。MapReduce 使用检查点的方式来处理 Master 出错失败的问题，当 Master 出现错误时，可以根据最近的一个检查点重新选择一个节点作为 Master，并由此检查点位置继续运行。

3) 数据管理技术

为了能够对大型数据进行高效的分析处理和特定数据的快速搜索，云计算系统必须具备以下特点的数据管理技术，即对海量数据的存储、读取后进行大量的分析，数据的读操作频率要远大于数据的更新频率，采用了数据库领域中列存储的数据管理模式，将表按列划分后存储的读优化数据管理。云计算的数据管理技术最著名的是 Google 公司的 Big2Table 数据管理技术，同时 Hadoop 开发团队正在开发类似 BigTable 的开源数据管理模块。由于采用列存储的方式管理数据，如何提高数据的更新速率以及进一步提高随机读速率，将是未来数据管理技术必须解决的问题。

4) 分布式资源管理技术

在多分节并发执行环境中，分布式资源管理系统是保证系统状态正确性的关键技术。系统状态需要在多节点之间同步，关键节点出现故障时需要迁移服务，分布式资源管理技术通过锁机制协调多任务对于资源的使用，从而保证数据操作的一致性。Google 公司的 chubby 是最著名的分布式资源管理系统。

5) 云计算平台管理技术

云计算资源规模庞大，一个系统的服务器数量可能会高达 10 万台并跨越几个坐落于不同物理地点的数据中心，同时还运行成百上千种应用，如何有效地管理这些数据服务器，保证这些服务器组成的系统能够提供 7×24h 不间断服务是一个巨大的挑战。云计算系统管理技术是云计算的“神经网络”，通过这些技术能够使大量的服务器协同工作，方便地进行业务部署和开通，快速发现和恢复系统故障，通过自动化、智能化的手段实现大规模系统的可运营、可管理。

4. 云计算平台

目前，Amazon、Google、IBM、Microsoft、Sun 等公司提出的云计算基础设施或云计算平台，虽然比较商业化，但对于研究云计算却是比较有参考价值。针对目前商业云计算解决方

案存在的种种问题，开源组织和学术界也纷纷提出许多云计算系统或平台方案。

1）Google 云计算平台

目前 Google 公司是云计算最大的实践者，正在运营最接近云计算特征的商用平台——在线应用服务托管平台 Google 应用引擎（GAE）。软件开发者可以在此之上编写应用程序，企业客户可以使用定制化的网络服务。例如，开发人员根据提供的服务可以编译基于 Python 的应用程序，并可免费使用 Google 公司的基础设施来进行托管（最高存储空间达 500MB）。对于超过此上限的存储空间，Google 公司按“每 CPU 内核每小时”10～12 美分及 1GB 空间 15～18 美分的标准进行收费。典型的应用方式有 Gmail、Google Picasa Web 以及可收费的 Google 应用软件套件。

Google 公司的云计算基础设施是在最初为搜索应用提供服务基础上逐步扩展的，针对内部网络数据规模超大的特点，Google 公司提出了一整套基于分布式并行集群方式的基础架构。主要由分布式文件系统 Google File System（GFS）、大规模分布式数据库 Big Table、程序设计模式 MapReduce、分布式锁机制 Chubby 等几个相互独立又紧密结合的系统组成。GFS 是一个分布式文件系统，它能够处理大规模的分布式数据，每个 GFS 集群由一个主服务器和多个块服务器组成，被多个客户端访问。主服务器负责管理元数据、存储文件和块的名空间、文件到块之间的映射关系以及每一个块副本的存储位置；块服务器存储块数据，文件被分割成为固定尺寸（64MB）的块，块服务器把块作为 Linux 文件保存在本地硬盘上。为了保证可靠性，每个块默认保存 3 个备份。主服务器通过客户端向块服务器发送数据请求，而块服务器则将取得的数据直接返回给客户端。

2）开源云计算平台 Hadoop

Hadoop 是 Apache 基金会的开源云计算平台项目，是从 Nutch 项目中分离出来的专门负责分布式存储以及分布式运算的项目，由于得到 Yahoo!、Amazon 等公司的直接参与和支持，已成为目前应用最广、最成熟的云计算开源项目。Hadoop 由分布式文件系统 HDFS（Hadoop Distributed File System）、MapReduce 分布式计算模型、锁服务、结构化数据存储附属等组成，是 Google 文件系统与 MapReduce 分布式计算框架及相关基础服务的开源实现。此外，国内外很多开源云计算平台项目也都提出了较完整的体系结构设计，比较成熟的包括 AbiCloud、Eucalyptus、MongoDB、ECP、Nimbus 等项目，均有助于对云计算平台的理解。

3）Amazon 公司的弹性计算云

Amazon 公司是以在线书店和电子零售业起家的，如今已在业界享有盛誉，它的云计算服务不涉及应用层面的计算，主要是基于虚拟化技术提供通过底层的可通过网络访问的存储、计算机处理、信息排队和数据库管理系统等租用式服务。Amazon 公司的云计算建立在其公司内部的大规模集群计算的平台之上，并提供托管式的计算资源出租服务，用户可以通过远端的操作界面选择和使用服务。

Amazon 公司是最早提供云计算服务的公司之一，该公司的弹性计算云（Elastic Compute Cloud，EC2）平台建立在公司内部的大规模计算机、服务器集群上，平台为用户提供网络界面操作在“云端”运行的各个虚拟机实例（instance）。用户只需为自己所使用的计算平台实例付费，运行结束后计费也随之结束。弹性计算云用户使用客户端通过 SOAP over HTTPS 协议与 Amazon 弹性计算云内部的实例进行交互。弹性计算云平台为用户或者开发人员提供了一个虚拟的集群环境，在用户具有充分灵活性的同时，也减轻了云计算平台拥有者(Amazon 公司)的管理负担。弹性计算云中的每一个实例代表一个运行中的虚拟机。用户对自己的虚拟机具有完整的访问权限，包括针对此虚拟机操作系统的管理员权限。虚拟机的收费也是根据虚拟机的能力进行费用计算的，实际上，用户租用的是虚拟的计算能力。通过这种方式，用户不必自己去建立云计算平台。总而言之，Amazon 通过提供弹性计算云，满足了小规模软件开发人员对集群系统的需求，减小了维护负担。其收费方式相对简单明了：用户使用多少资源，只需为这一部分资源付费即可。

4) IBM 公司的“蓝云”计算平台

IBM 公司的“蓝云(blue cloud)”计算平台是一套软、硬件平台，将 Internet 上使用的技术扩展到企业平台上，使得数据中心使用类似于互联网的计算环境。它由一个数据中心、IBM Tivoli 监控软件(Tivoli monitoring)、IBM DB2 数据库、IBM Tivoli 部署管理软件(Tivoli provisioning manager)、IBM WebSphere 应用服务器以及开源虚拟化软件和一些开源信息处理软件共同组成。“蓝云”采用了 Xen、PowerVM 虚拟技术和 Hadoop 技术，以期帮助客户构建云计算环境。“蓝云”软件平台的特点主要体现在虚拟机以及所采用的大规模数据处理软件 Hadoop 上，侧重于云计算平台的核心后端，未涉及用户界面。由于该架构是完全基于 IBM 公司的产品设计的，所以也可以理解为“蓝云”产品架构。2008 年 2 月，IBM 公司成功在无锡科教产业园设立中国第一个商业化运营的云计算中心。它提供了一个可运营的 IT 支撑体系，当一个公司在科教产业园成立后，它的部分软硬件可以通过云计算中心来获取和使用，大大降低基础设施的建设成本。

5) 微软公司的 Azure——“蓝天”云平台

微软公司紧跟云计算步伐，于 2008 年 10 月推出了 Windows Azure 操作系统，这是继 Windows 取代 DOS 之后，微软公司的又一次颠覆性转型——通过在互联网架构上打造新云计算平台，让 Windows 真正由 PC 延伸到“蓝天”上。微软公司拥有全世界数以亿计的 Windows 用户桌面和浏览器，现在它将它们连接到“蓝天”上。Azure 的底层是微软公司全球基础服务系统，由遍布全球的第四代数据中心构成。微软公司的 Azure 云平台包括 4 个层次：底层是微软全球基础服务系统(Global Foundation Service，GFS)，由遍布全球的第四代数据中心构成；云基础设施服务层(Cloud Infrastructure Service)以 Windows Azure 操作系统为核心，主要从事虚拟化计算资源管理和智能化任务分配；Windows Azure 之上是一个应用服务平台，它发挥着构件的作用，为用户提供一系列的服务，如 Live 服务、NET 服务、SQL 服务等；再往上是微软公司提供给开发者的 API、数据结构和程序库，最上层是微软公司为客户提供的服务，如 Windows Live、Office Live、Exchange Online 等。

6) Sun 公司的云基础设施

Sun 公司提出的云基础设施体系结构包括服务、应用程序、中间件、操作系统、虚拟服务器、物理服务器 6 个层次，形象地体现了其提出的“云计算可描述在从硬件到应用程序的任何传统层级提供的服务”的观点。

5. 云计算的安全问题

如今看来，云计算发展极其迅速，作用巨大，事实上并非如此顺利。2009 年 2 月，Google Gmail 邮箱爆发全球性故障，服务中断时间长达 4 小时。据悉，此次故障是由于位于欧洲的数据中心例行性维护，导致欧洲另一个数据中心过载，连锁效应扩及其他数据中心，最终致使全球性的断线。2009 年 3 月中旬，微软公司的云计算平台 Azure 停止运行约 22 个小时；2014 年 8 月，Azure 云服务的主要元件出现问题，以致全球用户无法使用 Azure，这是自 2013 年 2 月一些存储工具停止服务以来微软公司经历的最为严重的 Azure 死机事件。除了 Google 和微软公司的云计算服务出状况外，2008 年 7 月 Amazon S3 服务曾断网 6 个小时，2012 年 10 月 Amazon 公司的云主机服务出现故障，导致 Foursquare、Reddit 等多家知名网站受到严重影响；2014 年 7 月，Amazon S3 服务明显出现了故障，在美国和欧洲的 S3 服务的错误率增加了。由此看来，云计算也未必百分百安全。虽然云计算厂商们屡次信誓旦旦地宣称，能够保证高达 99.99%的可靠性与安全，但用户要相信，那 0.01%微小的可能万一降临到自己的头上，带来的损失也是不可估量的。

除了系统故障以外还有其他的隐患：云计算安全缺乏标准；云计算面临潜在的隐私问题。降低和消除风险的办法：控制数据位置；数据加密；数据丢失和备份的处理。

总之，云计算的产生并非来自学术理论，而是直接产生于企业计算、互联网领域，它更关心如何扩展系统、如何方便 IT 管理。导致和激励其发展的主要有 3 个因素：互联网应用需求刺激；来自于移动宽带网络的普及；数据中心成本的上升。也就是说，云计算虽然是一种新型的计算模式，但是时代的需要恰恰为云计算提供了良好的发展机遇。虽然现在的云计算并不能完美地解决所有的问题，但是在不久的将来，一定会有越来越多的云计算系统投入使用，云计算系统也会不断地被完善，并推动其他科学技术的发展。

14.10 本章小结

集合是 Java 应用程序开发中常用的数据结构，能够帮助程序员有效地组织处理应用程序中的批量数据。Java 集合框架是 Java 程序员在程序开发中经常使用的工具。其中，Collection 接口是所有集合相关接口及实现类的根接口。Set 接口继承了 Collection，不允许元素重复，是无序的。List 接口也继承自 Collection，但允许元素重复，并引入了位置概念，可以通过索引指定元素，是有序集合。Map 接口与 Collection 接口体系结构没有关系，表示键-值对的映射关系。对散列集和散列表的操作中，要注意在定义键对象所属的类时正确重写 equals()方法和 hashCode()方法。

常用的集合类包括 ArrayList、LinkedList、HashSet、TreeSet、HashMap、TreeMap。迭代器接口 Iterator 用于遍历列表中的元素。程序员可以用比较器 Comparator 接口或 Comparable 接口指定对象排序的方式，从而帮助实现集合类中与顺序有关的一些操作。工具类 Arrays 和 Collections 提供的静态方法能够方便地实现数组和各种集合类的常用操作。

定义返回类型为集合的方法时，应尽量返回集合接口而非集合的实现类，例如，返回

List 而不要返回 ArrayList。这样的好处是，如果以后需要将方法体中的 ArrayList 换成 LinkedList，只需要改变这个方法，而使用该方法的客户端代码不会受到影响。这就是针对抽象编程思想的体现。

通过本章的学习应了解和掌握以下内容。

(1) 集合框架基本构成。

(2) Set 接口及其常用实现类的使用。

(3) List 接口及其常用实现类的使用。

(4) Map 及其常用实现类的使用。

(5) 工具类 Arrays 和 Collections 的灵活运用。

Java 集合框架提供了常用数据结构及相关算法，能够减少编程工作，从而减轻程序员负担。不同 API 之间可以相互传递集合，程序员也可以根据需要方便地扩展或改写集合。集合框架的使用有利于提高程序设计效率，提高程序运行速度，改善程序质量。

14.11 习　　题

14.11.1 选择题

1. 下列接口中没有继承 Collection 接口的是(　　)。

   A. List　　B. Set　　C. Map　　D. SortedSet

2. 下列数据中能保存到集合中的是(　　)。

   A. 123　　B. true　　C. 'a'　　D. "String"

3. Java 的集合框架 API 存放在(　　)包内。

   A. java. util　　B. java. lang　　C. java. io　　D. javax. swing

4. 下列(　　)描述的不是 ArrayList 和数组的区别。

   A. 数组一旦被创建，它的大小就固定了，而 ArrayList 对象的大小可以动态改变

   B. 数组只能保存同一类型的数据，而 ArrayList 可以保存不同类型的数据

   C. 数组既能保存基本数据类型数据，也能保存引用类型数据，而 ArrayList 只能保存引用类型数据

   D. 数组中允许元素重复，而 ArrayList 不允许重复

5. 在 Java 中，下列(　　)对象可以使用键-值对的形式保存数据。

   A. ArrayList　　B. HashSet　　C. HashMap　　D. LinkedList

6. 在 Java 中，下列(　　)接口以键-值对的方式存储对象。

   A. Collection　　B. Map　　C. List　　D. Set

7. 根据下列 Java 代码片段，(　　)能输出 list 中存储的内容。

```
ArrayList<String>list=new ArrayList<>();
list.add("a");
list.add("b");
Iterator it=list.iterator();
```

A. while(it. hasNext())
   system. out. println(it. next());

B. for(int i=0; i<list. hasNext();i++)
   system. out. println(list. get(i));

C. while(list. hasNext())
   system. out. println(list. next());

D. for(int i=0; i<list. size();i++)
   system. out. println(it(i));

8. 在 Java 中，关于 HashMap 类的描述，下列说法错误的是(　　)。
   A. HashMap 使用键-值对的形式保存数据
   B. HashMap 能够保证其中元素的顺序
   C. HashMap 允许将 null 用作键
   D. HashMap 允许将 null 用作值
9. 下列选项中，(　　)对象不能保证其中元素的顺序。
   A. TreeSet　　B. HashSet　　C. TreeMap　　D. LinkedList
10. 下列方法中，(　　)不是迭代器接口 Iterator 定义的方法。
   A. hasNext()　　B. next()　　C. remove()　　D. nextIndex()
11. 现有下列代码片段：

```
ArrayList<String>list=new ArrayList<>();
list.add("java");
list.add("aaa");
list.add("java");
list.add("java");
list.add("bbb");
```

下面可以删除 list 中所有的"java"的代码是(　　)。

A.
```
for(int i=list. size()-1; i>=0; i--) {
    if("java". equals(list. get(i))) {
        list. remove(i);
    }
}
```

B.
```
for(int i=0; i<list. size(); i++) {
    if ("java". equals(list. get(i))){
        list. remove(i);
    }
}
```

C. list. remove("java");

D. list. removeAll("java");

12. 下列代码用于输出数组 ch 中每个字符出现的次数，横线处应该填入的代码是(　　)。

```
public static void main(String[] args) {
    char[] ch={ 'a', 'c', 'a', 'b', 'c', 'b' };
    HashMap <Character,Integer>map=new HashMap<>();
    for (int i=0; i<ch.length; i++) {
        ___________
```

```
    }
    System.out.println(map);
}
```

A. if (map.contains(ch[i])) {
    map.put(map.get(ch[i])+1, ch[i]);
  } else {
    map.put(ch[i], 1);
  }

B. if (map.contains(ch[i])) {
    map.put(ch[i], map.get(ch[i])+1);
  } else {
    map.put(ch[i], 1);
  }

C. if (map.containsKey(ch[i])) {
    map.put(map.get(ch[i])+1, ch[i]);
  } else {
    map.put(ch[i], 1);
  }

D. if (map.containsKey(ch[i])) {
    map.put(ch[i], map.get(ch[i])+1);
  } else {
    map.put(ch[i], 1);
  }

13. 下列代码用于创建并遍历包含数字 1、2、3 的列表 list,横线处应该填入的代码是(　　)。

```
List<Integer>list=new ArrayList<>();
list.add(1);
list.add(2);
list.add(3);
for(int i=0;i<list.size();i++){
    Integer obj=(Integer) ___________;
    System.out.println(obj);
}
```

A. list.length()　　　　B. list.getObject(i)

C. list.get(i)　　　　D. list.size()

14. 分析下列代码,如果执行后控制台输出的结果是“true,false”,那么横线处应填入的代码是(　　)。

```
import java.util.*;
public class Test {
```

```
        int value;
        Test(int value) {
            this.value=value;
        }
        public boolean equals(Object obj) {
            if (obj instanceof Test) {
                Test test=(Test) obj;
            return value==test.value;
            } else {
                return false;
            }
        }
        public static void main(String args[]) {
            ArrayList<Test>list=new ArrayList<>();
            HashSet<Test>set=new HashSet<>();
            list.add(new Test(1));
            set.add(new Test(1));
            System.out.println(__________);
        }
}
```

A. list. contains(new Test(1))+","+set. contains(new Test(1))

B. set. contains(new Test(1))+","+list. contains(new Test(1))

C. new Test(1). equals (new Test(1))+","+list. contains(new Test(1))

D. set. contains(new Test(1))+","+new Test(1). equals (new Test(1))

15. 现有一个 ArrayList 对象 list。下列选项中,能采用 Iterator 遍历 list,并移除其中所有元素的代码是(　　)。

A.
```
Iterator it=list.iterator();
while(it.hasNext()){
    it.next();
    it.remove();
}
```

B.
```
Iterator it=list.iterator();
while(it.hasNext()){
    Object obj=it.next();
    list.remove(obj);
}
```

C.
```
Iterator it=list.iterator();
while(it. hasNext()){
    it.remove();
}
```

D.
```
Iterator it=list.iterator();
while(it.hasNext()){
    list.remove();
}
```

16. 分析下面代码。现在要把键为"jim"的值在原来的基础上增加 100,那么应该使用的语句是(　　)。

```
Map<String,Double>map=new HashMap<>();
map.put("tom",123.6);
map.put("jim",234.5);
map.put("terry",45.3);
```

A. map. put("jim",map. get("jim")+100);

B. map. set("jim",map. get("jim")+100);

C. map. put("jim",234. 5);

D. map. set("jim",234. 5);

14.11.2 填空题

1. Java 集合中只能保存________类型的数据。

2. 所有实现 Collection 接口的类都必须提供两个标准的构造方法：一个是________的构造方法，用于创建一个空的 Collection；一个是________的构造方法，用于创建一个新的 Collection。

3. Set 接口的实现类依靠________方法来检查其中元素的唯一性，因此放入其中的对象所属的类必须实现该方法。

4. 散列集(HashSet)类使用________技术散列存取集合中的元素，能快速定位一个元素，在大集合中查找时，该类的效率优势比较突出。

5. 散列集(HashSet)的加载因子定义了散列集的________，其值是________到________之间的一个小数。

6. 当散列集(HashSet)中元素的个数大于散列集容量与加载因子的乘积时，散列集的容量将________。

7. 如果要将自定义类的对象放入散列集(HashSet)，该自定义类需要覆盖________和________两个方法。

8. ________类使用双向链表，提供了从列表两端提取、插入和删除元素的方法，可以按序号检索列表中的元素，并能够进行向前或向后的双向遍历。

9. 图(Map)是一种依照________存储元素的容器，其中的每一个元素都是________出现的。

10. 图(Map)代表一类将________映射到________的对象，因此也可称为________。

11. 迭代器________接口提供了一种遍历集合元素的方法，且不暴露该对象的内部细节；________接口既能够双向遍历列表，又允许向列表中增加元素、从列表中删除元素以及改变列表中的元素。

12. 如果自定义类实现了名为________的接口，就可以用 foreach 遍历该自定义类的集合。

13. 实现了 Comparable 接口的类可以使用该接口提供的 compareTo()方法对其对象进行比较，这种方法定义的顺序通常被称为________顺序。

14. 通过实现 Comparator 接口定义的顺序称为________顺序。

15. Java 提供了两个工具类________和________，分别用于实现数组和集合的常用操作。这两个类都在________包中。

16. Arrays 类中的 binarySearch ()方法如果返回________，就说明目标数组中不存在要查找的对象。

17. 下面程序的运行结果是________。

```
import java.util.*;
public class TestList{
    public static void main(String args[]){
        List<String>list=new ArrayList<>();
        list.add("China");
        list.add("America");
        list.add("China");
        list.add("World");
        list.remove("China");
        list.remove(0);
        for(int i=0;i<list.size();i++){
            System.out.print(list.get(i));
        }
    }
}
```

18. 下面程序的运行结果是________。

```
import java.util.HashMap;
import java.util.Map;
import java.util.TreeMap;
public class Test {
public static void main(String[] args){
    Map<String,String>map=new HashMap<>();
    map.put("河南", "郑州");
    map.put("山东", "济南");
    map.put("山西", "太原");
    map.put("河北", "石家庄");
    System.out.println("original: "+map);
    System.out.println("sorted: "+new TreeMap<String,String>(map));
    }
}
```

19. 下面程序的运行结果是________。

```
import java.util.*;
public class Test{
    public static void main(String args[]){
        List<String>list=new ArrayList<>();
        list.add("China");
        list.add("America");
        list.add("China");
        list.add("World");
        Set<String>set=new HashSet<>();
        set.addAll(list);
        System.out.println(set.size());
    }
}
```

20. 下面程序的运行结果是________。

```
import java.util.*;
    public class Test {
        public int hashCode() {
        return 1;
    }
    public boolean equals(Object b) {
        return true;
    }
    public static void main(String args[]) {
        Set set=new HashSet();
        set.add(new Test());
        set.add(new String("ABC"));
        set.add(new Test());
        System.out.println(set.size());
    }
}
```

14.11.3 论述题

1. 简述 Java 集合框架。
2. Set、List 和 Map 各有什么特点?
3. ArrayList 和 LinkedList 有何不同? 它们分别适合于什么场合?
4. HashSet、LinkedHashSet 和 TreeSet 有什么不同?
5. HashMap、LinkedHashMap 和 TreeMap 有什么不同?
6. 迭代器是什么? Java 中提供了哪两种迭代器? 哪些类可以使用迭代器?
7. 比较器是什么? Java 中实现比较器的方式有哪些?
8. Collection 和 Collections 有什么区别?

14.11.4 操作题

1. 随机产生 10 个 1～100 之间的整数,其序号分别为 1～10。按升序输出这 10 个数及其序号。

2. 随机产生 1～100 之间的整数并保存到一个长度为 100 的一维数组中,要求不能重复,然后输出该数组。

3. 编程实现:定义一个学生类,属性包括姓名、班级和成绩,输出某次考试后每个班级的人数、总分和平均分。要求至少有两个不同的班级,每个班级至少有 5 名学生。

4. 编程实现:从命令行读入一个表示国家名的字符串,输出该国家的首都。如果输入的不是国家名或程序中没有保存该国家的信息,则输出“没有这个国家的信息”。要求至少统计 5 个国家的信息。

5. 已知有 10 个学生参加演讲比赛,请将他们随机分为两组。学生类包括姓名、学号、性别 3 个属性。

6. 数学成绩在 85 分以上的学生有张志锋、张伟、刘禹锡、李伟、王秀英、许晓燕，语文成绩在 85 分以上的学生有李加利、郑卫武、张志锋、张伟、刘禹锡、林东胜、胡建。编程输出：语文和数学都在 85 分以上的学生姓名、语文或数学在 85 分以上的学生姓名、只有语文成绩在 85 分以上的学生姓名。

7. 编程实现：从命令行读取一行英文，统计其中各个字母出现的次数，并将所有不重复的字母按出现次数升序输出。

8. 编程实现：读取若干个整数，输出其中出现频率最高的数字及其出现的次数，输入为 0 时表示输入结束。如果出现频率最高的数字是多个，则这些数字都应输出。

第15章 MySQL数据库应用

本章简单介绍 MySQL 数据库的使用。通过本章的学习应能够比较熟练地使用 MySQL 数据库进行 Java 数据库应用系统的开发。

本章主要内容如下。

(1) MySQL 基础知识。

(2) 使用 MySQL 数据库创建数据库和表。

15.1 MySQL 基础知识

MySQL 是一个开放源码的小型关联式数据库管理系统，开发者为瑞典 MySQL AB 公司。MySQL 被广泛地应用在 Internet 上的中小型网站中。由于其体积小、速度快、总体拥有成本低，尤其是开放源码这一特点，使得许多中小型网站为了降低网站总体拥有成本而选择了 MySQL 作为网站数据库。

与其他的大型数据库（如 Oracle、DB2、SQL Server 等）相比，MySQL 自有它的不足之处，但是这丝毫也没有减少它受欢迎的程度。对于一般的个人使用者和中小型企业来说，MySQL 提供的功能已经绰绰有余，而且由于 MySQL 是开放源码软件，因此可以大大降低总体拥有成本。Linux 作为操作系统，Apache 作为 Web 服务器，MySQL 作为数据库，PHP/Perl/Python 作为服务器端脚本解释器。由于这些软件都是免费或开放源码软件（FLOSS），因此使用这种方式不用花一分钱（除人工成本）就可以建立起一个稳定、免费的网站系统，被业界称为 LAMP 组合。

15.1.1 MySQL 介绍

MySQL 的海豚标志的名字叫 Sakila，它是由 MySQL AB 的创始人从用户在“海豚命名”的竞赛中建议的大量的名字中选出的。获胜的名字由来自非洲斯威士兰的开源软件开发者 Ambrose Twebaze 提供。根据 Ambrose 所说，Sakila 来自一种叫 SiSwati 的斯威士兰方言，也是在 Ambrose 的家乡乌干达附近的坦桑尼亚的 Arusha 的一个小镇的名字。

MySQL 的历史最早可以追溯到 1979 年，有一个人叫 Monty Widenius，为一个叫 TcX 的小公司打工，并用 BASIC 设计了一个报表工具，可以在 4MHz 主频和 16KB 内存的计算机上运行。过了不久，又将此工具使用 C 语言重写，移植到 UNIX 平台，当时，它只是一个很底层的面向报表的存储引擎。这个工具叫做 Unireg。

1985 年,瑞典的几位志同道合的小伙子(以 David Axmark 为首)成立了一家公司,这就是 MySQL AB 的前身。这个公司最初成立的目的并不是为了开发数据库产品,而是在实现原有想法的过程中,需要一个数据库。小伙子们希望能够使用开源的产品。但在当时并没有一个合适的选择,没办法,那就自己开发吧。

最初,他们只是自己设计了一个利用索引顺序存取数据的方法,也就是 ISAM(Indexed Sequential Access Method)存储引擎核心算法的前身,利用 ISAM 结合 MySQL 来实现他们的应用需求。早期,他们主要是为瑞典的一些大型零售商提供数据仓库服务。在系统使用过程中,随着数据量越来越大,系统复杂度越来越高,他们重新开发了一套功能类似的数据存储引擎,这就是 ISAM 存储引擎。大家可能已经注意到他们当时的主要客户是数据仓库,应该也容易理解为什么直至现在,MySQL 最擅长的是查询性能,而不是事务处理(需要借助第三方存储引擎)。

1990 年,TcX 的客户中开始有人要求为它的 API 提供 SQL 支持,当时,有人想到了直接使用商用数据库,但是 Monty 觉得商用数据库的速度难以令人满意。于是,Monty 雄心大起,决心自己重写一个 SQL 支持。

1996 年,MySQL 1.0 发布,在小范围内使用。到了 1996 年 10 月,MySQL 3.11.1 发布了,MySQL 没有 2.x 版本。最开始,只提供了 Solaris 下的二进制版本。一个月后,Linux 版本出现了。此时的 MySQL 还非常简陋,除了在一个表上做一些 Insert、Update、Delete 和 Select 操作之外,没有其他更多的功能。

紧接下来的两年里,MySQL 依次移植到各个平台下。它发布时,采用的许可策略,有些与众不同:允许免费商用,但是不能将 MySQL 与自己的产品绑定在一起发布。如果想一起发布,就必须使用特殊许可,意味着要花钱购买使用权。当然,商业支持也是需要花钱购买的。其他的,随用户怎么用都可以。这种特殊许可为 MySQL 带来了一些收入,从而为它的持续发展打下了良好的基础。

在 2000 年的时候,MySQL 公布了自己的源代码,并采用 GPL(GNU General Public License)许可协议,正式进入开源世界。

2000 年 4 月,MySQL 对旧的存储引擎进行了整理,命名为 MyISAM。

2001 年,Heikiki Tuuri 向 MySQL 提出建议,希望能集成他们的存储引擎 InnoDB,这个引擎同样支持事务处理,还支持行级锁。所以在 2001 年发布 3.23 版本的时候,该版本已经支持大多数的基本 SQL 操作,而且还集成了 MyISAM 和 InnoDB 存储引擎。MySQL 与 InnoDB 的正式结合版本是 4.0。

2004 年 10 月,MySQL 发布了经典的 4.1 版本。

2005 年 10 月,MySQL 又发布了里程碑的一个版本,即 MySQL 5.0。在 5.0 中加入了游标、存储过程、触发器、视图和事务的支持。在 5.0 之后的版本里,MySQL 明确地表现出迈向高性能数据库的发展步伐。

2008 年 1 月 16 日,MySQL 被 Sun 公司以 10 亿美元收购。

2009 年 4 月 20 日,Oracle 公司收购 Sun 公司,MySQL 转入 Oracle 公司门下。

2010 年 4 月 22 日,Oracle 公司发布 MySQL 5.5,MySQL cluster 7.1。

在 MySQL 5.5 发布两年后,Oracle 公司宣布 MySQL 5.6 正式版发布,首个正式版本号为 5.6.10。在 MySQL 5.5 中使用 InnoDB 作为默认的存储引擎，而 5.6 则对 InnoDB 引擎进行了改造，提供全文索引能力，使 InnoDB 适合各种应用场景。

本书使用的是 MySQL 5.6.20 版本，最新版本的 MySQL 可以在其官方网站下载，下载地址是 www.mysql.com 或者 www.oracle.com。

15.1.2 MySQL 下载

MySQL 的官方网站主页面如图 15-1 所示。

图 15-1　MySQL 的官方网站主页面

单击图 15-1 所示页面中的 Downloads 链接的子链接 Windows 将跳转到如图 15-2 所示的页面。

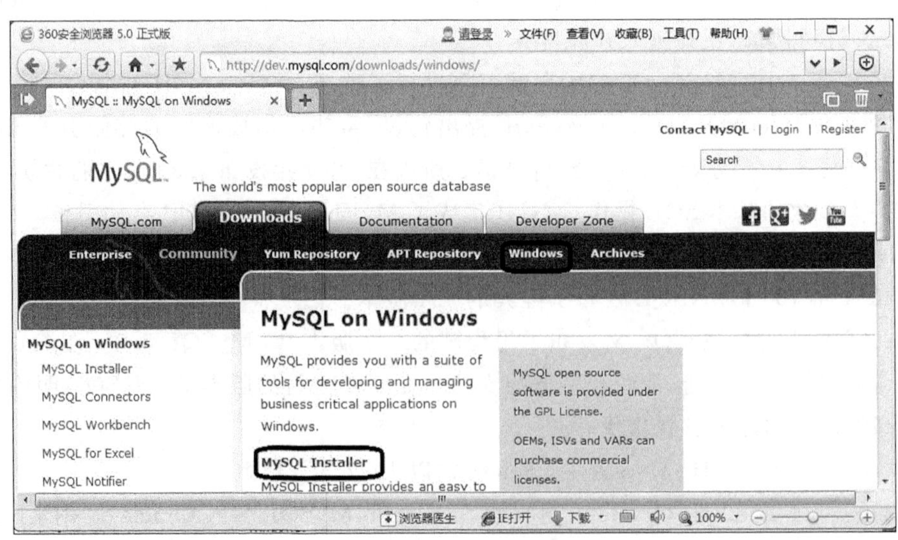

图 15-2　下载页面

单击图 15-2 所示页面中的 MySQL Installer，页面跳转到需要下载的版本页面，单击 Downloads 按钮即可下载 MySQL，如图 15-3 所示。

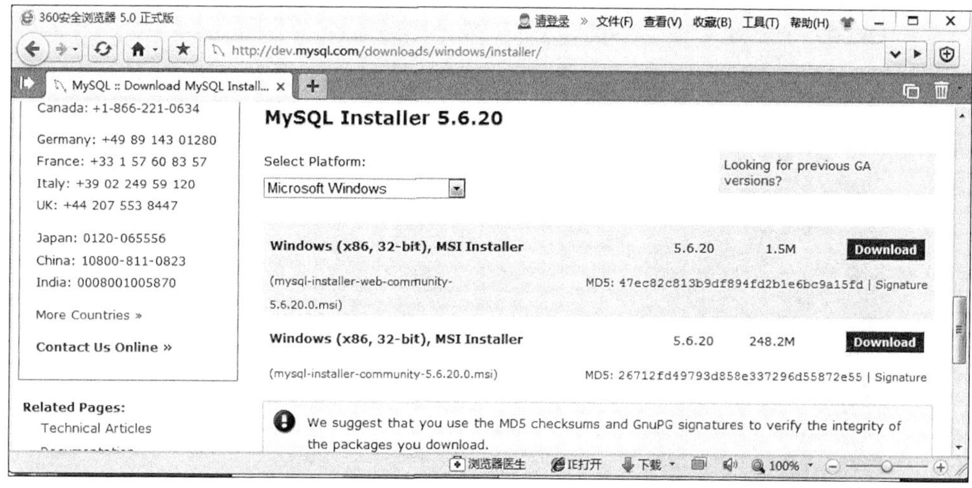

图 15-3　下载需要的 MySQL 版本页面

15.1.3　MySQL 安装

双击下载的 mysql-installer-community-5. 6. 20. 0. msi 文件，数据导入后将弹出图 15-4。

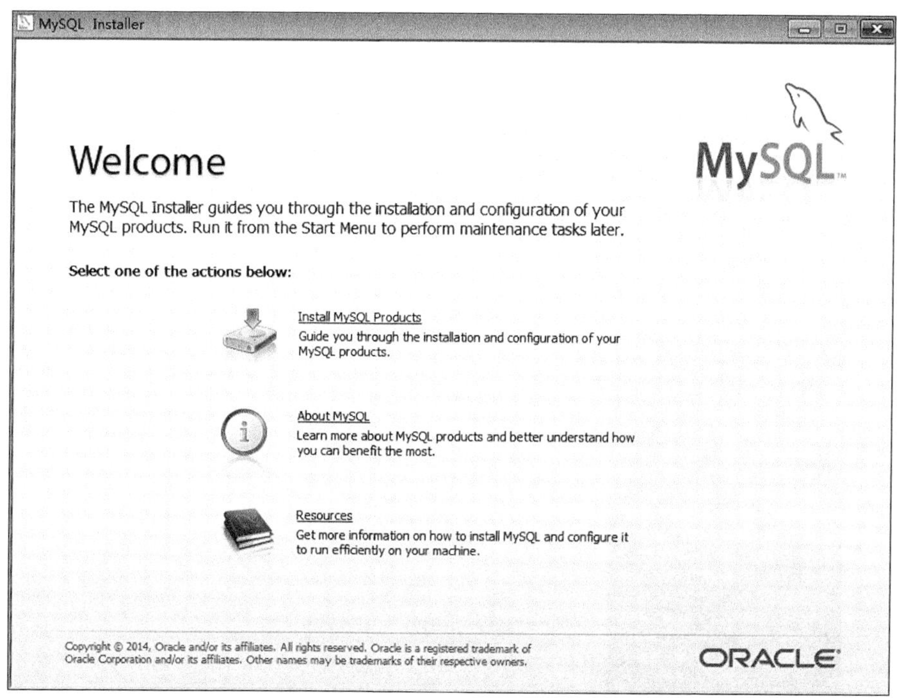

图 15-4　选择安装 MySQL 产品

在图 15-4 所示页面中单击 Install MySQL Products 将弹出图 15-5。

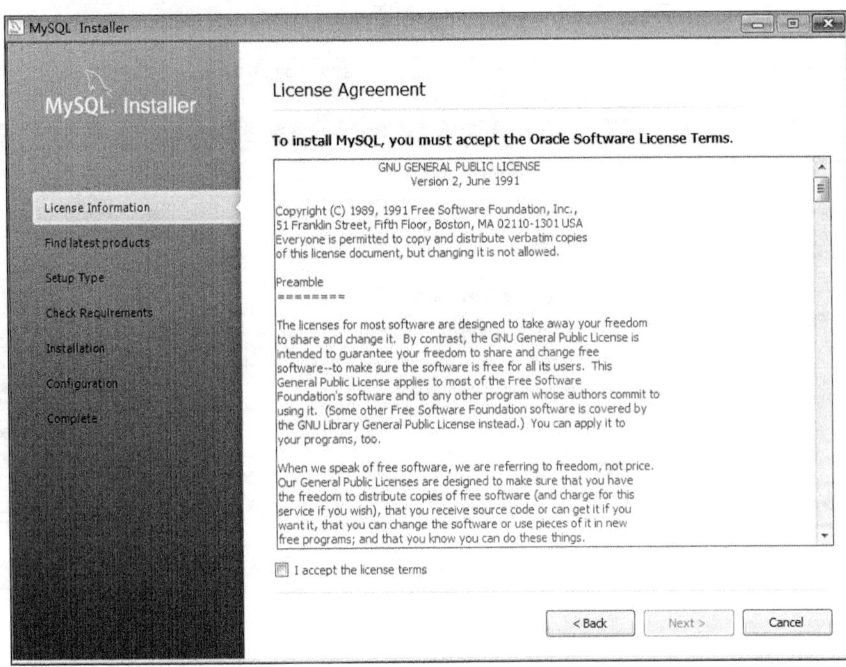

图 15-5 “接受许可协议”对话框

在图 15-5 所示页面中选择 I accept the license terms 前面的复选框后，单击 Next 按钮将弹出查找最新产品的更新对话框，如果不需要更新，可以选择下方的 Skip the check for updates(not recommended)复选框，如图 15-6 所示。

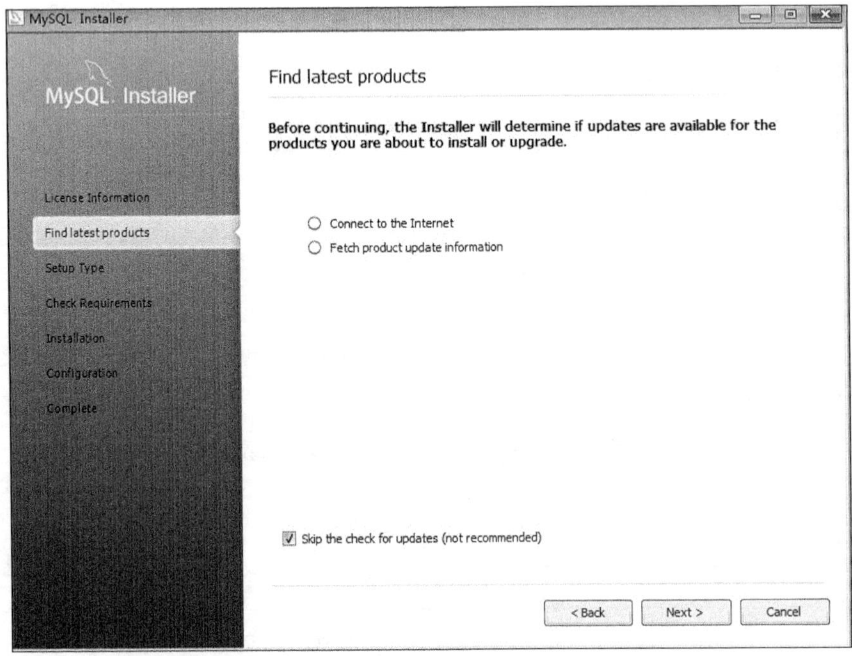

图 15-6 查找最新产品的更新对话框

单击图 15-6 所示页面中的 Next 按钮将弹出图 15-7，可以选择要安装的类型以及安装路径。

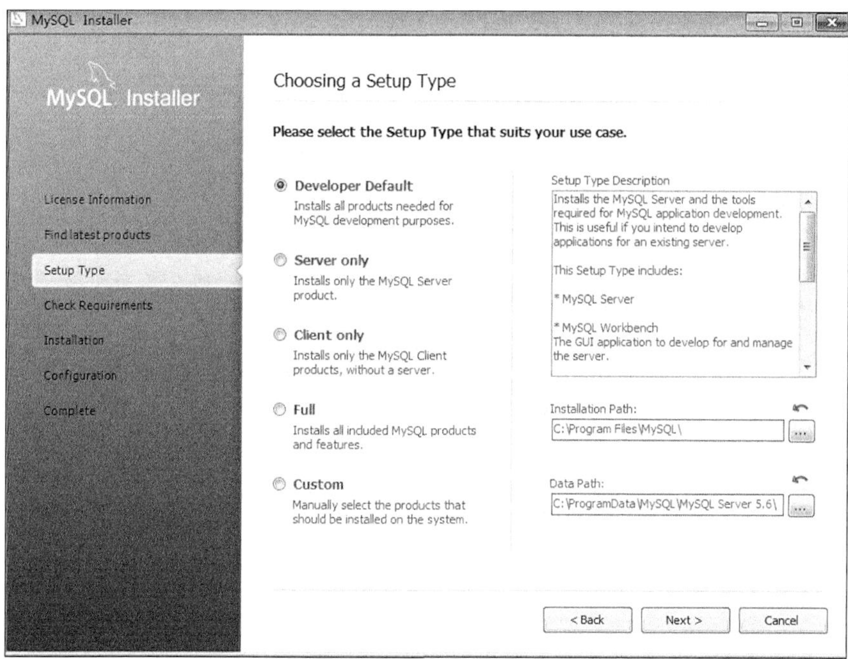

图 15-7　安装类型选择

单击图 15-7 所示页面中的 Next 按钮将弹出图 15-8，可以选择需要安装的框架。

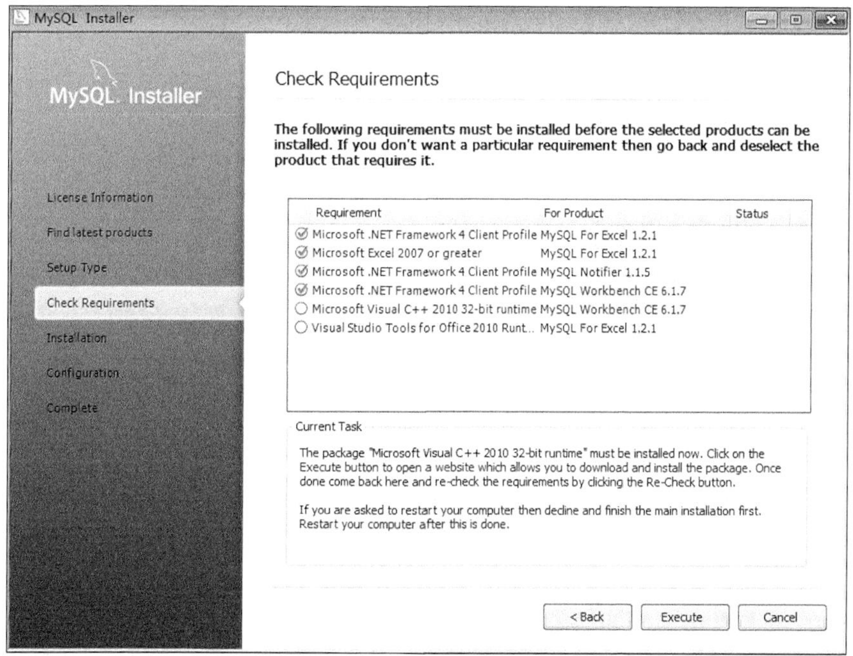

图 15-8　安装框架选择

在图 15-8 所示页面中选择需要的框架后单击 Execute 按钮，弹出图 15-9。

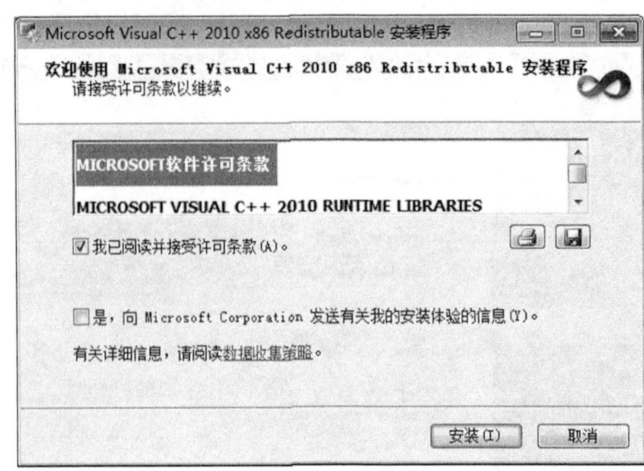

图 15-9　安装框架

安装完框架后弹出图 15-10。单击其中的 Next 按钮将弹出图 15-11。

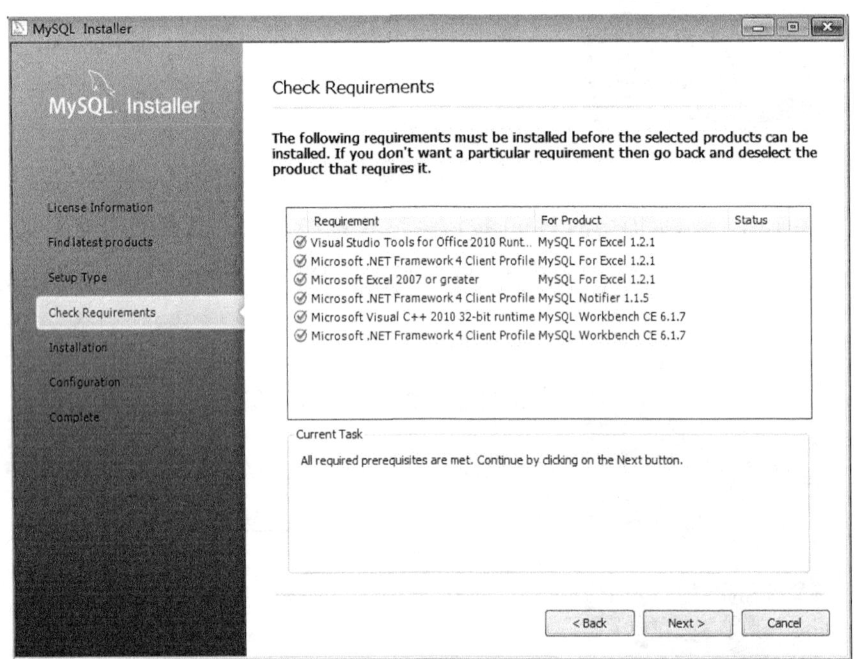

图 15-10　框架安装成功

单击图 15-11 所示页面中的 Execute 按钮将弹出图 15-12，安装完后单击该页面中的 Next 按钮将弹出配置 MySQL 数据库对话框，如图 15-13 所示。

单击图 15-13 所示页面中的 Next 按钮弹出服务器配置对话框，Developer Machine 安装 MySQL 服务器作为开发机器的一部分，在 3 种配置类型中占用最少的内存；Server Machine 安装 MySQL 服务器作为服务器机器的一部分，占用内存在 3 种类型中居中；Dedicated MySQL Server Machine 安装专用 MySQL 数据库服务器，占用机器全部有效的

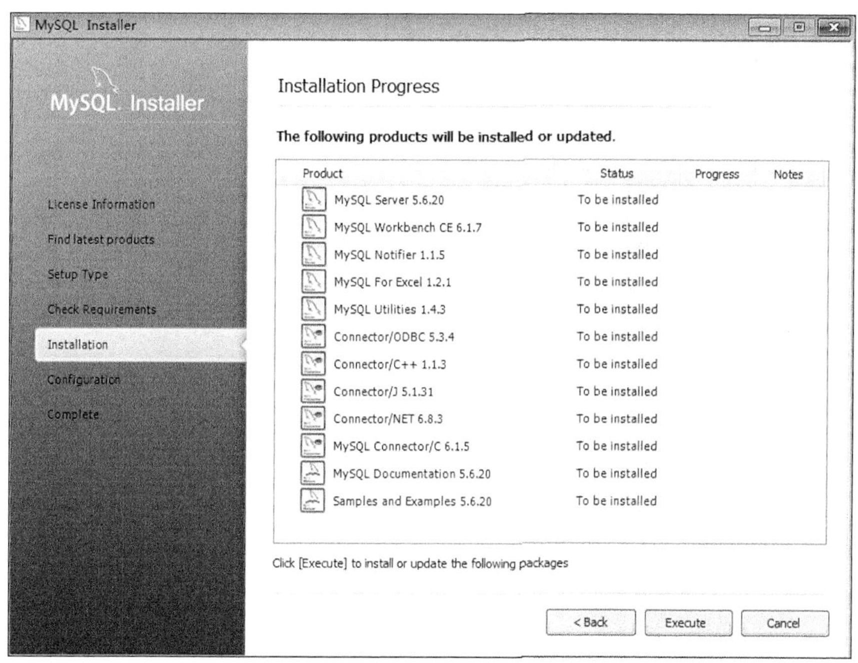

图 15-11　需要安装产品以及更新的对话框

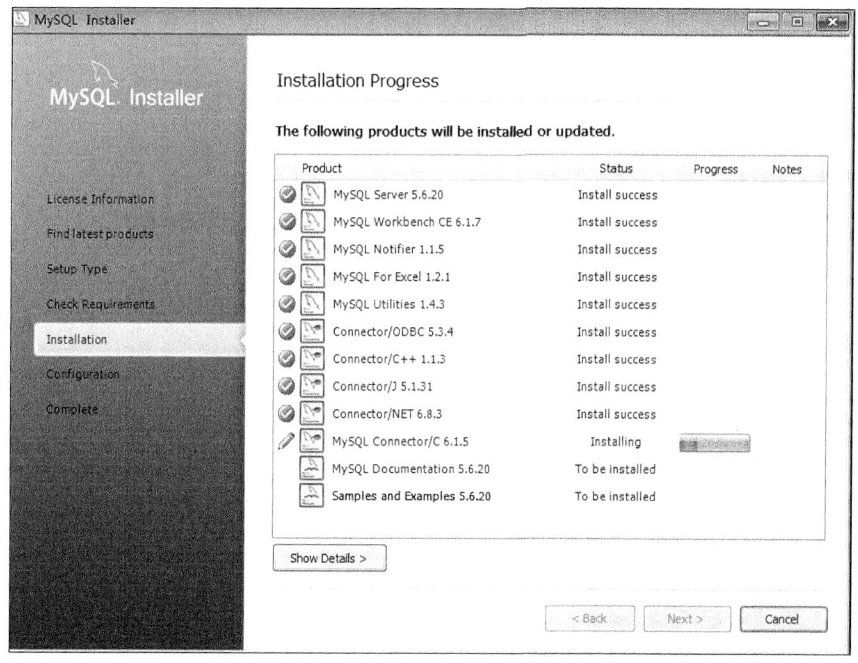

图 15-12　安装过程对话框

内存。服务器默认端口为 3306，也可修改，如图 15-14 所示。

单击图 15-14 所示页面中的 Next 按钮将弹出设置管理员密码和添加用户对话框，单击 Add User 按钮，可以创建用户，从安全角度考虑最好不要创建用户，如图 15-15 所示。

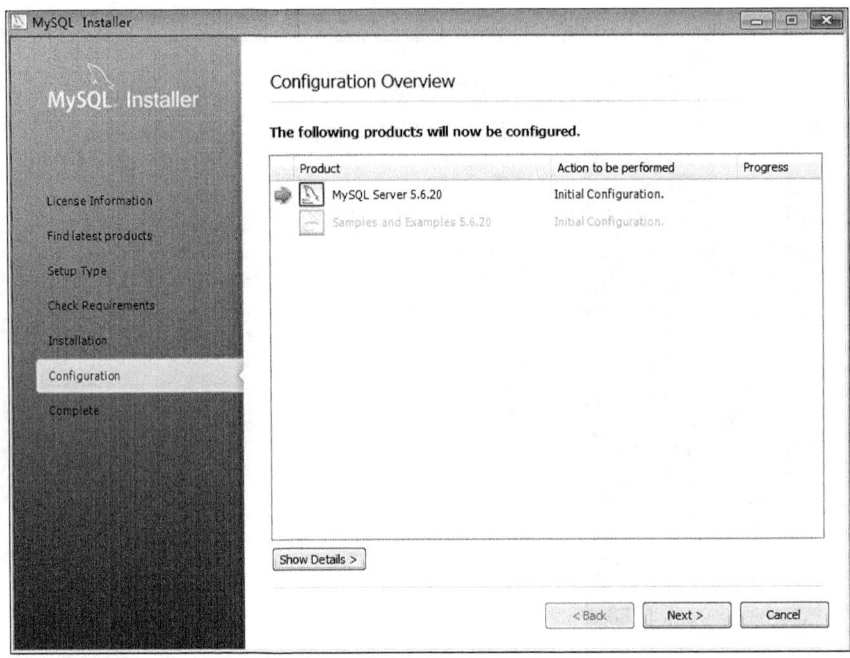

图 15-13　配置对话框

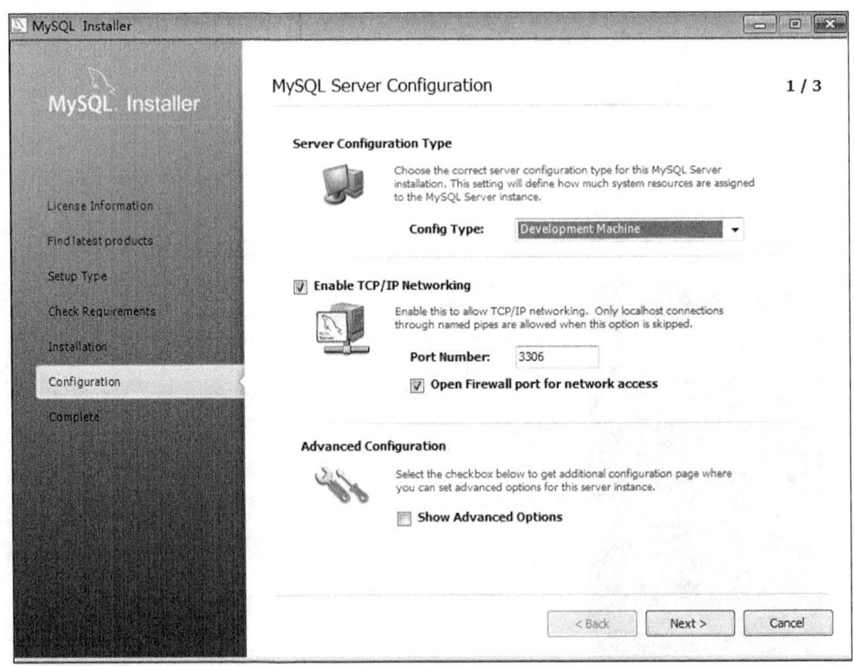

图 15-14　服务器配置型选择及配置对话框

单击图 15-15 所示页面中的 Next 按钮将弹出设置服务器对话框，可以设置系统服务器名称以及是否在系统启动的同时自动启动 MySQL 数据库服务器，可用默认选项，如图 15-16 所示。

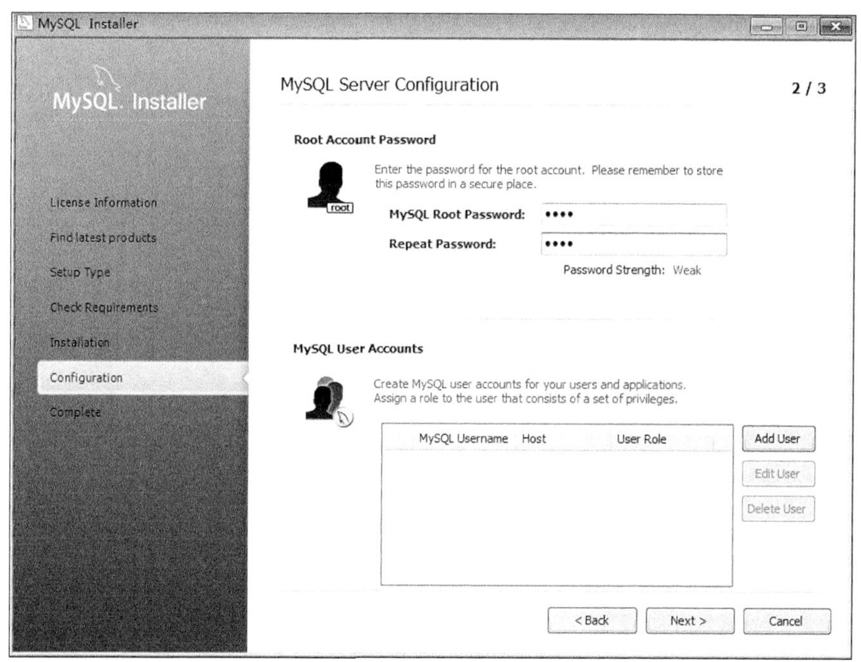

图 15-15 设置管理员密码和添加用户对话框

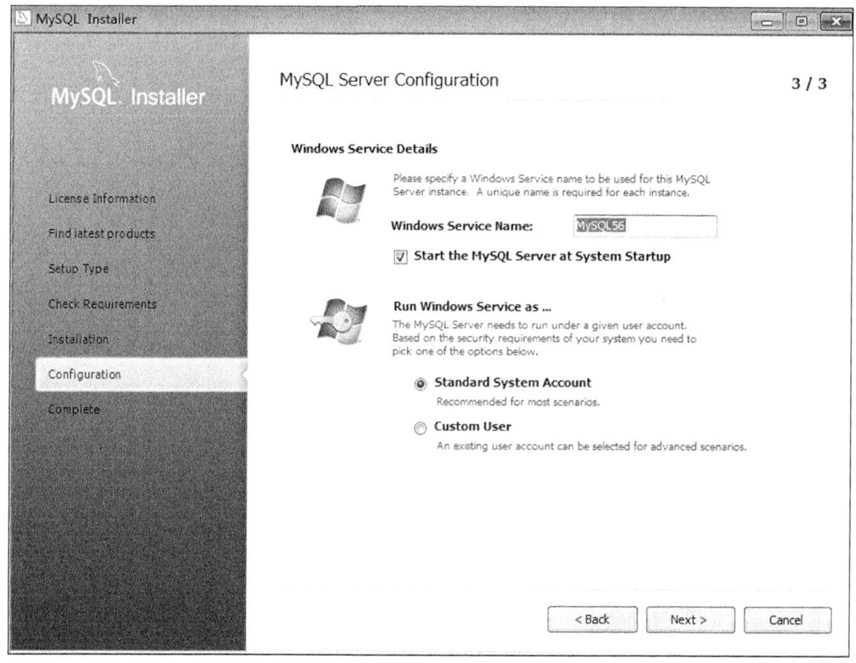

图 15-16 设置服务器对话框

单击图 15-16 所示页面中的 Next 按钮将弹出配置实例对话框，如图 15-17 所示。

单击图 15-17 所示页面中的 Next 按钮将对实例进行配置，然后出现配置完成对话框，如图 15-18 所示。

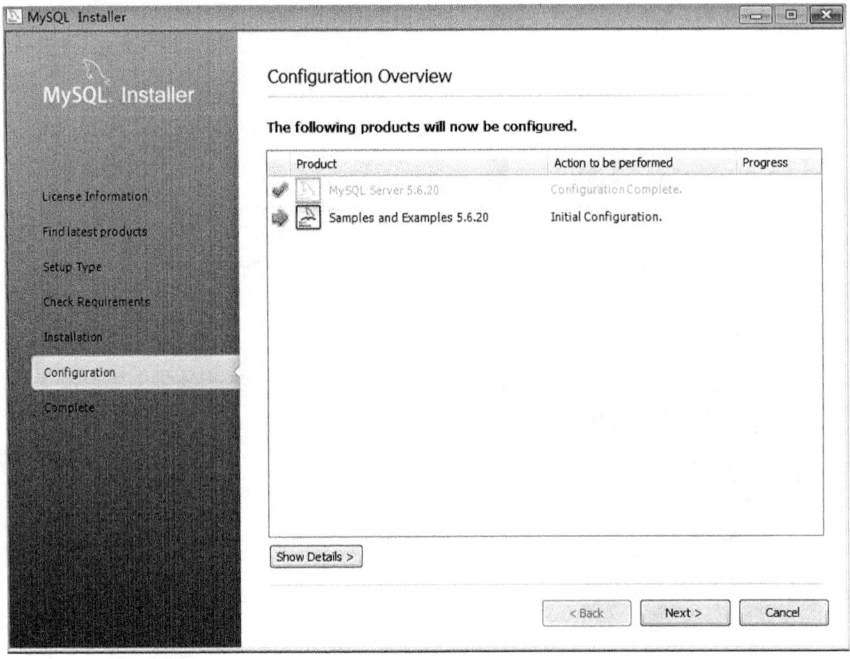

图 15-17　配置实例对话框

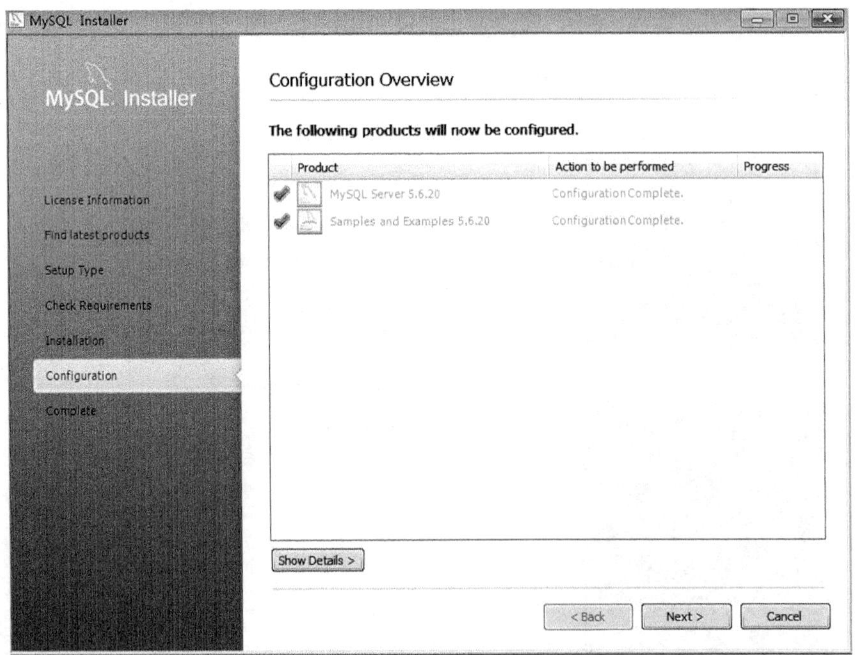

图 15-18　配置完成对话框

单击图 15-18 所示页面中的 Next 按钮将弹出确认安装完成对话框，选中 Start MySQL Workbench after Setup 复选框，可对是否安装成功进行测试，单击 Finish 按钮完成安装，如图 15-19 所示。

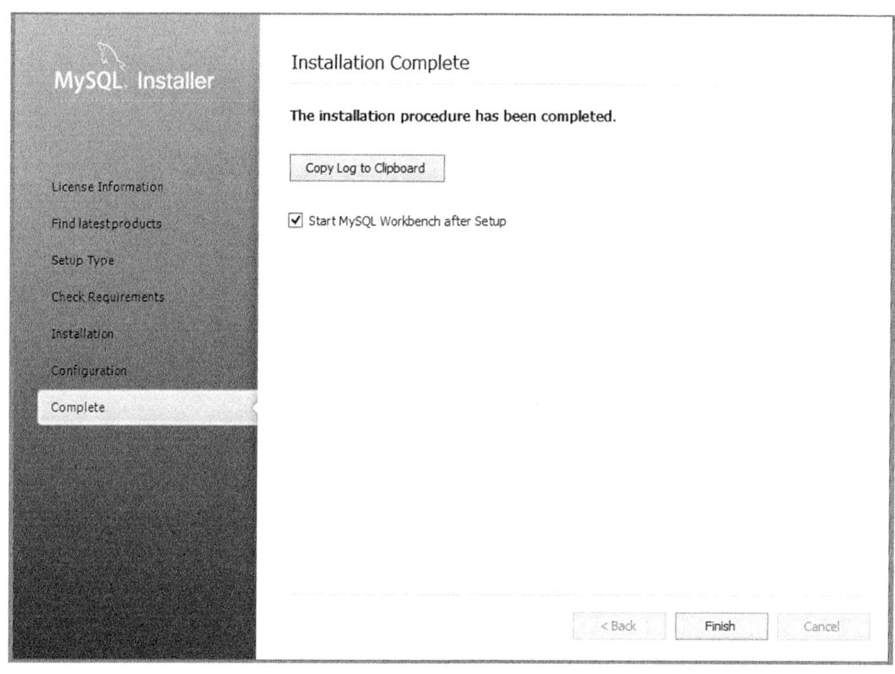

图 15-19　安装完成对话框

15.1.4　MySQL 插件的使用

安装完 MySQL 以后，最好再安装一个 MySQL 的插件 Navicat V8. 2. 12 For MySQL . exe，该插件能够在使用 MySQL 时提供可视化、友好的图形用户界面。双击 Navicat V8. 2. 12 For MySQL. exe，弹出如图 15-20 所示的欢迎安装对话框。

图 15-20　欢迎安装对话框

在图 15-20 所示页面中单击“下一步”按钮将弹出如图 15-21 所示的许可证对话框。

在图 15-21 所示页面中选择“我同意”单选按钮后单击“下一步”按钮弹出安装路径选择对话框，如图 15-22 所示。可以在该页面中单击“浏览”按钮选择安装路径，然后单击“下一步”按钮，弹出选择快捷方式安装路径的对话框，如图 15-23 所示。

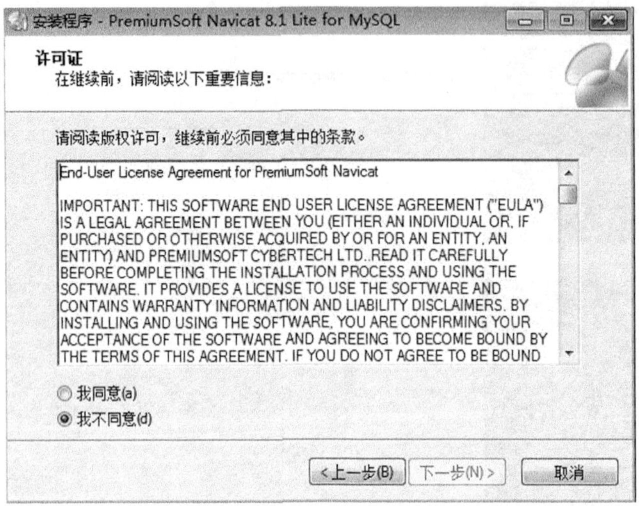

图 15-21　许可证对话框

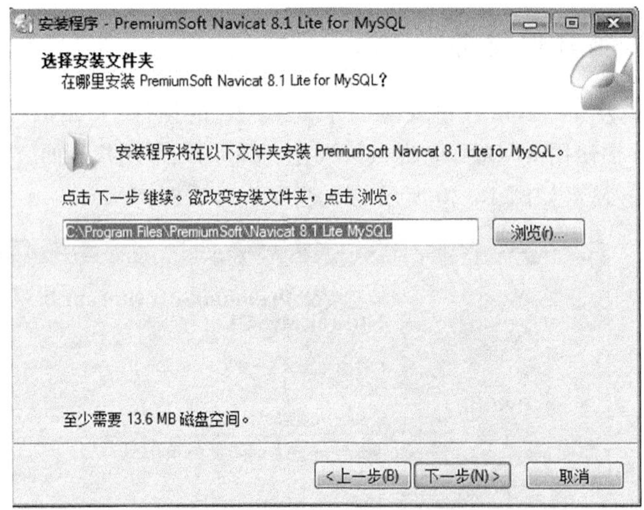

图 15-22　选择安装路径对话框

在图 15-23 所示页面中选择创建快捷方式的路径后单击“下一步”按钮，弹出可选的额外执行任务对话框，如图 15-24 所示。选择好后单击“下一步”按钮弹出如图 15-25 所示的准备安装对话框。

单击图 15-25 所示页面中的“安装”按钮弹出如图 15-26 所示的安装完成对话框，单击“完成”按钮，插件安装完成。

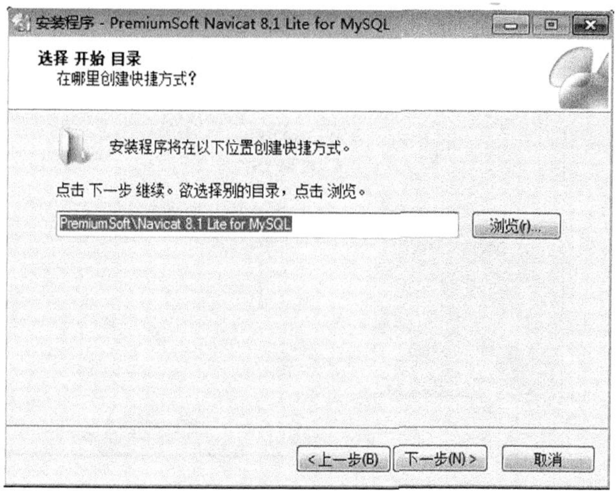

图 15-23　选择快捷方式路径对话框

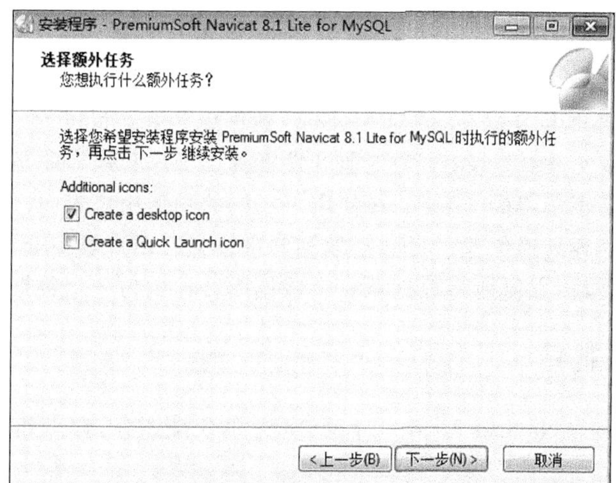

图 15-24　额外执行任务对话框

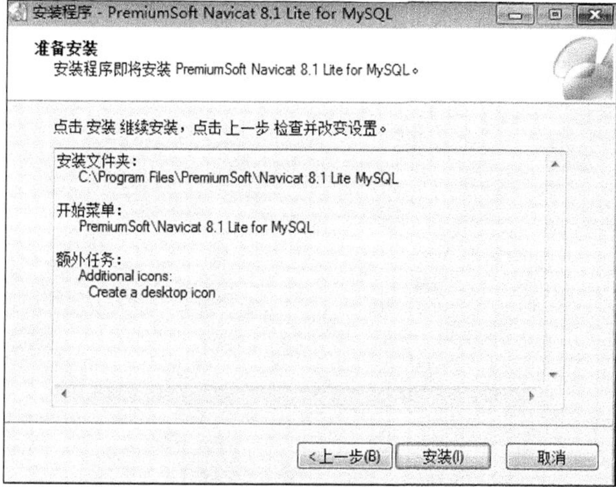

图 15-25　准备安装对话框

图 15-26 安装完成对话框

15.2 MySQL 及其插件的使用

本节主要介绍使用 Navicat 创建 MySQL 数据库和表。Navicat 是一个强大的 MySQL 数据库管理和开发工具。Navicat 为专业开发者提供了一套强大的足够尖端的工具，但它对于新用户仍然是易于学习的。Navicat 使用了极好的图形用户界面，可以用一种安全和更为容易的方式快速和容易地创建、组织、存取和共享信息。用户可完全控制 MySQL 数据库和显示不同的管理资料，方便地将数据从一个数据库转移到另一个数据库中进行数据备份。

15.2.1 创建数据库

双击桌面上名为 Navicat 8 Lite for MySQL 的快捷图标，弹出如图 15-27 所示的初始界

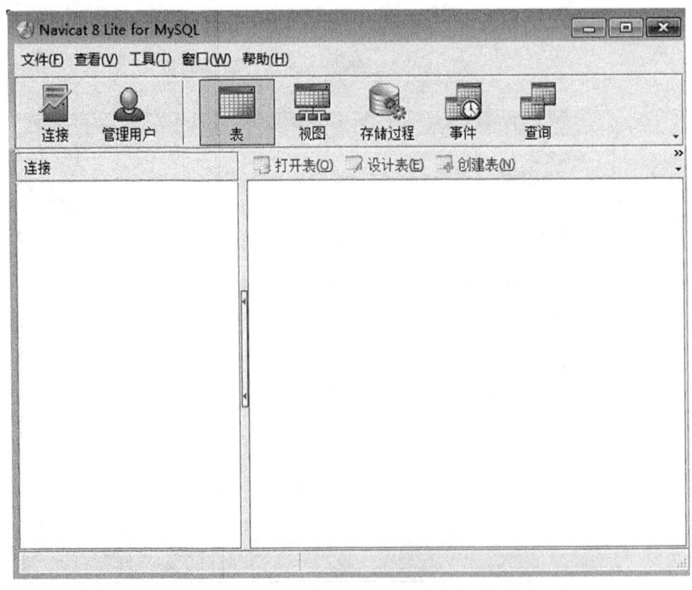

图 15-27 Navicat 8 Lite for MySQL 插件的初始界面

面。单击工具栏中的“连接”图标将弹出连接配置对话框，在该对话框中可以设置连接名、数据库的主机名、端口号、用户名和密码，还可以单击“连接测试”按钮对数据库连接进行测试，如图 15-28 所示。

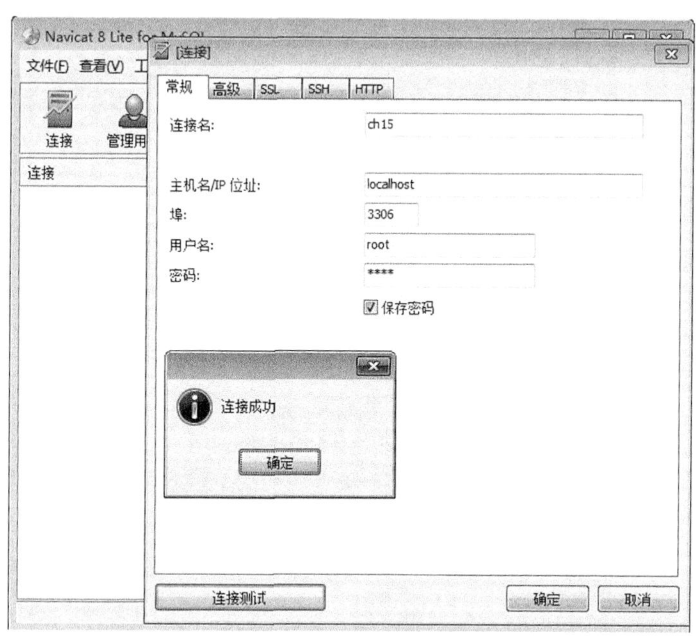

图 15-28　连接数据库配置及测试

单击图 15-28 所示对话框中的“确定”按钮后将弹出如图 15-29 所示的数据库创建界面。创建的默认数据库名为 test，用户名是安装 MySQL 时候的用户名。

图 15-29　创建的默认数据库

在图 15-29 所示对话框中的 ch15 或者 test 处右击，弹出如图 15-30 所示的快捷菜单。单击“创建数据库”选项弹出创建新数据库对话框，可以为数据库命名、设置字符集。设置字符集的主要目的是防止出现乱码问题，建议设置为 gb2312--GB2312Simplified Chinese，在整理框中设置为 gb2312_chinese_ci，如图 15-31 所示。

(a) 创建数据库快捷菜单

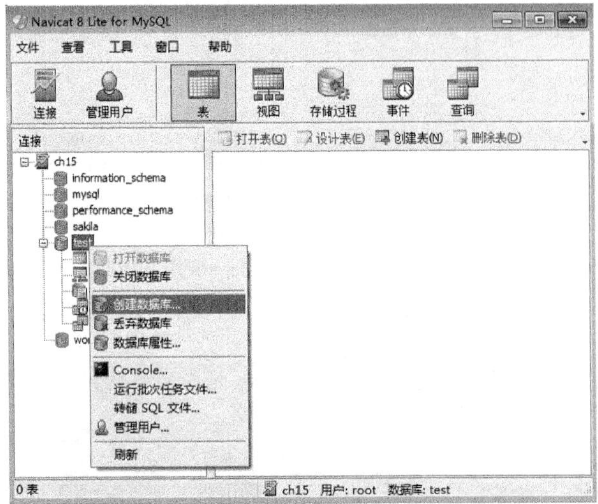

(b) 创建数据库快捷菜单

图 15-30　创建数据库快捷菜单

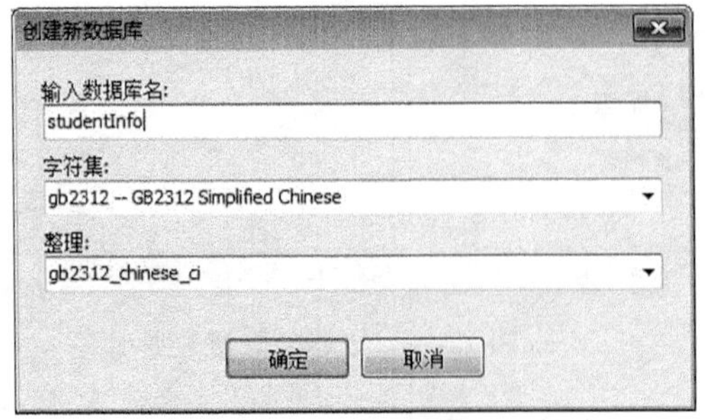

图 15-31　创建并配置新的数据库

单击图 15-31 所示对话框中的“确定”按钮后出现如图 15-32 的界面。

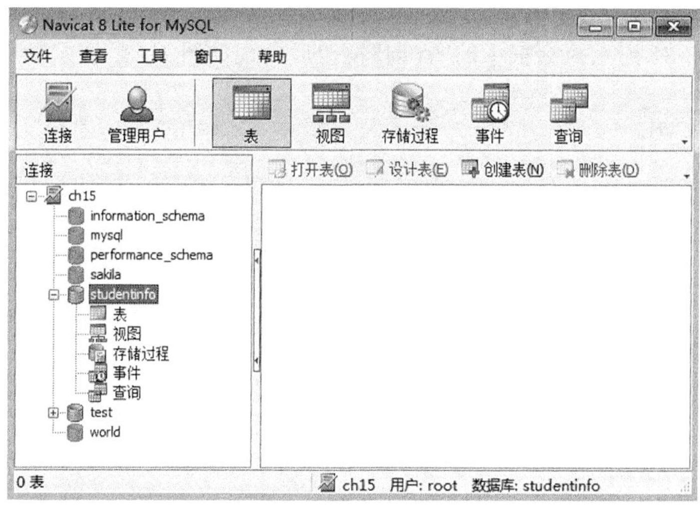

图 15-32　创建新数据库后的界面

15.2.2　导出/导入数据库

为了方便项目的异地开发,有时需要导出和导入数据库。

1. 导出数据库

在图 15-32 所示对话框中 studentinfo 上右击后弹出快捷菜单,如图 15-33 所示。单击“转储 SQL 文件”选项弹出“另存为”对话框,可指定数据库文件的保存位置,如图 15-34 所示,然后单击“保存”按钮,数据库导出完成。

图 15-33　导出数据库快捷菜单

图 15-34　“另存为”对话框

2. 导入数据库

单击图 15-32 所示对话框中的“查询”按钮后出现如图 15-35 所示的界面。

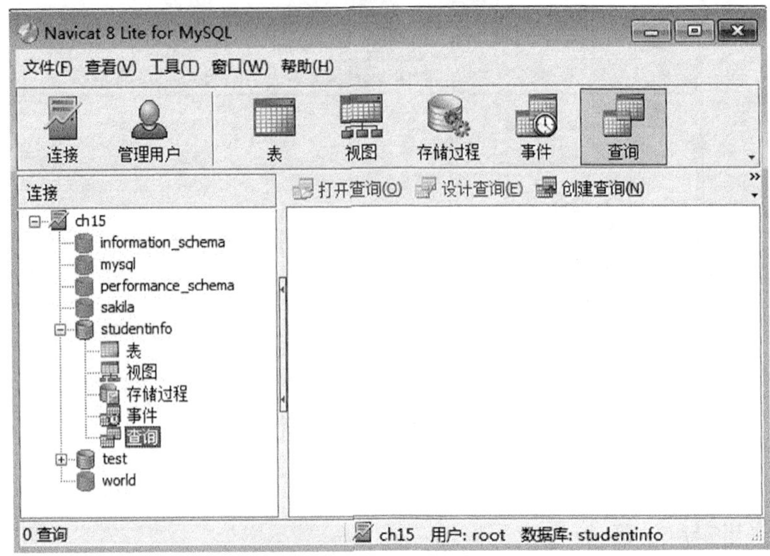

图 15-35 单击“查询”图标后的界面

在图 15-35 所示对话框中单击“创建查询”选项卡将弹出创建查询界面，把需要导入的 SQL 语句复制到“查询编辑器”中，如图 15-36 所示。单击“运行”图标可以把数据导入到数据库中。

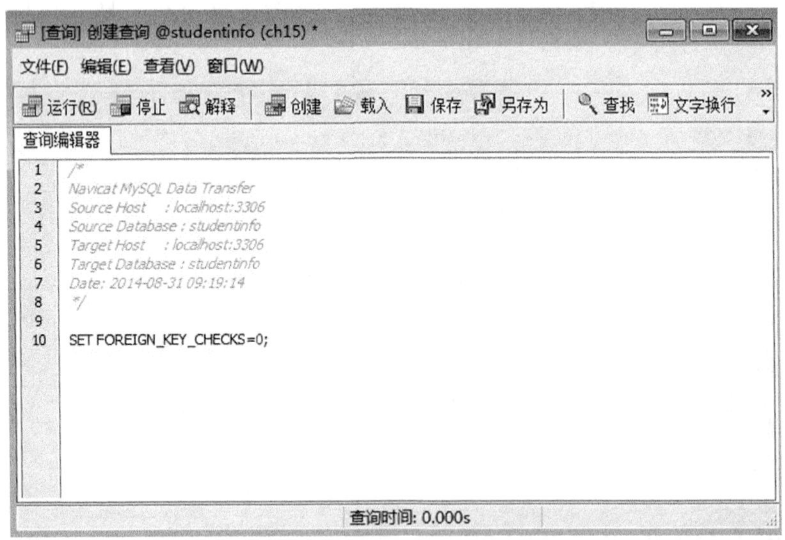

图 15-36 创建查询界面

也可以在图 15-33 所示的右键菜单中选择“运行批次任务文件”，直接执行已有的 SQL 文件。

15.2.3 创建表

在 studentinfo 数据库中的表上右击可以选择创建表功能，如图 15-37 所示。单击“创建表”选项将弹出创建表的界面，如图 15-38 所示。

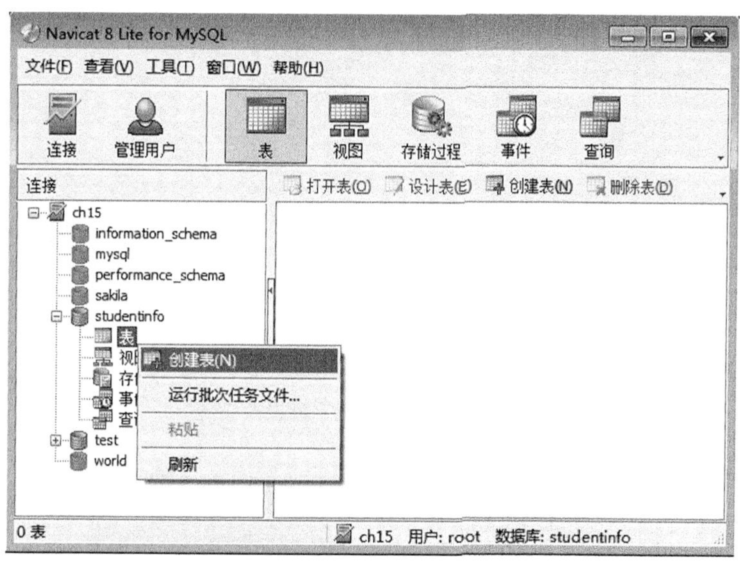

图 15-37 创建表的快捷菜单

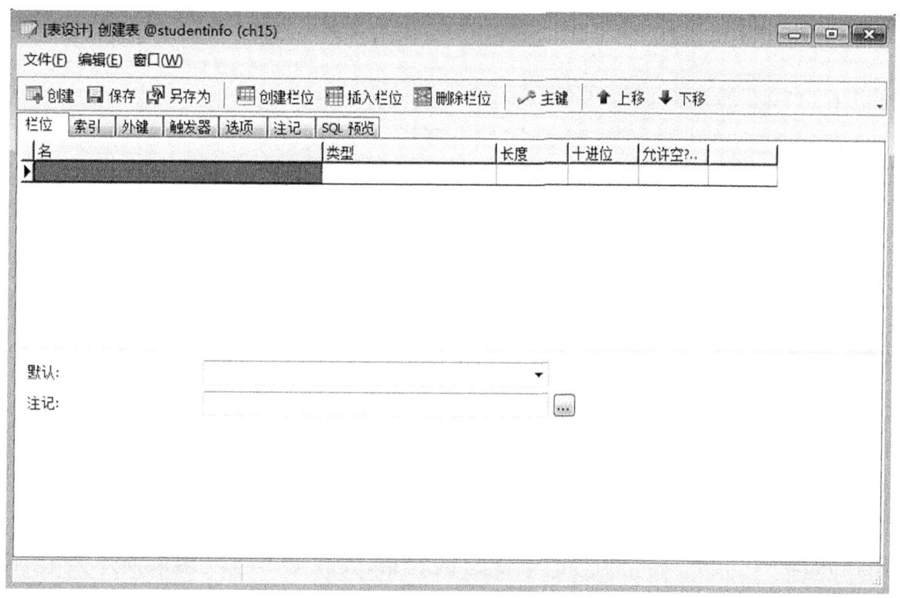

图 15-38 创建表界面

在图 15-38 所示界面中可以单击“创建栏位”图标或者“插入栏位”图标来创建字段以及对字段进行设置，如果创建的字段为 varchar 类型，需要设置字符集和整理，如图 15-39 所示。创建表的字段后单击“保存”图标将弹出如图 15-40 所示的对话框。

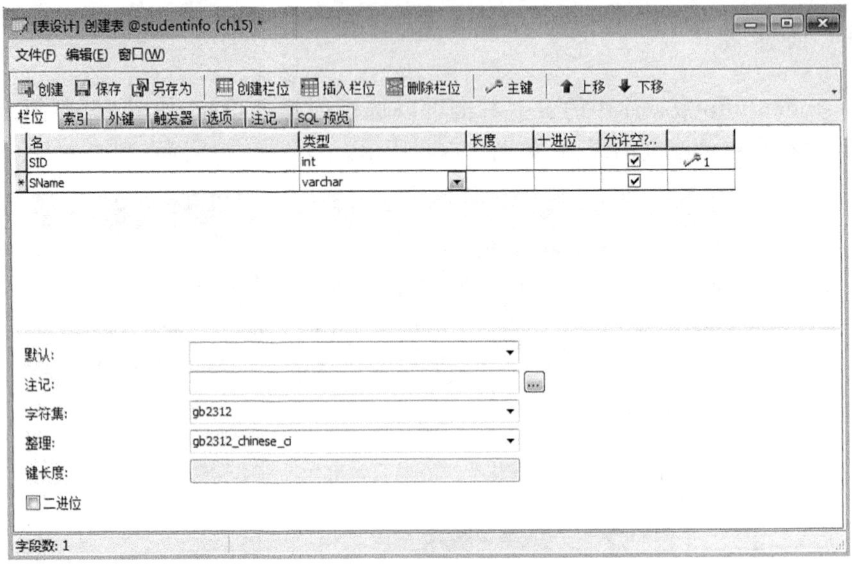

图 15-39　创建字段以及设置

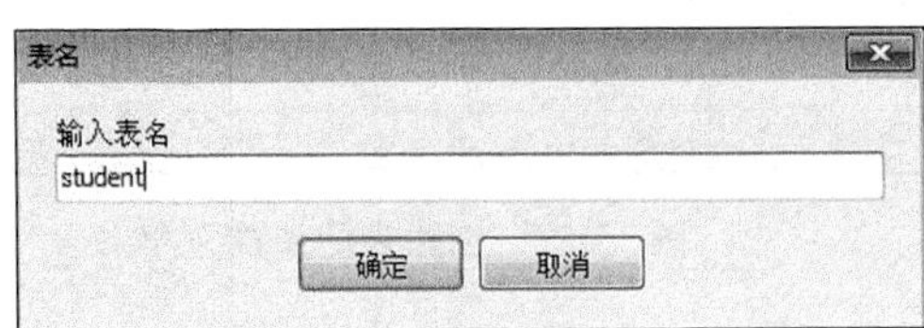

图 15-40　创建表名

单击图 15-40 所示对话框中的“确定”按钮就完成了表的创建。

15.3　课外阅读——大数据

大数据(Big Data),或称为巨量资料,指的是所涉及的资料量规模巨大到无法通过目前主流软件工具,在合理时间内达到撷取、管理、处理并整理成为帮助企业经营决策有意义目的的资讯。

1. 大数据的起源

大数据这个术语最早期的引用可追溯到 Apache org 的开源项目 Nutch。当时,大数据用来描述为更新网络搜索索引需要同时进行批量处理或分析的大量数据集。随着谷歌 MapReduce 和 Google File System (GFS)的发布,大数据不再仅用来描述大量的数据,还涵盖了处理数据的速度。

早在 1980 年,著名未来学家阿尔文·托夫勒便在《第三次浪潮》一书中,将大数据热情地赞颂为“第三次浪潮的华彩乐章”。不过,大约从 2009 年开始,“163 大数据”才成为互联网信息技术行业的流行词汇。美国互联网数据中心指出,互联网上的数据每年将增长 50%,每两年便将翻一番,而目前世界上 90%以上的数据是最近几年才产生的。此外,数据又并非单纯指人们在互联网上发布的信息，全世界的工业设备、汽车、电表上有着无数的数码传感器，随时测量和传递着有关位置、运动、震动、温度、湿度乃至空气中化学物质的变化，也产生了海量的数据信息。

2. 大数据的定义及其意义

对于“大数据”，研究机构 Gartner 给出了这样的定义。“大数据”是需要新处理模式才能具有更强的决策力、洞察发现力和流程优化能力的海量、高增长率和多样化的信息资产。

大数据技术的战略意义不在于掌握庞大的数据信息，而在于对这些含有意义的数据进行专业化处理。换言之，如果把大数据比作一种产业，那么这种产业实现赢利的关键，在于提高对数据的“加工能力”，通过“加工”实现数据的“增值”。

从技术上看，大数据与云计算的关系就像一枚硬币的正反面一样密不可分。大数据必然无法用单台的计算机进行处理，必须采用分布式架构。它的特色在于对海量数据进行分布式数据挖掘(SaaS)，但它必须依托云计算的分布式处理、分布式数据库(PaaS)和云存储、虚拟化技术(IaaS)。

随着云时代的来临，大数据也吸引了越来越多的关注。“著云台”的分析师团队认为，大数据通常用来形容一个公司创造的大量非结构化数据和半结构化数据，这些数据在下载到关系型数据库用于分析时会花费过多时间和金钱。大数据分析常和云计算联系到一起，因为实时的大型数据集分析需要像 MapReduce 一样的框架来向数十、数百或甚至数千的计算机分配工作。

大数据需要特殊的技术，以有效地处理大量数据。适用于大数据的技术包括大规模并行处理(MPP)数据库、数据挖掘电网、分布式文件系统、分布式数据库、云计算平台、互联网和可扩展的存储系统。

3. 大数据技术盘点

(1) Hadoop MapReduce 技术。思维模式转变的催化剂是大量新技术的诞生，它们能够处理大数据分析所带来的 4 个 V(Volume，Variety，Velocity，Value)的挑战。扎根于开源社区，Hadoop 已经是目前大数据平台中应用率最高的技术，特别是针对诸如文本、社交媒体订阅以及视频等非结构化数据。除分布式文件系统之外，伴随 Hadoop 一同出现的还有进行大数据集处理的 MapReduce 架构。根据权威报告显示，许多企业都开始使用或者评估 Hadoop 技术来作为其大数据平台的标准。

(2) NoSQL 数据库。我们生活的时代，相对稳定的数据库市场中还在出现一些新的技术，而且在未来几年，它们会发挥作用。事实上，NoSQL 数据库在一个广义的派系基础上，其本身就包含了几种子技术。总体而言，他们关注关系型数据库引擎的限制，如索引、流媒体和高访问量的网站服务。在这些领域，相较关系型数据库引擎，NoSQL 的效率明显更高。

(3) 内存分析。在 Gartner 公司评选的 2012 年十大战略技术中，内存分析在个人消费电子设备以及其他嵌入式设备中的应用将会得到快速的发展。随着越来越多的价格低廉的内存用到数据中心中，如何利用这一优势对软件进行最大限度的优化成为关键的问题。内存分析以其实时、高性能的特性，成为大数据分析时代下的“新宠儿”。如何让大数据转化为最佳的洞察力，也许内存分析就是答案。大数据背景下，用户以及 IT 提供商应该将其视为长远发展的技术趋势。

(4) 集成设备。随着数据仓库设备的出现,商业智能以及大数据分析的潜能也被激发出来,许多企业将利用数据仓库新技术的优势提升自身竞争力。集成设备将企业的数据仓库软硬件整合在一起,提升查询性能、扩充存储空间并获得更多的分析功能,并能够提供同传统数据仓库系统一样的优势。在大数据时代,集成设备将成为企业应对数据挑战的一个重要利器。

4. 大数据的特点

大数据分析相比于传统的数据仓库应用,具有数据量大、查询分析复杂等特点。《计算机学报》刊登的"架构大数据:挑战、现状与展望"一文列举了大数据分析平台需要具备的几个重要特性,对当前的主流实现平台——并行数据库、MapReduce 及基于两者的混合架构进行了分析归纳,指出了各自的优势及不足,同时也对各个方向的研究现状及作者在大数据分析方面的努力进行了介绍,对未来研究做了展望。

大数据的 4 个 V,或者说特点有 4 个层面。

(1) 数据体量巨大。从 TB 级别,跃升到 PB 级别。

(2) 数据类型繁多。如前文提到的网络日志、视频、图片、地理位置信息等。

(3) 处理速度快,1 秒定律,可从各种类型的数据中快速获得高价值的信息,这一点也和传统的数据挖掘技术有着本质的不同。

(4) 只要合理利用数据并对其进行准确的分析,将会带来很高的价值回报。

业界将其归纳为 4 个 V——Volume(大量)、Variety(多样)、Velocity(高速)、Value(价值)。

从某种程度上说,大数据是数据分析的前沿技术。简言之,从各种各样类型的数据中,快速获得有价值信息的能力,就是大数据技术。明白这一点至关重要,也正是这一点促使该技术具备走向众多企业的潜力。

5. 大数据的作用及其用途

大数据的作用如下。

1) 变革价值的力量

未来十年,决定中国是不是有大智慧的核心意义标准,就是国民幸福。一体现到民生上,通过大数据让事情变得澄明,看我们在人与人关系上,做得是否比以前更有意义;二体现在生态上,看我们在天与人关系上,做得是否比以前更有意义。总之,让我们从前 10 年的意义混沌时代,进入未来 10 年意义澄明时代。

2) 变革经济的力量

生产者是有价值的,消费者是价值的意义所在。有意义的才有价值,消费者不认同的,就卖不出去,就实现不了价值;只有消费者认同的,才卖得出去,才实现得了价值。大数据帮助人们从消费者这个源头识别意义,从而帮助生产者实现价值。这就是启动内需的原理。

3) 变革组织的力量

随着具有语义网特征的数据基础设施和数据资源发展起来,组织的变革就越来越显得不可避免。大数据将推动网络结构产生无组织的组织力量。最先反映这种结构特点的,是

各种各样去中心化的 Web 2.0 应用，如 RSS、维基、博客等。大数据之所以成为时代变革的力量，在于它通过追随意义而获得智慧。

大数据可分成大数据技术、大数据工程、大数据科学和大数据应用等领域。目前人们谈论最多的是大数据技术和大数据应用。工程和科学问题尚未被重视。大数据工程指大数据的规划建设运营管理的系统工程；大数据科学关注大数据网络发展和运营过程中发现和验证大数据的规律及其与自然和社会活动之间的关系。

物联网、云计算、移动互联网、车联网、手机、平板电脑、PC 以及遍布地球各个角落的各种各样的传感器，无一不是数据来源或者承载的方式。

典型例子包括网络日志、RFID、传感器网络、社会网络、社会数据、互联网文本和文件；互联网搜索索引；呼叫详细记录、天文学、大气科学、基因组学、生物地球化学、生物和其他复杂跨学科的科研、军事侦察、医疗记录；摄影档案馆视频档案；大规模的电子商务。

6. 大数据最核心的价值

大数据最核心的价值就是在于对于海量数据进行存储和分析。相比现有的其他技术而言，大数据的“廉价、迅速、优化”这三方面的综合成本是最优的。

7. 大数据的应用

洛杉矶警察局和加利福尼亚大学合作利用大数据预测犯罪的发生。PredPol 公司通过与洛杉矶和圣克鲁斯的警方以及一群研究人员合作，基于地震预测算法的变体和犯罪数据来预测犯罪发生的几率，可以精确到 500 平方英尺的范围内。在洛杉矶运用该算法的地区，盗窃罪和暴力犯罪分布下降了 33%和 21%。

Google 流感趋势(Google Flu Trends)利用搜索关键词预测禽流感的散布。

统计学家内特·西尔弗利用大数据预测 2012 年美国总统选举结果。

麻省理工学院利用手机定位数据和交通数据建立城市规划。

梅西百货的实时定价机制。根据需求和库存的情况，该公司基于 SAS 的系统对多达 7300 万种货品进行实时调价。

Tipp24 AG 针对欧洲博彩业构建的下注和预测平台。该公司用 KXEN 软件来分析数十亿计的交易以及客户的特性，然后通过预测模型对特定用户进行动态的营销活动。这项举措减少了 90%的预测模型构建时间。SAP 公司正在试图收购 KXEN，“SAP 想通过这次收购来扭转其长久以来在预测分析方面的劣势。”Laney 分析到。

American Express(美国运通，AmEx)和商业智能。以往，AmEx 只能实现事后诸葛式的报告和滞后的预测。“传统的 BI 已经无法满足业务发展的需要。”Laney 认为。于是，AmEx 开始构建真正能够预测忠诚度的模型，基于历史交易数据，用 115 个变量来进行分析预测。该公司表示，对于澳大利亚将于之后 4 个月中流失的客户，已经能够识别出其中的 24%。

Express Scripts Holding Co 的产品制造。该公司发现那些需要服药的人常常也是最可能忘记服药的人。因此，他们开发了一个新产品：会响铃的药品盖和自动的电话呼叫，以此提醒患者按时服药。

Infinity Property & Casualty Corp 的黑暗数据。Laney 对于黑暗数据的定义是，那些

针对单一目标而收集的数据，通常用过之后就被归档闲置，其真正价值未能被充分挖掘。在特定情况下，这些数据可以用作其他用途。该公司用累积的理赔师报告来分析欺诈案例，通过算法挽回了1200万美元的代位追偿金额。

利用互联网大数据，对消费者的喜好进行判定。商户可以为消费者定制相应的独特的个性服务，甚至可以在一些商品或者服务上匹配用户心情等。商家还可以根据大数据为消费者提供其可能会喜好的特色产品、活动、小而美的小众商品等。

地产业的升级改造，具有令人兴奋的商业前景。一个Shopping Mall的投资往往高达数十亿元，设想一下，如果智能化升级能够让一个Shopping Mall的顾客数量和人均消费提升30%～50%，为此投入几百万元甚至上千万元对于投资方来说非常划算，那么仅仅针对国内Shopping Mall的智能化升级就是一个千亿元级别的市场。

IBM公司的大数据战略以其在2012年5月发布智慧分析洞察“3A5步”动态路线图作为基础。所谓“3A5步”，指的是在“掌握信息”(Align)的基础上“获取洞察”(Anticipate)，进而采取行动(Act)，优化决策策划能够挽救业务绩效。除此之外，还需要不断地“学习”(Learn)从每一次业务结果中获得反馈，改善基于信息的决策流程，从而实现“转型”(Transform)。

基于“3A5步”动态路线图，IBM公司提出了“大数据平台”架构。该平台的四大核心能力包括Hadoop系统、流计算(Stream Computing)、数据仓库(Data Warehouse)和信息整合与治理(Information Integration and Governance)。

在大数据处理领域，IBM公司于2012年10月推出IBM PureData系统。这是IBM公司在数据处理领域发布的首个集成系统产品系列。PureData系统具体包含三款产品，分别为PureDataSystem for Transactions、PureData System for Analytics和PureData System for Operational Analytics，它们可分别应用于OLTP(联机事务处理)、OLAP(联机分析处理)和大数据分析操作。与此前发布的IBMPureSystems系列产品一样，IBM PureData系统提供内置的专业知识、源于设计的集成，以及在其整个生命周期中的简化体验。

“大数据”的影响，增加了对信息管理专家的需求，甲骨文、IBM、微软和SAP等公司花了超过15亿美元在软件智能数据管理和分析。这个行业自身价值超过1000亿美元，增长近10%。

大数据已经出现，因为人们生活在一个有更多信息的社会中。46亿全球移动电话用户有20亿人访问互联网。基本上，人们比以往任何时候都需要与数据或信息交互。

大数据，其影响除了经济方面的，它同时也能在政治、文化等方面产生深远的影响，大数据可以帮助人们开启循数管理的模式，也是人们当下“大社会”的集中体现，三分技术，七分数据，得数据者得天下。

8. 大数据的数据价值

众所周知，企业数据本身就蕴藏着价值，但是将有用的数据与没有价值的数据进行区分看起来可能是一个棘手的问题。

显然，您所掌握的人员情况、工资表和客户记录对于企业的运转至关重要，但是其他数据也拥有转化为价值的力量。一段记录人们如何在您的商店浏览购物的视频、人们在购买您的服务前后的所作所为、如何通过社交网络联系您的客户、是什么吸引合作伙伴加盟、客户如何付款以及供应商喜欢的收款方式。所有这些场景都提供了很多指向，将它们抽丝剥茧，透过特殊的棱镜观察，将其与相关数据集对照，或者以与众不同的方式分析解剖，就能让您的行事方式发生天翻地覆的转变。

但是屡见不鲜的是，很多公司仍然只是将信息简单堆在一起，仅将其当作为满足公司治理规则而必须要保存的信息加以处理，而不是将它们作为战略转变的工具。

毕竟，数据和人员是业务部门仅有的两笔无法被竞争对手复制的财富。在善用的人手中，好的数据是所有管理决策的基础，带来的是对客户的深入了解和竞争优势。数据是业务部门的生命线，必须让数据在决策和行动时无缝且安全地流到人们手中。

所以，数据应该随时为决策提供依据。看看在政府公开道路和公共交通的使用信息这样看起来甚至有点晦涩的数据时会发生什么：这些数据来源为一些私营公司提供了巨大的价值，这些公司能够善用这些数据，创造满足潜在需求的新产品和服务。

企业需要向创造和取得数据方面的投入索取回报。有效管理来自新旧来源的数据以及获取能够破解庞大数据集含义的工具只是等式的一部分，但是这种挑战不容低估。产生的数据在数量上持续膨胀；音频、视频和图像等富媒体需要新的方法来发现；电子邮件、IM、社交网络等合作和交流系统以非结构化文本的形式保存数据，必须用一种智能的方式来解读。

但是，应该将这种复杂性看成是一种机会而不是问题。处理方法正确时，产生的数据越多，结果就会越成熟可靠。传感器、GPS 系统和社交数据的新世界将带来转变运营的惊人新视角和机会。

有些人会说，数据中蕴含的价值只能由专业人员来解读。但是字节经济并不只是数据科学家和高级开发员的天下。

数据的价值在于将正确的信息在正确的时间交付到正确的人手中。未来将属于那些能够驾驭所拥有数据的公司，这些数据与公司自身的业务和客户相关，通过对数据的利用，发现新的洞见，帮助他们找出竞争优势。

9. 大数据的数据机遇

自从有了 IT 部门，董事会就一直在要求信息管理专家提供洞察力。实际上，早在 1951 年，对预测小吃店蛋糕需求的诉求就催生了计算机的首次商业应用。自那以后，人们利用技术来识别趋势和制定战略战术的能力不断呈指数级日臻完善。

今天，商业智能稳居 CXO 们的重中之重。在理想的世界中，IT 是巨大的杠杆，改变了公司的影响力，带来竞争差异、节省金钱、增加利润、愉悦买家、奖赏忠诚用户、将潜在客户转化为客户、增加吸引力、打败竞争对手、开拓用户群并创造市场。

大数据分析是商业智能的演进。当今，传感器、GPS 系统、QR 码、社交网络等正在创建新的数据流。所有这些都可以得到发掘，正是这种真正广度和深度的信息在创造不胜枚举的机会。要使大数据言之有物，以便让大中小企业都能通过更加贴近客户的方式取得竞争优势，数据集成和数据管理是核心所在。

面临从全球化到衰退威胁的风暴，IT 部门领导需要在掘金大数据中打头阵，新经济环境中的赢家将会是最好地理解哪些指标影响其大步前进的人。

当然，企业仍将需要聪明的人员做出睿智的决策，了解他们面临着什么，在充分利用的情况下，大数据可以赋予人们近乎超感官知觉的能力。Charles Duigg 是《习惯的力量》一书的作者，他找出的一个黄金案例分析的例子是美国零售商 Target，其发现妇女在怀孕的中间三个月会经常购买没有气味的护肤液和某些维生素。通过锁定这些购物者，商店可提供将这些妇女变成忠诚客户的优惠券。实际上，Target 知道一位妇女怀孕时，那位妇女甚至还没有告诉最亲近的亲朋好友——更不要说商店自己了。

很明显，在可以预见的将来，隐私将仍是重要的考量，但是归根结底，用于了解行为的技术会为方方面面带来双赢，让卖家了解买家，让买家喜欢买到的东西。

再看一下作家兼科学家 Stephen Wolfram 的例子，他收集有关自身习惯的数据，以分析他的个人行为，预测事件在未来的可能性。

大数据将会放大人们的能力，了解看起来难以理解和随机的事物。对其前途的了解提供了获取崭新知识和能力的机会，将改变您的企业运作的方式。

10. 大数据的数据回报

简而言之，企业可以通过思考数据战略的总体回报，来应对大数据的挑战，抓住大数据的机会。Informatica 所指的“数据回报率”，是为帮助高级 IT 和业务部门领导者进行大数据基本的战术和战略含义的讨论而设计的一个简单概念。等式非常简单：如果您提高数据对于业务部门的价值，同时降低管理数据的成本，从数据得到的回报就会增加，无论是用金钱衡量，还是更好的决策：

数据回报率＝数据价值/数据成本

在技术层面，数据回报率为数据集成、数据管理、商业智能和分析方面的投入提供了业务背景和案例。它还与解决业务的基础有关：挣钱、省钱、创造机会和管理风险。它涉及对效率的考虑，同时推动了改变游戏规则的洞察力。

11. 发展前景

大数据的意义是由人类日益普及的网络行为所伴生的，由相关部门、企业采集的，蕴含数据生产者真实意图、喜好的，非传统结构和意义的数据。

2013 年 5 月 10 日，阿里巴巴集团董事局主席马云在淘宝十周年晚会上卸任阿里集团 CEO 的职位，并在晚会上做卸任前的演讲。马云说：“大家还没搞清 PC 时代的时候，移动互联网来了，还没搞清移动互联网的时候，大数据时代来了。”

借着大数据时代的热潮，微软公司生产了一款数据驱动的软件，主要是为工程建设节约资源提高效率。在这个过程里可以为世界节约 40％的能源。抛开这个软件的前景不看，从微软团队致力于研究开始，可以看他们的目标不仅是为了节约能源，更加关注智能化运营。通过跟踪取暖器、空调、风扇以及灯光等积累下来的超大量数据，捕捉如何杜绝能源浪费。“给我提供一些数据，我就能做一些改变。如果给我提供所有数据，我就能拯救世界。”微软史密斯这样说。而智能建筑正是他的团队专注的事情。

从海量数据中“提纯”出有用的信息，这对网络架构和数据处理能力而言也是巨大的挑战。在经历了几年的批判、质疑、讨论、炒作之后，大数据终于迎来了属于它的时代。2012 年 3 月 22 日，奥巴马政府宣布投资 2 亿美元拉动大数据相关产业发展，将“大数据战略”上升为国家战略。奥巴马政府甚至将大数据定义为“未来的新石油”。

12. 投资热点

大数据是继云计算、物联网之后 IT 产业又一次颠覆性的技术变革。云计算主要为数据资产提供了保管、访问的场所和渠道，而数据才是真正有价值的资产。企业内部的经营交易信息、物联网世界中的商品物流信息，互联网世界中的人与人交互信息、位置信息等，其数量将远远超越现有企业 IT 架构和基础设施的承载能力，实时性要求也将大大超越现有的计算能力。如何盘活这些数据资产，使其为国家治理、企业决策乃至个人生活服务，是大数据的核心议题，也是云计算内在的灵魂和必然的升级方向。

大数据时代网民和消费者的界限正在消除，企业的疆界变得模糊，数据成为核心的资产，并将深刻影响企业的业务模式，甚至重构其文化和组织。因此，大数据对国家治理模式、对企业的决策、组织和业务流程、对个人生活方式都将产生巨大的影响。如果不能利用大数据更加贴近消费者、深刻理解需求、高效分析信息并做出预判，所有传统的产品公司都只能沦为新型用户平台级公司的附庸，其衰落不是管理能扭转的。

因此，大数据时代将引发新一轮信息化投资和建设热潮。据 IDC 预测，到 2020 年全球将总共拥有 35ZB 的数据量，而麦肯锡则预测未来大数据产品在三大行业的应用就将产生 7000 亿美元的潜在市场，未来中国大数据产品的潜在市场规模有望达到 1.57 万亿元，给 IT 行业开拓了一个新的黄金时代。

15.4　本章小结

本章主要介绍 MySQL 数据库及其插件 Navicat 的简单使用方法。

本章主要内容如下。

(1) MySQL 基础知识。

(2) 利用工具使用 MySQL 数据库创建数据库和表。

15.5　习　　题

1. 使用 MySQL 以及插件 Navicat 设计第 16 章项目的数据库。
2. 使用 MySQL 以及插件 Navicat 设计名片管理系统的数据库。

第16章 网络即时通信系统项目实训

本章综合运用前15章的相关概念与原理，设计和开发基于C/S模式的多线程网络程序。本章实训的目的是实现一个具有类似腾讯QQ系统的聊天功能的网络即时通信系统。通过本项目实训的练习可以在掌握本书所学的知识外，培养学生的项目开发经验、团队精神和协作能力，增强学生的综合能力。

16.1 C/S模式

C/S(Client/Server，客户端/服务器)模式又称为C/S结构，是20世纪80年代末逐步成长起来的一种模式，是软件系统体系结构的一种。C/S结构的关键在于功能的分布，一些功能放在前端机(即客户端)上执行，另一些功能放在后端机(即服务器)上执行。功能的分布在于减少计算机系统的各种瓶颈问题。

C/S结构的优点是能充分发挥客户端PC的处理能力，很多工作可以在客户端处理后再提交给服务器，从而具有客户端响应速度快的优点。

C/S模式是一种两层结构的系统，第一层在客户端上安装客户端应用程序，第二层在服务器上安装服务器管理程序。在C/S模式的工作过程中，客户端程序发出请求，服务器程序接收并且处理客户端程序提出的请求，然后返回结果。

C/S模式需要安装专用的客户端软件。例如，腾讯的QQ软件，要先安装后才能使用。

1. C/S模式的特点

C/S模式有以下特点。

(1) C/S模式将应用与服务分离，系统具有稳定性和灵活性。

(2) C/S模式配备的是点对点的结构模式，适用于局域网，有可靠的安全性。

(3) 由于客户端实现与服务器端的直接连接，没有中间环节，因此响应速度快。

(4) 在C/S模式中，作为客户端的计算机都要安装客户端程序，一旦软件系统升级，每台客户端都要安装客户端程序，系统升级和维护较为复杂。

2. C/S模式的优势

C/S模式有以下优势。

(1) 交互性强是C/S模式固有的一个优点。在C/S模式中，客户端有一套完整的应用程序，在出错提示、在线帮助等方面都有强大的功能，并且可以在子程序间自由切换。

(2) C/S 模式提供了更安全的存取模式。由于 C/S 模式是配对的点对点的结构模式，采用适用于局域网、安全性比较好的网络协议，安全性可以得到较好的保证。

(3) 采用 C/S 模式能降低网络通信量。

(4) 与 B/S 模式相比，对于相同的任务，C/S 模式完成的速度总比 B/S 模式快，使得 C/S 模式更利于处理大量数据。

16.2　项目需求分析

本项目实现了 C/S 模式的网络编程，项目分客户端程序和服务器端程序。

服务器端程序需要实现的主要功能有服务器管理、用户管理、客户端监听、系统配置、事务管理、数据库管理、文件下发、群聊管理等，读者可参考腾讯 QQ 服务器并适当加以改进。

客户端程序需要实现客户端登录、QQ 号申请、增加好友、删除好友、多好友聊天、群聊、文件接收等功能，读者可参考腾讯 QQ 系统的客户端程序并适当加以改进。

工作过程：服务器启动服务后，客户端即可连接服务器使用服务器开放的服务，如登录、注册、聊天等。服务器有管理客户端的部分权限，可远程获得客户端数据或改变客户端配置。

1. 服务器端

服务器运行后自动监听某个本地端口(本系统使用 6666 端口为客户端提供服务)，并提供服务，直到系统管理员手动改变服务器配置或关闭服务。服务器可远程获取客户端数据和配置。个别情况下还可赋予服务器截取客户端通信数据和屏幕画面的权利。

2. 客户端

客户端程序运行后为用户提供登录、注册等代理服务。客户端直接为广大用户服务，因此应具有人性化的设计和足够的功能模块。除了实现登录、申请号码、添加好友、与好友聊天等基本功能之外，本系统客户端还集成了文件接收、表情发送、群聊等功能。

16.3　项目设计

客户端和服务器设计思想类似，即在主界面里集成消息解析器，通过解析消息调用不同的功能模块进行响应。这样做的好处是，当本系统需要扩充功能时，只需更新两点：一是消息解析器对新服务的解析；二是响应该服务的功能模块。

16.3.1　服务器端设计

一台计算机运行的服务器只能有一个(本系统不考虑多服务器协同工作的可能)，但可能有众多客户端连接。这样，客户端的同时连接和不同时连接、多客户端请求服务的同时响应、拦截非法消息和客户端数据的管理都要在服务器设计之初制定完善的解决方案，因为这将影响服务器的稳定性和执行效率。如果处理不好，轻则导致服务器崩溃，重则造成计算机数据丢失。

因此，服务器的设计需要注意以下几点。

(1) 并发响应。当有多个客户端同时连接或请求某服务时，服务器应同时响应以提高服务器的响应速度，但同时也要对本地数据的安全性进行严格保护。这样对于服务器而言，用好的数据结构管理客户端连接就显得很重要。

(2) 垃圾过滤。服务器运行期间，严格监控来自客户端的消息，垃圾消息一概丢弃。

(3) 非法消息过滤。服务器运行期间，严格监控来自客户端的消息，当接收到非法消息时提示给系统管理员，以使管理员得知系统当前正遭受怎样的攻击，并采取相应的措施。

服务器功能模块包括服务器的管理模块（开启服务、暂停服务、注册和登录控制）；客户端的管理模块（文件发送、客户端监控、群聊控制等）、自身的安全性检测模块（系统跟踪）。对于服务器来说，稳定安全最重要，因此界面只有一个。用标签窗格把各个功能模块分开，可以借助 NetBeans 封装的组件“拖拉”实现。

服务器作为该系统的核心，管理众多（这得看有多少客户端连接）客户端。于是服务器必须具有一般管理软件的共有特性，即具有客户端的部分管理权限。对本系统而言，向单个或多个客户端发送消息、文件，强制注销单个或多个用户，重置单个或多个用户的密码，单播或广播消息，截获客户端数据等就是上述特性的具体表现。

16.3.2 客户端设计

客户端的定位是为广大使用聊天系统的用户提供代理服务，因此除了一般系统设计中的稳定性、健壮性等要求外，还要有安全性、多功能和人性化设计等方面的考虑，尤其是安全方面，应该严格管控。

客户端系统设计应考虑的因素如下。

(1) 稳定性。稳定性是每个程序设计人员必须保证的最低目标。稳定性不仅是保证用户数据安全性的必要条件，而且能让用户直观地感受到程序设计的完善性，从而增加用户对系统的信赖。

(2) 健壮性。为了数据的安全及其他方面的考虑，健壮性很重要。

(3) 安全性。这里所说的安全性更多是指客户端与服务器通信过程的安全控制。拦截客户端向服务器发送垃圾或非法的消息，以使非法人员不能利用客户端漏洞对服务器进行攻击，保证服务器的安全稳定运行。

(4) 多功能。这一点显得尤为重要，一个程序要使用户喜欢，除了上述几点，多功能的设计也将使系统功能更加完善。

(5) 人性化。程序是用户使用的，如果一个程序不能让用户在使用过程中感到得心应手，它将不能赢得用户青睐，最后的结果是，该程序提前“退休”。

客户端要提供登录界面供用户登录，要提供注册界面供用户注册，要有登录等待界面（类似于 QQ，在长时间登录时将对降低用户对系统不满起到很好的作用）缓冲并提示登录结果（这里说的是登录不成功时的具体原因），登录成功要有主界面供用户管理自己的数据，如身份信息、好友信息、文件、聊天等。

针对这样的需求，可以使用 NetBeans 可视化开发环境轻松设计图形用户界面。

16.3.3 通信协议设计

服务器和客户端的界面设计好后，接下来并不是填充实际的控制代码，因为还有一个很

重要的事情要完成，就是编写客户端与服务器的通信协议。

通信协议是指双方实体完成通信或服务所必须遵循的规则和约定。协议定义了数据单元使用的格式，信息单元应该包含的信息与含义、连接方式、信息发送和接收的时序，从而确保网络中的数据顺利地传送到确定的地方。

通信协议的解释太复杂了，其实就是双方约定一些“暗号”，以便于双方在通信过程中进行消息的封装和解析，了解对方的意图。表 16-1 给出了本项目的部分通信协议内容。

表 16-1　项目部分的通信协议内容

协　议　名	含　　义
BYE_BYE	客户端用户离线或服务器关闭服务
R	消息头，代表注册
L	消息头，代表登录
F_List	请求好友信息
Se_Fri	查找好友
ADD_Fr	增加好友
DEL_FR	删除好友
DEL_FR_ACCESS	删除好友成功
DEL_FR_FAILE	删除好友失败
SYSQUN	消息头，代表群消息
NONESE	服务器未找到客户端查找的好友信息
Fri_ip	客户端请求好友 IP
SYS_IN	客户端的在线认证信息
QUN_ME	消息头，服务器转发群消息
0	登录失败，密码错误
1	登录成功
−1	登录失败，没有此用户
−2	登录失败，此用户已登录
−3	登录失败，服务器限制登录

16.4　项目的数据库设计

根据以上需求，本项目数据库所需创建的数据表有 chat 表（所有注册用户的信息都存储在此表中）、friend 表（存储各个用户的好友信息）。以上两张表是固定的，一直存放在数据库中，还有一张动态表——online 表（在线用户身份信息表），存储当前在线用户的身份信息，服务器启动时建立，退出时删除。表 16-2～表 16-4 给出的数据表设计仅供参考，读者可根据实际业务需求另行设计。

表 16-2　chat 表

字段名	字段类型(长度)	字段说明	备注
ID	char(10)	用户账号	主键
password	char(10)	用户密码	
name	varchar(8)	用户昵称	

表 16-3　friends 表

字段名	字段类型(长度)	字段说明	备注
ID	char(10)	好友持有人的 ID	主键
friendname	varchar(8)	好友昵称	
friendID	char(10)	好友 ID	主键

表 16-4　online 表

字段名	字段类型(长度)	字段说明	备注
ID	char(10)	在线用户 ID	主键
name	varchar(8)	在线用户昵称	
IP	char(16)	在线用户 IP	

16.5　项目的开发过程

16.5.1　项目简介

项目全称：网络即时通信系统。

项目开发平台：JDK 8。

项目开发工具：NetBeans 8.0。

项目数据库：MySQL 5.5 和 PremiumSoft Navicat 11.0 for MySQL(MySQL 管理工具)。设计的表如图 16-1～图 16-3 所示。如果不了解 MySQL，可另行选择自己熟悉的数据库系统。

图 16-1　建立一个数据库 chat

备注：图 16-1 所示的 chat 是数据库名，本项目使用的登录账号是 MySQL 默认的 root，密码是在安装 MySQL 时设置的密码 root。

图 16-2 所示是 chat 表的设计。

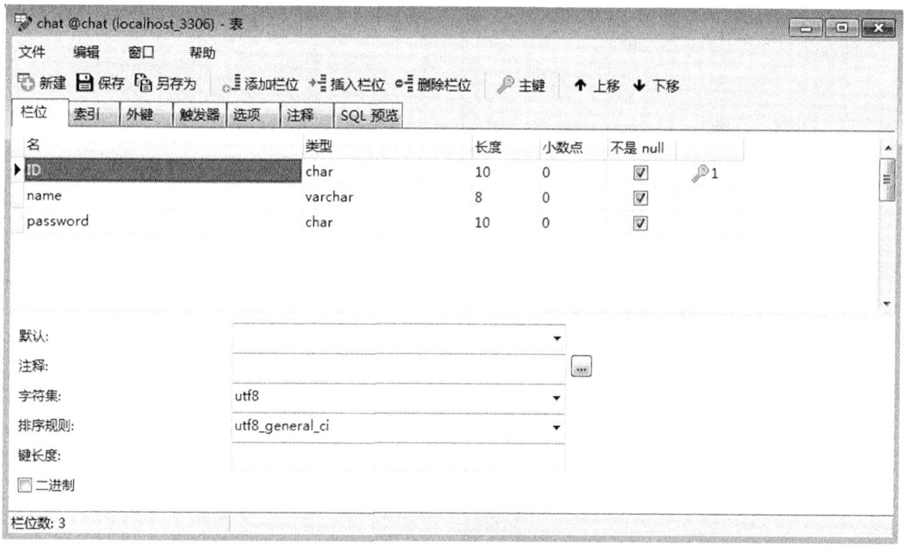

chat @chat (localhost_3306) - 表

文件　编辑　窗口　帮助

新建　保存　另存为　添加栏位　插入栏位　删除栏位　主键　上移　下移

栏位　索引　外键　触发器　选项　注释　SQL 预览

名	类型	长度	小数点	不是 null	
ID	char	10	0	☑	1
name	varchar	8	0	☑	
password	char	10	0	☑	

默认:

注释:

字符集: utf8

排序规则: utf8_general_ci

键长度:

二进制

栏位数: 3

图 16-2　chat 表的设计

图 16-3 所示是 friends 表的设计。

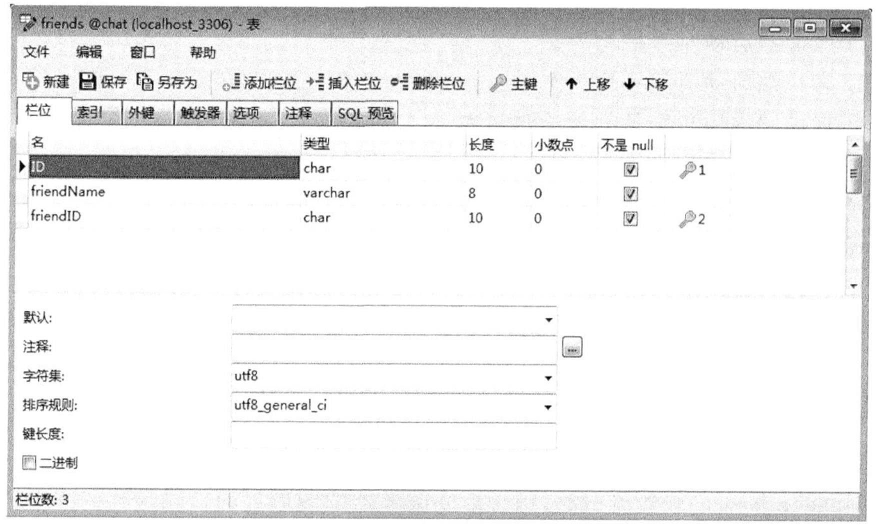

图 16-3　friends 表的设计

项目运行环境：Java 是跨平台的，因此，本项目运行所需的操作系统不限。

项目服务器端设计 13 个类和一个 jar 文件：约 3700 行代码，如图 16-4 所示。

项目客户端设计 18 个类：约 6500 行代码，如图 16-5 所示。

备注：由于本书篇幅的限制，本章只介绍部分代码，其他代码请读者根据图示以及项目需求自己编写。

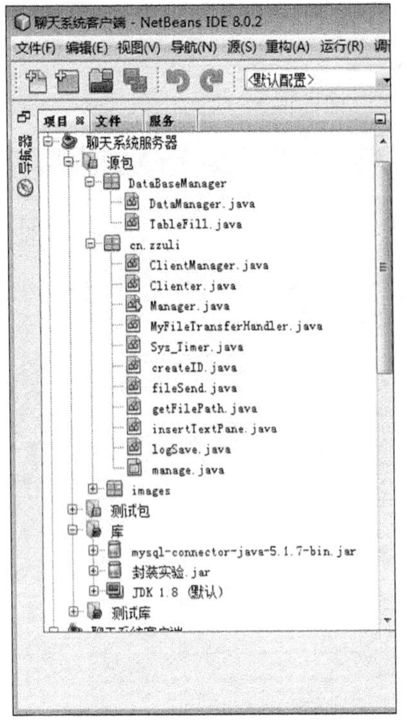

图 16-4 服务器端设计的类

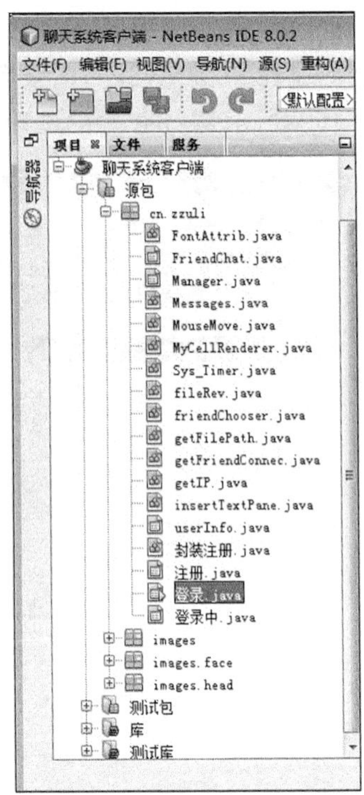

图 16-5 客户端设计的类

项目测试数据如下。

(1) 服务器启动时间平均为 2s。

(2) 客户端启动时间平均为 1.5s。

(3) 局域网内用户登录的最长时间为 2s。

(4) 系统资源占用平均为 2%。

(5) 服务器端可登录客户端数量无限(理论分析可以登录无限个用户,但因条件有限并未实际测试过)。

(6) 文件传送的最高速度为 127.17MB/s。

以上均为测试后数据统计的结果,运行系统环境不同,测试的结果可能有差异。

16.5.2 网络通信系统服务器端实现

运行图 16-4 所示项目中的 Manager 类,效果如图 16-6 所示。

Manager.java 是服务器主类,用于启动服务器的图形界面。参考代码如下:

```
package cn.zzuli;
import cn.zzuli.NC.ITstudio.LookAndFeel;
import cn.zzuli.NC.ITstudio.createShape;
import com.sun.awt.AWTUtilities;
import java.awt.Image;
import java.awt.event.WindowEvent;
import javax.swing.JFrame;
import javax.swing.UnsupportedLookAndFeelException;
```

图 16-6　服务器主页面

```
public class Manager extends JFrame {
    private manage canvas=new manage(this);          //界面的实际代码类
    private final Image ico;                           //窗体图标
    //构造方法,实现自定义的窗体设计
    public Manager() {
        super();
        this.getContentPane().add(canvas, java.awt.BorderLayout.CENTER);
        new createShape(this, "/images/manager.png");  //实现不规则窗体的创建
        AWTUtilities.setWindowOpacity(this, 0.95f);      //设置窗体默认透明度为 95%
        ico=getToolkit().getImage(getClass().getResource("/images/ico.jpg"));
        setIconImage(ico);                             //设置窗体图标
    }
    //监听窗体关闭事件
    protected void processWindowEvent(WindowEvent e) {
        boolean flag=false;
        if (e.getID()==WindowEvent.WINDOW_CLOSING) {
            canvas.windowClose();
        }
    }
    //主方法,启动服务器图形界面
    public static void main(String[] args) throws UnsupportedLookAndFeelException {
        LookAndFeel.setFeel(0);
        Manager app=new Manager();
        app.setTitle("服务器");
```

```
        app.setDefaultCloseOperation(JFrame.EXIT_ON_CLOSE);
        app.setVisible(true);
    }
}
```

图 16-6 所示图形用户界面是由类 Manager 实现的，该类位置请参考图 16-4。该类是使用 NetBeans 的“Java 桌面应用程序”设计的，如图 16-7 所示。请读者自行设计该类的细节。

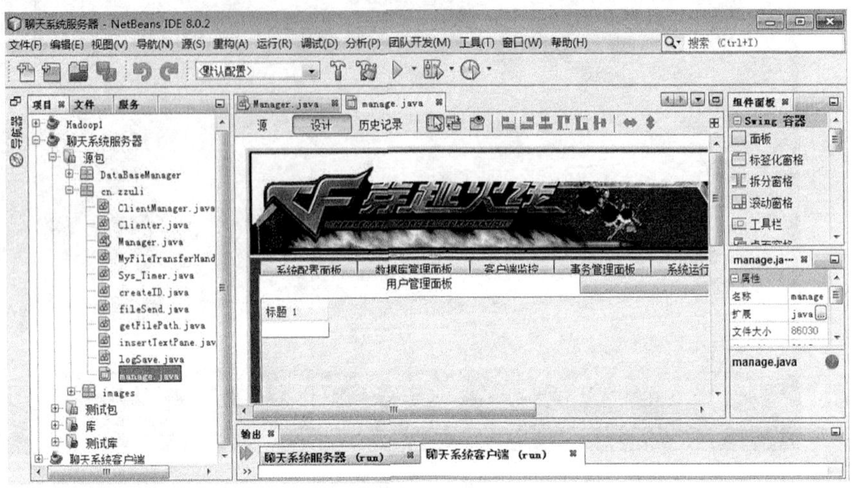

图 16-7　使用桌面应用程序设计服务器页面

服务器的主要功能有：服务器管理功能，如图 16-8 所示；服务器系统配置功能，如图 16-9 所示；服务器数据库管理功能，如图 16-10 所示。

图 16-8　服务器管理功能

图 16-9　服务器系统配置功能

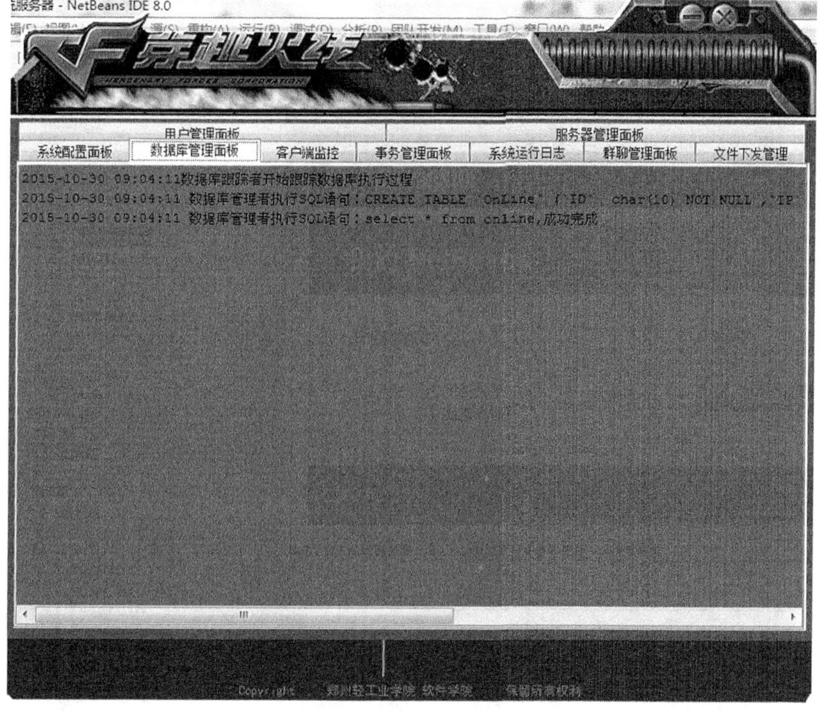

图 16-10　服务器数据库管理功能

客户端监控功能，如图 16-11 所示；事务管理功能，如图 16-12 所示。

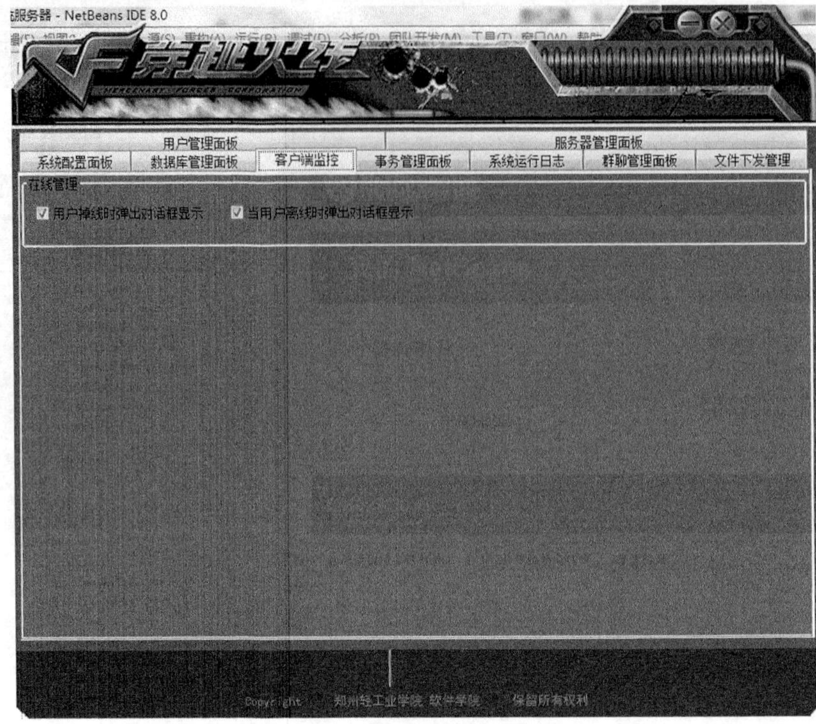

图 16-11 客户端监控功能

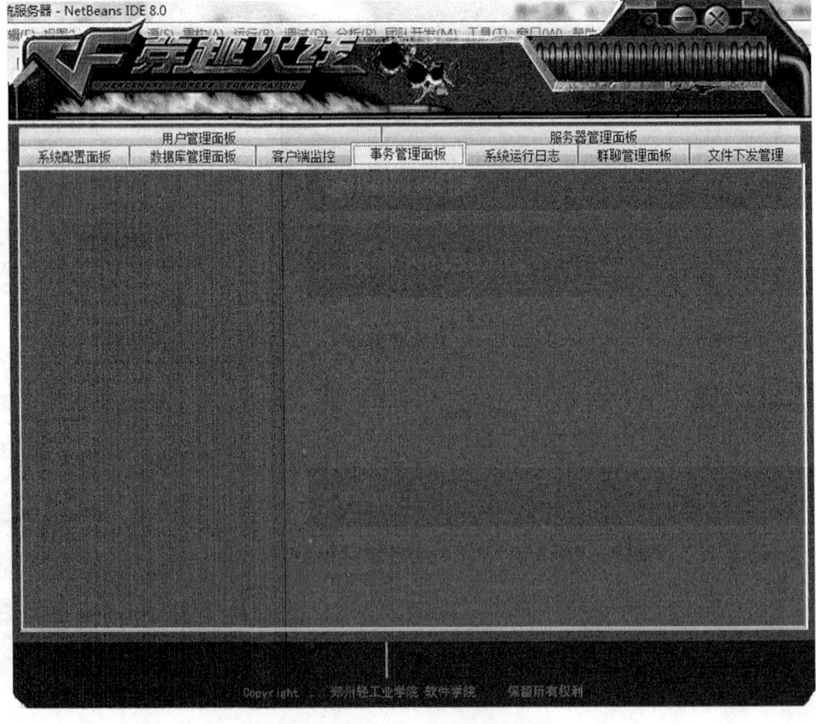

图 16-12 事务管理功能

系统运行日志管理功能，如图 16-13 所示；群聊管理功能，如图 16-14 所示。

图 16-13 系统运行日志管理功能

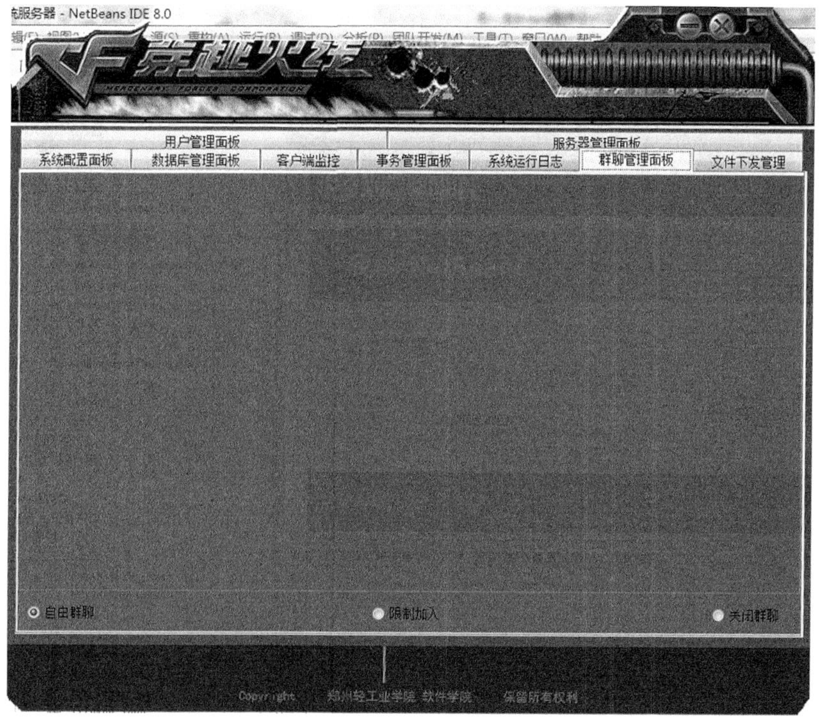

图 16-14 群聊管理功能

文件发送功能，如图 16-15 所示。

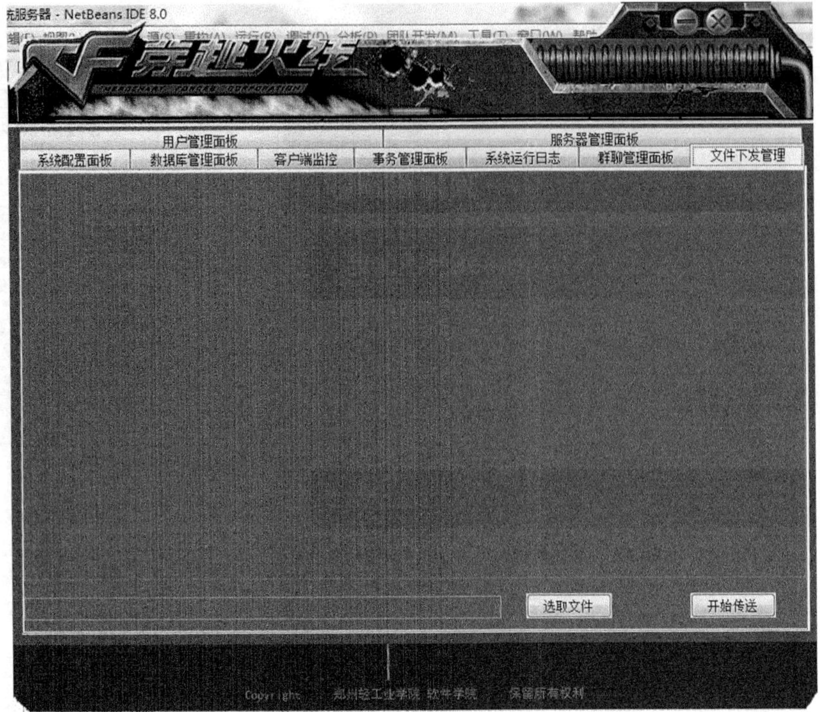

图 16-15 文件发送功能

图 16-8～图 16-15 所示功能以及用户注册、用户管理等功能，由图 16-4 中所示的 10 个类实现，下面按照图 16-4 所示的顺序依次给出 10 个类的部分代码。

DataManager 类功能简介：数据库封装类，提供对数据库的全部操作控制。这是一个关于数据库操作的类，封装了本系统（聊天系统）服务器端对数据库数据存取的全部方法。为了保证数据库数据的安全性和系统的稳定性，本类在整个服务器运行期间只被实例化两次：第一次在服务器启动之后，为响应系统管理员对数据的查看和修改而实例化；第二次在客户端管理器响应客户端请求的服务时，为对数据库进行数据检索和更新而实例化。

本类可以向上层图形组件回显本类的执行过程和错误跟踪，便于系统管理员和程序设计人员在系统出错时追踪错误所在，及时解决遇到的问题，为用户提供更好的服务。参考代码如下：

```
package DataBaseManager;
import cn.zzuli.Sys_Timer;
import java.sql.* ;
import java.util.logging.Level;
import java.util.logging.Logger;
import javax.swing.* ;
import javax.swing.table.DefaultTableModel;

public class DataManager {
```

```
    private Connection con;
    private Statement st;
    private int numCols=0;              //当前查询的数据库表的列数
    private TableFill tableFiller;      //将结果集数据填充在指定的 JTable 中
    private String[] colunm;            //当前查询的数据库表的列值
    private String friends;             //某用户的好友信息
    private JTextArea jta;              //向上显示本类的执行过程和错误跟踪
    private Sys_Timer timer=new Sys_Timer();        //需要时获得系统当前时间的对象
    private static int count=0;         //本类被实例化的次数
    public DataManager() {              //构造方法
        tableFiller=new TableFill();
        count++;
        if (jta !=null) {
            jta.append(timer.getSysTime()+"数据库跟踪者报告数据管理者类已
            被实例化"+count+"次\r\n");
        }
    }
    public void follow(JTextArea jta) {
        this.jta=jta;
        if (jta !=null) {
            jta.append(timer.getSysTime()+"数据库跟踪者开始跟踪数据库执行过程\r\n");
        }
    }
//得到 MySQL 数据库连接,URL 为数据库路径,password 为数据库密码
    public synchronized Statement getMySQLConnection(String URL, String password){
        try {
            Class.forName("com.mysql.jdbc.Driver");         //加载驱动
            if (jta !=null) {
                jta.append(timer.getSysTime()+"数据库管理者为 MySQL 数据库加载驱动
                完成\r\n");
            }
            con=DriverManager.getConnection(URL, "root", password);
            if (jta !=null) {
                jta.append(timer.getSysTime()+"数据库管理者为 MySQL 数据库建立连接
                完成\r\n");
            }
            st=con.createStatement();
            if (jta !=null) {
                jta.append(timer.getSysTime()+"数据库管理者为 MySQL 数据库创建连接
                对象完成\r\n");
            }
        } catch (SQLException ex) {
            if (jta !=null) {
                jta.append("\r\n"+timer.getSysTime()+"异常: 数据库管理者为 MySQL
                数据库建立连接时出错!错误原因:"+ex+"\r\n\r\n");
```

```
            }
        } catch (ClassNotFoundException ex) {
            if (jta !=null) {
                jta.append("\r\n"+timer.getSysTime()+"异常：数据库管理者为 MySQL
                数据库建立连接时未找到驱动\r\n\r\n");
            }
        }
        return st;
    }
    //执行 SQL 语句更新数据库
    public synchronized boolean upDate(String sql) {
        boolean result=false;
        try {
            st.executeUpdate(sql);
            if (jta !=null) {
                jta.append(timer.getSysTime()+"数据库管理者执行 SQL 语句：
                "+SQL+",成功完成\r\n");
            }
            result=true;
        } catch (SQLException ex) {
            if (jta !=null) {
                jta.append("\r\n"+timer.getSysTime()+" 异常：数据库管理者执行 SQL
                语句："+SQL+"时发生如下错误："+ex+"\r\n\r\n");
            }
            result=false;
        }
        return result;
    }
    //执行数据库查询语句,返回得到的数据,column 指定要获得数据的列
    public String getData(String sql, String column) {
        String result=null;
        ResultSet rs=null;
        try {
            rs=st.executeQuery(sql);
            while (rs.next()) {
                result=rs.getString(column);
            }
            try {
                if (jta !=null) {
                    jta.append(timer.getSysTime()+"数据库管理者执行 SQL 语句：
                    "+SQL+",成功完成\r\n");
                }
            } catch (Exception E) {
            }
        } catch (Exception e) {
```

```
            if (jta!=null) {
                jta.append("\r\n"+timer.getSysTime()+"异常:数据库管理者执行 SQL
                语句:"+SQL+"时发生如下错误:"+e+"\r\n\r\n");
            }
        }
        return result;
    }
//查询某用户的好友信息,ID 是该用户的 ID
    public String getFriends(String ID) {
        int i=0;
        String sql="select * from friends where ID='"+ID+"'";
        friends="F_List";
        ResultSet rs=null;
        try {
            rs=st.executeQuery(sql);
            while (rs.next()) {
                i++;
            }
            rs.close();
            friends=friends+":"+i;
            System.out.println(i+" 条记录");
            if (i>0) {
                rs=st.executeQuery(sql);
                while (rs.next()) {
                     friends=friends+":"+rs.getString("friendName")+"("+rs.
                     getString("friendID")+")";
                }
                rs.close();
            }
            try {
                if (jta !=null) {
                    jta.append(timer.getSysTime()+" 数据库管理者执行 SQL 语句:
                    "+SQL+",成功完成\r\n");
                }
            } catch (Exception E) {
            }
        } catch (SQLException e) {
            if (jta !=null) {
                jta.append("\r\n"+timer.getSysTime()+" 异常:数据库管理者执行 SQL
                语句:"+SQL+"时发生如下错误:"+e+"\r\n\r\n");
            }
        }
        return friends;
    }
    //查询某用户的好友的 IP 地址,ID 是该用户的 ID
```

```
public String getFri_ip(String ID) {
    ResultSet rs=null;
    String ip=null;
    String sql="select * from online where ID='"+ID+"'";
    try {
        rs=st.executeQuery(sql);
        while (rs.next()) {
            ip=rs.getString("IP");
        }
        rs.close();
        try {
            if (jta !=null) {
                jta.append(timer.getSysTime()+" 数据库管理者执行 SQL 语句:
                "+SQL+",成功完成\r\n");
            }
        } catch (Exception E) {
        }
    } catch (SQLException e) {
        if (jta !=null) {
            jta.append("\r\n"+timer.getSysTime()+"异常:数据库管理者执行 SQL
            语句:"+SQL+"时发生如下错误:"+e+"\r\n\r\n");
        }
    }
    return ip;
}
//验证某用户是否已在线,ID 是该用户的 ID
public int checkOnLine(String sql, String ID, String password) {
    int info_check=-1;              //没有此用户
    ResultSet rs=null;
    try {
        rs=st.executeQuery(sql);
        for (int i=0; rs.next(); i++) {
            if (rs.getString("ID").equals(ID)) {
                info_check=0;      //密码错误
                if (rs.getString("password").equals(password)) {
                    info_check=1; //登录成功
                    break;
                }
            }
        }
        rs.close();
    } catch (SQLException e) {
    }
    return info_check;
}
```

```
//执行数据库查询语句,返回得到的数据集
public String[][] getData(String sql) {
    String[][] result=null;
    ResultSet rs;
    try {
        rs=st.executeQuery(sql);
    } catch (SQLException ex) {
         Logger.getLogger(DataManager.class.getName()).log(Level.SEVERE,
         null, ex);
    }
    int i=0;
    try {
        rs=st.executeQuery(sql);
        while (rs.next()) {
            i++;
        }
        rs.close();
        result=new String[i][numCols];
        if (i>0) {
            rs=st.executeQuery(sql);
            i=0;
            while (rs.next()) {
                for (int j=0; j<numCols; j++) {
                    result[i][j]=rs.getString(j+1);
                }
                i++;
            }
            rs.close();
        }
        try {
            if (jta !=null) {
                jta.append(timer.getSysTime()+"数据库管理者执行 SQL 语句:
                "+SQL+",成功完成\r\n");
            }
        } catch (Exception E) {
        }
    } catch (SQLException e) {
        if (jta !=null) {
            jta.append("\r\n"+timer.getSysTime()+"异常: 数据库管理者执行 SQL
            语句: "+SQL+"时发生如下错误:"+e+"\r\n\r\n");
        }
    }
    return result;
}
//执行数据库查询语句,将得到的数据集填充在指定的表中
```

```
public void getDataToTable(String sql, JTable table) {
    boolean result=false;
    try {
        ResultSet rs=st.executeQuery(sql);
        getColunms(rs);
        tableFiller.fillData(numCols, getData(sql), colunm, table);
    } catch (SQLException ex) {
        Logger.getLogger(DataManager.class.getName()).log(Level.SEVERE,
        null, ex);
    }
}
public DefaultTableModel getTableModel() {
    return tableFiller.myModel;
}
//获得指定数据集的列值
public String[] getColunms(ResultSet rs) {
    ResultSetMetaData rsmd=null;
    try {
        rsmd=rs.getMetaData();
    } catch (SQLException e) {
        if (jta !=null) {
            jta.append("\r\n"+timer.getSysTime()+"异常：数据库管理者获得结果
            集时发生如下错误:"+e+"\r\n\r\n");
        }
    }
    try {
        numCols=rsmd.getColumnCount();
        if (!rs.isClosed()) {
            rs.close();
        }
    } catch (SQLException e) {
        if (jta !=null) {
            jta.append("\r\n"+timer.getSysTime()+"异常：数据库管理者获得结果
            集列数时发生如下错误:"+e+"\r\n\r\n");
        }
    }
    colunm=new String[numCols];
    for (int i=0; i<numCols; i++) {
        try {
            colunm[i]=rsmd.getColumnLabel(i+1);
        } catch (SQLException e) {
            if (jta !=null) {
                jta.append("\r\n"+timer.getSysTime()+" 异常：数据库管理者截取
                结果集列值时发生如下错误:"+e+"\r\n\r\n");
            }
```

```
            }
        }
        return colunm;
    }
    //关闭数据库连接,释放占用的其他资源
    public synchronized void closer() {
        try {
            if (st !=null) {
                st.close();
            }
            if (con !=null) {
                con.close();
            }
            try {
                if (jta !=null) {
                    jta.append(timer.getSysTime()+" 数据库管理者关闭数据库连接成功
                    完成\r\n");
                }
            } catch (Exception E) {
            }
        } catch (Exception e) {
            if (jta !=null) {
                jta.append("\r\n"+timer.getSysTime()+"异常：数据库管理者关闭数据
                库连接时发生如下错误:"+e+"\r\n\r\n");
            }
        }
    }
    //执行数据库查询语句,查询某用户要查找的好友信息
    public String getSearch(String sql) {
        String result="";
        try {
            ResultSet rs=st.executeQuery(sql);
            while (rs.next()) {
                result=result+rs.getString("ID");
                result=result+rs.getString("name");
            }
            try {
                if (jta !=null) {
                    jta.append(timer.getSysTime()+"数据库管理者执行 SQL 语句:
                    "+SQL+",成功完成\r\n");
                }
            } catch (Exception E) {
            }
        } catch (SQLException e) {
            if (jta !=null) {
```

```
                jta.append("\r\n"+timer.getSysTime()+"异常：数据库管理者在执行
                SQL语句："+SQL+"时发生如下错误："+e+"\r\n\r\n");
            }
        }
        if (result.length()<10) {
            result="NONESE";
        }
        return result;
    }
}
```

TableFill 类功能简介：将指定数据集填充在指定的 JTable 中。在将指定数据集填充在指定 JTable 的过程中，发现很多地方需要将一批数据在 JTable 中填充显示，如果每次都单独写代码实现有些麻烦，且违背了代码重用的思想。于是写了一个数据填充类，封装了向指定 JTable 中填充数据的全部操作，十分方便。TableFill 类的代码如下：

```
package DataBaseManager;
import javax.swing.JTable;
import javax.swing.table.DefaultTableModel;
import javax.swing.table.TableColumn;
import javax.swing.table.TableColumnModel;

public class TableFill {
    private Class[] types;                    //JTable 的类属性数组
    private boolean[] canEdit;                //JTable 的编辑属性数组
    private int colunms=0;                    //当前将要填充的数据集的列数
    public DefaultTableModel myModel;         //JTable 的模型
    private TableColumnModel tcm;             //JTable 的列模型
    private TableColumn tc;                   //JTable 的列对象
    public TableFill() {
    }
    public Class[] types() {                  //获得列属性
        types=new Class[colunms];
        for (int i=0; i<colunms; i++) {
            types[i]=java.lang.String.class;
        }
        return types;
    }
    public boolean[] canEdit() {              //获得列的编辑属性
        canEdit=new boolean[colunms];
        for (int i=0; i<colunms; i++) {
            canEdit[i]=false;
        }
        return canEdit;
    }
    //实际的数据填充过程
```

```
    public boolean fillData(int colunms, String[][] data, String[] colunm,
    JTable jTable){
        boolean result=false;
        this.colunms=colunms;
        types();
        canEdit();
        jTable.setVisible(true);
        jTable.setBackground(new java.awt.Color(198, 62, 4));//JTable 设置背景色
        jTable.getTableHeader().setVisible(true);       //是否显示表头
        //自定义的 JTable 表模型
        myModel=new javax.swing.table.DefaultTableModel(data,colunm) {
            public Class getColumnClass(int columnIndex) {
                return types[columnIndex];
            }
            public boolean isCellEditable(int rowIndex, int columnIndex) {
                return canEdit[columnIndex];
            }
        };
        jTable.setModel(myModel);
        jTable.getTableHeader().setReorderingAllowed(false);
        tcm=jTable.getColumnModel();
        if (colunms<5) {                    //设置 JTable 表列的宽度
            for (int i=0; i<jTable.getColumnCount(); i++) {
                tc=tcm.getColumn(i);
                tc.setPreferredWidth(750/colunms+10);
            }
        } else {
            for (int i=0; i<jTable.getColumnCount(); i++) {
                tc=tcm.getColumn(i);
                tc.setPreferredWidth(150);
            }
        }
        return result;
    }
}
```

ClientManager 类功能简介：客户端管理器，只实例化一次。负责为每一个接入服务器的客户端在服务器端创建一个独一无二的客户端托管对象，同时开辟资源区，并负责接收上层图形界面的命令管理所有客户端托管者。本类是一个客户端管理器类，顾名思义，就是作为图形管理界面和所有客户端连接的中间平台，向上接收图形管理界面的命令，同时在需要的时候向上传送客户端托管对象的执行数据，向下直接管理所有客户端连接。ClientManager 类的代码如下：

```
package cn.zzuli;
import DataBaseManager.DataManager;
```

```
import java.io.IOException;
import java.net.ServerSocket;
import java.sql.Statement;
import java.util.ArrayList;
import java.util.List;
import javax.swing.*;
import javax.swing.table.DefaultTableModel;

public class ClientManager {
    public boolean waitForClient=true;    //是否继续等待新的客户端接入
    public boolean leave=true;            //是否报告客户端的离线行为
    public boolean lost=true;             //是否报告客户端的掉线行为
    public boolean addRow=true;           //是否动态刷新 JTable 数据
    public boolean follow=true;           //是否跟踪客户端托管对象的执行过程
    public ClientManager parent;          //调用本类的上层类对象
    //存储所有客户端托管者对象的集合
    public List<Clienter>clientList=new ArrayList<Clienter>();
    private Thread server;                //为客户端提供接入服务的线程对象
    private ServerSocket serverSocket;    //监听本地 6666 端口,等待客户端接入
    private boolean canRegedit=true;      //是否提供自由注册服务
    private boolean canLogin=true;        //是否提供自由登录服务
    //客户端托管者对象,用于接收在集合中查找得到的指定客户端托管对象
    private Clienter client;
    private Sys_Timer timer;              //系统时间对象,用于在需要时获得系统时间
    //显示客户端托管者对象执行过程数据的文本区域
    private JTextArea systemFollow;
    //显示客户端托管者对象为客户端提供服务的过程数据
    private JTextArea userFollow;
    //显示客户端托管者对象收到的来自对应客户端的群消息
    private JTextArea qunDisplay;
    //数据库管理者类对象,这是在整个系统中该类的第二次也是最后一次实例化
    private DataManager userData=new DataManager();
    private Statement st;                 //数据库连接对象
    public ClientManager(JTextArea jta, JTextArea userFollow, JTextArea
                    qunMessage){
        this.systemFollow=jta;
        this.userFollow=userFollow;
        this.qunDisplay=qunMessage;
        timer=new Sys_Timer();
        st=userData.getMySQLConnection("jdbc:mysql://localhost:3306/test","
        root");
    }
    /*向上层图形管理界面显示系统群消息,userID是群消息发送者的 ID,message 是群消息内
     容*/
    public void displayQUNMessage(String userID, String message) {
```

```
        qunDisplay.append(userID+"    "+timer.getSysTime()+"\r\n "+message+"\
        r\n");
    }
    //设置以后的客户端托管者对象是否为客户端提供自由注册服务
    public void setRegedit(boolean regedit) {
        this.canRegedit=regedit;
    }
    //设置以后的客户端托管者对象是否为客户端提供自由登录服务
    public void setLogin(boolean login) {
        this.canLogin=login;
    }
    //设置所有的客户端托管者对象是否跟踪自身的执行过程
    public void setFollow(boolean follow) {
        this.follow=follow;
        for (int i=0; i<clientList.size(); i++) {
            clientList.get(i).follow=follow;
        }
    }
    //向上层图形管理界面显示客户端托管者的执行数据
    public void SystemFollow(String runInfo) {
        systemFollow.append(timer.getSysTime()+"    "+runInfo+"\r\n");
    }
    //向上层图形管理界面显示客户端托管者为对应客户端提供的服务数据
    public void UsermFollow(String userInfo) {
        userFollow.append(timer.getSysTime()+"    "+userInfo+"\r\n");
    }
    /*初始化服务,监听本地 6666 端口,同时动态刷新 JTable 中的在线用户数据,直到管理员关
     闭服务*/
    public void init(final DefaultTableModel tableModel) {
        parent=this;
        server=new Thread() {
            public void run() {
                try {
                    serverSocket=new ServerSocket(6666);
                } catch (IOException ex) {
                    System.out.println("监听本地端口 6666 时出错,请检查!");
                }
                while (waitForClient) {
                    try {
                            clientList.add(new Clienter(serverSocket.accept(),
                            userData, st, tableModel, canRegedit, canLogin,
                            parent, leave, lost, addRow, follow));
                    } catch (Exception e) {
                    }
                    try {
```

```
                    Thread.sleep(2000);
                } catch (InterruptedException ex) {
                }
            }
        }
    };
    server.start();
}
//关闭服务器,停止提供接入服务
public void stopServer() {
    try {
        serverSocket.close();
    } catch (IOException ex) {
    }
    if (server.isAlive()) {
        server.interrupt();
    }
}
//设置客户端托管者对象是否报告客户端用户的离线行为
public void setLeave(boolean leave) {
    for (int i=0; i<clientList.size(); i++) {
        clientList.get(i).isLeave=leave;
    }
}
//设置所有客户端托管者对象是否报告客户端用户的掉线行为
public void setLost(boolean lost) {
    for (int i=0; i<clientList.size(); i++) {
        clientList.get(i).isLost=lost;
    }
}
//设置所有客户端托管者对象是否动态刷新 JTable 中的在线用户数据
public void setAddRow(boolean addRow) {
    for (int i=0; i<clientList.size(); i++) {
        clientList.get(i).addrow=addRow;
    }
}
//服务器向所有客户端广播消息
public void multiCast(String message) {
    for (int i=0; i<clientList.size(); i++) {
        clientList.get(i).send_Thread(message);
    }
}
/*向所有在线用户(不包括群消息的发送者)转发群消息,message 为消息内容,sender 为发
 送者*/
public void qunMultiCast(String message, Clienter sender) {
```

```
        for (int i=0; i<clientList.size(); i++) {
            if (clientList.get(i) !=sender) {
                clientList.get(i).send_Thread(message);
            }
        }
    }
    /*服务器禁止提供登录服务时告知所有客户端服务器的登录服务不可用,同时清理所有客户
     端托管者对象在本地占用的资源*/
    public void clearClients(String message) {
        for (int i=0; i<clientList.size(); i++) {
            clientList.get(i).send_Thread(message);
            clientList.get(i).clear();
        }
    }
    //在服务器端强制指定的客户端
    public void cancelClient(String ID) {
        for (int i=0; i<clientList.size(); i++) {
            client=clientList.get(i);
            if (client.ID.equals(ID)) {
                client.send_Thread("SYS_CAN");
                client.beCancel();
            }
            break;
        }
    }
      /*管理员向指定用户发送私聊消息,ID是接收消息的用户 ID,Message是消息内容*/
      public void chatClient(String ID, String Message) {
        for (int i=0; i<clientList.size(); i++) {
            client=clientList.get(i);
            if (client.ID.equals(ID)) {
                client.send_Thread(Message);
            }
            break;
        }
    }
    /*向所有在线用户发送指定文件,fileName是文件名,length是文件长度,filePath是文
     件的本地路径,jta是用于显示文件发送过程数据的上层图形管理界面的文本区域,
     jScrollPane3保证滚动条总在最下,即显示的数据总是最新*/
    public void sendFile(String fileName, long length, String filePath,
                              JTextArea jta, JScrollPane jScrollPane3) {
        if (clientList.size()>0) {
            multiCast("Fil_ReV"+fileName);
            for (int i=0; i<clientList.size(); i++) {
                clientList.get(i).send_File(filePath, jta, jScrollPane3);
            }
```

```
        } else {
            jta.append(timer.getSysTime()+"当前无用户在线,文件发送被中止\r\n");
        }
    }
    /*向单个指定用户发送指定文件,ID 是接收者的 ID,fileName 是文件名,length 是文件长
     度,filePath 是文件的本地路径,jta 是用于显示文件发送过程数据的上层图形管理界面的
     文本区域,jScrollPane3 保证滚动条总在最下,即显示的数据总是最新*/
    public void sendSingleFile(String ID, String fileName, long length, String
                        filePath, JTextArea jta, JScrollPane jScrollPane3) {
        multiCast("Fil_ReV"+fileName);
        for (int i=0; i<clientList.size(); i++) {
            if (clientList.get(i).ID.equals(ID)) {
                clientList.get(i).send_File(filePath, jta, jScrollPane3);
                break;
            }
        }
    }
}
```

Clienter 类功能简介：客户端托管者,会被实例化很多次,负责为指定的客户端在服务器端开辟所需资源,并接收上层命令与客户端用户交互,响应客户端请求的服务。本类是一个客户端托管者类,有多少客户接入就会被实例化多少次。上层的客户端管理器检测到有新用户接入并建立稳定的 TCP 连接后,将该客户端的管理权限交给本类(客户端托管者)。本类接受客户端请求,在本地独立完成客户端请求的响应;同时接收上层命令,实现服务器与客户端的动态交互。Clienter 类的代码如下：

```
package cn.zzuli;
import DataBaseManager.DataManager;
import java.io.*;
import java.net.Socket;
import java.sql.Statement;
import java.util.StringTokenizer;
import javax.swing.*;
import javax.swing.table.DefaultTableModel;

public class Clienter {
    public String ID;                      //托管的客户端用户 ID
    public boolean isLost=true;            //是否报告客户端用户的掉线行为
    public boolean isLeave=true;           //是否报告客户端用户的离线行为
    public boolean follow=true;            //是否跟踪自身的执行过程数据
    private Socket client;                 //托管的客户端连接
    private Thread rev;                    //消息的接收线程
    private boolean do_check=true;         //是否继续接收客户端消息
    private String name;                   //托管的客户端用户的昵称
    private String password;               //托管的客户端用户的密码
```

```
private String userIP;                        //托管的客户端用户的 IP
private DataInputStream in;                   //输出流
//数据库操作者类对象,并未实例化,只是接收上层调用者传来的值
private DataManager userData ;
private createID IDcreater;                   //ID 生成者,为注册用户动态生成一个新 ID
private Statement st;                         //数据库连接对象,接收上层调用者传来的值
private DataOutputStream out;                 //输出流
private DefaultTableModel tableModel; //显示在线用户数据的 JTable 表模型
private boolean canRegedit=true;              //是否提供自由注册服务
private boolean canLogin=true;                //是否提供自由登录服务
private ClientManager parent;                //客户端管理器对象,用来接收上层调用者对象
private long timeStart=0;                     //上一次收到客户端在线认证消息的时间
private long timeLast=0;                      //最后一次收到客户端在线认证消息的时间
//当用户离线或无故掉线时该客户端托管者清理自身占用的系统资源的线程
private Thread clearClient
private int lostCount=0;            //客户端掉线次数,累计两次时认定该用户确实已掉线
private boolean isOnLine=true;                //托管的客户端用户是否还在线
//是否动态刷新顶层图形管理界面 JTable 中的在线用户数据
public boolean addrow=true;
/*构造方法,接收新接入的客户端。client 是托管的客户端的连接,userData 是数据库管
  理者类的实例化对象,st 是数据库连接对象,JTable 是表模型,regedit 决定是否提供自由
  的注册服务,login 决定是否提供自由的登录服务,parent 是上层调用者,isLeave 决定是
  否报告客户端用户的离线行为,isLost 决定是否报告客户端用户的掉线行为,addRow 决定
  是否动态刷新 JTable 中的在线用户数据,follow 决定是否跟踪托管者自身的执行过程数
  据*/
public Clienter(Socket client, DataManager userData, Statement st, Default-
TableModel tableModel, boolean regedit, boolean login, ClientManager
parent, boolean isLeave, boolean isLost, boolean addRow, boolean follow) {
    this.client=client;
    this.tableModel=tableModel;
    this.canRegedit=regedit;
    this.canLogin=login;
    this.parent=parent;
    this.isLeave=isLeave;
    this.isLost=isLost;
    this.addrow=addRow;
    this.follow=follow;
    this.userData=userData;
    this.st=st;
    if (follow) {
        parent.SystemFollow("系统运行正常:客户端托管者初始化完成");
    }
    if (follow) {
        parent.SystemFollow("系统运行正常:客户端托管者为客户创建数据库连接
        完成");
```

```
        }
        rev_Thread(this);
        if (follow) {
            parent.SystemFollow("系统运行正常: 客户端托管者为客户启动接收线程
            完成");
        }
    }
/*托管者类的核心代码区。实现消息的接收和解析,接受托管的客户端的请求,内置了消息解
 析器,将解析客户端请求的服务器类型,并独立完成该请求的响应*/
private void rev_Thread(final Clienter myself) {
    rev=new Thread() {
        public void run() {
            try {
                in=new DataInputStream(client.getInputStream());
                if (follow) {
                    parent.SystemFollow("系统运行正常: 客户端托管者为客户封转输
                    入流完成");
                }
            } catch (Exception e) {
                if (follow) {
                    parent.SystemFollow("系统出现异常: 客户端托管者为客户封装输
                    入流时出错: "+e);
                    parent.SystemFollow("系统运行异常: 客户端托管者将关闭为该客
                    户开辟的资源区");
                    del();
                    parent.SystemFollow("系统运行异常: 客户端托管者关闭为客户开
                    辟资源区完成");
                }
                do_check=false;
            }
            while (do_check) {
                try {
                    String str=in.readUTF();
                    if (follow) {
                        parent.SystemFollow("系统运行正常: 客户端托管者收到来自
                        客户的消息");
                    }
                    //判断客户端是否离线,"BYE_BYE"是约定的离线暗号
                    if (!str.equals("BYE_BYE")) {
                        String tag=null;
                        if (follow) {
                            parent.SystemFollow("系统运行正常: 客户端托管者正在
                            解析消息");
                        }
                        StringTokenizer token=new StringTokenizer(str, ":");
```

```
try {
    //解析客户端消息头标识,匹配不同的服务类型
    tag=token.nextToken();
    } catch (Exception e) {
}
if (follow) {
    parent.SystemFollow("系统运行正常：客户端托管者解析
    客户消息完成,正在响应客户端请求");
}
if (tag.equals("R")) {     //注册服务
    if (canRegedit) {
        //解析出注册用户的昵称
        name=token.nextToken();
        //解析出注册用户的密码
        password=token.nextToken();
        //实例化 ID 生成器
        IDcreater=new createID(st);
        //为该注册用户生成一个独一无二的 ID
        ID=IDcreater.checkID();
        parent.UsermFollow("系统检测到有新用户注册,注册
        昵称:"+name+"密码: "+password);
        if (userData. upDate ( " Insert Into chat (ID,
        password,name)Values('"+ID +"','"+password+"
        ','"+name+"')")){
            send_Thread(ID);
             parent.UsermFollow("该用户注册成功,服务器分
             配 ID: "+ID+"昵称:"+name+"密码:"+password);
        } else {
            send_Thread(""+0);
            parent.UsermFollow("服务器原因导致该用户注
            册失败");
        }
        //注册成功,托管者响应完成,清理资源
        del();
        if (follow){
            parent.SystemFollow("系统运行正常：客户端托
            管者响应客户端注册事件完成,正在关闭客户"+ID
            +"占用的资源区");
         }
          break;
   } else {
     send_Thread(""+-1);     //暂停注册
     parent.UsermFollow("服务器暂停注册服务,该客户注册
     失败");
     del();
```

```
break;
}
} else if (tag.equals("L")) {    //登录服务
  if (canLogin) {
     ID=token.nextToken();    //登录者 ID
     password=token.nextToken();    //登录者密码
     if (token.hasMoreTokens()) {
        //登录用户的 IP
        userIP=token.nextToken();
     }
      parent.UsermFollow("系统检测到有用户登录,登录
      ID: "+ID+" 密码:"+password+" IP: "+userIP);
      int result=userData.checkOnLine("select * from
      chat where ID='"+ID+"'", ID, password);
      //判断该用户是否已登录
     if (follow) {
        parent.SystemFollow("系统运行正常: 客户端托
        管者正在为响应客户 "+ID+" 的登录事件而查询
        数据库");
     }
     if (result==1) {    //该用户未登录
           //查询该用户的昵称
        name=userData.getData("select * from chat
        where ID='"+ID+"'", "name");
        parent.UsermFollow("用户 "+ID+" 登录成功,
        返回用户昵称: "+name);
        if(userData. upDate ( " Insert Into online
        (ID,IP,name)Values('"+ID+"','"+userIP+"
        ','"+name+"')")) {
           if (follow) {
              parent.SystemFollow("系统运行正常:
              客户端托管者将客户 "+ID+" 的登录信
              息写入数据库");
           }
           /* 在顶层图形管理界面的 JTable 中动态刷新
            在线人员数据 */
           String[] userInfo=new
              String[]{ID, userIP, name};
           if (addrow) {
             tableModel.addRow(userInfo);
           }
           if (follow) {
              parent.SystemFollow("系统运行正常:
              客户端托管者将客户 "+ID+" 的信息填
              充在在线用户列表");
```

```
                    }
                    //回发登录用户的昵称
                    send_Thread(name);
                    timeStart=System.currentTimeMillis();
                    //启动内置的掉线检查管理器
                    clearClient();
                    if (follow) {
                        parent.SystemFollow("系统运行正常:
                        客户端托管者为客户  "+ID+"  启动掉线
                        检查管理器");
                    }
                } else {
                    //此用户已登录
                    send_Thread(-2+"");
                    parent.UsermFollow("用户  "+  ID+"  登
                    录失败:此用户已登录");
                    del();
                    break;
                }
            } else {
                send_Thread(result+"");
                if (result==0) {    //0,密码错误
                    parent.UsermFollow("用户  "+ID+"  登录
                    失败:密码错误");
                    } else if(result==-1){//-1,没有此账号
                    parent.UsermFollow("用户  "+ID+"  登录
                    失败:此账号未注册");
                }
            }
        } else {
            send_Thread(-3+"");//暂停登录服务
            parent.UsermFollow("用户  "+ID+"  登录失败:系
            统暂停登录服务");
            del();
            if (follow) {
                parent.SystemFollow("系统运行正常:客户
                "+ID+"  登录失败,客户端管理者正在关闭其占用
                的资源");
            }
            break;
        }
    }elseif(tag.endsWith("F_List")){//客户端请求好友列表
        send_Thread(userData.getFriends(ID));
        parent.UsermFollow("服务器向用户  "+ID+"  发送好友
        列表完成");
```

```
}else if (str.startsWith("ADD_Fr:")){
                                    //客户端添加好友
send_Thread(""+userData.upDate("insert into
friends(ID, friendID, friendName) values('"+str.
substring(7, 16)+"','"+str.substring(16, 25)+"',
'"+str.substring(25, str.length())+"')"));
parent.UsermFollow("服务器响应用户  "+ID+"  的添加
好友请求完成");
} else if (tag.endsWith("Se_Fri")) {
                                    //客户端查找好友
String result=userData.getSearch("select * from
chat where ID='"+str.substring(7, str.length())+
"'");
parent.UsermFollow("服务器响应用户"+ID+"的查找好友
请求完成,正在发送回响信息");
if (result.equals("NONESE")) {
    send_Thread("NONESE");
    } else {
    send_Thread("Se_Fri:"+result);
}
parent.UsermFollow("服务器向用户"+ID+"  发送好友查
找结果完成");
} else if (tag.endsWith("Fri_ip")) {
//客户端请求好友的 IP 地址
send_Thread("Fri_ip:"+userData.getFri_ip(str.
substring(7, str.length())));
parent.UsermFollow("服务器响应用户  "+ID+"的请求好
友 IP 地址完成");
}else if (str.equals("SYS_IN")){
                                //客户端的在线认证消息
timeStart=System.currentTimeMillis();
if (follow) {
    parent.SystemFollow("系统运行正常:掉线检查管理
    器继续收到客户  "+ID+"  的在线信息,该客户仍然在
    线");
}
}else if(str.startsWith("DEL_FR")){   //客户端删除好友
  parent.UsermFollow("服务器收到用户  "+ID+"  的删除
  好友请求,正在查找数据库以完成响应");
  String friendID=str.substring(7, str.length());
  if (userData.upDate("delete from friends where ID
  ='"+ID+"'and friendID='"+friendID+"'")) {
      send_Thread("DEL_FR_ACCESS");
      send_Thread(userData.getFriends(ID));
      parent.UsermFollow("服务器响应用户  "+ID+"  的
```

```
                删除好友请求完成,删除成功");
                } else {
                send_Thread("DEL_FR_FAILE");
                parent.UsermFollow("服务器响应用户  "+ID+"  的
                删除好友请求完成,删除失败");
            }
        }else if(str.startsWith("SYSQUN")){ //客户端发送群消息
            parent.qunMultiCast("QUN_ME:"+str.substring(7,
            str.length())+ID, myself);
            parent. displayQUNMessage (ID, str. substring (7,
            str.length()));
            parent.UsermFollow("服务器收到用户  "+ID+"  发送的
            群消息,消息解析完成,正在向其他群用户转发");
            } else {       //过滤器,过滤非法的消息
            if (follow) {
                parent.SystemFollow("系统运行异常:客户端管理者
                意外收到来自客户  "+ID+"  的消息,此消息未过滤");
            }
             JOptionPane.showMessageDialog(null, "未过滤的消
             息,请过滤");
        }
    } else {//用户正常离线,清理资源
        parent.UsermFollow("系统检测到用户  "+ID+"  断开与服务
        器连接,正在清理该用户占用的系统资源");
        userData.upDate("delete from online where ID='"+ID+"
        '");
        parent.UsermFollow("服务器清理用户  "+ID+"  占用的系统
        资源完成");
        isOnLine=false;
        if (isLeave) {
            JOptionPane.showMessageDialog(null, "检测到有用户
            离线!\r\n 用户 ID:"+ID+"\r\n 用户昵称:"+name+"\r\
            n");
        }
        try {
            if (addrow) {
                tableModel.removeRow(search(ID));
            }
            if (follow) {
                parent.SystemFollow("系统运行正常:客户端管理者
                清理下线客户  "+ID+"  占用的系统资源,并将该客户
                从在线用户列表中删除");
            }
        } catch (Exception e) {
            System.out.println(e);
```

```
                    if (follow) {
                        parent.SystemFollow("系统运行异常：客户端管理者
                        捕获从在线列表中删除离线用户  "+ID+"  时抛出的异
                        常:"+e);
                    }
                }
                del();
                if (follow) {
                    parent.SystemFollow("系统运行正常：客户端管理者清理
                    离线客户  "+ID+"  占用的资源完成");
                }
                break;
            }
        } catch (IOException e) {
            if (follow) {
                parent.SystemFollow("系统运行异常：客户端管理者捕获接收
                来自客户  "+ID+"  的消息时抛出的异常:"+e);
            }
            break;
        }
      }
    }
  };
  rev.start();
}
//在 JTable 中查找指定 ID 所在的行,用于动态刷新 JTable 中的在线用户数据
private int search(String ID) {
    int i;
    System.out.println(tableModel.getRowCount());
    for (i=0; i<tableModel.getRowCount(); i++) {
        if (tableModel.getValueAt(i, 1).equals(ID)) {
            break;
        }
    }
    if ((i-1)>tableModel.getRowCount()) {
        i=-1;
    }
    return (i-1);
}
//向托管的客户端发送消息
public void send_Thread(String Message) {
    try {
        out=new DataOutputStream(client.getOutputStream());
        out.writeUTF(Message);
        if (follow) {
```

```
                parent.SystemFollow("系统运行正常：客户端管理者代理客户  "+ID+"
                向外发送消息完成");
            }
        } catch (Exception e) {
            if (follow) {
                parent.SystemFollow("系统运行异常：客户端管理者代理客户  "+ID+"
                向外发送消息时出错:"+e);
            }
        }
    }
    //清理数据
    public void clear() {
        userData.upDate("delete from online where ID='"+ID+"'");
        try {
            if (addrow) {
                tableModel.removeRow(search(ID));
            }
        } catch (Exception e) {
            System.out.println(e);
        }
        del();
    }
    //清理资源
    public void del() {
        isOnLine=false;
        try {
            if (rev.isAlive()) {
                rev.interrupt();
            }
            if (in !=null) {
                in.close();
            }
            if (out !=null) {
                out.close();
            }
            if (client !=null) {
                client.close();
            }
            if (clearClient.isAlive()) {
                clearClient.interrupt();
            }
        } catch (Exception e) {
            System.out.println(e);
        }
        parent.clientList.remove(this);
```

```
}
//强制注销客户端连接,并清理数据和资源
public void beCancel() {
    userData.upDate("delete from online where ID='"+ID+"'");
    parent.UsermFollow("用户 "+ID+" 被系统管理员强制注销");
    try {
        if (addrow) {
            tableModel.removeRow(search(ID));
        }
    } catch (Exception e) {
        System.out.println(e);
    }
    del();
    if (follow) {
        parent.SystemFollow("系统运行正常：客户 "+ID+" 被系统管理员强制注销,
        客户端管理者清理其占用的资源完成");
    }
}
/*内置的掉线检查管理器,实时检查托管的客户端用户是否已掉线。托管者被实例化时启动
 该线程,直到托管者被销毁,该线程终止*/
public void clearClient() {
    clearClient=new Thread() {
        public void run() {
            while (isOnLine) {
                timeLast=System.currentTimeMillis();
                /*客户端每隔 10s 发送一次在线认证消息,掉线检查管理器每隔 10s 复活
                 一次。为了容错,这里用 25s*/
                if ((timeLast-timeStart)>25000) {
                    if (lostCount>2) {//容错,2 次机会
                        userData.upDate("delete from online where ID='"+ID+"'");
                        if (follow) {
                            parent.SystemFollow("系统运行正常：客户端管理者发现
                            客户 "+ID+" 无故掉线,正在清理其占用的系统资源");
                        }
                        if (isLost) {
                            JOptionPane.showMessageDialog(null, "检测到有用户
                            无故掉线!\r\n 用户 ID:"+ID+"\r\n 用户昵称:"+name+"\
                            r\n");
                        }
                        try {
                            if (addrow) {
                                tableModel.removeRow(search(ID));
                            }
                        } catch (Exception e) {
                            System.out.println(e);
```

```
                        }
                        del();
                        break;
                    }
                    lostCount++;
                    } else {
                    lostCount=0;
                }
                try {
                        Thread.sleep(10000);        //自身睡眠 10s
                } catch (InterruptedException ex) {
                }
            }
        }
    };
    clearClient.start();
}
/* 向托管的客户端用户发送顶层图形管理界面选定的文件。fileName 是文件全名,jta 是发
 送过程数据的显示区域,jScrollPane3 是文本区域的滚动条,滚动条总在最下,显示最新的
 数据 */
public void send_File (final String fileName, final JTextArea jta, final
JScrollPane jScrollPane3) {
    parent.UsermFollow("系统向用户  "+ID+"  发送文件,文件路径: "+fileName);
    new Thread() {
        private fileSend fileSender;        //文件发送者对象
        public void run() {
            fileSender=new fileSend(userIP, fileName, jta, ID, jScrollPane3);
            if (follow) {
                parent.SystemFollow("系统运行正常: 客户端管理者启动文件发送管理
                器,向客户  "+ID+"  发送文件");
            }
        }
    }.start();
}
}
```

MyFileTransferHandler 类功能简介：代理调用者实现调用者的某个图形控件的鼠标拖动事件的捕获和处理。为顶层图形管理界面的文本区域添加自定义的文件拖入监听和处理。MyFileTransferHandler 类的代码如下：

```
package cn.zzuli;
import java.awt.Toolkit;
import java.awt.datatransfer.DataFlavor;
import java.awt.datatransfer.Transferable;
import java.awt.datatransfer.UnsupportedFlavorException;
import java.io.*;
```

```
import java.net.MalformedURLException;
import java.net.URL;
import java.util.Iterator;
import java.util.List;
import javax.swing.*;
import javax.swing.TransferHandler;

public class MyFileTransferHandler extends TransferHandler {
    private JTextArea jta;          //文本区域，文件拖放目标区
    private JTextField jtf;         //显示文件名
    public MyFileTransferHandler(JTextArea jTextArea, JTextField jTextField) {
        this.jta=jTextArea;
        this.jtf=jTextField;
    }
    public boolean canImport(JComponent arg0, DataFlavor[] arg1) {
        for (int i=0; i<arg1.length; i++) {
            DataFlavor flavor=arg1[i];
            if (flavor.equals(DataFlavor.javaFileListFlavor)) {
                System.out.println("canImport: JavaFileList FLAVOR: "+flavor);
                return true;
            }
            if (flavor.equals(DataFlavor.stringFlavor)) {
                System.out.println("canImport: String FLAVOR: "+flavor);
                return true;
            }
            System.err.println("canImport: Rejected Flavor: "+flavor);
        }
        return false;
    }
    public boolean importData(JComponent comp, Transferable t) {
        DataFlavor[] flavors=t.getTransferDataFlavors();
        System.out.println("Trying to import:"+t);
        System.out.println("… which has "+flavors.length+" flavors.");
        for (int i=0; i<flavors.length; i++) {
            DataFlavor flavor=flavors[i];
            try {
                if (flavor.equals(DataFlavor.javaFileListFlavor)) {
                    System.out.println("importData: FileListFlavor");
                    List l=(List) t.getTransferData(DataFlavor.javaFileListFlavor);
                    Iterator iter=l.iterator();
                    while (iter.hasNext()) {
                        File file=(File) iter.next();
                        if (file.isFile()) {
                            getFileInfo(file);
                            jtf.setText(file.getCanonicalPath());
                        } else {
                            JOptionPane.showMessageDialog(comp, "您拖入的东西不是
```

```
                        文件!");
                    }
                }
                return true;
            } else if (flavor.equals(DataFlavor.stringFlavor)) {
                System.out.println("importData: String Flavor");
                String fileOrURL= (String) t.getTransferData(flavor);
                System.out.println("GOT STRING: "+fileOrURL);
                try {
                    URL url=new URL(fileOrURL);
                    System.out.println("Valid URL: "+url.toString());
                    //Do something with the contents…
                    return true;
                } catch (MalformedURLException ex) {
                    System.err.println("Not a valid URL");
                    return false;
                }
            } else {
                System.out.println("importData rejected: "+flavor);
            }
        } catch (IOException ex) {
            System.err.println("IOError getting data: "+ex);
        } catch (UnsupportedFlavorException e) {
            System.err.println("Unsupported Flavor: "+e);
        }
    }
    Toolkit.getDefaultToolkit().beep();
    return false;
}
//将拖入的文件信息显示在上层图形管理界面
public void getFileInfo(File file) {
    jta.append("文 件 名:"+file.getName()+"\r\n");
    jta.append("文件路径:"+file.getPath()+"\r\n");
    jta.append("文件长度:"+file.length()+"\r\n");
}
}
```

Sys_Timer 类功能简介：系统时间类，用于在需要的时候获得系统时间。本类实现在任何需要的地方实时获得系统当前时间并返回。系统有的操作需要显示时间，不仅需要的地方多而且操作频繁，如果每次需要时就临时写代码获得时间，会导致代码凌乱、拖慢系统运行速度不说，对计算机系统资源的占用也是一个很大的问题。鉴于这些问题，封装了这个类，满足了所有相关需求。在本系统的实际应用中，此类被实例化了很多次，唯一的方法被调用了无数次。哪里需要，哪里调用，在实践中证明了此类的价值。Sys_Timer 类的代码如下：

```
package cn.zzuli;
```

```
import java.text.SimpleDateFormat;
import java.util.Date;
public class Sys_Timer {
    private String date="";
    public String getSysTime() {
        SimpleDateFormat formatter_f=new SimpleDateFormat("yyyy-MM-dd HH:mm:
        ss");
        Date currentTime_f=new Date();                //得到当前系统时间
        date=formatter_f.format(currentTime_f);  //将日期时间格式化
        return date;
    }
}
```

createID 类功能简介：为合法注册的客户端用户随机生成一个独一无二的 9 位的 ID。createID 类的代码如下：

```
package cn.zzuli;
import java.sql.Statement;
import java.util.Random;

public class createID {
    private String ID="";
    private Random create;
    private Statement st;
    //构造方法,接收参数为数据库连接对象,用于验证新生成的 ID 是否已存在
    public createID(Statement st){
        this.st=st;
    }
    //验证账号的可用性
    public boolean check(String sql) {
        boolean check_id=false;
        try {
            st.executeQuery(sql);
        } catch (Exception ex) {
            check_id=true;
        }
        return check_id;
    }
    //验证新 ID 的可用性
    public String checkID(){
        while(check("Select ALL * From chat where ID='"+getID()+"'"))
            break;
        return ID;
    }
    //制造新 ID,ID 长度为 9 位,前 3 位固定为 616,可改
    public String getID(){
```

```
            ID="616";
        create=new Random();
        for(int i=0;i<6;i++){
            ID=ID+create.nextInt(8);
        }
        return ID;
    }
}
```

fileSend 类功能简介：文件发送者，负责向客户端发送选定的文件。文件发送者与指定 IP 之间建立可靠的 TCP 连接，然后将指定的文件传送至目的地。fileSend 类的代码如下：

```
package cn.zzuli;
import java.io*;
import java.net.Socket;
import java.net.UnknownHostException;
import java.util.logging.Level;
import java.util.logging.Logger;
import javax.swing.*;

public class fileSend {
    private Socket server=null;                    //Socket 连接
    private DataInputStream fileIn;                //输入流
    private DataOutputStream fileOut;              //输出流
    public String fileName;                        //文件名
    private int n=0;                               //判断是否到达文件末尾
    /*字节缓冲区,默认为 512MB,在文件大小在 80MB~200MB 时最合适,当文件大小超出 200MB
     时建议调大此值*/
    private byte[] data=new byte[512];
    private Sys_Timer timer=new Sys_Timer();//获得系统时间
    private long timeStart;                        //起始时间
    private long timeEnd;                          //结束时间
    private long timeUse;                          //发送文件用时
    private long length;                           //文件长度
    private float speed;                           //速度
    private String ID;                             //接收用户 ID
    private JScrollPane jScrollPane3;              //滚动条
    /*构造方法。ip 是接收者的 IP,fileName 是文件全名,jta 是信息显示区域,ID 是接收用
     户的 ID,jScrollPane3 是滚动条*/
     public fileSend (String ip, String fileName, JTextArea jta, String ID,
     JScrollPane jScrollPane3) {
        try {
            this.fileName=fileName;
            this.ID=ID;
            this.jScrollPane3=jScrollPane3;
            server=new Socket(ip, 6667);
            fileIn=new DataInputStream(new FileInputStream(fileName));
```

```
            fileOut=new DataOutputStream(server.getOutputStream());
            n=fileIn.read(data);
            jta.append("\r\n"+timer.getSysTime()+"文件发送管理器开始向用户"+ID
            +"发送文件.");
            jScrollPane3.getVerticalScrollBar().setValue(jScrollPane3.
            getVerticalScrollBar().getMaximum());
            timeStart=System.currentTimeMillis();
            while (n !=-1) {
                fileOut.write(data);
                n=fileIn.read(data);
            }
            fileIn.close();
            fileOut.close();
            server.close();
        } catch (UnknownHostException ex) {
            Logger.getLogger(fileSend.class.getName()).log(Level.SEVERE,null,
            ex);
            } catch (IOException ex) {
              Logger. getLogger (fileSend. class. getName ()). log (Level. SEVERE,
              null, ex);
        }
        jta.append("\r\n"+timer.getSysTime()+"文件发送管理器向用户"+ID+"发送文
        件完成");
             jScrollPane3. getVerticalScrollBar ( ). setValue ( jScrollPane3.
             getVerticalScrollBar().getMaximum());
        timeTest(jta);
    }
    /*计算发送文件过程中产生的数据,包括时间、文件长度。以此测算传送速度,实现文件传送
     的技术统计*/
    public void timeTest(JTextArea jta) {
        String unit="字节";
        timeEnd=System.currentTimeMillis();
        timeUse=timeEnd-timeStart;
        File file=new File(fileName);
        length=file.length();
        if (length<1024) {
            unit="字节";
            speed=length;
        } else if (length<1024 * 1024) {
            unit="K";
            speed=(float) (length/1024);
        } else {
            unit="M";
            speed=(((float) length)/((float) (1024 * 1024)));
        }
        if (timeUse>1000) {
            jta.append("\r\n\r\n技术统计: 文件发送管理器共向 "+ID+" 发送文件长度:
```

```
        "+speed+unit+" ,共用时: "+(float) (timeUse/1000)+" 秒,平均速度: "+
        ((speed * 1000)/timeUse)+" "+unit+" /秒\r\n\r\n");
        } else if (timeUse>0) {
        jta.append("\r\n\r\n 技术统计: 文件发送管理器共向 "+ID+" 发送文件长度:
          "+speed+unit+" ,共用时: "+(timeEnd-timeStart)+" 毫秒,平均速度: "+
        (speed/((float) (timeEnd-timeStart))) * 1000+" "+unit+" /秒\r\n\r\
        n");
        } else {
        jta.append("\r\n\r\n 技术统计: 文件发送管理器共向 "+ID+" 发送文件长度:
        "+speed+unit+" ,共用时: "+(timeEnd-timeStart)+" 毫秒,平均速度:
        "+speed * 1000+" "+unit+" /秒\r\n\r\n");
      }
      jScrollPane3.getVerticalScrollBar().setValue(jScrollPane3.
      getVerticalScrollBar().getMaximum());
    }
}
```

getFilePath 类功能简介：文件选择对话框，返回选择的文件的路径。getFilePath 类的代码如下：

```
package cn.zzuli;
import java.io.File;
import javax.swing.JFileChooser;

public class getFilePath {
    public getFilePath() {
    }
    public String getPath() {
        String path=null;
        File file=null;
        JFileChooser jf=new JFileChooser();
        try {
            int val=jf.showOpenDialog(jf);
            if (val==JFileChooser.APPROVE_OPTION) {
                file=jf.getSelectedFile();
                path=file.getPath();
            }
        } catch (Exception e) {
        }
        return path;
    }
}
```

insertTextPane 类功能简介：代理调用者将调用者的文本窗格的文字和图片显示为调用者指定的值。格式化顶层图形管理界面的文本窗格的文字和图片。insertTextPane 类的代码如下：

```
package cn.zzuli;
import java.awt.Color;
```

```
import javax.swing.* t;
import javax.swing.text.BadLocationException;
import javax.swing.text.SimpleAttributeSet;
import javax.swing.text.StyleConstants;
public class insertTextPane {
    private JTextPane textPane;           //文本窗格
    private Document doc;                 //文档对象
    private int fontSize=12;              //默认字体大小为 12
    //构造方法,接收参数为指定的要格式化的文本窗格
    public insertTextPane(JTextPane textPane) {
        this.textPane=textPane;
    }
    //按照指定的格式向文本窗格中插入文字
    public void insert(String str, AttributeSet attrSet) {
        doc=textPane.getDocument();
        str=str+"\r\n";
        try {
            doc.insertString(doc.getLength(), str, attrSet);
        } catch (BadLocationException e) {
            System.out.println("BadLocationException:   "+e);
        }
    }
    public void setDocs(String str, Color col) {                //设置文档格式
        SimpleAttributeSet attrSet=new SimpleAttributeSet();
        StyleConstants.setForeground(attrSet, col);         //字体颜色
        StyleConstants.setBold(attrSet, true);
        StyleConstants.setFontSize(attrSet, fontSize);      //字体大小
        insert(str, attrSet);
    }
}
```

logSave 类功能简介：保存系统运行日志至选定的文件。该类实现将指定数据(文本类型)写入指定文件。在需要保存文本类型数据的地方实例化此类,两行代码即可实现数据的保存。logSave 类的代码如下：

```
package cn.zzuli;
import java.io.*;
public class logSave {
    private FileWriter fw;
    public logSave() {
    }
    //log 是要保存的数据,path 指定文件的路径
    public boolean Save(String log, String path) {
        boolean result=false;
        try {
            fw=new FileWriter(new File(path));
            fw.write(log);
            fw.close();
```

```
                result=true;
            } catch (IOException ex) {
                System.out.println("将数据写入文件时出错: "+ex);
            }
            return result;
        }
    }
```

16.5.3 网络通信系统客户端实现

与 QQ 一样，聊天系统客户端程序有登录界面，如图 16-16 所示。该登录图形用户界面使用 NetBeans 的"Java 桌面应用程序"开发，如图 16-17 所示。该图形用户界面的类是图 16-5 中所示的登录类。

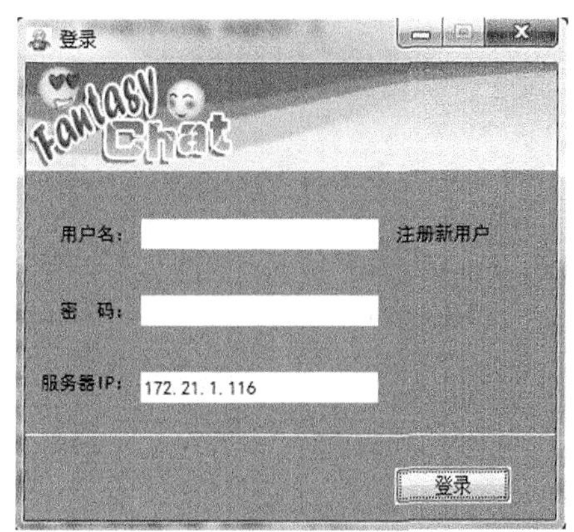

图 16-16　聊天系统客户端登录界面

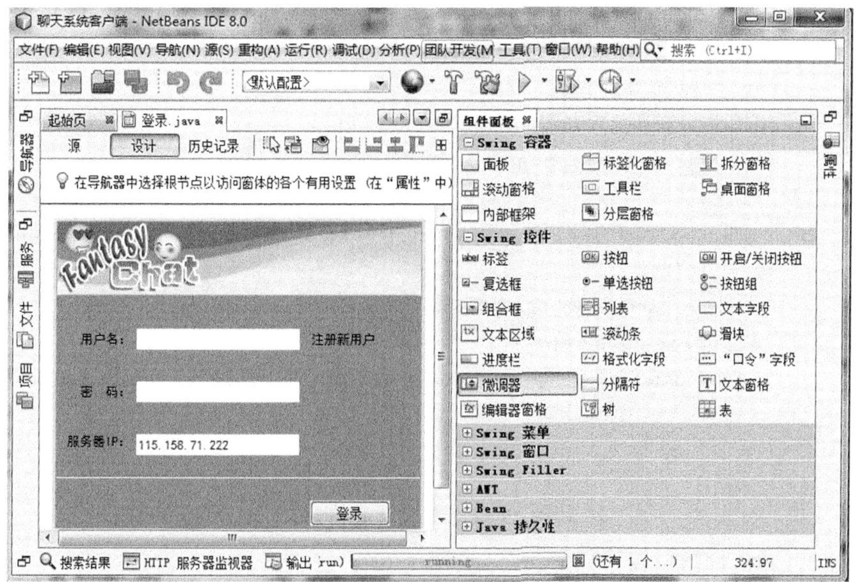

图 16-17　登录图形用户界面的桌面程序

登录类功能简介：聊天系统客户端启动界面，是主类，用于接收用户登录数据。登录类的代码如下：

```
package cn.zzuli;
import java.awt.Color;
import java.awt.Dimension;
import java.awt.Image;
import java.awt.Toolkit;
import java.awt.event.KeyEvent;
import java.net.InetAddress;
import javax.swing.UIManager;

public class 登录 extends javax.swing.JFrame {
    private String IP;
    private String ip;
    private String name;
    private String password;
    private Image ico;
    public 登录(String name,String IP,String password) {
        initComponents();
        ico=getToolkit().getImage(getClass().getResource("/images/tray4.jpg"));
        setIconImage(ico);
        jTextField1.setText(name);
        jTextField2.setText(IP);
        jPasswordField1.setText(password);
        Dimension dim=Toolkit.getDefaultToolkit().getScreenSize();
        int w=getSize().width;        //获取窗体宽度
        int h=getSize().height;       //获取窗体高度
        int x=(dim.width-w)/2;
        int y=(dim.height-h)/2;
        setLocation(x,y);
        jButton1.requestFocus();
    }
    public 登录(final String name,final String IP,final String password,int i){
        setFeel();
        java.awt.EventQueue.invokeLater(new Runnable() {
            public void run() {
                new 登录(name,IP,password).setVisible(true);
            }
        });
    }
    public static void setFeel() {    //外观风格
        try {
        UIManager.setLookAndFeel(UIManager.getSystemLookAndFeelClassName());
            } catch (Exception e) {
```

```
            e.printStackTrace();
        }
    }
    //initComponents()是 NetBeans 的"Java 桌面应用程序"自动生成的代码
    private void initComponents() {
          jPanel1=new javax.swing.JPanel();
        jLabel2=new javax.swing.JLabel();
        jLabel3=new javax.swing.JLabel();
        jLabel4=new javax.swing.JLabel();
        jTextField1=new javax.swing.JTextField();
        jPasswordField1=new javax.swing.JPasswordField();
        jTextField2=new javax.swing.JTextField();
        jButton1=new javax.swing.JButton();
        jLabel5=new javax.swing.JLabel();
        jSeparator1=new javax.swing.JSeparator();
        jPanel2=new javax.swing.JPanel();
        jLabel1=new javax.swing.JLabel();
        setDefaultCloseOperation(javax.swing.WindowConstants.EXIT_ON_CLOSE);
        setTitle("登录");
        setAlwaysOnTop(true);
        setResizable(false);
        jPanel1.setBackground(new java.awt.Color(60, 184, 250));
        jLabel2.setFont(new java.awt.Font("黑体", 0, 12));
        jLabel2.setText("用户名：");
        jLabel3.setFont(new java.awt.Font("黑体", 0, 12));
        jLabel3.setText("密　码：");
        jLabel4.setFont(new java.awt.Font("黑体", 0, 12));
        jLabel4.setText("服务器 IP：");
        jTextField1.setFont(new java.awt.Font("黑体", 0, 12));
        jTextField1.addKeyListener(new java.awt.event.KeyAdapter() {
            public void keyPressed(java.awt.event.KeyEvent evt) {
                jTextField1KeyPressed(evt);
            }
        });
        jPasswordField1.addKeyListener(new java.awt.event.KeyAdapter() {
            public void keyPressed(java.awt.event.KeyEvent evt) {
                jPasswordField1KeyPressed(evt);
            }
        });
        jTextField2.setFont(new java.awt.Font("黑体", 0, 12));
        jTextField2.setText("115.158.71.222");
        jButton1.setText("登录");
        jButton1.addMouseListener(new java.awt.event.MouseAdapter() {
            public void mouseClicked(java.awt.event.MouseEvent evt) {
                jButton1MouseClicked(evt);
```

```
    }
});
jButton1.addActionListener(new java.awt.event.ActionListener() {
    public void actionPerformed(java.awt.event.ActionEvent evt) {
        jButton1ActionPerformed(evt);
    }
});
jLabel5.setFont(new java.awt.Font("黑体", 0, 12));
jLabel5.setText("注册新用户");
jLabel5.addMouseListener(new java.awt.event.MouseAdapter() {
    public void mouseClicked(java.awt.event.MouseEvent evt) {
        jLabel5MouseClicked(evt);
    }
    public void mouseEntered(java.awt.event.MouseEvent evt) {
        jLabel5MouseEntered(evt);
    }
    public void mouseExited(java.awt.event.MouseEvent evt) {
        jLabel5MouseExited(evt);
    }
});
javax.swing.GroupLayout jPanel1Layout=new javax.swing.GroupLayout
(jPanel1);
jPanel1.setLayout(jPanel1Layout);
jPanel1Layout.setHorizontalGroup(
jPanel1Layout.createParallelGroup(javax.swing.GroupLayout.Alignment.
LEADING). addGroup (javax. swing. GroupLayout. Alignment. TRAILING,
jPanel1Layout.createSequentialGroup()
        .addContainerGap()
            . addGroup (jPanel1Layout. createParallelGroup (javax. swing.
            GroupLayout.Alignment.TRAILING)
             .addComponent(jLabel3)
             .addComponent(jLabel4)
             .addComponent(jLabel2))
             .addPreferredGap(javax.swing.LayoutStyle
             .ComponentPlacement.RELATED)
             .addGroup(jPanel1Layout.createParallelGroup(javax.swing
             .GroupLayout.Alignment.LEADING)
             .addComponent(jTextField1, javax.swing.GroupLayout
             .DEFAULT_SIZE, 154, Short.MAX_VALUE)
             .addComponent(jTextField2, javax.swing.GroupLayout
             .DEFAULT_SIZE, 154, Short.MAX_VALUE)
             .addComponent(jPasswordField1, javax.swing.GroupLayout
             .DEFAULT_SIZE, 154, Short.MAX_VALUE))
             .addPreferredGap(javax.swing.LayoutStyle
             .ComponentPlacement.UNRELATED)
```

```
                .addGroup(jPanel1Layout.createParallelGroup(javax.swing
                .GroupLayout.Alignment.LEADING)
                .addComponent(jButton1, javax.swing.GroupLayout
                .PREFERRED_SIZE, 74, javax.swing.GroupLayout
                .PREFERRED_SIZE)
                .addComponent(jLabel5))
                .addGap(28, 28, 28))
                .addGroup(jPanel1Layout.createParallelGroup(javax.swing
                .GroupLayout.Alignment.LEADING)
                .addComponent(jSeparator1, javax.swing.GroupLayout
                .DEFAULT_SIZE, 340, Short.MAX_VALUE))
);
jPanel1Layout.setVerticalGroup(

    jPanel1Layout.createParallelGroup(javax.swing.GroupLayout
    .Alignment.LEADING)
    .addGroup(jPanel1Layout.createSequentialGroup()
        .addGap(29, 29, 29)
        .addGroup(jPanel1Layout.createParallelGroup(javax.swing
        .GroupLayout.Alignment.BASELINE)
            .addComponent(jLabel2)
            .addComponent(jTextField1, javax.swing.GroupLayout
            .PREFERRED_SIZE, javax.swing.GroupLayout.DEFAULT_SIZE,
            javax.swing.GroupLayout.PREFERRED_SIZE)
            .addComponent(jLabel5))
        .addGap(27, 27, 27)
        .addGroup(jPanel1Layout.createParallelGroup(javax.swing
        .GroupLayout.Alignment.BASELINE)
            .addComponent(jPasswordField1, javax.swing
            .GroupLayout.PREFERRED_SIZE, javax.swing.GroupLayout
            .DEFAULT_SIZE, javax.swing.GroupLayout.PREFERRED_SIZE)
            .addComponent(jLabel3))
        .addGap(27, 27, 27)
        .addGroup(jPanel1Layout.createParallelGroup(javax.swing
        .GroupLayout.Alignment.LEADING)
            .addComponent(jTextField2, javax.swing.GroupLayout
            .PREFERRED_SIZE, javax.swing.GroupLayout.DEFAULT_SIZE,
            javax.swing.GroupLayout.PREFERRED_SIZE)
            .addComponent(jLabel4))
        .addPreferredGap(javax.swing.LayoutStyle.ComponentPlacement
        .RELATED, 38, Short.MAX_VALUE)
        .addComponent(jButton1)
        .addContainerGap())
            .addGroup(jPanel1Layout.createParallelGroup(javax.swing.
            GroupLayout.Alignment.LEADING)
```

```
        .addGroup(jPanel1Layout.createSequentialGroup()
            .addGap(164, 164, 164)
            .addComponent(jSeparator1, javax.swing.GroupLayout
            .PREFERRED_SIZE, javax.swing.GroupLayout.DEFAULT_SIZE,
            javax.swing.GroupLayout.PREFERRED_SIZE)
            .addContainerGap(53, Short.MAX_VALUE)))
);
jLabel1.setIcon(new javax.swing.ImageIcon(getClass().getResource("/
images/logo.jpg"))); //NOI18N
javax.swing.GroupLayout jPanel2Layout = new javax.swing.GroupLayout
(jPanel2);
jPanel2.setLayout(jPanel2Layout);
jPanel2Layout.setHorizontalGroup(

    jPanel2Layout.createParallelGroup(javax.swing.GroupLayout
    .Alignment.LEADING)
    .addGap(0, 340, Short.MAX_VALUE)
    .addGroup(jPanel2Layout.createParallelGroup(javax.swing
    .GroupLayout.Alignment.LEADING)
        .addComponent(jLabel1, javax.swing.GroupLayout
        .DEFAULT_SIZE, 340, Short.MAX_VALUE))
);
jPanel2Layout.setVerticalGroup(
    jPanel2Layout.createParallelGroup(javax.swing.GroupLayout
    .Alignment.LEADING)
    .addGap(0, 66, Short.MAX_VALUE)
    .addGroup(jPanel2Layout.createParallelGroup(javax.swing
    .GroupLayout.Alignment.LEADING)
        .addComponent(jLabel1, javax.swing.GroupLayout.DEFAULT_SIZE,
        66, Short.MAX_VALUE))
);
javax.swing.GroupLayout layout=new javax.swing.GroupLayout
(getContentPane());
getContentPane().setLayout(layout);
layout.setHorizontalGroup(
    layout.createParallelGroup(javax.swing.GroupLayout.Alignment
    .LEADING)
    .addComponent(jPanel1, javax.swing.GroupLayout.DEFAULT_SIZE,
    javax.swing.GroupLayout.DEFAULT_SIZE, Short.MAX_VALUE)
    .addGroup(layout.createParallelGroup(javax.swing.GroupLayout
    .Alignment.LEADING)
            .addComponent(jPanel2, javax.swing.GroupLayout.Alignment.
            TRAILING, javax.swing.GroupLayout.DEFAULT_SIZE, javax.swing.
            GroupLayout.DEFAULT_SIZE, Short.MAX_VALUE))
);
layout.setVerticalGroup(layout.createParallelGroup(javax
```

```
    .swing.GroupLayout.Alignment.LEADING).addGroup(layout
    .createSequentialGroup()
            .addContainerGap(67, Short.MAX_VALUE)
            .addComponent(jPanel1, javax.swing.GroupLayout.PREFERRED_SIZE,
            javax.swing.GroupLayout.DEFAULT_SIZE, javax.swing.GroupLayout
            .PREFERRED_SIZE))
        .addGroup(layout.createParallelGroup(javax.swing.GroupLayout
        .Alignment.LEADING)
            .addGroup(layout.createSequentialGroup()
            .addComponent(jPanel2, javax.swing.GroupLayout.PREFERRED_SIZE,
            javax.swing.GroupLayout.DEFAULT_SIZE, javax.swing.GroupLayout.
            PREFERRED_SIZE)
                .addContainerGap(220, Short.MAX_VALUE)))
    );
    pack();
}
//以下监听器方法是 NetBeans 的"Java 桌面应用程序"自动生成的代码
private void jButton1MouseClicked(java.awt.event.MouseEvent evt) {
}
private void jLabel5MouseClicked(java.awt.event.MouseEvent evt) {
    setVisible(false);
    new 注册();
}
private void jLabel5MouseEntered(java.awt.event.MouseEvent evt) {
    jLabel5.setForeground(Color.red);
}
private void jLabel5MouseExited(java.awt.event.MouseEvent evt) {
    jLabel5.setForeground(Color.BLACK);
}
private void jButton1ActionPerformed(java.awt.event.ActionEvent evt) {
    login();
}
private void jTextField1KeyPressed(java.awt.event.KeyEvent evt) {
    if (KeyEvent.getKeyText(evt.getKeyCode()).equals("Enter")) {
        login();
    }
}
private void jPasswordField1KeyPressed(java.awt.event.KeyEvent evt) {
    if (KeyEvent.getKeyText(evt.getKeyCode()).equals("Enter")) {
        login();
    }
}
//调用相关类,实现登录的实际过程
public void login(){
    setVisible(false);
```

```
            IP=jTextField2.getText();
            name=jTextField1.getText();
            password=jPasswordField1.getText();
            new 登录中(name,password,IP);
        }
        //获得本机 IP
        public void get(){
            try{
                InetAddress addr=InetAddress.getLocalHost();
                ip=addr.getHostAddress();
            }catch(Exception e){
            }
        }
        public static void main(String args[]) {
            setFeel();
            java.awt.EventQueue.invokeLater(new Runnable() {
                public void run() {
                    //默认的服务器地址为 115.158.71.222
                    new 登录("","115.158.71.222","").setVisible(true);
                }
            });
        }
      …
    }
```

在登录的时候,由于要处理相关数据,要用到“登录中”类。“登录中”类功能简介:接收客户端登录的相关数据,托管登录功能。“登录中”类的代码如下:

```
package cn.zzuli;
import java.awt.Image;
import java.io.*;
import java.net.Socket;
import javax.swing.*;
import java.net.ServerSocket;

public class 登录中 extends javax.swing.JFrame {
    private String name=null;
    private String ID=null;
    private String password=null;
    private String IP=null;
    public Socket client=null;
    private DataOutputStream out=null;
    private DataInputStream in=null;
    private Thread rev=null;
    private Thread link=null;
    private getIP getip=new getIP();
```

```
private ServerSocket testServer;
private boolean canLogin=false;
private Image ico;
//initComponents()是通过 NetBeans 的"Java 桌面应用程序"自动生成的代码
private void initComponents() {
    jButton1=new javax.swing.JButton();
    jLabel1=new javax.swing.JLabel();
    jLabel2=new javax.swing.JLabel();
    jScrollPane1=new javax.swing.JScrollPane();
    jTextArea1=new javax.swing.JTextArea();
    setDefaultCloseOperation(javax.swing.WindowConstants.EXIT_ON_CLOSE;
    setTitle("正在登录…");
    setMaximizedBounds(new java.awt.Rectangle(0, 0, 263, 1000));
    setMinimumSize(new java.awt.Dimension(220, 500));
    setResizable(false);
    jButton1.setText("取消");
    jButton1.addMouseListener(new java.awt.event.MouseAdapter() {
        public void mouseClicked(java.awt.event.MouseEvent evt) {
            jButton1MouseClicked(evt);
        }
    });
    jLabel1.setFont(new java.awt.Font("黑体", 0, 12));
    jLabel1.setIcon(new javax.swing.ImageIcon(getClass().getResource("/
    images/pro.gif"))); //NOI18N
    jLabel2.setFont(new java.awt.Font("黑体", 0, 12));
    jLabel2.setForeground(new java.awt.Color(255, 51, 0));
    jLabel2.setText("正在登录");
    jTextArea1.setColumns(20);
    jTextArea1.setLineWrap(true);
    jTextArea1.setRows(5);
    jTextArea1.setOpaque(false);
    jScrollPane1.setViewportView(jTextArea1);
    javax.swing.GroupLayout layout=new javax.swing.GroupLayout
    (getContentPane());
    getContentPane().setLayout(layout);
    layout.setHorizontalGroup(
        layout. createParallelGroup (javax. swing. GroupLayout. Alignment.
        LEADING)
        .addGroup(javax.swing.GroupLayout.Alignment.TRAILING, layout
        .createSequentialGroup()
            .addContainerGap(98, Short.MAX_VALUE)
            .addComponent(jLabel2)
            .addGap(97, 97, 97))
        .addGroup(layout.createSequentialGroup()
            .addGap(80, 80, 80)
```

```
            .addGroup(layout.createParallelGroup(javax.swing.GroupLayout
            .Alignment.TRAILING)
                .addComponent(jLabel1, javax.swing.GroupLayout.Alignment
                .LEADING, javax.swing.GroupLayout.DEFAULT_SIZE, 90, Short.
                MAX_VALUE)
                .addComponent(jButton1, javax.swing.GroupLayout.Alignment
                .LEADING, javax.swing.GroupLayout.DEFAULT_SIZE, 90, Short.
                MAX_VALUE))
            .addGap(73, 73, 73))
        .addGroup(layout.createParallelGroup(javax.swing.GroupLayout
        .Alignment.LEADING)
            .addComponent(jScrollPane1, javax.swing.GroupLayout.DEFAULT_
            SIZE, 243, Short.MAX_VALUE))
    );
    layout.setVerticalGroup(
        layout.createParallelGroup(javax.swing.GroupLayout.Alignment
        .LEADING)
        .addGroup(layout.createSequentialGroup()
            .addGap(78, 78, 78)
            .addComponent(jButton1)
            .addGap(49, 49, 49)
            .addComponent(jLabel1)
            .addGap(18, 18, 18)
            .addComponent(jLabel2)
            .addContainerGap(381, Short.MAX_VALUE))
        .addGroup(layout.createParallelGroup(javax.swing.GroupLayout
        .Alignment.LEADING)
            .addGroup(javax.swing.GroupLayout.Alignment.TRAILING, layout
            .createSequentialGroup()
                .addContainerGap(272, Short.MAX_VALUE)
                .addComponent(jScrollPane1, javax.swing.GroupLayout
                .PREFERRED_SIZE, 373, javax.swing.GroupLayout.PREFERRED_
                SIZE)))
    );
    pack();
}
//以下监听器方法是 NetBeans 的"Java 桌面应用程序"自动生成的代码
private void jButton1MouseClicked(java.awt.event.MouseEvent evt) {
    setVisible(false);
    Closed();
    System.exit(0);
}
//外观风格
public static void setFeel() {
    try {
```

```
            UIManager.setLookAndFeel(UIManager.getSystemLookAndFeelClassName());
        } catch (Exception e) {
            e.printStackTrace();
        }
    }
    public 登录中(final String ID, final String password, final String IP) {
        setFeel();
        java.awt.EventQueue.invokeLater(new Runnable() {
            public void run() {
                new 登录中(ID, password, IP, 1).setVisible(true);
            }
        });
    }
    public 登录中(String ID, String password, String IP, int i) {
        initComponents();
        ico=getToolkit().getImage(getClass().getResource("/images/tray4.jpg"));
        setIconImage(ico);
        this.ID=ID;
        this.password=password;
        this.IP=IP;
        try {
            testServer=new ServerSocket(6665);
            testServer.close();
            canLogin=true;
        } catch (IOException ex) {
            canLogin=false;
        }
        if (canLogin) {
            link();
            } else {
            jTextArea1.append("登录失败：每个 IP 仅限单个用户登录,此 IP 已有用户登录!
            \r\n");
             jLabel1.setIcon(new javax.swing.ImageIcon(getClass().getResource
             ("/images/stop.jpg")));
            jLabel2.setText("登录失败");
            jButton1.setText("返回");
        }
    }
    //登录失败时清理资源
    public void Closed() {
        try {
            if (client !=null) {
                client.close();
            }
            if (out !=null) {
```

```
                out.close();
            }
            if (in !=null) {
                in.close();
            }
            if (rev !=null) {
                rev.interrupt();
            }
            if (link !=null) {
                link.interrupt();
            }
        } catch (Exception e) {
        }
    }
    public void rev_Thread() {          //消息接收线程
        rev=new Thread() {
            public void run() {
                try {
                    in=new DataInputStream(client.getInputStream());
                    jTextArea1.append("所有准备已就绪,正在等待服务器响应\r\n");
                    } catch (Exception e) {
                    jTextArea1.append("系统错误:"+e);
                    jLabel1.setIcon(new javax.swing.ImageIcon(getClass()
                    .getResource("/images/stop.jpg")));
                    jButton1.setText("返回");
                    Closed();
                }
                while (true) {
                    try {
                        String str=in.readUTF();
                        if (str.equals("0")) {
                            jTextArea1.append("登录失败: 密码错误\r\n");
                            jLabel1.setIcon(new javax.swing.ImageIcon(getClass()
                            .getResource("/images/stop.jpg")));
                            Closed();
                            jButton1.setText("返回");
                            break;
                        } else if (str.equals("-1")) {
                            jTextArea1.append("登录失败: 没有此用户!\r\n");
                            jLabel1.setIcon(new javax.swing.ImageIcon(getClass()
                            .getResource("/images/stop.jpg")));
                            jButton1.setText("返回");
                            Closed();
                            break;
                        } else if (str.equals("-2")) {
```

```
                    jTextArea1.append("登录失败：此用户已登录!\r\n");
                    jLabel1.setIcon(new javax.swing.ImageIcon(getClass()
                    .getResource("/images/stop.jpg")));
                    jButton1.setText("返回");
                    Closed();
                    break;
                } else if (str.equals("-3")) {
                    jTextArea1.append("登录失败：当前服务器已限制用户登录!\
                    r\n 请等待直到管理员开放登录功能!\r\n");
                    jLabel1.setIcon(new javax.swing.ImageIcon(getClass()
                    .getResource("/images/stop.jpg")));
                    jButton1.setText("返回");
                    Closed();
                    break;
                } else {
                    jLabel2.setText("登录成功");
                    jTextArea1.append("恭喜：登录成功!\r\n");
                    jLabel1.setIcon(new javax.swing.ImageIcon(getClass()
                    .getResource("/images/stop.jpg")));
                    name=str;
                    jButton1.setVisible(false);
                    setVisible(false);
                    new Manager(ID, name, out, in);
                    try {
                        if (rev !=null) {
                            rev.interrupt();
                        }
                        if (link !=null) {
                            link.interrupt();
                        }
                    } catch (Exception e) {
                    }
                    break;
                }
            } catch (Exception e) {
                jTextArea1.append("登录失败："+e+"\r\n");
                jLabel1.setIcon(new javax.swing.ImageIcon(getClass()
                .getResource("/images/stop.jpg")));
                jButton1.setText("返回");
                break;
            }
        }
    }
};
rev.start();
```

```
    }
    public void link() {//连接服务器,发送登录信息
        link=new Thread() {
            public void run() {
                try {
                    jTextArea1.append("正在搜索服务器…\r\n");
                    client=new Socket(IP, 6666);
                    jTextArea1.append("已与指定服务器建立连接\r\n");
                    } catch (Exception e) {
                    jLabel2.setText("登录失败");
                    jLabel1.setIcon(new javax.swing.ImageIcon(getClass()
                    .getResource("/images/stop.jpg")));
                    jButton1.setText("返回");
                    jTextArea1.append("登录失败: 指定服务器不存在或不提供接入服务!\
                    r\n");
                    JOptionPane.showMessageDialog(null, "指定服务器不存在或不提供
                    接入服务!\r\n 请检查输入的服务器 IP 地址是否有错!", "提示",
                    JOptionPane.ERROR_MESSAGE);
                    setVisible(false);
                    System.exit(0);
                }
                try {
                    out=new DataOutputStream(client.getOutputStream());
                    out.writeUTF("L:"+ID+":"+password+":"+getip.getMyIP());
                    jTextArea1.append("身份信息已发送,正在等待服务器认证。\r\n");
                    rev_Thread();
                    } catch (Exception e) {
                    jTextArea1.append("登录失败: 与服务器进行身份认证时出错!\r\n");
                    jButton1.setText("返回");
                    jLabel1.setIcon(new javax.swing.ImageIcon(getClass()
                    .getResource("/images/stop.jpg")));
                    JOptionPane.showMessageDialog(null, "与服务器进行身份认证时
                    出错!");
                    setVisible(false);
                    System.exit(0);
                }
            }
        };
        link.start();
    }
    …
}
```

在“登录中”类中,如果登录成功则执行“new Manager(ID, name, out, in);”。Manager 类功能简介:客户端的主界面,集成了客户端的大部分功能。本类为该系统客户

端的主界面，直接实现了客户端最主要的功能并通过接口调用其他类，扩展了部分功能。该类使用 NetBeans 的“Java 桌面应用程序”开发，如图 16-18 所示。

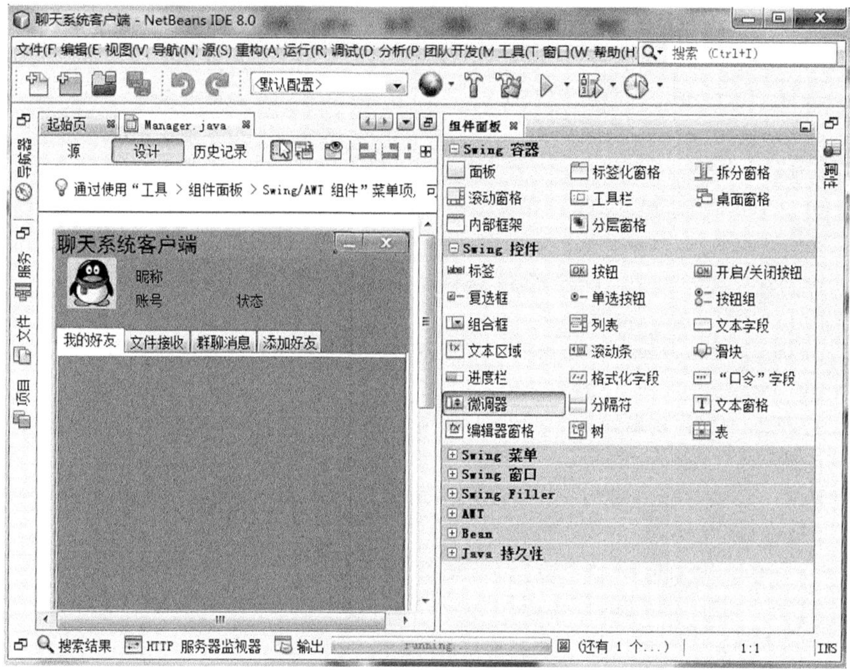

图 16-18　客户端主页面的桌面应用程序

Manager 类的代码如下：

```
package cn.zzuli;
import java.awt.*;
import java.awt.event.*;
import java.io.*;
import java.net.*;
import javax.swing.*;

public class Manager extends javax.swing.JFrame implements MouseListener {
    private userInfo userInfo=new userInfo();          //好友信息模型
    private Point mousePoint;                          //自定义窗体拖动的 Point 对象
    private ImageIcon diaIcon=new
            ImageIcon(getClass().getResource("/images/tan.gif"));
    private boolean isTray;                            //系统是否已经托管
    private SystemTray sysT;                           //托盘对象
    private Dimension din;                             //坐标对象
    private JPopupMenu popu;                           //右键菜单
    private JMenuItem itt2;
    private JMenuItem itt1;
    private JMenuItem itt3;
    private DataOutputStream out=null;
```

```
private DataInputStream in=null;
private Messages message=new Messages();          //消息发送和接收管理器
private Thread rev;                               //接收线程
private DefaultListModel listModel;               //好友列表的列表模型
private String[] friends;                         //好友信息
private Icon[] friendsIcons;                      //好友头像
private String name;                              //本地用户的昵称
private String ID;                                //本地用户的 ID
private String state="在线";                      //默认在线状态
private Sys_Timer sys_Tiemr=new Sys_Timer();      //系统时间类
private insertTextPane setTextPaneString;         //文本窗格的美化
private Image image;
private TrayIcon tiIcon;                          //系统托盘图标
private boolean isRev=true;                       //是否接收消息
//好友选择器,实现好友焦点的鼠标跟随效果
private friendChooser friendChooser=new friendChooser();
private Color docColor=Color.BLACK;
private Thread showInfo;
private String chatFriendName;                    //聊天对象的昵称
private String chatFriendID;                      //聊天对象的 ID
//连接器,用于与指定好友建立连接
private getFriendConnec getFriendConnec=new getFriendConnec();
private Thread createFri_Chat;                    //线程,用于启动好友的私聊模块
private int listCount=0;                          //好友列表的好友数量
private ServerSocket server;                      //监听好友连接
private boolean isExit;                           //是否已离线
private int infoCount=0;
private Point pressedPoint;                       //自定义窗体拖动的 Point 对象
private MouseMove dispositer;               //鼠标移动监听器,实现主界面的上拉和下拉
private boolean isT=true;                   //接收文件完成时是否弹出对话框提示用户
private getFilePath fileGetter=new getFilePath();   //获得用户自定义文件存储路径
private String path="C:/";                        //默认的文件存储路径
private JPopupMenu pop;
private JMenuItem chat;
private JMenuItem del;
private JMenuItem add;
private JMenuItem refresh;
private JMenuItem qun;
public boolean qunChat=true;                      //是否参与群聊
public boolean isUP=false;                        //主界面是否已上拉
private Image ico;
/*构造方法,启动整个客户端主界面。为了减轻客户端和服务器负载,以下参数除了 i 都是从
  上层调用处传下来的,实现了资源的有效利用,降低了对系统配置的要求,ID 是本地用户的
  ID,name 是本地用户昵称,out 是客户端与服务器的输出流,in 是客户端与服务器的输入
  流*/
```

```
public Manager(int i, String ID, String name, DataOutputStream out,
DataInputStream in){
    initComponents();
    ico=getToolkit().getImage(getClass().getResource("/images/tray4.jpg"));
    setIconImage(ico);                              //窗体图标
    this.out=out;
    this.in=in;
    this.name=name;
    this.ID=ID;
    jLabel2.setText(name);
    jLabel3.setText(ID);
    jLabel6.setText(state);
    setPlace();
    dispositer=new MouseMove(this);
    //向服务器请求本地用户的好友信息
    message.getFriend(out);
    //启动在线信息认证线程,告知服务器该用户一直在线
    message.LinkServer(out);
    revMessage();//启动消息接收线程
    setTextPaneString=new insertTextPane(jTextPane1);
    jPanel9.setVisible(false);
    //开启好友聊天的监听模块
    startFriend();
}
/*监听本地 6665 端口,若有好友连接,即生成一个好友私聊界面,前提是与服务器有连接,即
 在线*/
public void startFriend() {
    new Thread() {
        public void run() {
            try {
                if (server==null) {
                    server=new ServerSocket(6665);
                }
                while (jLabel6.getText().equals("在线")) {
                    Socket client=server.accept();
                    createF(client);
                }
            } catch (Exception e) {
            }
        }
    }.start();
}
public void createF(final Socket client) {      //生成一个私聊界面
    new Thread() {
        public void run() {
```

```
            /*只需一条连接以及本地用户的身份信息,一行代码即可实现点对点的聊天功能。
             需要实例化 FriendChat 类*/
                new FriendChat(client, jLabel2.getText(), jLabel3.getText());
                setState(1);
                this.interrupt();           //中断线程,释放资源
            }
        }.start();
    }
    /*构造方法,上层调用者启动该类时调用该构造方法,该方法将接收的参数传给了构造方
     法*/
    public Manager(final String ID, final String name, final DataOutputStream
    out, final DataInputStream in) {
        setFeel();
        java.awt.EventQueue.invokeLater(new Runnable() {
          public void run() {
                new Manager(1, ID, name, out, in).setVisible(true);
            }
        });
    }
    public static void setFeel() {           //设置外观风格
        try {
            UIManager.setLookAndFeel(UIManager.getSystemLookAndFeelClassName());
            } catch (Exception e) {
            e.printStackTrace();
        }
    }
    //initComponents()是通过 NetBeans 的"Java 桌面应用程序"自动生成的代码
    private void initComponents() {
        jPanel1=new javax.swing.JPanel();
        jLabel1=new javax.swing.JLabel();
        jLabel2=new javax.swing.JLabel();
        jLabel3=new javax.swing.JLabel();
        jLabel6=new javax.swing.JLabel();
        jPanel7=new javax.swing.JPanel();
        jLabel7=new javax.swing.JLabel();
        jLabel8=new javax.swing.JLabel();
        jLabel4=new javax.swing.JLabel();
        jPanel2=new javax.swing.JPanel();
        jTabbedPane1=new javax.swing.JTabbedPane();
        jPanel3=new javax.swing.JPanel();
        jScrollPane1=new javax.swing.JScrollPane();
        jList1=new javax.swing.JList();
        jPanel5=new javax.swing.JPanel();
        jScrollPane4=new javax.swing.JScrollPane();
        jTextArea1=new javax.swing.JTextArea();
```

```
jTextField2=new javax.swing.JTextField();
jButton3=new javax.swing.JButton();
jCheckBox1=new javax.swing.JCheckBox();
jPanel6=new javax.swing.JPanel();
jScrollPane2=new javax.swing.JScrollPane();
jTextPane1=new javax.swing.JTextPane();
jScrollPane5=new javax.swing.JScrollPane();
jTextArea2=new javax.swing.JTextArea();
jCheckBox2=new javax.swing.JCheckBox();
jButton4=new javax.swing.JButton();
jButton5=new javax.swing.JButton();
jPanel4=new javax.swing.JPanel();
jTextField1=new javax.swing.JTextField();
jButton1=new javax.swing.JButton();
jPanel9=new javax.swing.JPanel();
jScrollPane3=new javax.swing.JScrollPane();
jTable1=new javax.swing.JTable();
jButton2=new javax.swing.JButton();
jPanel8=new javax.swing.JPanel();
setDefaultCloseOperation(javax.swing.WindowConstants.EXIT_ON_CLOSE;
setTitle("山寨版 QQ");
setMaximizedBounds(new java.awt.Rectangle(0, 0, 193, 0));
setMinimumSize(new java.awt.Dimension(193, 300));
setUndecorated(true);
setResizable(false);
jPanel1.setBackground(new java.awt.Color(30, 180, 240));
jPanel1.addMouseListener(new java.awt.event.MouseAdapter() {
    public void mousePressed(java.awt.event.MouseEvent evt) {
        jPanel1MousePressed(evt);
    }
});
jPanel1.addMouseMotionListener(new java.awt.event.MouseMotionAdapter() {
    public void mouseDragged(java.awt.event.MouseEvent evt) {
        jPanel1MouseDragged(evt);
    }
});
jLabel1.setIcon(newjavax.swing.ImageIcon(getClass().getResource("/
images/1.gif"))); //NOI18N
jLabel1.setBorder(new javax.swing.border.LineBorder(new java.awt.
Color(51, 255, 51), 2, true));
jLabel1.addMouseListener(new java.awt.event.MouseAdapter() {
    public void mouseEntered(java.awt.event.MouseEvent evt) {
        jLabel1MouseEntered(evt);
    }
    public void mouseExited(java.awt.event.MouseEvent evt) {
```

```
        jLabel1MouseExited(evt);
    }
});
jLabel2.setText("昵称");
jLabel3.setText("账号");
jLabel6.setText("状态");
jPanel7.setBackground(new java.awt.Color(60, 184, 250));
jPanel7.addMouseListener(new java.awt.event.MouseAdapter() {
    public void mousePressed(java.awt.event.MouseEvent evt) {
        jPanel7MousePressed(evt);
    }
});
jPanel7.addMouseMotionListener(new java.awt.event.MouseMotionAdapter() {
    public void mouseDragged(java.awt.event.MouseEvent evt) {
        jPanel7MouseDragged(evt);
    }
});
jLabel7.setIcon(newjavax.swing.ImageIcon(getClass().getResource("/
images/Button_colse_normal.jpg"))); //NOI18N
jLabel7.addMouseListener(new java.awt.event.MouseAdapter() {
    public void mouseClicked(java.awt.event.MouseEvent evt) {
        jLabel7MouseClicked(evt);
    }
    public void mouseEntered(java.awt.event.MouseEvent evt) {
        jLabel7MouseEntered(evt);
    }
    public void mouseExited(java.awt.event.MouseEvent evt) {
        jLabel7MouseExited(evt);
    }
    public void mousePressed(java.awt.event.MouseEvent evt) {
        jLabel7MousePressed(evt);
    }
});
jLabel8.setIcon(newjavax.swing.ImageIcon(getClass().getResource("/
images/Button_min_normalBackground.jpg"))); //NOI18N
jLabel8.addMouseListener(new java.awt.event.MouseAdapter() {
    public void mouseClicked(java.awt.event.MouseEvent evt) {
        jLabel8MouseClicked(evt);
    }
    public void mouseEntered(java.awt.event.MouseEvent evt) {
        jLabel8MouseEntered(evt);
    }
    public void mouseExited(java.awt.event.MouseEvent evt) {
        jLabel8MouseExited(evt);
    }
```

```
    public void mousePressed(java.awt.event.MouseEvent evt) {
        jLabel8MousePressed(evt);
    }
});
jLabel4.setFont(new java.awt.Font("黑体", 0, 18)); //NOI18N
jLabel4.setText("聊天系统客户端");
javax. swing. GroupLayout jPanel7Layout = new javax. swing. GroupLayout
(jPanel7);
jPanel7.setLayout(jPanel7Layout);
jPanel7Layout.setHorizontalGroup(
jPanel7Layout.createParallelGroup(javax.swing.GroupLayout.Alignment.
LEADING)
    .addGroup(javax.swing.GroupLayout.Alignment.TRAILING,
    jPanel7Layout.createSequentialGroup()
        .addContainerGap(174, Short.MAX_VALUE)
        .addComponent(jLabel8)
        .addGap(41, 41, 41))
    .addGroup(jPanel7Layout.createParallelGroup(javax.swing
    .GroupLayout.Alignment.LEADING)
        .addGroup(jPanel7Layout.createSequentialGroup()
            .addContainerGap(199, Short.MAX_VALUE)
            .addComponent(jLabel7)))
    .addGroup(jPanel7Layout.createParallelGroup(javax.swing
    .GroupLayout.Alignment.LEADING)
        .addGroup(jPanel7Layout.createSequentialGroup()
            .addComponent(jLabel4)
            .addContainerGap(187, Short.MAX_VALUE)))
);
jPanel7Layout.setVerticalGroup(
jPanel7Layout.createParallelGroup(javax.swing.GroupLayout.Alignment.
LEADING)
    .addGroup(jPanel7Layout.createSequentialGroup()
        .addComponent(jLabel8)
        .addContainerGap(4, Short.MAX_VALUE))
    .addGroup(jPanel7Layout.createParallelGroup(javax.swing
    .GroupLayout.Alignment.LEADING)
        .addGroup(jPanel7Layout.createSequentialGroup()
            .addComponent(jLabel7)
            .addContainerGap(javax.swing.GroupLayout.DEFAULT_SIZE,
            Short.MAX_VALUE)))
    .addGroup(jPanel7Layout.createParallelGroup(javax.swing
    .GroupLayout.Alignment.LEADING)
        .addGroup(javax.swing.GroupLayout.Alignment.TRAILING,
        jPanel7Layout.createSequentialGroup()
            .addComponent(jLabel4, javax.swing.GroupLayout.PREFERRED_
```

```
                SIZE, 22, javax.swing.GroupLayout.PREFERRED_SIZE)
                .addContainerGap(javax.swing.GroupLayout.DEFAULT_SIZE,
                Short.MAX_VALUE)))
);
javax.swing.GroupLayout jPanel1Layout=new javax.swing.GroupLayout
(jPanel1);
jPanel1.setLayout(jPanel1Layout);
jPanel1Layout.setHorizontalGroup(

    jPanel1Layout.createParallelGroup(javax.swing.GroupLayout
    .Alignment.LEADING)
    .addGroup(jPanel1Layout.createSequentialGroup()
        .addContainerGap()
        .addComponent(jLabel1)
        .addGap(18, 18, 18)
        .addGroup(jPanel1Layout.createParallelGroup(javax.swing
        .GroupLayout.Alignment.LEADING)
            .addComponent(jLabel2, javax.swing.GroupLayout.PREFERRED_
            SIZE, 60, javax.swing.GroupLayout.PREFERRED_SIZE)
            .addGroup(jPanel1Layout.createSequentialGroup()
                .addComponent(jLabel3, javax.swing.GroupLayout
                .PREFERRED_SIZE, 79, javax.swing.GroupLayout.PREFERRED_
                SIZE)
                .addGap(10, 10, 10)
                .addComponent(jLabel6, javax.swing.GroupLayout
                .PREFERRED_SIZE, 50, javax.swing.GroupLayout.PREFERRED_
                SIZE)))
        .addContainerGap(30, Short.MAX_VALUE))
    .addGroup(jPanel1Layout.createParallelGroup(javax.swing
    .GroupLayout.Alignment.LEADING)
        .addComponent(jPanel7, javax.swing.GroupLayout.DEFAULT_SIZE,
        javax.swing.GroupLayout.DEFAULT_SIZE, Short.MAX_VALUE))
);
jPanel1Layout.setVerticalGroup(
jPanel1Layout.createParallelGroup(javax.swing.GroupLayout.Alignment.
LEADING)
    .addGroup(javax.swing.GroupLayout.Alignment.TRAILING,
    jPanel1Layout.createSequentialGroup()
        .addGroup(jPanel1Layout.createParallelGroup(javax.swing
        .GroupLayout.Alignment.TRAILING)
            .addGroup(javax.swing.GroupLayout.Alignment.LEADING,
            jPanel1Layout.createSequentialGroup()
                .addGap(23, 23, 23)
                .addComponent(jLabel1, javax.swing.GroupLayout.DEFAULT_
                SIZE, javax.swing.GroupLayout.DEFAULT_SIZE, Short.MAX_
                VALUE))
```

```
                .addGroup(jPanel1Layout.createSequentialGroup()
                    .addContainerGap(javax.swing.GroupLayout.DEFAULT_SIZE,
                    Short.MAX_VALUE)
                    .addComponent(jLabel2)
                    .addPreferredGap(javax.swing.LayoutStyle
                    .ComponentPlacement.RELATED)
                    .addGroup(jPanel1Layout.createParallelGroup(javax
                    .swing.GroupLayout.Alignment.BASELINE)
                        .addComponent(jLabel3)
                        .addComponent(jLabel6))))
            .addContainerGap())
        .addGroup(jPanel1Layout.createParallelGroup(javax.swing
        .GroupLayout.Alignment.LEADING)
            .addGroup(jPanel1Layout.createSequentialGroup()
                .addComponent(jPanel7, javax.swing.GroupLayout.PREFERRED_
                SIZE, 23, javax.swing.GroupLayout.PREFERRED_SIZE)
                .addContainerGap(54, Short.MAX_VALUE)))
);
jPanel2.setBackground(new java.awt.Color(30, 180, 240));
jTabbedPane1.setTabLayoutPolicy(javax.swing.JTabbedPane.SCROLL_TAB_
LAYOUT);
jTabbedPane1.setCursor(new java.awt.Cursor(java.awt.Cursor.DEFAULT_
CURSOR));
jTabbedPane1.setDoubleBuffered(true);
jTabbedPane1.addKeyListener(new java.awt.event.KeyAdapter() {
    public void keyPressed(java.awt.event.KeyEvent evt) {
        jTabbedPane1KeyPressed(evt);
    }
});
jList1.setBackground(new java.awt.Color(30, 180, 240));
jList1.addMouseListener(new java.awt.event.MouseAdapter() {
    public void mouseClicked(java.awt.event.MouseEvent evt) {
        jList1MouseClicked(evt);
    }
    public void mouseEntered(java.awt.event.MouseEvent evt) {
        jList1MouseEntered(evt);
    }
    public void mouseExited(java.awt.event.MouseEvent evt) {
        jList1MouseExited(evt);
    }
});
jList1.addListSelectionListener(new javax.swing.event
.ListSelectionListener() {
      public void valueChanged(javax.swing.event.ListSelectionEvent
      evt) {
```

```
            jList1ValueChanged(evt);
        }
    });
    jList1.addMouseMotionListener(new java.awt.event.MouseMotionAdapter() {
        public void mouseMoved(java.awt.event.MouseEvent evt) {
            jList1MouseMoved(evt);
        }
    });
    jScrollPane1.setViewportView(jList1);
    javax.swing.GroupLayout jPanel3Layout=new javax.swing.GroupLayout
    (jPanel3);
    jPanel3.setLayout(jPanel3Layout);
    jPanel3Layout.setHorizontalGroup(
        jPanel3Layout.createParallelGroup(javax.swing.GroupLayout
        .Alignment.LEADING)
        .addGap(0, 236, Short.MAX_VALUE)
        .addGroup(jPanel3Layout.createParallelGroup(javax.swing
         .GroupLayout.Alignment.LEADING)
            .addComponent(jScrollPane1, javax.swing.GroupLayout.DEFAULT_
            SIZE, 236, Short.MAX_VALUE))
    );
    jPanel3Layout.setVerticalGroup(
        jPanel3Layout.createParallelGroup(javax.swing.GroupLayout
        .Alignment.LEADING)
        .addGap(0, 525, Short.MAX_VALUE)
        .addGroup(jPanel3Layout.createParallelGroup(javax.swing
        .GroupLayout.Alignment.LEADING)
            .addComponent(jScrollPane1, javax.swing.GroupLayout.DEFAULT_
            SIZE, 525, Short.MAX_VALUE))
    );
    jTabbedPane1.addTab("我的好友", jPanel3);
    jPanel5.setBackground(new java.awt.Color(30, 180, 240));
    jTextArea1.setColumns(20);
    jTextArea1.setEditable(false);
    jTextArea1.setLineWrap(true);
    jTextArea1.setRows(5);
    jScrollPane4.setViewportView(jTextArea1);
    jTextField2.setEditable(false);
    jTextField2.setText("C:\\");
        jButton3.setText("选择文件夹");
        jButton3.addActionListener(new java.awt.event.ActionListener() {
            public void actionPerformed(java.awt.event.ActionEvent evt) {
                jButton3ActionPerformed(evt);
            }
        });
```

```
jCheckBox1.setSelected(true);
jCheckBox1.setText("接收成功弹出对话框提示");
jCheckBox1.setContentAreaFilled(false);
jCheckBox1.addChangeListener(new javax.swing.event.ChangeListener() {
    public void stateChanged(javax.swing.event.ChangeEvent evt) {
        jCheckBox1StateChanged(evt);
    }
});
javax.swing.GroupLayout jPanel5Layout=new javax.swing.GroupLayout
(jPanel5);
jPanel5.setLayout(jPanel5Layout);
jPanel5Layout.setHorizontalGroup(

    jPanel5Layout.createParallelGroup(javax.swing.GroupLayout
    .Alignment.LEADING)
    .addGap(0, 236, Short.MAX_VALUE)
    .addGroup(jPanel5Layout.createParallelGroup(javax.swing
    .GroupLayout.Alignment.LEADING)
        .addComponent(jScrollPane4, javax.swing.GroupLayout
        .DEFAULT_SIZE, 236, Short.MAX_VALUE))
    .addGroup(jPanel5Layout.createParallelGroup(javax.swing
    .GroupLayout.Alignment.LEADING)
        .addGroup(jPanel5Layout.createSequentialGroup()
            .addContainerGap()
            .addComponent(jTextField2, javax.swing.GroupLayout
            .DEFAULT_SIZE, 216, Short.MAX_VALUE)
            .addContainerGap()))
    .addGroup(jPanel5Layout.createParallelGroup(javax.swing
    .GroupLayout.Alignment.LEADING)
        .addGroup(javax.swing.GroupLayout.Alignment.TRAILING,
        jPanel5Layout.createSequentialGroup()
            .addContainerGap(131, Short.MAX_VALUE)
            .addComponent(jButton3)
            .addContainerGap()))
    .addGroup(jPanel5Layout.createParallelGroup(javax.swing
    .GroupLayout.Alignment.LEADING)
        .addGroup(jPanel5Layout.createSequentialGroup()
            .addContainerGap()
            .addComponent(jCheckBox1, javax.swing.GroupLayout
            .DEFAULT_SIZE, 224, Short.MAX_VALUE)
            .addContainerGap()))
);
jPanel5Layout.setVerticalGroup(
    jPanel5Layout.createParallelGroup(javax.swing.GroupLayout
    .Alignment.LEADING)
```

```
    .addGap(0, 525, Short.MAX_VALUE)
    .addGroup(jPanel5Layout.createParallelGroup(javax.swing
    .GroupLayout.Alignment.LEADING)
        .addGroup(javax.swing.GroupLayout.Alignment.TRAILING,
        jPanel5Layout.createSequentialGroup()
            .addContainerGap(108, Short.MAX_VALUE)
            .addComponent(jScrollPane4, javax.swing.GroupLayout
            .PREFERRED_SIZE, 417, javax.swing.GroupLayout.PREFERRED
            _SIZE)))
    .addGroup(jPanel5Layout.createParallelGroup(javax.swing
    .GroupLayout.Alignment.LEADING)
        .addGroup(jPanel5Layout.createSequentialGroup()
            .addContainerGap()
            .addComponent(jTextField2, javax.swing.GroupLayout
            .PREFERRED_SIZE, javax.swing.GroupLayout.DEFAULT_SIZE,
            javax.swing.GroupLayout.PREFERRED_SIZE)
            .addContainerGap(494, Short.MAX_VALUE)))
    .addGroup(jPanel5Layout.createParallelGroup(javax.swing
    .GroupLayout.Alignment.LEADING)
        .addGroup(jPanel5Layout.createSequentialGroup()
            .addGap(45, 45, 45)
            .addComponent(jButton3)
            .addContainerGap(455, Short.MAX_VALUE)))
    .addGroup(jPanel5Layout.createParallelGroup(javax.swing
    .GroupLayout.Alignment.LEADING)
        .addGroup(jPanel5Layout.createSequentialGroup()
            .addGap(79, 79, 79)
            .addComponent(jCheckBox1)
            .addContainerGap(423, Short.MAX_VALUE)))
);
jTabbedPane1.addTab("文件接收", jPanel5);
jPanel6.setBackground(new java.awt.Color(30, 180, 240));
jTextPane1.setEditable(false);
jTextPane1.addKeyListener(new java.awt.event.KeyAdapter() {
    public void keyPressed(java.awt.event.KeyEvent evt) {
        jTextPane1KeyPressed(evt);
    }
});
jScrollPane2.setViewportView(jTextPane1);
jTextArea2.setColumns(20);
jTextArea2.setLineWrap(true);
jTextArea2.setRows(3);
jTextArea2.addKeyListener(new java.awt.event.KeyAdapter() {
    public void keyPressed(java.awt.event.KeyEvent evt) {
        jTextArea2KeyPressed(evt);
```

```
        }
    });
    jScrollPane5.setViewportView(jTextArea2);
    jCheckBox2.setText("拒收群消息");
    jCheckBox2.setContentAreaFilled(false);
    jCheckBox2.addChangeListener(new javax.swing.event.ChangeListener() {
        public void stateChanged(javax.swing.event.ChangeEvent evt) {
            jCheckBox2StateChanged(evt);
        }
    });
    jButton4.setText("清空");
    jButton4.addActionListener(new java.awt.event.ActionListener() {
        public void actionPerformed(java.awt.event.ActionEvent evt) {
            jButton4ActionPerformed(evt);
        }
    });
    jButton5.setText("发送");
    jButton5.addActionListener(new java.awt.event.ActionListener() {
        public void actionPerformed(java.awt.event.ActionEvent evt) {
            jButton5ActionPerformed(evt);
        }
    });
    javax.swing.GroupLayout jPanel6Layout=new javax.swing.GroupLayout
    (jPanel6);
    jPanel6.setLayout(jPanel6Layout);
    jPanel6Layout.setHorizontalGroup(

                jPanel6Layout. createParallelGroup (javax. swing.
                GroupLayout.Alignment
                .LEADING)
        .addGroup(javax.swing.GroupLayout.Alignment.TRAILING,
        jPanel6Layout.createSequentialGroup()
            .addContainerGap(91, Short.MAX_VALUE)
            .addComponent(jButton4)
            .addGap(86, 86, 86))
        .addGroup(jPanel6Layout.createParallelGroup(javax.swing
        .GroupLayout.Alignment.LEADING)
                . addComponent (jScrollPane2, javax. swing. GroupLayout.
                DEFAULT_SIZE, 236, Short.MAX_VALUE))
          . addGroup (jPanel6Layout. createParallelGroup (javax. swing.
          GroupLayout.Alignment.LEADING)
                . addComponent (jScrollPane5, javax. swing. GroupLayout.
                DEFAULT_SIZE, 236, Short.MAX_VALUE))
          . addGroup (jPanel6Layout. createParallelGroup (javax. swing.
          GroupLayout.Alignment.LEADING)
```

```
            .addGroup(jPanel6Layout.createSequentialGroup()
                .addComponent(jCheckBox2)
                .addContainerGap(151, Short.MAX_VALUE)))
           . addGroup (jPanel6Layout. createParallelGroup (javax. swing.
           GroupLayout.Alignment.LEADING)
               . addGroup (javax. swing. GroupLayout. Alignment. TRAILING,
               jPanel6Layout.createSequentialGroup()
                .addContainerGap(167, Short.MAX_VALUE)
                .addComponent(jButton5)
                .addContainerGap()))
);
jPanel6Layout.setVerticalGroup(
       jPanel6Layout. createParallelGroup (javax. swing. GroupLayout.
       Alignment.LEADING)
    .addGroup(jPanel6Layout.createSequentialGroup()
        .addContainerGap(500, Short.MAX_VALUE)
        .addComponent(jButton4))
    .addGroup(jPanel6Layout.createParallelGroup(javax.swing
    .GroupLayout.Alignment.LEADING)
        .addGroup(jPanel6Layout.createSequentialGroup()
            .addComponent(jScrollPane2, javax.swing
            .GroupLayout.PREFERRED_SIZE, 432, javax.swing
            .GroupLayout.PREFERRED_SIZE)
            .addContainerGap(93, Short.MAX_VALUE)))
    .addGroup(jPanel6Layout.createParallelGroup(javax.swing
    .GroupLayout.Alignment.LEADING)
        .addGroup(javax.swing.GroupLayout.Alignment.TRAILING,
        jPanel6Layout.createSequentialGroup()
            .addContainerGap(435, Short.MAX_VALUE)
            .addComponent(jScrollPane5, javax.swing.GroupLayout
            .PREFERRED_SIZE, javax.swing.GroupLayout.DEFAULT_SIZE,
            javax.swing.GroupLayout.PREFERRED_SIZE)
            .addGap(24, 24, 24)))
    .addGroup(jPanel6Layout.createParallelGroup(javax.swing
    .GroupLayout.Alignment.LEADING)
        .addGroup(javax.swing.GroupLayout.Alignment.TRAILING,
        jPanel6Layout.createSequentialGroup()
            .addContainerGap(502, Short.MAX_VALUE)
            .addComponent(jCheckBox2)))
    .addGroup(jPanel6Layout.createParallelGroup(javax.swing
    .GroupLayout.Alignment.LEADING)
        .addGroup(jPanel6Layout.createSequentialGroup()
            .addContainerGap(500, Short.MAX_VALUE)
            .addComponent(jButton5)))
);
```

```
jTabbedPane1.addTab("群聊消息", jPanel6);
jPanel4.setBackground(new java.awt.Color(30, 180, 240));
jTextField1.addKeyListener(new java.awt.event.KeyAdapter() {
    public void keyPressed(java.awt.event.KeyEvent evt) {
        jTextField1KeyPressed(evt);
    }
});
jButton1.setText("查找");
jButton1.addMouseListener(new java.awt.event.MouseAdapter() {
    public void mouseClicked(java.awt.event.MouseEvent evt) {
        jButton1MouseClicked(evt);
    }
});
jPanel9.setBackground(new java.awt.Color(30, 180, 240));
jTable1.setAutoCreateRowSorter(true);
jTable1.setModel(new javax.swing.table.DefaultTableModel(
    new Object [][] {
        {null, null}
    },
    new String [] {
        "ID", "name"
    }
) {
    Class[] types=new Class [] {
        java.lang.String.class, java.lang.Object.class
    };
    boolean[] canEdit=new boolean [] {
        false, false
    };
    public Class getColumnClass(int columnIndex) {
        return types [columnIndex];
    }
    public boolean isCellEditable(int rowIndex, int columnIndex) {
        return canEdit [columnIndex];
    }
});
jScrollPane3.setViewportView(jTable1);
if (jTable1.getColumnModel().getColumnCount()>0) {
    jTable1.getColumnModel().getColumn(0).setResizable(false);
    jTable1.getColumnModel().getColumn(1).setResizable(false);
}
jButton2.setText("加为好友");
jButton2.addMouseListener(new java.awt.event.MouseAdapter() {
    public void mouseClicked(java.awt.event.MouseEvent evt) {
        jButton2MouseClicked(evt);
```

```
    }
});
javax.swing.GroupLayout jPanel9Layout=new javax.swing.GroupLayout
(jPanel9);
jPanel9.setLayout(jPanel9Layout);
jPanel9Layout.setHorizontalGroup(
    jPanel9Layout.createParallelGroup(javax.swing.GroupLayout
    .Alignment.LEADING)
    .addGap(0, 205, Short.MAX_VALUE)
    .addGroup(jPanel9Layout.createParallelGroup(javax
    .swing.GroupLayout.Alignment.LEADING)
        .addGroup(jPanel9Layout.createSequentialGroup()
            .addGap(2, 2, 2)
            .addComponent(jScrollPane3, javax.swing.GroupLayout
            .DEFAULT_SIZE, 203, Short.MAX_VALUE)))
    .addGroup(jPanel9Layout.createParallelGroup(javax.swing
    .GroupLayout.Alignment.LEADING)
        .addGroup(jPanel9Layout.createSequentialGroup()
            .addContainerGap()
            .addComponent(jButton2, javax.swing.GroupLayout.DEFAULT
            _SIZE, 185, Short.MAX_VALUE)
            .addContainerGap()))
);
jPanel9Layout.setVerticalGroup(jPanel9Layout.createParallelGroup
(javax.swing.GroupLayout.Alignment.LEADING)
    .addGap(0, 461, Short.MAX_VALUE)
        . addGroup (jPanel9Layout. createParallelGroup (javax. swing.
        GroupLayout.Alignment.LEADING)
        .addGroup(jPanel9Layout.createSequentialGroup()
            . addComponent (jScrollPane3, javax. swing. GroupLayout.
            PREFERRED _ SIZE,  404,  javax. swing. GroupLayout.
            PREFERRED_SIZE)
           .addContainerGap(57, Short.MAX_VALUE)))
        . addGroup (jPanel9Layout. createParallelGroup (javax. swing.
        GroupLayout.Alignment.LEADING)
            . addGroup (javax. swing. GroupLayout. Alignment. TRAILING,
            jPanel9Layout.createSequentialGroup()
            .addContainerGap(426, Short.MAX_VALUE)
            .addComponent(jButton2)
            .addContainerGap()))
);
javax.swing.GroupLayout jPanel4Layout=new javax.swing.GroupLayout
(jPanel4);
jPanel4.setLayout(jPanel4Layout);
jPanel4Layout.setHorizontalGroup(jPanel4Layout.createParallelGroup
```

```
(javax.swing.GroupLayout.Alignment.LEADING)
    .addGroup(javax.swing.GroupLayout.Alignment.TRAILING,
    jPanel4Layout.createSequentialGroup()
        .addContainerGap()
        .addComponent(jTextField1, javax.swing.GroupLayout.DEFAULT
        _SIZE, 147, Short.MAX_VALUE)
        .addPreferredGap(javax.swing.LayoutStyle
        .ComponentPlacement.UNRELATED)
        .addComponent(jButton1)
        .addContainerGap())
    .addGroup(jPanel4Layout.createParallelGroup(javax.swing
    .GroupLayout.Alignment.LEADING)
        .addGroup(jPanel4Layout.createSequentialGroup()
            .addContainerGap()
            .addComponent(jPanel9, javax.swing.GroupLayout
            .PREFERRED_SIZE, javax.swing.GroupLayout.DEFAULT_SIZE,
            javax.swing.GroupLayout.PREFERRED_SIZE)
            .addContainerGap(21, Short.MAX_VALUE)))
);
jPanel4Layout.setVerticalGroup(jPanel4Layout.createParallelGroup
(javax.swing.GroupLayout.Alignment.LEADING)
    .addGroup(jPanel4Layout.createSequentialGroup()
        .addContainerGap()
        .addGroup(jPanel4Layout.createParallelGroup(javax.swing.
        GroupLayout.Alignment.BASELINE)
            .addComponent(jTextField1, javax.swing.GroupLayout.
            PREFERRED_SIZE, javax.swing.GroupLayout.DEFAULT_
            SIZE, javax.swing.GroupLayout.PREFERRED_SIZE)
        .addComponent(jButton1))
    .addContainerGap(490, Short.MAX_VALUE))
    .addGroup(jPanel4Layout.createParallelGroup(javax.swing.
    GroupLayout.Alignment.LEADING)
    .addGroup(jPanel4Layout.createSequentialGroup()
        .addGap(54, 54, 54)
        .addComponent(jPanel9, javax.swing.GroupLayout.DEFAULT_
        SIZE, javax.swing.GroupLayout.DEFAULT_SIZE, Short.MAX_
        VALUE)
        .addContainerGap()))
);
jTabbedPane1.addTab("添加好友", jPanel4);
javax.swing.GroupLayout jPanel2Layout=new javax.swing.GroupLayout
(jPanel2);
jPanel2.setLayout(jPanel2Layout);
jPanel2Layout.setHorizontalGroup(jPanel2Layout.createParallelGroup
(javax.swing.GroupLayout.Alignment.LEADING)
```

```
    .addGap(0, 241, Short.MAX_VALUE)
        . addGroup (jPanel2Layout. createParallelGroup (javax. swing.
        GroupLayout.Alignment.LEADING)
         .addComponent(jTabbedPane1, javax.swing
         .GroupLayout.DEFAULT_SIZE, 241, Short.MAX_VALUE))
);
jPanel2Layout.setVerticalGroup(jPanel2Layout.createParallelGroup
(javax.swing.GroupLayout.Alignment.LEADING)
    .addGap(0, 556, Short.MAX_VALUE)
    .addGroup(jPanel2Layout.createParallelGroup(javax.swing
    .GroupLayout.Alignment.LEADING)
        .addGroup(jPanel2Layout.createSequentialGroup()
            .addGap(5, 5, 5)
              . addComponent (jTabbedPane1, javax. swing. GroupLayout.
              DEFAULT_SIZE, 551, Short.MAX_VALUE)))
);
jPanel8.setBackground(new java.awt.Color(30, 180, 240));
javax.swing.GroupLayout jPanel8Layout=new javax.swing.GroupLayout
(jPanel8);
jPanel8.setLayout(jPanel8Layout);
jPanel8Layout.setHorizontalGroup(
    jPanel8Layout. createParallelGroup (javax. swing. GroupLayout.
    Alignment.LEADING)
    .addGap(0, 241, Short.MAX_VALUE)
);
jPanel8Layout.setVerticalGroup(jPanel8Layout.createParallelGroup
(javax.swing.GroupLayout.Alignment.LEADING)
    .addGap(0, 32, Short.MAX_VALUE)
);
javax.swing.GroupLayout layout=new javax.swing.GroupLayout
(getContentPane());
getContentPane().setLayout(layout);
layout.setHorizontalGroup(layout.createParallelGroup(javax.swing.
GroupLayout.Alignment.LEADING)
     .addComponent(jPanel1, javax.swing.GroupLayout.DEFAULT_SIZE,
     javax.swing.GroupLayout.DEFAULT_SIZE, Short.MAX_VALUE)
    .addGroup(layout.createParallelGroup(javax.swing.GroupLayout.
    Alignment.LEADING)
          . addComponent (jPanel2, javax. swing. GroupLayout. DEFAULT_
          SIZE, javax. swing. GroupLayout. DEFAULT _ SIZE, Short. MAX _
          VALUE))
    .addGroup(layout.createParallelGroup(javax.swing.GroupLayout.
    Alignment.LEADING)
          . addComponent (jPanel8, javax. swing. GroupLayout. DEFAULT_
          SIZE, javax. swing. GroupLayout. DEFAULT _ SIZE, Short. MAX _
```

```
                    VALUE))
        );
        layout.setVerticalGroup(layout.createParallelGroup(javax.swing.
        GroupLayout.Alignment.LEADING)
            .addGroup(layout.createSequentialGroup()
                .addComponent(jPanel1, javax.swing.GroupLayout.PREFERRED_
                SIZE, javax.swing.GroupLayout.DEFAULT_SIZE, javax.swing.
                GroupLayout.PREFERRED_SIZE)
                .addContainerGap(588, Short.MAX_VALUE))
            .addGroup(layout.createParallelGroup(javax.swing.GroupLayout.
            Alignment.LEADING)
                .addGroup(layout.createSequentialGroup()
                    .addGap(77, 77, 77)
                        .addComponent(jPanel2, javax.swing.GroupLayout.
                        PREFERRED_SIZE, javax.swing.GroupLayout.DEFAULT_
                        SIZE, javax.swing.GroupLayout.PREFERRED_SIZE)
                    .addContainerGap(32, Short.MAX_VALUE)))
            .addGroup(layout.createParallelGroup(javax.swing.GroupLayout.
            Alignment.LEADING)
                    .addGroup(javax.swing.GroupLayout.Alignment.TRAILING,
                    layout.createSequentialGroup()
                    .addContainerGap(633, Short.MAX_VALUE)
                        .addComponent(jPanel8, javax.swing.GroupLayout.
                        PREFERRED_SIZE, javax.swing.GroupLayout.DEFAULT_
                        SIZE, javax.swing.GroupLayout.PREFERRED_SIZE)))
        );
    pack();
}
private void jLabel1MouseEntered(java.awt.event.MouseEvent evt) {
    jLabel1.setBorder(new javax.swing.border.LineBorder(new java.awt.
    Color(255, 255, 0), 2, true));
    mousePoint=MouseInfo.getPointerInfo().getLocation();
    int x=mousePoint.y;
    userInfo.up(this.getLocation().x, x, jLabel2.getText(), jLabel3
    .getText());
    userInfo.setVisible(true);
}
private void jLabel1MouseExited(java.awt.event.MouseEvent evt) {
    jLabel1.setBorder(new javax.swing.border.LineBorder(new java.awt
    .Color(0, 255, 51), 2, true));
    userInfo.setVisible(false);
}
private void jList1MouseClicked(java.awt.event.MouseEvent evt) {
    if (evt.getButton()==3) {
        tablePop();
```

```
            pop.show(jList1, evt.getX(), evt.getY());
        } else {
            if (jTabbedPane1.getSelectedIndex()==0) {
                mousePoint=MouseInfo.getPointerInfo().getLocation();
                int x=mousePoint.x;
                    if (friendChooser. canChoose (this. getLocation ( ). x, this.
                    getLocation().y, this.getLocation().x, this.getSize().width
                    +this.getLocation().x, jList1.getVisibleRowCount())) {
                    if ((evt.getClickCount()==2) && (evt.getButton()==1)) {
                        if (jLabel6.getText().equals("在线")) {
                            String friendName=jList1.getSelectedValue()
                            .toString();
                            int location=friendName.indexOf("(");
                            chatFriendName=friendName.substring(0, location);
                            chatFriendID=friendName.substring(location+1,
                            location+10);
                            message.sayBYE(out, "Fri_ip:"+chatFriendID);
                        } else {
                            JOptionPane.showMessageDialog(rootPane, "您已离线,不
                            能与其他好友聊天!");
                        }
                    }
                }
            }
        }
    }
    private void jList1MouseEntered(java.awt.event.MouseEvent evt)
    }
    private void jList1MouseExited(java.awt.event.MouseEvent evt) {
        infoCount++;
        if (infoCount>999999) {
            infoCount=0;
        }
        if (userInfo.isVisible()) {
            userInfo.setVisible(false);
            isExit=true;
        }
    }
    private void jList1ValueChanged (javax. swing. event. ListSelectionEvent
    evt) {
        infoCount++;
        if (infoCount>999999) {
            infoCount=0;
        }
        try {
```

```
            if (userInfo.isVisible()) {
                userInfo.setVisible(false);
            }
        } catch (Exception e) {
        }
        try {
            if (showInfo.isAlive()) {
                showInfo.interrupt();
            }
        } catch (Exception e) {
        }
    }
    private void jList1MouseMoved(java.awt.event.MouseEvent evt) {
        if (jTabbedPane1.getSelectedIndex()==0) {
            if (evt.getY()<(listCount * 50)) {
                mousePoint=MouseInfo.getPointerInfo().getLocation();
                int mouseY=mousePoint.y;
                isExit=false;
                if ((evt.getY()/50) !=jList1.getSelectedIndex()) {
                    jList1.setSelectedIndex((evt.getY())/50);
                    int x=this.getLocation().x;
                    if (userInfo.isVisible()) {
                        userInfo.setVisible(false);
                    }
                    showUserInfo(x, mouseY, infoCount);
                }
                if (listCount==1) {
                    int x=this.getLocation().x;
                    if (userInfo.isVisible()) {
                        userInfo.setVisible(false);
                    }
                    showUserInfo(x, mouseY, infoCount);
                }
            }
        }
    }
    private void jPanel1MousePressed(java.awt.event.MouseEvent evt) {
    }
    private void jPanel1MouseDragged(java.awt.event.MouseEvent evt) {
    }
    private void jPanel7MousePressed(java.awt.event.MouseEvent evt) {
        pressedPoint=evt.getLocationOnScreen();
    }
    private void jPanel7MouseDragged(java.awt.event.MouseEvent evt) {
        Point draggedPoint=evt.getLocationOnScreen();
```

```
        Point location=SwingUtilities.getRoot(this).getLocationOnScreen();
        int x=draggedPoint.x-pressedPoint.x;
        int y=draggedPoint.y-pressedPoint.y;
        SwingUtilities.getRoot(this).setLocation(location.x+x, location.y+y);
        pressedPoint=draggedPoint;
    }
    private void jLabel8MouseClicked(java.awt.event.MouseEvent evt) {
        setState(1);
    }
    private void jLabel8MousePressed(java.awt.event.MouseEvent evt) {
        jLabel8.setIcon(new javax.swing.ImageIcon(getClass().getResource("/
        images/Button_min_pushedBackground.jpg")));
    }
    private void jLabel8MouseExited(java.awt.event.MouseEvent evt) {
        jLabel8.setIcon(new javax.swing.ImageIcon(getClass().getResource("/
        images/Button_min_normalBackground.jpg")));
    }
    private void jLabel8MouseEntered(java.awt.event.MouseEvent evt) {
        jLabel8.setIcon(new javax.swing.ImageIcon(getClass().getResource("/
        images/Button_min_highlightBackground.jpg")));
    }
    private void jLabel7MouseClicked(java.awt.event.MouseEvent evt) {
        windowClose();
    }
    private void jLabel7MouseEntered(java.awt.event.MouseEvent evt) {
        jLabel7.setIcon(new javax.swing.ImageIcon(getClass().getResource("/
        images/Button_close_highlightBackground.jpg")));
    }
    private void jLabel7MouseExited(java.awt.event.MouseEvent evt) {
        jLabel7.setIcon(new javax.swing.ImageIcon(getClass().getResource("/
        images/Button_colse_normal.jpg")));
    }
    private void jLabel7MousePressed(java.awt.event.MouseEvent evt) {
        jLabel7.setIcon(new javax.swing.ImageIcon(getClass().getResource("/
        images/Button_close_pushedBackground.jpg")));
    }
    private void jButton1MouseClicked(java.awt.event.MouseEvent evt) {
        searchFriend();
    }
    private void jButton2MouseClicked(java.awt.event.MouseEvent evt) {
        message.sayBYE(out, "ADD_Fr:"+jLabel3.getText()+jTable1.getValueAt(0,
        0)+jTable1.getValueAt(0, 1));
        jPanel9.setVisible(false);
        jTabbedPane1.setSelectedIndex(0);
    }
```

```
private void jCheckBox1StateChanged(javax.swing.event.ChangeEvent evt) {
    isT=jCheckBox1.isSelected();
}
private void jButton3ActionPerformed(java.awt.event.ActionEvent evt) {
    path=fileGetter.getPath();
    jTextField2.setText(path);
}
private void jButton5ActionPerformed(java.awt.event.ActionEvent evt) {
    send_Button();
}
private void jCheckBox2StateChanged(javax.swing.event.ChangeEvent evt) {
    qunChat=(!jCheckBox2.isSelected());
}
private void jTextArea2KeyPressed(java.awt.event.KeyEvent evt) {
    if (KeyEvent.getKeyText(evt.getKeyCode()).equals("Space")) {
        send_Button();
    }
    if (KeyEvent.getKeyText(evt.getKeyCode()).equals("F2")) {
        jTextPane1.setText("");
    }
}
private void jButton4ActionPerformed(java.awt.event.ActionEvent evt) {
    jTextPane1.setText("");
}
private void jTabbedPane1KeyPressed(java.awt.event.KeyEvent evt) {
    if (KeyEvent.getKeyText(evt.getKeyCode()).equals("F2")) {
        jTextPane1.setText("");
    }
}
private void jTextPane1KeyPressed(java.awt.event.KeyEvent evt) {
    if (KeyEvent.getKeyText(evt.getKeyCode()).equals("F2")) {
        jTextPane1.setText("");
    }
}
private void jTextField1KeyPressed(java.awt.event.KeyEvent evt) {
    if (KeyEvent.getKeyText(evt.getKeyCode()).equals("Enter")) {
        searchFriend();
    }
}
/*好友查询。在本地实现查询好友 ID 合法性的检查,不能查询自己,不能查询已有好友,不能
 查询系统账号(开放注册的用户 ID 为 9 位,系统用账号少于 9 位)*/
public void searchFriend() {
    String searchFriendID=jTextField1.getText();
    if (searchFriendID.length()>0) {
        if (searchFriendID.length()>8) {
```

```
            if (searchFriendID.equals(jLabel3.getText())) {
                JOptionPane.showMessageDialog(rootPane, "不能添加自己为自己
                的好友!");
            } else {
                if (checkFriend(searchFriendID)) {
                    message.sayBYE(out, "Se_Fri:"+searchFriendID);
                } else {
                JOptionPane.showMessageDialog(rootPane, "该用户已在您的好友
                列表中!");
                }
            }
        } else {
            JOptionPane.showMessageDialog(rootPane, "非法账号!");
        }
    } else {
        JOptionPane.showMessageDialog(rootPane, "请输入要查找的好友信息!");
    }
    jTextField1.setText("");
}
//发送群消息,实现对群消息的封装和发送
public void send_Button() {
    if (qunChat) {
        String mess=jTextArea2.getText();
        if (mess.length()>0) {
            message.sayBYE(out, "SYSQUN:"+mess);
            setTextPaneString.setDocs("我    "+sys_Tiemr.getSysTime(),
            Color.GREEN, false, 12);
            setTextPaneString.setDocs("    "+mess, docColor, false, 12);
            jTextArea2.setText("");
        } else {
            JOptionPane.showMessageDialog(rootPane, "不能发送空消息!");
        }
    } else {
        JOptionPane.showMessageDialog(rootPane, "请加入群聊再发送消息!");
    }
}
//显示好友或自身详细信息
public void showUserInfo(final int mouseX, final int mouseY, final int Count) {
    showInfo=new Thread() {
        public void run() {
            try {
                Thread.sleep(1000);
                if (!isExit) {
                    if (infoCount==Count) {
                        if (jTabbedPane1.getSelectedIndex()==0) {
```

```
                        String friendName=jList1.getSelectedValue()
                        .toString();
                        int location=friendName.indexOf("(");
                        userInfo.up(mouseX, mouseY, friendName.substring
                        (0, location), friendName.substring(location+1,
                        location+10));
                    }
                    /* 如果鼠标还在刚才好友头像上,就显示该好友详细信息 */
                    if (infoCount==Count) {
                        //通过睡眠,增加了系统的灵活性
                        Thread.sleep(2000);
                    }
                    if (userInfo.isVisible()) {
                        userInfo.setVisible(false);
                    }
                }
            }
        } catch (InterruptedException ex) {
            //showInfo.interrupt();
        }
    }
    };
    showInfo.start();
}
//定位窗体于屏幕中央
public void setPlace() {
    Dimension dim=Toolkit.getDefaultToolkit().getScreenSize();//
    int w=dim.width;
    int h=dim.height;
    this.setLocation((w-this.getSize().width)/2, (h-this.getSize()
    .height)/2);
}
//验证本地用户查询的 ID 是否是其好友 ID
public boolean checkFriend(String ID) {
    boolean result=true;
    for (int i=0; i<listModel.getSize(); i++) {
        {
            String friendInfo=listModel.get(i).toString();
            int location=friendInfo.indexOf("(");
            String friendID=friendInfo.substring(location+1, location+10);
            if (friendID.equals(ID)) {
                result=false;
                break;
            }
        }
```

```
    }
    return result;
}
public void Pop() {                //系统托盘的右键菜单
    popu=new JPopupMenu();
    itt3=new JMenuItem("离线");
    itt2=new JMenuItem("退出");
    itt1=new JMenuItem("打开主面板");
    popu.add(itt1);
    popu.add(itt3);
    popu.addSeparator();
    popu.add(itt2);
    itt1.addMouseListener(this);
    itt2.addMouseListener(this);
    itt3.addMouseListener(this);
}
public void tray() {               //系统托盘,实现系统的托盘化
    if (!isTray) {
        if (SystemTray.isSupported()) {
            isTray=true;
            sysT=SystemTray.getSystemTray();
            din=sysT.getTrayIconSize();
            //定义托盘图标的图片
            image=
            Toolkit.getDefaultToolkit().getImage(getClass().getResource
            ("/images/tray4.jpg"));
            tiIcon=new TrayIcon(image);
            tiIcon.setToolTip("郑州轻工业学院\r\n 山寨版 QQ\n \r\n"+jLabel2.
            getText()+"("+jLabel3.getText()+")");       //托盘信息
            try {
                sysT.add(tiIcon);
                Pop();
                tiIcon.addMouseListener(this);
            } catch (AWTException e) {
                Exit();
            }
        }
    }
}
//正常退出时告知服务器,本地用户离线,同时调用 clear 方法清理占用的资源
public void Exit() {
    message.sayBYE(out, "BYE_BYE");
    clear();
    System.exit(0);
}
```

```
public void revMessage() {      //消息接收
    rev=new Thread() {
        public void run() {
            while (isRev) {
                //调用 Message 类的对象接收消息并实现少部分的消息解析
                Message_Spot(message.rev_Thread(in));
            }
        }
    };
    rev.start();
}
//真正的消息解析器,实现大部分的消息解析以及解析后消息的处理
public void Message_Spot(final String Message) {
    if (this.getState()==1) {
        setState(0);
    }
    if (Message.startsWith("F_List")) {        //消息为好友信息
        listModel=new DefaultListModel();
        friends=message.friendList(Message);
        for (int i=0; i<friends.length; i++) {
            listModel.add(i, friends[i]);
            listCount++;
        }
        jList1.setModel(listModel);
        friendsIcons=message.friendIcon(friends.length+1);
        //使用自己的 CellRenderer
        jList1.setCellRenderer(new MyCellRenderer(friendsIcons));
        //设置单一选择模式(每次只能有一个元素被选中)
        jList1.setSelectionMode(ListSelectionModel.SINGLE_SELECTION);
        } else if (Message.equals("BYE_BYE")) {        //服务器关闭服务
        jLabel6.setText("离线");
        message.isOnLine=false;
        jLabel6.setForeground(new java.awt.Color(255, 51, 0));
        isRev=false;
        if (rev !=null) {
            rev.interrupt();
        }
        JOptionPane.showMessageDialog(null, "服务器升级,您处于离线状态!");
        } else if (Message.startsWith("Fil_ReV")) {        //文件接收
        String fileName=Message.substring(7, Message.length());
        /* 启动文件接收模块,该模块实现文件的接收、存储,以及自身资源的释放和对象的
         销毁 */
        new fileRev(jTextArea1, jScrollPane4, fileName, isT, path);
        } else if (Message.startsWith("Se_Fri")) {        //好友的查找结果
        String[][] search=new String[1][2];
```

```
            search[0][0]=Message.substring(7, 16);
            search[0][1]=Message.substring(16, Message.length());
            jTable1.setValueAt(search[0][0], 0, 0);
            jTable1.setValueAt(search[0][1], 0, 1);
            jPanel9.setVisible(true);
        } else if (Message.startsWith("NONESE")) {
             JOptionPane.showMessageDialog(rootPane, "查找失败,\r\n 未找到指定
             用户!");
            } else if (Message.startsWith("true")) {                //添加好友
                message.getFriend(out);
              JOptionPane.showMessageDialog(rootPane, "恭喜!\r\n 添加成功!");
              } else if (Message.startsWith("DEL_FR_ACCESS")) {    //删除好友成功
              message.getFriend(out);
              JOptionPane.showMessageDialog (rootPane, "恭喜! \r\n 删除好友
              成功!");
            } else if (Message.startsWith("DEL_FR_FAILE")) {        //删除好友失败
              message.getFriend(out);
              JOptionPane.showMessageDialog (rootPane, "抱歉! \r\n 删除好友
              失败!");
            } else if (Message.startsWith("false")) {
              JOptionPane.showMessageDialog(rootPane, "抱歉!\r\n 添加失败!");
            } else if (Message.equals("SYS_CAN")) {       //被服务器端强制注销
              jLabel6.setText("离线");
                  message.isOnLine=false;
                  jLabel6.setForeground(new java.awt.Color(255, 51, 0));
                  isRev=false;
              if (rev !=null) {
                      rev.interrupt();
              }
             JOptionPane.showMessageDialog (rootPane, "该用户已在服务器端被
             注销!");
            } else if (Message.equals("LostHost")) {       //与服务器失去联系
            jLabel6.setText("离线");
            message.isOnLine=false;
            jLabel6.setForeground(new java.awt.Color(255, 51, 0));
            isRev=false;
            if (rev !=null) {
                rev.interrupt();
            }
            JOptionPane.showMessageDialog(null, "服务器已关闭!");
            } else if (Message.startsWith("Fri_ip")) {       //请求的好友 IP
            if (Message.length()>13) {
                new Thread() {
                    public void run() {
                        String ip=Message.substring(7, Message.length());
```

```
                    Socket friendClient=getFriendConnec.getConnec(ip);
                    if (friendClient !=null) {
                        new FriendChat(friendClient, jLabel2.getText(),
                        jLabel3.getText());
                        setState(1);
                        } else {
                        JOptionPane.showMessageDialog(rootPane, "好友离线或
                        隐身,不能与您聊天!");
                    }
                }
            }.start();
            } else {
            JOptionPane.showMessageDialog(rootPane, "好友离线或隐身,不能与您
            聊天!");
        }
    } else if (Message.startsWith("QUN_ME:")) {        //群消息
        if (qunChat) {
            if (dispositer.isUP) {
                dispositer.down();
            }
            docColor=Color.black;
            String mes=Message.substring(7, Message.length());
                setTextPaneString.setDocs(mes.substring(mes.length()-9,
                mes.length())+"   "+sys_Tiemr.getSysTime(), Color.GREEN,
                false, 12);
                    setTextPaneString.setDocs("   "+mes.substring(0, mes.
                    length()-9), docColor, false, 12);
        }
    } else {            //系统消息,不能拒绝
        if (dispositer.isUP) {
            dispositer.down();
        }
        jTabbedPane1.setSelectedComponent(jPanel6);
        if (userInfo.isVisible()) {
            userInfo.setVisible(false);
        }
        if (Message.startsWith("系统提示")) {
            docColor=Color.RED;
        }
        setTextPaneString.setDocs("系统消息   "+sys_Tiemr.getSysTime(),
        Color.GREEN, false, 12);
        setTextPaneString.setDocs("   "+Message, docColor, false, 12);
    }
}
public void clear() {        //清理资源
```

```
    try {
        if (out !=null) {
            out.close();
        }
        if (in !=null) {
            in.close();
        }
        if (rev !=null) {
            rev.interrupt();
        }
    } catch (IOException ex) {
        System.exit(0);
    }
}
public void tablePop() {            //好友列表的右键菜单
    pop=new JPopupMenu();
    chat=new JMenuItem("跟他聊天");
    del=new JMenuItem("删除好友");
    add=new JMenuItem("添加好友");
    refresh=new JMenuItem("刷新列表");
    qun=new JMenuItem("我要群聊");
    pop.add(chat);
    pop.add(del);
    pop.add(add);
    pop.addSeparator();
    pop.add(refresh);
    pop.addSeparator();
    pop.add(qun);
    chat.addMouseListener(this);
    del.addMouseListener(this);
    add.addMouseListener(this);
    refresh.addMouseListener(this);
    qun.addMouseListener(this);
}
//覆盖父类中的方法,实现窗体关闭事件的拦截处理,用于自定义的窗体实现
protected void processWindowEvent(WindowEvent e) {
    if (e.getID()==WindowEvent.WINDOW_CLOSING) {
        windowClose();
    }
}
public void windowClose() {         //最小化到托盘或直接退出
    int trayCheck=JOptionPane.showConfirmDialog(rootPane, "您单击了'退出'按
    钮,您是想: \r\n 最小化到托盘?", "最小化到托盘", 1, 1, diaIcon);
    if (trayCheck==0) {
        tray();
```

```
                setVisible(
                        false);
                } else if (trayCheck==1) {
                Exit();
            }
        }
        //以下 5 个方法为接口 MouseListener 的实现方法
        public void mouseClicked(MouseEvent e) {
            if (e.getButton()==3) {
                popu.show(null, e.getX()-popu.getSize().width,
                e.getY()-popu.getSize().height);
            }
            if (e.getClickCount()==2 && e.getSource()==tiIcon) {
                if (isShowing()) {
                    setVisible(false);
                } else {
                    setVisible(true);
                }
            }
            if (e.getSource()==itt1) {        //托盘的右键菜单——打开管理面板
                setVisible(true);
                popu.setVisible(false);
            }
            if (e.getSource()==itt3) {        //托盘的右键菜单——离线
                message.sayBYE(out, "BYE_BYE");
                message.linkServer.interrupt();
                jLabel6.setText("离线");
                jLabel6.setForeground(Color.RED);
            }
            if (e.getSource()==itt2) {        //托盘的右键菜单——退出
                Exit();
            }
        }
        public void mousePressed(MouseEvent e) {
            pop.setVisible(false);
            if (e.getSource()==chat) {
                if (jLabel6.getText().equals("在线")) {
                    String friendName=jList1.getSelectedValue().toString();
                    int location=friendName.indexOf("(");
                    chatFriendName=friendName.substring(0, location);
                    chatFriendID=friendName.substring(location+1, location+10);
                    message.sayBYE(out, "Fri_ip:"+chatFriendID);
                } else {
                    JOptionPane.showMessageDialog(rootPane, "您已离线,不能与其他好友
                    聊天!");
                }
            } else if (e.getSource()==del) {
```

```
            String friendName=jList1.getSelectedValue().toString();
            int location=friendName.indexOf("(");
            chatFriendID=friendName.substring(location+1, location+10);
            message.sayBYE(out, "DEL_FR:"+chatFriendID);
            } else if (e.getSource()==add) {
            jTabbedPane1.setSelectedIndex(3);
            } else if (e.getSource()==refresh) {
            message.getFriend(out);
            } else if (e.getSource()==qun) {
            jTabbedPane1.setSelectedIndex(2);
        }
    }
    public void mouseReleased(MouseEvent e) {}
    public void mouseEntered(MouseEvent e) {}
    public void mouseExited(MouseEvent e) {}
}
```

限于篇幅，对于图 16-15 中所示的其他类，请根据前述内容以及 16.5.4 节中功能演示部分自行编写代码。

16.5.4 网络通信系统功能演示

功能演示如下：启动聊天系统服务器，如图 16-19 所示（必须先启动服务器聊天系统方可用）。服务器运行后，运行聊天系统客户端，如图 16-20 所示。

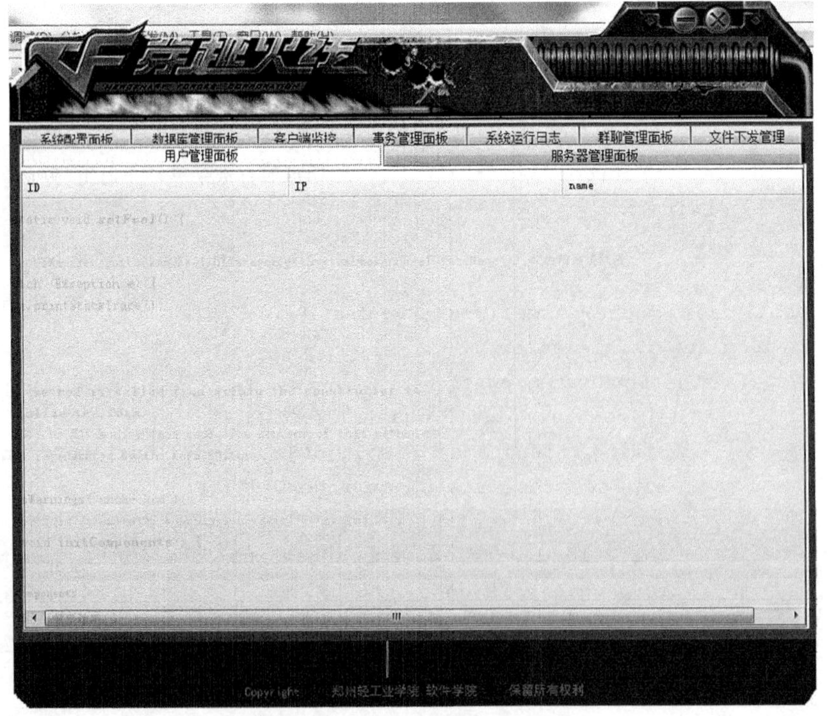

图 16-19 聊天系统服务器启动

备注：因为聊天系统服务器运行在哪个计算机上不确定，所以在“登录”界面上，可以输入服务器的 IP 地址。演示时聊天系统服务器运行在 172.21.1.116 这台计算机上，所以下面的服务器 IP 地址是 172.21.1.116。下面先介绍客户端。

单击图 16-20 所示界面中的“注册新用户”按钮，出现如图 16-21 所示的注册界面。注册后弹出图 16-22。

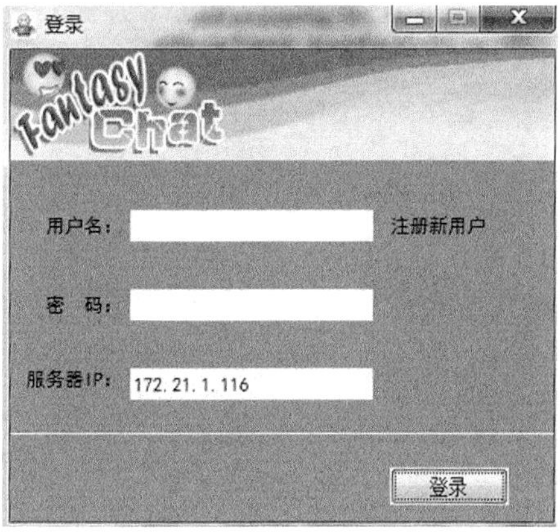

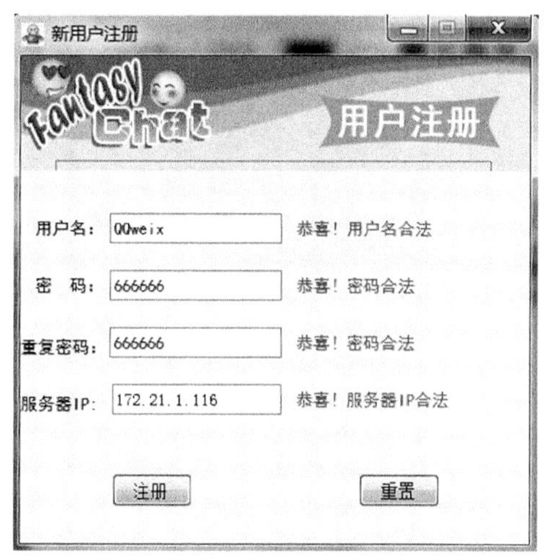

图 16-20　聊天系统客户端启动

图 16-21　新用户注册界面

单击图 16-22 中的“确定”按钮，出现如图 16-23 所示的有显示注册信息的登录界面。

图 16-22　注册成功的消息界面

图 16-23　有注册信息的登录界面

单击“登录”按钮就能登录，在登录的过程中会出现如图 16-24 所示的“正在登录”界面。如果图 16-23 所示的登录信息正确，则出现如图 16-25 所示的“聊天系统”主界面。该界面也能自动向上隐藏，图 16-26 所示即为自动向上隐藏后的部分界面。

在图 16-25 所示主界面中输入 QQ 号查找好友，结果如图 16-27 所示，单击“添加好友”按钮，出现如图 16-28 所示提示信息。单击图 16-28 中的“确定”按钮，出现如图 16-29 所示效果。

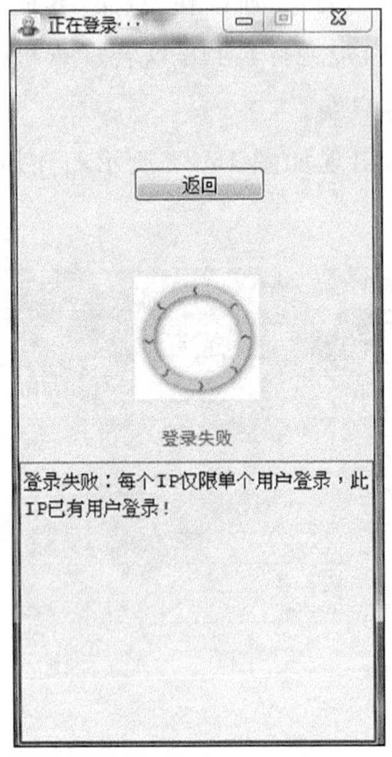

图 16-24　正在登录

图 16-25　客户主界面

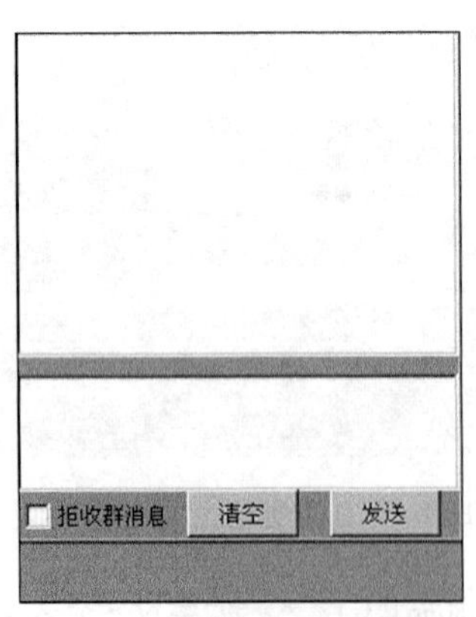

图 16-26　自动隐藏功能

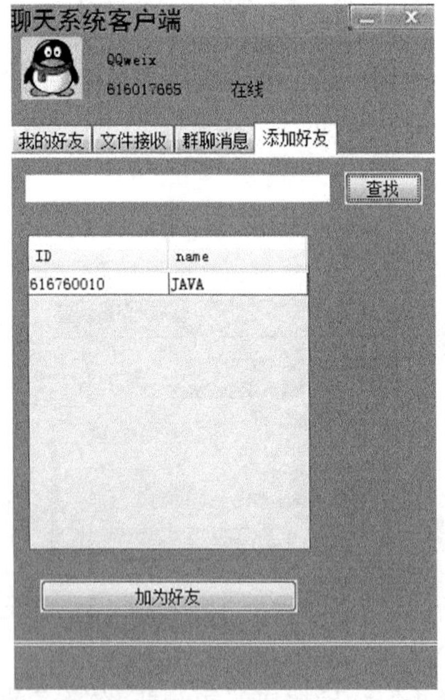

图 16-27　添加好友

如果在某个好友上停留鼠标，则会出现如图 16-30 所示的快捷浮动窗口。

在好友上右击会出现如图 16-31 所示的快捷菜单，能够和选定好友聊天、删除选定的好友、添加其他好友、刷新好友列表与所有好友群聊。聊天时可以双击好友，如图 16-32 所示。并能对字体进行设置，也能发送表情。而且可以与多个好友同时聊天，如图 16-33 所示。

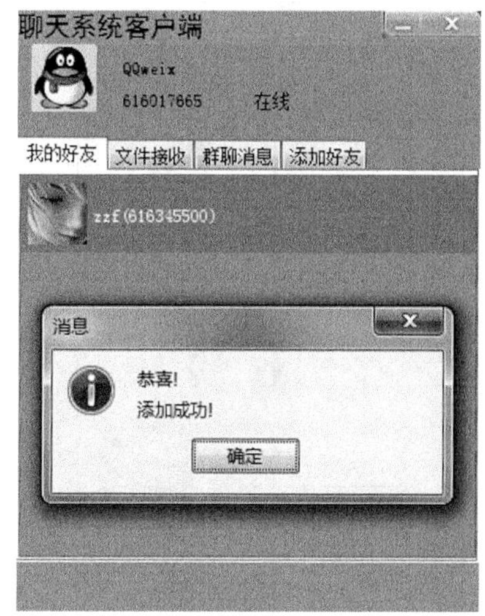

图 16-28　提示信息

图 16-29　添加好友成功

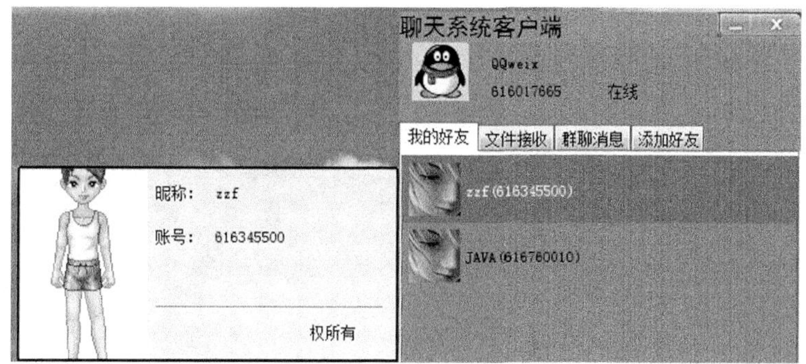

图 16-30　快捷浮动窗口

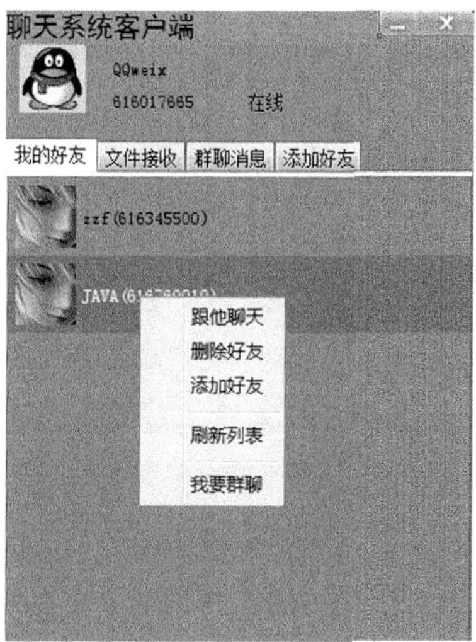

图 16-31　快捷菜单

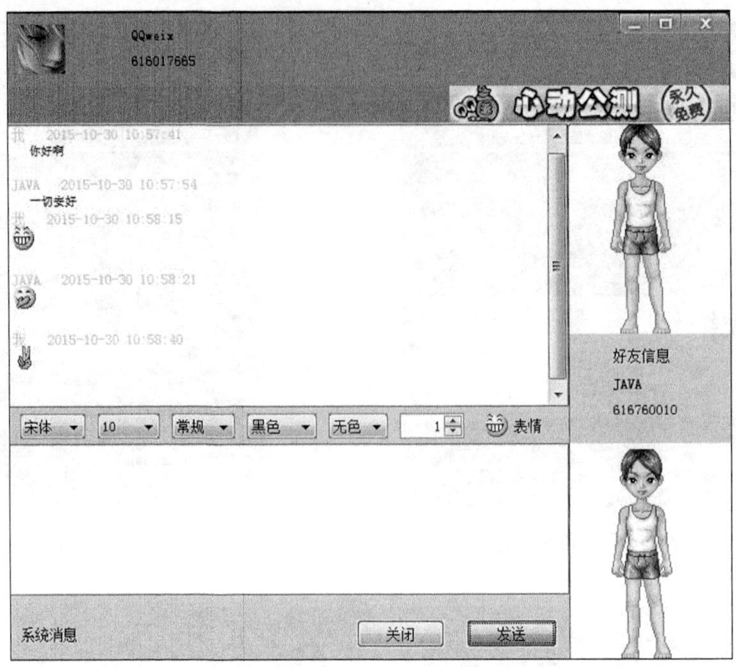

图 16-32 和好友聊天

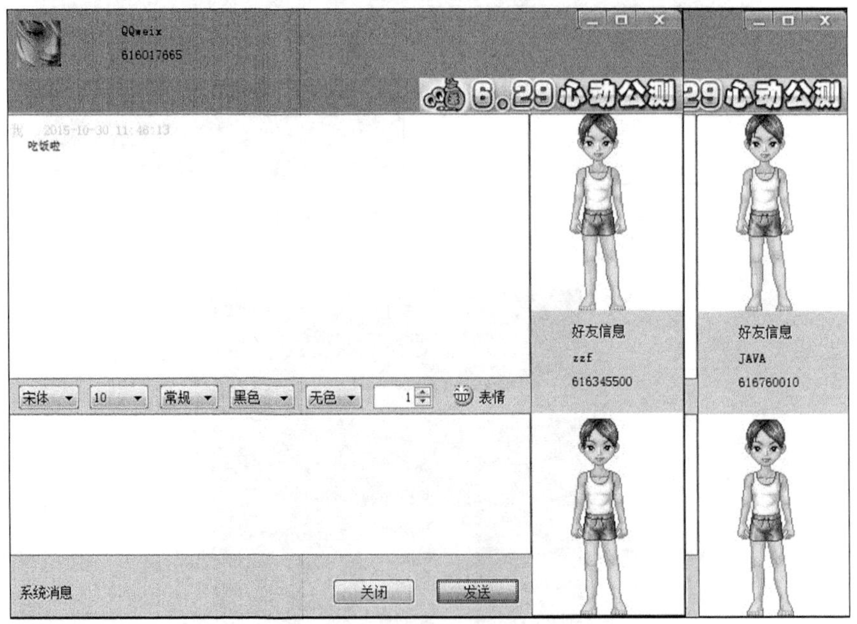

图 16-33 两个好友聊天界面

好友之间可以进行群聊，只要一个人发送群消息，所有在线好友都能看到。如图 16-34 所示。可以把所有发送的群消息清空，也可以拒绝接收群消息。如果服务器端发送文件，客户端可以接收文件。服务器发送文件的效果如图 16-35 所示。客户端接收文件的效果如图 16-36 所示。

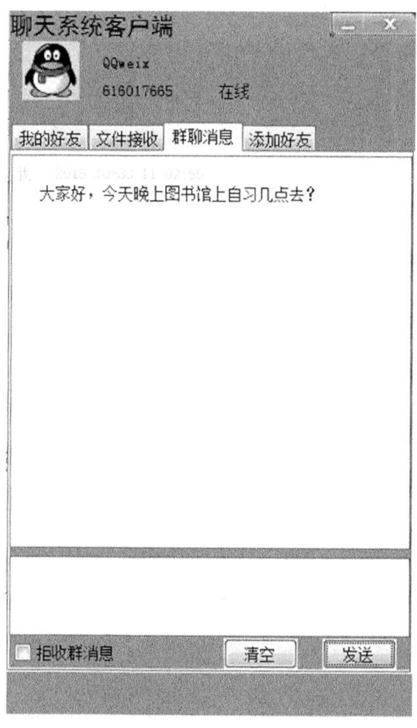

图 16-34　群聊

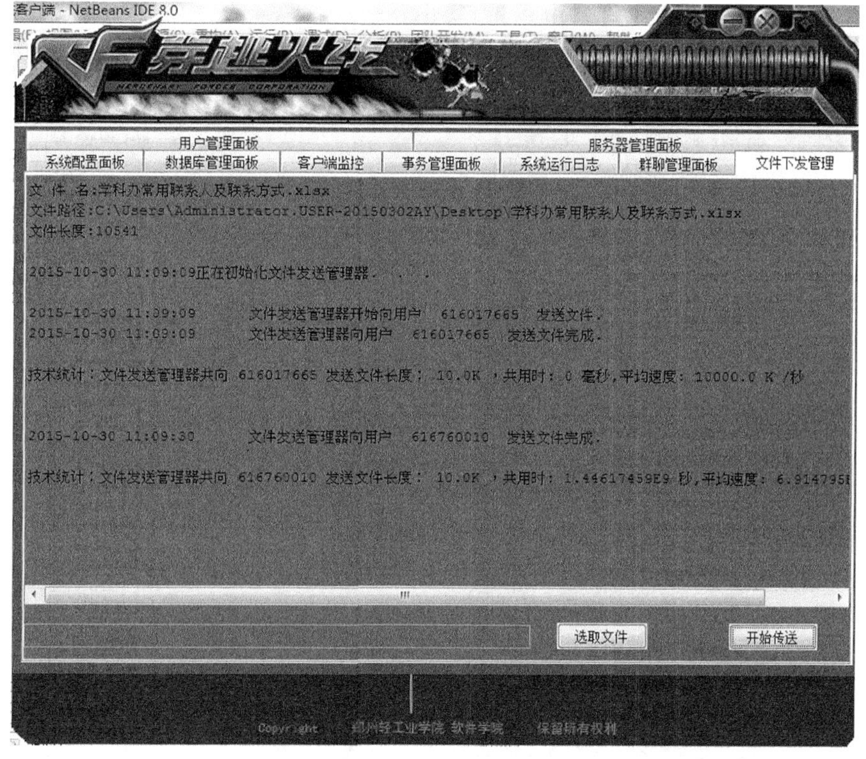

图 16-35　服务器发送文件图

由图 16-35 可见服务器能把相关数据统计出来，如发送的文件名、文件路径、文件大小、发送给哪个 QQ 号、文件大小、发送的速度，以及平均速度等功能。图 16-36 中所示的文件接收完成后的提示对话框也可以不出现，并且可以由用户自行选择接收文件存放的路径。

图 16-36 客户端接收文件

下面介绍聊天系统服务器端的功能。服务器端“用户管理”功能可以实现如图 16-37 所示快捷菜单的功能。启动服务器后，可显示在线用户。使用“注销此账户”功能可将该 QQ 用户注销，要想聊天需要用户重新登录；“发送消息”可以给一个账号发送消息，如图 16-38 所示；“删除用户”可以删除某个账号；“重置密码”可以为用户设置新密码；“刷新”可以刷新用户信息；“切换到所有用户表”可以查看所有 QQ 用户信息，如图 16-39 所示。

在图 16-39 中所示用户信息上右击出现如图 16-40 所示的快捷菜单，能够实现“删除用户”、“重置密码”、“切换到在线用户表”等功能。

服务器管理面板如图 16-41 所示，聊天系统的服务器实现的管理功能有：可以关闭服务，单击“关闭服务”按钮后，按键切换成“开始服务”；可以注册账号或者停止注册；可以设置服务器是否允许自由登录、禁止登录或者限制登录；还有广播功能，广播的时候所有用户都能够在群聊界面中收到消息。

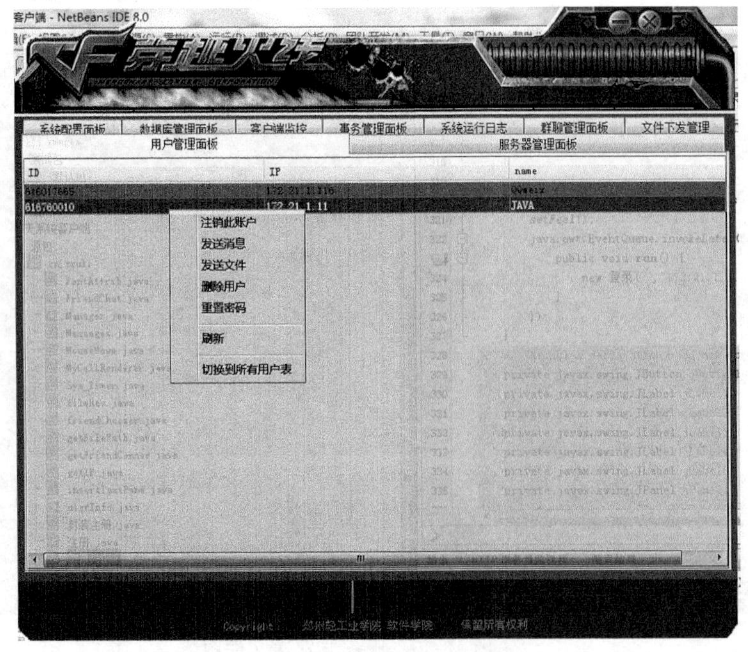

图 16-37 用户管理的功能

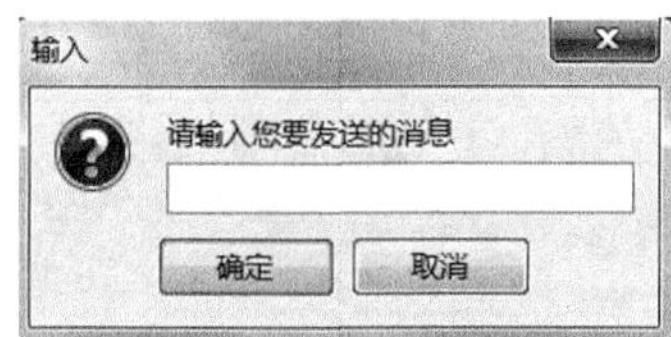

图 16-38　发送消息

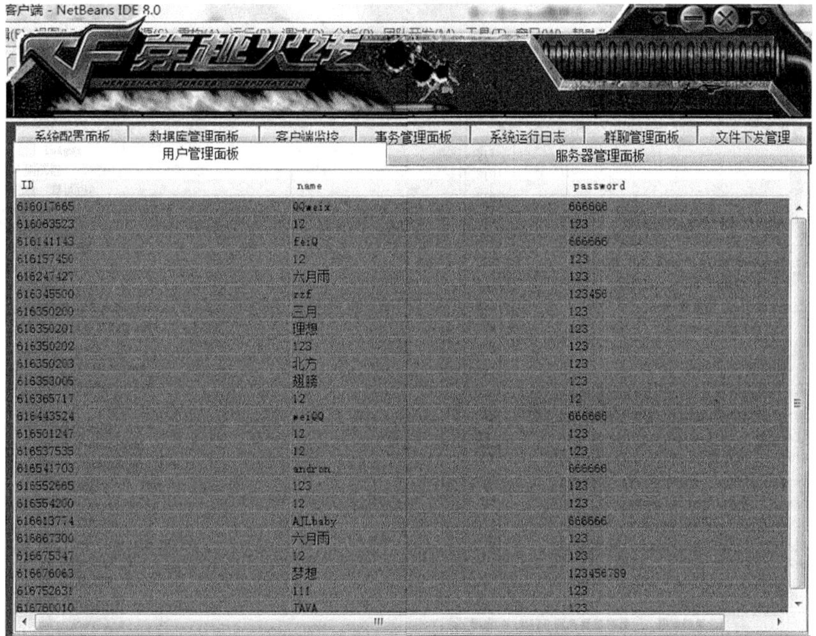

图 16-39　显示所有 QQ 用户

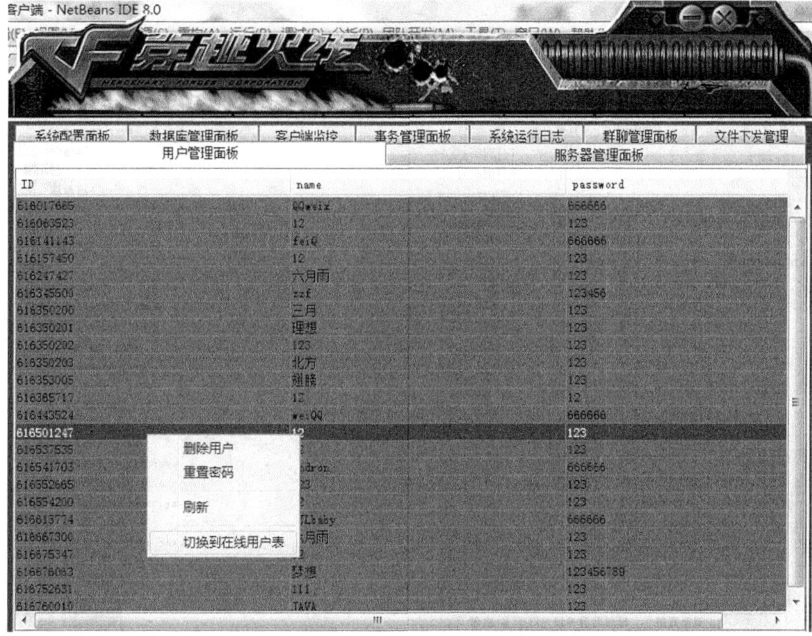

图 16-40　对用户的操作

图 16-41 服务器面板

服务器系统配置功能如图 16-42 所示。数据库管理能够跟踪数据库的执行过程，如图 16-43 所示。

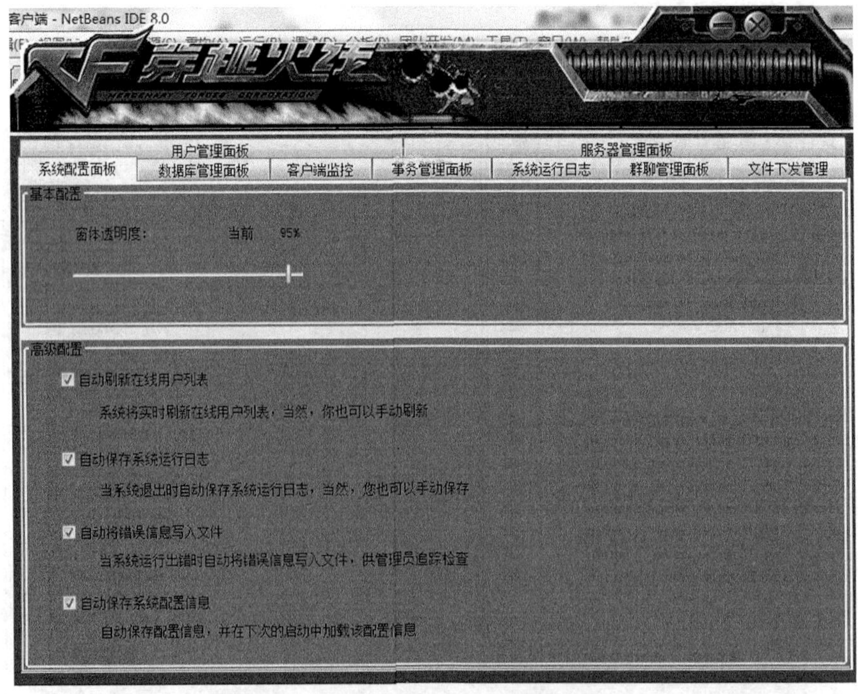

图 16-42 服务器系统配置功能

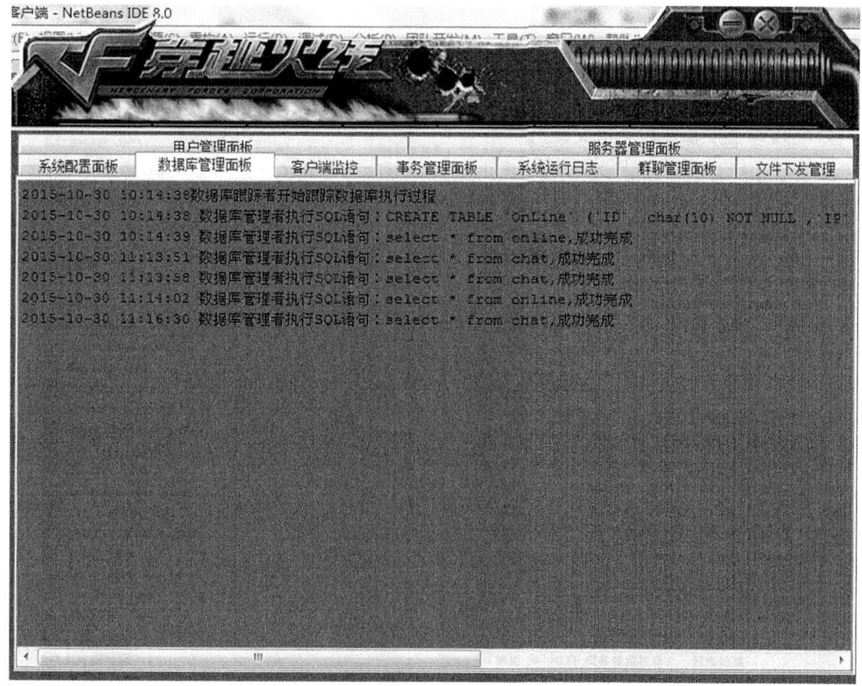

图 16-43　跟踪数据库的执行过程

图 16-44 所示为对客户端的掉线或者离线监控功能。图 16-45 能够实现事务管理，管理服务器所有事务处理。

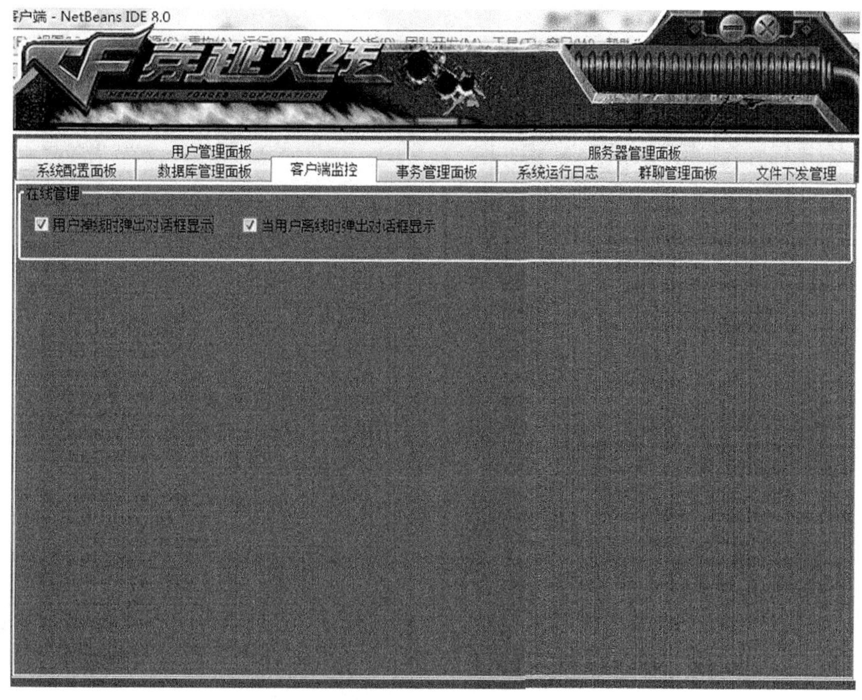

图 16-44　客户端监控

图 16-45 实现事务管理

系统运行日志管理功能，如图 16-46 所示。能够实现客户端业务功能操作的跟踪。可以跟踪也可停止跟踪，并能把跟踪结果保存或者清空。单击"保存"按钮，出现如图 16-47 所示对话框，可选择保存路径和命名文件。

图 16-46 系统运行日志功能

图 16-47　保存文件

群聊管理提供自由群聊、限制加入和管理群聊功能，如图 16-48 所示。

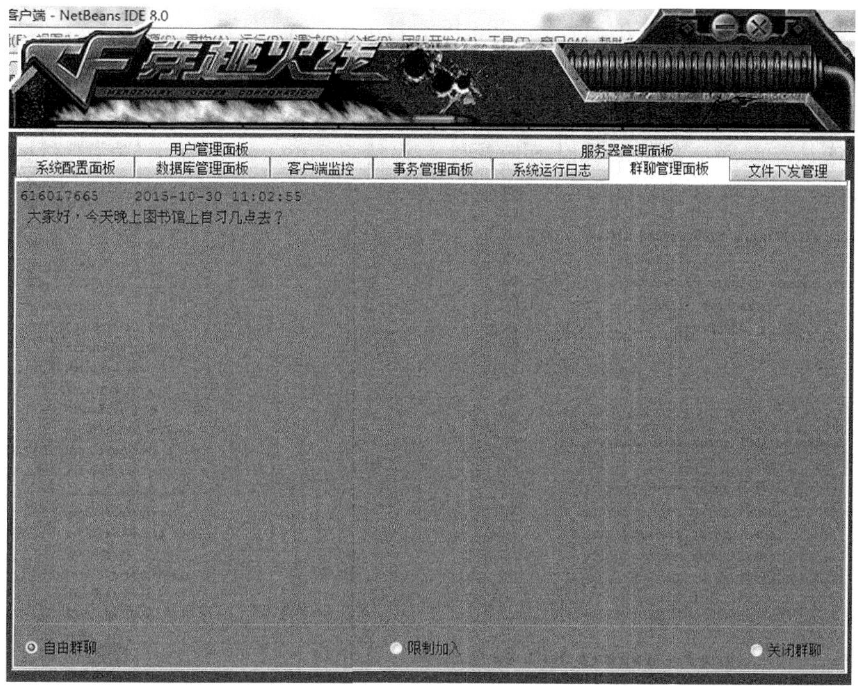

图 16-48　群聊管理

16.6 常见问题及解决方案

备注：每个人的编程风格和思路不同，在编程的时候会遇到各种各样的问题，请记录遇到的问题以及解决方案，为今后的项目开发积累经验。

16.7 课外阅读——即时通信软件

即时通信(Instant Messenger，IM)是指能够即时发送和接收互联网消息等的业务。自1998年面世以来，特别是近几年的迅速发展，即时通信的功能日益丰富，逐渐集成了电子邮件、博客、音乐、电视、游戏和搜索等多种功能。即时通信不再是一个单纯的聊天工具，它已经发展成集交流、资讯、娱乐、搜索、电子商务、办公协作和企业客户服务等为一体的综合化信息平台。

随着移动互联网的发展，互联网即时通信也在向移动化扩张。UcSTAR、微软、AOL、Yahoo!等重要即时通信提供商都提供通过手机接入互联网即时通信的业务，用户可以通过手机与其他已经安装了相应客户端软件的手机或计算机收发消息。

1. ICQ

ICQ作为IM软件领域的缔造者，不得不说它成就了一个辉煌。

1996年，3个以色列人维斯格、瓦迪和高德芬格聚在一起，决定开发一种使人与人在互联网上能够快速直接交流的软件。1996年7月他们成立了Mirabilis公司，向注册用户提供互联网即时通信服务，于同年11月推出了全世界第一款即时通信软件ICQ，取意为“我在找你”——I Seek You，简称ICQ。

ICQ是互联网上最早的即时通信软件。支持在Internet上聊天、发送消息和文件等，能提示你何时朋友和同事连接到互联网上，并可以通过这个软件相互交流。接收你朋友的生日信息并把你自己的生日提前通知大家，创建你自己的ICQ主页，当你在线的时候别人就可以访问你的主页，利用贺卡、语音邮件等ICQ插件发送贺卡和语音邮件，使用你喜欢的字体、字号和颜色发送消息，为不同的事件选择声音以及配置打字的声音效果，把你的名单分成不同的组，让ICQ提醒你将来的事件和活动，利用记事功能把你的备忘录或记事贴到屏幕上，通过ICQ进行网页搜索，进行实时聊天并且可以回放保存的聊天内容，可以在聊天中插入动作和表情，等等。经过多年的发展，ICQ软件已经形成了庞大的软件服务集，其中包括ICQ、ICQ for Mobile、ICQ ToolBar、ICQ Games、WEBICQ等。

这款软件一经推出，即刻全球响应，凭借着前所未有的创意很快在全世界拥有了大批的用户。ICQ的使用用户快速增长，6个月后，ICQ宣布成为当时世界上用户量最大的即时通信软件。在第7个月的时候，ICQ的正式用户达到100万。1998年，ICQ被美国在线(AOL)以4.07亿美元收购，此时其用户数超过1000万。

美国在线购买下ICQ以后推出更多功能的99a、99B、2000等版本，但同时于ICQ内加插了广告。内建了搜索功能使软件变得臃肿，加上不太受欢迎的广告栏，且随着MSN Messenger、SkyPE等软件的推出，令使用ICQ的人有下降的趋势。后来Mirabilis公司推

出了简化版的 ICQ lite，只含有 ICQ 最基本的功能。

2005 年 2 月 7 日 ICQ 5 发布。不久，ICQ 与香港的公司合作推出 Netvigator ICQ 5，除了部分界面的文字被翻译成粤语外，更加入多项切合香港网民使用习惯的新功能。

2010 年 1 月 19 日 ICQ 7 发布。不过，官方版本不再支持繁体中文。在画面上，排版更像 MSN8 的设计，而且可以与 Facebook 等交友网站消息互通及汇入各电邮地址的通讯录，所以较之前一直以来的版本更用户化。

ICQ 本身的发展走了冤枉路，随着版本的更新，ICQ 太庞大了，庞大到太多的功能几乎没有用到过，这些集成的功能大多数时候看来都只是毫无内在联系的大杂烩。而对于普通用户，这些功能除了增加使用难度之外，别无他用。尽管美国在线 AOL 的 AIM 和 ICQ 整合以后，注意到这一点，在过去的一段时间里做出了调整，没有再推出大肆的扩展功能，做出一个功能精简版的 ICQLite 版，但为时已晚。

2010 年 4 月 29 日，据国外媒体报道，AOL 和俄罗斯投资公司 Digital Sky Technologies 联合宣布，双方已达成协议，DST 将以 1.875 亿美元收购 AOL 旗下的 ICQ 业务。

2011 年 11 月 15 日新版 ICQ 官方免费 iPhone 及 Android APP 发布。加入类似 WhatsApp 及 MSN 的用法及功能，启动后就不用每次登入，长期在线，用法类似 SMS 或 WhatsApp。由于 ICQ 突然发布了手机程序，迅速引起了大量用户的注意，并有不少用户重新使用 ICQ。

目前 ICQ 最新版本为 8.3 版，包含了对简体中文和繁体中文的支持，在网上和 ICQ 主页上都可以下载。不过在文字处理等细节方面还有待提高，且没有针对华语用户的特殊服务，在华语 IM 界的竞争能力不是很强。

2. QQ

ICQ 一经上市，迅速取得广阔的市场，由于前景一片光明，所以同类软件迅速跟进。因为其本身的技术并不复杂，所以很快几乎每一个国家都推出本土的 IM 软件，抢夺了市场。

以国内的 QQ 软件为例，作为目前国内三大互联网巨头之一，腾讯可谓是无人不知，无人不晓，乃至其产品无人不用。腾讯 QQ 脱胎于腾讯 OICQ，而 OICQ 就是国内最早出现的即时通信软件之一，软件最初的设计完全仿照 ICQ，从内容、形式等方面完全照搬。

ICQ 推出一年后，马化腾接触到了 ICQ 并成为它的用户，感受到其魅力的同时也看到其局限性——英文界面，操作上不够亲民。这也使得当时 ICQ 在国内始终不是特别普及，往往仅限于“网虫”级的高手里。

马化腾和腾讯公司的伙伴们最初的想法是做一个中文的 ICQ 软件，然后找机会卖给有实力的企业，他们当时完全没有想过公司最终会靠这个在当时还不是多起眼的小软件成为中国互联网的巨头。可他们最终没能如愿与愿意出资的公司达成一致，腾讯公司只好自己做起了最初权当副业的 OICQ。由于设计软件之时，就已经有明确的做一个改进版中文 ICQ 的思路，OICQ 从第一个测试版本起就凭借合理的界面设计，简单的操作在众多竞争对手中脱颖而出。同时，由于 ICQ 没有中文版，当时也没有汉化补丁，国内很多人苦于 ICQ 的英文界面，所以当 OICQ 一经上市，马上抛弃了 ICQ。

至 1999 年 11 月，OICQ 在上线 9 个月的短短时间内用户就已突破百万，远远地且永远地甩开了所有的同期竞争者。

2000 年，就在 OICQ 席卷中国即时通信市场之时，一纸律师函发到了刚刚成立 3 年的腾讯公司。ICQ 的母公司美国在线(AOL)起诉腾讯侵权，要求 OICQ 改名。好在腾讯公司此前已经做好了准备，不久 QQ 2000 全新登场了，同时腾讯公司也用 tecent. com 替代了 oicq. com 的域名。除了名字变化，QQ 的标志却一直没有改，一直是小企鹅。因为标志中的小企鹅很可爱迷人而且很受女生的青睐，用英语来说就是 cute，因为 cute 和 Q 是谐音的，所以小企鹅配 QQ 也是一个很好的名字。

腾讯 QQ 支持在线聊天、视频聊天以及语音聊天、点对点断点续传文件、共享文件、网络硬盘、自定义面板、远程控制、QQ 邮箱、传送离线文件等多种功能，并可与多种通信方式相连。

此外 QQ 还具有与手机聊天、视频通话、语音通话、点对点断点续传传输文件、传送离线文件、共享文件、QQ 邮箱、网络收藏夹、发送贺卡、储存文件等功能。QQ 不仅仅是简单的即时通信软件，它与全国多家寻呼台、移动通信公司合作，实现传统的无线寻呼网、GSM 移动电话的短消息互联，与移动通信终端、IP 电话网、无线寻呼等多种通信方式相连，使 QQ 不仅仅是单纯意义的网络虚拟呼机，而是一种方便、实用、超高效的即时通信工具。QQ 可能是现在在中国最为流行、功能最强、被使用次数最多的即时通信工具。

2001 年，腾讯公司首次在 QQ 中集成广告，而在 QQ 2005 Beta3 版之前，TT 浏览器被捆绑在 QQ 的安装程序且为默认安装。很多早期的第三方 QQ 版本(如草珊瑚 QQ、木子版 QQ)的设计初衷是屏蔽 QQ 的广告和一些不必要的软件和插件，而且还为 QQ 增加很多新功能，如显示 IP 地址、查看好友是否隐身等。而包含显示 IP 地址功能的第三方 QQ 版本常被称为 IPQQ。

腾讯公司于 2008 年 7 月 31 日发布的基于 Linux 平台的即时通信软件——QQ for Linux。主要用来清理在 Linux 平台上的第三方 QQ。但 QQ for Linux 现已停止使用，官方提供了跨平台的 WebQQ，但很少更新，功能已经落后于其他桌面客户端。Ubuntu 中文曾发动用户给腾讯公司客服投诉，但没有实质效果。而腾讯方面也在一直封杀相关的第三方 QQ 软件，Linux 用户已经处于极难使用 QQ 的境界。

2014 年 4 月 11 日晚上 9 点 11 分，腾讯公司旗下的 QQ 同时在线账户突破 2 亿，其中通过手机 QQ、QQ for Pad 等移动端登录的账户超过 7%。据介绍，QQ 同时在线账户突破 1 亿是 2010 年 3 月 5 日晚上 7 点 52 分 58 秒，用了 11 年时间。而受益于移动互联网的崛起，第二个 1 亿的累积只用了短短 4 年。据悉，QQ 同时在线账户数在 2011 年 11 月 4 日突破 1.5 亿，之后长期处在平稳期。自从 2013 年 5 月开始往移动化方向演进，QQ 同时在线账户数又开始大幅增长，直到突破 2 亿。

3. 发展

国内的即时通信工具有 UcSTAR、E 话通、QQ、UC、商务通、网易泡泡、盛大圈圈、淘宝旺旺、网络飞鸽等。

即时通信最初是由 AOL、微软、雅虎、腾讯等独立于电信运营商的即时通信服务商提供的。但随着其功能的日益丰富、应用日益广泛，特别是即时通信增强软件的某些功能(如 IP 电话等)，已经在分流和替代传统的电信业务，使得电信运营商不得不采取措施应对这种挑战。2006 年 6 月，中国移动已经推出了自己的即时通信工具——Fetion，中国联通也将推出即时通信工具"超信",但由于进入市场较晚,其用户规模和品牌知名度还比不上原有的即时通信服务提供商。

微软公司和中国电信集团签署了战略合作协议,宣布将在中国共同开发基于微软公司最新发布的新一代 Windows Live 服务平台的联合品牌 Messenger 即时通信软件,与微软公司共同推动 Windows Live 服务在中国的普及。微软公司和中国电信早在 2006 年 9 月即开始在互联网搜索领域的合作,通过此项合作,将进一步增强中国电信和微软公司的战略合作伙伴关系。根据协议内容,微软公司和中国电信将在中国共同开发、推广和运营新的联合品牌的即时通信软件客户端,为中国电信超过 1.2 亿的家庭用户提供创新的互联网服务,并且同全球超过 3 亿的已有 Windows Live Messenger 用户沟通。可见即时通信软件的市场前景是非常广泛和诱人的。

16.8 本章小结

通过本章 10 000 多行代码的聊天系统的开发,能够帮助读者在掌握所学理论知识的同时,培养项目设计、开发能力。本项目综合运用了 Java 语言程序设计中常用的技术并对所学知识提出了更高的要求。教育部推行的"卓越工程师教育培养计划"旨在培养学生的创新能力、实践能力、团队精神、协作能力。本项目正是遵循"卓越工程师教育培养计划"理念,通过"大项目"的思想来培养学生的综合能力。

总之,通过本实训的训练,读者能够更加熟悉和进一步掌握项目开发的流程,提高项目实践能力,迅速成为一个合格的软件工程师。

16.9 习题

根据所学知识开发出功能完善的聊天系统。

参 考 文 献

[1] 张志锋,邓璐娟,张建伟,等.Java程序设计与项目实训教程[M].北京:清华大学出版社,2012.

[2] 雍俊海.Java程序设计教程[M].3版.北京:清华大学出版社,2014.

[3] 陈国君,陈磊,邹林达,等. Java程序设计基础[M].4版.北京:清华大学出版社,2013.

[4] 辛运帏,饶一梅,马素霞. Java程序设计[M].3版.北京:清华大学出版社,2013.

[5] 耿祥义,张跃平.Java程序设计教学做一体化教程[M].北京:清华大学出版社,2012.

[6] 王宗亮.Java程序设计任务驱动式实训教程[M].北京:清华大学出版社,2012.